Lochmann
Formelsammlung Fertigungstechnik

Klaus Lochmann

Formelsammlung Fertigungstechnik

Formeln – Richtwerte – Diagramme

3., aktualisierte Auflage

Mit zahlreichen Bildern und Tabellen

fv **Fachbuchverlag Leipzig**
im Carl Hanser Verlag

Prof. em. Dr.-Ing. habil. Univ.-Prof. h. c. (CN) Klaus Lochmann
Werdau-Leubnitz

Bibliografische Information der Deutschen Nationalbibliothek

Die Deutsche Nationalbibliothek verzeichnet diese Publikation in der Deutschen Nationalbibliografie; detaillierte bibliografische Daten sind im Internet über http://dnb.d-nb.de abrufbar.

ISBN 978-3-446-43249-9

Dieses Werk ist urheberrechtlich geschützt.
Alle Rechte, auch die der Übersetzung, des Nachdrucks und der Vervielfältigung des Buches oder Teilen daraus, vorbehalten. Kein Teil des Werkes darf ohne schriftliche Genehmigung des Verlages in irgendeiner Form (Fotokopie, Mikrofilm oder ein anderes Verfahren), auch nicht für Zwecke der Unterrichtsgestaltung, reproduziert oder unter Verwendung elektronischer Systeme verarbeitet, vervielfältigt oder verbreitet werden.

Fachbuchverlag Leipzig im Carl Hanser Verlag
© 2012 Carl Hanser Verlag München
www.hanser-fachbuch.de
Lektorat: Jochen Horn
Herstellung: Katrin Wulst
Druck und Bindung: Friedrich Pustet KG, Regensburg
Printed in Germany

Vorwort zur 3. Auflage

Nachdem auch die 2. Auflage der vorliegenden Formelsammlung vergriffen ist, haben sich Verlag und Verfasser entschlossen, eine 3., aktualisierte Auflage zu publizieren. Offensichtlich besteht an einem gestrafften Wissensspeicher und Nachschlagewerk für Berechnungen zu den Verfahrenshauptgruppen der Fertigungstechnik ein sehr großes Interesse. Auf weitere, noch spezifischere Literatur zur Thematik aus dem Carl Hanser Verlag / Fachbuchverlag Leipzig wird hingewiesen.

Unter Beibehaltung von Anliegen und Strukturierung der Formelsammlung wurden in die vorliegende Auflage vor allem weitere aktualisierte Richtwerte, Empfehlungen und Berechnungsmöglichkeiten eingearbeitet, weshalb Studierende und Berufsanfänger sowie Fach- und Führungskräfte im Maschinenbau über einen schnellen Zugriff auf betriebspraktisch direkt nutzbare Bewertungs- und Entscheidungshilfen verfügen können.

Weiterhin wurden mit der ebenfalls 2012 im Fachbuchverlag Leipzig erschienenen „Aufgabensammlung Fertigungstechnik" Möglichkeiten geschaffen, die hier dargestellten Zusammenhänge, Berechnungsmöglichkeiten usw. an betriebspraktisch relevanten Beispielen zu üben und zu vervollkommnen. Verlag und Verfasser sind der Auffassung, dass damit ein in sich geschlossenes Kompendium zu wesentlichen Sachverhalten der Fertigungstechnik geschaffen werden konnte, das zur Vorausberechnung und Verifizierung ingenieurtechnischer Zusammenhänge auf den Gebieten der Fertigungstechnik gut geeignet ist.

Verlag und Verfasser sind für Hinweise und/oder Vorschläge und Anregungen zur weiteren Verbesserung, Ergänzung, ggf. Erweiterung der „Formelsammlung Fertigungstechnik" in jedem Fall dankbar.

Jena und Werdau-Leubnitz, 2012   Klaus Lochmann

Inhaltsverzeichnis

1 Größen, Einheiten, Toleranzen/Passungen, Werkstoffkennwerte 11
  1.1 Physikalisch-technische Größen, SI- und weitere Einheiten, spezielle Umrechnungen 11
  1.2 Vorschübe und Lastdrehzahlen an Werkzeugmaschinen 13
  1.3 Zulässige Maß-, Form-, Lage- und Oberflächenabweichungen, Toleranzen und Passungen 14
  1.4 Werkstoffe – Vergleichstabellen und Kennwerte 22
      1.4.1 Bezeichnungssystematik typischer Maschinenbau-Werkstoffe 22
      1.4.2 Übersichten zu Stahl- und Gusswerkstoffen 25
      1.4.3 Kennwerte typischer Kunststoffe 32
      1.4.4 Keramische und Verbundwerkstoffe (DIN ISO 4381; DIN 30 910-1; DIN 1494-1) 34
  1.5 Zielstellungen innerhalb der Fertigungstechnik 35

2 Urformtechnik (Gießen, Sintern, Abscheiden) 37
  2.1 Werkstoffauswahl und erreichbare Teilequalitäten 37
  2.2 Abmessungen und Gestaltung von Modellen und Gussteilen 39
  2.3 Regeln und Hinweise zur form-, gieß-, putz- und bearbeitungsgerechten Gestaltung von Gussteilen .. 42
  2.4 Verfahren der Urformtechnik (Hinweise, Berechnungen, Empfehlungen) 49
      2.4.1 Urformen aus flüssigem, plastischem und teigigem Zustand (Gießen) 49
            2.4.1.1 Gießen in verlorene Formen; Sandformguss 49
            2.4.1.2 Gießen in Dauerformen aus Stahl (und Keramik) 51
      2.4.2 Urformen aus dem festen (körnigen) Zustand (Sintern) 57
      2.4.3 Urformen aus dem ionisierten Zustand (Galvanoformung) 60
      2.4.4 Urformen duro- und thermoplastischer Kunststoffe 60

3 Umformtechnik 63
  3.1 Grundlagen der Metallumformung 63
  3.2 Verfahren des Druckumformens 67
      3.2.1 Längs- bzw. Reckwalzen 67
      3.2.2 Glattwalzen gekrümmter und ebener Oberflächen (Feinwalzen, Prägepolieren, ...) 68
      3.2.3 Querwalzen 71
      3.2.4 Freiformen (Schmieden) 71
      3.2.5 Gesenkformen 72
            3.2.5.1 Gesenkschmieden und Prägen 72
            3.2.5.2 (Warm- und Kalt-)Stauchen 75
            3.2.5.3 Strangpressen 78
            3.2.5.4 Fließpressen 79
            3.2.5.5 Einsenken 83
            3.2.5.6 Gewindeherstellung (Gewindefurchen bzw. -formen und Gewindewalzen) 84
  3.3 Zug-Druck-Umformung 87
      3.3.1 Tiefziehen 87
      3.3.2 Drücken/Fließdrücken 97
      3.3.3 Durchziehen/Drahtziehen 99
  3.4 Zugumformung 99
      3.4.1 Rohrziehen (Verfahren und Kenngrößen) 99
      3.4.2 Abstreckziehen (Verfahren und Berechnungen) 100
  3.5 Biegeformen (Biegen) 100
  3.6 Besonderheiten der Hochgeschwindigkeits- und -energieumformung (Teilebearbeitung mit Schockwellen) 108

4 Trennen – Schneiden/Zerteilen, Spanen und Abtragen (Generieren) 112
  4.1 Schneiden und Zerteilen 112
      4.1.1 Verfahren und Maschinenhauptzeiten 112
      4.1.2 Anordnung von Werkstücken in Blechstreifen („Streifenbilder") 113
      4.1.3 Werkzeuggestaltung und Berechnungen an Schnittwerkzeugen 116
      4.1.4 Berechnung des Kraft- und Arbeitsbedarfes beim Schneiden 120
      4.1.5 Besonderheiten beim Feinschneiden 121
      4.1.6 Schneiden mit Gummikissen 123

Inhaltsverzeichnis 7

4.2 Spanen und Abtragen (mit Generieren) 123
    4.2.1 Spanende Verfahren der Fertigungstechnik 123
        4.2.1.1 Begriffe, Größen, Zusammenhänge und Abläufe beim Spanen 123
        4.2.1.2 Kräfte und Leistungen beim Spanen 126
        4.2.1.3 Zeitaufwand und Wege beim Spanen 130
        4.2.1.4 Bedeutung und Einflüsse der Schnittgeschwindigkeit 131
        4.2.1.5 Standgrößen und Standkriterien 135
        4.2.1.6 Schnittgeschwindigkeiten, Vorschübe und Oberflächenqualitäten (Rauheiten) 136
        4.2.1.7 Spanarten, Spanformen, Bearbeitbarkeit (Spanbarkeit) 137
        4.2.1.8 Schneidstoffe und Wirkmedien (Kühl-, Schmier-, Spül-Mittel) 142
        4.2.1.9 Besonderheiten beim Spanen harter Werkstoffe bei Trocken- sowie HSC- und HPC-Bearbeitungen 148
        4.2.1.10 Verfahrenstypische Besonderheiten beim Spanen (jeweils Berechnungen zu Komponenten der Spanungskraft, Leistungen, Maschinenhauptzeiten) 149
        4.2.1.11 Fein-, Mikro- und Präzisionsbearbeitung 184
        4.2.1.12 Herstellung von Verzahnungen 204
        4.2.1.13 Berechnung und Gestaltung ausgewählter Spanungswerkzeuge 222
    4.2.2 Abtragen und Generieren 229
        4.2.2.1 Verfahren der Abtragtechnik 229
        4.2.2.2 Generieren von Bauteilen (Rapid Product Development/Rapid Prototyping) 251
    4.2.3 Optimierung von Spanungsvorgängen und Maschinenauslastungen 254

5 **Fügetechnik – Übersichten zum Schweißen und Schneiden, Löten, Kleben und zu sonstigen Fügeverfahren** 258
    5.1 Schweißen und Schneiden 258
        5.1.1 Schweißeignung, -sicherheit, -möglichkeiten (Schweiß-, Schweißfolgeplan) 258
        5.1.2 Verfahren zum Schweißen und Schneiden 260
        5.1.3 Schweißgerechte Konstruktion von Bauteilen 281
            5.1.3.1 Stoß- und Nahtarten, Formen von Schweißfugen 281
            5.1.3.2 Zeichnerische Darstellungen von Schweißverbindungen 284
            5.1.3.3 Abmessungen von Schweißnähten, Berechnungen einfacher Schweißverbindungen; Nahtwertigkeit und Nahtformkoeffizient 284
            5.1.3.4 Schrumpfungen an geschweißten Teilen 287
            5.1.3.5 Grundsätze und typische Beispiele schweißgerechter Konstruktion von Bauteilen ... 289
            5.1.3.6 Kennzeichnung von Schweißpositionen und Rationalisierungsansätze beim Schweißen 296
    5.2 Löten von Einzelteilen und Baugruppen 297
        5.2.1 Einteilung/Zuordnung von Lötverfahren, Löteignung/Lötbarkeit 297
        5.2.2 Lötverbindung, Lote und Flussmittel, Lötbarkeit von Werkstoffen, Verfahrensvarianten 300
        5.2.3 Lötgerechte Konstruktion von Bauteilen; Zeichnerische Darstellung von Lötverbindungen 305
    5.3 Kleben von Bauteilen 308
        5.3.1 Aufbau von Klebeverbindungen; Vorteile, Anwendungsgrenzen und Besonderheiten beim Kleben [76] 308
        5.3.2 Klebstoffarten (DIN EN 923); Grundvorgänge beim Kleben 309
        5.3.3 Empfehlungen zur klebegerechten Konstruktion und Festigkeitsprüfung von Bauteilen 310
        5.3.4 Gesundheits- und Arbeitsschutz beim Kleben 314
    5.4 Übersicht zu sonstigen Verfahren zur Verbindung von Bauteilen und Baugruppen 314

6 **Beschichten – Herstellung fest haftender metallischer und nichtmetallischer Schichten** 315
    6.1 Beschichten mit metallischen Überzügen 316
    6.2 Beschichten mit nichtmetallischen Überzügen 321
    6.3 Beschichten aus dem gas- oder dampfförmigen Zustand (PVD – Physical Vapour Deposition, CVD – Chemical Vapour Deposition) 322

7 **Änderungen von Stoffeigenschaften – Härten, Glühen, Vergüten, Anlassen** 324
    7.1 Zusammenhänge bei der Änderung von Stoffeigenschaften (Thermische, Thermo-chemische und thermo-mechanische Verfahren) 324
    7.2 Temperaturverläufe bei typischen Wärmebehandlungsverfahren 327
        7.2.1 Glühverfahren für Eisenwerkstoffe 327
        7.2.2 Glühmethoden für Leichtmetalle 328
        7.2.3 Wärmebehandlungen mit signifikanten Änderungen der Stoffeigenschaften 328

		7.2.4	Härten auf Martensit und Vergüten	330
		7.2.5	Nitrieren von Werkstoffen	330
	7.3		Wärme-, Abkühl-, Halte- und Perlitisierungszeiten bei der Wärmebehandlung von Stahlwerkstoffen	331
	7.4		Zusammenhänge zur Ermittlung von Aufkohlungs- und Nitrierzeiten	333
	7.5		Temperaturverläufe beim Abkühlen/Abschrecken	335

8 Kalkulationen (Zeiten, Kosten, Preise, ...); Arbeitsstudien und Investitionsrechnungen ... 337
- 8.1 Berechnungen von Kosten und Preisen ... 337
- 8.2 Bestimmung technisch-organisatorisch begründeter Durchlaufzeiten (DLZ) ... 338
- 8.3 Durchführung von Arbeitsstudien ... 341
- 8.4 Typische Methoden für/bei Investitionsrechnungen ... 341

Anhang ... 343

T 1 Allgemeine Übersichten ... 343
- T 1.1 ISO-Toleranzen für Wellen und Bohrungen (Auszüge) ... 343
- T 1.2 Erreichbare Rauheiten R_z in Abhängigkeit unterschiedlicher Bearbeitungsverfahren ... 347
- T 1.3 Zusammenfassende Übersichten zu mechanischen Eigenschaften typischer Maschinenbauwerkstoffe (Auszüge) ... 348
  - T 1.3.1 Stahl- und Gusswerkstoffe ... 348
    - T 1.3.1.1 Unlegierte Baustähle; DIN EN 10 025 ... 348
    - T 1.3.1.2 Vergütungsstähle; DIN EN 10 083-1/2 ... 349
    - T 1.3.1.3 Einsatzstähle; DIN EN 10 084 ... 352
    - T 1.3.1.4 Wälzlagerstähle; DIN EN ISO 683-17 ... 353
    - T 1.3.1.5 Automatenstähle; DIN EN 10 087 ... 354
    - T 1.3.1.6 Gusseisen mit Lamellengraphit; DIN EN 1561 ... 355
    - T 1.3.1.7 Gusseisen mit Kugelgraphit; DIN EN 1563 ... 356
    - T 1.3.1.8 Stahlguss; DIN 1681 ... 356
    - T 1.3.1.9 Warmfester Stahlguss; DIN EN 10 213-2 ... 357
    - T 1.3.1.10 Temperguss; DIN EN 1562 (TGW und TGS) ... 357
  - T 1.3.2 Duro- und Thermoplaste ... 358

T 2 Tabellen zur Urformtechnik ... 361
- T 2.1 Spezielle Übersicht zur Gestaltung von Radien und Übergängen an Gussteilen ... 361
- T 2.2 Empfehlungen für zulässige Maßabweichungen an Gießereimodellen ... 361

T 3 Tafeln und Tabellen zur Umformtechnik ... 362
- T 3.1 Formänderungsfestigkeiten und Fließkurven ... 362
  - T 3.1.1 Auswahl typischer Formänderungsfestigkeiten $k_{fl} = f(\varphi)$ bei der Kaltverformung weichgeglühter Werkstoffe ... 362
  - T 3.1.2 Beispiele für Fließkurven typischer Maschinenbauwerkstoffe (Kaltumformung) ... 362
  - T 3.1.3 Einflüsse von Umformtemperaturen (Warmumformung), Umformgeschwindigkeiten auf das Verformungsverhalten metallischer Werkstoffe ... 364
- T 3.2 Schmieden/Gesenkschmieden ... 365
  - T 3.2.1 Gestaltungsgrundsätze für Gesenkschmiedeteile ... 365
  - T 3.2.2 Zulässige Maß- und Oberflächenabweichungen ... 366
- T 3.3 Richtwerte und Empfehlungen zum Stauchen ... 367
  - T 3.3.1 Nomogramm zur Bestimmung des Kraftbedarfes beim Kaltstauchen unterschiedlicher Werkstücke aus Stahl- und NE-Werkstoffen ... 367
  - T 3.3.2 Zulässige Formänderungen beim Stauchen ... 367
  - T 3.3.3 Erreichbare Maßgenauigkeiten beim Kaltstauchen ... 367
- T 3.4 Werte für das Fließpressen ... 368
  - T 3.4.1 Nomogramme zur Ermittlung der Fließpresskraft ... 368
  - T 3.4.2 Empfehlungen zur Teilegestaltung beim Fließpressen ... 370
  - T 3.4.3 Herstellbare Teileabmessungen ... 370
  - T 3.4.4 Erreichbare Oberflächenabweichungen beim Kaltfließpressen ... 371
- T 3.5 Gewindefurchen und -formen ... 371
  - T 3.5.1 Vorbohrdurchmesser für Metrische ISO-Regelgewinde; DIN 13; DIN ISO 965-1 ... 371
  - T 3.5.2 Vorbohrdurchmesser für Whitworth-Gewinde; BS 84 ... 371
  - T 3.5.3 Vorbohrdurchmesser für US-Amerikanisches Unified-Grobgewinde; UNC-2B; ASME B 1.1; ISO 5864 ... 372

T 3.6 Gleichungen zum Tiefziehen 372
    T 3.6.1 Berechnungen von Flächenelementen beim Tiefziehen 372
    T 3.6.2 Bestimmung von Rondendurchmessern für typische Fertigteilformen 374

T 3.7 Zusammenhänge beim Biegen 377
    T 3.7.1 Nomogramm zur Bestimmung von Biegekräften beim Biegen von V-Formen 377
    T 3.7.2 Bestimmung der Gesenkweite in Abhängigkeit vom Biegehalbmesser 378

T 4 Spanen (Schneiden/Zerteilen); Abtragen; Generieren 379

T 4.1 Tabellen und Richtwerte zum Spanen 379
    T 4.1.1 Korrekturfaktoren für Schnittgeschwindigkeit und Spanwinkel 379
    T 4.1.2 Korrekturfaktoren zur Berechnung von Schnittkräften 380
    T 4.1.3 Spezifische Schnittkräfte der spanenden Fertigung 381
    T 4.1.4 Richtwerte für Schnittgeschwindigkeiten v_c in m $\cdot$ min^{-1} 382
    T 4.1.5 Zusammenhänge zwischen Oberflächenrauheiten und Herstellkosten beim Spanen 385
    T 4.1.6 Entstehungsbedingungen und Wirkungen von Spanarten 386
    T 4.1.7 Wirkungen und Nutzungsmöglichkeiten typischer Bestandteile von KSSM (Kühl-, Schmier-, Spülmittel) auf Bearbeitungsvorgang und Arbeitsergebnis (vgl. VSI) 387
    T 4.1.8 Spezielle verfahrensspezifische Richtwerte 387
        T 4.1.8.1 Drehen (Lang-, Plan-, Fein-, Gewindedrehen) 387
        T 4.1.8.2 Hobeln und Stoßen 397
        T 4.1.8.3 Bohren (Bohren ins Volle, Auf-, Tief-, Fein-, Gewindebohren), Senken und Reiben 398
        T 4.1.8.4 Fräsen (inkl. Gewindeherstellung, HSC- Fräsen und Bearbeitung harter Werkstoffe) 416
        T 4.1.8.5 Sägen (Kreis- und Bandsägen) 424
        T 4.1.8.6 Räumen (Außen-, Innen-) 425
        T 4.1.8.7 Schleifen (Rund-, Flach-, Stech-, Zieh- und Schwingziehschleifen); Läppen und Polieren 426
        T 4.1.8.8 Besonderheiten bei der Herstellung von Zahnrädern (Werte aus [14]) 430
        T 4.1.8.9 Spanen spezieller Werkstoffe 435

T 4.2 Tabellen und Richtwerte zum Abtragen und Generieren 438
    T 4.2.1 Ultraschallbearbeitung (USM); Berechnungen an Sonotroden [60], [61] 438
    T 4.2.2 Elektrochemisches Abtragen (ECM); Abtragverhalten typischer Werkstoffgruppen bei Bearbeitung mit NaCl- und NaNO$_3$-Elektrolytlösungen [4] 439
    T 4.2.3 Senk- und Drahterodieren (EDM) 440
    T 4.2.4 Laserschweißen und -schneiden (LBM) 442
    T 4.2.5 Generieren von Bauteilen (Rapid Product Development – RPD; Rapid Prototyping – RP) . 445

T 5 Tabellen, Richtwerte und Empfehlungen zum Fügen von Bauteilen, Beschichten und Ändern von Stoffeigenschaften 447

T 5.1 Übersichten zur Fügetechnik 447
T 5.2 Berechnungen und Empfehlungen für das Beschichten 462
T 5.3 Übersichten zur Stoffeigenschaftsänderung 463

Literaturverzeichnis 465

Sachwortverzeichnis 468

HANSER

Üben, üben, üben!

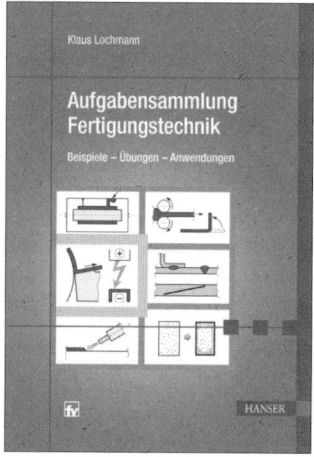

Lochmann
Aufgabensammlung Fertigungstechnik
284 Seiten. 201 Abb.
ISBN 978-3-446-42772-3

In dieser Beispiel- und Aufgabensammlung werden zu den wesentlichen Verfahren der Verfahrenshauptgruppen der Fertigungstechnik typische, praktisch relevante Anwendungsbeispiele und -aufgaben vorgestellt und zweckmäßige Lösungswege ausführlich durchgerechnet und beschrieben. Zusätzlich wird auf vorhandene Alternativlösungen hingewiesen. Alle benutzten Gleichungen, Richtwerte und Empfehlungen beziehen sich auf die »Formelsammlung Fertigungstechnik« vom gleichen Autor.
Die Beispiele und Aufgaben sind den Gebieten Urformen, Umformen, Trennen, Fügen und Beschichten zugeordnet.

Mehr Informationen unter **www.hanser-fachbuch.de/technik**

1 Größen, Einheiten, Toleranzen/Passungen, Werkstoffkennwerte

1.1 Physikalisch-technische Größen, SI- und weitere Einheiten, spezielle Umrechnungen

Physikalisch-technische Größen

Größe	Formelzeichen	Einheit	Kurzzeichen
Länge	$l; b, h, d, r$	Meter	m
		Millimeter	mm
Zeit	t	Sekunde	s
		Minute	min
Masse	m	Kilogramm	kg
		Gramm	g (1 g = 10^{-3} kg)
Temperatur	T, Θ	Kelvin	K (1 K $\hat{=}$ 1 °C)
Celsius-Temperatur		Grad Celsius	°C ($-273,16$ °C $\hat{=}$ 0 K)
Elektrische Stromstärke	I	Ampere	A
Fläche	A	Quadratmeter	m^2
Lichtstärke	I_v	Candela	cd
Stoffmenge	n	Mol	mol
Volumen	V	Kubikmeter	m^3
		Liter	ℓ (1 ℓ = 1,000 028 · 10^{-3} m^3, 1 ℓ = 1 dm^3)
Frequenz	f	Hertz	Hz (1 Hz = 1 s^{-1}); bei Umlauffrequenzen: Hz = U/s
Ebener Winkel	ϕ	Radiant	rad; $\widehat{\alpha} = 0,01745 \alpha°$
		Grad	°
		Minute	' (1' = 1°/60)
		Sekunde	" (1" = 1'/60)
Raumwinkel	Ω	Steradiant	sr
Geschwindigkeit	v	Meter/Sekunde	m/s
		Meter/Minute	m/min
Winkelgeschwindigkeit	ω	Radiant/Sekunde	rad/s
Beschleunigung	a	Meter/Quadratsekunde	m/s^2 (Normfallbeschleunigung: $g_n = 9,80665$ m/s^2)
Winkelbeschleunigung	α	Radiant/Quadratsekunde	rad/s^2
Dichte	ϱ	Kilogramm/Kubikmeter	kg/m^3, auch g/cm^3, t/m^3, kg/dm^3
Kraft	F	Newton	N (1 N = 1 m · kg · s^{-2})
		Kilopond	kp (1 kp = 9,80665 N)
Druck	p	Newton/Quadratmeter	N · m^{-2} (1 N · m^{-2} = 1 Pa; Pascal)
		Bar	bar (1 bar = 10^5 N/m^2 = 1,02 kp · cm^{-2})
		Technische Atmosphäre	at (1 at = 9,807 · 10^4 Pa)
Arbeit	W	Joule	J (1 J = 1 N · m = 1 W · s)
Energie	E	Kilowattstunde	kW · h (1 kW · h = 3,6 · 10^6 J)
Leistung	P	Watt	W (1 W = 1 J · s^{-1} = 1 N · m · s^{-1})
		Voltampere	V · A (1 V · A = 1 W)
Wärmemenge	Q	Joule (Kalorie, Erg)	J (1 cal = 4,1868 J)
Elektrische Spannung	U	Volt	V (1 V = 1 W · A^{-1} = 1 kg · m^2 · s^{-3} · A^{-1})
Elektrischer Leitwert	G	Siemens	S (1 S = 1 A · V^{-1} = 1/Ω)
Elektrischer Widerstand	R	Ohm	Ω (1 Ω = 1 V · A^{-1})
Elektrische Kapazität	C	Farad	F (1 F = 1 C · V^{-1} = 1 A^2 · s^4 · kg^{-1} · m^{-2})

Größe	Formelzeichen	Einheit	Kurzzeichen
Lichtstrom	Φ_v	Lumen	lm
Beleuchtungsstärke	E_v	Lux	lx (1 lx = 1 lm · m^{-2})
Aktivität	A	Becquerel	Bq
Elastizitätsmodul	E	Newton/Quadratmillimeter	N · mm^{-2}

Anmerkung: Fett gedruckte Größen sind Basisgrößenarten des Internationalen Einheitensystems

Typische nichtdezimale Einheiten; Umrechnungen

Masse:	1 Karat (kt)	= 0,2 g (Metrisches Karat; Edelsteine)
	1 Grain (gr)	= 0,064 798 79 g (Apothekergewicht)
	1 pound (lb)	= 0,453 6 kg (USA/GB); (1 kg = 2,204 6 lb)
	1 long ton (l tn)	= 1 016,05 kg (USA/GB)
	1 short ton (sh tn)	= 907,18 kg (USA/GB)
Längenmaße	1 foot (ft)	= 0,304 8 m (USA/GB); (1 m = 3,280 8 ft)
	1 Zoll 1″)	= 0,025 4 m (USA/GB); (1 m = 39,370″)
	1 inch (in)	= 0,025 4 m (USA/GB); (1 m = 39,370 in)
	1 yard (yd)	= 0,914 4 m (USA/GB); (1 m = 1,093 5 yd)
Flächen	1 sq yd	= 0,836 1 m^2 (USA/GB); (sq. yd. = square yard)
	1 sq ft	= 929,03 cm^2 (USA/GB); (sq. ft. = square foot)
	1 sq in	= 6,451 cm^2 (USA/GB); (sq. in. = square inch)
Volumen:	1 m^3	= 35,314 667 ft^3 (USA/GB)
		= 264,172 052 4 gal (USA) = 219,97 gal (GB)
	1 cubic yard	= 0,764 5 m^3 (USA/GB)
	1 cubic foot	= 0,028 31 m^3 (USA/GB)
	1 cubic inch	= 16,38 cm^3 (USA/GB)
Durchflussmenge:	1 m^3 · min^{-1}	≈ 35,314 cfm (cubic ft. per minute)
	1 cfm	≈ 1,699 m^3 · h
	1 MMcfd	≈ 1179,86 m^3 · h^{-1} ≈ 19,6644 m^3 · min^{-1} (million cft. per day)
Druck:	1 bar	= 10^5 Pa ≈ 1,019 716 2 kg · cm^{-2}
	1 mm · WS	= 9,806 65 Pa
	1 psi	= 6,894 757 2 · 10^3 Pa
	1 lb/sq. in.	= 0,007 03 N · mm^{-2}
	1 at	= 180 665 Pa = 0,980 665 bar
Kraft:	1 N	= 0,224 808 91 lbf
	1 lbf	= 4,448 222 3 N
Arbeit:	1 in. lb.	= 0,115 21 N · m
Leistung:	1 PS	= 735,5 W
	1 W	= 0,859 845 22 kcal · h^{-1}
	1 hp	= 745,7 W = 1,013 9 PS (hp horsepower)
Temperatur:	t in °F	= (9/5)t/°C + 32
	t in °C	= (t/°C − 32)/1,8
	T in K	= (t/°F + 459,67)/1,8

1.2 Vorschübe und Lastdrehzahlen an Werkzeugmaschinen

Lastdrehzahlen nach DIN 804

Grund-Reihe	Abgeleitete Reihen				
R20	R10 (R20/2)	R20/3	R20/4		R20/6
	(2800)	(2800)	(1400)	(2800)	(2800)
$\varphi = 1{,}12$	$\varphi = 1{,}25$	$\varphi = 1{,}4$	$\varphi = 1{,}6$		$\varphi = 2{,}0$
$n_\text{Mot}\uparrow$ 1	2	3	4	5	6
100					
112	112	11,2		112	11,2
125		125			
140	140	1400	140		
160		16,0			
180	180	180		180	
200		2000			
224	224	22,4	224		22,4
250		250			
280	280	2800		280	
315		31,5			
355	355	355	355		
400		4000			
450	450	45,0		450	45,0
500		500			
560	560	5600	560		
630		63,0			
710	710	710		710	
800		8000			
900	900	90,0	900		90,0
1000		1000			

Vorschübe nach DIN 803

Grund-Reihen			Abgeleitete Reihen	
R20	R10	R5	R20/3	R20/6 (R 10/3)
$\varphi = 1{,}12$	$\varphi = 1{,}25$	$\varphi = 1{,}6$	$\varphi = 1{,}4$	$\varphi = 2{,}0$
1	2	3	4	5
1,00	1,00	1,00	1,00	1,00
1,12				
1,25	1,25			
1,40			1,40	
1,60	1,60	1,60		
1,80				
2,00	2,00		2,00	2,00
2,24				
2,50	2,50	2,50		
2,80			2,80	
3,15	3,15			
3,55				
4,00	4,00	4,00	4,00	4,00
4,50				
5,00	5,00			
5,60			5,60	
6,30	6,30	6,30		
7,10				
8,00	8,00		8,00	8,00
9,00				
10,00	10,00	10,00		

10-%-Regel: $n_{n+1}; f_{n+1} \geqq n_n; f_n$

Die vorliegenden Werte sind dann mit 10 oder einer Potenz von 10 zu dividieren oder zu multiplizieren. Die Werte der Reihen R 20/3, R 20/6 bzw. R 10/3 ändern sich erst in der 4. Dezimale.

Anmerkungen:

- $\varphi \ldots$ Stufensprünge nach DIN;
- $n_\text{Mot}\ldots$ Lastdrehzahlen der Elektromotoren in min^{-1};
- Eine Erweiterung der Tabellen nach unten oder oben ist zulässig.
- In den Lastdrehzahlen und Vorschüben sind mechanische Toleranzwerte nicht enthalten (Für R 20 z. B. ±2)

1.3 Zulässige Maß-, Form-, Lage- und Oberflächenabweichungen, Toleranzen und Passungen

Toleranzangaben an Werkstücken

1. Kennzeichnung der Oberflächenbeschaffenheit nach DIN ISO 1302
   - Oberflächenbeschaffenheit mit geringen Forderungen:

     ∇ geputzt   Oberfläche frei von groben Unebenheiten, gegebenenfalls geglättet (z. B. durch Überschleifen, Überfeilen)

     ∇ roh   spanende Nachbearbeitung nur zulässig, wenn das Maß nicht eingehalten wurde

     ∇   Oberfläche darf nicht materialabtrennend bearbeitet werden oder muss im Anlieferungszustand verbleiben

     ∇ 6,3   saubere, rohe Oberfläche mit höheren Anforderungen ($Ra = 6{,}3\,\mu m$)

   - Darstellung höherer Ansprüche an die Oberflächenqualität:

     ∇   Wenn eine materialabtrennende Bearbeitung erforderlich ist, so ist dem Grundsymbol ein Querstrich hinzuzufügen. Die einzelnen Angaben der Oberflächenbeschaffenheit sind dem Symbol zuzuordnen.

     ∇ gefräst   Wenn gefordert wird, dass der Endzustand der Oberfläche durch ein bestimmtes Fertigungsverfahren hergestellt wird, so muss dieses Verfahren in ungekürzter Wortangabe auf die Verlängerung des längeren Schenkels des Symbols geschrieben werden.

   - Vorzugsreihe für Rauheitskennwerte Ra, Ry und Rz (Werte in μm):

     Ra: 0,025   0,05   0,1   0,2   0,4   0,8   1,6   3,2   6,3   12,5   25,0   50,0

     Ry, Rz: 0,2   0,4   0,8   1,6   3,2   6,3   12,5   25,0   50,0   100,0   200,0

   - Beschreibung erforderlicher oder zugelassener Richtungen von Bearbeitungsspuren:

 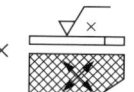 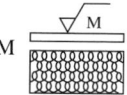

| Parallel zur Projektionsebene der Ansicht, in der das Symbol angewendet wird | Senkrecht zur Projektionsebene der Ansicht, in der das Symbol angewendet wird | Gekreuzt in 2 schrägen Richtungen zur Projektionsebene in der Ansicht, in der das Symbol angewendet wird | Viele Richtungen |

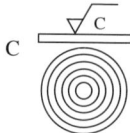 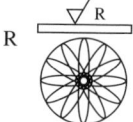 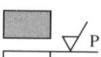

Annähernd zentrisch zum Mittelpunkt der Oberfläche, zu der das Symbol gehört   Annähernd radial zum Mittelpunkt der Oberfläche, zu der das Symbol gehört   Nichtrillige Oberfläche ungerichtet oder muldig

2. Symbol für Oberflächenbeschreibungen an Werkstücken (DIN ISO 1302):
   - Allgemeine Darstellung mit Beispiel:

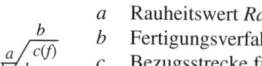

   a   Rauheitswert Ra in μm
   b   Fertigungsverfahren, Beschichtungen, Behandlungen,
   c   Bezugsstrecke für P_t bzw. Grenzwellenlänge bei Ra und Rz
   d   Rillenrichtung
   f   ggf. anderer Rauheitskennwert, wie R_{max}, P_t, ...

Beispiel:

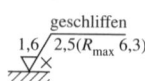

geschliffen
$1{,}6 / 2{,}5(R_{max}\,6{,}3)$

1.3 Zulässige Maß-, Form-, Lage- und Oberflächenabweichungen, Toleranzen und Passungen

- Spezielle Kennzeichnungen und Symbole:

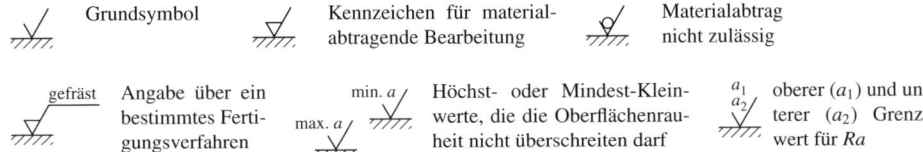

3. Kennwerte an Oberflächen (DIN EN ISO 3274, DIN EN ISO 4287 und [24]):
   - Primärprofil (P-Profil), Rauheitsprofil (R-Profil), Welligkeitsprofil (W-Profil) und Profilelement:

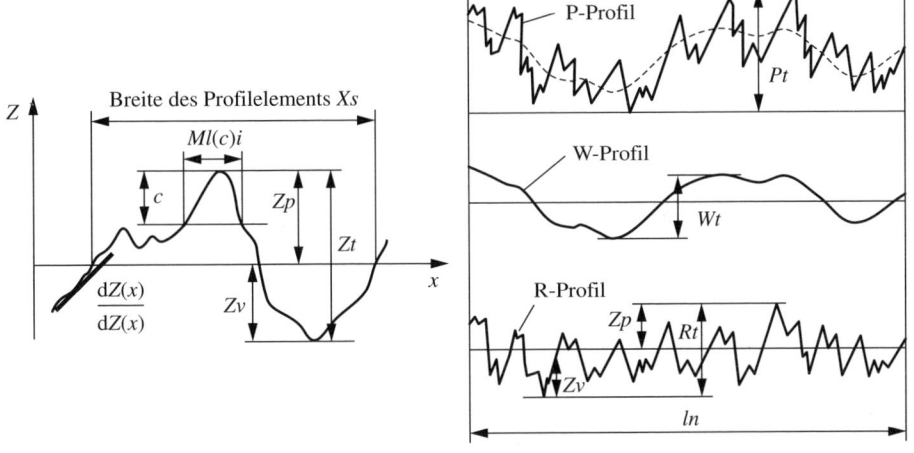

- Oberflächenrauheiten:

Messbedingungen nach DIN EN ISO 4288 und DIN EN ISO 3274, vgl. [24]:

Messbedingungen

Periodische Profile (Drehen, Bohren, Fräsen)	Grenzwellenlänge	λc		**Nichtperiodische Profile** (Schleifen, Honen, Erodieren)	
	Einzelmessstrecke	lr			
	Messstrecke	ln			
	Taststrecke	lt			
	Tastspitzenradius	$r_{Sp\,max}$			
Mittlere Rillenbreite der Rauheitsprofilelemente	Digitalisierungsabstand	Δx_{max}		Arithmetischer Mittenrauhwert oder Maximale Rauheitsprofilhöhe	
RSm mm	λc mm	lr / ln / lt mm	$r_{Sp\,max} / \Delta x_{max}$ µm	Ra µm	Rz µm
>0,013 ... 0,04	0,08	0,08 / 0,40 / 0,48	2 / 0,5	>(0,006) ...0,02	>(0,025) ... 0,1
>0,04 ... 0,13	0,25	0,25 / 1,25 / 1,50	2 / 0,5	>0,02 ... 0,1	>0,1 ... 0,5
>0,13 ... 0,4	0,8	0,80 / 4,00 / 4,80	2 oder 5 / 0,5	>0,10 ... 2,0	>0,5 ... 10
>0,4 ... 1,3	2,5	2,50 / 12,5 / 15,0	5 / 1,5	>2,00 ...10,0	>10 ... 50
>1,3 ... 4,0	8,0	8,00 / 40,0 / 48,0	10 / 5,0	>10,0 ...80,0	>50 ...200

Kennwerte:

Kennwerte; Kurzdefinitionen, Berechnungen:

Rz; Größte Höhe des Profils

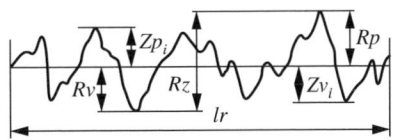

Rc; Mittlere Höhe der Profilelemente

$$Rc = \frac{1}{m} \sum_{i=1}^{m} Zt_i$$

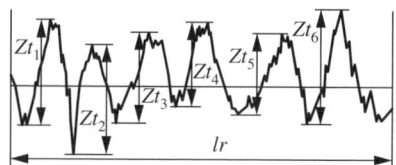

Rt; Gesamthöhe des Profils (siehe Bild oben: Kennwerte)

Ra; Arithmetische Mittelrauheit

$$Ra = \frac{1}{lr} \int_{0}^{lr} |Z(x)|\, dx$$

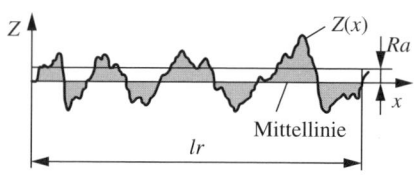

Rq; Quadratischer Mittelwert der Profilwerte

$$Rq = \sqrt{\frac{1}{lr} \int_{0}^{lr} Z^2(x)\, dx}$$

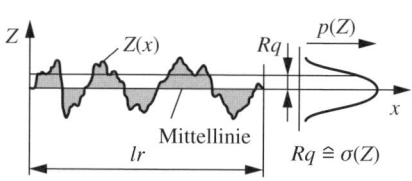

$Rmr(c)$; Materialanteile des Rauheitsprofils

$$Rmr(c) = \frac{100}{ln} \sum_{i=1}^{0} Ml_i(c) = \frac{Ml(c)}{ln} \quad \text{in \%}$$

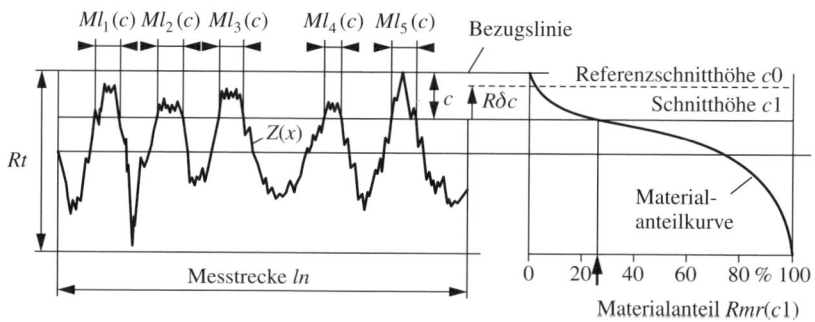

Rsk; Schiefheit des Profils

$$Rsk = \frac{1}{Rq^3} \left[\frac{1}{lr} \int_{0}^{lr} Z^3(x)\, dx \right]$$

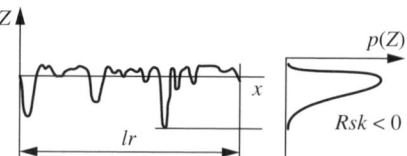

Rku; Steilheit (Kurtosis)

$$Rku = \frac{1}{Rq^4} \left[\frac{1}{lr} \int_{0}^{lr} Z^4(x)\, dx \right]$$

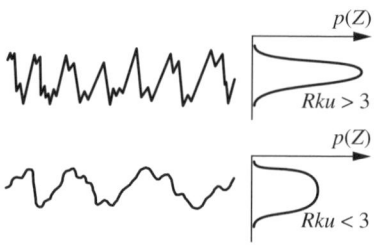

1.3 Zulässige Maß-, Form-, Lage- und Oberflächenabweichungen, Toleranzen und Passungen

RSm; Mittlere Rillenbreite

$$RSm = \frac{1}{m}\sum_{i=1}^{m} Xs_i$$

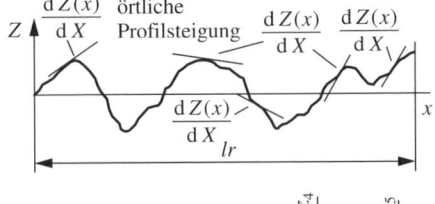

RPc; Spitzenanzahl (SEP 1940)

$$RPc = \frac{\text{Anzahl Rauheitsprofilspitzen (peak count)}}{10 \text{ mm Bezugslänge}}$$

RΔq; Quadratische mittlere Profilsteigung

$$R\Delta q = \sqrt{\frac{1}{lr}\int_0^{lr}\left(\frac{dZ}{dX}\right)^2 dx} \mathrel{\hat{=}} \sigma(Z)$$

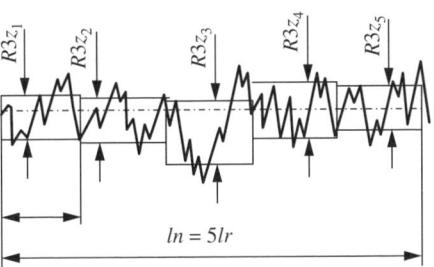

R3z; Grundrautiefe (DB-N 1007)

Rk; Rpk, Rvk, Mr1, Mr2; Bewertung der Materialanteile (vgl. DIN EN ISO 13 565)

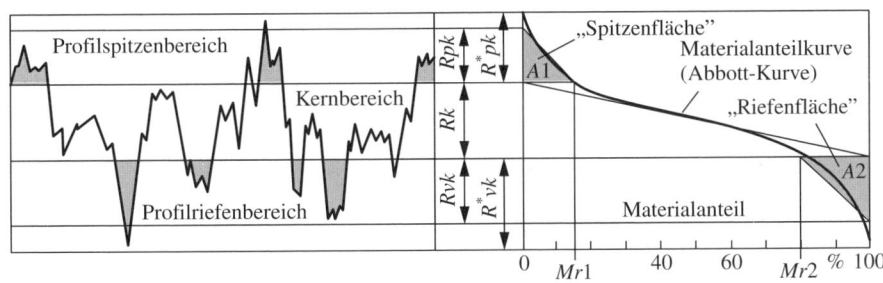

lt, ln, lr-λc; Messstrecken-Grenzwellenlänge (DIN EN ISO 13 565):

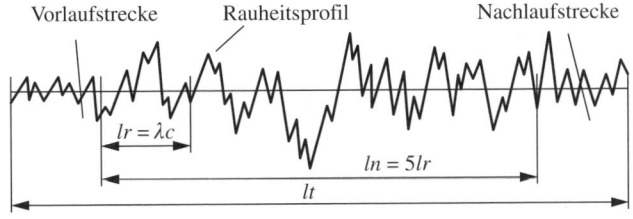

4. Allgemein geltende Toleranzen nach DIN ISO 2768-1 für Längen- und Winkelmaße

Grenzabmaße (in mm) für Nennmaßbereiche (in mm)

Toleranz-klasse	(0,5...3,0) mm	(3,0...6,0) mm	(6,0...30,0) mm	(30,0...120,0) mm	(120,0...400,0) mm
f; fein	±0,05 mm	±0,05 mm	±0,10 mm	±0,15 mm	±0,20 mm
m; mittel	±0,10 mm	±0,10 mm	±0,20 mm	±0,30 mm	±0,50 mm
c; grob	±0,20 mm	±0,30 mm	±0,50 mm	±0,80 mm	±1,20 mm
v; sehr grob	KA	±0,50 mm	±1,00 mm	±1,50 mm	±2,50 mm

Grenzabmaße für Winkelmaße; Nennmaßbereiche des kürzeren Schenkels (alle Werte in mm)

Toleranz-klasse	bis 10	über 10 bis 50	über 50 bis 120	über 120 bis 400	über 400
f; fein	±1°	±30'	±20'	±10'	±5'
m; mittel					
c; grob	±1°30'	±1°	±30'	±15'	±10'
v; sehr grob	±3°	±2°	±1°	±30'	±20'

Allgemein geltende Toleranzen nach DIN ISO 2768-2 für Form und Lageabweichungen (Werte in mm)

Toleranz-klasse	Für Geradheit und Ebenheit			Für Symmetrieabweichungen		Rundlauf
	≤ 10,0 mm	(10,0...30,0) mm	(30,0...100,0) mm	≤ 100,0 mm	(100,0...300,0) mm	
H	±0,02 mm	±0,05 mm	±0,10 mm	±0,50 mm	±0,50 mm	±0,10 mm
K	±0,05 mm	±0,10 mm	±0,20 mm	±0,60 mm	±0,60 mm	±0,20 mm
L	±0,10 mm	±0,20 mm	±0,40 mm	±0,60 mm	±1,00 mm	±0,50 mm

5. Kennzeichnung von Form- und Lagetoleranzen nach DIN ISO 1101 (nach [24]):
   - Formelemente:

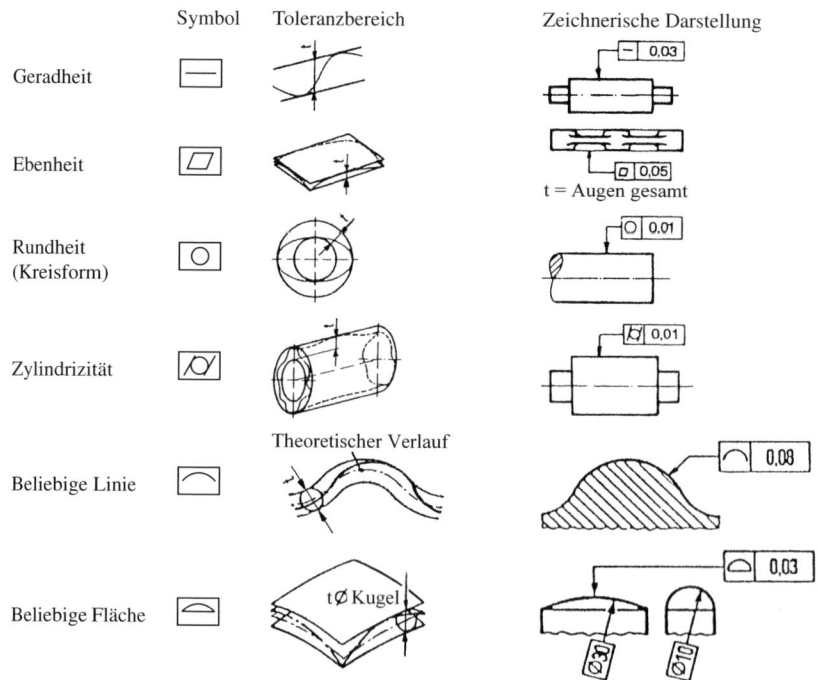

1.3 Zulässige Maß-, Form-, Lage- und Oberflächenabweichungen, Toleranzen und Passungen

- Richtungstoleranzen

  Parallelität //

  Rechtwinkligkeit ⊥

  Neigung ∠

- Ortsabweichungen

  Position ⊕

  Konzentrizität und/oder Koaxialität ◎

  Dickengleichheit

  Symmetrie ≡

- Lauftoleranzen

  Rund-, Planlauf

  Gesamt-/Summenlauf

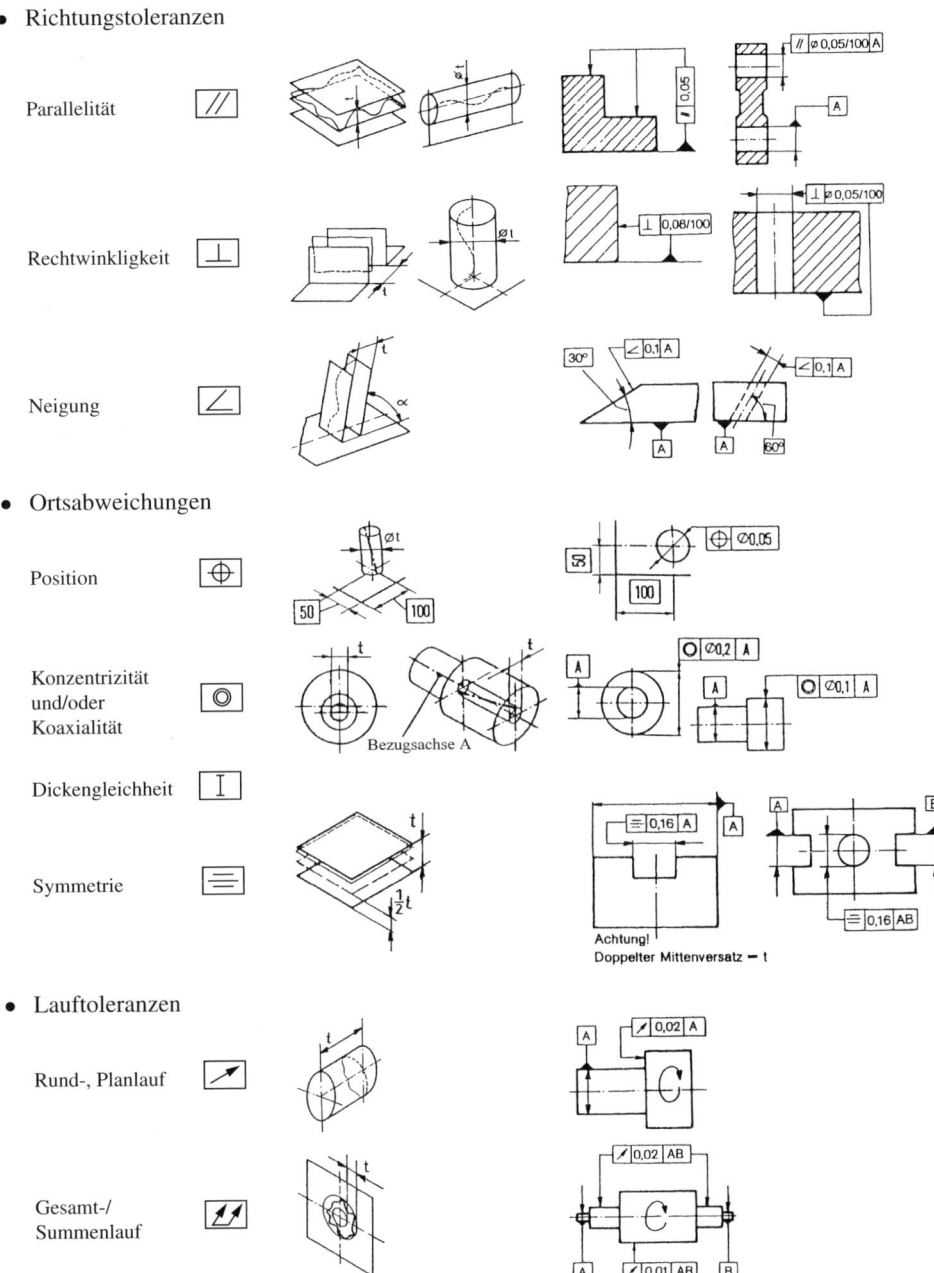

6. ISO-Toleranzen und -Passungen:

   Begriffe und Benennungen (DIN ISO 286; [25])

   N Nennmaß
   I Istmaß
   T Maßtoleranz (Größtmaß minus Kleinstmaß)

   G Grenzmaße
   G_o Größtmaß (größeres der beiden Grenzmaße)
   G_u Kleinstmaß (kleineres der beiden Grenzmaße)
   A_o Oberes Abmaß (Größtmaß minus Nennmaß)
   A_u Unteres Abmaß (Kleinstmaß minus Nennmaß)

Innenkontur (mit Außenpassflächen)

Außenkontur (mit Innenpassflächen)

Passungssysteme „Einheitswelle (EW; Toleranzfeldlage: h)“ und „Einheitsbohrung (EB; Toleranzfeldlage: H)“

- Allgemeine Zusammenhänge

System EW:

System EB:

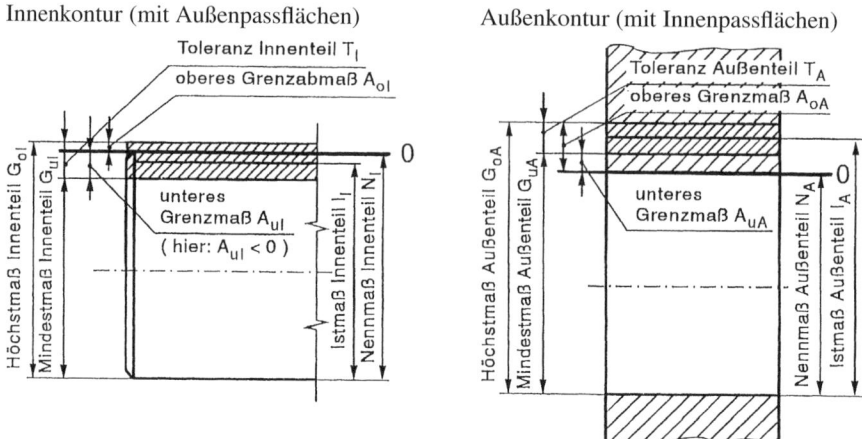

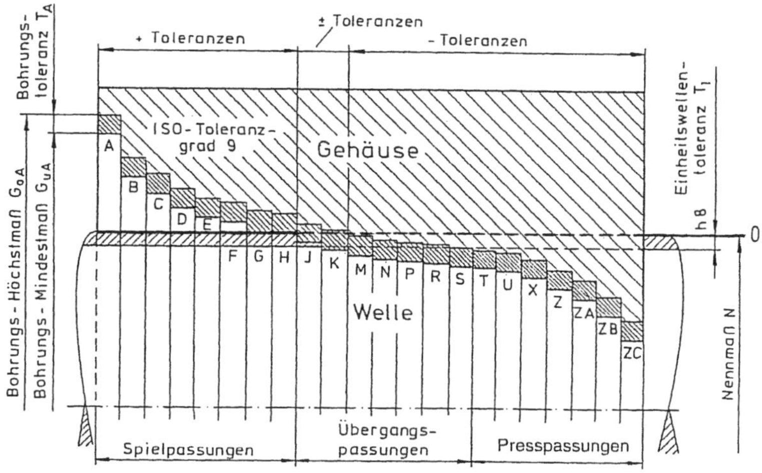

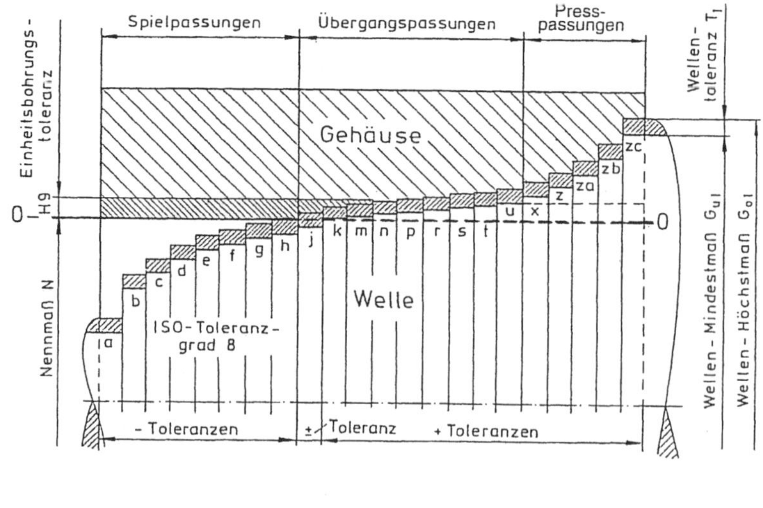

1.3 Zulässige Maß-, Form-, Lage- und Oberflächenabweichungen, Toleranzen und Passungen   21

Anmerkung: Wälzlagertoleranzen nach DIN 620

Größtpassung $= \text{Größtmaß}_{\text{Bohrung}} - \text{Kleinstmaß}_{\text{Welle}}$ $> 0 \to$ Größtspiel
                                                                                                $< 0 \to$ Kleinstübermaß

Kleinstpassung $= \text{Kleinstmaß}_{\text{Bohrung}} - \text{Größtmaß}_{\text{Welle}}$ $> 0 \to$ Kleinstspiel
                                                                                                $> 0 \to$ Größtübermaß

- Typische Anwendungen (Ausführungsbeispiele):

Spielpassungen (nach dem Paaren der Teile ist in jedem Fall ein Spiel vorhanden):

	EB	EW
Lokomotiv- und Waggonbau; Landmaschinen	H11/a11	A11/h11
Haushaltsmaschinen	H11/c11	C11/h11
Gleitlager	H8/e8	E8/h8
Kolben/Zylinder	H7/f7	F7/h7
Schieberäder, Kupplungsteile	H7/g6	G7/h6

Übergangspassungen (in Abhängigkeit der Lage der Istmaße an beiden Teilen können sowohl Spiel- als auch Pressbedingungen vorhanden sein):

	EB	EW
Riemenscheiben, Zahnräder, Lagerbuchsen	H7/j6	J6/h6
Anker auf Motorwellen, Naben in Buchsen	H7/n6	N7/h6
Kupplungen/Zahnräder auf Motorwellen	H7/m6	M7/h6

Press- oder Übermaßpassung (zwischen den Teilen erfolgt in jedem Fall eine Pressung, da vor dem Paaren Übermaße vorhanden waren), z. B.:

	EB	EW
Lagerbuchsen in Gehäuse	H7/s6	S7/h6
Übertragung großer Kräfte durch Reibschluss	H8/x8	X8/h8

- ISO-Grundtoleranzen (Werte für Maßtoleranzen T, siehe oben) und Zuordnung von Toleranzklassen für ein Nennmaß $N = 30{,}000$ mm:

ISO-Grundtoleranzen (Auszug):

Toleranzgrad		Nennmaßbereich in mm										
	über	1	3	6	10	18	30	50	80	120	180	250	315	400
	bis	3	6	10	18	30	50	80	120	180	250	315	400	500
IT	K [1]	ISO-Grundtoleranzen Tg in μm (nach DIN ISO 286 T1)												
1		0,8	1	1	1,2	1,5	1,5	2	2,5	3,5	4,5	6	7	8
2		1,2	1,5	1,5	2	2,5	2,5	3	4	5	7	8	9	10
3		2	2,5	2,5	3	4	4	5	6	8	10	12	13	15
4		3	4	4	5	6	7	8	10	12	14	16	18	20
5	7	4	5	6	8	9	11	13	15	18	20	23	25	27
6	10	6	8	9	11	13	16	19	22	25	29	32	36	40
7	16	10	12	15	18	21	25	30	35	40	46	52	57	63
8	25	14	18	22	27	33	39	46	54	63	72	81	89	97
9	40	25	30	36	43	52	62	74	87	100	115	130	140	155
10	64	40	48	58	70	84	100	120	140	160	185	210	230	250
11	100	60	75	90	110	130	160	190	220	250	290	320	360	400
12	160	100	120	150	180	210	250	300	350	400	460	520	570	630
13	250	140	180	220	270	330	390	460	540	630	720	810	890	970
14	400	250	300	360	430	520	620	740	870	1000	1150	1300	1400	1550
15	640	400	480	580	700	840	1000	1200	1400	1600	1850	2100	2300	2500
16	1000	600	750	900	1100	1300	1600	1900	2200	2500	2900	3200	3600	4000

[1] Klassenfaktor K

Toleranzklassen (Maßstabwechsel zwischen IT 9 und IT 10):

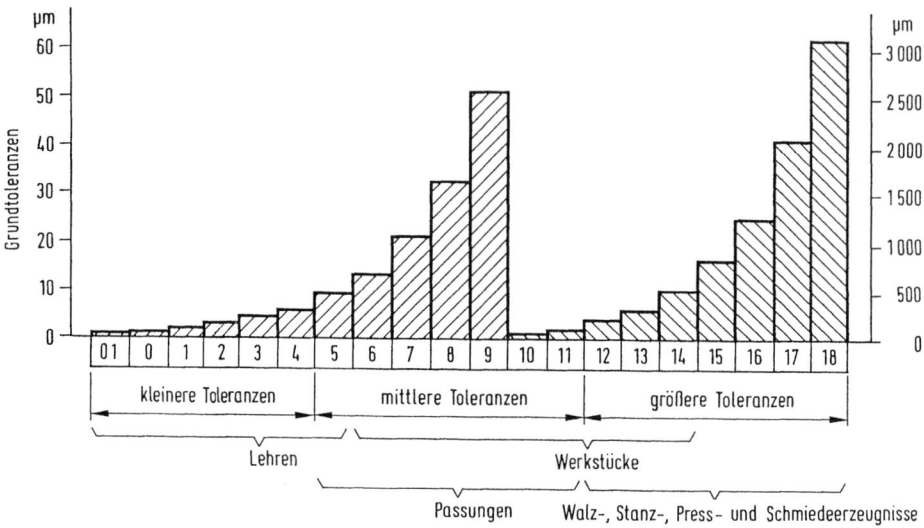

- ISO- Toleranzen für Wellen und Bohrungen siehe Anhang T 1.1

- Erreichbare Rauheiten Rz in Abhängigkeit unterschiedlicher Bearbeitungsverfahren (Richtwerte) siehe Anhang T 1.2

1.4 Werkstoffe – Vergleichstabellen und Kennwerte

1.4.1 Bezeichnungssystematik typischer Maschinenbau-Werkstoffe [92], [93]

- Kurzbezeichnung für Eisengusswerkstoffe (DIN EN 1560):

Arten: GJL   DIN EN 1561   Gusseisen mit Lamellengraphit
       GJV   Gusseisen mit Vermiculargraphit
       GJS   DIN EN 1563   Gusseisen mit Kugelgraphit (Spheroguss)
       GJN   Hartguss (Weißes Gusseisen)
       GJMW DIN EN 1562   Temperguss (entkohlend geglüht)
       GJMB DIN EN 1562   Temperguss (nicht entkohlend geglüht)
               DIN EN 10027 Stahlguss

Kurzzeichen: EN – XXX – XXX – X – XX

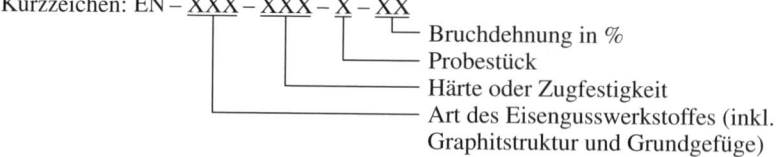

                                          Bruchdehnung in %
                                          Probestück
                                          Härte oder Zugfestigkeit
                                          Art des Eisengusswerkstoffes (inkl. Graphitstruktur und Grundgefüge)

Graphitstruktur: L   lamellar
                      S   kugelförmig (sphärolitisch)
                      M   temperkohlig
                      V   vermikular (wurmförmig)
                      N   graphitfrei (no grafit; Hartguss)
                      Y   Sonderstruktur

1.4 Werkstoffe – Vergleichstabellen und Kennwerte

Grundgefüge (Beispiele):
- P Perlit
- M Martensit
- T vergütet
- B black (nicht entkohlend geglüht)
- W white (entkohlend geglüht)

- Benennung unlegierter und legierter Stahlwerkstoffe (DIN EN 10 027-1 und -2):

Einteilung von Eisenknetlegierungen: DIN EN 10 020

Kurznamen zur Kennzeichnung physikalisch-mechanischer Eigenschaften:

X – XXX – XX

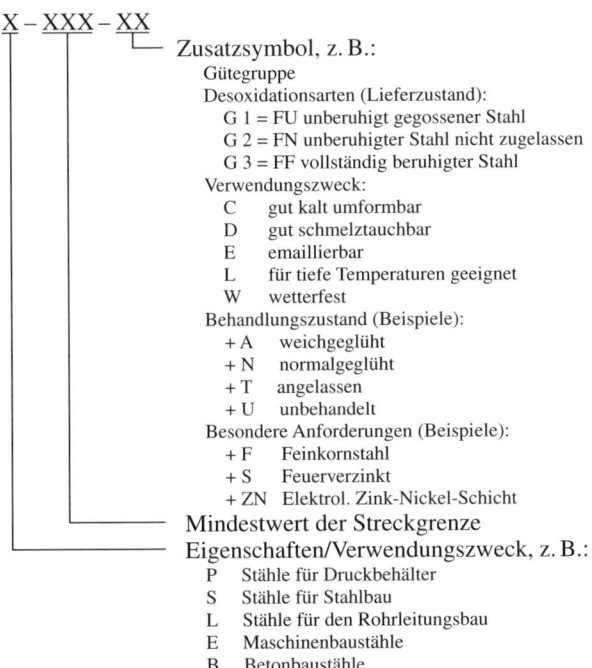

Zusatzsymbol, z. B.:
  Gütegruppe
  Desoxidationsarten (Lieferzustand):
    G 1 = FU unberuhigt gegossener Stahl
    G 2 = FN unberuhigter Stahl nicht zugelassen
    G 3 = FF vollständig beruhigter Stahl
  Verwendungszweck:
    C gut kalt umformbar
    D gut schmelztauchbar
    E emaillierbar
    L für tiefe Temperaturen geeignet
    W wetterfest
  Behandlungszustand (Beispiele):
    + A weichgeglüht
    + N normalgeglüht
    + T angelassen
    + U unbehandelt
  Besondere Anforderungen (Beispiele):
    + F   Feinkornstahl
    + S   Feuerverzinkt
    + ZN Elektrol. Zink-Nickel-Schicht
Mindestwert der Streckgrenze
Eigenschaften/Verwendungszweck, z. B.:
  P Stähle für Druckbehälter
  S Stähle für Stahlbau
  L Stähle für den Rohrleitungsbau
  E Maschinenbaustähle
  B Betonbaustähle

Kurznamen zur Kennzeichnung der chemischen Zusammensetzung:

C XX   Unlegierte Stahlwerkstoffe mit einem mittleren Mn-Gehalt von < 1 %:

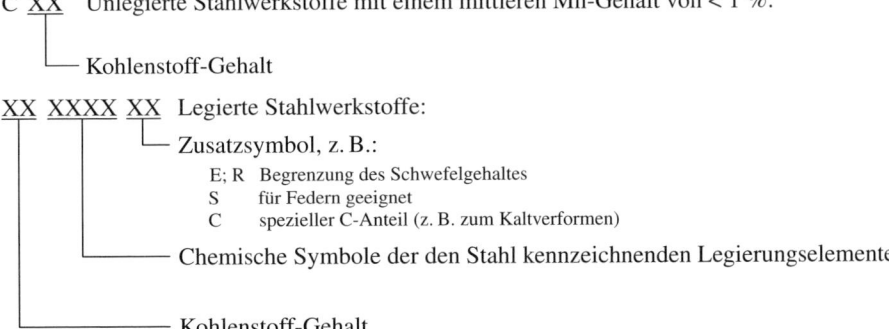

Kohlenstoff-Gehalt

XX XXXX XX Legierte Stahlwerkstoffe:

Zusatzsymbol, z. B.:
  E; R Begrenzung des Schwefelgehaltes
  S   für Federn geeignet
  C   spezieller C-Anteil (z. B. zum Kaltverformen)
Chemische Symbole der den Stahl kennzeichnenden Legierungselemente
Kohlenstoff-Gehalt

Schnellarbeitsstähle beginnen mit den Buchstaben HS, danach werden die W-, Mo-, V- und Co-Massegehalte genannt!

Europäisches Werkstoffnummernsystem nach DIN EN 10 027-2:

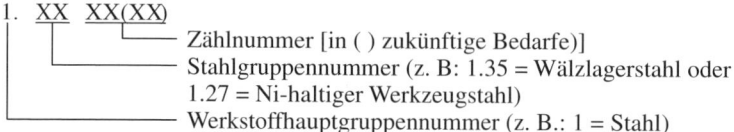

1. XX XX(XX)
   — Zählnummer [in ( ) zukünftige Bedarfe)]
   — Stahlgruppennummer (z. B: 1.35 = Wälzlagerstahl oder 1.27 = Ni-haltiger Werkzeugstahl)
   — Werkstoffhauptgruppennummer (z. B.: 1 = Stahl)

- Bezeichnung von NE-Werkstoffen (DIN 1700):

    Kennzeichnung der Gießverfahren: G   Guss (allgemein)
                  GS Sandformguss
                  GD Druckguss
                  GK Kokillenguss
                  GZ Schleuderguss (Zentrifugal –)
                  GC Strangguss (continuous –)
                  L   Lotmetall
                  S   Schweißmetall

    Behandlungszustände: w   geglüht (100%ig)
              hh halbhart (120%ig)
              h   hart (140%ig)
              fh federhart (180%ig)
              a   ausgehärtet
              ka kaltausgehärtet
              wa warmausgehärtet
              wh walzhart
              zh ziehhart
              ho homogenisiert
              p   plattiert

Bezeichnung für **Al-Knetwerkstoffe**:
- Numerische Bezeichnung nach DIN EN 573-1:

EN X X – X X XX X
       — Variante
     — Unterscheidungszahlen (z. B. Al-Reinheit)
    — Legierungsunterschiede
   — Hauptlegierungsanteil/Serienbezeichnung
  — Lieferform (Halbzeug)
 — Grundwerkstoffe (z. B.: A = Aluminium)

- Alphanumerische Benennung (mit chemischen Symbolen); DIN EN 573-2:

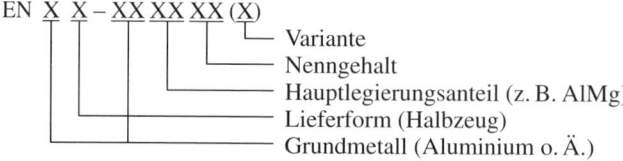

EN X X – XX XX XX (X)
      — Variante
     — Nenngehalt
    — Hauptlegierungsanteil (z. B. AlMg)
   — Lieferform (Halbzeug)
  — Grundmetall (Aluminium o. Ä.)

Bezeichnung für **Kupferwerkstoffe**: DIN EN 1412 und ISO 1190-1

1.4.2 Übersichten zu Stahl- und Gusswerkstoffen

Werkstoffvergleichstabelle für langspanende (plastische) Werkstoffe

ISO	Land								
	Großbritannien	Schweden	USA	Deutschland		Frankreich	Italien	Spanien	Japan
	Standard								
	BS	EN	SS	AISI/SAE	W.-nr.	DIN	AFNOR	UNI	UNE	JIS
P	Baustahl und Konstruktionsstahl								
	080M15	—	1350	1015	1.0401	C15	CC12	C15C16	F111	—
	050A20	2C	1450	1020	1.0402	C22	CC20	C20C21	F112	—
	060A35	—	1550	1035	1.0501	C35	CC35	C35	F113	—
	080M46	—	1650	1045	1.0503	C45	CC45	C45	F114	—
	070M55	—	1655	1055	1.0535	C55	—	C55	—	—
	080A62	43D	—	1060	1.0601	C60	CC55	C60	—	—
	230M07	—	1912	1213	1.0715	9SMn28	S250	CF9SMn28	11SMn2B	SUM22
	—	—	1914	12L13	1.0718	9SMnPb28	S250Pb	CF9SMnPb28	11SMnPb2B	SUM22L
	—	—	—	—	1.0722	10SPb20	10PbF2	CF10SPb20	10SPb20	—
	212M36	8M	1957	1140	1.0726	35S20	35MF4	—	F210G	—
	240M07	1B	—	1215	1.0736	9SMn36	S 300	CF9SMn36	12SMn35	—
	—	—	1926	12L14	1.0737	9SMnPb36	S300Pb	CF9SMnPb36	12SMnP35	—
	250A53	45	2085	9255	1.0904	55Si7	55S7	55Si8	56Si7	—
	—	—	—	9262	1.0961	60SiCr7	60SC7	60SiCr8	60SiCr8	—
	080M15	32C	1370	1015	1.1141	Ck15	XC12	C16	C15K	S15C
	150M36	15	—	1039	1.1157	40Mn4	35M5	—	—	—
	—	—	—	1025	1.1158	Ck25	—	—	—	S25C
	—	—	2120	1335	1.1167	36MN5	40M5	—	36Mn5	SMn438(H)
	150M28	14A	—	1330	1.1170	28Mn6	20M5	C28Mn	—	SCMn1
	060A35	—	1572	1035	1.1183	Cf35	XC38TS	C36	—	S35C
	080M46	—	1672	1045	1.1191	Ck45	XC42	C45	C45K	S45C
	070M55	—	—	1055	1.1203	Ck55	XC55	C50	C55K	S55C
	080A62	43D	1678	1060	1.1221	Ck60	XC55	C60	—	S58C
	Z120M12	—	—	—	1.3401	G X120Mn12	Z120M12	XG120Mn12	X120Mn12	SGMnH/1
	534A99	31	2258	52100	1.3505	100Cr6	100C6	100Cr6	F131	SUJ2
	1501-240	—	2912	ASTM A204GrA	1.5415	15Mo3	15D3	16Mo3KW	16Mo3	—
	1503-245-420	—	—	4520	1.5423	16Mo5	—	16Mo5	16Mo5	—
	—	—	—	ASTM A350LF5	1.5622	14Ni6	16N6	14Ni6	15Ni6	—
	1501-509; 510	—	—	ASTM A353	1.5662	XBNi9	—	X10Ni9	XBNiO9	—
	—	—	—	2515	1.5680	12Ni19	Z18N5	—	—	—
	640A35	111A	—	3135	1.5710	36NiCr6	35NC6	—	—	SNC236
	—	—	—	3415	1.5732	14NiCr10	14NC11	16NiCr11	15NiCr11	SNC415(H)
	655M13;A12	36A	—	3415;3310	1.5752	14NiCr14	—	—	—	SNC815(H)
	816M40	110	—	9840	1.6511	36CrNiMo4	40NCD3	3BNiCrMo4(KB)	35NiCrMo4	—
	805M20	362	2506	8620	1.6523	21NiCrMo2	20NCD2	20NiCrMo2	20NiCrMo2	SNCM220(H)
	311-Type 7	—	—	8740	1.6546	40NiCrMo22	—	40NiCrMo2(KB)	40NiCrMo2	SNCM240
	817M40	24	2541	4340	1.6582	35CrNiMo4	35NCD6	35NiCrMo6(KB)	—	—
	820A16	—	—	—	1.6587	17CrNiMo6	18NCD6	—	14NiCrMo13	—
	832M13	36C	—	—	1.6657	14NiCrMo134	—	15NiCrMol3	14NiCrMo131	—
	523M15	—	—	5015	1.7015	15Cr3	12C3	—	—	SCr415(H)
	530A32	18B	—	5132	1.7033	34Cr4	32C4	34Cr4(KB)	35Cr4	5Cr430(H)
	530M40	18	—	5140	1.7035	41Cr4	42C4	41Cr4	42Cr4	SCr440(H)
	—	—	2245	5140	1.7045	42Cr4	—	—	42Cr4	5Cr440
	(527M20)	—	2511	5115	1.7131	16MnCr5	16MC5	16MnCrS	16MnCr5	—
	527M20	48	—	5155	1.7176	55Cr3	55C3	—	—	SUP9(A)
	1717CD5110	—	2225	4130	1.7218	25CrMo4	25CD4	25CrMo4(KB)	55Cr3AM26CrMo4	SCM420;SCM430
	708A37	19B	2234	4137;4135	1.7220	34CrMo4	35CD4	35CrMo4	34CrMo4	SCM432;SCCRM3
	708M40	19A	2244	4140;4142	1.7223	41CrMo4	42CD4TS	41CrMo4	42CrMo4	SCM 440
	708M40	19A	2244	4140	1.7225	42CrMo4	42CD4	42CrMo4	42CrMo4	SCM440(H)
	—	—	2216	—	1.7262	15CrMo5	12CD4	—	12CrMo4	SCM415(H)

ISO	Land								
	Großbritannien	Schweden	USA	Deutschland		Frankreich	Italien	Spanien	Japan
	Standard								
	BS	EN	SS	AISI/SAE	W.-nr.	DIN	AFNOR	UNI	UNE	JIS
P	**Baustahl und Konstruktionsstahl**								
	1501-620Gr27	—	—	ASTM A182 F11;F12	1.7335	13CrMo4 4	15CD3.5 15CD4.5	14CrMo45	14CrMo45	—
	722M24	408	2240	—	1.7361	32CrMo12	30CD12	32CrMo12	F124.A	—
	1501-622 Gr.31;45	—	2218	ASTM A182 F.22	1.7380	10CrMo9 10	12CD9, 10	12CrMo9, 10	TU.H	—
	1503-660-440	—	—	—	1.7715	14MoV6 3	—	—	13MoCrV6	—
	735A50	47	2230	6150	1.8159	50CrV4	50CV4	50CrV4	51CrV4	SUP10
	905M39	41B	2940	—	1.8509	41CrAlMo7	40CAD6, 12	41CrAlMo7	41CrAlMo7	—
	897M39	40C	—	—	1.8523	39CrMoV13 9	—	36CrMoV12	—	—
P	**Werkzeugstähle**								
	BL3	—	—	L3	1.2067	100Cr6	Y100C6	—	100Cr6	—
	BD3	—	—	D3	1.2080	X210Cr12	Z200C12	X210Cr13KU X250Cr12KU	X210Cr12	SKD1
	BH13	—	2242	H13	1.2344	X40CrMoV5 1	Z40CDVS	X3SCrMoVO5KU X40CrMoV511KU	X40CrMoV5	SKD61
	BA2	—	2260	A2	1.2363	X100CrMoV5 1	Z100CDVS	X100CrMoV51KU	X100CrMoV5	SKD12
	—	—	2140	—	1.2419	105WCr6	105WC13	10WCr6 107WCr5KU	105WCr5	SKS31
	—	—	2312	—	1.2436	X210CrW12	—	X215CrW12 1KU	X210CrW12	SKS2, SKS3 SKD2
	BS1	—	2710	S1	1.2542	45WCrV7	—	45WCrV8KU	45WCrSi8	—
	8H21	—	—	H21	1.2581	X30WCrV9 3 X30WCrV9 3KU	Z30WCV9	X28W09KU X30WCrV9 3KU	X30WCrV9	SKD5
	—	—	2310	—	1.2601	X16SCrMoV 12	—	X165CrMoW12KU	X160CrMoV12	—
	401S45	52	—	HW3	1.4718	X45CrSi93	Z45CS9	X45CrSi8	F322	SUH1
	—	—	—	L6	1.2713	55NiCrMoV6	55NCDV7	—	F520.5	SKT4

Werkstoffvergleichstabelle für warmfeste und rostfreie Werkstoffe

ISO	Land								
	Großbritannien	Schweden	USA	Deutschland		Frankreich	Italien	Spanien	Japan
	Standard								
	BS	EN	SS	AISI/SAE	W.-nr.	DIN	AFNOR	UNI	UNE	JIS
M	**Rostfreie und warmfeste Werkstoffe**								
	403S17	—	2301	403	1.4000 1.4001	X7Cr13 X7Cr14	Z6C13 —	X6Cr13 —	F.3110 F.8401	SU5403 —
	430S15	60	2320	430	1.4016	X8Cr17	Z8C17	X8Cr17	F.3113	SUS430
	410S21	56A	2302	410	1.4006	X10Cr13	Z10C14	X12Cr13	F.3401	SUS410
	430S17	60	2320	430	—	X8Cr17	Z8C17	X8Cr17	F.3113	SUS430
	420S45	56D	2304	—	1.4034	X46Cr13	Z40CM Z38C13M	X40Cr14	F.3405	SUS420J2
	405S17	—	—	405	1.4002	—	ZBCA12	X6CrAl13	—	—
	420S37	—	2303	420	1.4021	—	Z20C13	X20Cr13	—	—
	431S29	57	2321	431	1.4057	X22CrNi17	Z15CNi6.02	X16CrNi16	F.3427	SUS431
	—	—	2383	430F	1.4104	X12CrMoS17	Z10CF17	X10CrS17	F.3117	SUS430F
	434S17	—	2325	434	1.4113	X6CrMo17	ZBCD17.01	XBCrMo17	—	SUS434
	425C11	—	—	—	1.4313	X5CrNi13 4	Z4CND13.4M	—	—	SCS5
	403S17	—	—	405	1.4724	X10CrAl13	Z10C13	X10CrA112	F.311	SUS405
	430S15	60	—	430	1.4742	X10CrAl18	Z10CAS18	X8Cr17	F.3113	SUS430
	443S65	59	—	HNV6	1.4747	X80CrNiSi20	Z80CSN20.02	X80CrSiNi20	F.3208	SUH4
	—	—	2322	446	1.4762	X10CrAl24	Z10CAS24	X16Cr26	—	SUH446
	349S54	—	—	EV8	1.4871	X53CrMnNiN21 9	Z52CMN21.09	X53CrMnNiN21 9	—	SUH35, SUH36
	—	—	—	630	1.4542/ 1.4548	—	Z7CNU17-04	—	—	—
	304S11	—	2352	304L	1.4306	—	Z2CN18-10	X2CrNi18 11	—	—

1.4 Werkstoffe – Vergleichstabellen und Kennwerte

ISO	Land								
	Großbritannien	Schweden	USA	Deutschland		Frankreich	Italien	Spanien	Japan
	Standard								
	BS	EN	SS	AISI/SAE	W.-nr.	DIN	AFNOR	UNI	UNE	JIS
M	**Rostfreie und warmfeste Werkstoffe**								
	304S31	58E	2332/2333	304	1.4350	X5CrNi189	Z6CN18.09	X5CrNi18 10	F.3551 F.3541 F.3504	SUS304
	303S21	58M	2346	303	1.4305	X12CrNiS18 8	Z10CNF 18.09	X10CrNiS 18.09	F.3508	SUS303
	304S15	58E	2332	304	1.4301	X5CrNi189	Z6CN18.09	X5CrNi18 10	F.3551	SUS304
	304C12		2333				Z3CN19.10	—	—	SUS304L
	304S12	—	2352	304L	1.4306	X2CrNi18 9	Z2CrNi18 10	X2CrNi18 11	F.3503	SCS19
	—	—	2331	301	1.4310	X12CrNi17 7	Z12CN17.07	X12CrNi17 07	F.3517	SUS301
	304S62	—	2371	304LN	1.4311	X2CrNiN18 10	Z2CN18.10	—	—	SUS304LN
	316S16	58J	2347	316	1.4401	X5CrNiMo18 10	Z6CND17.11	X5CrNiMo17 12	F.3543	SUS316
	—		2375	316LN	1.4429	X2CrNiMoN18 13	Z2CND17.13	—	—	SUS316LN
	316S13		2348	316L	1.4404	—	Z2CND17-12	X2CrNiMo1712	—	—
	316S13	—	2353	316L	1.4435	X2CrNiMo18 12	Z2CND17.12	X2CrNiMo17 12	—	SCS16 SUS316L
	316S33	—	2343/2347	316	1.4436	—	Z6CND18-12-03	X8CrNiMo1713	—	—
	317S12	—	2367	317L	1.4438	X2CrNiMo18 16	22CND19.15	X2CrNiMo18 16	—	SUS317L
	—	—	—	S31500	1.4417	X2CrNiMoSi19 5	—	—	—	—
	—	—	2324	S32900	—	X8CrNiMo27 5	—	—	—	—
	—	—	2327	S32304	—	X2CrNiN23 4	Z2CN23-04AZ	—	—	—
	—	—	2328	—	—	—	—	—	—	—
	—	—	2377	S31803	—	X2CrNiMoN22 53	Z2CND22-05-03	—	—	—
	321S12	58B	2337	321	1.4541	X10CrNiTi18 9	Z6CNT18.10	X6CrNiTi18 11	F.3553 F.3523	SUS321
	347S17	58F	2338	347	1.4550	X10CrNiNb18 9	Z6CNNb18.10	X6CrNiNb18 11	F.3552 F.3524	SUS347
	320S17	58J	2350	316Ti	1.4571	X10CrNiMoTi18 10	Z6NDT17.12	X6CrNiMoTi17 12	F.3535	—
	—	—	—	318	1.4583	X10CrNiMoNb 18 12	Z6CNDNb17 13B	X6CrNiMoNb17 13	—	—
	309S24	—	—	309	1.4828	X15CrNiSi20 12	Z15CNS20.12	—	—	SUH309
	310S24	—	2361	310S	1.4845	X12CrNi25 21	Z12CN25 20	X6CrNi25 20	F.331	SUH310
	316S111	—	—	17-7PH	1.4568/1.4504	—	Z8CNAI7-07	X2CrNiMo1712	—	—
	—	—	2584	N08028	1.4563	—	Z1NCDU31-27-03	—	—	—
	—	—	2378	S31254	—	—	Z1CNDU20-18-06AZ	—	—	—
	—	—	—	330	1.4864	X12NiCrSi36 16	Z12NCS35 16	—	—	SUH330
	330C11	—	—	—	1.4865	G-X40NiCrSi38 18	—	XG50NiCr39 19	—	SCH15
	—	—	—	5390A	2.4603	—	NC22FeD	—	—	—
	—	—	—	5666	2.4856	NiCr22Mo9Nb	NC22FeDNB	—	—	—
	HR5,203-4	—	—	—	2.4630	NiCr20Ti	NC20T	—	—	—
	—	—	—	5660	LW2.4662	NiFe35Cr14MoTi	ZSNCDT42	—	—	—
	3146-3	—	—	5391	LW2.4670	S-NiCr13A16MoNh	NCl2AD	—	—	—
	HR8	—	—	5383	LW2.4668	NiCr19Fe19NbMo	NC19eNB	—	—	—
	3072-76	—	—	4676	2.4375	NiCu30Al	—	—	—	—
	Hr401,601	—	—	—	2.4631	NiCr20TiAk	NC20TA	—	—	—
	—	—	—	AMS 5399	2.4973	NiCr19Co11MoTi	NC19KDT	—	—	—
	—	—	—	AMS 5544	LW2.4668	NiCr19Fel9NhMo	NC20K14	—	—	—
	—	—	—	AMS 5397	LW2.4674	NiCo15Cr10MoAlTi	—	—	—	—
	—	—	—	5537C	LW2.4964	CoCr20W15Ni	KC20WN	—	—	—
	—	—	—	AMS 5772	—	CoCr22W14Ni	KC22WN	—	—	—
	TA14/17	—	—	AMS R54520	—	TiA15Sn2.S	T-A5E	—	—	—
	TA10-13/TA2	—	—	AMS R56400	—	TiA16V4	T-A6V	—	—	—
	TA11	—	—	AMS R56401	—	TiA16V4ELI	—	—	—	—
	—	—	—	—	—	TiA14Mo4Sn4Si0.5	—	—	—	—

Werkstoffvergleichstabelle für kurz spanende Werkstoffe

ISO	Land Großbritannien		Schweden	USA	Deutschland		Frankreich	Italien	Spanien	Japan
	Standard BS	EN	SS	AISI/SAE	W.-nr.	DIN	AFNOR	UNI	UNE	JIS
K	**Grauguss**									
				ASTM A48-76						
			01 00							
			01 10	No 20 B		GG 10	Ft 10 D			
	Grade 150		01 15	No 25 B		GG 15	Ft 15 D			
	Grade 220		01 20	No 30 B		GG 20	Ft 20 D			
	Grade 260		01 25	No 35 B		GG 25	Ft 25 D			
				No 40 B						
	Grade 300		01 30	No 45 B		GG 30	Ft 30 D			
	Grade 350		01 35	No 50 B		GG 35	Ft 35 D			
	Grade 400		01 40	No 55 B		GG 40	Ft 40 D			
	Kugelgraphitguss									
	2789;1973			A536-72			NF A32-201			
	SNG 420/12		07 17-02	60-40-18		GGG	FCS 400-12			
	SNG 370/17		07 17-12	—		GGG 40.3	FGS 370-17			
	—		07 17-15	—		GGG 35.3	—			
	SNG 500/7		07 27-02	80-55-06		GGG 50	FGS 500-7			
	SNG 600/3		07 32-03	—		GGG 60	FGS 600-3			
	SNG 700/2		07 37-01	100-70-03		GGG 70	FGS 700-2			
	Temperguss									
				ASTM A47-74 A 220-76 2						
	8 290/6		08 14				MN 32-8			
	B 340/12		08 15	32510		GTS-35	MN 35-10			
	P 440/7		08 52	40010		GTS-45				
	P 510/4		08 54	50005		GTS-55	MP 50-5			
	P 570/3		08 58	70003		GTS-65	MP 60-3			
	Aluminiumlegierungen, gegossen									
	LM25		4244	356.1		GD-AlSi12				
			4247	A413.0		GD-AlSiBCu3				
	LM24		4250	A380.1		G-AlSi12(Cu)				
	LM20		4260	A413.1		G-AlSi12				
	LM6		4261	A413.2		G-AlSi10Mg(Cu)				
	LM9		4253	A360.2						

1.4 Werkstoffe – Vergleichstabellen und Kennwerte

Glüh- und Anlassfarben von Stahlwerkstoffen

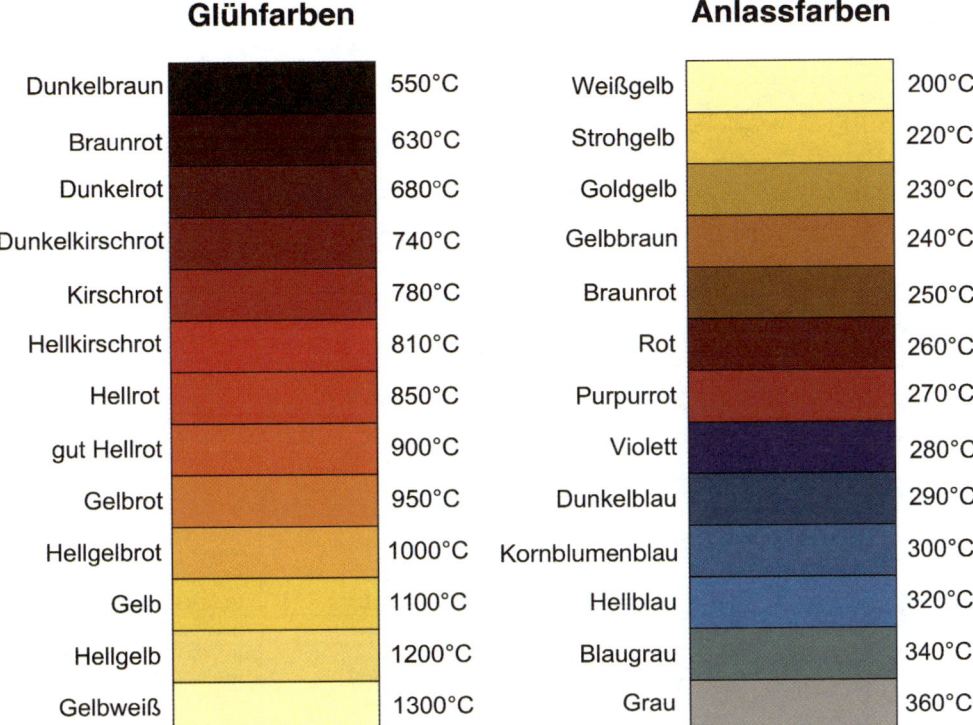

Glühfarben		Anlassfarben	
Dunkelbraun	550°C	Weißgelb	200°C
Braunrot	630°C	Strohgelb	220°C
Dunkelrot	680°C	Goldgelb	230°C
Dunkelkirschrot	740°C	Gelbbraun	240°C
Kirschrot	780°C	Braunrot	250°C
Hellkirschrot	810°C	Rot	260°C
Hellrot	850°C	Purpurrot	270°C
gut Hellrot	900°C	Violett	280°C
Gelbrot	950°C	Dunkelblau	290°C
Hellgelbrot	1000°C	Kornblumenblau	300°C
Gelb	1100°C	Hellblau	320°C
Hellgelb	1200°C	Blaugrau	340°C
Gelbweiß	1300°C	Grau	360°C

Wirkungen typischer Legierungselemente metallischer Werkstoffe (mit ansteigenden Anteilen):
- **C** Ansteigen von Härte und Festigkeit; Reduzierungen von Dehnfähigkeit, Schmied-, Schweiß- und Spanbarkeit;
- **Si** Verbesserung von Verschleißfestigkeit, Elastizität sowie Zunder- und Säurebeständigkeit;
- **Mn** Steigerungen bei Härtbarkeit (als Folge der Reduzierung der Abkühlgeschwindigkeit), Festigkeit und Streckgrenze;
- **P** Versprödung der Werkstoffe (nicht erwünscht!);
- **S** Verbesserung der Spanbarkeit (Reduzierung der Reibung zwischen Wst. und Wz.), Verringerung der Zähigkeit;
- **Al** Ansteigen der Alterungsempfindlichkeit und Zunderbeständigkeit, Stahlberuhigung;
- **V** Verbesserung von Verschleißfestigkeit, Anlassbeständigkeit und Warmfestigkeit (vorrangig für SS und HSS von Bedeutung);
- **Nb** Steigerungen bei Warmfestigkeiten und Zeitstandfestigkeiten;
- **Ti** Verminderung interkristalliner Korrosion (durch Affinität zu O_2, N_2, C und S → als Desoxidationsmittel geeignet);
- **Cr** Verbesserung von Härtbarkeit, Vergütbarkeit, Zugfestigkeit, Warmfestigkeit und Verschleißfestigkeit;
- **B** Steigerungen von Festigkeit (Kernfestigkeit) und Durchhärtbarkeit.

Vergleich der DIN- mit DIN EN-Normen ausgewählter Maschinenbau-Werkstoffe

Werkstoffart	Nationale Werkstoffbezeichnung	DIN	Europäische Werkstoffbezeichnung	DIN EN	Werkstoff-Nr.
Unleg. Baustähle	St33	17 100	S185	10 025	1.0035
	St37-2	17 100	S235JR	10 025	1.0037
	St44-2	17 100	S275JR	10 025	1.0044
	St50-2	17 100	E295	10 025	1.0050
	St60-2	17 100	E335	10 025	1.0060
	St70-2	17 100	E360	10 025	1.0070
Druckbehälterstähle	17Mn4	17 155	P295GH	10 028-2	1.0481
	13CrMo4 4	17 155	13CrMo4-5	10 028-2	1.7335
	15Mo3	17 155	16Mo3	10 028-2	1.5415
	StE285	17 102/SEW	P275N	10 028-3	1.0486
	StE355	17 102/SEW	P355N	10 028-3	1.0562
	StE460	17 102/SEW	P460N	10 028-3	1.8905
	13MnNi5 3	17 174	11MnNi5-3	10 028-4	1.6212
	X8Ni9	17 174	X8Ni9	10 028-4	1.5662
Vergütungsstähle	34CrMoS4	17 200	34CrMoS4	10 083-1	1.7226
	50CrMo4	17 200	50CrMo4	10 083-1	1.7228
	30CrNiMo8	17 200	30CrNiMo8	10 083-1	1.6580
	C22	17 200	C22	10 083-2	1.0402
	C35	17 200	C35	10 083-2	1.0501
	C45	17 200	C45	10 083-2	1.0503
	C60	17 200	C60	10 083-2	1.0601
	21MnB5	17 200	20MnB5	10 083-3	1.5530
	33MnCrB5 2	17 200	33MnCrB5-2	10 083-3	1.7185
Nichtrostende Stähle	X2CrNi11	SEW 400	X2CrNi12	10 088-1/-2	1.4003
	X6Cr13	17 440	X6Cr13	10 088-1/-2	1.4000
	X4CrMoS18	17 440	X6CrMoS17	10 088-1/-2	1.4105
	X10Cr13	17 440	X12Cr13	10 088-1/-2	1.4006
	X45CrMoV15	17 440	X50CrMoV15	10 088-1/-2	1.4116
	X7CrNiAl17 7	17 224	X7CrNiAl17-7	10 088-1/-2	1.4568
	X5CrNi18 12	17 440	X4CrNi18-12	10 088-1/-2	1.4303
	X3CrNiCu18 9	1654-5	X3CrNiCu18-9-4	10 088-1/-2	1.4567
	X2CrNiN23 4	SEW 400	X2CrNiN23-4	10 088-1/-2	1.4362
Feinkornbaustähle	StE285	17 102	S275N	10 113-2	1.0490
	StE355	17 102	S355N	10 113-2	1.0545
	BStE355TM	SEW 083	S355M	10 113-3	1.8823
	BTStE420TM	SEW 083	S420ML	10 113-3	1.8836
	BStE460TM	SEW 083	S460ML	10 113-3	1.8827
Kaltumformstähle	St12	1623-1	DC01	10 130	1.0330
	RRSt13	1623-1	DC03	10 130	1.0347
	St14	1623-1	DC04	10 130	1.0338
	QStE300TM	—	S315MC	10 149-2	1.0972
	QStE550TM	SEW 092	S550MC	10 149-2	1.0986
	QStE260N	SEW 092	S260NC	10 149-3	1.0971
	QStE420N	SEW 092	S420NC	10 149-3	1.0981
Wetterfeste Baustähle	WTSt37-3	SEW 087	S235J2W	10 155	1.8961
	WTSt52-3	SEW 087	S355J2G1W	10 155	1.8963
Stahlguss (f. Behälter)	GS-45	1681	GP240R	10 213-2	1.0446
	G-X8CrNi12	17 245	GX8CrNi12	10 213-2	1.4107
Tieftemperaturstähle	GS-16Mn5	17 182	G17Mn5	10 213-3	1.1131
	GS-10Ni14	SEW 685	G10Ni14	10 213-3	1.5638
Austenitische Stähle	G-X6CrNi18 9	17 445	GX5CrNi19-10	10 213-4	1.4308
	—	—	GX2NiCrMo28-20	10 213-4	1.4458
Schmiedestücke (für Druckbehälter)	16Mo5	—	14Mo6	10 222-2	1.5423
	15Mo3	17 243	17Mo3	10 222-2	1.5415
	13CrMo4 4	17 243	14CrMo4-5	10 222-2	1.7335
	10Ni14	17 280	12Ni14	10 222-3	1.5637
	X8Ni9	17 280	X8Ni9	10 222-3	1.5662

Vollständiger Werkstoffschlüssel siehe [26]

Zusammenhänge zwischen Härte- und Festigkeitswerten

1. Umrechnungen zwischen Zugfestigkeiten und Brinellhärten:

$$R_m \approx a \cdot HB \quad \text{in N/mm}^2$$

Faktoren „a" für Stahlwerkstoffe   3,5
            Kupfer; Messing   0,40...0,55
            Al-Mg-Legierungen   0,35...0,44
            Mg-Legierungen   0,41
            Al-Gusswerkstoffe   0,26

2. Richtwerte:

Zugfestigkeit R_m in N/mm²	Brinellhärte HB	Vickershärte HV	Rockwellhärte HRB	Rockwellhärte HRC	Zugfestigkeit R_m in N/mm²	Brinellhärte HB	Vickershärte HV	Rockwellhärte HRB	Rockwellhärte HRC
285	86	90			1190	352	370		37,7
320	95	100	56,2		1220	361	380		38,8
350	105	110	62,3		1255	371	390		39,8
385	114	120	66,7		1290	380	400		40,8
415	124	130	71,22		1320	3sv	410		41,8
450	133	140	75,0		1350	399	420		42,7
480	143	150	78,7		1385	409	430		43,6
510	152	160	81,7		1420	418	440		44,5
545	182	170	85,0		1455	428	450		45,3
575	171	180	87,1		1485	437	480		46,1
610	181	190	89,5		1520	447	470		46,9
640	190	200	91,5		1555	456	480		47,7
675	199	210	93,5		1595	466	490		48,4
705	209	220	95,0		1630	475	500		49,1
740	219	230	96,7		1665	485	510		49,8
770	228	240	98,7		1700	494	520		50,5
800	238	250	115.1		1740	504	530		51,1
820	242	255		23,1	1775	513	540		51,7
850	252	285		24,8	1810	523	550		52,3
880	281	275		26,4	1845	532	560		53,0
900	288	2B0		27,1	1880	542	570		53,6
930	278	290		28,5	1920	551	580		54,1
950	280	295		29,2	1955	561	590		54,7
995	295	310		31,0	1995	570	600		55,2
1030	304	320		32,2	2030	580	610		55,7
1060	314	330		33,3	2070	589	620		56,3
1095	323	340		34,4	2105	599	630		56,8
1125	333	350		35,5	2145	608	640		57,3
1155	3d2	380		36,6	2180	618	650		57,8

Brinellhärte: Belastungsgrad $0{,}102 \cdot F/D^2 - 30$ N/mm²
                  F – Prüfkraft in N, D – Kugeldurchmesser in mm
Vickershärte: Diamantpyramide 136°, Prüfkraft $\geq$ 98 N
Rockwellhärte B: Kugeldurchmesser 1/16",
                        Gesamtprüfkraft $(980 \pm 6{,}5)$ N
Rockwellhärte C: Diamantkegel 120°,
                        Gesamtprüfkraft $(1\,471 \pm 9)$ N

Mechanische Eigenschaften typischer Maschinenbauwerkstoffe vgl. Anhang T 1.3.1 und T 1.3.2

1.4.3 Kennwerte typischer Kunststoffe

- Benennungen von Duro- und Thermoplasten (nach DIN 7728-1) und Elastomeren (DIN ISO 1629) in alphabetischer Reihenfolge

Kurzzeichen	Benennung	Kurzzeichen	Benennung
ABA	Acrylnitril-Butadien-Acrylat	PF	Phenol-Formaldehyd
ABS	Acrylnitril-Butadien-Styrol	PFA	Perfluoralkoxylalkan
AMMA	Acrylnitril-Methylmethacrylat	PI	Polyimid
A/PE-C/S	Acrylnitril/chloriertes PE/Styrol	PIB	Polyisobutylen
AU	Polyester-Urethan-Kautschuk	PMI	Polymethacrylimid
CA	Celluloseacetat	PMMA	Polymethylmethacrylat
CAB	Celluloseacetobutyrat	POM	Polyoxymethylen
CAP	Celluloseacetopropionat	PP	Polypropylen
CN	Cellulosenitrat	PPS	Polyphenylensulfid
CP	Cellulosepropionat	PPSU	Polyphenylensulfon
CR	Chlor-Butadien-Kautschuk	PS	Polystyrol
CTA	Cellulosetriacetat	PSU	Polysulfon
EC	Ethylcellulose	PTFE	Polytetrafluorethylen
EEA	Ethylen-Ethylacrylat	PUR	Polyurethan
EP	Epoxid	PVAC	Polyvinylacetat
EP	Ethylen-Propylen	PVAL	Polyvinylalkohol
EPDM	Ethylen-Propylen-Dien	PVC	Polyvinylchlorid
EVA	Ethylen-Vinylacetat	PVC-C	Chloriertes PVC
MBS	Methylacrylat-Butadien-Styrol	PVDC	Polyvinylidenchlorid
MC	Methylcellulose	PVDF	Polyvinylidenfluorid
MF	Melamin-Formaldehyd	PVF	Polyvinylfluorid
MPF	Melamin-Phenol-Formaldehyd	SAN	Styrol-Acrylnitril
NBR	Nitril-Butadien-Kautschuk	SB	Styrol-Butadien
NR	Naturkautschuk	SBR	Styrol-Butadien-Kautschuk
PA	Polyamid	SI	Silikon (-Kautschuk)
PAI	Polyamidimid	SP	Gesättigter Polyester
PAN	Polyacrylnitril	UF	Harnstoff-Formaldehyd
PB	Polybuten	UP	Ungesättigter Polyester
PBA	Polybutylacrylat	VC/E	Vinylchlorid-Ethylen
PC	Polycarbonat	VC/E/MA	VC-Ethylen-Methacrylat
PCTFE	Polychlortrifluorethan		
PE	Polyethylen		
PE-C	Chloriertes Polyethylen		
PEI	Polyetherimid		
PEK	Polyetherketon		
PES	Polyethersulfon		

1.4 Werkstoffe – Vergleichstabellen und Kennwerte

- Verarbeitungs- und Verwendungsmöglichkeiten für Kunststoffe [27]

Beschreibung der Fertigungsverfahren bzw. der besonderen Verwendungsgebiete	Aufschmelz-, Gieß- und Sprühverfahren	Niederdruckverfahren für verstärkte Kunststoffe	Spritzgießen	Hohlkörperblasen	Pressen	Extrudieren	(Warm-)Umformen	Schweißen	Folien- und Gewebe-Kunstleder	Verpackungs- und Isolierfolien	Schaumkunststoffe	Klebstoffe	Lacke und Anstrichmittel	Fasern und Fäden
Thermoplastische Kunststoffe														
Polyolefine	‡	–	‡‡	‡‡	(+)	‡‡	+	‡‡	–	‡‡	+	–	–	+
Styrol-Polymerisate	(+)	–	‡‡	+	–	‡‡	‡‡	+	–	‡	‡	–	+	(+)
Vinylchlorid-Polymerisate (hart)	(+)	–	+	‡	(+)	‡‡	‡‡	‡‡	–	‡	+	(+)	(+)	(+)
Polyvinylchlorid weich	+	–	+	(+)	–	‡	(+)	+	‡	+	‡	–	+	–
Fluorhaltige Polymere	‡	(+)	‡	–	–	+	‡	–	–	(+)	(+)	–	–	–
Poly(meth)acryl-Kunststoffe	+	–	‡	+	–	‡	(+)	+	–	–	(+)	+	(+)	‡
Heteropolymere	+	–	‡	‡	–	‡	(+)	+	(+)	‡	(+)	+	+	‡
Cellulose-Ester u. Ether	–	–	–	–	–	(+)	+	–	–	–	–	+	(+)	‡
Hydratcellulose (Vf., Zellglas)	–	–	–	–	–	–	–	–	–	‡	–	–	–	‡
Kunsthorn u. a. Casein-Prod.	–	–	–	–	–	(+)	(+)	–	–	–	–	–	(+)	(+)
Duroplastische Kunststoffe														
Phenol-, Kresol- und Furanharze	+	(+)	‡	–	‡‡	(+)	(+)	–	–	–	+	‡	+	–
Harnstoffharze	–	‡	+	–	+	(+)	–	–	–	–	‡	‡	‡	–
Melaminharze	–	‡	+	–	‡	–	–	–	–	–	(+)	‡	+	(+)
Reaktionsharze														
Ungesättigte Polyester	‡	‡‡	(+)	–	‡	(+)	(+)	–	–	–	(+)	‡	(+)	‡
Epoxidharze	‡	‡	(+)	–	+	(+)	(+)	–	–	–	–	‡	‡	(+)
Spezielle Reaktionsharze	+	(+)	(+)	–	+	–	(+)	–	–	–	‡	‡	(+)	(+)
Isocyanatharze (PUR)	‡‡	–	–	–	–	–	–	–	–	–	‡	+	+	–
HT-Kunststoffe														
Polyarylene, Polyarylamide, -ester, -oxide, Polyimide	+	+	(+)	–	+	–	–	(+)	–	+	‡	+	+	(+)

Zeichenerklärung: – nicht möglich, oder nicht üblich; (+) Spezialfall; +, ++, +++ entsprechend wachsender Bedeutung

- Mechanische Kennwerte ausgewählter Kunststoffe im Maschinenbau siehe Anhang T 1.3.2

1.4.4 Keramische und Verbundwerkstoffe (DIN ISO 4381; DIN 30 910-1; DIN 1494-1)

- Eigenschaften und Einsatzmöglichkeiten von Funktions- und Strukturkeramiken:

Werkstoff	Dichte ϱ in g/cm^3	Längenausdehnungskoeffizient α in 10^{-6}/K	Biegefestigkeit σ_b in N/mm^2	E-Modul E in kN/mm^2	Eigenschaften und Verwendung
Aluminiumoxid Al2O$_3$	3,98	8	400	380	Verschleißfest, chemisch, thermisch beständig (1000 °C), Schneidstoffe, Umformwerkzeuge
Zirkoniumoxid ZrO$_2$	5,56	10	600	240	Chemisch, thermisch beständig (2100 °C), bruchunempfindlich, Umformwerkzeuge, λ-Sonde
Siliciumcarbid HPSiC	3,21	4,5	650	440	Hart, verschleißfest, temperaturwechselbeständig (1350 °C), Schleifmittel, Brenner, Lager, Ventile
Siliciumnitrid HPSi$_3$N$_4$	3,19	3,5	700	210	Bruchempfindlich, temperaturwechselbeständig (1100 °C), Schneidstoff

- Eigenschaften von Fasern und Whiskern:

Werkstoff	Dichte ϱ in g/cm^3	Zugfestigkeit R_m in kN/mm^2	E-Modul E in kN/mm^2	Spezifische Zugfestigkeit in km	Spezifischer E-Modul in 10^3 km
Kohlenstoff (C) HM (high module)	1,70...1,91	2,45...3,9	295...490	130...233	17...26
HT (high tensile)	1,76...1,82	3,55...7,1	230...295	205...395	13...17
Whisker	2,0	20	700	1000	35
Aramid	1,45	2,6...2,95	130...140	180...207	9,2...9,8
E-Glas	2,52	1,5...2,6	70...75	60...105	2,8...3,0
R-Glas	2,48	1,7...4,5	80...85	70...185	3,3...3,5
Stahl	7,9	3	210	39	2,7
Whisker	7,9	13	200	167	2,6
SiC-Whisker	3,5	20	700	580	20,4
Al$_2$O$_3$-Whisker	4	16	580	400	14

- Benennungen und mechanische Eigenschaften typischer faserverstärkter Kunststoffe (K)/Verbundwerkstoffe (V):

Kurzzeichen	Benennung	Kurzzeichen	Benennung
AFK	Asbestfaserverstärkter K.	MKF	Metallfaserverstärkter K.
BFK	Borfaserverstärkter K.	SFK	Synthesefaserverstärkter K.
CFK	Kohlenstofffaserverstärkter K.	MWK	Metallwhiskerverstärkter K.
GFK	Glasfaserverstärkter K.	PFK	Aramidfaserverstärkter K.
CFV	Kohlenstofffaserverstärkter V.	MMV	Metall-Matrix-Verbundwerkstoff
KMV	Keramik-Matrix-V.	PMV	Polymer-Matrix-Verbundwerkstoff

- Benennungen und Eigenschaften typischer Verbundwerkstoffe [27]:

Kurzname	Festigkeit R_m in N/mm²	Zusammensetzung	Kurzname	Festigkeit R_m in N/mm²	Zusammensetzung
Sint-AF 40	10…150	Sinterstahl (CrNi)	Sint-A 34	> 120	Sinterstahl mit
Sint-AF 50	10…80	Sinter-CuSn (Bronze)	Sint-B 34	> 170	Cu und Sn
Sint-AF 90	0,2	Sinter-Polyethylen	Sint-C 35	> 230	Sinterstahl,
Sint-A 00	> 60	Sintereisen	Sint-D 35	> 300	phosphorhaltig
Sint-B 00	> 80	Sintereisen	Sint-S 41	> 85	Sinterstahl mit C, Cu, Ni
Sint-D 02	> 190	weichmagnetisch	Sint-A 50	> 70	Sinter-CuSn (Bronze)
Sint-B 10	> 150	Sinterstahl	Sint-D 50	> 220	
Sint-E 10	> 350	kupferhaltig	Sint-S 51	> 40	Sinter-CuSn, grafithaltig
Sint-A 11	> 200	Sinterstahl	Sint-C 52	> 90	Sinter-CuZn
Sint-B 11	> 250	kohlenstoff- und	Sint-D 52	> 100	(Messing)
Sint-D 11	> 500	kupferhaltig	Sint-S 53	> 45	Sinter-CuSn, C+Pb-haltig
Sint-S 11	> 45	mit MoS₂	Sint-C 54	> 100	Sinter-CuNIZn
Sint-B 21	> 250	Sinterstahl, kohlenstoff-	Sint-S 61	> 80	Sinter-CuNiFe, grafithaltig
Sint-C 21	> 350	haltig, über 5 % Cu	Sint D 71	> 90	Sinteraluminium
Sint-G 22	> 75	Sinterstahl, Cu infiltriert	Sint-E 71	> 100	(AlMgCu)
Sint-C 30	> 260	Sinterstahl	Sint-D 73	> 120	Sinteraluminium
Sint-D 30	> 550	Cu- und Ni-haltig	Sint-E 73	> 140	(AlCuMg)

1.5 Zielstellungen innerhalb der Fertigungstechnik

- Grundorientierungen der Fertigungstechnik:

Wirtschaftlichkeit:
$$\text{Wirtschaftlichkeit} = \frac{\text{Leistung}}{\text{Kosten}} > 1$$

Produktivität:
$$\text{Produktivität:} = \frac{\text{Ausgabe}}{\text{Eingabe}} > 1$$

[vgl. Arbeitsproduktivität, Richtwert für die metallverarbeitende Industrie in Abh. der Fertigungstiefe (Stand 2000): Jährlich ca. 75…160 T€ je Besch.]

Rentabilität:
$$\text{Rentabilität:} = \frac{\text{Gewinn}}{\text{Kapitaleinsatz}} > 1$$

- Ziele der Wertschöpfung in der Fertigungstechnik:

Bearbeitungszeiten: $t \to$ Minimum

Herstellkosten: $HK \to$ Minimum

Werkstückqualität: $Q_{wst.} \to$ Optimum So genau wie nötig, nicht so genau wie möglich!

- Wirtschaftliche Energieverwendung (hier dargestellt am Energieaufwand zur Herstellung, Verarbeitung und Wiederaufbereitung eines kg Stahlwerkstoffes):

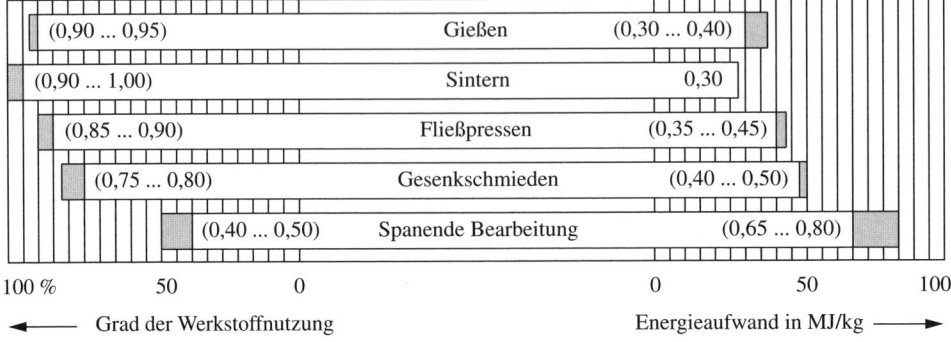

- Übersicht und Begriffsbestimmungen (in redaktioneller Hinsicht überarbeitet) zu den Fertigungsverfahren nach DIN 8580:

Schaffen der Form	Ändern der Form				Ändern der Stoffeigenschaften
Zusammenhalt schaffen	Zusammenhalt beibehalten	Zusammenhalt vermindern	Zusammenhalt vermehren		
Hauptgruppe 1 Urformen	Hauptgruppe 2 Umformen	Hauptgruppe 3 Trennen	Hauptgruppe 4 Fügen	Hauptgruppe 5 Beschichten	Hauptgruppe 6 Stoffeigenschaft ändern

1. **Urformen**: Erzeugen fester Körper (Werkstücke) aus formlosem Material durch Schaffung eines Stoffzusammenhaltes. Dabei treten die Stoffeigenschaften des Werkstücks erstmals bestimmbar in Erscheinung.
2. **Umformen**: Fertigung durch bildsames, d. h. plastisches Ändern der Form eines festen Körpers. Dabei werden sowohl die Masse als auch der Zusammenhalt des Körpers (Werkstück) erhalten.
3. **Trennen**: Bearbeitung durch Formänderung eines festen Körpers (Werkstück), wobei der Zusammenhalt örtlich aufgehoben, d. h. im Ganzen vermindert wird. Dem Trennen sind auch das Zerlegen zusammengesetzter Körper, das Reinigen und Evakuieren zugeordnet.
4. **Fügen**: Dauerhaftes Verbinden oder sonstiges Zusammenbringen von zwei oder mehr Werkstücken mit geometrisch bestimmten Formen oder von ebensolchen Teilen mit formlosem Stoff. Dabei wird jeweils der Zusammenhalt örtlich geschaffen und somit im Ganzen vermehrt. Eine durch Fügen hergestellte Verbindung kann lösbar oder nicht lösbar sein.
5. **Beschichten**: Aufbringen fest haftender Schichten aus formlosen metallischen, organischen oder metallisch-organischen Stoffen auf feste Körper (Werkstücke).
6. **Stoffeigenschaftsänderung**: Verändern der Eigenschaften eines Werkstoffs in submikroskopischen bzw. atomaren Bereichen, z. B. durch Diffusion von Atomen, Erzeugung von und Bewegung von Versetzungen in den jeweiligen Atomgittern oder durch chemische Reaktionen.

2 Urformtechnik (Gießen, Sintern, Abscheiden)

Bei der Urformtechnik handelt es sich um ein spezielles Fachgebiet des Maschinenbaus mit vorrangig metallurgischen Inhalten und Problemstellungen. Aus diesem Grund heraus werden im vorliegenden Buch nur solche Zusammenhänge dargestellt, die für den Konstrukteur (z. B. bei der Gestaltung von Gussteilen) und den Fertigungstechniker (zur Bewertung von Gussstücken in bearbeitungstechnischer Hinsicht) von praktischer Bedeutung sind.

2.1 Werkstoffauswahl und erreichbare Teilequalitäten

Auswahl geeigneter GG-Werkstoffe und Gießkeil (nach [1])

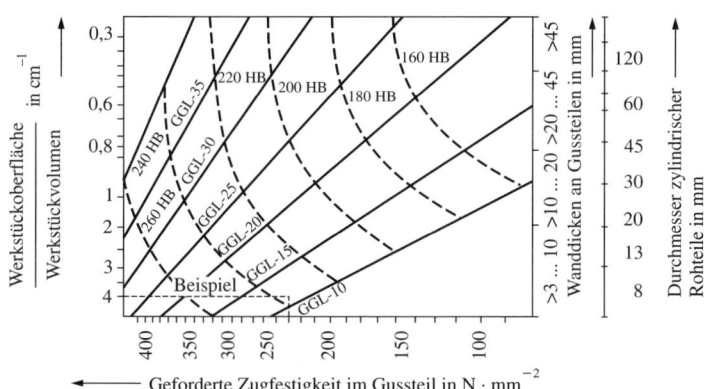
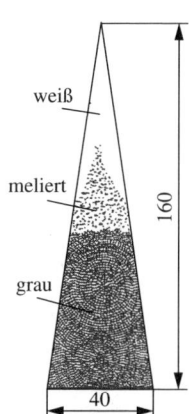

Zusammengefasste Richtwerte für mechanische Eigenschaften typischer Gießwerkstoffe

Gießwerkstoff	Zugfestigkeit R_m in MPa	0,2-Dehngrenze $R_{p0,2}$ in MPa	Bruchdehnung A_5 in %	Brinellhärte HB
GG/GJL	100…340	—	—	190…275
GGV/GJV	310…620	240…420	1…11	130…175
GGG/GJS	390…880	270…550	1…15	140…360
GGG (B)/GJS	800…1400	500…1200	1…15	250…390
GH/GJN	K. A.	K. A.	K. A.	200…680
GT/GJM	340…930	200…780 [1]	1…16 [2]	130…380
GS [3]	400…780	200…640	6…30	110…220 [4]
G-Al	100…240	40…220	0,3…10	30…130
G-Cu	170…640	60…250	4…30	27…150

[1] 0,5-Dehngrenze, [2] A_3, [3] Baustahl (unlegiert und legiert), [4] errechnet aus der Beziehung $R_m = 0{,}36\,HB$, K. A. keine Angaben

Typische Gefügeausbildungen von Gießwerkstoffen [93], [94]:

GJL	GJS	GJM (Ferrit und Temperkohle)	G-Al (G-AlSi 12)	G-Cu (G-CuZn 37)

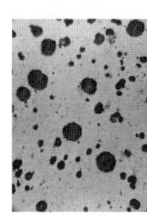
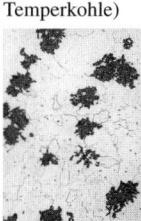
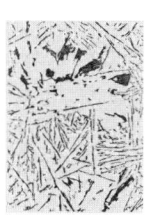
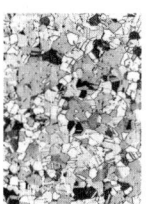

Anwendung und Auswahl von Form- und Gießverfahren (nach [1])

Form- und Gießverfahren	vorwiegend angewendet für Gusswerkstoff	geeignet für Formkastengröße bzw. Größe der Dauerform in mm	wirtschaftliche Stückzahl in a^{-1}	erreichbare relative Maßgenauigkeit [5] in mm/mm	erreichbare Oberflächenrauheit [5] in µm
Stampfen, Rütteln, Pressen	GG, GS, GGG, GT, G-Al, G-Cu	500×400 bis $> 2\,000 \times 1\,600$ [1]	≥ 1 [1] bzw. > 25 [2]	$0{,}000 \ldots 0{,}100$ (bis IT 10)	$40 \ldots 320$
Rütteln und Hochdruckpressen	GG, GS, GGG, GT, G-Al	$\leq 1\,600 \times 1\,000$	> 25	$0{,}000 \ldots 0{,}060$	$20 \ldots 160$
Slingern	GG, GS, GGG, G-Al, G-Cu	$> 1\,250 \times 1\,000$	≥ 1	$0{,}000 \ldots 0{,}100$ (bis IT 14)	$40 \ldots 320$
Blasen/Schießen und Hochdruckpressen	GG, GGG, GS, G-Al, G-Cu, GT	$< 1\,600 \times 1\,000$	> 25	$0{,}000 \ldots 0{,}060$ (bis IT 10)	$20 \ldots 160$
Vakuumvorverdichten und Hochdruckpressen	GG, GGG, GS, GT, G-Al, G-Cu	$< 1\,600 \times 1\,200$	> 25	$0{,}000 \ldots 0{,}060$ (bis IT 10)	$20 \ldots 160$
Luftstromformverfahren	GG, GGG, GS, GT, G-Al, G-Cu	$< 1\,600 \times 1\,100$	> 25	$0{,}000 \ldots 0{,}080$	$20 \ldots 160$
Luftimpulsverfahren	GG, GGG, GS, GT, G-Al, G-Cu	$< 2\,200 \times 1\,400$	> 25	$0{,}000 \ldots 0{,}060$	$20 \ldots 160$
Gasexplosionsverfahren	GG, GGG, GS, GT, G-Al, G-Cu	$< 2\,200 \times 1\,000$ > 25	$> 16/25$	$0{,}000 \ldots 0{,}060$	$20 \ldots 160$
Maskenformverfahren	GG, GS, G-Al, G-Cu	$\leq 1\,000 \times 800$	$> 1\,000$	$0{,}000 \ldots 0{,}060$ (bis IT 12)	$20 \ldots 160$
Zementsandformverfahren	GG, GS, GGG, G-Cu	$\geq 1\,000 \times 800$	≥ 1	$0{,}000 \ldots 0{,}080$ (bis IT 13)	$40 \ldots 320$
Wasserglas-CO_2-Verfahren	GG, GS, GGG, G-Cu, G-Al	$\leq 1\,600 \times 1\,250$	≥ 1	$0{,}000 \ldots 0{,}080$ (bis IT 9)	$40 \ldots 320$
Phenolharz-Härter-Verfahren	GG, GGG, (GS), G-Cu	$> 1\,250 \times 1\,000$	≥ 1	$0{,}000 \ldots 0{,}080$ (bis IT 11)	$40 \ldots 320$
Feingießverfahren	GS	$< 500 \times 400$	> 400	$0{,}000 \ldots 0{,}040$ (bis IT 10)	$10 \ldots 80$
Vakuumformverfahren	GG, GGG, GS, G-Al, G-Cu,	$> 1\,250 \times 1\,000$	≥ 1	$0{,}000 \ldots 0{,}080$	$40 \ldots 160$
Kokillengießverfahren	GG, GS, GGG, GT, G-Al, G-Cu	$\leq 2\,000 \times 1\,600$	> 200	$0{,}000 \ldots 0{,}080$ (bis IT 11)	$20 \ldots 320$
Niederdruck-Kokillengießverfahren	G-Al, G-Cu	$\leq 1\,250 \times 1\,000$	> 200	$0{,}000 \ldots 0{,}060$ (bis IT 10)	$20 \ldots 160$
Druckgießverfahren	G-Al, G-Cu, (G-Zn, G-Sn, G-Pb)	$\leq 1\,000 \times 800$	> 500	$0{,}000 \ldots 0{,}040$ (bis IT 8)	$10 \ldots 40$
Schleudergießverfahren	GG, G-Cu, GGG	$\leq 800 \times 630$	> 500	$0{,}000 \ldots 0{,}060$ (bis IT 12)	$20 \ldots 160$
Stranggießverfahren	GG, G-Cu	$< 500 \times 400$	> 1 [4]	$0{,}000 \ldots 0{,}040$ (bis IT 13)	$20 \ldots 80$
Flüssigpressen	G-Al, G-Cu	$\leq 500 \times 400$	> 200	$0{,}000 \ldots 0{,}010$ (bis IT 8)	$10 \ldots 40$

[1] gilt für Stampfen
[2] gilt für Rütteln bzw. Pressen
[3] Stampfen in Formkastengröße unbegrenzt
[4] entspricht einer minimalen Ziehzeit von 6 h
[5] Detaillierte Werte sind den DIN zu entnehmen, relative Maßgenauigkeit = Quotient aus größtem Abmaß und Nennmaß

2.2 Abmessungen und Gestaltung von Modellen und Gussteilen

Zulässige Abweichungen für Innen- und Außenmaße an Gussstücken aus Gusseisen (Längen, Breiten, Höhen, Durchmesser, Rippen, Stege, Wanddicken, Rundungen, Mittenabstände, ...)

1. Bestimmung von Abmessungen für Guss-Rohteile (alle Angaben in mm)

Grundsätzlich gilt:

$$R_{A/I} = F + GT + 2 \cdot BZ + 2 \cdot A$$

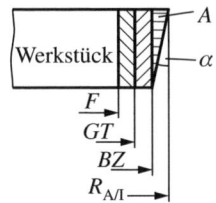

$R_{A/I}$ Modellmaße (außen/innen) in mm
F Fertigteilmaß in mm, vgl. Zeichnung
GT Schwindmaß in mm, vgl. T 2, S. 41
BZ Bearbeitungszugabe in mm, vgl. T 1, S. 41
A Aushebeschräge (Formschräge) in mm, vgl. T 4, S. 41

Spezielle Gegebenheiten:
- beidseitige Bearbeitung (in der Regel rotationssymmetrische Teile):

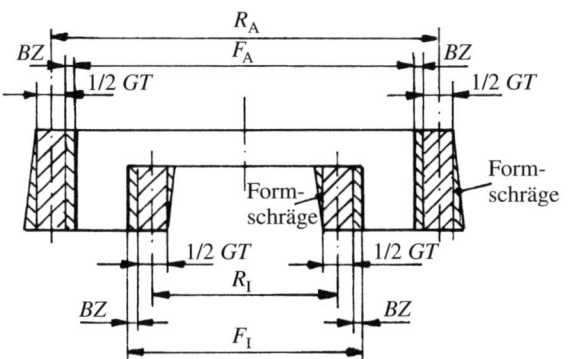

Außenmaße

$$R_A = F_A + 2BZ + GT$$

Innenmaße

$$R_I = F_I - 2BZ - GT$$

- einseitige Bearbeitung:

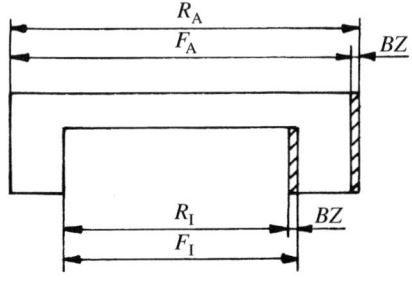

Außenmaße

$$R_A = F_A + BZ$$

Innenmaße

$$R_I = F_I - BZ$$

Stufenmaße:
- beidseitige Bearbeitung:

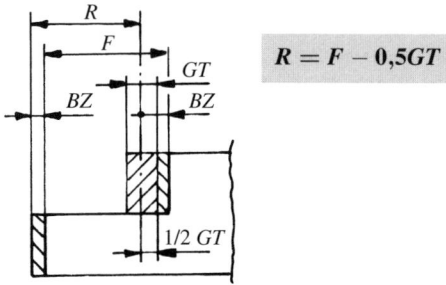

$$R = F - 0{,}5GT$$

- einseitige Bearbeitung (außen):

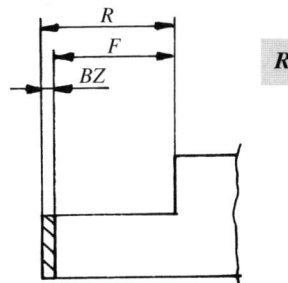

$$R = F + BZ$$

- einseitige Bearbeitung (innen)

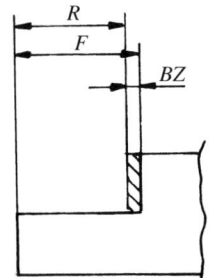

$$R = F - BZ$$

2. Zulässige Außenmaße und Mittenabstände

Genauigkeits-klasse	Nennmaß N_u (in mm)														
	bis 40	über 40 bis 160	über 160 bis 250	über 250 bis 400	über 400 bis 500	über 500 bis 630	über 630 bis 800	über 800 bis 1000	über 1000 bis 1250	über 1250 bis 1600	über 1600 bis 2000	über 2000 bis 2500	über 2500 bis 3150	über 3150 bis 4000	über 4000 bis 5000
	zulässige Maßabweichungen $+T_o$; $-T_u$ (in mm)														
I	0,5	1,0	1,5	2,0	2,0	2,5	2,5	3,0	3,0	3,5	3,5	4,0	4,5	5,0	—
II	1,0	1,5	2,0	2,5	2,5	3,0	3,0	3,5	3,5	4,0	4,5	5,0	5,5	6,0	—
III	2,0	2,5	2,5	3,0	3,0	3,5	3,5	4,0	4,5	5,0	5,5	6,0	6,5	7,5	8,5
IV	2,0	3,0	3,0	3,5	3,5	4,0	4,5	5,0	5,5	6,0	6,5	7,0	7,5	8,5	11,0
V	3,0	3,5	3,5	4,0	4,5	5,0	5,5	6,0	7,0	7,5	8,5	9,0	10,0	11,0	13,0

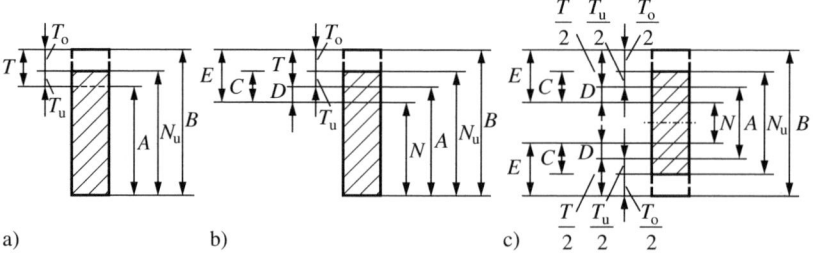

a) Oberflächen ohne Bearbeitungszugaben, b) Oberflächen mit Bearbeitungszugaben auf einer Seite, c) Oberflächen mit Bearbeitungszugaben auf gegenüber liegenden Seiten (N Nennmaß des bearbeiteten -, N_u Nennmaß des unbearbeiteten Gussstückes; T Toleranz; T_o oberes -, T unteres Abmaß; A unteres -, B oberes Grenzmaß; C Bearbeitungszugabe; D minimale Bearbeitungszugabe – von der Toleranz abhängig, E maximale Bearbeitungszugabe – von der Toleranz abhängig

2.2 Abmessungen und Gestaltung von Modellen und Gussteilen

3. Zulässige Abweichungen an Innenkonturen

Genauigkeits-klasse	Nennmaß N_u				
	bis 6	über 6 bis 10	über 10 bis 25	über 25 bis 50	über 50 bis 100
	zulässige Maßabweichungen $+T_o$; $-T_u$				
I	0,5	1,0	1,0	1,5	2,0
II	1,0	1,5	2,0	2,5	3,0
III	1,0	2,0	2,5	3,0	4,0
IV	2,0	2,5	3,0	4,0	5,0
V	2,5	3,0	4,0	5,0	6,0

Bearbeitungszugaben, Schwindmaße, Wanddicken und Aushebeschrägen

1. Bearbeitungszugaben für seitlich und unten liegende Flächen (DIN 1685: 1980-10 für GJS und DIN 1686: 1980-10 für GJL):

   Anmerkung: Für oben liegende Flächen, an Rundungen oder Durchbrüchen können die genannten Richtwerte bis zu 50 % überschritten werden.

Genauigkeits-klasse	Größtes Nennmaß N_s (in mm)														
	bis 40	über 40 bis 160	über 160 bis 250	über 250 bis 400	über 400 bis 500	über 500 bis 630	über 630 bis 800	über 800 bis 1 000	über 1 000 bis 1 250	über 1 250 bis 1 600	über 1 600 bis 2 000	über 2 000 bis 2 500	über 2 500 bis 3 150	über 3 150 bis 4 000	über 4 000 bis 5 000
	Bearbeitungszugabe je Fläche (in mm)														
I	1,5	2,0	2,5	3,0	3,0	3,5	3,5	4,0	4,0	4,5	4,5	5,0	5,5	6,0	—
II	2,0	2,5	3,0	3,0	3,5	4,0	4,0	5,0	5,0	5,5	6,0	6,5	7,0	7,5	—
III	—	—	—	4,0	4,0	4,0	4,5	5,0	5,5	6,0	6,5	7,5	8,0	9,0	10,0
IV	—	—	—	—	4,5	5,0	5,5	6,0	6,5	7,0	8,5	9,0	9,5	10,5	13,5
V	—	—	—	—	—	—	—	—	—	—	10,5	11,0	12,0	13,0	15,0

2. Schwindmaße an Gussstücken (jeweils vom Nennmaß; DIN 1511: 1978-04):

   GG-Werkstoffe: 1,0 %
   Stahlguss: 2,0 %
   Temperguss: (0,5 ... 2,0) %
   Al-Gusswerkstoffe: (1,0 ... 1,25) %
   Cu-Gusswerkstoffe: (1,5 ... 2,0) %
   Zinn: 0,5 %
   Zink: 1,5 %
   Blei: 1,0 %
   Mg-Gusswerkstoffe: 1,25 %

3. Richtwerte für Wanddicken an Gussgehäusen:

Gewicht des Gussstückes in kg	400	600	1 000	1 600	2 500	4 000	6 300	10 000	16 000	25 000	40 000	63 000	100 000
Wanddicken in mm	7	8	9	10	11	12	14	15	16	18	20	22	25

4. Richtwerte für Aushebeschrägen (DIN 1511: 1978-04):

Höhe der Kontur in mm	≤ 16	(100 ... 160)	(630 ... 1 000)
Aushebeschräge in °; Min	3°	0° 45'	0° 15'

5. Sonstiges:
   - Gussallgemeintoleranzen:
     GJL und GJS vgl. DIN 1685 und DIN 1686: 1980-10
     GS siehe DIN 1683: 1980-0
   - Gestaltung von Modellen:
     DIN 1511: 1978-04

Ganze und geteilte Modelle; **Grundregel**: Teilungsebene immer im größten Teilequerschnitt anordnen!

Typische Ausführungen von Gießereimodellen nach [28]:

a) Ganzes Modell: b) Geteiltes Modell:

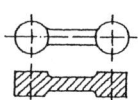 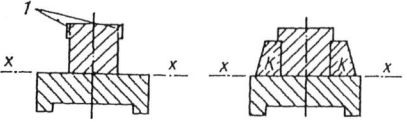 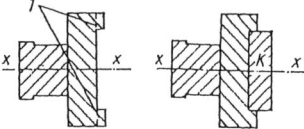

Die Teilungsebene wurde unterschiedlich angeordnet. *K* Kern, *l* Losteil, *X–X* Teilungsebene

Ausführungsbeispiel zur Gestaltung des Modells für ein Zahnrad (nach [28]):

Holzmodell für ein Zahnrad aus GG mit $N_s = 709$ mm; Genauigkeitsklasse III; Beanspruchte Konturen aus Kunststoff, Leichtmetall oder Stahl armiert

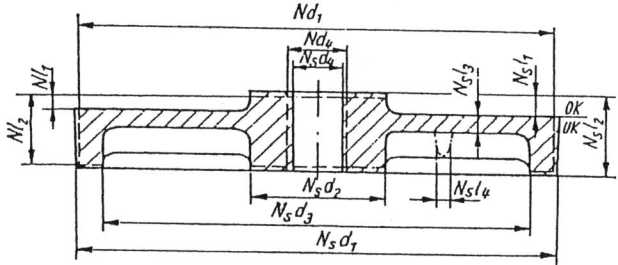

Nennmaß des bearbeiteten Gussstücks	Bearbeitungszugabe	Nennmaß des unbearbeiteten Gussstücks	Maßabweichung	Unteres Grenzmaß A	Oberes Grenzmaß B
$Nd_1 = 700$	2 × 4,5	$N_s d_1 = 709$	±3,5	705,5	712,5
—	—	$N_s d_2 = 200$	±2,5	197,5	202,5
—	—	$N_s d_3 = 640$	±3,5	636,5	643,5
$Nd_4 = 100$	2 × max. 6,75	86,5	±2,5	84	89
$Nl_1 = 20$	1 × max. 6,75	$N_s l_1 = 26,75$	±2,0	24,75	28,75
$Nl_2 = 100$	UK: 4,5 OK: max. 6,75	$N_s l_2 = 111,25$	±2,5	108,75	113,75
—	—	$N_s l_3 = 20$	±2,5	17,5	22,5
—	—	$N_s l_4 = 15$	±2,5	12,5	17,5

2.3 Regeln und Hinweise zur form-, gieß-, putz- und bearbeitungsgerechten Gestaltung von Gussteilen

Teile und Gestaltung von Gießsystemen

1. Beispiele typischer Gießsysteme

   Teile des Gießsystems:

   Geeignete Querschnittsformen:

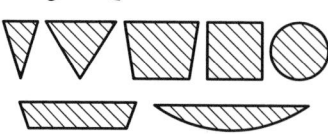
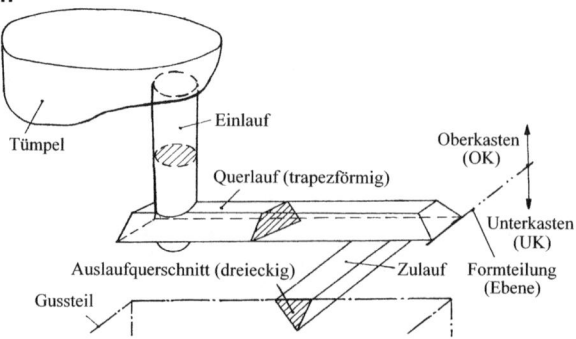

2.3 Regeln und Hinweise zur Gestaltung von Gussteilen

Gestaltung von Eingussformen (Tümpeln u. a.) mit Schlackeläufen:

a) Trichter b) Gießbecken c) Gießbecken mit Stopfen d) Schlackenläufe Zackenlauf: Schlackenfänge:

e) Tümpelformen:
Grundform   Schlackenschütz   Kugelverschluss   Schwimmer   Schlackensieb

Ein-, Zu- Ausläufe und Steiger:

a) Normaler Einlauf
b) Einlauf mit Spritzkugelgrube
c) Treppeneinlauf mit Prallkern — OK, Prallkern, UK
d) Schlangenförmiger Einlauf — OK, UK
e) Mäander- oder Bogeneinlauf — OK/UK
f) Trapezeinlauf — Schlacke, OK/UK
g) Horneinlauf — OK, UK
h) Tangentialeinläufe — Schlacke
i) Radialeinlauf — Schlacke

Gestaltungsbeispiele:

Gießsystem ohne Querlauf (Seitenguss)

Dreheinguss (Seitenguss)

Kammstreifen als Einlauf (Seitenguss)

Horneinguss (Bodenguss)

Gabelförmiger Keileinlauf (Kopfguss)

Regeln:
- Querschnitte von Trichter : Lauf : Anschnitt = 4 : 3 : 2
- $V_{\text{Rohteil}} \approx V_{\text{flüssig}} - \Delta V$

Regeln zur Gestaltung von Gussteilen

Gesamtdarstellung von Gestaltungsempfehlungen:

Vorteilhafte Gestaltung (obere Labels):
- Durch Rundung stetiger Spannungsverlauf; dichtes Gefüge
- Werkstoffgerechte Druckbeanspruchung
- Beanspruchungsgerechte Rundung
- Gleichmäßige Wanddicke (Einsparung an Werkstoff, gleichmäßiges Gefüge)
- Beanspruchungsgerechte Rundung
- Bearbeitungsauslauf vorhanden
- Beanspruchungsgerechte Gestaltung der Versteifungsrippe
- Vorteilhafte Form- und Bearbeitungsgegebenheiten
- Gleichmäßige Werkstoffdicken durch Vermeidung von Materialanhäufungen
- Rechtwinkliger Konturübergang (Vermeidung von Spannungsspitzen, dichtes Gefüge)
- Werkstoffgerechter Spannungsverlauf (bessere Bedingungen zur Aufnahme von Druckbeanspruchungen)
- Stetiger Spannungsverlauf, in optischer Hinsicht ansprechend
- Vorteilhafte Anschnitt- und Austrittsgegebenheiten für Spanungswerkzeuge
- Beanspruchungsgerechte Rundung
- Vermeidung von Werkstoffanhäufungen durch günstige Anordnung der Verstärkungsrippen
- Rundungen entsprechend dem Spannungsverlauf
- Kürzere Vorschubwege, geringerer Werkstoffeinsatz (K; $t_H \rightarrow$ Min); Dichtes Gefüge

Nicht vorteilhafte Gestaltung (untere Labels):
- Rissbildungen möglich (unstetiger Spannungsverlauf)
- Ungünstige Zugbeanspruchungen
- Rissbildungen möglich
- Materialanhäufungen (Lunkerbildung, nicht erforderliche Werkstoffmasse)
- Rissbildungen möglich
- Fehlender Bearbeitungsauslauf
- Keine beanspruchungsgerechte Rippenform
- Ungünstige Form- und Bearbeitungsbedingungen
- Materialanhäufungen durch Knotenbildung
- Mögliche Rissbildungen und Gefügefehler durch spitzwinklige Formübergänge
- Kein werkstoffgerechter Spannungsverlauf (vorrangiges Wirken von Zugbeanspruchungen
- Unstetiger Spannungsverlauf (scharfkantig, optisch nachteilig)
- Anschnitt- und Austrittsbedingungen für Spanungswerkzeuge unvorteilhaft
- Rissbildungen möglich
- Gehäufte Bildung von Knotenpunkten (Ansammlung von Werkstoff, Gefügeauflockerungen)
- Rissbildungen möglich
- Anhäufung von Werkstoff, hohe Bearbeitungskosten (K; $t_H \rightarrow$ Max.); Inhomogenitäten im Gusswerkstoff

2.3 Regeln und Hinweise zur Gestaltung von Gussteilen

Zusammenstellung typischer detaillierter Regeln zur Gestaltung von Gussteilen:

Regel	Ausführungsbeispiele	
	Nicht günstige Variante	Günstige Gestaltung
1. Vermeidung ungleicher Wanddicken und Anhäufungen von Werkstoff		$S_R \approx 0{,}8 S_W$
2. Verwendung von Kernen an Naben und Flanschen	Lunker	
3. Ansenkungen an Stelle reliefartiger Anlageflächen (preiswertere Lösung)		$\approx 0{,}5$
4. An langen Hohlteilen große Öffnungen zur Vermeidung schwieriger Kerneinlagerungen		
5. Anbringung von Wülsten an Rippen und Rändern zur Vermeidung von Rissen beim Abkühlen		
6. Anordnung von Schrägen zur verbesserten Abhebung des Modells		$\alpha \approx 3°$
7. Durch geneigte Wandungen an gehäuseförmigen Teilen werden das Ein- und Ausformen des Modells und das Ausheben des Gussteils vereinfacht	$\alpha = 0°$	$\alpha > 0°$; $\alpha \leq 10°$
8. An Großgussteilen mit geschlossenen Böden zur Abstützung der Kerne Öffnungen am Boden vorsehen, die bei nachfolgender spanender Bearbeitung mittels Deckel o. Ä. verschlossen werden; ggf. Kernputzöffnungen einarbeiten		$d \approx (50 \ldots 100)$ mm
9. Anschnitt- und Austrittsbedingungen von Spanungswerkzeugen berücksichtigen (Werkzeugachse möglichst rechtwinklig zur Teileoberfläche)		

Regel	Ausführungsbeispiele	
	Nicht günstige Variante	Günstige Gestaltung
10. Sicherung des Vorhandenseins eines Werkzeugüberlaufs $l_ü$	l_{Wst} / Walzenfräser v_f	$l_ü$ l_{Wst} / v_f / $l_ü$
11. Ausreichende Differenzierung von zu bearbeitenden Flächen von nicht zu bearbeitenden (hier Maß „a")	a_1	a_2 / $a_1 < a_2$
12. Vorzugsbelastungsrichtungen, Spannungseinleitung und -verlauf innerhalb des Gussteilquerschnitts beachten; Vermeidung scharfkantiger Konturen und Übergänge	A / F / Zug / A–A: / A / Druck	A / F / Zug / A–A: / A / Druck
13. Vermeidung von Kernen durch günstige Werkstückgestaltung		
14. Stabilisierung der Kernlagerung durch Zusammenfassung mehrerer Kerne	2 Kerne mit unsicherer Kernarretierung	1 Kern
15. Sicherung einer guten Zugänglichkeit zu Speisern u. Ä. für das Abtrennen	Speiser	Speiser : A–A / A / A
16. Prüfung der Möglichkeit zum Belassen von Kernformstoff in geschlossenen Hohlräumen des Gussstückes		Verbleibender Formstoff

2.3 Regeln und Hinweise zur Gestaltung von Gussteilen

Regel	Ausführungsbeispiele	
	Nicht günstige Variante	Günstige Gestaltung
17. Vermeidung von Rissen und Lunkern durch günstige Gestaltung von Ecken und Kanten an Gussteilen	Riss, Lunker	$r \approx (0{,}25 \ldots 0{,}30)s$
18. Ersatz nicht erforderlicher Wanddicken durch Rippen, Wellenprofile o. Ä.		
19. Vermeidung mehrteiliger Gießformen durch vorteilhafte Werkstückgestaltung	2 Formteilungsebenen; OK, MK, UK	1 Formteilungsebene; OK, UK
20. Verlagerung von Werkstückkanten und Kantenrundungen in die Teilungsebene zwischen OK und UK	OK, UK	OK, UK
21. Vermeidung „nicht speisbarer" Werkstoffanhäufungen (Sicherung einer sog. „gelenkten" Erstarrung)	Speiser, Lunker	Speiser, Kontrollkreise nach Heuvers
22. Anbringung zusätzlicher Rippen zur Vereinfachung von Entgratearbeiten		Zusätzliche Rippen
23. Beanspruchungsgerechte Gestaltung von Innen- und Außenkonturen (hier z. B. Kurbelwelle aus GGG 40.3 mit Entlastungskonturen an Kurbelwangen und Kurbelzapfen)		A–A:
24. Sicherung eines einheitlichen Niveaus der Formteilungsebene mit Bearbeitungsflächen (bei Einsatz von NCM kann darauf verzichtet werden)		
25. Zusammenfassung unmittelbar nebeneinander liegender Funktionsflächen zur Vereinfachung nachfolgender Spanungsvorgänge		
26. Anguss spezieller „Spannstützen" zur Verbesserung der Spannbedingungen von Gussteilen		

Regel	Ausführungsbeispiele	
	Nicht günstige Variante	Günstige Gestaltung
27. Reduzierung der Größe spanend zu bearbeitender Teilefunktionsflächen ($t_H \to$ Min)		
28. Schaffung von ausreichenden Platzverhältnissen für die Verwendung von (Hand-)Werkzeugen		
29. Vermeidung von Schrumpfspannungen im Werkstoff (mit den Varianten A ... D lassen sich etwa Verhältnisse von 1,0 : 1,4 : 2,0 : 2,5 darstellen, wobei mit dem Faktor „1" keine Schwindungsbehinderungen gekennzeichnet werden)	A) B)	C) D)
30. Verminderung der Höhe von Rippen o. Ä. unter die Höhe der Außenwandung (Reduzierung des Materialeinsatzes und von Bearbeitungszeiten)		
31. Sicherung günstiger Gieß-, Erstarrungs- und Ausformbedingungen durch Anwendung des „Heuvers-Faktors" K_H ($K_H \to$ 1), siehe unten	Lunkerbildung möglich	Kontrollkreise nach Heuvers

Bestimmung des Heuvers-Faktors K_H:

s_5 Wandungsdicke/Durchmesser des Heuvers-Kontrollkreises auf der Angießseite

$K_H = (1{,}0\ldots 1{,}1)$ für GG
$K_H = (1{,}1\ldots 1{,}2)$ für GGG
$K_H = (1{,}2\ldots 1{,}3)$ für GTW
$K_H = (1{,}3\ldots 1{,}5)$ für GS

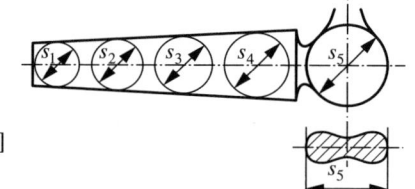

$$K_H = \frac{s_2}{s_1} = \frac{s_3}{s_2} = \frac{s_4}{s_3} = \frac{s_5}{s_4} \quad \text{in } [\%]$$

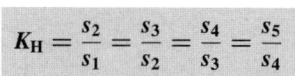

Berechnung des Erstarrungsmoduls: $m_E = \dfrac{V}{A_{\text{eff}}}$ in dm   oder $m'_E = \dfrac{V}{A_{\text{eff}}}$ in dm^{-1}

V Werkstückvolumen in dm^3
A_{eff} Teileoberfläche in dm^2
m_E $\to$ Min $\curvearrowright$ Rasche Erstarrung
m'_E $\to$ Nahe beieinander liegende Teilvolumina zur Vermeidung von Rissen o. Ä.

Typische Guss- bzw. Gießfehler

1. Lunker, Porositäten und Einfallstellen

   a) Makro- und Mittellinienlunker b) Makrolunker und Mikroporosität c) Einfallstellen, Makrolunker und Mikroporosität d) Steiger und „verlorene Köpfe"

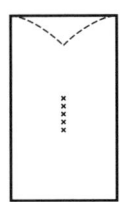
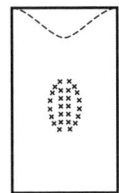

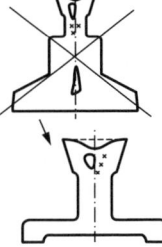

2. Versatz und Verstampfungen

   a) Versatz an Gussteilen b) Verstampfungen

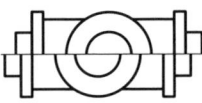
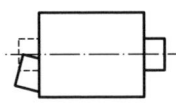

3. Fehlerhafte Oberflächen und Formabweichungen
   - Oxidierte Flächen: Oxidhäute, Fließbahnen, Kastenrost, korrodierte Oberflächen, Salzausblühungen, Zunder, ...
   - Anhaftungen: Schwärze- und/oder Sandschülpen („Schülpen": Sandscheiben, Schalen, Außenschichten), anhaftender Formstoff, ...
   - Auswüchse: Grate, Schlichtemarkierungen, Treibstellen, Blattrippen, Schwitzperlen, Formbeschädigungen, Metalleinbrennungen, ...
   - Formabweichungen: Versatz und Verstampfungen, Maßabweichungen, Kernverlagerungen, Brandstellen, beschädigter, unvollständiger, verzogener und abgeschmolzener Guss, ...
4. Fehlerhafte Querschnitte und Werkstoffabweichungen
   - Blasen, Poren und Schaumstellen (im Teileinneren ungleichmäßig verteilte, kantengerundete, glattflächige Hohlräume)
   - Lunker (ungleichmäßig verteilte Hohlräume unterschiedlicher Größe mit rauhen, dendritischen Wandungen): Mikrolunker, Makrolunker, Einfallstellen, ...
   - Einschlüsse: Spritzkugeln, Schlaketeilchen, Formstoffe, Salze, Metalloxide, Sonstige, ...
   - Unterbrechungen: Kalt- und Warmrisse, Brüche und Kerben, Rillen und Riefen, Verbindungsfehler, ...
   - Werkstoff-Fehler: Unterschiedliche Festigkeiten und Zusammensetzungen, abweichende Gefügestrukturen oder physikalische Werte

Richtwert für materialbedingten Ausschuss: $\leq (5...6)\,\%$

2.4 Verfahren der Urformtechnik (Hinweise, Berechnungen, Empfehlungen)

2.4.1 Urformen aus flüssigem, plastischem und teigigem Zustand (Gießen)

2.4.1.1 Gießen in verlorene Formen; Sandformguss

- Bestandteile und Parameter typischer Gießereisande:
  Bestandteile:
  - SiO_2; Anteil ca. $(80...90)\,\%$
  - H_2O; Anteil ca. $(5...10)\,\%$
  - Bindemittel und Zusatzstoffe; Anteil $\leq 10\,\%$
    Bindemittel: Ton, Wasserglas; Mineral-, Lein- oder Kernöle, Stärkeprodukte, ...

Zusatzstoffe (Verbesserung der Bildsamkeit, Festigkeit, Gasdurchlässigkeit, Verdichtbarkeit, Feuerfestigkeit, ...): Schamotte, Zirkonsande, Magnesit, ...
Parameter:
- Mittlere Korngrößen $M_k = (0{,}25\ldots0{,}50)$ mm
- Gleichmäßigkeitsgrad $Gg = (50\ldots65)\,\%$
- Schlämmstoffgehalt (Anteil sog. „Feinteilchen"):
  $Sg < [(0{,}02\ldots0{,}1)\,0{,}16\ldots0{,}5\,(4{,}0)]\,\%$
- Kornform: Vorteilhaft: Runde Körner mit glatten Oberflächen; Nachteilig: Splittrige, eckige Körner mit hohem Feinteilanteil
- Berechnungen zum Sandformgießen:

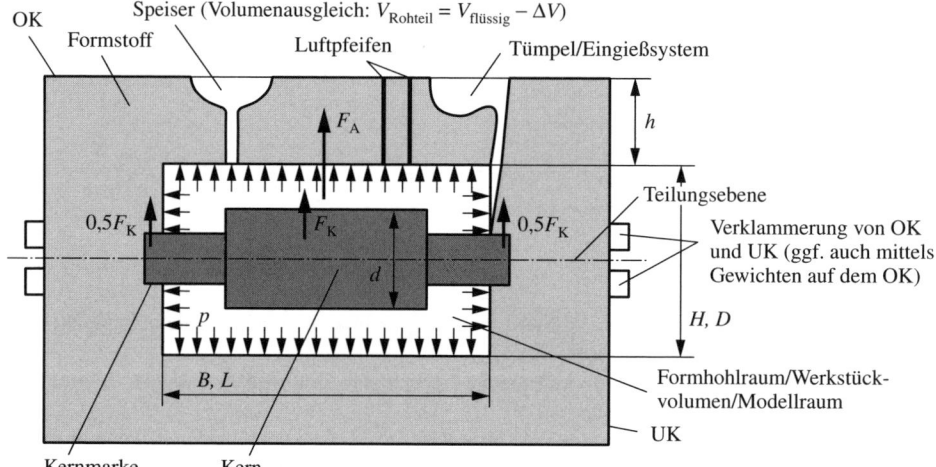

Gießdruck: $\qquad p = h \cdot \varrho_{Sch} \cdot g \quad$ in Pa

Auftriebskraft: $\qquad F_A = p \cdot A_{proj} = h \cdot \varrho_{Sch} \cdot g \cdot A_{proj} \quad$ in N

Auftriebkraft am Kern: $\qquad F_K = V_K \cdot \varrho_{Sch} \cdot g - V_K \cdot \varrho_K \cdot g = V_K \cdot g(\varrho_{Sch} - \varrho_K) \quad$ in N

Tatsächliche Auftriebskraft: $\qquad F_{tats} = (1{,}3\ldots1{,}5)(F_A + F_K) \quad$ in N

Gesamt-Auftriebskraft: $\qquad F_{ges} = F_A + F_K - G_K \quad$ in N

p	Gießdruck gegen den OK in Pa
F_A	Auftriebskraft in N
F_K	Auftriebskraft am Kern in N
F_{tats}	Gesamte Auftriebskraft in N
G_K	Gewicht des Kerns in N
h	Höhe der Formsandschicht im OK über dem Werkstück in mm
g	Erdbeschleunigung in m/s²
ϱ_K	Dichte des Kernwerkstoffes in g/mm³; z. B. Formsand (lose) $\approx 1\,200$ kg/m³; Erde, Sand, Lehm $\approx 2\,100$ kg/m³
ϱ_{Sch}	Dichte der Schmelze in g/mm³; z. B. GG $\approx 7{,}3$ kg/dm³; Stahlguss $\approx 7{,}8$ kg/dm³; Rotguss $\approx 8{,}7$ kg/dm³; G-AlSi $\approx 2{,}7$ kg/dm³
A_{proj}	Werkstoffquerschnittsfläche in mm²
V_K	Volumen des vom flüssigen Metall bedeckten Kerns in mm³
$V_{Rohteil}$	Volumen des Gussteils bei Raumtemperatur in mm³
$V_{flüssig}$	Volumen des flüssigen Metalls in mm³
ΔV	Differenzvolumen durch Schwindung und Abkühlung in mm³

2.4 Verfahren der Urformtechnik (Hinweise, Berechnungen, Empfehlungen)

- Verdichtung von Sandformen (Rütteln, Pressen) und ihre Wirkungen auf die erreichbare Teilequalität (für Stückzahlen von $M > 1000$ Stk.) [29]:

Rüttelarbeit: $\quad W_R = m \cdot g \cdot h \cdot n \cdot \eta \quad$ in N · mm

W_R Rüttelarbeit in N · mm
m Formstoffmasse in kg
h Fallhöhe des Rüttelkolbens in mm
n Anzahl der Rüttelschläge
η Verdichtungswirkungsgrad

Pressarbeit: $\quad W_P = A \cdot p \cdot h \cdot \eta \quad$ in N · mm

W_P Pressarbeit in N · mm
A Fläche des Presskolbens in mm^2
p Pressdruck in N/mm^2
h Verdichtungshub in mm
η Verdichtungswirkungsgrad

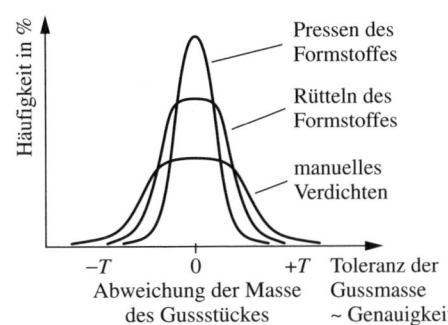

2.4.1.2 Gießen in Dauerformen aus Stahl (und Keramik)

Kokillengießen

- Vorteilhafte Arten von Gießsystemen:

Fallender Guss

Direkter Kopfguss   Direkter Seitenguss

Steigender Guss

Direkter Bodenguss   Indirekter Seitenguss

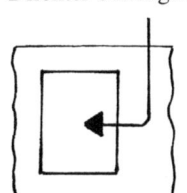 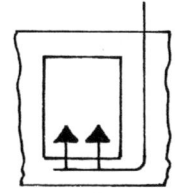 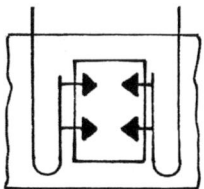

Vorteilhaft:
- geringer Aufwand
- günstige Strömungsverhältnisse
- geringe Schaum- Blasen- und Wirbelbildungen

Anwendungsgrenzen:
- Schaumbildung
- aufwändige Eingusswerkstoffe
- hohe Kosten für die Kokillen
- frühzeitige Erstarrung
- fehlendes Nachfließen

- Berechnungen beim Kokillengießen:

Abkühlungsverhalten beim Kokillen- im Vergleich zum Sandformgießen [29]:

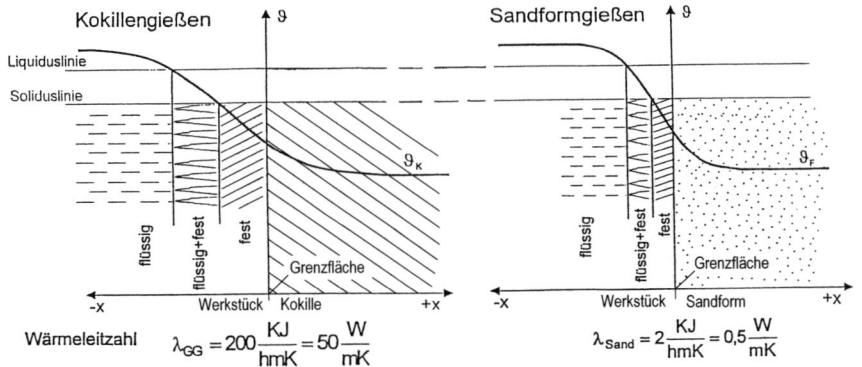

Wärmeleitzahl $\quad \lambda_{GG} = 200 \dfrac{\text{KJ}}{\text{hmK}} = 50 \dfrac{\text{W}}{\text{mK}} \qquad \lambda_{Sand} = 2 \dfrac{\text{KJ}}{\text{hmK}} = 0{,}5 \dfrac{\text{W}}{\text{mK}}$

Berechnung der Erstarrungszeit [29]:

$$t_E = \frac{V_G}{A_G} \cdot \frac{\varrho_G \cdot [L + c_G \cdot (\vartheta_\ddot{U} - \vartheta_a)]}{\alpha \cdot (\vartheta_{SCH} - \vartheta_{K0})} = K \cdot \frac{V_G}{A_G}$$

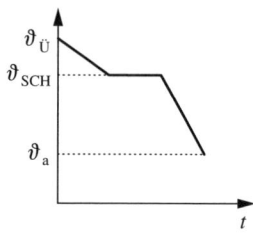

t_E	Erstarrungsdauer
V_G	Gussstückvolumen
A_G	Gussstückoberfläche
ϱ_G	Dichte des Gießmetalls
L	spezifische Schmelzwärme des Gießmetalls
c_G	spezifische Wärmekapazität des Gießmetalls
$\vartheta_\ddot{U}$	Überhitzungstemperatur
ϑ_a	Ausformtemperatur
α	Wärmeübergangskoeffizient
ϑ_{SCH}	Temperatur der Schmelze
ϑ_{K0}	Anfangstemperatur der Kokille

Bestimmung von Formfüllzeiten:

$$t_F = C \sqrt[3]{s_{min} \cdot m_{Wst}} \quad \text{in s}$$

s_{min}	geringste Wanddicke in mm
m_{Wst}	Masse des Gussteiles in kg
C	Konstante: $C = 3{,}0$ für Bodenguss, $C = 3{,}5$ für Seitenguss, $C = 4{,}5$ für Kopfguss

Berechnung der Kokillenmasse (des Kokillenvolumens) [29]:

$$m_K = m_G \cdot \frac{c_G \cdot (\vartheta_\ddot{U} - \vartheta_a) + L}{c_K \cdot (\vartheta_{K1} - \vartheta_{K0})}$$

m_G	Masse des Gießmetalls in kg
m_K	Masse der Kokille in kg
c_G	spezifische Wärmekapazität des Gießmetalls
c_K	spezifische Wärmekapazität des Kokillenwerkstoffes
L	spezifische Schmelzwärme des Gießmetalls in kJ · (kg · K)$^{-1}$
$\vartheta_\ddot{U}$	Überhitzungstemperatur in °C
ϑ_a	Ausformtemperatur in °C
ϑ_{K0}	Temperatur der Kokille unmittelbar vor dem Füllvorgang in °C
ϑ_{K1}	Endtemperatur der Kokille in °C

	L in kJ · kg^{-1}	c in kJ · (kg · K)$^{-1}$
Stahlguss	240...280	0,7
Grauguss	90...130	0,7
Aluminiumguss	360	0,95
Magnesiumguss	200	1,1

Richtwert zur Bestimmung der Kokillenwandstärke:

$$s_{Kokille} \approx (3\ldots 5)\, s_{Gussteil}$$

Bestimmung von Grenzstückzahlen zwischen Kokillen- und Sandformgießen [29]:

$$n_{Grenz} = \frac{K_{KD} - K_{SM}}{(K_{SV} + K_{SMat} + K_{SL}) - (K_{KMat} + K_{KL})}$$

n_{Grenz}	Grenzstückzahl in Stück
K_{KD}	Kosten für die Kokille in €
K_{SM}	Kosten für das Sandformmodell in €
K_{SV}	Kosten für die verlorene Form in €
K_{SMat}	Materialkosten zur Herstellung der Sandform in €
K_{SL}	Lohnkosten zur Herstellung der Sandform in €
K_{KMat}	Materialkosten der Kokille in €
K_{KL}	Lohnkosten zur Herstellung der Kokille in €

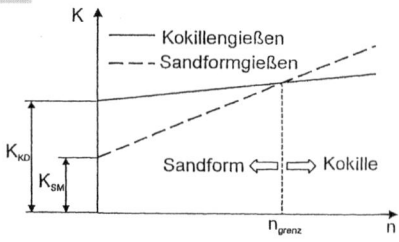

2.4 Verfahren der Urformtechnik (Hinweise, Berechnungen, Empfehlungen)

- Typisches Beispiel zur Gestaltung einer Kokille (nach [1]):

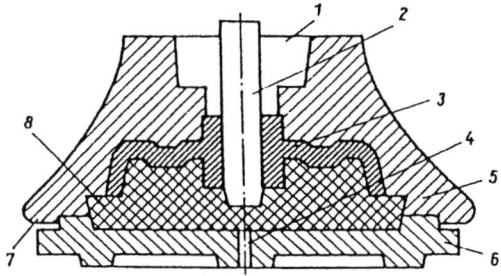

1 Eingießtümpel
2 Kern
3 Gussstück
4 Entlüftung
5 Kokillenoberteil
6 Kokillenunterteil
7 Kokillenoberteil
8 Kern

Druckgießen

- Vorgänge beim Füllen der Formen [29]

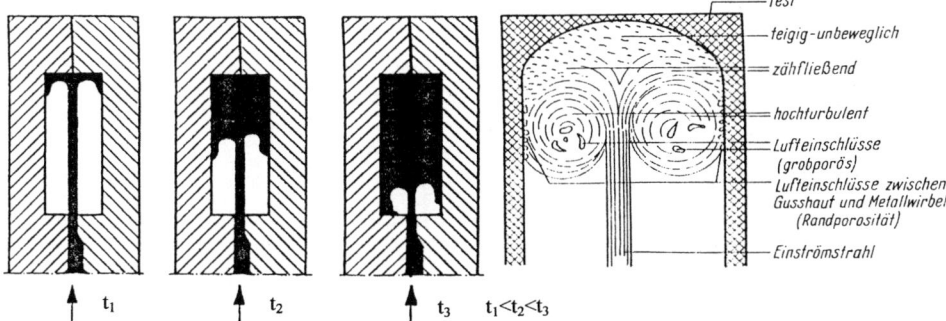

$t_1 < t_2 < t_3$

- Berechnungen zum Druckgießen

Kennwerte typischer Werkstoffe zum Druckgießen:

Arten von Druckgusslegierungen	R_m in $N \cdot mm^{-2}$	$R_{0,2}$ in $N \cdot mm^{-2}$	δ in %	HB
Al-Druckgusslegierungen (z. B. GD-AlSi12, GD-AlMg9, GD-MgAl16, GD-MgAl16Zn1, ...)	200...310	120...240	1...8	60...110
Zn-Legierungen (wie GD-ZnAl4Cu1, GD-ZnAl4 u. a.)	250...350	200...250	2...6	60...105
CuZn-Legierungen (z. B. GD-CuZn37Pb, GD-CuZn15Si4, ...)	280...550	120...300	4...8	75...125
Pb-Druckgusslegierungen (z. B. GD-Pb95Sb, GD-Pb85SbSn, GD-Pb80SbSn, ...)		50...74	8...15	10...18
Sn-Legierungen (wie GD-Sn80Sb, GD-Sn60SbPb, GD-Sn50SbPb u. a.)		80...115	1,9...2,5	26...30

Bestimmung der Strömungsgeschwindigkeiten beim Gießen in Dauerformen (nach Bernoulli):

$$v_S = \sqrt{\frac{2p}{\varrho}} \quad \text{in } m \cdot s^{-1}$$

Richtwerte für v_S:
- Al und Al-Legierungen: $v_S \approx (20...60)\, m \cdot s^{-1}$
- Cu-/Zn-Legierungen: $v_S \approx (30...45)\, m \cdot s^{-1}$
- Feinzink-Legierungen: $v_S \approx (30...50)\, m \cdot s^{-1}$
- Mg-Legierungen: $v_S \approx (40...90)\, m \cdot s^{-1}$

v_S Strömungsgeschwindigkeit in $m \cdot s^{-1}$
p Einfülldruck in $N \cdot m^{-2}$
ϱ Dichte des flüssigen Metalls in $kg \cdot m^{-3}$

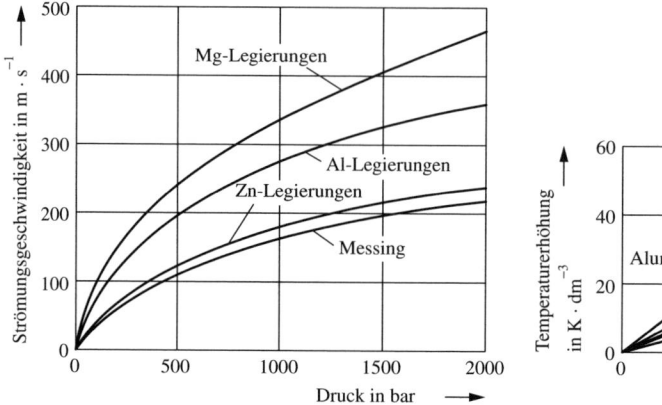
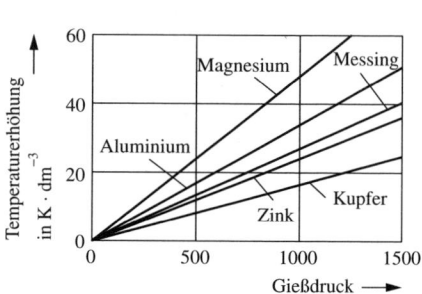

Berechnung von Gießdrücken, Gießzeiten und Anschnittsflächen:

Gießdruck:

$$p_G = \left(\frac{d_1}{d_0}\right) \cdot p_B \quad \text{in bar}$$

p_G Gießdruck in bar
p_B Betriebsdruck in bar
d_1 Durchmesser des Antriebskolbens in mm
d_0 Durchmesser des Gießkolbens in mm

Richtwerte für p_G in bar:

	Al-Mg-Druckguss	Zn-Druckguss	Ms-Druckguss
Mechanisch nicht oder wenig beanspruchte Werkstücke	300...400	130...200	300...400
Mechanisch beanspruchte Teile	400...800	200...300	400...600
Druckdichte, großflächige oder dünnwandige Werkstücke	800...1200	250...400	800...1000
Galvanisierbare Teile		200...250	

Gießzeit: Anschnittsfläche:

$$t_F = \frac{V}{A_a \cdot v_S} \quad \text{in s} \qquad A = \frac{V}{t_F \cdot v_S} = \frac{m_{Wst}}{t_F \cdot v_S \cdot \varrho} \quad \text{in mm}^2$$

t_F Gieß- (bzw. Formfüll-)Zeit in s
  Richtwert: $t_F = (0{,}002\ldots0{,}2)$ s
V Volumen des Gussteils in mm^3
A_a Fläche des Angießquerschnitts mit $A_a = b \cdot h$ in mm^2
  Richtwerte: $h = (0{,}8\ldots2{,}5)$ mm, $b = [(1\ldots3)\,4]$ mm
v_S Strömungsgeschwindigkeit im Anschnittsquerschnitt in m · s^{-1};
  Richtwert: $v_S \lessapprox 90$ m · s^{-1}
m_{Wst} Masse des Gussteils in kg
ϱ Dichte des Gießwerkstoffes in kg · m^{-3}

2.4 Verfahren der Urformtechnik (Hinweise, Berechnungen, Empfehlungen)

Bestimmung von Formschließ- bzw. Zuhaltekraft [29]:

$$F_Z \approx (1{,}10 \ldots 1{,}25) F_S \approx (1{,}10 \ldots 1{,}25) A_S \cdot p_G \quad \text{in N}$$

F_Z Formschließ- bzw. Zuhaltekraft in N
F_S Sprengkraft in N
A_S Sprengfläche in mm² (vgl. Skizze)
p_G Gießdruck in N · mm⁻²

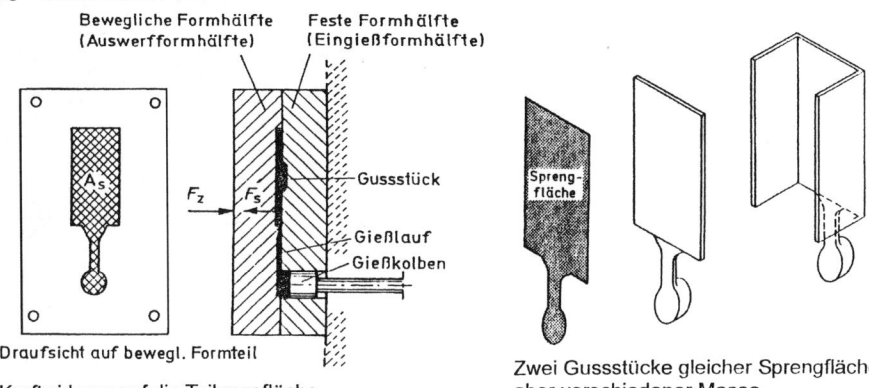

Kraftwirkung auf die Teilungsfläche

Zwei Gussstücke gleicher Sprengfläche aber verschiedener Masse

- Beispiele typischer Druckgusswerkzeuge (Bühler AG)

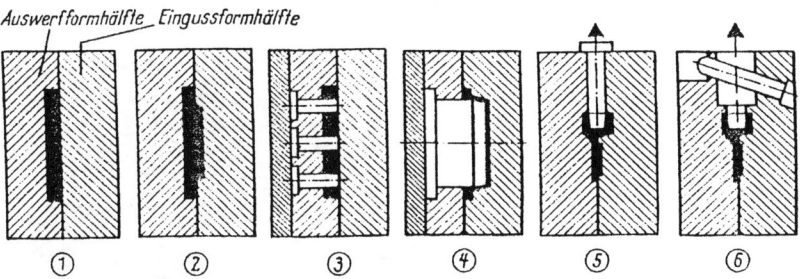

Formteilungsberspiele zur Erzielung einer Gussstückmitnahme in der Auswerfformhälfte
① flaches Gussstück
② Mitnahme durch unterschiedliche Formschräge
③, ④ Mitnahme durch Aufschwinden auf feste Kerne
⑤, ⑥ Mitnahme durch bewegliche Kerne

Gesamtansicht

Perspektivdarstellung

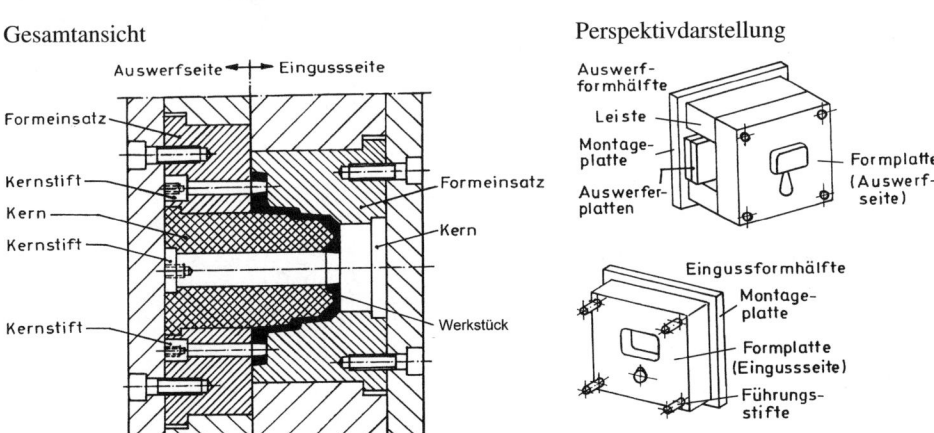

Gesamtansicht

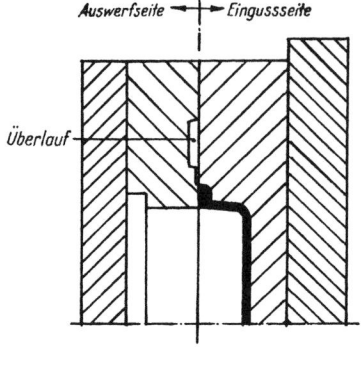

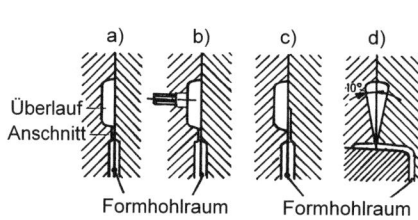

Perspektivdarstellung

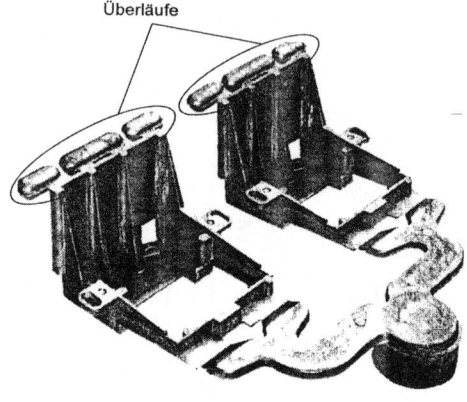

Verschiedene Ausführungen von Überläufen:
a) Überlauf und Anschnitt in der beweglichen Formhälfte
b) Überlauf mit Auswerferstift
c) Überlauf in beweglicher Formhälfte mit Anschnitt in fester Formhälfte
d) Überlauf mit keilförmigem Querschnitt

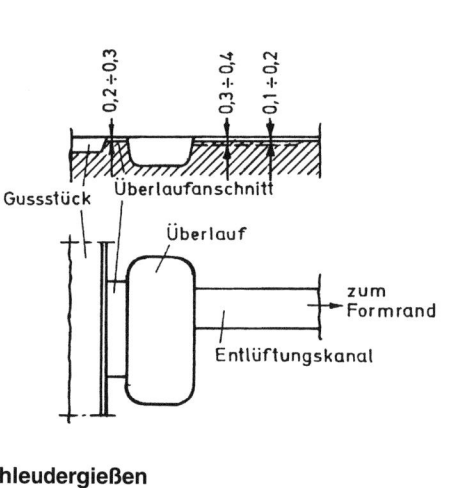

Schleudergießen

- Kennwerte (hier dargestellt beim Waagerecht-Schleudergießen)

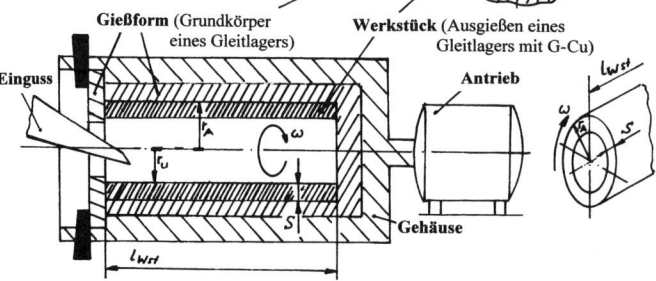

2.4 Verfahren der Urformtechnik (Hinweise, Berechnungen, Empfehlungen)

- Berechnungen zum Schleudergießen

    Bestimmung der Zentrifugalkraft:

    $$F_Z = 1000\, m \cdot r \cdot \omega^2 \quad \text{in N}$$

    F_Z Zentrifugalkraft (zum Anpressen der Gießmasse an die Form-Innenwandung) in N
    m Masse des zu gießenden Werkstückes in kg
    r Radius des Außendurchmessers des zu schleudernden Teils in mm
    ω Kreis-(Dreh-)Frequenz in s^{-1}

    Berechnung des Anpressdruckes:

    $$p_Z = 10^6 s \cdot r_A \cdot \varrho \cdot \omega^2 \quad \text{in Pa}$$

    p_Z Anpressdruck der Gießmasse gegen die Formwandung in Pa
    s Wanddicke des Schleudergussteils in mm
    r_A Radius des Außendurchmessers des zu schleudernden Teiles in mm
    ϱ Dichte des Gießwerkstoffes in kg $\cdot$ m^{-3}
    ω Kreis-(Dreh-)Frequenz in s^{-1}

    Ermittlung günstiger Schleuderdrehzahlen:

    nach [1]: $$n_{\text{Schl}} = 423 \sqrt{\frac{L_{\text{Wst}}}{r_A^2 - r_U^2}}$$ oder [29]: $$n_{\text{Schl}} \approx \frac{7200}{\varrho \sqrt{D_{\text{Wst}}}} \quad \text{in min}^{-1}$$

    n_{Schl} Schleuderdrehzahl in min^{-1}
    ϱ Dichte des Gießwerkstoffs in g $\cdot$ cm^{-3}
    D_{Wst} Größter Werkstückdurchmesser in mm
    r_A Radius des Außendurchmessers des zu schleudernden Teiles in mm
    r_U Radius des Innendurchmessers des zu schleudernden Teiles in mm
    L_{Wst} Länge des zu schleudernden Teiles in mm

2.4.2 Urformen aus dem festen (körnigen) Zustand (Sintern)

Sintervorgang und Kennwerte:

$$\tau_{\text{Sinter}} \approx (0{,}65 \ldots 0{,}75)\tau_{\text{Schmelz}}$$

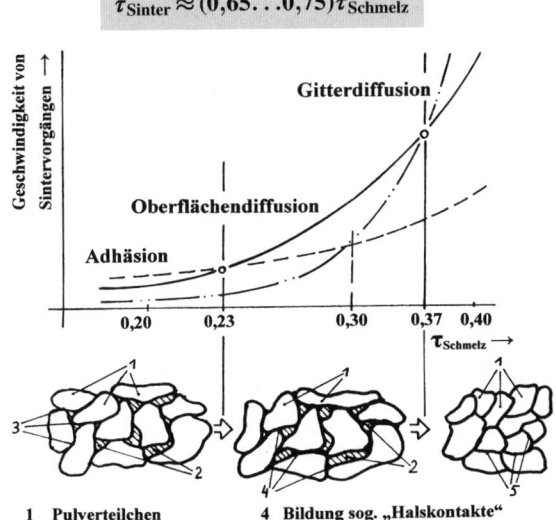

1 Pulverteilchen
2 Porenräume
3 Kontaktflächen
4 Bildung sog. „Halskontakte"
5 Neu gebildete Korngrenzen

Phasen des Formgebungsvorganges:
1. Füllen:

2. Umordnen:

3. Verdichten und Verformen:

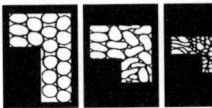

Regeln zur Gestaltung von Sinterteilen:

Regel	Ausführungsbeispiele	
	Günstige Gestaltung	Nicht geeignete Variante
1. Einhaltung eines Verhältnisses der Länge des Formteiles zum Durchmesser von $\leq 2{,}5$	$\dfrac{H_1}{D_1}; \dfrac{H_2}{D_2} \leq 2{,}5$	$\dfrac{H}{D} > 2{,}5$
2. Vermeidung scharfkantiger Konturen z. B. durch Flächen		
3. Vermeidung kreisförmiger Querschnitte quer zur Pressrichtung		
4. Verzahnungen mit Moduln $m < 0{,}5$ und Schrägverzahnungen sind nicht herstellbar		$m < 0{,}5$
5. Sicherung eines ausreichend großen Abstands zwischen Zahngrund und Nabeninnenkontur	$S \to$ Max.	$S \to$ Min.
6. Zur Vereinfachung der Werkzeugherstellung einfache geometrische Querschnittsformen vorsehen		
7. Rändelungen machen aufwendige Werkzeuge erforderlich, kreuzförmige Rändelungen lassen sich presstechnisch nicht herstellen	120°	80°
Ausführungsbeispiele: 1.		
2.		
3.		

2.4 Verfahren der Urformtechnik (Hinweise, Berechnungen, Empfehlungen)

Regel	Ausführungsbeispiele	
	Günstige Gestaltung	Nicht geeignete Variante
Ausführungsbeispiele: 4.		
5.		
6.		

Berechnungen zum Urformen aus dem festen Zustand:

Pressbarkeit:

$$\beta = \varrho' p_{Press} \quad \text{in cm}^{-1}$$

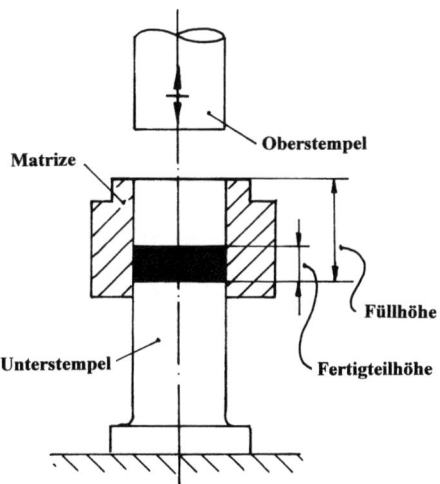

β „Pressbarkeit" in cm^{-1}
ϱ' Maximal erreichbare Dichte des Grünteils in N · cm^{-3}
p_{Press} Pressdruck in Pa

Richtwert $p_{Press} \approx 8$ bar $\approx 8 \cdot 10^5$ Pa

Füllfaktor:

$$F_{Füll} = \frac{\text{Füllhöhe}}{\text{Fertighöhe}}$$

Richtwert: $F_{Füll} \approx (1{,}9 \ldots 2{,}5)$

Beispiel für die Herstellung von Sinterformteilen mit mehreren Querschnitten [9]:

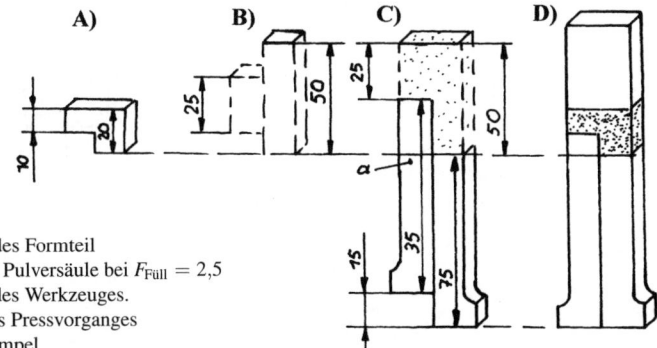

A) Herzustellendes Formteil
B) Erforderliche Pulversäule bei $F_{Füll} = 2{,}5$
C) Füllstellung des Werkzeuges.
D) Abschluss des Pressvorganges
a) Separater Stempel

Volumenänderung (Schwindung) beim Sintern etwa 1,5 % [lässt sich durch Zugabe von ca. (0,5...2,0) % Cu vermeiden]

2.4.3 Urformen aus dem ionisierten Zustand (Galvanoformung)

Erforderliche Arbeitsschritte und Parameter (vgl. teilweise nach [9]):

1. Herstellung eines Urmodells (aus Metallen, z. B. Al, Zn; Kunststoffen; Wachsen; Gipsen; Hölzern; ...)

2. Modellvorbehandlung (Auftragen elektrisch leitfähiger Schichten und ggf. Trennmittel)

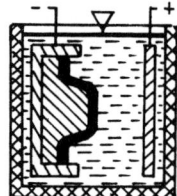

3. Abscheidevorgang im Elektrolysebad:
   - Schichtdicken (aus Ni, Cu, Co, Ag, Au, Fe, ...):
     $d_{Schicht} > 0{,}1$ mm (ggf. bis mehrere Millimeter)
   - Abscheidegeschwindigkeiten:
     $v_{Absch} \approx [(25...50)1000]\,\mu m \cdot h^{-1}$
   - Erreichbare Rauheiten:
     $R_t \geq 0{,}05\,\mu m$

4. Trennen des galvanisch erzeugten Werkstücks vom Modellkörper

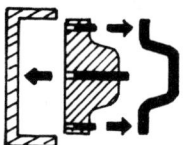

5. Nachbehandlung (Beschichten, Aussteifen, Hinterfüllen, ...)

2.4.4 Urformen duro- und thermoplastischer Kunststoffe

Formpressen

Pressteilvolumen:

$$V_{Wst} = \frac{V_M}{C} \quad \text{in mm}^3$$

Zusätzlicher Füllraum:

$$V_Z = V_M - V_V \quad \text{in mm}^3$$

Kennwerte:
- Aushärtezeit: $t_H \sim s$; da meist $s_{max} \approx 3$ mm, gilt $t_H \approx 3$ min
- Pressdruck: $p_P = (200...600)$ bar
- Presstemperatur: $\tau = (160...170)\,°C$

Zusätzlicher Füllraum [30]:

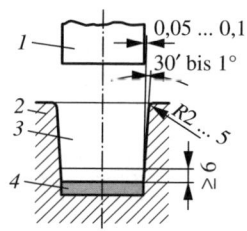

1 Oberstempel
2 Formplatte
3 Füllraum
4 Pressteil

V_{Wst} Volumen des fertigen Pressteils in mm³
V_M Volumen der Pressmasse in mm³
C Füllfaktor: $C = V_M \cdot V_{Wst}^{-1}$
     Richtwerte für duroplastische Formmassen:
     $C \approx (1{,}2...4{,}0)$ für Holzmehl, Gipse und ähnliche mineralische Füllstoffe
     $C \approx (14...18)$ für Faserstoffe und ähnliche mineralische Füllstoffe
V_V Vorhandenes Hohlraumvolumen des Werkzeuges in mm³

2.4 Verfahren der Urformtechnik (Hinweise, Berechnungen, Empfehlungen)

Füllraum mit abgesetzter Stempelführung (links) und schräger Quetschkante (rechts):

Gestaltung von Quetschkanten mit stehendem (links) und liegendem Grat (rechts):

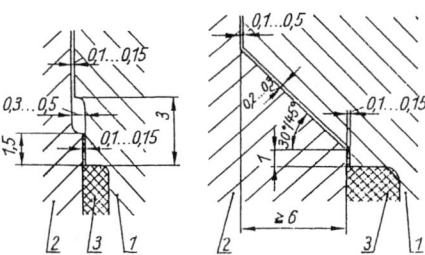

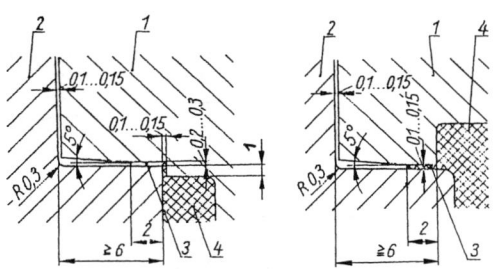

1 Oberstempel, *2* Einsatz, *3* Pressteil

1 Oberstempel, *2* Einsatz, *3* Quetschkante, *4* Pressteil

Empfehlungen zur Gestaltung von Pressteilen [30]:

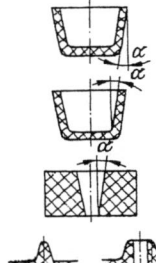

Außenflächen: $\alpha = (15'), 30', (45'), 1°, 2°$

Innenflächen: $\alpha = (15'), 30', 1°, 2°, 3°$

Innenkonturen bis zu einer Tiefe von $2d$: $\alpha = (15'), 30', 1°$

Rippen, Augen, Zapfen usw.: $\alpha = 2°, 3°, 5°, 30°$

Spritzpressen (teilweise Spritzgießen)

Grundregel:

$$A_{Wz} > A_{proj} \quad \text{in mm}^2$$

(Lässt sich die Regel nicht einhalten, muss das Austreten von Formmassen durch Steigerung von F_{Schl} ausgeglichen werden.)

Spritzpresskraft:

$$F_{Sp} = p_{Sp} \cdot A_{Wz} \quad \text{in N}$$

Schließ-/Zuhaltekraft:

$$F_{Schl} = F_{Sp} + F_{Öffn} \quad \text{in N} \qquad F_{Öffn} = A_{proj} \cdot p_I \quad \text{in N}$$

A_{proj} Projizierte Fläche des Formteils mit Anspritzsystem in mm²
A_{Wz} Fläche des Spritzkolbens in mm²
F_{Schl} Schließ-/Zuhaltekraft in N
F_{Sp} Spritzpresskraft in N
$F_{Öffn}$ Öffnungs-/Sprengkraft der Spritzpressform in N
p_I Innendruck der Spritzgießform in bar (1 bar = 10^5 N · mm^{-2})
p_{Sp} Spritzpressdruck in bar
    Richtwert: $p_{Sp} \approx 600$ bar $\approx 6 \cdot 10^7$ Pa

Vorteilhafte Querschnittsformen für Spritzpress-(und Spritzgieß-)Kanäle [30]

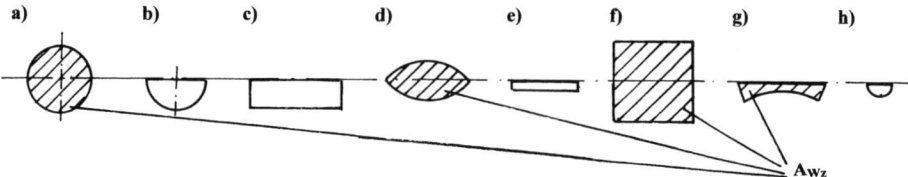

Besonders geeignet: Formen a) bis c)

$$A_{Wz} \approx (0{,}15 \ldots 0{,}20) m_{Wst} \quad \text{in mm}^2 \quad \text{für einfach geformte Teile}$$

$$A_{Wz} \approx (0{,}23 \ldots 0{,}30) m_{Wst} \quad \text{in mm}^2 \quad \text{für kompliziert geformte Werkstücke}$$

m_{Wst} Formteilmasse in kg
(Achtung: Gleichungen sind nicht dimensionsgerecht)

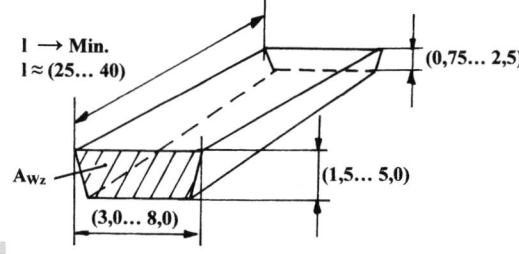

Durchsatzmenge (je mm² Anschnittfläche)

$$m_{Wst} \gtrsim (0{,}6 \ldots 1{,}0)\, \text{g} \cdot \text{mm}^{-2} \cdot \text{s}$$

Durchmesser des Spritzpresszylinders

$$d_{Wz} \approx \sqrt[3]{V_{Wst}} \quad \text{in mm}$$

V_{Wst} Gesamtvolumen (Werkstück und Anpresssystem) in mm³

Hub des Spritzpresskolbens

$$h_{Wz} \approx \frac{V_{Wst} \cdot C}{A'_{Wz}} + 1 \quad \text{in mm}$$

A'_{Wz} Arbeitsfläche des Spritzpresszylinders: $A'_{Wz} = \frac{\pi}{4} \cdot d^2_{Wz}$ in mm²
$C, V_{Wst}, \ldots$ siehe oben
d_{Wz} Durchmesser des Spritzpresszylinders/-kolbens in mm²
h_{Wz} Kolbenhub in mm

Kennwerte zum Spritzpressen und Spritzgießen [31]

Bestimmung von Kräften beim Spritzpressen vgl. Spritzgießen sinngemäß
Spritzgießdruck: $p_{Spg} \leq 1000\,\text{bar} \approx 1000 \cdot 10^5$ Pa

Strangpressen (Extrudieren)

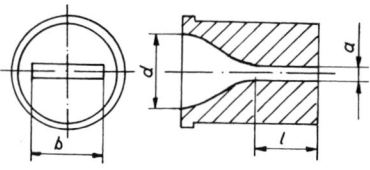

Formmasse	Faktor für Düsenabmessung		Verhältnis
	a	b	1 : a
Zelluloseazetat	1,10	1,20	8 : 1
Äthylzellulose	1,10	1,20	4 : 1
Polystyrol	0,85	1,15	16 : 1
PVC	0,85	1,05	8 : 1

3 Umformtechnik

3.1 Grundlagen der Metallumformung

Potenzialschwelle für den Beginn bleibender Formänderungen

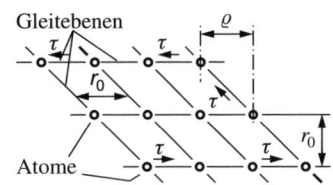

$\varrho > 0{,}5 r_0$ in nm

r_0 Gitterabstand in µm

Beziehungen zwischen Normal- und Schubspannungen

a) Einachsige Beanspruchung im Einkristall; Anisotropie:

$\sigma = \sigma_0 \cdot \cos\alpha$ in N·mm^{-2}

$\tau = 0{,}5\sigma_0 \cdot \sin 2\alpha$

d. h. $\tau = f(\sigma_0; \alpha)$ in N·mm^{-2}

Bevorzugte Gleitrichtung beim Einsetzen des Gleitmechanismus:

$\alpha = 45°$

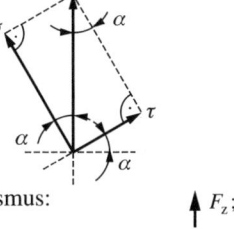

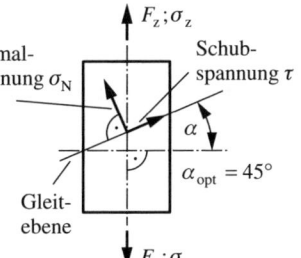

Wenn $\tau_{\text{Fließ}} = \text{konst.}$ und $\alpha = 45°$, dann gilt

$\sigma_{0\,\min} = 2\tau_{\text{Fließ}}$ in N·mm^{-2}

b) Mehrachsige Beanspruchung im (realen) Vielkristall; Quasiisotropie:

$\sigma_{0\,\min} \,\hat{=}\, k_\text{f} = 2\tau_{\text{Fließ}}$ in N·mm^{-2}

k_f Fließspannung in N·mm^{-2}

Geometrische und kinematische Zusammenhänge beim Umformen

a) Umformgrade:

$\varphi_1 + \varphi_2 + \varphi_3 = 0 = \text{konst.}$

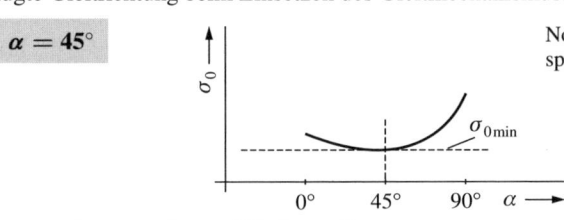

wobei

$\varphi_1 = \ln h_1/h_0$

h_1 Höhe des verformten Teiles in mm
h_0 Höhe des Werkstücks vor der Umformung in mm

$\varphi_2 = \ln b_1/b_0$ $\qquad$ $\varphi_3 = \ln l_1/l_0$

b_1 Breite des verformten Teiles in mm $\qquad$ l_1 Länge des umgeformten Werkstücks in mm
b_0 Breite vor der Umformung in mm $\qquad$ l_0 Länge vor der Verformung in mm

Generell gilt: Wenn $\varphi_{1;2;3} > 0$, dann positive Formänderung;
$\varphi_{1;2;3} < 0$, dann negative Formänderung

Größter Umformgrad: $\boxed{\varphi_G = |\varphi|_{max}}$

Vergleichsformänderung: $\boxed{\varphi_V = \sqrt{\frac{2}{3}(\varphi_1^2 + \varphi_2^2 + \varphi_3^2)}}$

b) Bezogene Abmessungsänderungen:
Werkstückhöhe: $\varepsilon_h = \Delta h/h_0 = (h_1 - h_0)/h_0$ mit Abmessungsverhältnis $\lambda_h = h_1/h_0$

gilt $\boxed{\varepsilon_h = \lambda_h - 1}$

Werkstückbreite: $\varepsilon_b = \Delta b/b_0 = (b_1 - b_0)/b_0$ mit Abmessungsverhältnis $\lambda_b = b_1/b_0$

gilt $\boxed{\varepsilon_b = \lambda_b - 1}$

Werkstücklänge: $\varepsilon_l = \Delta l/l_0 = (l_1 - l_0)/l_0$ mit Abmessungsverhältnis $\lambda_l = l_1/l_0$

gilt $\boxed{\varepsilon_l = \lambda_l - 1}$

c) Bezogene Flächenänderung:
$\varepsilon_A = \Delta A/A_0 = (A_1 - A_0)/A_0$ mit Abmessungsverhältnis $\lambda_A = A_1/A_0$

gilt $\boxed{\varepsilon_A = \lambda_A - 1}$

d) Zwei- und dreiachsige Formänderungszustände:
Zweiachsiger Zustand:

$\boxed{\varphi_1 + \varphi_2 + \varphi_3 = 0; \quad \varphi_1 = 0}$ d. h.

$\varphi_2 = -\varphi_3$ oder $\varphi_3 = -\varphi_2$

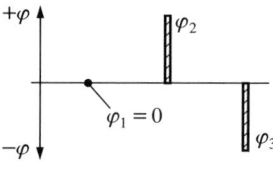

Dreiachsiger Zustand:

$\boxed{\varphi_G = |\varphi|_{max} = 0{,}5(|\varphi_1| + |\varphi_2| + |\varphi_3|)}$

Sonder- bzw. „Symmetrie"-Fall:

$\left.\begin{array}{l}\varphi_1 > 0\\ \varphi_2 < 0\\ \varphi_3 < 0\end{array}\right\} \quad \varphi_{max} = \varphi_1 = -(\varphi_2 + \varphi_3)$

$\varphi_G = |\varphi_1|$

Außerdem: $\varphi_1 > 0$, dann φ_2, φ_3 negativ
$\varphi_1 < 0$, dann φ_2, φ_3 positiv

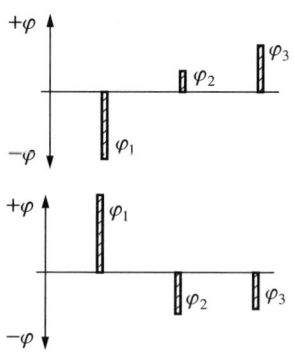

e) Umformgeschwindigkeit (d. h. zeitliche Änderung des Umformgrades):

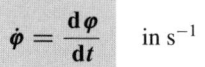

$\dot{\varphi} = \dfrac{d\varphi}{dt}$ in s^{-1}

$\dot{\varphi}$ Umformgeschwindigkeit in s^{-1}
$d\varphi$ augenblicklicher Umformgrad
dt momentane Umformzeit in s

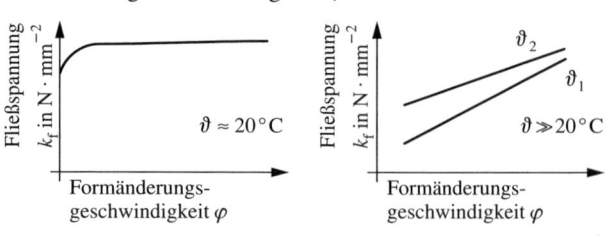

3.1 Grundlagen der Metallumformung

oder delogarithmiert als Mittelwert:

$$\dot{\varphi}_{\text{mittel}} = \frac{\varphi}{t} \quad \text{in s}^{-1}$$

Wenn $\varphi_1 + \varphi_2 + \varphi_3 = 0$, dann auch $\dfrac{d\varphi_1}{dt} + \dfrac{d\varphi_2}{dt} + \dfrac{d\varphi_3}{dt} = 0$, d. h.,

$$\dot{\varphi}_1 + \dot{\varphi}_2 + \dot{\varphi}_3 = 0$$

oder: Jedem Umformgrad ist eine spezielle Umformgeschwindigkeit zugeordnet:
$\dot{\varphi} = dh/h \cdot dt$, wobei $dh/dt = v_{\text{Wz}}$, d. h.

$$\dot{\varphi} = \frac{v_{\text{Wz}}}{h} \quad \text{oder} \quad \boxed{v_{\text{Wz}} = h \cdot \dot{\varphi}} \quad \text{in m} \cdot \text{s}^{-1}$$

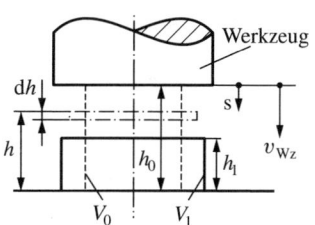

- s Werkzeugweg in mm
- h Augenblickliche Höhe in mm
- h_1 Endhöhe in mm
- V_0, V_1 Volumina des Rohrteiles/Fertigteiles in mm³; $V_0 \cong V_1$
- v_{Wz} Werkzeuggeschwindigkeit in mm · min^{-1}
- dh Differenzialhöhe in mm

Umformkräfte und -leistungen

a) Abhängigkeiten der Fließspannung k_f von der jeweils vorhandenen Umformtemperatur und Umformgeschwindigkeit (VDI 3137)

Fließspannung:

$$\boxed{k_f = R_m \left(\frac{e}{n}\right)^n \cdot \varphi_G^n} \quad \text{in N} \cdot \text{mm}^{-2}$$

R_m Zugfestigkeit in N · mm^{-2}

$$\boxed{R_m = k_f \frac{A_1}{A_0} = C \varphi_G^n \frac{A_1}{A_0}}$$

C Werkstoffkonstante zur Bestimmung der Lage der Fließkurve

$$\boxed{C \cong R_m \left(\frac{e}{n}\right)^n}$$

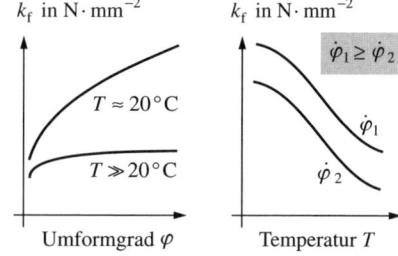

$$\boxed{k_{fm} = \frac{1}{2}(k_{fo} + k_{f1}) \cong \frac{a}{\varphi}} \quad \text{in N} \cdot \text{mm}^{-2}$$

- k_{fo} Fließspannung für $\varphi = 0$
- k_{f1} Fließspannung bei φ_G
- a Bezogene Formänderungsarbeit in N · mm/mm³

φ_G Größter Umformgrad, s. o.
n Anstiegswert/Exponent für $\log k_f = f(\lg \varphi)$

b) Typische Fließkurven für metallische Werkstoffe (hier Stahl Ck10, Al und Cu); Weitere Fließkurven vgl. VDI-Arbeitsblätter Nr. 5.3200 bis 5.3201

Beispiel: Für eine Stauchung auf die halbe Ausgangshöhe entsteht ein Umformgrad von $\varphi_h = -0{,}69$; die dazu gehörenden Fließspannungen betragen bei
- Stahl: $k_f = 620$ N · mm^{-2}
- Al: $k_f = 190$ N · mm^{-2}
- Cu: $k_f = 390$ N · mm^{-2}

Eine Auswahl an Fließkurven für typische Werkstoffe im Maschinenbau zeigt Tafel T 3.1.2 im Anhang, S. 362

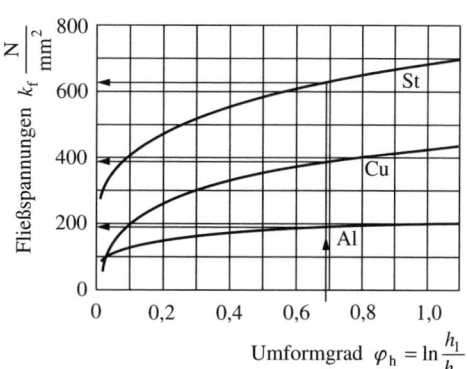

c) Umformwiderstand:

$$k_W = \frac{k_f}{\eta} \quad \text{in N} \cdot \text{mm}^{-2}, \text{ wobei } \eta = (0{,}8 \ldots 0{,}9)$$

d) Umformarbeit (unsymmetrische Teile):

Für die ideelle (verlustfreie) Arbeit gilt

$$W_{id} = V \int_0^{\varphi_{max}} k_f \, d\varphi = V \cdot k_{fm} \cdot |\varphi|_{max}$$

in N · mm (J)

W_{id} Ideelle Umformarbeit in N · mm (oder Joule)
V Zu verformendes Werkstoffvolumen in mm^3
k_{fm} Mittlere Fließspannung in N · mm^{-2}
φ Umformgrad

Mittlere Fließspannung k_f:

Flächeninhalt: $k_{fm} \cdot \varphi_1$

$\varphi_1 = \ln \frac{h_1}{h_0}$

Formänderung φ

Für praktische Anwendungen:

$$W = \frac{W_{id}}{\eta} \quad \text{in J}$$

W Tatsächliche Umformarbeit in N · mm
η Wirkungsgrad; in Abhängigkeit z. B. vom Werkstoff-Fluss, der Teilegeometrie u. a. gilt $\eta = (0{,}4 \ldots 0{,}8)$

e) Umformkraft (gilt nur für stationäre Verfahren, z. B. hydraulisches Pressen mit $F \neq f(s)$):

$$F = \frac{W}{s} \quad \text{in N}$$

F Umformkraft in N
W Tatsächliche Umformarbeit in N · mm
s Umformweg in mm

f) höchstzulässige Umform- (T_{Umf}) und Schmelztemperaturen ($T_{Schmelz}$):

Werkstoffe	Schmelztemperaturen in °C	Maximal zulässige Umformtemperaturen in °C
Stahl, unlegiert, (1,5...0,9) % C	1520	(0,69...0,74) $T_{Schmelz}$
Stahl, unlegiert, (0,8...0,5) % C	1480	(0,78...0,84) $T_{Schmelz}$
Stahl, unlegiert, (0,4...0,1) % C	1450	(0,88...0,93) $T_{Schmelz}$
Chrom-Vanadium-Stähle		ca. 1250 °C
Rostfreie Stähle	(1440...1460)	(0,52...0,79) $T_{Schmelz}$
Nickel	1455	(0,72...0,82) $T_{Schmelz}$
Reinaluminium	660	(0,73...0,76) $T_{Schmelz}$
Al-Legierungen	(570...655)	(0,61...0,76) $T_{Schmelz}$
Magnesium	650	(0,46...0,62) $T_{Schmelz}$
Kupfer	1083	(0,74...0,88) $T_{Schmelz}$
Bronze	(880...1040)	(0,74...0,82) $T_{Schmelz}$
Messing	(900...950)	(0,66...0,84) $T_{Schmelz}$
Cu-Ni-Legierungen		(950...1100) °C
Neusilber		(650...1000) °C
Titan (geschmiedet)	1727	(0,40...0,55) $T_{Schmelz}$
Titan (stranggepresst)	1727	(0,52...0,53) $T_{Schmelz}$

3.2 Verfahren des Druckumformens

3.2.1 Längs- bzw. Reckwalzen

- Berechnung der Walzkraft:

$$F_W = k_W \cdot A_W \quad \text{oder} \quad F_W = \frac{A_1}{2} \cdot \frac{k_{fm}}{\eta_F} \cdot \varphi \quad \text{in N}$$

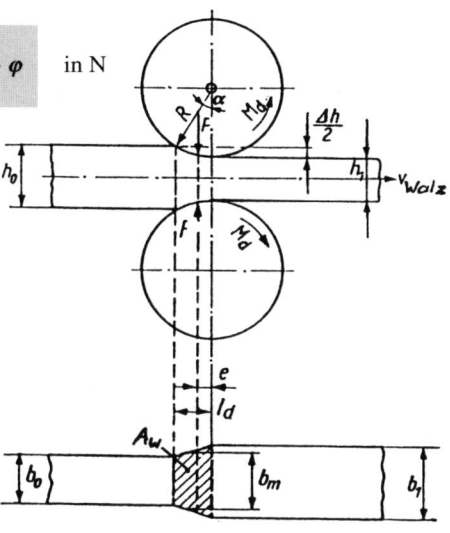

F_W Walzkraft in N
k_W Formänderungswiderstand beim Walzen in N · mm^{-2}
A_W Gewalzte Werkstückfläche in mm^2; $A_W = b_m \cdot l_d$
$A_1 = b_1 \cdot h_1$ in mm^2
b_m Mittlere Walzbreite in mm
l_d Gewalzte Werkstücklänge in mm

$$b_m = 0{,}5(b_0 + b_1) \quad \text{in mm} \quad \text{und}$$

$$l_d = \sqrt{R \cdot \Delta h - 0{,}25 \Delta \cdot h^2} \approx \sqrt{R \cdot \Delta h}$$

in mm

b_0 Werkstückbreite vor dem Walzen in mm
b_1 Werkstückbreite nach dem Walzvorgang in mm
R Radius der Walzen in mm
Δh Höhenabnahme je Walzdurchlauf („Stich") in mm
α Eingriffswinkel in rad; in °

Greif- und Durchziehbedingungen [9]:

Greifbedingung:

$$F_R \cdot \cos \alpha \geqq F_N \cdot \sin \alpha$$
$$\mu \cdot F_N \cdot \cos \alpha \geqq F_N \cdot \sin \alpha$$
$$\mu \geqq \tan \alpha = \alpha$$

Greifwinkel: $\alpha_0 < 2\beta$

Durchziehbedingung:

$$\mu \geqq \tan \frac{\alpha}{2} \mathrel{\hat=} \tan \beta$$

β Reibungswinkel in °

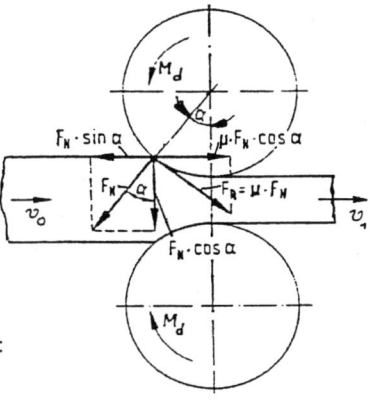

- Bestimmung des Drehmoments und der Walzarbeit:

$$M_d = F_W \cdot e \quad \text{in N} \cdot \text{m}$$

M_d Drehmoment beim Walzen in N · m
F_W Walzkraft in N
e Abstand der Walzkraft von der Mittellinie der Walzen in mm

$$e \approx 0{,}5 l_d \cdot \sqrt{\frac{l_0}{l_1}} \quad \text{in mm}$$

In jedem Fall gilt:

$$e < 0{,}5 l_d \quad \text{in mm} \qquad W_W = 2 M_d \cdot \psi \quad \text{in N} \cdot \text{m}$$

l_0 Länge des Werkstücks vor dem Walzen in mm
l_1 Länge des Teiles nach dem Walzen in mm
W_W Walzarbeit in N · m
ψ Drehwinkel in rad

$$\psi = \frac{l_1}{R} \quad \text{in rad}$$

Gedrückte Länge l_d
$$l_d = \sqrt{R \cdot \Delta h}$$

Mittlere Breite
$$b_m = \frac{(b_0 + b_1)}{2}$$

Gedrückte Fläche
$$A_d = b_m \cdot l_d$$

Walzkraft
$$F = \frac{1}{\eta} k_{fm} \cdot A_d$$

Walzarbeit
$$W = \frac{1}{\eta} k_{fm} \cdot V \cdot |\varphi_h|$$

Walzleistung
$$P = \frac{2 \cdot F \cdot v_{Walz}}{60 \cdot 10^3} \quad \text{in kW} \quad \text{oder}$$

$$P = \frac{2}{30} \cdot M_d \cdot \pi \cdot n_{Walz} \quad \text{in kW}$$

Walzmoment an einer Walze
$$M_d = F \cdot a = \frac{1}{\eta} k_{fm} \cdot A_d \cdot \frac{l_d}{2}$$

$$v_0 < v_w < v_1$$

v_0 Walzgutgeschwindigkeit am Eintritt
v_w Oberflächengeschwindigkeit der Walzen
v_1 Walzgutgeschwindigkeit am Austritt

- Berechnung der Maschinenhauptzeit:

$$t_H = \frac{L}{v_{walz}} = \frac{0{,}5i \cdot (l_0 + l_{1e})}{v_{walz}} \quad \text{in min}$$

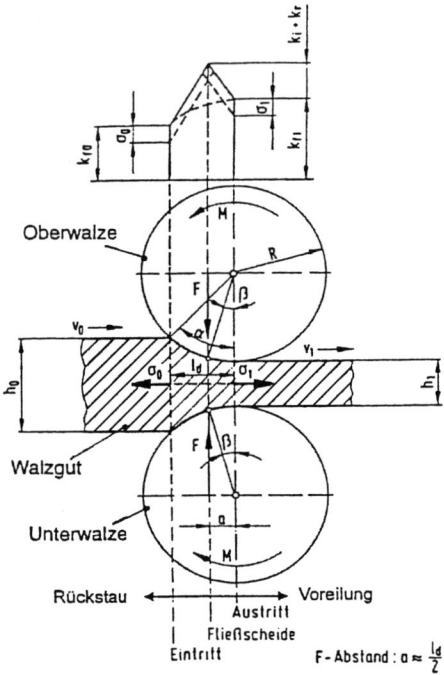

t_H Maschinenhauptzeit in min
i Anzahl der Walzdurchläufe („Stiche")
l_0 siehe oben
l_{1e} Endlänge des Werkstücks in mm
v_{walz} Walzgeschwindigkeit in mm $\cdot$ min^{-1}; $v_{Walz} = (4 \ldots 8)$ m $\cdot$ s^{-1}

3.2.2 Glattwalzen gekrümmter und ebener Oberflächen (Feinwalzen, Prägepolieren, ...)

- Verfahren und Werkzeuge:
  1. Neigungs- und Einstellwinkel:

Neigungswinkel:

$\boldsymbol{\beta = (0{,}5 \ldots 1{,}0)°}$ bei Stahlwerkstoffen (bis 65 HRC)

$\boldsymbol{\beta = (1{,}0 \ldots 1{,}5)°}$ bei Gusseisen

Einstellwinkel:

$\boldsymbol{\gamma = (0{,}0 \ldots 3{,}0)°}$ für alle Werkstoffe, sowie bei gekrümmten und ebenen Oberflächen

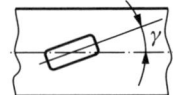

  2. Vorschubwerte: $f_w = [(0{,}1 \ldots 0{,}4)] \, 2{,}0$ mm (einrollige Walzwerkzeuge) [32]
  3. Kontaktlänge zwischen Walze und Werkstück: $l = (5{,}0 \ldots 20{,}0)$ mm; Günstig: $l = 10{,}0$ mm
  4. Walzgeschwindigkeiten:
     $v_{walz} = (15 \ldots 175)$ m $\cdot$ min^{-1} bei gekrümmten Teileflächen
     $v_{walz} = [(16 \ldots 60) \cdot 280]$ m $\cdot$ min^{-1} an ebenen Werkstückflächen
  5. Wirkmedien:
     – Trockenbearbeitung oder
     – Petroleum, Bohremulsion, ggf. Öle (Filterfeinheit: $\leqq 40 \, \mu$m)

3.2 Verfahren des Druckumformens

6. Erreichbare Werkstückqualitäten (vgl. [32]): $R_t = (0,1 \ldots 1,0)$ μm bei Stahl
   $R_t = (1,0 \ldots 2,0)$ μm bei Gusswerkstoffen

$$R_{t\,Walz} \approx (0{,}67 \ldots 0{,}5) \cdot R_{t\,Dreh}$$

   Traganteile: $\leq 95\,\%$
   Oberflächen-Verfestigungen: ca. $(10 \ldots 30)\,\%$

7. Durchmesseränderungen:

$$\Delta d = d_V \pm d_F \quad \text{in mm}$$

   + Innenflächen
   − Außenflächen
   d_V Vorbearbeitungsdurchmesser in mm
   d_F Fertigdurchmesser in mm

   Für praktische Anwendungen gilt:

$$d_V \approx d_F \pm Ra_V \quad \text{in mm}$$

   Ra_V Rauheit aus Vorbearbeitungen in mm
   Richtwerte: $Ra_V \approx (10 \ldots 50)\,\mu\text{m}$

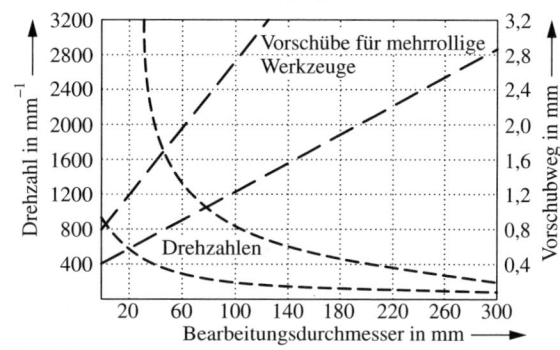

- Bearbeitung gekrümmter und ebener Werkstück-Oberflächen:
  1. Anpressdruck der Walzen:

$$p_W = \frac{P}{l \cdot d_0} \quad \text{in N} \cdot \text{mm}^{-2}$$

   P Anpresskraft der Walzen in N
   p_W Anpressdruck der Walzen in N·mm^{-2}
   l Länge der Kontaktfläche in mm
   d_0 Vergleichsdurchmesser in mm

$$d_0 = \frac{d_{wst} \cdot D_W}{d_{wst} + D_W} \quad \text{in mm}$$

   d_{wst} Werkstückdurchmesser in mm
   D_W Durchmesser der kleinsten Glättrolle in mm

Richtwerte: $p_W = (30 \ldots 100)\,\text{N} \cdot \text{mm}^{-2}$ für Gusswerkst. [Vorbearb. mit $R_a \approx (10 \ldots 13)\,\mu\text{m}$]

$p_W = (23 \ldots 125)\,\text{N} \cdot \text{mm}^{-2}$ für Stahl

Diagramm zur Bestimmung von Anpresskräften für Rollenkörper [32], [33]:

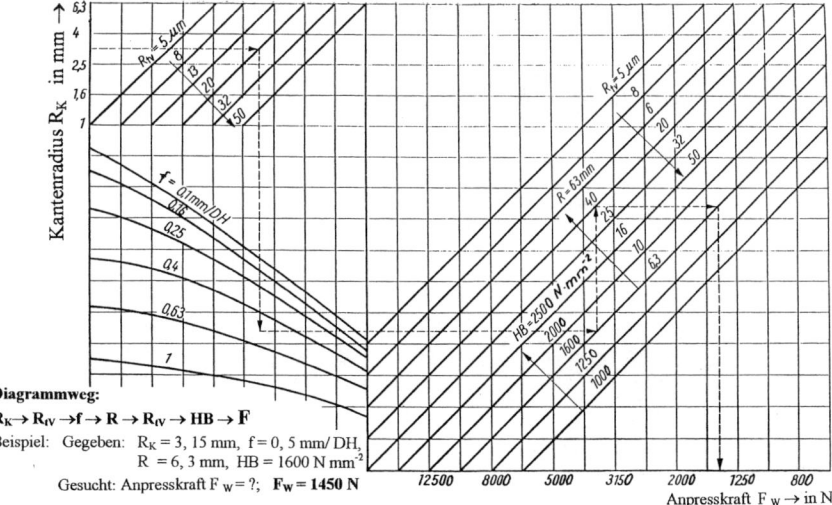

Diagrammweg:
$R_K \rightarrow R_{tV} \rightarrow f \rightarrow R \rightarrow R_{tV} \rightarrow HB \rightarrow F$
Beispiel: Gegeben: $R_K = 3{,}15\,\text{mm}$, $f = 0{,}5\,\text{mm/DH}$,
$R = 6{,}3\,\text{mm}$, $HB = 1600\,\text{N}\,\text{mm}^{-2}$
Gesucht: Anpresskraft $F_W = ?$; $F_W = 1450\,\text{N}$

2. Anzahl der Überwalzungen (Überwalzzahl):
   - Durchlaufwalzen

   $$\ddot{U} = \frac{l \cdot z \cdot i \cdot K_{Wz}}{f_w}$$

   $\ddot{U}$ Anzahl der Überwalzvorgänge
   f_w Axialer Vorschub in mm; **Richtwerte**: $f_w = (0{,}1 \ldots 0{,}4)$ mm
   l Siehe oben in mm; $l = (5 \ldots 20)$ mm
   z Anzahl der Rollen im Walzwerkzeug
   i Anzahl der Wiederholungen des Walzvorganges
   K_{Wz} Werkzeugfaktor

   $$K_{Wz} = \frac{D_1}{d_{wst} + D_1} - \frac{d_{wst} - 2D_W}{2(d_{wst} - D_W)}$$

   D_1 Durchmesser der Glättrollen-Laufbahn im Werkzeug in mm

   Richtwert: Für Glättrollen, die sich ausschließlich um ihre eigene Achse drehen, gilt $K_{Wz} = 1$

   - Einstechwalzen

   $$\ddot{U} = n_{Wst} \cdot t_H \cdot z$$

   n_{Wst} Drehzahl des Werkstückes in min^{-1}
   t_H Maschinenhauptzeit in min

3. Bestimmung der Maschinenhauptzeit beim Rundwalzen:

   $$t_H = n_{wst} \cdot z \cdot \ddot{U} \quad \text{in min} \quad \text{für das Einstechwalzen}$$

   $$t_H = \frac{d_{wst} \cdot \ddot{U}}{n_{Walze} \cdot d_{Walze} \cdot z} \quad \text{in min} \quad \text{für das Walzen mit angetriebener Glättrolle}$$

   d_{Walze} Durchmesser der treibenden Glättwalze in mm
   n_{Walze} Drehzahl der treibenden Glättwalze in min^{-1}
   d_{wst} Werkstückdurchmesser in mm
   n_{wst} Drehzahl des Werkstücks in min^{-1}

4. Berechnung von Walzkräften (vgl. auch Diagramm auf S. 69):

   Walzen mit Rollen

   $$F_{Walz} \approx 2{,}5 HB \sqrt{R \cdot Ra_V} \left(f + 2\sqrt{R_K \cdot Ra_V} \right) \quad \text{in N}$$

   HB Brinellhärte des Werkstoffes in N $\cdot$ mm^{-2}
   R Radius der Walzrolle, meist $(5 \ldots 40)$ mm
   Ra_V Rauheit aus Vorbearbeitungen in mm
   R_K Radius der Rollenkante in mm
   f Vorschubweg in mm

   Walzen mit Kugeln

   $$F_{Walz} \approx 2{,}5 HB \cdot k \cdot z_K \left[\sqrt{R \cdot Ra_V} \left(2\sqrt{f_K \sqrt{R - Ra_V}} + f_K \right) + 0{,}4 f_K^2 \right] \quad \text{in N}$$

   f_K Vorschubweg je Kugel in mm
   k Faktor für das Nachlaufen der Kugeln
        Richtwert: $k = (1{,}0 \ldots 1{,}6)$
   z_K Anzahl wirkender Kugeln

3.2.3 Querwalzen

- Verfahrensprinzip /34/ und typische Beispiele herstellbarer Teileformen [35]:

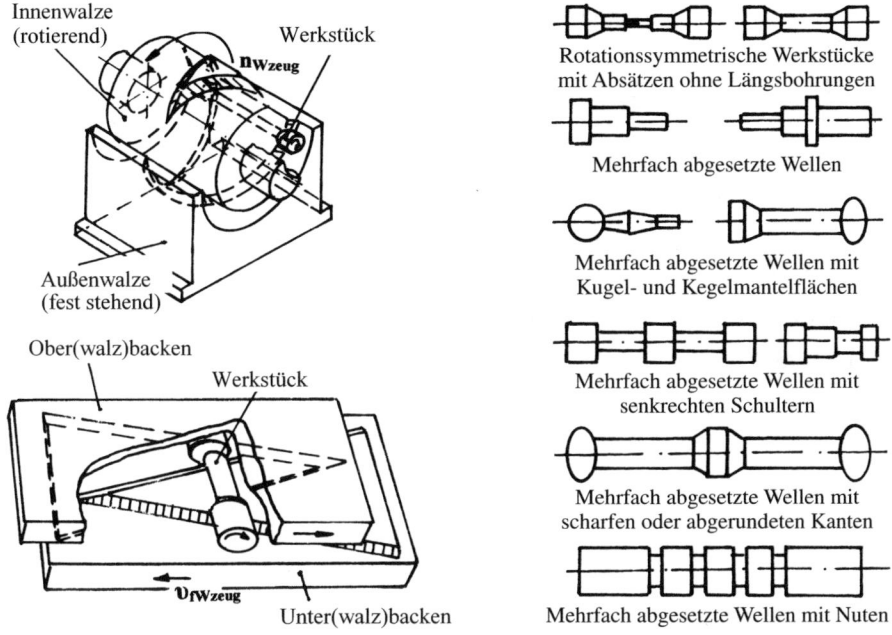

- Berechnungen vgl. Längs- bzw. Reckwalzen sinngemäß; $a_p \approx (1\ldots 2)\,\text{mm/Seite}$; $M \lesssim 100\,000\,\text{Teile}$

3.2.4 Freiformen (Schmieden)

- Verbesserung des „Durchschmiedegrades" (Beispiel: Kombination von Stauchen und Recken; geringe Durchmesserunterschiede):

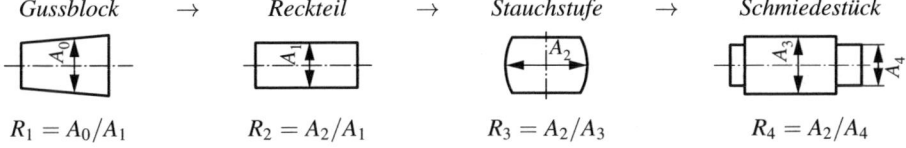

$R_1 = A_0/A_1 \qquad R_2 = A_2/A_1 \qquad R_3 = A_2/A_3 \qquad R_4 = A_2/A_4$

Gesamtes Reckverhältnis:

$$\boxed{R_{\text{Ges}} = R_1 \cdot R_2 \cdot R_3 \cdot R_4} \qquad R_{\text{opt}} = [(2\ldots 3)\,4]; \quad \varphi = (0{,}7\ldots 1{,}1)$$

Stauchverhältnis:

$$\boxed{S = \frac{h_0}{d_0}} \qquad S_{\text{zul}} \leqq 2$$

$$\boxed{d_1 \geq 0{,}86\,\sqrt[3]{V}} \qquad \text{in mm}$$

h_0 Freie Werkstücklänge in mm
d_0 Werkstückdurchmesser vor dem Stauchen in mm
d_1 Werkstückdurchmesser nach dem Stauchen in mm
$S;\,S_{\text{zul}}$ Stauchverhältnis; zulässiges
V Volumen des Schmiedeteiles in mm³

- Fließverhalten beim Freiformen (Beispiel: Stauchen; Fließscheiden) [9]:

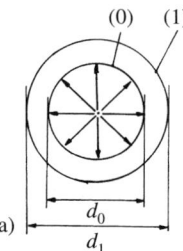 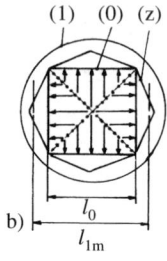 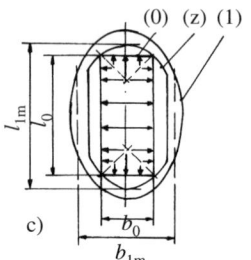

a)
b)
c)

a) kreisförmiger, b) quadratischer,
c) rechteckiger Querschnitt
0 Anfangsform, z Zwischenform,
1 Endform

3.2.5 Gesenkformen

3.2.5.1 Gesenkschmieden und Prägen

Gesenkschmieden

- Gestaltung eines typischen Gesenkwerkzeuges:

$$M_I = M_k(1 + \lambda) + 0{,}5\Delta M \quad \text{in mm}$$
$$M_A = M_g(1 + \lambda) - 0{,}5\Delta M \quad \text{in mm}$$

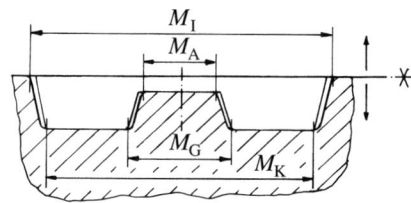

M_A Außendurchmesser der Gravur in mm
M_I Innendurchmesser der Gravur in mm
      (Anmerkung: M_A und M_I entsprechen jeweils dem Durchmesser „D" der projizierten Werkstückfläche „A")
M_G Größtmaß des Werkstückes in mm
M_K Kleinstmaß des Werkstückes in mm
T Zulässige Toleranz der Gesenkform [im Allgemeinen gilt: $T \approx (0{,}1\ldots 0{,}2)\, T_{Wst}$]
T_{Wst} Zulässige Werkstücktoleranz in mm
ΔM Herstellungsbedingte Maßabweichungen in mm:
      $\Delta M = (0{,}6\ldots 0{,}7)\,T$
λ Schwindmaße des Werkstoffes, z. B.:
      Unlegierter Stahl: $\lambda = 0{,}012\ldots 0{,}015$
      Legierter Stahl: $\lambda = 0{,}015\ldots 0{,}02$
      Al, Al-Legierungen: $\lambda \approx 0{,}015$

- Werkstoffbedarfsfaktor:

$$\boxed{m_{Wst} = W \cdot m_E} \quad \text{in kg}$$

W Werkstoffbedarfsfaktor, z. B. $W = (1{,}1\ldots 2{,}0)$ für gestreckte prismatische Teile
m_{Wst}/m_E Masse der Ausgangs-/Endform

- Gestaltung von Gratbahnen und Gratrinnen [9]:

a) Vollständige Auflage der
Teileunterseite

b) Drehung des Schmiedeteils
beim Entgraten um 190°

c) Staurillen

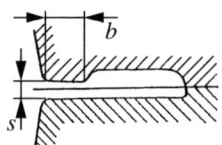 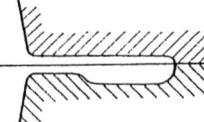 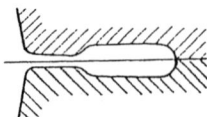

Gratabmessungen: Gratspaltdicke: $s = 0{,}016 D_{Wst}$ in mm
                      Gratbahnbreite: $b = 63 \cdot s/D_{Wst}$ in mm

3.2 Verfahren des Druckumformens

Richtwerte für Gratabmessungen [9]:

Durchmesser der Projektionsfläche D in mm	Schmiedestück-Projektionsfläche in Gratebene (ohne Gratbahn) A in 10^2 mm²	Gratdicke s in mm [1]	Gratverhältnis b/s für überwiegend		
			Stauchen	Breiten	Steigen
bis 50	bis 19	0,6	8	10	13
50 bis 80	über 19 bis 50	1,0	7	8	10
80 bis 120	über 50 bis 113	1,6	5	5,5	7
120 bis 190	über 113 bis 280	2,5	4	4,5	5,5
190 bis 300	über 280 bis 710	4,0	3	3,5	4
300 bis 480	über 710 bis 1800	6,3	2	2,5	3
480 bis 760	über 1800 bis 4500	10,0	1	2	2,5

Anmerkung: [1] oder $s = 0{,}015 \sqrt{A_{\text{proj}}}$ in mm

- Diagramm zur Bestimmung von Schmiedekräften (für Pressen und Hämmer) [9]:

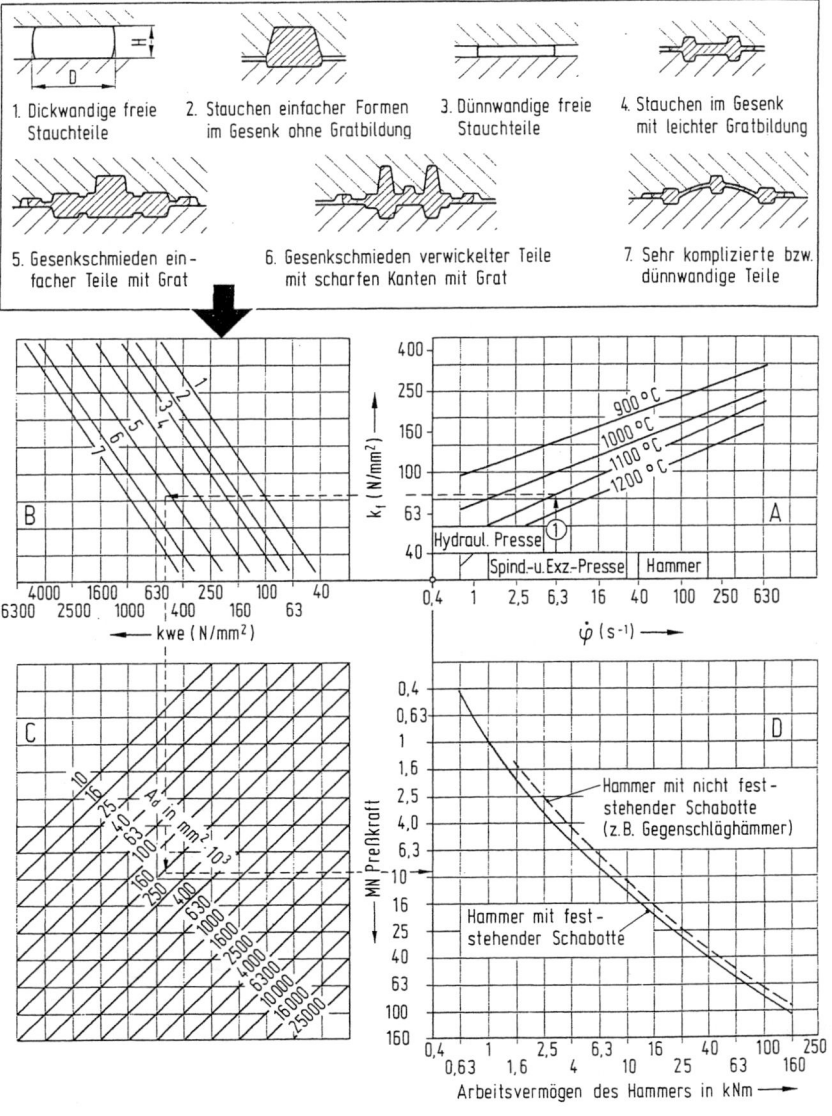

$$F_{\text{Schmiede}} = k_{\text{we}} \cdot A \quad \text{in N}$$

$\dot{\varphi}$ Umformgeschwindigkeit
k_{we} Stauchdruck (Formänderungswiderstand k_W)
k_f Fließspannung (z. B. C 35)
Feld A   Temperatur
Feld B   Schwierigkeitsgrad
Feld C   projizierte Gesenkschmiedestückfläche

- Regeln zur Teilung von Gesenken und Schmiedeteilen:

Gestaltungsregel; Empfehlung	Ausführungsbeispiele	
	Vorteilhaft	Nicht zweckmäßig
1. Anordnung der Teilung in halber Werkstückhöhe		
2. Schaffung ebener Gesenkteilungsflächen		
3. Anordnung der Teilungsflächen entsprechend des Werkstoffflusses		
4. Vermeidung des Ausfüllens tiefer Gravurbereiche mittels „steigendem Werkstofffluss"		
5. Anordnung der Teilungsflächen zur Erkennung von Versatz		
6. Vermeidung des Entstehens von Seitenkräften durch: – Zweckmäßige Lage der Gesenkteilung – Schmieden sog. „Doppelstücke"		
7. Anordnung der Teilung zur Bildung von Funktionsflächen durch das Gesenk		
8. Sicherung eines durchgängigen Faserverlaufes		
9. Sicherung einer bearbeitungsgerechten Teilung		
10. Vermeidung der Lage des Grates an einer Werkstückkante		

3.2 Verfahren des Druckumformens

Prägen
- Prägekräfte

$$F_{Pr} = p_{Pr} \cdot A \quad \text{in N}$$

F_{Pr} Prägekraft in N
p_{Pr} Spezifischer Prägedruck in N · mm^{-2}
A Projizierte Werkstückfläche in mm^2

- Prägearbeit

$$W_{Pr} = 0{,}5 F_{Pr} \cdot h$$

in N · m

h Stempelweg in m

Richtwerte für spezifische Drücke p_{Pr} in N · mm^{-2}:

Typisches Prägeteil:

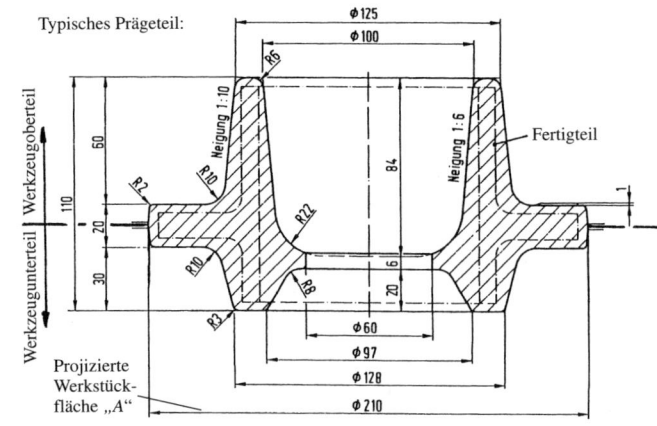

Werkstoffe Bezeichnung	R_m in N · mm^{-2}	Vollprägen	Blechprägen Blechdicken in mm	Hohlprägen mit hart sitzendem Stempel	Hohlprägen ohne hart sitzenden Stempel	Schrift- und Gravurprägen	Genauprägen
Al99 w	80...100	80...120	0,4...0,7	60...120	50...80	50...80	60...100
Al-Legierung w	180...320	320	—	20	14	15	25
Ms63	290...410	150...180	0,4...1,0	600...1 200	200...300	200...300	700...900
Cu w	210...240	80...100	0,4...1,0	600...1 200	100...250	200...300	300...400
Cu h		100...150	—	—	—	300...500	600...800
Stahlwerkstoffe	280...420	1 200...1 500	0,4...1,0	1 000...2 500	350...400	300...400	1 000...1 200
Hochleg. Stähle	600...750	2 500...3 200	0,4...1,0	1 200...3 000	600...900	600...800	2 500...3 000

- Maschinenhauptzeiten

$$t_H = n_{Sch} \cdot \frac{t_M}{y} \quad \text{in min}$$

t_H Maschinenhauptzeit in min
n_{Sch} Anzahl der Schläge zur Herstellung eines Teiles
t_M Dauer jedes Schlages in min
y Betriebsinterner Produktivitätsfaktor

3.2.5.2 (Warm- und Kalt-)Stauchen

Verfahren und Werkzeuge

- Stauchverhältnis:

$$v_{Stauch} = \frac{h_0}{d_0}$$

v_{Stauch} Stauchverhältnis
d_0 Durchmesser vor dem Stauchvorgang in mm
h_0 Höhe vor dem Stauchen in mm

Übersicht zum Stauchverhältnis:
a) Zylindrische Werkstücke
b) Nichtzylindrische Teile

Richtwerte:
$v_{Stauch} \leq 2{,}3$ zum Stauchen in einer Stufe beim Kaltstauchen
$v_{Stauch} \leq 3{,}0$ für das Stauchen in einer Stufe beim Warmstauchen

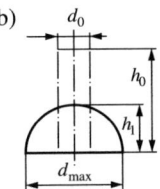

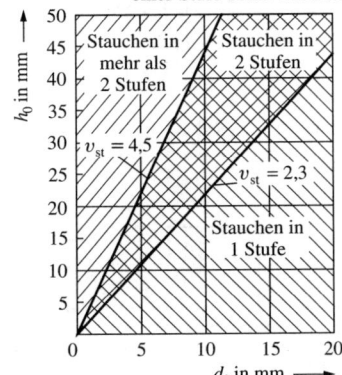

- Formänderungsgrad (Stauchgrad):

$$\varphi = \ln\left(\frac{h_1}{h_0}\right) \quad \text{oder auch} \quad \varphi = \ln\left(\frac{A_1}{A_0}\right)$$

A_1; h_1 Querschnittsfläche; Höhe des Teiles nach dem Stauchen in mm²; in mm
A_0; h_0 Querschnittsfläche; Höhe des Werkstücks vor dem Umformen in mm²; in mm

- Stauchvolumina (Beispiele typischer Maschinenelemente):

Bezeichnung	Kopfform	Formel
Sechskantschraube		$V = \dfrac{\pi}{12} \cdot e^2 \cdot k$
Senkschraube, Senkholzschraube		$V = \dfrac{\pi}{12} \cdot k \cdot (d_2^2 + d_2 d_1 + d_1^2)$
Zylinderschraube		$V = \dfrac{\pi}{4} \cdot d_2^2 \cdot k$
Linsenschraube		$V = \dfrac{\pi}{12} \cdot [3d_2^2 \cdot v + 4w^2 \cdot (3r_1 - w)]$
Halbrundschraube		$V = \dfrac{\pi}{12} \cdot d_2^3$
Linsensenkschraube, Linsensenkholzschraube		$V = \dfrac{\pi}{12} \cdot [k \cdot (d_2^2 + d_1 d_2 + d_1^2) + 4w^2 \cdot (3r_1 - w)]$
Halbrundschraube		$V = \dfrac{\pi}{3} \cdot (1{,}08k)^2 \cdot (2{,}1r_1 - k)$
Flachrundschraube mit Vierkantansatz		$V_1 = \dfrac{\pi}{3} \cdot k^2 \cdot (3r_1 - k) + d_1^2 \cdot f$ $V_2 = \dfrac{\pi}{3} \cdot k^2 \cdot (3r_1 - k) \cdot 0{,}215 \cdot d_2^2 \cdot f$
Senkschraube mit Vierkantansatz		$V_1 = \dfrac{d_2 - d_1}{2} \cdot \cot\dfrac{\alpha}{2} \cdot [0{,}262(d_2^2 + d_1 d_2) - 0{,}738 d_1^2]$ $\quad + a \cdot d_1^2$ $V_2 = \dfrac{d_2 - d_1}{2} \cdot \cot\dfrac{\alpha}{2} \cdot [0{,}262(d_2^2 + d_1 d_2) - 0{,}738 d_1^2]$ $\quad + 0{,}25 a \cdot d_2^2$
Hammerschraube		$V = k \cdot a \cdot \left(q - \dfrac{k}{4}\right)$
Hammerschraube mit Vierkant		$V_1 = k \cdot a \cdot \left(q - \dfrac{k}{4} + a\right)$ $V_2 = k \cdot a \cdot \left(q - \dfrac{k}{4} + 0{,}215 a\right)$

V_1 ist das Volumen des ganzen Körpers einschließlich Vierkant
V_2 ist nur das Volumen des Drahtes, der vor dem Stauchen über der Materialstirnfläche vorsteht

3.2 Verfahren des Druckumformens

Kräfte und Leistungen

- Stauchkraft:

$$F_{\text{Stauch}} = A \cdot k_\text{f} \cdot U \cdot k \quad \text{in N}$$

F_{Stauch} Stauchkraft beim Kalt- und Warmstauchen in N
A Querschnittsfläche des Werkstücks in mm²
k_f Fließspannung in N · mm⁻²
U Umrechnungsfaktor zur Berücksichtigung von Verlusten
k Faktor zur Bewertung des Einflusses der Kopfform

$$U = 1 + 0{,}333\mu \frac{d_1}{h_1}$$

d_1 Werkstückdurchmesser nach dem Stauchen in mm
h_1 Höhe des Teiles nach dem Stauchvorgang in mm
μ Reibwert zwischen den Pressflächen (Werkzeug und Werkstück)

Richtwerte (Kaltstauchen): $\mu = 0{,}15$ bei glatten Oberflächen ohne Schmierung
$\mu = 0{,}10$ für glatte Oberflächen und teilweiser Schmierung
$\mu = 0{,}05$ bei polierten oder feingeschliffenen Oberflächen und guter Schmierung

Tafeln zur Bestimmung des Umrechnungsfaktors U und des Kopfformfaktors k:

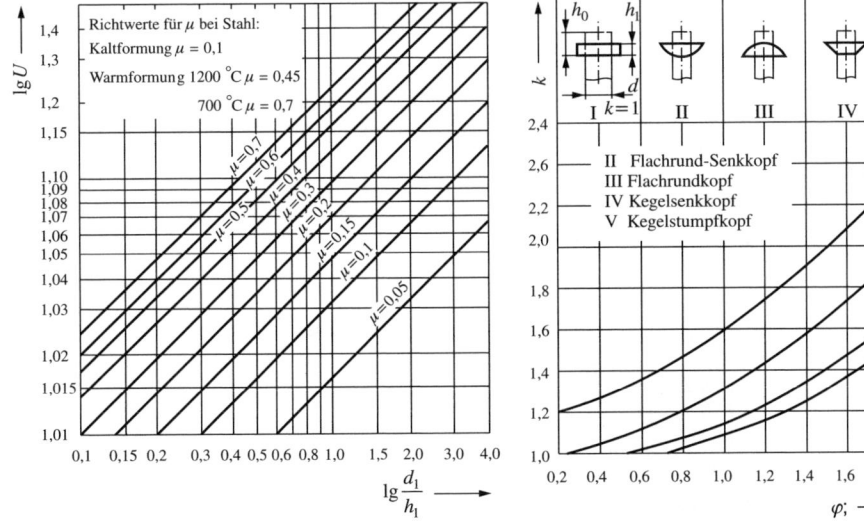

- Stoucharbeit:

1. Kaltstauchen:

$$W_{\text{Stauch}} = V \cdot k_{\text{fm}} \cdot \varphi \cdot \eta_{\text{Stauch}}^{-1} \quad \text{in N} \cdot \text{mm} \quad \text{oder} \quad W_{\text{Stauch}} = V \cdot w \cdot U \cdot k \quad \text{in N} \cdot \text{mm}$$

W_{Stauch} Arbeitsbedarf beim Kaltstauchen in N · mm
U Umrechnungsfaktor, siehe oben
V Umzuformendes Werkstoff-Volumen in mm³
w Spezifische Formänderungsarbeit in N · mm⁻²; $w = k_{\text{fm}} \cdot \varphi$
k Faktor zur Berücksichtigung des Einflusses der Kopfform
k_{fm} Mittlere Formänderungsfestigkeit in N · mm⁻²
φ Formänderungs- bzw. Stauchgrad
η_{Stauch} Formänderungswirkungsgrad; $\eta_{\text{Stauch}} \approx (0{,}7 \ldots 0{,}8)$

2. Warmstauchen:

$$W_{\text{Stauch}} = V \cdot k_f \cdot k \cdot \varphi \quad \text{in N} \cdot \text{mm}$$

W_{Stauch} Umformarbeit beim Warmstauchen in N · mm
V Zu stauchendes Werkstoffvolumen in mm³
k_f Formänderungsfestigkeit in N · mm^{-2}
k Faktor zur Bewertung des Einflusses der Kopfform
φ Grad der Formänderung

Toleranzen:

$$Tol_{\text{Warmst.}} \approx 5 Tol_{\text{Kaltst.}}$$

Beispiele zur Bestimmung des Koeffizienten k:

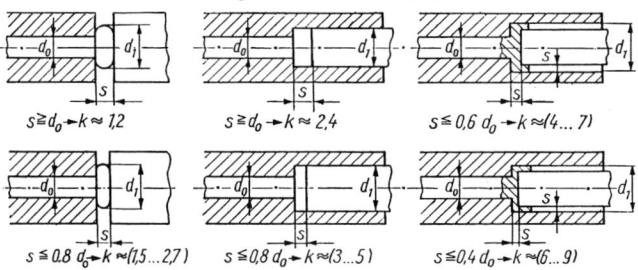

$s \geq d_0 \rightarrow k \approx 1{,}2$ $s \geq d_0 \rightarrow k \approx 2{,}4$ $s \leq 0{,}6\, d_0 \rightarrow k \approx (4 \ldots 7)$

$s \leq 0{,}8\, d_0 \rightarrow k \approx (1{,}5 \ldots 2{,}7)$ $s \leq 0{,}8\, d_0 \rightarrow k \approx (3 \ldots 5)$ $s \leq 0{,}4\, d_0 \rightarrow k \approx (6 \ldots 9)$

- Maschinenhauptzeit:

$$t_H = n^{-1} \quad \text{in min}$$

In automatisierten Anlagen gilt auch

$$t_H = \frac{N_{\text{Stauch}}}{n} \quad \text{in min}$$

t_H Maschinenhauptzeit in min
n Hubzahl der Umformmaschine in min^{-1}
N_{Stauch} Anzahl der Werkstücke in Stück

3.2.5.3 Strangpressen

- Begriffe und Benennungen; Beispiele: Voll-Vorwärts- (oben) und Hohl-Vorwärts-Pressen (unten); Details zur Werkzeugauslegung vgl. [9]:

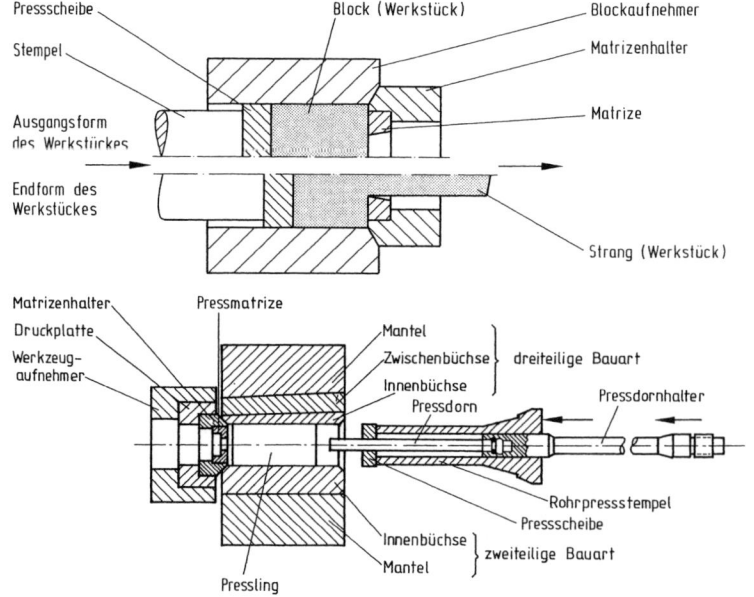

3.2 Verfahren des Druckumformens

- Berechnungen:

Presskraft:

$$F = F_1 + F_2 \quad \text{in N} \quad (F_2 \text{ entfällt beim indirekten/hydrostatischen Pressen})$$

$$F = C \cdot A \cdot k_w \cdot \ln \frac{A_R}{A_{pr} \cdot n} + \pi \cdot d_R \cdot l_R \cdot \mu \cdot k_w \quad \text{in N}$$

F Gesamte Strangpresskraft in N
C Konstante zur Erfassung der Kompliziertheit der herzustellenden Kontur [häufig: $C = (1\ldots 2)$]
A_R Fläche des Blockaufnahmequerschnitts in mm^2
k_w Formänderungswiderstand; $k_w = k_f/\eta_F$
$\ln A_R/(A_{pr} \cdot n)$ Umformgrad φ
A_{pr} Querschnittsfläche des herzustellenden Profils in mm^2
n Anzahl der Stränge
d_R Durchmesser der Blockaufnahme in mm
l_R Länge des Blockes in mm
μ Reibwert, **Richtwert**: $\mu_{St/St} \approx 0{,}15$

Pressdruck:

$$p = F \cdot A_R^{-1} \quad \text{in N}$$

Pressarbeit:

$$W = \frac{V_0 \cdot k_f \cdot \varphi}{1000 \cdot \eta_F} \quad \text{in kN} \cdot \text{m}$$

V_0 Volumen des Ausgangsblockes in mm^3
k_f Fließspannung in N $\cdot$ mm^{-2}
φ Umformgrad
η_F Umformwirkungsgrad; $\eta_F \approx 0{,}4$

Richtwert: $p \approx (400\ldots 1000)\,\text{N} \cdot \text{mm}^{-2}$ für Al-Werkstoffe

Pressungsverhältnis:

$$\varepsilon = \frac{A_R}{A_{pr}} \cdot n \quad \text{(entspricht } \varphi\text{)}$$

Richtwert: $\varepsilon = (7\ldots 40)$ $\varepsilon \to$ Min: Unzureichende Durchknetung des Werkstoffs
                                $\varepsilon \to$ Max: Zu große Presskräfte

3.2.5.4 Fließpressen

Verfahren und Werkzeuge

Die Verfahrensdurchführung und Werkzeuggestaltung (Prinzipdarstellung) zeigen folgende Bilder:

a) Vorwärts-Fließpressen von Vollkörpern: b) Vorwärts-Fließpressen von Hohlteilen:

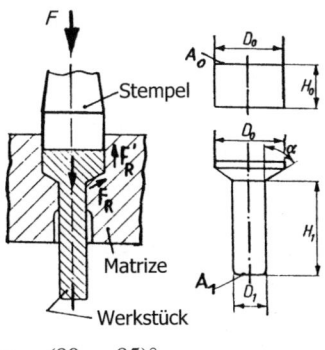
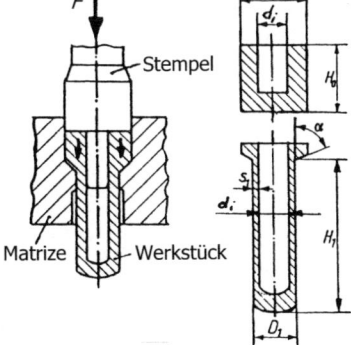

$\alpha = (80\ldots 85)°$

Beispiele für Stempelausführungen:
1. Stempel für das Vorwärts-Fließpressen von Vollkörpern
2. Vorwärts-Pressen von Hohlteilen

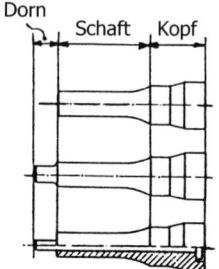

c) Rückwärts-Fließpressen von Hohlkörpern:

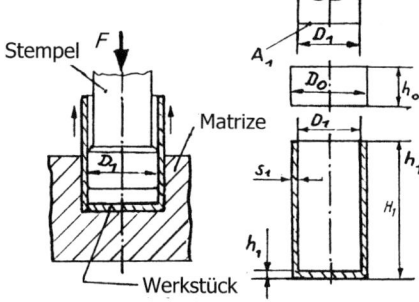

Stempelausführungen (typische Beispiele):

1. Flach    2. Kegelförmig 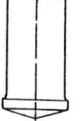   3. Kegelstumpfförmig 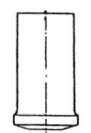   4. Kugelförmig

d) Kombiniertes Fließpressen:

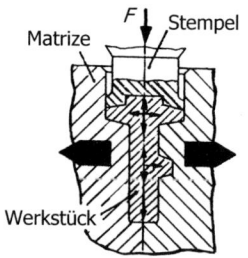

Beispiel eines Universalwerkzeuges zum Vorwärts- und Rückwärtsfließpressen (Prinzipdarstellung):

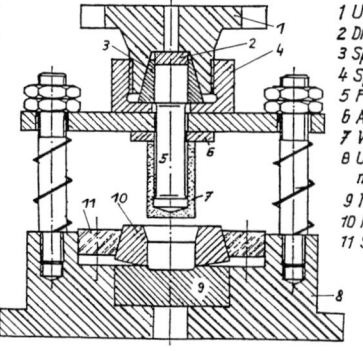

1 Universal-Spannfutter
2 Druckplatte
3 Spannring
4 Spannmutter
5 Fließpressstempel
6 Abstreifer
7 Werkstück
8 Universal-Einspannmatrize
9 Fließpressplatte
10 Fließpressring
11 Spannring

3.2 Verfahren des Druckumformens

Details an Fließpressstempel und -ring beim Vorwärtsfließpressen:

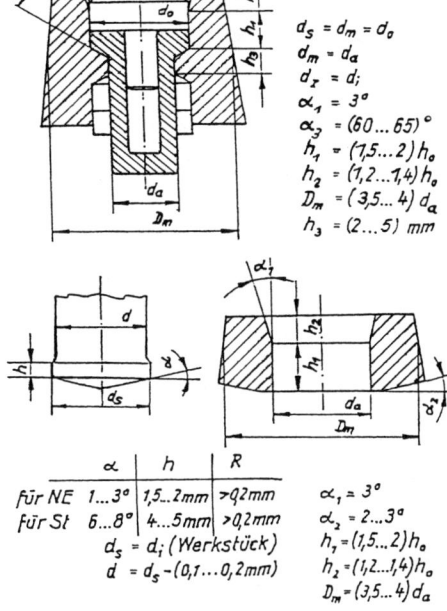

$d_S = d_m = d_o$
$d_m = d_a$
$d_r = d_i$
$\alpha_1 = 3°$
$\alpha_3 = (60...65)°$
$h_1 = (1,5...2) h_o$
$h_2 = (1,2...1,4) h_o$
$D_m = (3,5...4) d_a$
$h_3 = (2...5)$ mm

Details an Fließpressstempel und -ring beim Rückwärtsfließpressen:

	α	h	R
für NE	1...3°	1,5...2mm	>0,2mm
für St	6...8°	4...5mm	>0,2mm

$d_S = d_i$ (Werkstück)
$d = d_S - (0,1...0,2$ mm$)$

$\alpha_1 = 3°$
$\alpha_2 = 2...3°$
$h_1 = (1,5...2) h_o$
$h_2 = (1,2...1,4) h_o$
$D_m = (3,5...4) d_a$

Geeignete Werkstoffe für Fließpresswerkzeuge:

	Werkstoff-Bezeichnung	Nr.	Einbauhärte HRC	Verwendung für				R_m $N \cdot mm^{-2}$
				Stempel	Matrize	Armierung	Auswerfer	
Werkzeugstähle	S 6-5-2 (M 2)	1.3343	60 bis 64	××	××		××	2100
	S 18-O-1 (B 18)	1.3355	59 bis 62	××	×			2100
	S 6-5-3 (M 4)	1.3344	62 bis 64	××				2200
	X 165 CrMoV 12	1.2762	60 bis 62	×	×		×	2000
	X 40 CrMoV 51	1.2344	60 bis 56		×	××	×	1200...1400
	42 CrMo 4	1.7225	30 bis 34			××	×	700... 900
Hartmetalle	G 40		1100 HV	×	×			
	G 50		1000 HV		×			
	G 60		950 HV	×	××			

× geeignet, ×× bevorzugt angewendet

Erreichbare Werkstückqualitäten (Übliche Werte ohne Berücksichtigung spezieller Werkzeugausführungen, mit denen engere Abweichungen erreichbar sind):

1. Maßabweichungen; Daten ± in mm:

Werkstoffe	Stempeldurchmesser in mm	Vorwärtspressen: Maßabweichungen bei			Rückwärtspressen: Maßabweichungen bei		
		Durchmesser	Höhe	Wanddicke	Durchmesser	Höhe	Wanddicke
Pb, Zn, Al	10...20	0,10	—	0,04	0,08	0,06	0,03
Al-Legierung, ...	10...120	0,1...0,3	—	0,08...1,15	0,1...0,35	0,08...0,3	0,10
Ms	10...20	0,15	—	0,10	—	—	—
Stahl-Werkstoffe	20...80	0,15...0,2	—	0,10	0,12...0,2	0,20	0,20

2. Oberflächenrauheiten: $R_Z \leq (6,0...6,5)$ μm
3. Formabweichungen: IT 13 ... IT 8

Berechnung des Kraft- und Arbeitsbedarfs

a) Vorwärts-Fließpressen von Vollkörpern:

$$F_{Fp} = F_{id} + F_{Sch} + F_R + F'_R \quad \text{in N}$$

F_{Fp} Gesamte Fließpresskraft in N
F_{id} Ideelle (d. h. verlustfreie) Fließpresskraft in N
F_{Sch} Kraftanteil aus innerer Verformung (Schieben und Reiben der Werkstoffteilchen aneinander) in N
F_R Kraftanteil zur Überwindung der Reibung zwischen Werkstoff und Matrizentrichter-Wandung in N
F'_R Kraftanteil zur Überwindung der Reibung zwischen Matrize und Werkstoff in N

oder:

$$F_{Fp} = A_0 \cdot k_{fm} \cdot \varphi_G \cdot \left(1 + \frac{2\bar{\alpha}}{3\varphi_G} + 0{,}5\mu\right) + \pi \cdot D_0 \cdot H_0 \cdot \mu \cdot k_{f0} \quad \text{in N}$$

A_0 Querschnittsfläche des Rohteiles vor der Verformung in mm²
A_1 Querschnittsfläche des umgeformten Werkstücks in mm²
D_0 Durchmesser des Rohteiles in mm
H_0 Höhe des Ausgangsteiles in mm
k_{fm} Mittlere Fließspannung in N · mm⁻²; $k_{fm} = 0{,}5(k_f + k_{f0})$
k_{f0} Fließspannung für $\varphi = 0$ (Werte siehe Fließkurven)
k_f Fließspannung bei φ_G
φ_G Größte Formänderung; $\varphi_G = \ln(A_1/A_0)$;
  Richtwerte: $\varphi = (1, 2 \ldots 3, 0)$
α Halber Öffnungswinkel des Matrizentrichters in rad
μ Reibwert zwischen Matrizenwandung und Werkstück; $\mu \approx 0{,}1$ ($\approx 0{,}3$ beim Warmumformen, Zunderbildung)

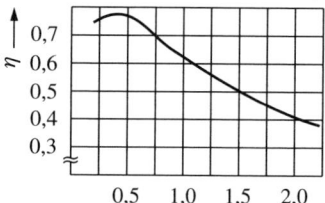

$$W_{Fp} = F_{Fp} \cdot h \cdot \eta^{-1} \quad \text{in N} \cdot \text{m} \quad \text{oder} \quad W_{Fp} = V \cdot \varphi_G \cdot k_{fm} \cdot \eta^{-1} \quad \text{in N} \cdot \text{m}$$

W_{Fp} Gesamter Arbeitsbedarf beim Vorwärts-Fließpressen von Vollkörpern in N · m
V Zu verformendes Werkstoffvolumen in mm³
h Stempelweg, bei dem die Umformung erfolgt in m
k_{fm} Siehe oben
φ_G Siehe oben
η Wirkungsgrad der Formänderung

Richtwerte für η (beim Vorwärtsfließpressen):

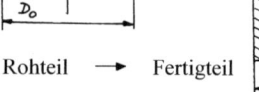

b) Vorwärts-Fließpressen von Hohlteilen:

$$F_{Fp} = A_{di} \cdot k_{fm} \cdot \varphi \cdot \left(1 + \frac{2\mu}{\bar{\alpha}} + \frac{\bar{\alpha}}{2\varphi}\right) + \pi \cdot D_0 \cdot H_0 \cdot \mu \cdot k_{f0} \quad \text{in N}$$

F_{Fp} Gesamte Kraft beim Vorwärts-Fließpressen von Hohlteilen in N
A_{di} Querschnittsfläche des Innenzylinders im Rohteil in mm²
D_0 Außendurchmesser des Rohteiles in mm
H_0 Höhe des Rohteiles in mm
d_i Innendurchmesser des vorgeformten Rohteiles
k_{fm} Mittlere Fließspannung in N · mm⁻²
k_{f0} Fließspannung für $\varphi = 0$
α Halber Öffnungswinkel des Matrizentrichters in rad
φ Formänderungsgrad; $\varphi \approx \ln[D_0/(D_0 - d_i)] - 0{,}16$;
  $\varphi = \ln[(D_0^2 - d_0^2)/(D_1^2 - d_1^2)]$
μ Reibwert zwischen Werkstück und Matrizenwandung; $\mu \approx 0{,}1$ (oder $\mu \approx 0{,}3$, s. o.)

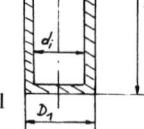

Rohteil → Fertigteil

$$W_{Fp} = F_{Fp} \cdot h \cdot \eta^{-1} \quad \text{in N} \cdot \text{m}$$

F_{Fp} Gesamte Fließpresskraft in N
h Stempelweg, bei dem die Verformung erfolgt, in m
η Wirkungsgrad des Fließpressvorgangs; Richtwerte siehe oben

3.2 Verfahren des Druckumformens

c) Rückwärts-Fließpressen:

$$F_{Fp} = F_{Stauch} + F_{Zyl} \quad \text{in N}$$

F_{Fp} Gesamte Kraft beim Rückwärts-Fließpressen in N
F_{Stauch} Kraftanteil für das Stauchen des Werkstoffs unter der Stempelfläche, in N
F_{Zyl} Kraftaufwand zur Ausbildung der zylinderförmigen Wandung auf die Wandungsdicke s_1 in N

oder:

$$F_{Fp} = A_1 \cdot \left\{ k_{f1} \cdot \left(1 + 0{,}33\mu \cdot \frac{D_1}{h_1}\right) + k_{f2} \cdot \left[1 + \frac{h_1}{s_1} \cdot (0{,}25 + 0{,}5\mu)\right] \right\} \quad \text{in N}$$

A_1 Querschnittsfläche des Stempels in mm^2, hier gilt: $A_0 = A_1$, siehe oben
D_1 Durchmesser des umgeformten Werkstücks in mm
H_1 Höhe des verformten Teiles in mm
k_{f1} Fließspannung beim Stauchvorgang in N·mm^{-2}; $k_{f1} = f(\varphi_1)$; $\varphi_1 = \ln(h_1/h_0)$
k_{f2} Fließspannung beim Ausformen der zylindrischen Wandung in N·mm^{-2}; $k_{f2} = f(\varphi_2)$; $\varphi_2 = \varphi_1[1+D_1/(8 \cdot s_1)]$
s_1 Wanddicke des gepressten Zylinders in mm
μ Reibwert zwischen Werkstoff und Matrizenwandung; $\mu \approx 0{,}1$

Richtwerte für Formänderungsgrade: $\varphi = (1{,}2\ldots 2{,}0)\, 4{,}5$

$$W_{Fp} = F_{Fp} \cdot h \cdot \eta^{-1} \quad \text{in N·m}$$

F_{Fp} Gesamte Fließpresskraft in N
h Stempelweg, bei dem ein Formänderung erfolgt in m
η Fließpress-Wirkungsgrad; Richtwerte siehe oben

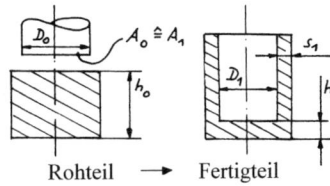

Rohteil → Fertigteil

3.2.5.5 Einsenken

- Verfahren und Kenngrößen [9]:

$$s_n = s_p - s_f - s_e \pm s_w$$
$$s_n = s_{St} - s_e \pm s_w$$
$$s_n = s_g - s_e$$

s_e Kanteneinzug
s_f Federungsanteil des Stempels
s_g Gesamteinsenkung
s_n Nutztiefe
s_p Pressweg
s_{St} Einsenktiefe (Weg der Stempelstirnfläche)
s_A Höhenänderung des Werkstückes

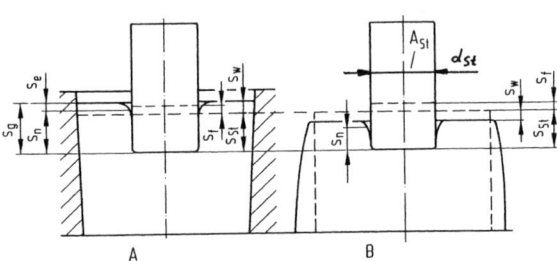

A Eingespannte Matrize
B freies Einsenken

- Berechnungen:

Einsenkverhältnis = $s_{St} : d_{St}$

Stempelfläche (bei Abweichungen von kreisförmigen Stempelflächen):

$$d_{St} = 1{,}13\sqrt{A_{St}} \quad \text{in mm}$$

Einsenkkraft:

$$F_{max} = A_{St} \cdot p_{max} \quad \text{in N}$$

mit

$$p_{max} \approx (2200\ldots 3000)\,\text{N·mm}^{-2}$$

Erreichbare Arbeitsergebnisse:
IT 6; $Rz \leq 1{,}0\,\mu\text{m}$

Diagramm:

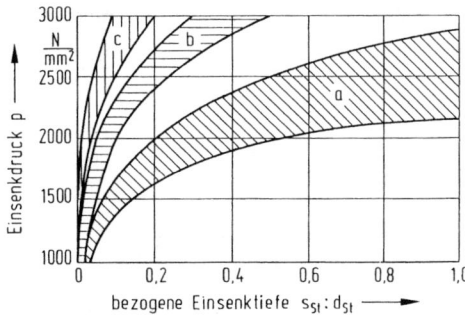

a) Stähle mit $HB = (100\ldots 140)$
b) Stähle mit $HB = (170\ldots 210)$
c) Stähle mit $HB = (210\ldots 250)$

Möglichkeiten zur Verbesserung des Fließverhaltens beim Kalt- und Warmeinsenken [9]:

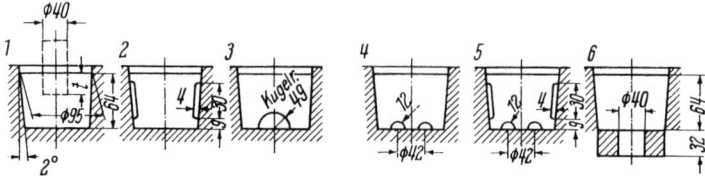

3.2.5.6 Gewindeherstellung (Gewindefurchen bzw. -formen und Gewindewalzen)

Gewindefurchen/Gewindeformen

- Verfahren und Werkzeuge
  1. Gewindetiefen: $t = 1{,}5 d_{\text{Nenn}}$ in mm für Stahlwerkstoffe mit $R_m \leq 400\,\text{N}\cdot\text{mm}^{-2}$
     $t = 1{,}0 d_{\text{Nenn}}$ in mm $\qquad R_m = 400\ldots 800\,\text{N}\cdot\text{mm}^{-2}$
     $t = 0{,}5 d_{\text{Nenn}}$ in mm $\qquad R_m = 800\ldots 1100\,\text{N}\cdot\text{mm}^{-2}$
     $t = \text{Beliebig}$ in mm für NE-Werkstoffe

     R_m Zugfestigkeit des Werkstoffs in $\text{N}\cdot\text{mm}^{-2}$
     ($R_m \leq 1200\,\text{N}\cdot\text{mm}^{-2};\ \delta \approx 8\,\%$)
     d_{Nenn} Nenndurchmesser des Gewindes in mm
     t Gewindetiefe in mm

  2. Vorbohrdurchmesser:

     $$d_{\text{Vor}} = d_{\text{Nenn}} - 0{,}6\sqrt{P} \quad \text{in mm}$$

     P Steigung des Gewindes in mm
     d_{Vor} Vorbearbeitungs-(d. h. Bohrungs-)Durchmesser in mm

- Bestimmung der Maschinenhauptzeit

  $$t_H = \frac{L \cdot d_{\text{Nenn}} \cdot \pi}{1000 f_{\text{ax}} \cdot v_{\text{Umf}}} \quad \text{in min}$$

  L Vorschubweg (Gewindelänge) mit An- und ggf. Überlaufwegen in mm
  f_{ax} Axialer Vorschub in mm (entspricht Steigung P)
  v_{Umf} Umformgeschwindigkeit in $\text{m}\cdot\text{min}^{-1}$
       Orientierungswert: $v_{\text{Umf}} \approx 30\ldots 40\,\text{m}\cdot\text{min}^{-1}$

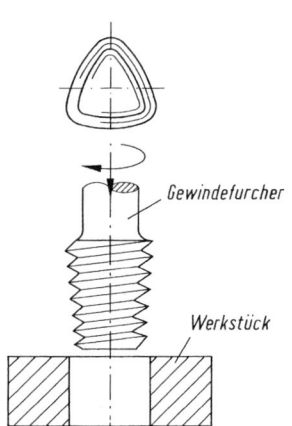

Gewindewalzen/Gewinderollen

- Verfahren und Werkzeuge
  1. Bestimmung des Ausgangsdurchmessers für

     Metrische Gewinde: $\quad d_0 = d_{\text{Nenn}} - 0{,}67 P \quad$ in mm

     Whitworthgewinde: $\quad d_0 = d_{\text{Nenn}} - 0{,}64 P \quad$ in mm

     Beschichtete Gewinde (z. B. verzinkte oder verchromte Gewinde):

     $$d_0 = d_{\text{Nenn}} - \frac{2z}{\sin 0{,}5\alpha} \quad \text{in mm}$$

     P Gewindesteigung in mm
     d_0 Ausgangs-(d. h. Bolzen-)Durchmesser für das Gewinde in mm
     d_{Nenn} Gewindeaußen-(Nenn-)Durchmesser in mm
     z Dicke der Beschichtung in mm
     α Flankenwinkel in °

3.2 Verfahren des Druckumformens

In Abhängigkeit erreichbarer Teilequalität:
- Größtmaß: $d_{0\text{max}} \leq d_{\text{Nenn}} + 0{,}008 \cdot P$ in mm
- Kleinstmaße für:
  Höchste Qualitätsforderungen: $d_{0\text{min}} \geq d_{0\text{max}} - 0{,}5 T_{\text{Fein}}$ in mm
  Mittlere Qualitätsforderungen: $d_{0\text{min}} \geq d_{0\text{max}} - (0{,}6\ldots 0{,}65)\, T_{\text{Mittel}}$ in mm
  Grobe Qualitätsforderungen: $d_{0\text{min}} \geq d_{0\text{max}} - (0{,}65\ldots 0{,}7)\, T_{\text{Grob}}$ in mm
  $T_{\text{Fein}}, T_{\text{Mittel}}, T_{\text{Grob}}$ Zulässige Toleranz des Flankendurchmessers in mm
- Anfasungen:

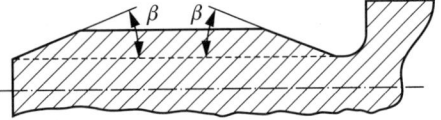

  $\beta = (20\ldots 30)°$ für $R_m \leq 800\,\text{N}\cdot\text{mm}^{-1}$
  $\beta = (15\ldots 25)°$ für $R_m > 800\,\text{N}\cdot\text{mm}^{-1}$

2. Walz- bzw. Umformgeschwindigkeiten (in Abhängigkeit vom Werkstoff):

   a) Richtwerte:

   $v_{\text{Umf}} = 30\ldots 60\,\text{m}\cdot\text{min}^{-1}$ für Stahlwerkstoffe
   $v_{\text{Umf}} = 70\ldots 100\,\text{m}\cdot\text{min}^{-1}$ für Ms (mit $> 60\,\%$ Cu) und Leichtmetalle ($\delta > 5\,\%$)

   b) Diagramm zur Ermittlung der Werkzeugdrehzahl beim Gewindewalzen:

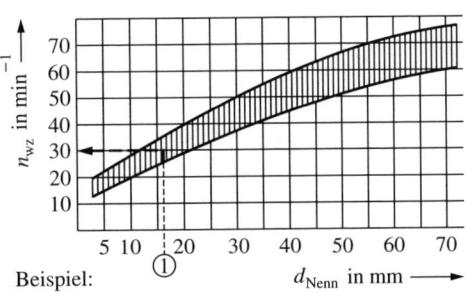

   Beispiel: ①

3. Werkzeuggestaltung:

   a) Flachbacken:

   Neigungswinkel der Gewinderillen
   (entspricht dem Steigungswinkel des Gewindes):

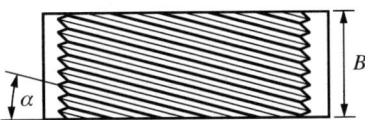

   $$\tan\alpha = \frac{P}{d_{\text{Fl}}\cdot\pi}$$

   Anlauflänge und Anlaufwinkel:

   $$l_{\text{An}} = 3 d_0 \quad \text{in mm}$$

   $$\beta = (3\ldots 7)°$$

   Breite der Walzbacken:

   $$B = L + 3P \quad \text{in mm}$$

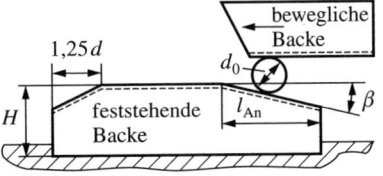

   B   Breite der Walzbacke in mm (s. o.)
   L   Gewindelänge (am Werkstück) in mm
   P   Gewindesteigung in mm
   d_0 Gewindenenndurchmesser in mm
   d_{Fl} Flankendurchmesser in mm
   l_{An} Anlauflänge in mm (s. o.)
   α Steigungswinkel des Gewindes in °
   β Anlaufwinkel am Walzwerkzeug in °

b) Durchmesser der Rundbacken (Gewinderollen):

Einstechverfahren:

$$D_{Fl} = \frac{G \cdot d_{Fl}}{g} \quad \text{in mm}$$

$$D_{Wz} = G \cdot d_{Fl} + t \quad \text{in mm}$$

D_{Fl} Flankendurchmesser der Gewinderolle in mm
D_{Wz} Außendurchmesser der Rolle in mm
G Anzahl der Gänge auf der Rolle in Stk.
d_{Fl} Flankendurchmesser des zu walzenden Gewindes in mm
g Anzahl der Gewindegänge in mm
t Gewindetiefe in mm

Durchlauf-Verfahren: Bestimmung des Durchmessers des Gewinde-Rollwerkzeuges in Abhängigkeit des Arbeitsraums der Walzmaschine

Axial-Einstechverfahren:

$$D_{Fl} = \frac{G \cdot d_{Fl} \cdot \sin \alpha}{g \cdot \sin(\alpha - \varepsilon)} \quad \text{in mm}$$

G Anzahl der Gänge auf der Rolle in mm
α Steigung des Gewindes (Werkstück) in °
ε Schwenkwinkel der Rollenachsen in °

4. Empfehlungen:

   a) Werkstoffe für Flachbacken und Rundwalz-Werkzeuge:

Werkstoff-Nr.	1.2379	X45NiCrMo4	mit HRC (59...61)
Werkstoff-Nr.	1.2601	X165CrMoV12	mit HRC (59...61)
Werkstoff-Nr.	1.3343	HS 6-5-2	mit HRC (60...61)

   b) Standmengen der Walzwerkzeuge:

   $M \approx 100\,000$ Stk. bei Werkstoff-Festigkeiten von $R_m \approx 1\,000\,\text{N} \cdot \text{mm}^{-2}$

   $M \approx 200\,000$ Stk. $R_m \approx 800\,\text{N} \cdot \text{mm}^{-2}$

   $M \approx 300\,000$ Stk. $R_m \approx 600\,\text{N} \cdot \text{mm}^{-2}$

5. Berechnungen:

   Bestimmung der Maschinenhauptzeit (für das Axialwalzen mit Gewinderollkopf):

   $$t_H = \frac{l \cdot d_{Nenn} \cdot \pi}{1000 \cdot v_{Umf} \cdot P} \quad \text{in min}$$

   l Gewindelänge mit An- und Überlaufwegen in mm
   d_{Nenn} Gewindenenndurchmesser in mm
   v_{Umf} Walzgeschwindigkeit in m · min^{-1}
   P Gewindesteigung in mm

   Antriebsleistung:

   $P_a \lessapprox (2 \ldots 7)\,\text{kW}$

   für $d_{Nenn} < 30\,\text{mm}$ und $P \leq (3 \ldots 5)\,\text{mm}$

- Bestimmung der Walzkraft beim Gewindewalzen

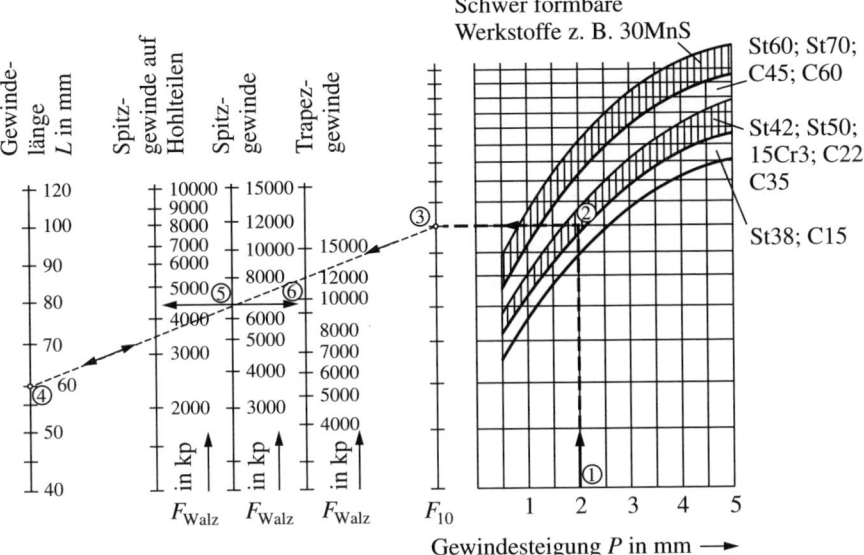

Anmerkungen: Bei der Herstellung von Feingewinden sind die ermittelten Walzkräfte mit einem Faktor von $(1{,}2 \ldots 1{,}4)$ zu multiplizieren. ① → ⑥ Beispiel
F_{10} auf 10 mm Gewindelänge bezogene Walzkraft in N

3.3 Zug-Druck-Umformung

3.3.1 Tiefziehen

Arbeitsvorgänge:

Ebener Zuschnitt	→	Zwischenstufe	→	Fertigteil
(Ronde; Platine)		(Momentanzustand)		(Einseitig offenes Hohlteil)

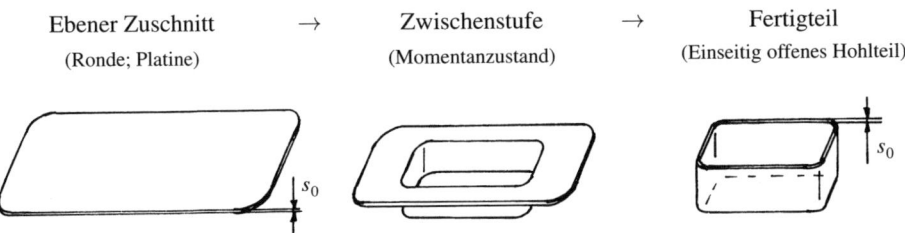

Werkzeuge und Verfahren

- Radien an Stempel und Ziehring (r_{St} und r_R):

Für den ersten Zug:

$$r_R = (5 \ldots 10)s_0 \quad \text{in mm}$$

r_R Radius am Ziehring in mm
s_0 Ausgangsblechdicke in mm
d_R Innendurchmesser des Ziehringes in mm

Für alle folgenden Züge:

$$r_R = 0{,}8\sqrt{(d_{R_n} - d_{R_{n+1}}) \cdot s_n} \quad \text{in mm}$$

d_{R_n} Durchmesser des Ziehringes des derzeitigen Zuges in mm
$d_{R_{n+1}}$ Durchmesser des Ziehringes des folgenden Zuges in mm
s_n Derzeitige Blechdicke in mm

Orientierungen für r_R:
- Faktor 5, wenn d_R/s_0 sehr groß und s_0 klein
- Faktor 10, wenn d_R/s_0 sehr klein und s_0 groß

$$r_{St} \approx (1{,}5 \ldots 2{,}0) r_R \quad \text{in mm} \quad \text{oder} \quad r_{St} \approx (0{,}1 \ldots 0{,}3) d_{St} \quad \text{in mm}$$

In jedem Fall gilt:

$$r_{St} > r_R \quad \text{in mm}$$

d_{St} Stempeldurchmesser in mm

- Dimensionierung des Ziehringes/Ziehspaltes:

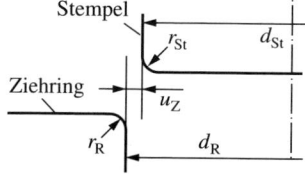

$$d_R = d_{St} + 2u_Z \quad \text{in mm}$$

d_R Innendurchmesser des Ziehringes in mm
u_Z Ziehspalt in mm
d_{St} Stempeldurchmesser in mm

$$u_Z = s_0 + C \cdot \sqrt{10 s_0} \quad \text{in mm} \quad \text{oder} \quad u_Z = s_0 \sqrt{\beta} \quad \text{in mm}$$

$C = 0{,}07$ für Stahlwerkstoffe
$C = 0{,}02$ für Al und Al-Legierungen
$C = 0{,}04$ für sonstige NE-Metalle
β Ziehverhältnis

Entlüftungsbohrungen [9]:
$d_{St} < 100$ mm $\quad \rightarrow d_E = 6$ mm
$d_{St} \approx (100 \ldots 200)$ mm $\quad \rightarrow d_E = 8$ mm
$d_{St} > 200$ mm $\quad \rightarrow d_E = 10$ mm

oder

$$u_Z \approx (1{,}1 \ldots 1{,}4) s_0 \quad \text{in mm}$$

wobei 1,1 Letzter/Fertigzug
1,4 Erster Zug

- Geschwindigkeiten beim Tiefziehen:

$$v_{St} \approx (3 \ldots 25)\, \text{m} \cdot \text{min}^{-1}; \quad v_{Sb} = 3272{,}5 \frac{\beta_{\text{Tab zul}}}{\beta_{\text{tats}} \cdot \sqrt{R_m}} \quad \text{in mm/min} \; (\beta \text{ siehe S. 93})$$

- Schmierstoffe für das Tiefziehen:

Stahlwerkstoffe: in Wasser emulgierbare Öle; Kalkmischungen oder Seifenwasserlösungen mit Graphit für phosphatierte Bleche
Al und Al-Legierungen: Mineralische Fette; Petroleum mit Zusätzen von Graphit; Rüböl (-ersatz)
Cu und Cu-Legierungen: Mischungen aus Seifenlaugen und Öl; Rüböl
Hochlegierte Stahlwerkstoffe: Breiige Mischungen aus Wasser und Graphit; Gemenge aus Leinöl, Bleiweiß und Schwefel; Spezielle Kunststoff-Folien

Gestaltung von Ronden und Platinen

a) Ronden (für rotationssymmetrische Hohlteile):

Es gilt:

$$A_{\text{Rohteil}} \approx A_{\text{Fertigteil}} \quad \text{in mm}^2 \quad \text{mit } \varrho = \text{konst. und } s_0 \approx \text{konst.}$$

3.3 Zug-Druck-Umformung

Bestimmung der Ronden-(bzw. Rohteil-)Fläche:
- aus der Summe der Teil-Flächenelemente: wie z. B.:

$$A_{\text{Rohteil}} = \sum_{i=1}^{n} A_i \quad \text{in mm}^2$$

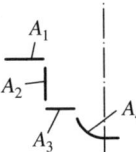

oder
- nach der Guldinschen Regel:

$$A_{\text{Rohteil}} = 2\pi \sum_{i=1}^{n} x_i \cdot L_i \quad \text{in mm}^2$$

A_{Rohteil} Rondenfläche in mm²
A_i Fläche einzelner Formelemente in mm²
L_i Länge eines einzelnen Linienelementes in mm
x_i Schwerpunktabstand des Linienelementes von der Rotationsachse in mm

Formeln zur Berechnung von A_i, x_i und L_i siehe Tafeln T 3.6.1 und T 3.6.2 im Anhang.

Berechnung des Rondendurchmessers:

$$d_R = \sqrt{\frac{4}{\pi} \cdot A_{\text{Rohteil}}} \quad \text{in mm}$$

b) Platinen (für prismatische und ähnlich geformte Hohlteile), vgl. AWF 5791:
- Gesamtabmessungen (Länge und Breite; ohne Beschneidezugaben):

$$L = l + 2h_S \quad \text{in mm}$$

$$B = b + 2h_S \quad \text{in mm}$$

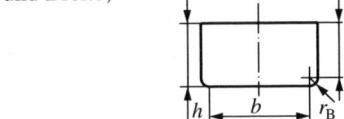

wobei gelten:
1. Für $r_E \neq r_B$:

$$h_S = \frac{\pi}{2} \cdot r_B + h_1 \quad \text{in mm}$$

2. Für $r_E = r_B$:

$$h_S = \frac{\pi}{2} \cdot r_E + h_1 \quad \text{in mm}$$

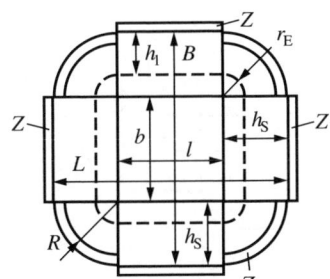

Z   Beschneidezugabe in mm

3. $R = \sqrt{2r_E \cdot (h + r_E)} \quad \text{in mm}$

r_E Eckenradius in mm
r_B Bodenradius in mm

- Auswahl:

Für $\dfrac{h_s}{r_e} < 4$; $\dfrac{h_s}{b} < 1 \rightarrow$ „Klapp-Prinzip" (vgl. S. 90)

Bei $\dfrac{h_s}{r_e} > 4$; $\dfrac{h_s}{b} > 1 \rightarrow$ „Ausgleichsprinzip" (vgl. S. 90)

- Anpassung der Außenkonturen [9]:
  1. Ausgleichsprinzip: Die Übergänge zwischen den einzelnen Formelementen und Konturen sind grafisch so auszugleichen, dass sich Flächenwegnahmen und -zugaben gegeneinander ausgleichen lassen.

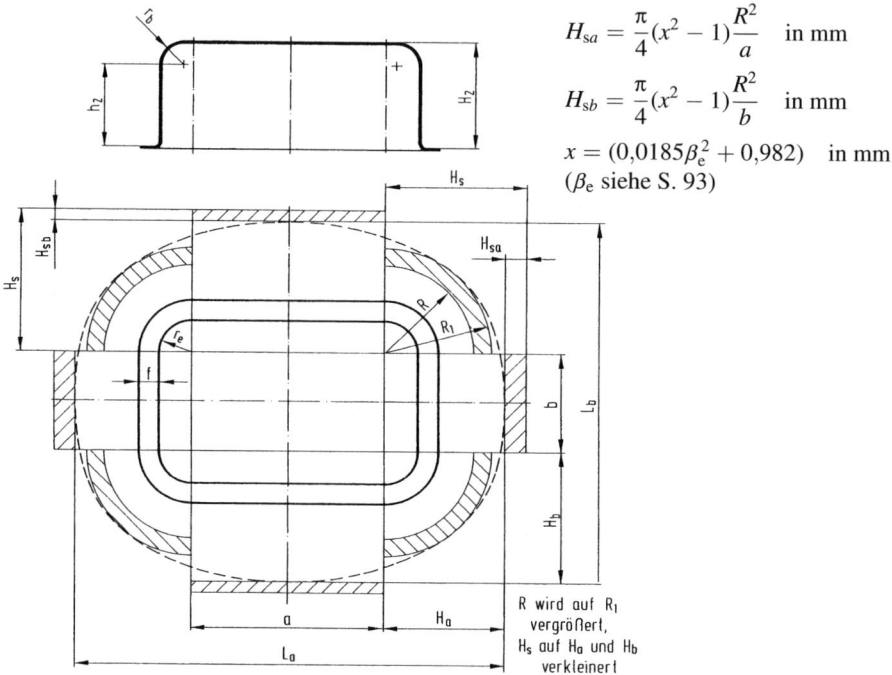

$$H_{sa} = \frac{\pi}{4}(x^2 - 1)\frac{R^2}{a} \quad \text{in mm}$$

$$H_{sb} = \frac{\pi}{4}(x^2 - 1)\frac{R^2}{b} \quad \text{in mm}$$

$$x = (0{,}0185\beta_e^2 + 0{,}982) \quad \text{in mm}$$
(β_e siehe S. 93)

R wird auf R_1 vergrößert, H_s auf H_a und H_b verkleinert

2. Klapp-Prinzip/Konstruktionsmethode (nach [9]):
   - Entwurf eines „Biegekreuzes":

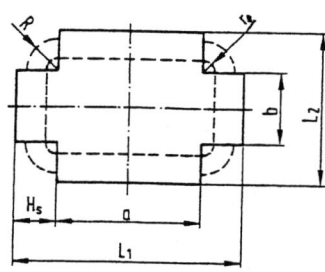 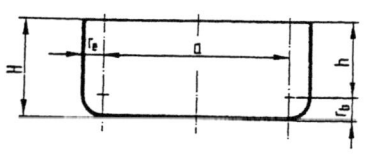

   - Zusammenfassung der Eckenrundungen zu einem sog. „Ersatznapf":

Überstehender Werkstoff (Beschneideabfall):

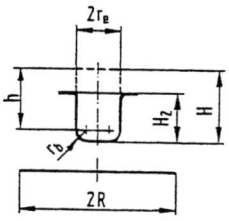 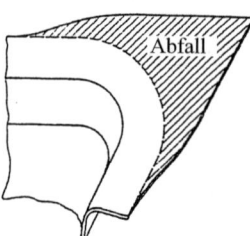

3.3 Zug-Druck-Umformung

– Festlegung der Übergangsrundungen:

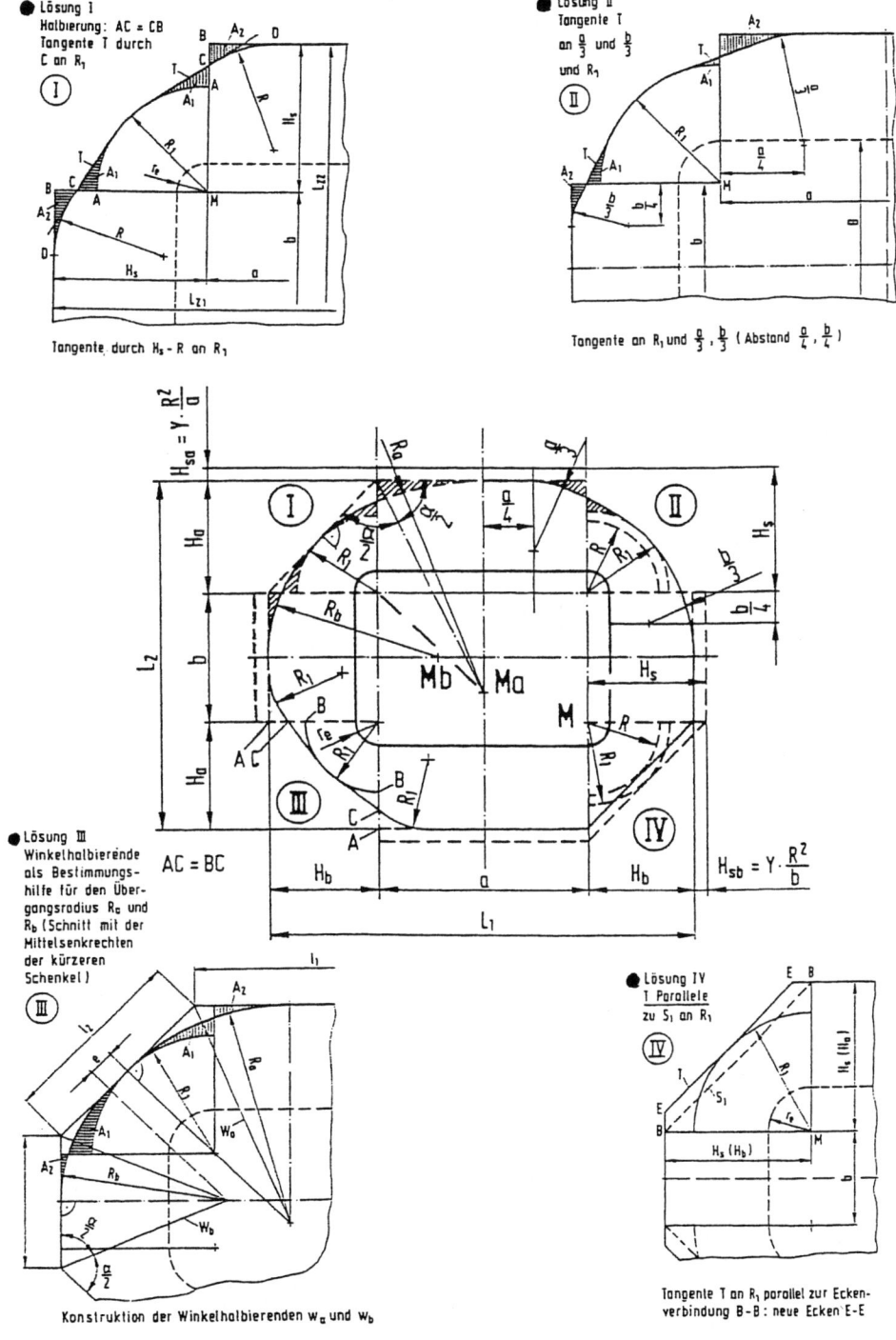

c) Beschneidezugaben für Tiefziehteile (für Ronden und Platinen):

Ronden:

$$d_{Gesamt} = d_R + 2Z \quad \text{in mm}$$

Platinen:

$$L_{Gesamt} = L + 2Z \quad \text{in mm} \qquad B_{Gesamt} = B + 2Z \quad \text{in mm}$$

d_{Gesamt} Gesamtdurchmesser der Ronde in mm
L_{Gesamt} Gesamtlänge in mm
B_{Gesamt} Gesamtbreite der Platine in mm
Z Beschneidezugabe in mm

Beschneidezugabe in mm für zylindrische Ziehteile ohne Flansch					
Höhe des Teils	Beschneidezugabe bei einer bezogenen Höhe des Teils $h/d =$				
h in mm	0,5...0,8	0,8...1,6	1,6...2,5	2,5...4	
10	1,0	1,2	1,5	2,0	
20	1,2	1,6	2,0	2,5	
50	2,0	2,5	3,3	4,0	
100	3,0	3,8	5,0	6,0	
150	4,0	5,0	6,5	8,0	
200	5,0	6,3	8,0	10,0	
250	6,0	7,5	9,0	11,0	
300	7,0	8,5	10,0	12,0	

Beschneidezugabe in mm für zylindrische Ziehteile mit Flansch				
Flanschdurchmesser	Beschneidezugabe bei einem bezogenen Durchmesser des Flansches d_{Fl}/d			
d_{Fl} in mm	bis 1,5	1,5...2	2...2,5	2,5...3
25	1,6	1,5	1,4	1,0
50	2,5	2,0	1,8	1,6
100	3,5	3,0	2,5	2,2
150	4,3	3,6	3,0	2,5
200	5,0	4,2	3,5	2,7
250	5,5	4,6	3,8	2,8
300	6,0	5,0	4,0	3,0

Beschneidezugabe für rechteckige Ziehteile	
Anzahl der Züge	Beschneidezugabe
1	$(0{,}03\ldots0{,}05)h$
2	$(0{,}04\ldots0{,}06)h$
3	$(0{,}05\ldots0{,}08)h$
4	$(0{,}06\ldots0{,}10)h$

Berechnung der Zugabstufungen/des Ziehverhältnisses

- Kreisförmige Zuschnitte (Ronden):

$$\beta_{Erstzug} = \frac{d_{Ronde}}{d_{Stempel}} \quad \text{und} \quad \beta_{Weiterzug} = \frac{d_n}{d_{n+1}} \ ; \quad \beta_{gesamt} = \beta_1 \cdot \beta_2 \cdot \ldots \cdot \beta_n$$

$\beta_{Erstzug}$ Ziehverhältnis beim ersten Zug
$\beta_{Weiterzug}$ Ziehverhältnis beim Weiterzug (2., 3., 4., ... Zug)
d_{Ronde} Durchmesser des Zuschnittes in mm (Ronde oder des vergleichbaren Maßes einer Platine)
$d_{Stempel}$ Stempeldurchmesser beim Erstzug in mm (wenn nur ein Zug, dann Fertigteildurchmesser)
d_n Beliebiger (bereits gezogener Ronden-) Durchmesser in mm
d_{n+1} Durchmesser des auf „n" folgenden Zuges in mm

3.3 Zug-Druck-Umformung

- Nicht kreisförmige Zuschnitte (Platinen o. Ä.):

$$\beta = \sqrt{\frac{A_{\text{Platine}}}{A_{\text{Stempel}}}}$$

Im Bereich der Ecken (Eckübergänge) gilt:

$$\beta_E = \frac{R}{r_E} = \frac{R_1}{r_E} = \frac{R+Z}{r_E}$$

- Ziehweg (Höhe des Werkstücks nach dem ersten Zug):

$$h_{\text{Erstzug}} = \frac{d^2_{\text{Ronde}} - d_{\text{Stempel}}}{4 d_{\text{Stempel}}} \quad \text{in mm}$$

Richtwerte für Ziehverhältnisse:

Werkstoffe	$R_{m0,2}$ in N·mm^{-2}	R_m in N·mm^{-2}	Erreichbare Ziehverhältnisse			Schmierstoffe
			β_{Erstzug}	$\beta_{\text{Weiterzug}}$ ohne Zwischenglühen	mit Zwischenglühen	
Unlegierte weiche Stähle:						
(St10)	< 310	(270...450)	1,7	1,2	1,5	In Wasser
DC01 (St12)	< 280	(270...410)	1,8	1,2	1,6	emulgierbare
DC03 (St13)	< 250	(270...370)	1,9	1,25	1,65	Öle mit Seifen-
DC04 (St14)	< 220	(270...350)	2,1	1,3	1,7	anteil; Folien;
Nichtrostende Stähle:						
ferritisch: X8Cr17	270	(450...600)	1,55	1,2	1,25	Wasser-Graphit-Brei
austenitisch: X15CrNi18.9	185	(500...700)	2,0	1,2	1,8	Leinöl-Bleiweiß-
Hitzebeständige Stähle:						Schwefel
ferritisch: X10CrAl13	295	(500...650)	1,7	1,2	1,6	
austenitisch: X15CrNiSi25 20	295	(590...740)	2,0	1,2	1,8	
Nickellegierung:						
NiCr20Ti	(190...440)	(685...880)	1,7	1,2	1,6	
Kupfer: Cu (O$_2$-frei)	< 140	(215...255)	2,1	1,3	1,9	
Messing:						
CuZn40F35	< 235	345	2,1	1,4	2,0	Seifenlauge mit Öl;
CuZn37F30	< 195	(295...370)	2,1	1,4	2,0	Rüböl; Öl-Wasser-
CuZn28F28	< 155	(275...350)	2,2	1,4	2,0	Gemenge;
CuZn10F24	< 135	(235...295)	2,2	1,3	1,9	Emulgierbare Öle
CuNi12Zn24F (Neusilber)	< 295	(240...410)	1,9	1,3	1,8	(ggf. mit Graphit)
CuNi20FeF30	110	295	1,9	1,3	1,8	
Al und Al-Legierungen:						
Al99,5 w	< 59	69	2,1	1,6	2,0	Petroleum mit
Al99,5F10	68	100	1,9	1,4	1,8	Graphit;
Al99 w	< 68	79	2,05	1,6	1,95	Mineralische
Al99,9Mg0,5 w	30	70	2,05	1,6	1,95	Fette;
AlMgSi1 w	—	145	2,05	1,4	1,9	Rübölersatz

Die oben genannten Richtwerte für β wurden bei $d_{\text{Ronde}} = 100$ mm und $s_0 = 1{,}0$ mm ermittelt und gelten bis $d_{\text{Stempel}} = 300 s_0$.

Weichen die tatsächlich vorhandenen Blechdicken und Zuschnittabmessungen von diesen Werten ab, ist β zu korrigieren nach:

$$\beta' = (\beta + e) - \frac{e \cdot d_n}{100 s_0} \quad \text{wobei } e = (0{,}05 \ldots 0{,}15)$$

für $e = 0{,}05$ bei gut formbaren Werkstoffen
$e = 0{,}15$ bei weniger gut umformbaren Werkstoffen

Kraft- und Arbeitsbedarf

a) Gesamt-Tiefziehkraft:

$$F_{Tz} = F_Z + F_N \quad \text{in N}$$

F_{Tz} Gesamte Tiefziehkraft in N
F_Z (Eigentliche) Ziehkraft in N
F_N Niederhaltekraft in N

b) Ziehkraft F_Z; Boden-Reißkraft F_{BR}:

- Zylindrische Hohlteile:

$$F_Z = C_1 \cdot (\beta - 1) \cdot s_0 \cdot d_{\text{Stempel}} \cdot R_m \quad \text{in N}$$

- Nichtzylindrische Werkstücke:

$$F_Z = C_2 \cdot s_0 \cdot \sqrt{A_{\text{Stempel}}} \cdot R_m \quad \text{in N}$$

Boden-Reißkraft:

$$F_{BR} = \pi \cdot (d_1 + s) \cdot s \cdot R_m \quad \text{in N}$$

d_1 Innendurchmesser des Kopfes in mm
s Momentane Blechdicke in mm

Forderung: $F_Z > F_{BR}$

$C_1 = 4$ beim 1. Zug
$C_1 = 5$ für alle weiteren Züge
$C_2 = (0{,}5 \ldots 2{,}0)$
β Ziehverhältnis
s_0 Blechdicke in mm
A_{Stempel} Querschnittsfläche des Ziehstempels in mm^2
R_m Biegebruchfestigkeit des Werkstoffs in N·mm^{-2}

c) Niederhaltekraft F_N; Auswerferkraft F_A; Niederhaltearbeit W_N:

$$F_N = p_N \cdot A_N \quad \text{in N} \qquad\qquad F_A = p_A \cdot A_A \quad \text{in N}$$

A_N Fläche des Niederhalters in mm^2
p_N Niederhaltedruck in N·mm^{-2}

A_A Haftfläche in mm^2
p_A Haftspannung in N·mm^{-2} ($p_A \leq 1{,}0$ N·mm^{-2})

$$p_N = 0{,}0025 \left[(\beta - 1) \cdot 2 + 0{,}005 \frac{d_{\text{Stempel}}}{s_0} \right] \cdot R_m \quad \text{in N·mm}^{-2}$$

Orientierungswerte für p_N:
- Stahlwerkstoffe: $p_N \approx 25$ bar
- Al und Legierungen: $p_N \approx (10 \ldots 15)$ bar
- Cu und Legierungen: $p_N \approx (20 \ldots 25)$ bar

Speziell für kreisringförmige Niederhalter gilt:

$$F_N = p_N \cdot \frac{\pi}{4} \cdot \left[d_{\text{Ronde}}^2 - (d_{\text{Stempel}} + 2u_Z + 2r_R)^2 \right] \quad \text{in N}$$

u_Z Ziehspalt in mm
r_R Radius des Ziehringes in mm

$$W_N = F_N \cdot h \quad \text{in N·mm}$$

F_N Niederhaltekraft in N
h Werkzeugweg in mm

d) Tiefzieharbeit W_{Tz}; Tiefziehleistung P_{Tz}:

$$W_{Tz} = [(0{,}6 \ldots 0{,}8) F_Z + F_N] \cdot h \quad \text{in N·mm} \qquad P_{Tz} = W_{Tz} \cdot \frac{n}{60} \quad \text{in kW}$$

h Ziehhöhe (-tiefe) in mm

n Drehzahl der Presse

$$h = 0{,}25 d_{\text{Stempel}} \cdot (\beta^2 - 1) \quad \text{in mm}$$

3.3 Zug-Druck-Umformung

Gestaltung von Tiefziehwerkzeugen (Prinzipdarstellung, detaillierte Hinweise siehe z. B. [9]:
- Tiefziehwerkzeug mit Niederhalter:

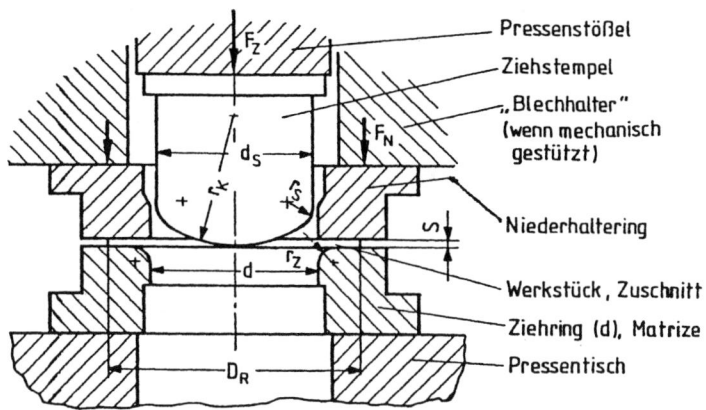

- Einfließwulst (Beispiel):

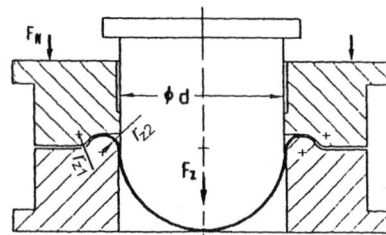

- Bremswulst (Beispiel):

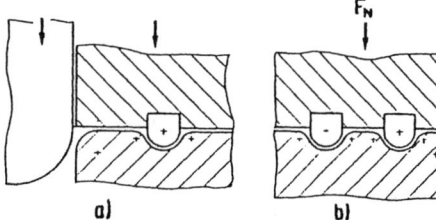

Bremswulste für die Steuerung des Fließvorganges an schwierigen Hohlkörpern
a) Ziehspannungserhöhung durch zusätzliche 3fach-Biegeumlenkung des Flansches
b) zusätzliche 6fach-Biegeumlenkung – Fließblockierung ist möglich

Typische Fehler beim Tiefziehen und deren Ursachen:
- Fehler bei der Verfahrensdurchführung:

	Fehler	Ursachen	Behebung
1.	Bodenreißer	Ziehkraft übersteigt Reißfestigkeit des Werkstoffes	Kleinerer Zuschnitt, kleinere $F_{\text{Niederhalte}}$, bessere Schmierung, größere Radien
2.	Allseitiger Bodenabriss	Zu kleine Radien oder Kantenrundungen, zu enger Ziehspalt, zu hohe Ziehgeschwindigkeit	Vergrößerung der Kanten und Radien des Ziehspaltes, geringere $F_{\text{Niederhalte}}$, Reduzierung der Anzahl der Pressenhübe
3.	Einseitige tiefe Einrisse in der Zarge	Fehler im Werkstoff	

Fehler	Ursachen	Behebung
4. Längsrisse	Formänderungsfähigkeit des Werkstoffes überfordert	Zwischenglühen, Abstrecken, anderer Werkstoff
5. Querrisse in der Zarge	Poröser Werkstoff	
6. Risse am Umfang	Siehe lfd. Nr. 4	
7. Faltenbildung im Flansch (Falten 1. Art)	$F_{\text{Niederhalte}}$ zu gering	Erhöhung von $F_{\text{Niederhalte}}$
8. Längsfalten im Ziehteil (Falten 2. Art)	Fehlende formschlüssige Stützung	Einfließwulste, Erhöhung von $F_{\text{Niederhalte}}$
9. Faltenbildung am Bodenrand (Querfalten)	Stempelradius zu groß	
10. Zipfelbildung (Textur)	Anisotropie im Werkstoff, ungleiche Blechdicke	Anderer Werkstoff, anderes Blech
11. Fließfiguren	Nur örtliches Fließen	Werkstoff verfestigen (mittels Walzen o. Ä.)
12. Blanke Druckmarkierung am oberen Zargenrand	Zu enger Ziehspalt	
13. Ausgefranster Zargenrand	Ziehspalt und Ziehkantenrundungen zu groß	
14. Blasenbildung am Boden (Auswölbung)	Nicht ausreichende Stempelentlüftung	Anbringen von Entlüftungsbohrungen
15. Rückfederungen (z. T. mit Ausbeulungen)		Änderungen des Werkzeuges

- Mängel an Tiefziehwerkzeugen:

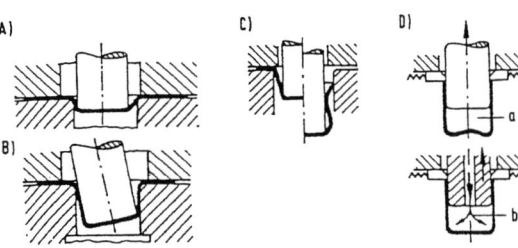

A) Außermittige Lage des Stempels
B) Schräglage des Stempels
C) Ziehspalt zu groß
D) Abstreifen des Werkstückes vom Stempel ohne/mit Entlüftungsöffnung

3.3.2 Drücken/Fließdrücken

Bestimmung der Rohteildicke (Ronde oder Ähnliches):

1. Zylinderförmige Werkstücke:

    Wanddicke:

    $$s_0 = \frac{s_n}{1-\varepsilon} \quad \text{in mm}$$

    s_0 Dicke des Rohteiles in mm
    s_n Fertigteildicke in mm
    ε Bezogene Wanddickenänderung, wobei $\varepsilon = 1 - s_n/s_0$

    Länge des Ausgangszylinders:

    $$L_0 = l_n \cdot s_n \cdot \frac{d + s_n}{s_0 \cdot (d + s_0)} \quad \text{in mm}$$

    L_0 Länge des Rohteiles in mm
    l_n Mantellänge beim Fertigteil in mm
    d Innendurchmesser des Fertigteiles in mm

    Rondendurchmesser:

    $$D_R = \sqrt{d^2 + 4(d + s_n)\ln\frac{s_n}{s_0}} \quad \text{in mm}$$

    Drückverhältnis β:

    $$\beta_D = \frac{D_R}{d} \quad \text{in \%}$$

    $$\beta_{Ges} = \frac{D_R \cdot s_0}{d \cdot s_n} \quad \text{in \%}$$

2. Kegelstumpfförmige Teile:

    Mit gleichmäßiger Wanddicke:

    $$s_0 = \frac{s_n}{\sin \alpha} \quad \text{in mm}$$

    α Halber Kegelwinkel in °

    Mit nicht gleichmäßiger Wanddicke:

    $$s_0' = \frac{s_n'}{\sin \alpha} \quad \text{in mm} \qquad s_0'' = \frac{s_n''}{\sin \alpha} \quad \text{in mm}$$

3. Werkstücke mit gekrümmter Mantellinie:

    $$s_0 = \frac{s_1}{\sin \alpha_{max}} \quad \text{in mm} \qquad s_x = \frac{s_1}{\sin \alpha_x} \quad \text{in mm}$$

    $s_0; s_1, s_x; s_n; s_n'; s_n''; s_0'; s_0''$ Wanddicken entsprechend Bild (nächste Seite) in mm
    Richtwert: $\alpha_{min} = 15°$; Orientierung: $s_{0\,min} \geqq 0{,}5$ mm
    x Beliebiger Punkt auf der Mantellinie
    $\alpha; \alpha_{max}; \alpha_x$ Halber Kegelwinkel entsprechend Bild (nächste Seite)

Verfahrensübersicht zum Fließdrücken:
a) Kegelstumpfförmige Teile mit gleichmäßiger Wanddicke
b) Kegelstumpfförmige Werkstücke mit nicht gleichmäßiger Wanddicke
c) Teile mit gekrümmter Mantellinie
d) Zylinderförmige Werkstücke

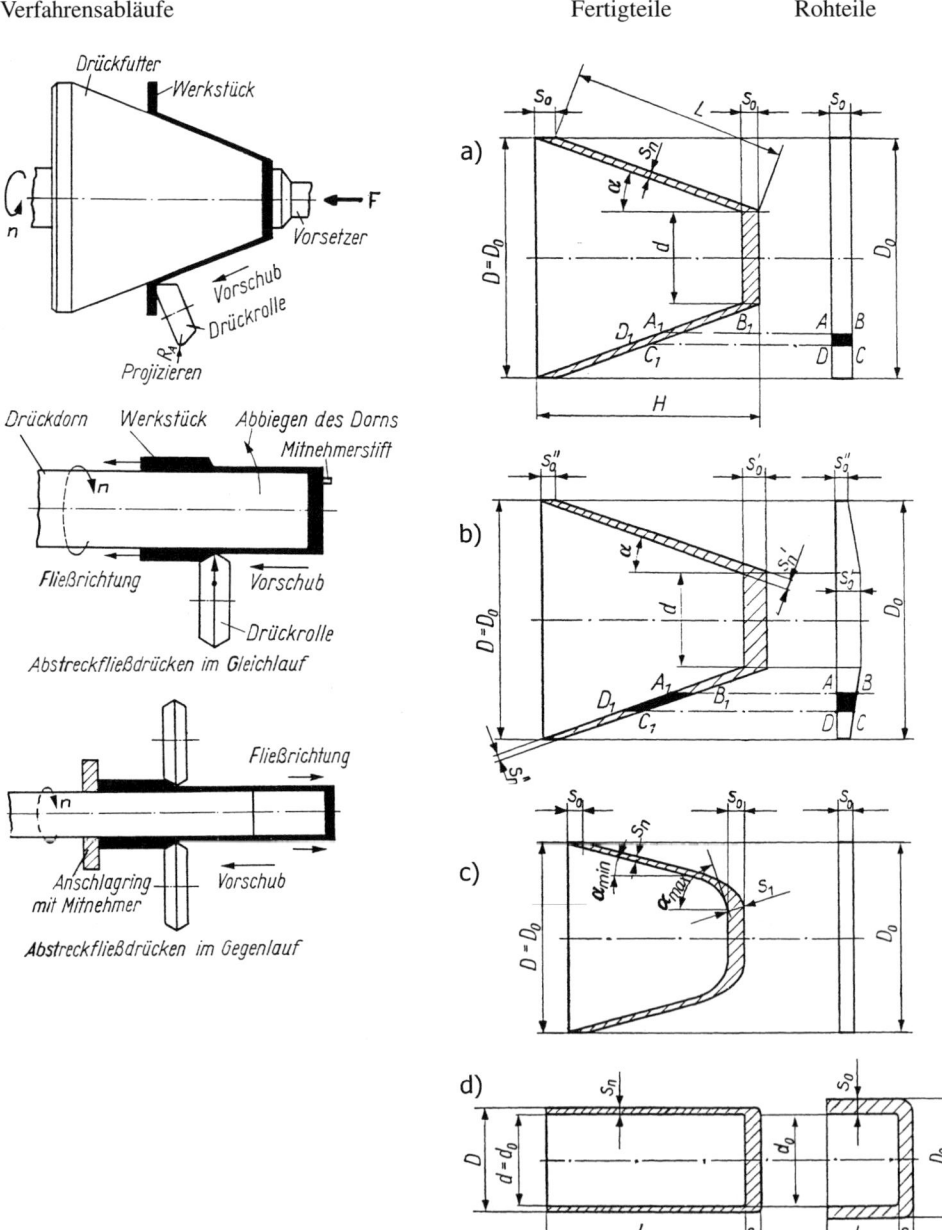

3.3.3 Durchziehen/Drahtziehen

Funktionsprinzip sowie Berechnung von Ziehkraft und Zieharbeit (teilweise nach [29]):

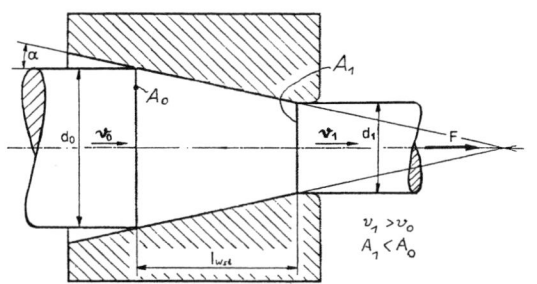

Querschnittsreduzierung:

$$Q = \frac{A_0 - A_1}{A_0} \cdot 100\,\%$$
$$\cong \frac{d_0^2 - d_1^2}{d_0^2} \cdot 100\,\%$$

Ziehgeschwindigkeit:

$$v_n \cdot A_n = v_{n-1} \cdot A_{n-1}$$

Ziehkraft und Umformarbeit je Zug

$$F = A_1 \cdot k_{\text{fm}} \cdot \varphi_g \cdot \left(1 + \frac{\mu}{\alpha} + \frac{2 \cdot \widehat{\alpha}}{3 \cdot \varphi_g}\right) \quad \text{in N mit} \quad \varphi_g = 2 \cdot \ln\left(\frac{d_0}{d_1}\right)$$

$$W = V \cdot k_{\text{fm}} \cdot \varphi_g \cdot \left(1 + \frac{\mu}{\alpha} + \frac{2 \cdot \widehat{\alpha}}{3 \cdot \varphi_g}\right) \quad \text{N} \cdot \text{mm}$$

Maßgebliche Verfahrensgrenze ist die Zugfestigkeit des die Prozesskraft übertragenden Querschnitts:

$$\sigma_{\text{zul}} = \frac{F}{A_1} \leqq R_m \quad \text{Nach Siebel:} \quad \frac{R_m}{k_{\text{fm}}} = \varphi_g \cdot \left(1 + \frac{\mu}{\alpha}\right) + \frac{2\alpha}{3}$$

R_m Zugfestigkeit des gegebenen Werkstoffs in N · mm^{-2}
F; A_i siehe oben
μ = (0,05 ... 0,15)

Erf. Anzahl von Ziehstufen: $\quad n \geq \dfrac{\ln A_0 - \ln A_1}{\varphi_g} \quad$ oder $\quad n = \dfrac{\varphi_{\text{ges}}}{\varphi_{\text{Zug}}}$; φ_g für alle Ziehst. gleich

Patentierdurchmesser: $\quad d_{\text{Pat}} = d_n \cdot e^{\frac{1}{2} \cdot \varphi_g} \quad$ in mm $\quad d_n$ Fertigdurchmesser in mm

3.4 Zugumformung

3.4.1 Rohrziehen (Verfahren und Kenngrößen [9])

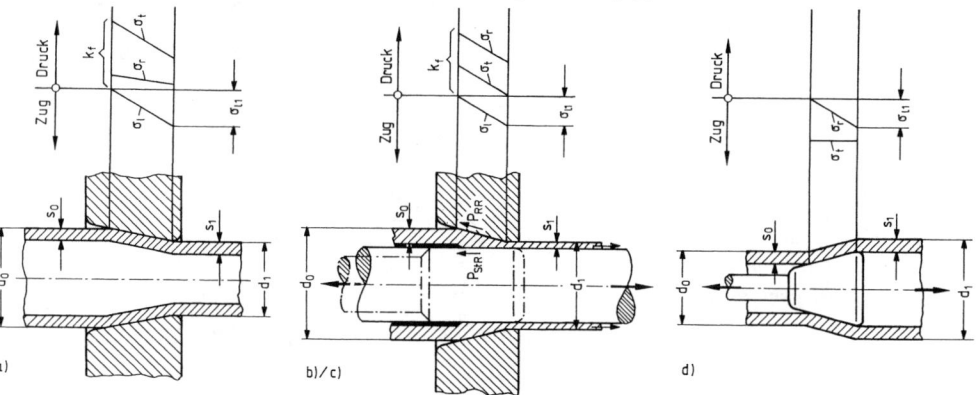

a) Hohlzug, b/c) Stangen- und Stopfenzug, d) Aufweitung

3.4.2 Abstreckziehen (Verfahren und Berechnungen)

- Funktionsprinzip nach [9]:
- Berechnungen:

Formänderungen:

$$\varphi_{Ges} = \ln \frac{s_n}{s_0}$$

$$\varphi_{Zug} = \frac{\varphi_{Ges}}{n} = \ln \frac{s_{n-1}}{s_n}$$

Anzahl erforderlicher Hübe:

$$n \approx 2{,}5 \varphi_{Ges}$$

Abstreckkraft:

$$F = 1{,}1 \cdot A_1 \cdot \varphi_{Zug} \cdot k_{fm} \left(1 + \frac{\mu_R}{\widehat{\alpha}} + \varphi_{Zug} \frac{\mu_{St}}{2\widehat{\alpha}} + \frac{\widehat{\alpha}}{2\varphi_{Zug}}\right) \quad \text{in N}$$

- F Abstreckkraft in N
- A_1 Querschnittsfläche nach jedem Zug in mm²; $A_1 = \pi \cdot d_0 \cdot s_1$ in mm²
- φ_{Zug} Umformgrad bei jedem Zug; z. B. C10, C15, C35: $\varphi_{Zug} = 0{,}45$ oder Al, 16MnCr5: $\varphi_{Zug} = 0{,}35$
- k_{fm} Mittlere Fließspannung in N · mm^{-2}
- μ_R Reibungskoeffizient am Abstreckring, **Richtwert**: $\mu_R = 0{,}1$
- μ_{St} Reibungskoeffizient am Stempel, **Richtwert**: $\mu_{St} = 0{,}15$
- $\widehat{\alpha}$ Halber Öffnungswinkel des Abstreckringes

Höhe des abgestreckten Werkstückes:

$$h_n = h_0 \cdot \frac{(d_0 + s_0) \cdot s_0}{(d_0 + s_1) \cdot s_1} \quad \text{in mm}$$

Wanddicke je Zug:

$$s_{1\ldots n} = \frac{s_{1-n}}{e^{\varphi_{Zug}}} \quad \text{in mm}$$

3.5 Biegeformen (Biegen)

Berechnung von Zuschnitten

1. Bestimmung der gestreckten Länge:

$$L = \sum l_g + \sum l_r \quad \text{in mm}$$

- L Gestreckte Länge des Biegeteiles in mm
- l_g Länge eines geraden Biegeteilabschnittes in mm
- l_r Länge eines gebogenen Biegeteilabschnittes in mm

Anmerkung: Die oben genannte Beziehung ist ggf. entsprechend der Anzahl der Biegeelemente zu erweitern.

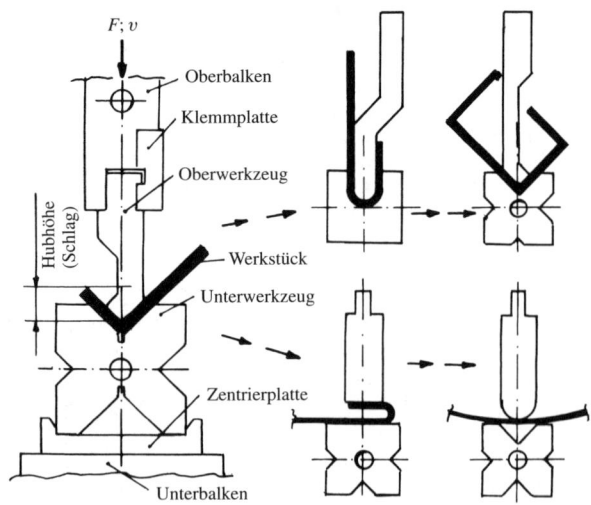

3.5 Biegeformen (Biegen)

- Winkelbiegen

$$L = l_1 + \frac{\pi \cdot \alpha}{180°} \cdot (R + 0{,}5s \cdot \xi) + l_2 \quad \text{in mm}$$

$l_1; l_2$ Gerade Abschnitte des Teiles in mm
R Biegeradius in rad
s Blechdicke in mm
α Biegewinkel in °
ξ Korrekturfaktor für Verkürzung des Werkstücks

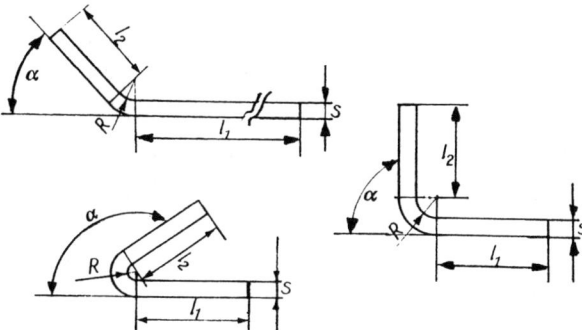

- Rollbiegen

$$L = l_1 + (d + s) \cdot \frac{\pi \cdot \alpha}{360°} \quad \text{in mm}$$

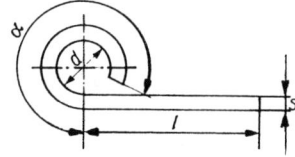

d Innendurchmesser des Biegeteiles in mm

Für $\alpha = 300°$ (häufig angewendet) gilt allgemein

$$L = l_1 + \frac{5}{6} \cdot \pi \cdot (d + s) \quad \text{in mm}$$

Wenn gilt: $d/2s < 5$, dann mit dem Wert ξ wie folgt dargestellt korrigieren:

R/s	5	3	2	1,2	0,8	0,5	0,2	0,1
ξ	1	0,9	0,8	0,7	0,6	0,5	0,3	0,2

- Biegen beliebiger Konturen: Bestimmung der gestreckten Länge des Biegeteiles nach der neutralen Faser

2. Lochrandabstand:
Das vorherige Einarbeiten von Durchbrüchen jeder Art ist nur dann zulässig, wenn die nachfolgende Bedingung eingehalten werden kann (ggf. experimentelle Prüfung):

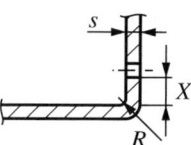

$$X \geq R + 2s \quad \text{in mm}$$

3. Biegeradien und Rückfederungen:
- Bedingung für bleibende Formänderung beim Biegen (Näherungsbeziehung für betriebspraktische Bedingungen:

$$\varepsilon \geq \frac{R_m}{E} \quad \text{oder} \quad \varepsilon = \frac{s}{2R+s}$$

E Elastizitätsmodul des Werkstoffs in $N \cdot mm^{-2}$
z. B. für Stahlwerkstoffe: $E = 210\,000\,N \cdot mm^{-2}$
Guss: $E \approx 120\,000\,N \cdot mm^{-2}$
Al (rein): $E = 72\,000\,N \cdot mm^{-2}$
Cu (rein): $E = 125\,000\,N \cdot mm^{-2}$
R Biegeradius in mm
R_m Mittlere Zugfestigkeit in $N \cdot mm^{-2}$
s Blechdicke in mm
ε Dehnung in der Außenfaser des Biegeteiles in $N \cdot mm^{-2}$

Werkstoff	Rückfederungsfaktor	
	$\frac{r_{i2}}{s} = 1$	$\frac{r_{i2}}{s} = 10$
St 0-24, St 1-24	0,99	0,97
St 2-24, St 12	0,99	0,97
St 3-24, St 13	0,985	0,97
St 4-24, St 14	0,985	0,96
rostbeständige austenitische Stähle	0,96	0,92
hitzebeständige Stähle		
ferritisch	0,99	0,97
austenitisch	0,982	0,955
Nickel w	0,99	0,96
Al 99 5 F 7	0,99	0,98
Al Mg 1 F 13	0,98	0,90
Al Mg Mn F 18	0,985	0,935
Al Cu Mg 2 F 43	0,91	0,65
Al ZnMgCu 1,5 F 49	0,935	0,85

Bei flachen Krümmungen (d. h. große Radien R) gilt:

$$\varepsilon \approx \frac{s}{2R}$$

- Bestimmung der höchst- und kleinstzulässigen Biegeradien:

$$R_{max} = E \cdot \frac{s}{2R_m} \quad \text{in mm}$$

$$R_{min} = 0{,}5s \cdot (\varepsilon_{Bruch}^{-1} - 1) \quad \text{in mm}$$

Für praktische Anwendungen gilt

$$R = C \cdot s \quad \text{in mm} \quad (\text{eigentl.: } R_{min})$$

R_{max}; R_{min} Größt-; kleinstmögliche Biegeradien in mm
ε_{Bruch} Bruchdehnung in $N \cdot mm^{-2}$
C Korrekturfaktor

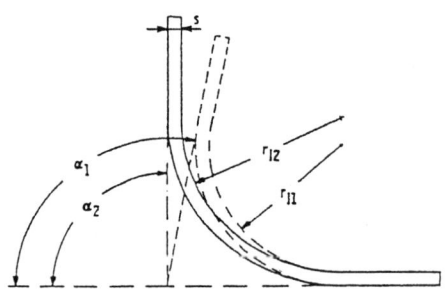

α_1 Winkel am Werkzeug
α_2 Winkel am Werkstück (nach Herausnahme aus dem Gesenk)
s Blechdicke
r_{i1} Innenradius am Werkzeug
r_{i2} Innenradius am Werkstück

$$\alpha_1 = r_{i2} + \frac{1}{2}s_0 \quad \text{in °}$$

$$\alpha_2 = r_{i1} + \frac{1}{2}s_0 \quad \text{in °}$$

$$r_{i1} = K(r_{i2} + 0{,}5s_0) - 0{,}5s_0 \quad \text{in mm}; \quad K = \frac{\alpha_2}{\alpha_1}$$

3.5 Biegeformen (Biegen)

Richtwerte für den Korrekturfaktor C und den Rückfederungswinkel:

Werkstoff	Mindestrundungs-faktor C	Rückfederungswinkel für	
		s bis 0,8 mm in °	$s = 0,8 \ldots 2$ mm in °
Stahlblech St G, St SZu	0,6	4	2
Stahlblech St StZu, St TZu, St TZb, St TZ bK, St SZb	0,5	4	2
Gekupferte Stahlbleche	0,8	6	4
Rostfreie Stahlbleche			
martensitisch-ferritisch	0,8	6	4
austenitisch	0,5	4	2
Weißblech	0,7	6	4
Plattierte Stahlbleche			
mit Cu oder Ms einseitig (Ra)	0,5	5	3
mit Cu oder Ms doppelseitig	0,6	6	4
mit Al oder Al-Legierung einseitig (Ra)	1,2	4	2
mit Al oder Al-Legierung doppelseitig	1,2	4	2
Kupfer	0,25	5	3
Zinnbronze SnBz6	0,6	7	4
Aluminiumbronze AlBz4	0,5	6	4
Neusilber, Monel-Metall (Ns 65/12)	0,45	6	3
Messing Ms72, Tiefziehmessing	0,30	4	2
Messing Ms60 und Ms63 weich	0,35	5	3
Messing Ms60 und Ms63 halbhart	0,40	7	4
Feinzinkgüte	0,40	2	1
Zinklegierung ZnCu1	0,60	4	2
Zinklegierung ZnAl4Cu1	0,55	3	2
Reinaluminium, weich	0,6	2	1
Reinaluminium, halbhart	0,9	4	2
Reinaluminium, hart	2,0	5	3
Aluminiumlegierungen			
AlMg3, weich	1	3	2
AlMg, halbhart	1,3	5	3
AlMg5, weich	1,8	4	2
AlMg, halbhart	2,5	6	3
AlMg7, weich	2,0	5	3
AlMg, halbhart	3,0	7	4
AlMg3Si, weich	1,2	2	1
AlMg, walzhart	1,6	3	2
AlMgSi, weich	2,0	5	3
AlMgSi, kalt ausgehärtet	2,5	8	5
AlMgSi, warm ausgehärtet und kaltverfestigt		11	7
AlMn, weich	1,0	2	1
AlMn, halbhart	1,2	3	2
AlMn, hart	1,2 \ldots 2,5	4 \ldots 7	2 \ldots 4
AlCuMg, weich	1,2	3	3
AlCuMg, aushärtbare Normallegierung	1,5	4	2
AlCuMg, hochfeste, aushärtbare Legierung	3	6	4
AlCuMg, ausgehärtet und kaltverfestigt		7	5
Magnesiumlegierung MgMn	5	9	5
AgAl6	3	8	5
Cupal (Al mit Cu plattiert)			
einseitig (Ri)	1,2	4	2
einseitig (Ra)	1,6	7	4
doppelseitig	1,8	8	5

Orientierungen zur Festlegung von Mindestbiegeradien (bezogen auf Rohrdurchmesser D in mm):

Mit Stützdorn:

Stahlrohre:	$R_{min} = 2{,}0D$ in mm	für	$s \geq 0{,}05D$
	$R_{min} \geq 3{,}0D$ in mm		$s = 0{,}033D$
Cu-Rohre:	$R_{min} = 1{,}5D$ in mm	für	$s \geq 0{,}033D$
	$R_{min} \geq 3{,}0D$ in mm		$s = 0{,}020D$

Ohne Stützdorn (oder mit Biegeschiene und Rolle; Nur für dickwandige Rohre mit $D \leqq 70{,}0$ mm):

$$R_{min} = (1{,}2 \ldots 2{,}0)D \text{ in mm} \quad \text{für} \quad s \geq 0{,}07D$$

- Rückfederungen an Biegeteilen (Abweichungen am mittleren Biegeradius):

Abweichender mittlerer Biegeradius

$$\boxed{R_{mb} = R \cdot \left[1 + \frac{2s_e^3}{3s \cdot (s^2 - s_e^2)}\right]} \quad \text{in mm}$$

R_{mb} Durch Rückfederung abweichender mittlerer Biegeradius in mm
R Biegeradius; mittlerer Biegeradius in mm
s Blechdicke in mm
s_e Dicke der elastischen Schicht in mm; $\boxed{s_e = 2R \cdot R_m / E}$ in mm

Kraft- und Arbeitsbedarf beim Biegen

1. Varianten beim Biegen: Herstellung von V- und U-Formen unter Pressen

   a) Formschlüssiges Biegen
   b) Nicht formschlüssiges Biegen

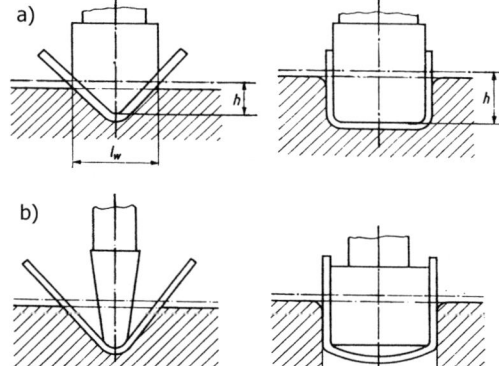

2. Berechnung von Biegekräften:
   - Formschlüssiges Biegen von

   V-Formen: $\boxed{F_{Bieg} = C \cdot b \cdot R_m \cdot \frac{s^2}{l_w - s}}$ in N

   U-Formen: $\boxed{F_{Bieg} = 0{,}4 R_m \cdot b \cdot s}$ in N

   Ein Diagramm zur Bestimmung der Kräfte beim Biegen von V-Formen vgl. Anhang Tafel T 3.7.1, S. 377.

   - Nicht formschlüssiges Biegen von

   V-Formen: $\boxed{F_{Bieg} = 2{,}2 R_m \cdot b \cdot \frac{s^2}{(l_w - s)^{1{,}5}}}$ in N für $s \leqq 3{,}0$ mm

3.5 Biegeformen (Biegen)

$$F_{\text{Bieg}} = 1{,}3 R_m \cdot b \cdot \frac{s^{2{,}5}}{(l_w - s)^{1{,}5}} \quad \text{in N} \quad \text{für } s > 3{,}0 \text{ mm}$$

U-Formen:
$$F_{\text{Bieg}} = 2{,}2 R_m \cdot b \cdot \frac{s^2}{b_Z^{1{,}5}} \quad \text{in N} \quad \text{für } s \leq 3{,}0 \text{ mm}$$

$$F_{\text{Bieg}} = 1{,}3 R_m \cdot b \cdot \frac{s^{2{,}5}}{b_Z^{1{,}5}} \quad \text{in N} \quad \text{für } s > 3{,}0 \text{ mm}$$

wobei
$$b_Z \approx 2(u + R - R_{\min}) \quad \text{in mm}$$

$$u = s + \sqrt{0{,}2s} \quad \text{in mm}$$

$$R \geq 0{,}4u \quad \text{in mm}$$

F_{Bieg} Biegekraft in N; wobei

$$F_{\text{Bieg max}} \approx (1{,}3 \ldots 2{,}5) F_{\text{Bieg}} \quad \text{in N}$$

- C Konstante, siehe unten
- b Breite des Biegeteiles in mm
- s Dicke des Werkstücks in mm
- R_m Zugfestigkeit des Werkstoffs in N · mm^{-2}
- l_w Gesenkweite in mm; $l_{w\,\min} \approx (10 \ldots 20)s$ in mm

Grafik zur Bestimmung der Konstante C:

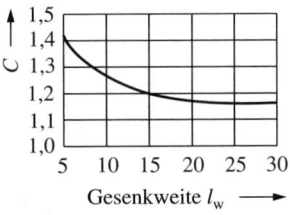

Näherungsgleichung und spezielle Richtwerte für Werkzeugradien und Gesenkweiten nach [91] für das Biegen verschleißfester Stahlwerkstoffe z. B. mit $R_m \approx 250 \ldots 1400$ MPa; $HB = 370 \ldots 475$; $\varepsilon_{A5} = 10\%$ und $J = 40 \ldots 45$ J:

$$F_{\text{Bieg}} \approx \frac{1{,}6 \cdot b \cdot s^2 \cdot R_m}{l_w} \quad \text{in N}$$

Biegeradien R/s	Gesenkweiten l_W/s	für
2,5…4,0	8,5…10,0	$s < 8{,}0$ mm
3,0…5,0	10,0…12,0	$s = 8{,}0 \ldots 20{,}0$ mm
4,5…6,0	12,0…14,0	$s > 20{,}0$ mm

- Geradliniges Rollbiegen und Rollen von Napfrändern [9]:

Geradliniges Rollen:

$$F_{\text{Bieg}} = \frac{C \cdot s^2 \cdot L \cdot R_m}{(1 - \mu) \cdot r_m} \quad \text{in N}$$

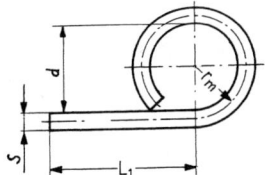

C Verfestigungseinfluss

$$C = 1 + 2s/r_m$$

L Länge der Rolle in mm
U Umfang der Rollbiegelänge in mm
k_f Fließspannung in $N \cdot mm^{-2}$
μ Reibungskoeffizient; $\mu = (0{,}1 \ldots 0{,}2)$
r_m Mittlerer Rollbiegeradius
d_a Außendurchmesser in mm
d_i Innendurchmesser in mm
R_m Zugfestigkeit des Werkstoffes in $N \cdot mm^{-2}$

Rollen von Napf-(Topf-)Rändern:

$$F_{Bieg} = \frac{C \cdot s^2 \cdot U \cdot k_f}{(1-\mu) \cdot r_m} \cdot \left(1 + \ln \frac{d_a}{d_i}\right)$$

in N

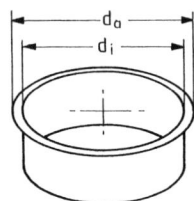
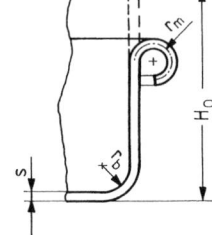

3. Bestimmung der Biegearbeit:
- Formschlüssiges Biegen von

  V-Formen: $\quad W_{Bieg} = 0{,}33 F_{Bieg\,max} \cdot h \quad$ in $N \cdot mm$

  U-Formen: $\quad W_{Bieg} = (0{,}33 \ldots 0{,}65) F_{Bieg\,max} \cdot h \quad$ in $N \cdot mm$

W_{Bieg} Biegearbeit in $N \cdot mm$
$F_{Bieg\,max}$ Maximal entstehende Biegekraft in N
h Arbeitshub in mm;
  Richtwerte: $h \approx 0{,}5(l_w - s)\quad$ in mm $\quad$ bei V-Formen
  $\qquad\qquad h \approx 3{,}0s \quad$ in mm $\quad$ für U-Formen und gerundete Einzugskante
  $\qquad\qquad h \approx 4{,}0s \quad$ in mm $\quad$ für U-Formen und abgeschrägte Einzugskante

- Nicht formschlüssiges Biegen von V- und U-Formen:
  Vgl. sinngemäß die oben genannten Beziehungen für das formschlüssige Biegen

Regeln zur biegegerechten Gestaltung von Werkstücken [4]:

Regel	Fehlerhafte Biegeteilkonstruktion	Berichtigungsvorschlag
1. Unnötiges genaues Einhalten der Biegeradien erfordert genaue Werkzeuge. Daher möglichst Freibiegen anwenden.		
2. Bruchgefahr bei zu scharfkantigem Biegen. Ausführung „A" nur mittels teurer Sonderwerkzeuge möglich.		
3. Festigkeitsminderung bei zu scharfem Zudrücken des Umschlages über der ganzen Länge.		
4. Zu große Biegehalbmesser erhöhen die Rückfederung. Enger biegen oder bei zu großem r/s-Verhältnis Sicken eindrücken.		
5. Biegeschenkel zu kurz, Nachschneiden erforderlich.		

3.5 Biegeformen (Biegen)

Regel	Fehlerhafte Biegeteilkonstruktion	Berichtigungsvorschlag
6. Für unterschnittene Biegeteile Abstand e so groß wie möglich, sonst teure Werkzeuge.		
7. Nicht zu nahe an bereits gelochten Durchbrüchen biegen, da sonst Deformation der Löcher eintritt ($a \geq r+25$). Oder: Entlastungsloch anbringen. Für runde Löcher: $a = \sqrt{d \cdot s} + 0{,}8 \cdot r\sqrt{l/d}$ Für rechteckige Durchbrüche und rechteckige Schlitze: $a = 1{,}1\sqrt{b \cdot s} + 0{,}8 \cdot r\sqrt{l/b}$		oder: Entlastungsloch
8. Zwecks einfacher Abkantwerkzeuge beide Randprofile gleichförmig gestalten.		
9. Für genaue Biegestelle den Biegeradius klein halten und Prägerille vorsehen.		
10. Die Biegeachse muss auf oder außerhalb der gerade bleibenden Blechkante liegen, sonst Einrissgefahr. Oder: In Verlängerung der Zungenkanten Ausklinkungen anbringen ($b \geq s + r$).		Oder:
11. Bei schräg zulaufenden Schenkeln kann ein zu schmaler Rand vom Werkzeug nicht mehr erfasst werden. Entweder nachträglich beschneiden oder von der abbiegbaren Mindesthöhe ($h \geq 3s$) an ausklinken.	Biegeachse / Zuschnitt	Biegeachse / Zuschnitt

3.6 Besonderheiten der Hochgeschwindigkeits- und -energieumformung (Teilebearbeitung mit Schockwellen [35], [36])

- Einsatzbereiche:
  - Umformtechnik: Tiefziehen, Weiten, Ausbauchen, Einziehen, Biegen, Bördeln, Sicken, Prägen, Stauchen, ...
  - Urformen: Pressen, Sintern, ...
  - Trennen: Schneiden, Lochen, ...
  - Fügen: Kaltpressschweißen, Plattieren, Einpressen, ...
  - Stoffeigenschaftsändern: Härten, Verfestigen, Entspannen, Reinigen, ...
  - Zerkleinern: Sprengen, Brechen, Pulverisieren, Zerfasern, ...

- Umformen mittels Impulsmagnetfeldern („Magnetumformung"):

Erforderlicher Umformdruck:

$$p_\mathrm{m} = \frac{2 \cdot d_0}{\sqrt{3} \cdot r_{a0}} \cdot k_{f0} \quad \text{in N} \cdot \text{mm}^{-2}$$

p_m Druck zur Erzeugung einer plastischen Verformung in N · mm^{-2}
d_0 Rohrdurchmesser vor der Verformung in mm
r_{a0} Außenradius vor der Formänderung in mm
k_{f0} Fließspannung bei $\varphi = 0$

Mindestwerte E_min der Speicherenergie in den Kondensatorbatterien:
$E_\mathrm{min} = 0{,}16\,\text{kW} \cdot \text{s}$ für Al-Werkstoffe
$E_\mathrm{min} = 0{,}33\,\text{kW} \cdot \text{s}$ für Cu-Werkstoffe
$E_\mathrm{min} = 0{,}69\,\text{kW} \cdot \text{s}$ für Ms

Beispiele typischer Arbeitsspulen zum Magnetumformen:

Kompressionsspule:

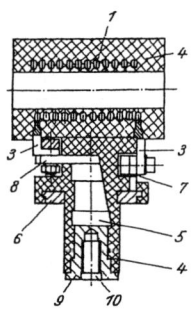

1 Spulenwicklung; *2* Kühlmittelausfluss; *3* Enden der Spulenwicklung; *4* Isolation; *5* Isolierter Kupferzylinder; *6* Kontaktring; *7* Leiterverbindung zur Spulenwicklung; *8* Leiterverbindung zur Spulenwicklung; *9* metallische Kontaktfläche; *10* Gewinde für Spannschraube

1 Spulenteller; *2* Spulenwicklung; *3* Druckring; *4* Grundplatte; *5* Anschlusszapfen; *6* Befestigung der Spule an den Anschlusszapfen; *7* Enden der Wicklung; *8* Kühlmittelzufluss

Expansionsspule:

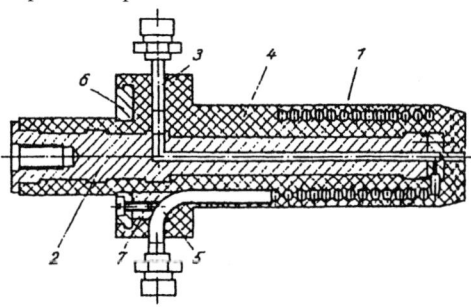

1 Spulenwicklung; *2* Innenzapfen; *3* Kühlmittelzufluss; *4* Isolation; *5* Kühlmittelabfluss; *6* Kontaktring; *7* Leiterverbindung zur Spulenwicklung

Flachspule:

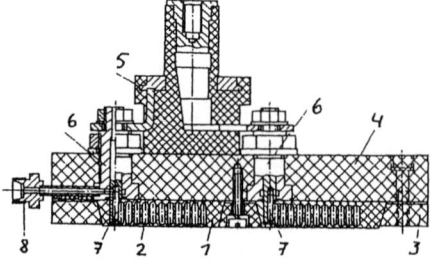

3.6 Besonderheiten der Hochgeschwindigkeits- und -energieumformung

Typische Werkstücke (nur elektrisch leitfähige Werkstoffe sind bearbeitbar):

Spulenart	Kompressionsspule	Expansionsspule	Flachspule
Schematische Abbildung der Spulenarten und Funktionsweise			
Ausgangsform der zu bearbeitenden Teile	Rotationssymmetrische, einseitig offene Hohlteile (Napfform) und zweiseitig offene Hohlteile (Rohre)	Rotationssymmetrische, einseitig offene Hohlteile (Napfform) und zweiseitig offene Hohlteile (Rohre)	Ausgeschnittene bzw. abgeschnittene Teile (Platinen und Ronden)
Beispiel für Umformen			
Beispiel für Fugen			
Beispiel für Trennen			
Beispiel für Kombination Umformen/Trennen			

- Elektrohydraulisches Umformen:

Aufbau eines Entladebehälters:

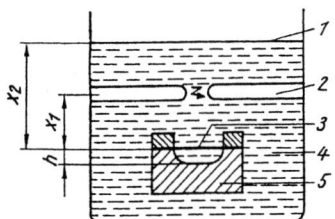

1 Wasseroberfläche; 2 Elektroden; 3 umzuformendes Werkstück; 4 Flüssigkeit; 5 Werkzeug

Abhängigkeit der Ausformtiefe von der Flüssigkeitshöhe:

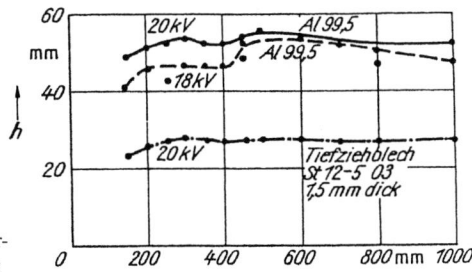

Berechnung der Flüssigkeitshöhe x_2:

$$x_2 = 0{,}5(v_{sw} \cdot t_u + x_1 - h) \quad \text{in mm}$$

v_{sw} Geschwindigkeit der Stoßfront (entspricht der Schallgeschwindigkeit im Wasser) $v_{sw} = 1500\,\text{m} \cdot \text{s}^{-1}$
t_u Umströmungszeit in s ($t_u \approx 500\,\mu \cdot \text{s}$)

Werkzeuge zum Tiefziehen von Ronden und Platinen:

Ausbauchen:

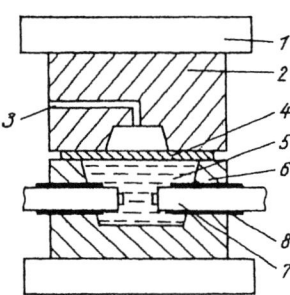
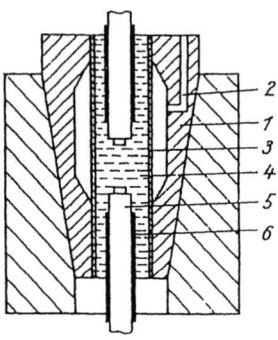

1 Druckplatte; *2* Werkzeug; *3* Evakuierkanal; *4* Blechzuschnitt; *5* Wasserraum; *6* Wasserbehälter und Niederhalter; *7* Elektrode; *8* Isolation

1 Werkzeug; *2* Evakuierkanal; *3* Werkstück; *4* Wasserraum; *5* Elektrode; *6* Isolation

Verformen ringförmiger Konturen:

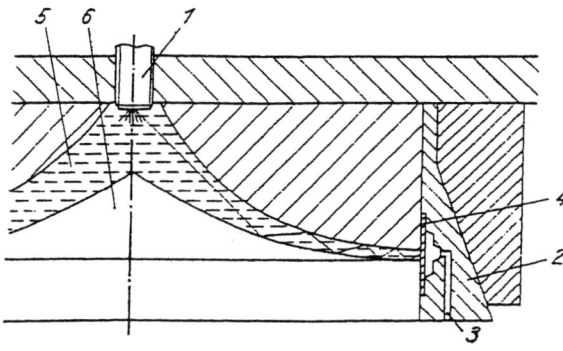

1 Elektrode; *2* Werkzeug; *3* Evakuierkanal; *4* Werkstück; *5* Wasserraum; *6* Reflektor

- Hochgeschwindigkeitsumformen mittels Explosivstoffen („Explosivumformung"):

Entfernungen der Explosivladungen vom Werkstück bei
- Wasser als Übertragungsmedium: $l = (0{,}25\ldots0{,}50)d_{\text{Platine/Ronde}}$
- Sand: $l = (100\ldots300)\,\text{mm}$

Detonationsgeschwindigkeiten $v_{\text{Det}} \leqq 9000\,\text{m} \cdot \text{s}^{-1}$

3.6 Besonderheiten der Hochgeschwindigkeits- und -energieumformung

Beispiele mittels Explosivumformen hergestellter Werkstücke:

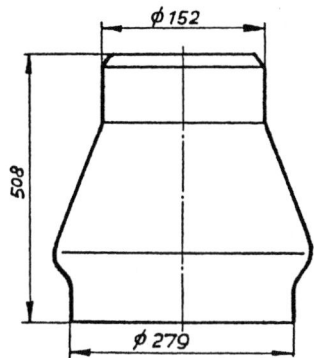

Raketenteil
Werkstoff: René 41 (amerikanische Norm);
Wanddicke: 0,8 mm

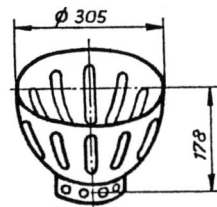

Nase für Düsenmotor
Werkstoff: Al;
Ausgangsteil: geschweißter
Kegel aus 0,8 mm Blech

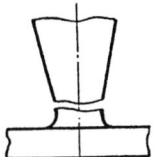

Abtrennen von Gusssteigern
Werkstoff: Stahlguss;
Abmessung: max. $\varnothing$220 mm
Unebenheit der Trennfläche
±7 mm

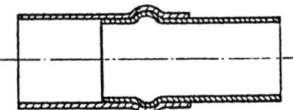

Rohrverbindung
Werkstoff: St 38, St TZ;
Ausgangsteil: Rohr NW 70 × 2 mm, nahtlos
NW 65 × 2 mm, Längsnaht

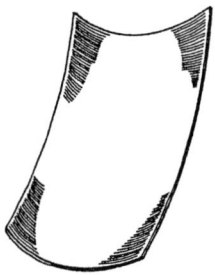

Schiffsbeplankungsblech
Werkstoff: St;
Abmessung: 2750 × 1080 × 8 mm

4 Trennen – Schneiden/Zerteilen, Spanen und Abtragen (Generieren)

4.1 Schneiden und Zerteilen

4.1.1 Verfahren und Maschinenhauptzeiten

Parallelschneiden:

a) $\alpha = 0$ b) $\alpha > 0$

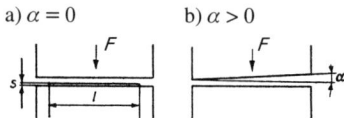

Schneiden mit Formwerkzeugen (Lochen, Ausschneiden, Nibbeln, Aushauen, NC-Figurenschneiden, Knabberschneiden, ...):

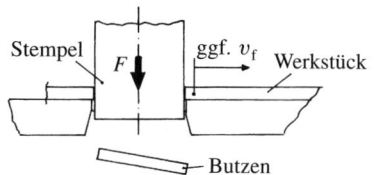

Rollschneiden:

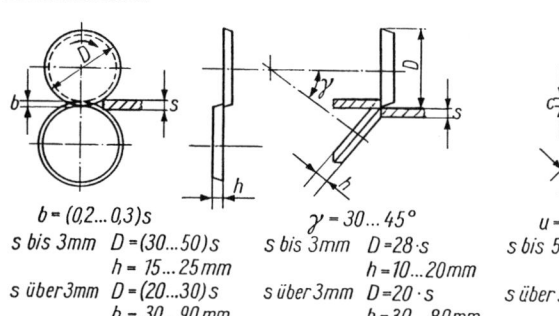

$b = (0{,}2...0{,}3)s$	$\gamma = 30...45°$	$u = 0{,}2s;\ c = 0{,}3 \cdot s$
s bis 3mm $D = (30...50)s$	s bis 3mm $D = 28 \cdot s$	s bis 5mm $D = 20 \cdot s$
$h = 15...25$ mm	$h = 10...20$ mm	$h = 10...15$ mm
s über 3mm $D = (20...30)s$	s über 3mm $D = 20 \cdot s$	s über 5mm $D = (12...15)s$
$h = 30...90$ mm	$h = 30...80$ mm	$h = 20...60$ mm

Bestimmung der Maschinenhauptzeiten t_H

- Allgemein, außer Rollschneiden:

$$t_H = n_{Hub}^{-1} \quad \text{in min}$$

- Beim Rollschneiden gilt:

$$t_H = i \cdot \frac{L}{v_c} \quad \text{in min}$$

L Gesamte Schnittlänge in mm
i Anzahl der Schnitte;
   Orientierungen: Außenschnitte: $i = 1$
                        Innenkonturen: $i = 4...8$
n_{Hub} Hubanzahl der Presse in min^{-1}
v_c Schneidgeschwindigkeit in m · min^{-1}

Richtwerte für Schneidgeschwindigkeiten beim Rollschneiden:
– Gerade Schnitte:
   Blechdicke $s \leq 10$ mm: $v_c = 20...60$ m · min^{-1}
                $s \geq 10$ mm: $v_c = 5...20$ m · min^{-1}
– Kreisbogenförmige Schnitte: $v_c = 5...20$ m · min^{-1}
– Beliebig verlaufende Schnitte: $v_c = 0{,}6...4{,}0$ m · min^{-1}

4.1 Schneiden und Zerteilen

4.1.2 Anordnung von Werkstücken in Blechstreifen („Streifenbilder")

Einfache Anordnung;
Einzelteile mit Steg

Einfache Anordnung ohne Steg
(„Abfallloses" Schneiden)

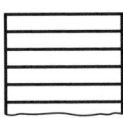

Einfache Anordnung;
Mehrere Teile mit Steg

Mehrfachanordnung
unterschiedlicher Teile

Mehrfachanordnung
mit Steg

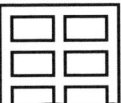

Beachte: „Säbeligkeit", d. h. die Krümmung von Blechstreifen, Stahlbändern u. Ä. in Längsrichtung

Folgeschnitt (Ausführungsbeispiel)

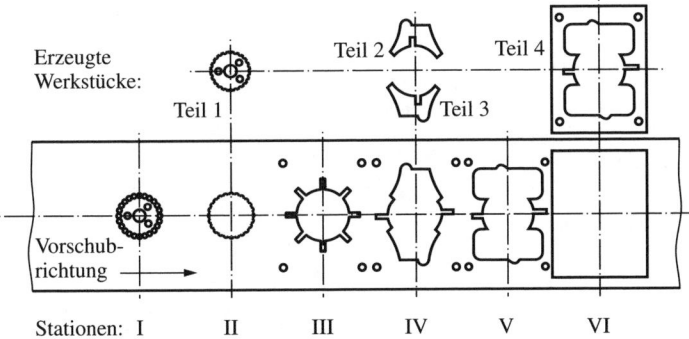

Beispiele für die günstige Gestaltung von Streifenbildern
(Zielstellung: Erreichen geringer Werkstoffverluste):

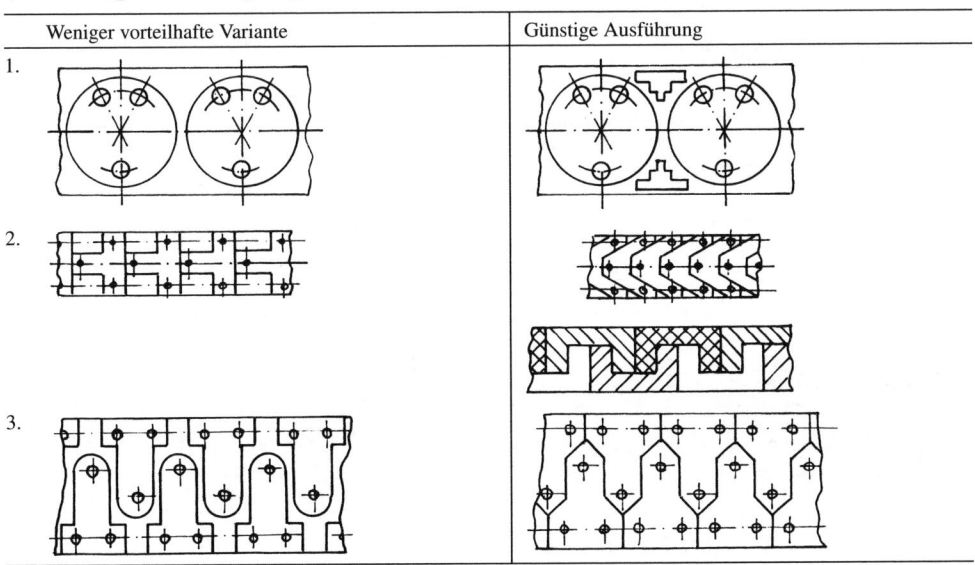

Berechnung zu Streifenbildern

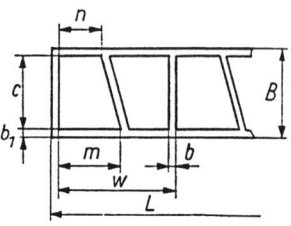

Anordnung bei einseitiger Schräge
a) einreihige, versetzte Anordnung
   Streifenbreite: $B = c + 2b_1$
   Vorschub: $w = m + n + 2b$
   Stückzahl je Streifen: $n_{wStr} = \dfrac{L-b}{w} \cdot 2$
b) zweireihige, versetzte Anordnung (nicht gezeichnet)
   Streifenbreite: $B = 2c + 2b_1$
   Stückzahl je Streifen: $n_{wStr} = \dfrac{L-b}{w} \cdot 4$

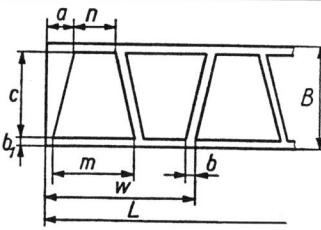

Anordnung bei zweiseitiger Schräge
Streifenbreite: $B = c + 2b_1$
Vorschub: $w = n + m + 2b$
Anfangsverlust: $a = \dfrac{m-n}{2} + b$
Stückzahl je Streifen: $n_{wStr} = \dfrac{L-a}{w} \cdot 2$

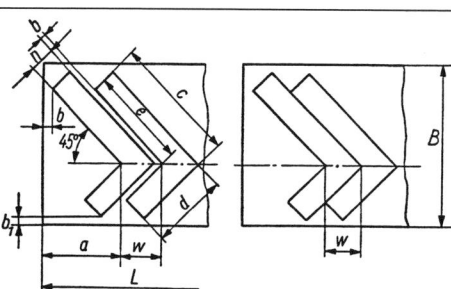

Gleiche Schenkelbreiten
(Anordnung 45° mit und ohne Steg)
Streifenbreite: $B = 0{,}707(c + d) + 2b_1$
Vorschub: mit Steg $w = 1{,}414(n + b)$,
ohne Steg $w = 1{,}414n$
Anfangsverlust: $a = 0{,}707e + b$
Stückzahl je Streifen: $n_{wStr} = \dfrac{L-a}{w}$ bzw. $\dfrac{L-a-b}{w}$

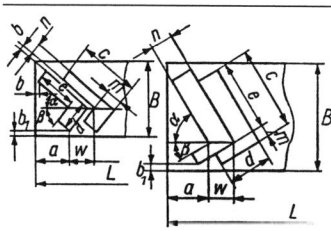

Ungleiche Schenkelbreiten (mit und ohne Steg)
$\tan \alpha$: mit Steg $\tan \alpha = \dfrac{n+b}{m+b}$, ohne Steg $\tan \alpha = \dfrac{n}{m}$
Streifenbreite: $B = c \cdot \sin \alpha + d \cdot \cos \alpha + 2b_1$
Vorschub: mit Steg $w = \dfrac{n+b}{\sin \alpha}$, ohne Steg $w = \dfrac{n}{\sin \alpha}$
Anfangsverlust: $a = e \cdot \cos \alpha + b$
Stückzahl je Streifen: $n_{wStr} = \dfrac{L-a}{w}$ bzw. $\dfrac{L-a-b}{w}$

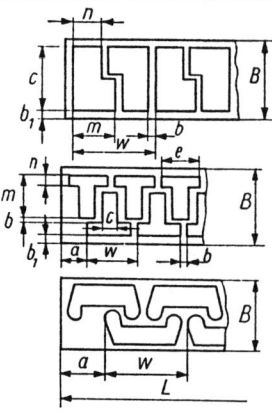

Ineinanderlegen
a) einfache, versetzte Anordnung
   Streifenbreite: $B = c + 2b_1$
   Vorschub: $w = n + n + 2b$
   Stückzahl je Streifen: $n_{wStr} = \dfrac{L-b}{w} \cdot 2$
b) zweireihige, versetzte Anordnung
   Streifenbreite: $B = m + n + 2b_1 + b$
   Vorschub: $w = e + b$
   Anfangsverlust: $a = \dfrac{e+b}{2} + b$
   Stückzahl je Streifen: $n_{wStr} = \dfrac{L-a}{w} \cdot 2$
c) Ineinanderlegen durch Ausfüllen
   Gleichungen von b) gelten sinngemäß

4.1 Schneiden und Zerteilen

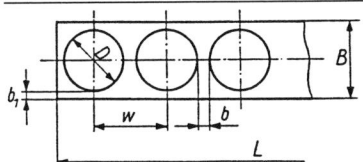

Einfache Anordnung
Streifenbreite: $B = D + 2b_1$
Vorschub: $w = D + b$
Stückzahl je Streifen: $n_{wStr} = \dfrac{L - b}{w}$

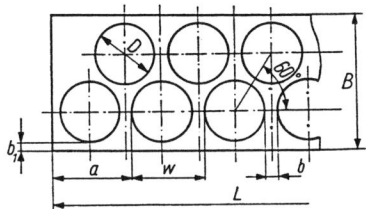

Zweifache Anordnung
Streifenbreite: $B = 0{,}866(D + b_1) + D + 2b_1$
Vorschub: $w = D + b$
Anfangsverlust: $a = D + 2b$
Stückzahl je Streifen: $n_{wStr} = \dfrac{L - a}{w} \cdot 2 + 1$

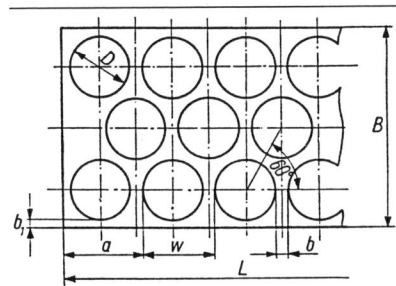

Dreifache Anordnung
Streifenbreite: $B = 1{,}732(D + b_1) + D + 2b_1$
Vorschub: $w = D + b$
Anfangsverlust: $a = D + 2b$
Stückzahl je Streifen: $n_{wStr} = \dfrac{L - a}{w} \cdot 3 + 2$

Bei Verwendung von Seitenschneidern sind noch die erforderlichen Zugabewerte zu berücksichtigen.

Richtwerte für Stegbreiten, technologisch bedingte Verluste und Anfangszugaben/-verschnitt

- Bestimmung der Stegbreiten

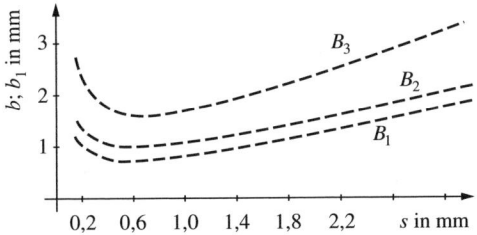

$B_1, B_2, B_3,$ Breite der Blechstreifen in mm
$B_1 < B_2 < B_3$

$B_2 = 10$ mm

$B_2 = 100$ mm für ▯▯▯

B_1 gilt bei ◯◯◯

- Orientierungen für technologisch bedingte Verluste

Verfahren bzw. Arbeitsgang	Menge in Stück	Zuschlag in %
Ausschneiden von Teilen	bis 1 000	2
	1 000…100 000	1
	über 100 000	0,5
Lochen mit Einlegen	bis 1 000	2
	1 000…100 000	1,5
	über 100 000	1
Tiefziehen	bis 1 000	5
	1 000…100 000	3
Biegen	bis 1 000	3
	1 000…100 000	1

- Richtwerte für Anfangsverluste und Anfangszugaben

Art des Beschneidens	Blechdicke in mm	l_a in mm
Beschneiden der kurzen Seite	< 2	5
Beschneiden der langen Seite	< 2	8
Beschneiden der kurzen Seite	> 2	8
Beschneiden der langen Seite	> 2	10

- Richtwerte für herstellungsbedingt zulässige Toleranzen beim Schneiden
  a) Außenkonturen
  b) Innenformen
  c) Verhältnis beider zueinander

Werkzeug	Blechdicke des Werkstücks in mm	Toleranzen in mm		
		a	b	a : b
Freischnittwerkzeuge	bis 1	+0,2	−0,15	
	bis 2	+0,25	−0,2	
	bis 3	+0,35	−0,25	
Führungsschnittwerkzeuge	bis 1	+0,15	−0,08	
	bis 2	+0,2	−0,15	
	bis 3	+0,3	−0,2	
Folgeschnittwerkzeuge mit Suchern	bis 1	+0,15	−0,08	±0,15
	bis 2	+0,2	−0,15	±0,2
	bis 3	+0,3	−0,2	±0,25
Gesamtschnittwerkzeuge	bis 1	+0,06	−0,06	±0,04
	bis 2	+0,09	−0,09	±0,07
	bis 3	+0,14	−0,14	±0,1

4.1.3 Werkzeuggestaltung und Berechnungen an Schnittwerkzeugen

Größe des Schneidspaltes

$$u_{\text{Schneid}} = C \cdot s \cdot \sqrt{0,1 \cdot \tau} \quad \text{in mm}$$

C Faktor;
  Richtwerte: $C = 0{,}005 \ldots 0{,}01$ für saubere Schnitte ohne Gratbildung
  $C = 0{,}01 \ldots 0{,}035$ wenn Gratbildung zulässig
s Blechdicke in mm
τ Scherfestigkeit des Werkstoffs in $\text{N} \cdot \text{mm}^{-2}$, wobei auch gilt: $\tau \approx 0{,}8 R_m$; Richtwerte für R_m siehe Tafeln T 1.3.1 und T 1.3.2, S. 348 ff.

Richtwert für den Schneidspalt: $u_{\text{Schneid}} \approx (0{,}03 \ldots 0{,}05) s$ in mm

Gestaltung des Schneidstempels

- Bestimmung der Position des Spannzapfens am Schnittwerkzeug:
  - Bei kreisförmigen Schnitten: Mitte des Spannzapfens entspricht der Mittellinie des Schneidstempels

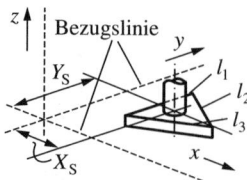

  - Allgemein gilt:

4.1 Schneiden und Zerteilen

$$X_S = \frac{\sum l_i \cdot x_i}{l_{ges}} \text{ in mm} \quad \text{und} \quad Y_S = \frac{\sum l_i \cdot y_i}{l_{ges}} \text{ in mm}$$

X_S, Y_S Position der Mittellinie des Spannzapfens am Schnittwerkzeug in mm (ausgehend von einer festgelegten Bezugslinie)
l_i Längen einzelner Teil-Formelemente in mm
l_{ges} Gesamte Länge aller Formelemente in mm
x_i, y_i Abstände der einzelnen Linienschwerpunkte zu der oben genannten Bezugslinie in mm

- Beanspruchung des Stempels:

$$F_{Schneid} < F_{Knick} \text{ in N}; \quad R_m > \frac{F_{Schneid}}{A_{Zapfen}}$$

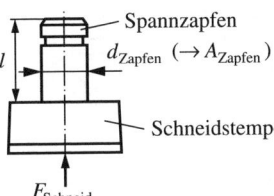

Druck:

$$d_{Zapfen} \geq \sqrt{\frac{4 \cdot F_{Schneid}}{\pi \cdot R_m}} \text{ in mm}$$

Knickung (infolge der geometrischen Gegebenheiten wenig wahrscheinlich):

$$d_{Zapfen} \leq \sqrt[4]{\frac{10 \cdot F_{Schneid} \cdot l^2 \cdot \vartheta}{\pi^2 \cdot E}} \text{ in mm} \quad F_{Knick} = \frac{E \cdot I \cdot \pi^2}{l \cdot \vartheta} \text{ in N}$$

$$l_{Zapfen} \leq \sqrt{\frac{\pi^2 \cdot E \cdot I}{F_{Schneid}}} \text{ in mm}$$

E Elastizitätsmodul des Stempelwerkstoffs in N · mm^{-2}
F_{Knick} Knickkraft am Stempel in N
$F_{Schneid}$ Schnittkraft am Stempel in N
I Flächenwiderstandsmoment in mm^4; für kreisförmige Querschnitte: $I = \frac{d_{Zapfen}^4 \cdot \pi}{64}$ in mm^4
l Länge der Stempelbefestigung in mm
l_{Knick} Maximal mögliche Länge der Stempelbefestigung in mm

Richtwert: $l \approx 60$ mm

ϑ Sicherheitsfaktor: $\vartheta = [(3{,}5 \ldots 5{,}0)\,8{,}0]$

- Ausführungsmöglichkeiten von Schneidkanten (Möglichkeiten zur Beeinflussung von Schnittkräften)

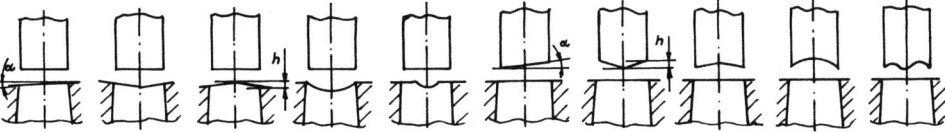

- Gestaltung der Stempelbefestigung

Geklemmte Ausführungen:

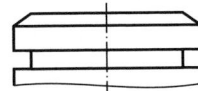 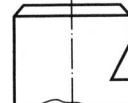

Kombination von Stempelkopf mit Stempelplatte:

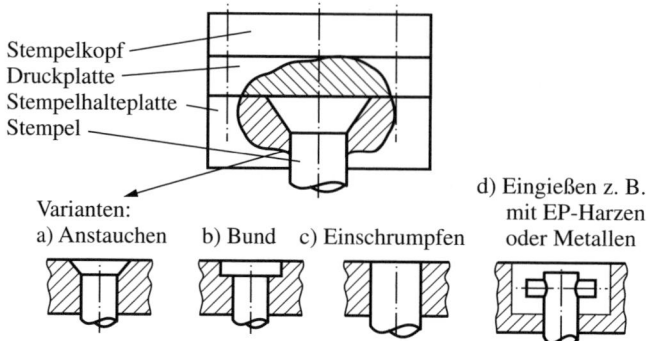

Stempelkopf
Druckplatte
Stempelhalteplatte
Stempel

Varianten:
a) Anstauchen   b) Bund   c) Einschrumpfen   d) Eingießen z. B. mit EP-Harzen oder Metallen

Schneidplatte

Prinzipdarstellung:

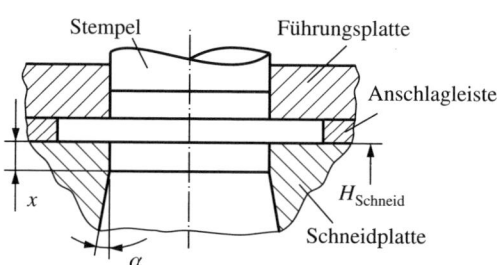

Dicke der Schneidplatte:

$$H_{Schneid} \approx \sqrt[3]{0{,}1 F_{Schneid}} \quad \text{in mm}$$

Gestaltungsregeln (Empfehlungen):

Blechdicke s in mm	α in Min; Grd.	x-Wert in mm	α in °	x-Wert in mm
0,1...0,5	(10...15)′			3...5
0,5...1,0	(15...20)′			
1,0...2,0	(20...30)′	0,00	3...5	5...10
2,0...4,0	(30...45)′			
4,0...6,0	45′...1°			> 10
Anwendungen:	Für kleine Werkstücke bei mittleren Genauigkeiten		Bei komplizierten Konturen und/oder hohen Genauigkeiten	

Anschläge, Führungen und Begrenzungen (Ausführungsbeispiele)

Prinzipdarstellung:

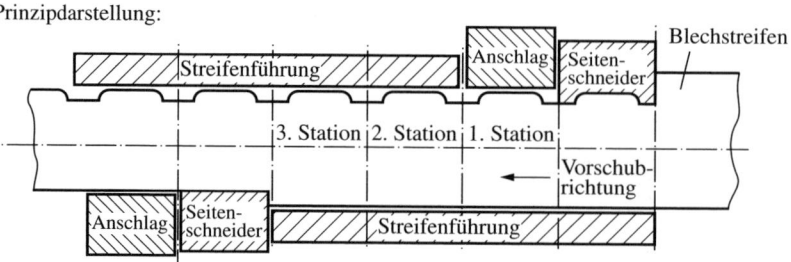

4.1 Schneiden und Zerteilen

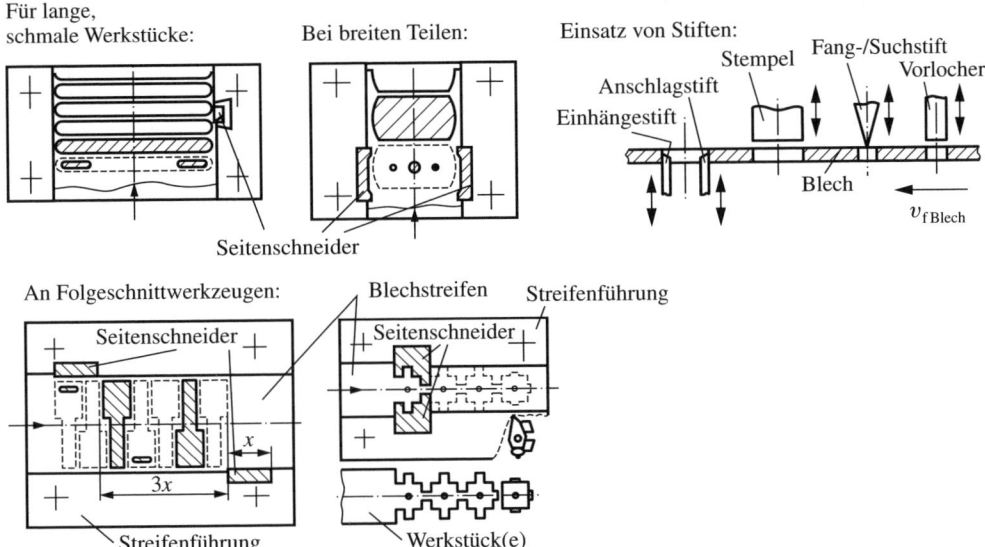

Ausführungsbeispiele von Schnittwerkzeugen

1. Freischnittwerkzeug:

   Teileliste:

Pos.	Einzelteil	Werkstoff	Bemerkungen
1	Stempel mit Spannzapfen	Werkzeugstahl	Schnittkanten gehärtet
2	Schnittplatte	Werkzeugstahl	Gehärtet
3	Grundplatte	St 33	
4	Spannring	C 15	Einsatzgehärtet
5	Ringplatte	St 42-2	

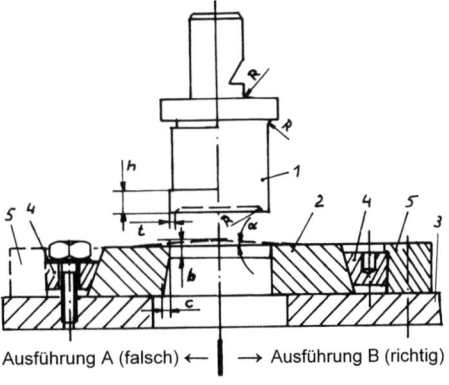

Ausführung A (falsch) ← | → Ausführung B (richtig)

2. Universal-Lochschnittwerkzeug für Ziehteilzargen:

   Teileliste:

Pos.	Einzelteil	Werkstoff	Bemerkungen
1	Grundplatte	St 33	Säulengestell nicht erforderlich
2	Werkstück-aufnahmering	St 42	
3	Schnittbuchse	Werkzeugstahl	Gehärtet
4	Lochstempel	Werkzeugstahl	Gehärtet
5	Führungsplatte	St 42	
6	Bandfeder	Federstahl	
7	Linsenschraube	4 S	DIN 85
8	Innenkegelring	20 Mn Cr5	Einsatzgehärtet
9	Zylinderschraube	4 S	DIN 84
10	Schraubenfeder	Federstahl	DIN 2075
11	Stößelbolzen	6 S	DIN 7

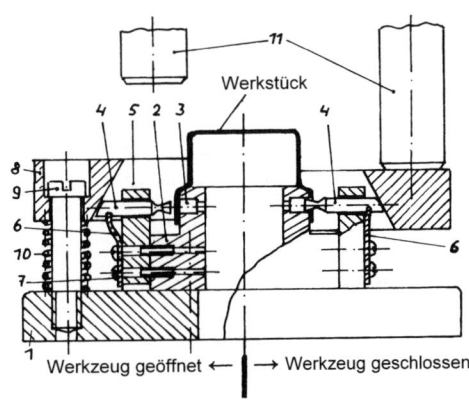

Werkzeug geöffnet ← | → Werkzeug geschlossen

4.1.4 Berechnung des Kraft- und Arbeitsbedarfes beim Schneiden

Schneidkraft $F_{Schneid}$

Allgemein gilt:

$$F_{Schneid} = l \cdot s \cdot \tau_{Bruch} \cdot K_{Ver} \quad \text{in N}$$

K_{Ver} Verschleißbedingter Anstieg der Schnittkraft;
Richtwert: $K_{Ver} \approx (1,2 \ldots 1,25)\,1,30$
l Länge des Schnittes in mm (z. B. Breite eines Bleches)
s Blechdicke in mm
τ_{Bruch} Scher-(Bruch-)Festigkeit des Werkstoffs in $N \cdot mm^{-2}$, wobei $\tau_{Bruch} \approx 0{,}8 R_m$, vgl. T 1.3.1 und T 1.3.2, S. 348 ff.

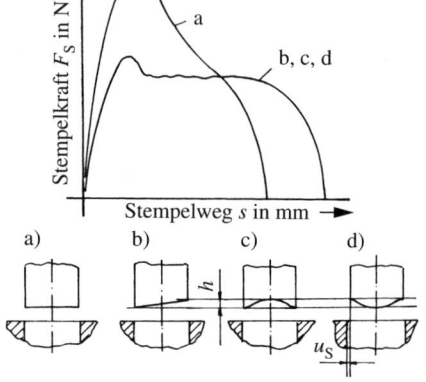

oder:

$$F_{Schneid} \approx 0{,}8 l \cdot s \cdot R_m \cdot K_{Ver} \quad \text{in N}$$

Speziell für Blechscheren gilt aus der oben genannten Beziehung:

$$F_{Schneid} = l \cdot s \cdot R_m \cdot K_{Ver} \quad \text{in N} \qquad \text{bei } \alpha' = 0°, \text{ vgl. S.112}$$

$$F_{Schneid} = (0{,}4 \ldots 0{,}5) s^2 \cdot \cot \alpha \cdot R_m \cdot K_{Ver} \quad \text{in N}, \quad \text{wenn } \alpha' > 0°$$

Rückholkräfte am Schneidstempel

$$F_{Rück} = (0{,}03 \ldots 0{,}05) F_{Schneid} \quad \text{in N} \quad \text{für } d_{Stempel}/s \approx 2 \ldots 10$$

$$F_{Rück} = (0{,}1 \ldots 0{,}2) F_{Schneid} \quad \text{in N}, \quad \text{wenn } d_{Stempel}/s \leqq 2$$

Bestimmung der Schneidarbeit $W_{Schneid}$

Erforderliche Schneidarbeit:

$$W_{Schneid} \approx 0{,}6 F_{Schneid} \cdot s \quad \text{in N} \cdot \text{m}$$

Vorhandene („installierte") Schneidarbeit der Maschine (Presse, Schere, ...):

$$W_{Masch} = 60\,000 P_{Mot} \cdot \frac{\eta}{n_{Masch}} \quad \text{in N} \cdot \text{m}$$

P_{Mot} Installierte Antriebsleistung in kW
n_{Masch} Drehzahl des Messerantriebes in min^{-1}
η Wirkungsgrad der Schere, Presse, ...

Relationen

$$W_{Schneid} \leqq W_{Masch} \quad \text{in N} \cdot \text{m} \quad \text{und} \quad F_{Schneid} \leqq F_{Masch} \quad \text{in N}$$

F_{Masch} Maximal zulässige Schneidkraft der Presse, Schere, ... in N

4.1.5 Besonderheiten beim Feinschneiden

Berechnung der Gesamtschneidkraft $F_{S\,ges}$

$$F_{S\,ges} = F_{Schneid} + F_N + F_G \quad \text{in N}$$

F_G Gegenhalte- oder Auswerferkraft in N
F_N Niederhaltekraft in N

$F_{Schneid}$ in N; Bestimmung siehe oben

$$F_G = (0{,}1 \ldots 0{,}3) F_{Schneid} \quad \text{in N}$$

oder als Richtwertbereich

$$F_G \approx 20 \ldots 30\,\text{N} \cdot \text{mm}^{-2} \cdot A_{Stempel} \quad \text{in N}$$

$A_{Stempel}$ Stempelfläche in mm²

$$F_N = (0{,}5 \ldots 0{,}7) F_{Schneid} \quad \text{in N}$$

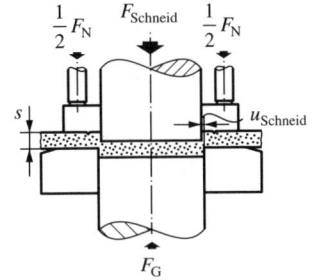

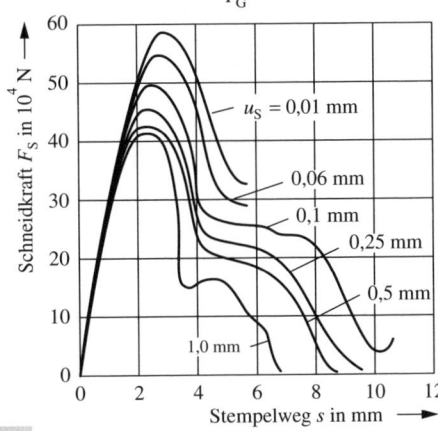

Bestimmung der Gesamt-Schneidarbeit $W_{Schneid\,ges}$

$$W_{Schneid\,ges} = 0{,}6 F_{Schneid} \cdot s + F_N \cdot h + F_G \cdot s \quad \text{in N}$$

h Höhe der so genannten „Ringzacke" entsprechend Bild unten
s Blechdicke in mm

Empfehlungen für die Gestaltung von Ringzacken
a) Anordnung der Ringzacke auf der Führungsplatte
b) Ringzacke auf Führungs- und Schneidplatte

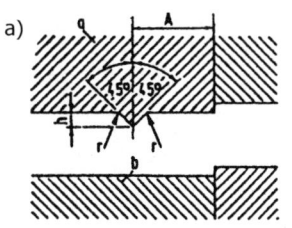

Materialdicke in mm	A in mm	h in mm	r in mm
1 …1,7	1	0,3	0,2
1,8…2,2	1,4	0,4	0,2
2,3…2,7	1,7	0,5	0,2
2,8…3,2	2,1	0,6	0,2
3,3…3,7	2,5	0,7	0,2
3,8…4,5	2,8	0,8	0,2

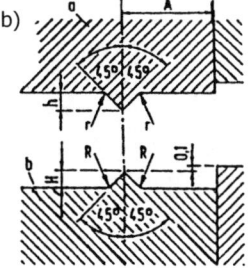

Materialdicke in mm	A in mm	H in mm	R in mm	h in mm	r in mm
4,5…5,5	2,5	0,8	0,8	0,5	0,2
5,6…7	3	1	1	0,7	0,2
7,1…9	3,5	1,2	1,2	0,8	0,2
9,1…11	4,5	1,5	1,5	1	0,5
11,1…13	5,5	1,8	2	1,2	0,5
13,1…15	7	2,2	3	1,6	0,5

Auslegung des Schneidspaltes beim Feinschneiden

$$u_{\text{Schneid}} = C \cdot s \cdot \sqrt{0{,}08 R_m} \quad \text{in mm}$$

bei $s \leq 5{,}0$ mm

$$u_{\text{Schneid}} = (1{,}5 C \cdot s - 0{,}0015) \cdot \sqrt{0{,}08 R_m} \quad \text{in mm}$$

für $s > 5{,}0$ mm

C Konstante mit Richtwerten:
- $C = 0{,}0005$ bei der Herstellung von Feinschneidwerkzeugen
- $C \leq 0{,}005$ zur Sicherung glatter Schneidflächen
- $C = 0{,}01$ Verschleißgrenzwert (maximal zulässige Gratbildung)
- $C = 0{,}035$ Günstige Schneidkräfte und -arbeit
- $C = 0{,}015$ Kleinstmaß bei Hartmetall-Schneidelementen

R_m Zugfestigkeit des Werkstoffs in $N \cdot mm^{-2}$
s Blechdicke in mm

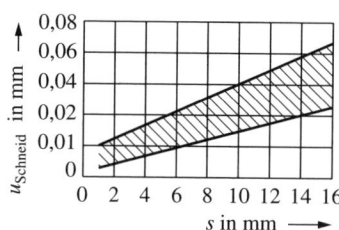
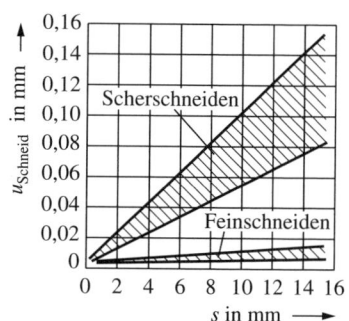

Schneidkantenrundung

$$R_{\text{Schneid}} = (0{,}05 \ldots 0{,}1) s \quad \text{in mm}$$

Erreichbare Werkstückqualitäten

- Rauheiten der Schnittflächen
  - bei $s < 4{,}0$ mm: $R_a = 0{,}3 \ldots 0{,}7$ µm
  - $s > 4{,}0$ mm: $R_a = 0{,}3 \ldots 1{,}2$ µm
  - „Superfinish"-Verfahren: $R_a < 0{,}1$ µm

- Abweichungen der Rechtwinkligkeit der Schnittfläche zur Schnittebene: $0°10' \ldots 1°40'$

- Erreichbare Toleranzklassen (Richtwerteübersicht):

Blechdicken s in mm	Zugfestigkeiten der Werkstoffe			
	$R_m \leq 500\ N \cdot mm^{-2}$		$R_m \geq 500\ N \cdot mm^{-2}$	
	Innenkonturen	Außenkonturen	Innenkonturen	Außenkonturen
0,5 … 1,0	IT 6 … IT 7	IT 7	IT 7	IT 8
1,0 … 2,0	IT 7	IT 7	IT 7 … IT 8	IT 8
2,0 … 3,0	IT 7	IT 7	IT 8	IT 8
3,0 … 4,0	IT 7	IT 8	IT 8	IT 9
4,0 … 5,0	IT 7	IT 8	IT 8	IT 9
5,0 … 6,0	IT 7 … IT 8	IT 9	IT 8 … IT 9	IT 9
> 6,0	IT 8	IT 9	IT 9	IT 9

4.1.6 Schneiden mit Gummikissen

- Funktionsprinzip:

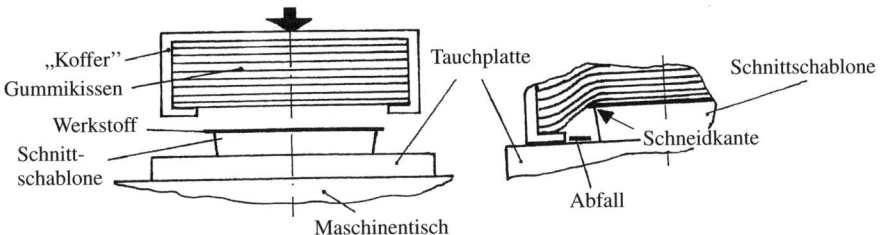

- Richtwerte für Arbeitsdrücke:

$$p_{spez} = \frac{F_{Schneid}}{A_G} \text{ in N} \cdot \text{cm}^{-2}$$

p_{spez} Spezifischer Schnittdruck in $\text{N} \cdot \text{cm}^{-2}$
A_G Akt. Fläche der Gummikissen in cm^{-2}

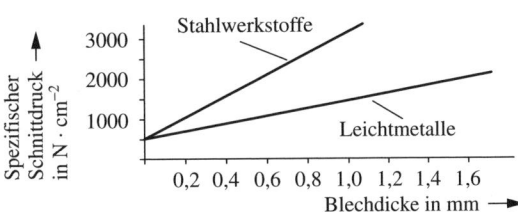

- Mindestabmessungen (für die Herstellung von Innenkonturen) beim Schneiden mittels Gummikissen:

Blechdicke s in mm	d in mm	b in mm	e in mm
0,5	19,0	32,0	30,0
0,8	25,5	38,0	36,0
1,0	38,0	51,0	51,0
1,3	51,0	76,0	76,0

4.2 Spanen und Abtragen (mit Generieren)

4.2.1 Spanende Verfahren der Fertigungstechnik

4.2.1.1 Begriffe, Größen, Zusammenhänge und Abläufe beim Spanen

(nach DIN 6581, dargestellt beim Drehen; vgl. auch Tafel T 4.1)

Werkzeug-Bezugssystem und Werkzeugwinkel   *Wirk-Bezugssystem und Wirkwinkel*

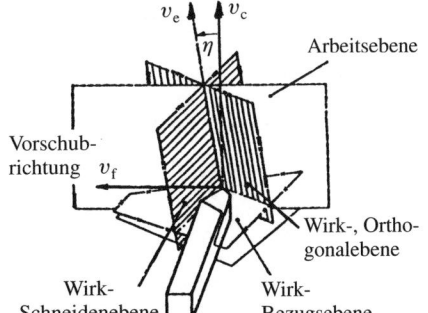

$$v_f \approx 10^{-2} v_c$$

Flächen, Ecken und Schneiden am Schneidkeil (Beispiel: Drehen)

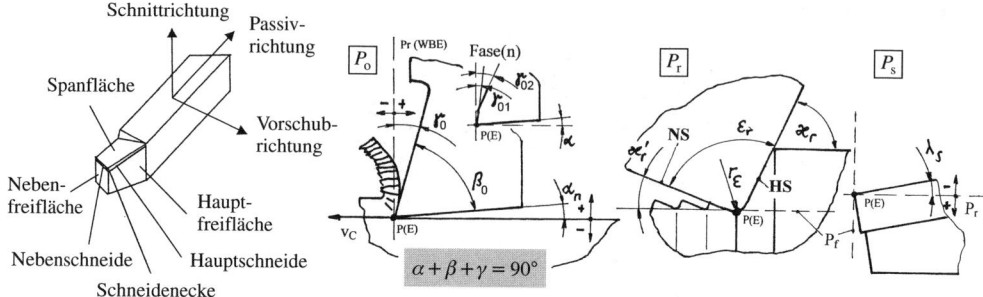

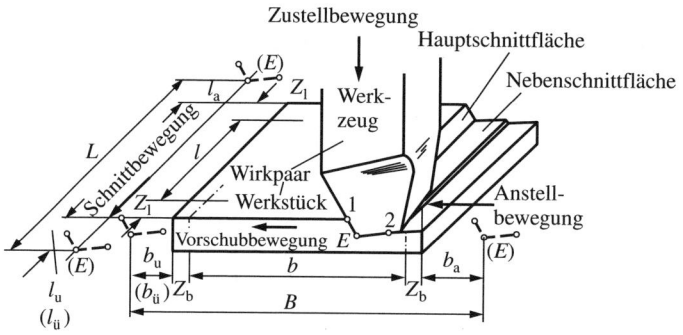

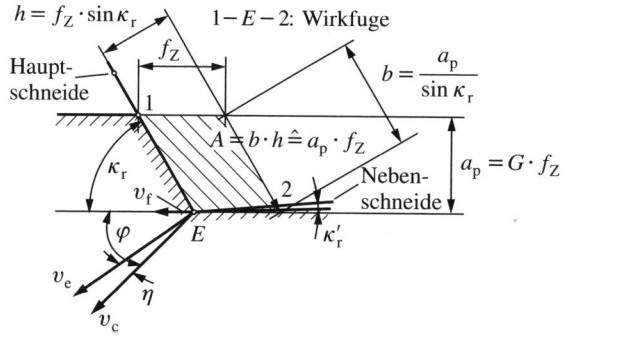

Berechnung/Festlegung der Schnittgrößen

1. Vorschub, eigentlich Vorschubweg f:

   $$f = Z \cdot f_Z \quad \text{in mm}$$

   Z Anzahl der Schneiden (z. B. beim Drehen gilt $Z = 1$, am Spiralbohrer $Z = 2, \ldots$)
   f_Z Vorschubweg je Schneide (bzw. je „Zahn") in mm

2. Schnitttiefe (-breite) a_p:
   - Lang- und Plandrehen, Stirnfräsen, Seitenschleifen:
     $a_p \widehat{=}$ Eingriffstiefe der Hauptschneide, senkrecht zur Arbeitsebene in mm
   - Stechdrehen, Räumen, Walzfräsen, Umfangsschleifen:
     $a_p \widehat{=}$ Breite des Werkzeugeingriffs in mm

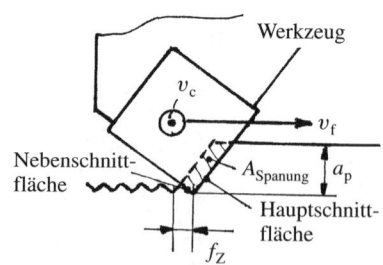

- Bohren:

$$a_\mathrm{p} = 0{,}5 d_\mathrm{Bohrer} \quad \text{in mm}$$

d_Bohrer Bohrer-Nenndurchmesser in mm

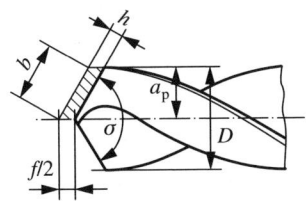

Spanungsgrößen

1. Spanungsquerschnitt A:

$$A = bh = a_\mathrm{p} \cdot f_\mathrm{Z} \cdot Z_\mathrm{iE} \quad \text{in mm}^2$$

Z_iE Schneidenanzahl im Eingriff

2. Spanungsbreite b und Spanungsdicke h:

$$b = \frac{a_\mathrm{p}}{\sin \varkappa_\mathrm{r}} \quad \text{in mm}$$

$$h = f \cdot \sin \varkappa_\mathrm{r} = \frac{A}{b} \quad \text{in mm}$$

$\sin \varkappa_\mathrm{r}$ Einstellwinkel der Hauptschneide in °, vgl. S. 124

3. Spanungsverhältnis G:

$$G = \frac{a_\mathrm{p}}{f_\mathrm{Z}} \; ; \quad a_\mathrm{p} \gtrapprox 1{,}5 r_\varepsilon \quad \text{in mm}$$

r_ε Eckenradius in mm; $r_\varepsilon \approx 0{,}67 a_\mathrm{p}$ in mm

Richtwerte siehe Anhang, Tafel T 4.1.8.1.6

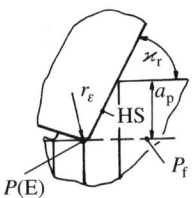

Richtwerte für zulässigen Vorschub f bei Schneidplatten mit Eckenwinkel
$\varepsilon = 40° \ldots 60°;\ f = 0{,}4 \ldots 0{,}50 \cdot r_\varepsilon$
$\varepsilon = 60° \ldots 80°;\ f = 0{,}5 \ldots 0{,}75 \cdot r_\varepsilon$

Bewegungsgrößen

1. Schnittgeschwindigkeit v_c:

$$v_\mathrm{c} = \frac{D \cdot \pi \cdot n}{1\,000} \quad \text{in m} \cdot \text{min}^{-1}$$

D Größter bestimmender Durchmesser in mm, z. B. beim
- Drehen: Rohteildurchmesser
- Bohren: Bohrer-Nenndurchmesser
- Fräsen: Fräserdurchmesser

n Drehzahl in min^{-1} oder DH min^{-1} (z. B. beim Hobeln)

2. Vorschubgeschwindigkeit v_f:

$$v_\mathrm{f} = f \cdot n = z \cdot f \cdot n_\mathrm{Wz/Wst} \quad \text{in mm} \cdot \text{min}^{-1}$$

$n_\mathrm{Wz/Wst}$ Drehzahl beim Fräsen/Drehen

Richtwert:

$$v_\mathrm{c} \approx 100 v_\mathrm{f} \quad \text{in m} \cdot \text{min}^{-1}$$

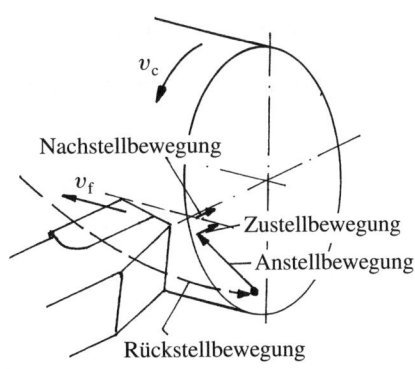

Spangrößen und ihr Zusammenhang zu den Spanungsgrößen

- Spanungsgrößen (siehe oben):
  - b Spanungsbreite in mm
  - h Spanungsdicke in mm
  - l Spanungslänge (Gesamtlänge aller ungestaucht abgehobenen Späne) in mm
  - A Spanungsquerschnitt in mm^2

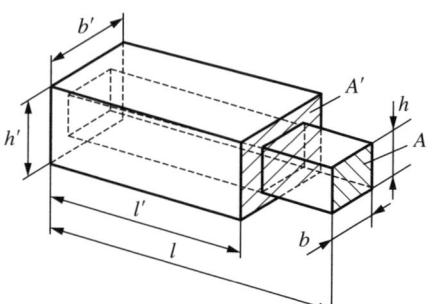

- Spangrößen:
  - b' Spanbreite in mm
  - h' Spandicke in mm
  - l' Spanlänge in mm
  - A' Spanquerschnitt in mm^2

- Zusammenhänge:

Dickenstauchung: „Spandickung"
$$\lambda_h = \frac{h'}{h} > 1$$

Breitenstauchung: „Spanbreitung"
$$\lambda_b = \frac{b'}{b} > 1$$

Längenstauchung: „Spankürzung"
$$\lambda_l = \frac{l'}{l} < 1$$

Querschnittsstauchung:
$$\lambda_A = \frac{A'}{A} > 1$$

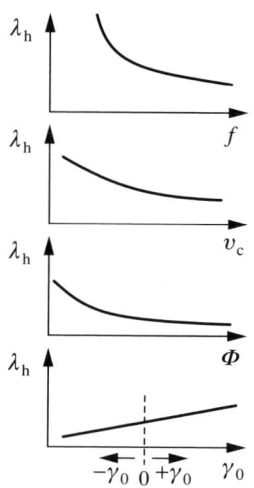

Durch Volumenkonstanz entsteht:
$$\lambda_h \cdot \lambda_b \cdot \lambda_l = \frac{h'}{h} \cdot \frac{b'}{b} \cdot \frac{l'}{l} = 1$$

4.2.1.2 Kräfte und Leistungen beim Spanen

Komponenten der Spanungskraft (Beispiele: Drehen und Fräsen)

- Drehen:
  - v_c Schnittgeschwindigkeit
  - v_f Vorschubgeschwindigkeit
  - v_e Wirkgeschwindigkeit
  - F_c Schnittkraft
  - F_f Vorschubkraft
  - F_a Aktivkraft
  - F_p Passivkraft
  - F Spanungskraft
  - φ Vorschubrichtungswinkel
  - η Wirkrichtungswinkel

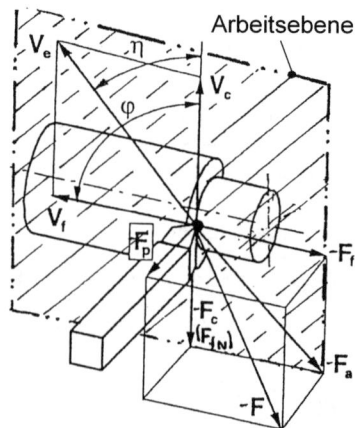

4.2 Spanen und Abtragen (mit Generieren)

- Umfangsfräsen im Gegenlauf:

  Gesamtansicht: Komponenten der Aktivkraft:

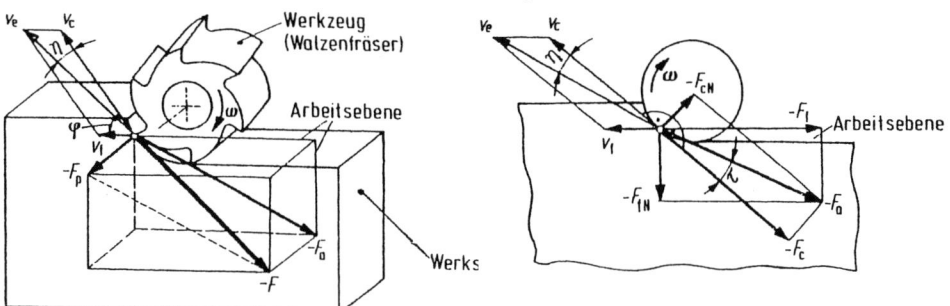

- Wesentliche rechnerische Zusammenhänge:

  Generell gilt:

  $$F = \sqrt{F_c^2 + F_f^2 + F_p^2} \quad \text{in N}$$

  Richtwerte (für $\varkappa_r = 45°$; Drehen):

  $$F_c : F_f : F_p \approx 5 : 2 : 1$$

  Innerhalb der Arbeitsebene:

  $$F = \sqrt{F_a^2 + F_p^2} \quad \text{in N}$$

  $$F_a = \sqrt{F_c^2 + F_f^2} \quad \text{in N;} \quad \text{wobei } F_c = F_{iE} \cdot F_{cZ} \quad \text{in N}$$

  Speziell beim Fräsen gelten weiterhin:

  $$F_a = \sqrt{F_c^2 + F_{cN}^2} \quad \text{in N} \quad \text{oder} \quad F_a = \sqrt{F_{fN}^2 + F_f^2} \quad \text{in N}$$

Berechnung der Schnittkraft

$$F_c = Z_{iE} \cdot b \cdot h^{(1-m)} \cdot k_{C1.1} \cdot \prod K = Z_{iE} \cdot a_p \cdot f_Z \cdot k_c \cdot \prod K \quad \text{in N}$$

a_p Schnitttiefe in mm
b Spanungsbreite in mm
f_Z Vorschub pro Zahn in mm; Bei $Z_{iE} = Z = 1$ gilt: $f = f_Z$
h Spanungsdicke in mm
k_c Spezifische Schnittkraft in $N \cdot mm^{-2}$; Richtwerte siehe Tafeln T 4.1.1 bis T 4.1.3
$k_{C1.1}$ Hauptwert der spezifischen Schnittkraft in $N \cdot mm^{-2}$, Richtwerte siehe Tafel T 4.1.3
m Tangenswert des Anstiegswinkels der Geraden im Zusammenhang $\lg k_c = f(\lg h)$

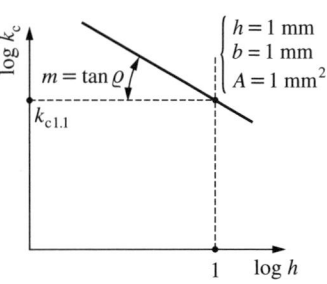

Z_{iE} Anzahl im Eingriff befindlicher Schneiden (Unterschied zu Z: Gesamtanzahl vorhandener Schneiden)
$\prod K$ Produkt von Korrekturfaktoren für die Schnittkraft (zur Anpassung der Bedingungen nach Kienzle an die jeweils speziell vorliegenden Bearbeitungsbedingungen)

$$b = \frac{a_p}{\sin \varkappa_r} \quad \text{in mm} \qquad h = f_Z \sin \varkappa_r \quad \text{in mm} \qquad k_c = \frac{k_{C1.1}}{h^m} \quad \text{in N} \cdot \text{mm}^{-2}$$

$$\prod K = K_\gamma \cdot K_{vc} \cdot K_{Ver} \cdot K_{Sch} \cdot f_{Verf}$$

K_γ Korrekturfaktor für den Spanwinkel γ
K_{vc} Korrekturwert für die tatsächlich vorhandene Schnittgeschwindigkeit
K_{Ver} Korrekturfaktor für den verschleißbedingten Schnittkraftanstieg
K_{Sch} Korrektur für die verwendete Schneidstoffart
f_{Verf} Verfahrensfaktor (z. B. für das Innendrehen, spezielle Verfahren, …)

Korrekturen für die (spezifische) Schnittkraft

1. Korrekturfaktor für den Spanwinkel γ:

$$K_\gamma = 1 - \frac{3(\gamma - \gamma_0)}{200}$$

Richtwerte vgl. Tafel T 4.1.1 und T 4.1.8

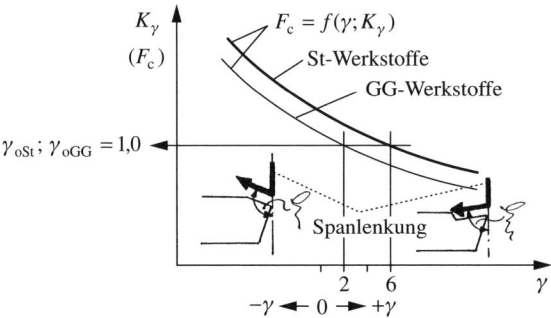

$\gamma_0 = 2°$ für kurzspanende (Guss-)Werkstoffe
$\gamma_0 = 6°$ für langspanende (Stahl-)Werkstoffe

2. Korrektur der Schnittgeschwindigkeit v_c; Richtwerte vgl. Tafel T 4.1.1

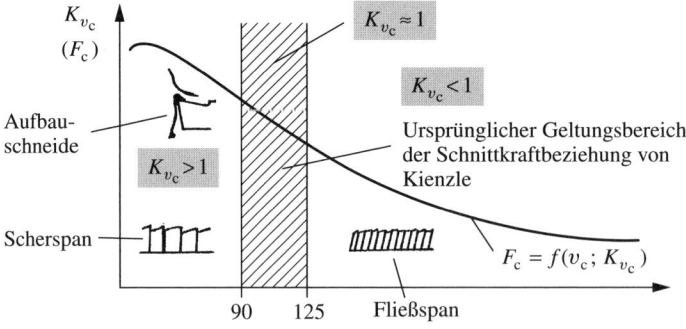

3. Korrektur für die Schneidenstumpfung:

$$K_{Ver} = 1{,}3 \ldots 1{,}5 \quad \text{bei Standzeitende}$$

4.2 Spanen und Abtragen (mit Generieren)

4. Berücksichtigung des Einflusses des verwendeten Schneidstoffs mittels K_{Sch}:

$K_{Sch} = 1{,}0$ bei Verwendung von Hartmetallen
$K_{Sch} \approx 0{,}9 \ldots 0{,}95$ mit Schneidkeramik
$K_{Sch} \approx 0{,}8$ bei Einsatz von Kubischen Bornitriden
$K_{Sch} \approx 0{,}85 \ldots 0{,}9$ unter Verwendung von Kühl-, Schmier-, Spülmitteln

5. Verfahrensfaktor f_{Verf} (Beispiele für Korrekturfaktoren nach [2]):

$f_{Verf} = 1{,}0$ für Außendrehen, Hobeln/Stoßen, Fräsen, Bohren ins Volle, Senken
$f_{Verf} \leqq 1{,}0$ beim Innendrehen in Abhängigkeit von den speziell vorhandenen Gegebenheiten (wie Innendurchmesser, Übermittestellung, ...)
$f_{Verf} = (0{,}95 \ldots 2{,}2)$ beim Aufbohren, Gewindebohren
$f_{Verf} = 1{,}15$ für das Sägen
$f_{Verf} = 1{,}1$ beim Innenräumen
$f_{Verf} = 1{,}05$ für das Außenräumen

Bestimmung von Vorschub- (F_f) und Passivkräften (F_p)

- Zusammenhänge und Einflüsse:

$$F_f; F_p = f(\varkappa_r; a_p; f_z; v_c; \gamma_0; \lambda) \quad \text{in N}$$
$$\Delta F_f; \Delta F_p = f(VB; t) > \Delta F_c = f(VB; t) \quad \text{in N}$$

- Berechnungen:

$$\boxed{F_f \approx b \cdot h^{(1-x)} \cdot k_{f1.1}} \quad \text{in N}$$

$$\boxed{F_p \approx b \cdot h^{(1-y)} \cdot k_{p1.1}} \quad \text{in N}$$

$k_{f1.1}$ Hauptwert der spezifischen Vorschubkraft in $N \cdot mm^{-2}$
$1 - x$ Anstiegswert im doppelt logarithmischen System
$k_{p1.1}$ Hauptwert der spezifischen Passivkraft in $N \cdot mm^{-2}$
$1 - y$ Anstiegswert im logarithmisch-logarithmischen System

Richtwerte für $k_{f1.1}$, $k_{p1.1}$, $1 - x$ und $1 - y$ nach [2]:

Werkstoffe	$1 - x$	$k_{f1.1}$ in $N \cdot mm^{-2}$	$1 - y$	$k_{p1.1}$ in $N \cdot mm^{-2}$
St50	0,298 7	351	0,508 9	274
St70	0,383 5	364	0,506 7	311
C15	0,199 3	333	0,464 8	260
Ck45	0,324 8	343	0,524 4	263
Ck60	0,287 7	347	0,587 0	250
15CrMo5	0,248 8	290	0,443 0	232
16MnCr5	0,302 4	391	0,541 0	324
18CrNi6	0,275	326	0,535 2	247
20MnCr5	0,319 0	337	0,477 8	246
30CrNiMo8	0,384 4	355	0,565 7	255
34CrMo4	0,319 0	337	0,371 5	237
37MnSi5	0,362 2	259	0,743 2	277
42CrMo4	0,329 5	334	0,523 9	271
50CrV4	0,234 5	317	0,610 6	315
GG20	0,301 0	240	0,540 0	178
GG25	0,302 0	251	0,541 0	190
GGG 60	0,240 0	290	0,565 7	240

Bestimmung von Spanungs-, Antriebs- und weiteren Leistungsanteilen

1. Schnittleistung P_c

$$P_c = \frac{F_c \cdot v_c}{60\,000} \quad \text{in kW}$$

2. Antriebsleistung P_A:

$$P_A = \frac{P_c}{\eta} \quad \text{in kW}$$

η Wirkungsgrad der Werkzeugmaschine; Richtwert: $\eta = 0{,}75 \ldots 0{,}95$

Speziell beim Bohren gilt:

$$P_A = \frac{M_d \cdot n}{\eta \cdot 955\,400} \quad \text{in kW}$$

M_d Drehmoment am Bohrer in N · mm

3. Vorschubleistung P_f:

$$P_f = \frac{F_f \cdot v_f}{\eta \cdot 60\,000} \quad \text{in kW}$$

F_f Vorschubkraft in N; Richtwert: $F_f \approx 0{,}2 F_c$;
v_f Vorschubgeschwindigkeit hier in m · min^{-1}; Richtwert: $v_f \approx 10^{-2} \cdot v_c$

4. Gesamtspanungsleistung P_{ges}:

$$P_{ges} = P_c + P_f \approx P_c \quad \text{in kW}$$

Zielstellung sollte sein: $\dfrac{P_{A\,\text{erforderlich}}}{P_{A\,\text{vorhanden}}} \to 1$

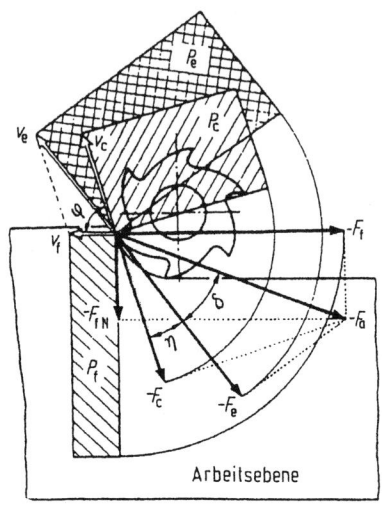

Arbeitsebene

Wirkleistung P_e: Produkt aus Wirkgeschwindigkeit und Wirkkraft *oder* Summe aus Schnitt- und Vorschubleistung

$$P_e = v_e \cdot F_e$$
$$P_e = P_c + P_f$$

Schnittleistung P_c: Produkt aus Schnittgeschwindigkeit und Schnittkraft

$$P_c = v_c \cdot F_c$$

Vorschubleistung P_f: Produkt aus Vorschubgeschwindigkeit und Vorschubkraft

$$P_f = v_f \cdot F_f$$

Die Beziehungen gelten vorzugsweise für die Bedingungen und Gegebenheiten:
- Schnittgeschwindigkeitsbereich: $v_c \approx 20 \ldots 600$ m · min^{-1}
- Spanungsdicke: $h = 0{,}05 \ldots 2{,}50$ mm
- Schnitttiefen: $a_p \leq 15$ mm
- Vorschubwerte: $f \leq 2{,}5$ mm
- Spanwinkel: $\gamma = -20 \ldots +30°$
- Schneidstoffarten: Hartmetalle, Schneidkeramik, Kubische Bornitride, Schnell-/Hochleistungsschnellstähle
- Schneidenzustand: Arbeitsscharfe und verschlissene Schneiden
- Verfahren: Alle Spanungsverfahren

4.2.1.3 Zeitaufwand und Wege beim Spanen

Allgemein geltende Beziehung der Maschinenhauptzeit

$$t_H = \frac{\text{Vorschubweg}}{\text{Vorschubgeschwindigkeit}} \quad \text{in min} \quad \text{oder} \quad t_H = \frac{i \cdot L}{f \cdot n} \quad \text{in min}$$

L Vorschubweg in mm (Gesamtlänge eines Werkstücks in Vorschubrichtung incl. Zuschlaglängen, An- und Überlaufwegen des Werkzeugs)
f Vorschub(-weg) in mm
i Anzahl erforderlicher Schnitte
n Drehzahl in min^{-1}

Die verfahrensspezifischen Berechnungen der Werte für L, f, i und n sind in den folgenden Abschnitten dargestellt.

Forderungen und Bedingungen für wirtschaftliche Maschinenhauptzeiten

Forderung: $t_H \to$ Min, d. h.: $i \cdot L \to$ Min

$f \cdot n \to$ Max; Zu beachten sind dabei: Die *Herstellkosten*

Bedingungen:

$i \to$ Min; d. h. $i \to 1$ (geringe Bearbeitungszugaben, Schnitttiefe $a_p \to$ Max, ...)

$L \to$ Min (kleine An- und Überlaufwege, Reduzierung von Längenzuschlägen, ...)

$f \to$ Max (Einsatz leistungsfähiger Schneidstoffe, Begrenzung der Herstellgenauigkeit auf funktionsbedingte Mindestforderungen, ...)

$n \to$ Max (optimierte Verfahrensauswahl, rechnerische Vorausbestimmung wirtschaftlicher „Standzeit-Schnittgeschwindigkeiten", ...)

4.2.1.4 Bedeutung und Einflüsse der Schnittgeschwindigkeit

Verschleiß am Schneidkeil in Abhängigkeit von Bearbeitungszeiten, Schnittgeschwindigkeiten und Vorschüben

Verschleißformen am Schneidkeil (modifiziert nach [37])

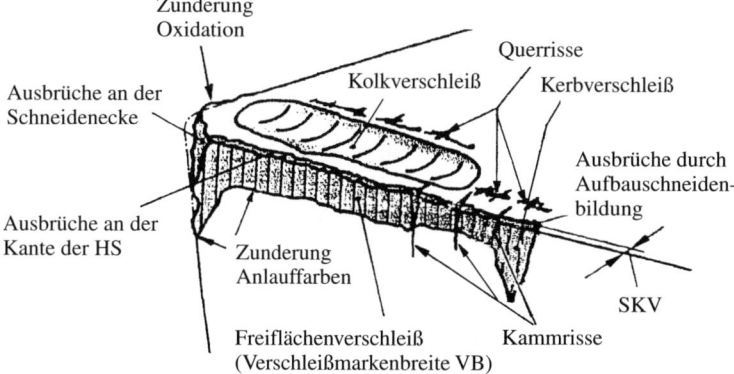

Verschleißgrößen am Schneidkeil

Verschleißverhalten mit ansteigenden Schnittgeschwindigkeiten v_c und Bearbeitungszeiten t

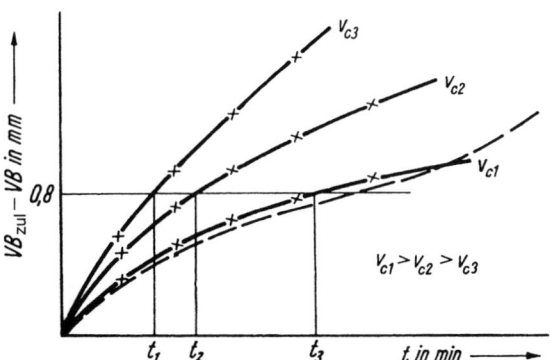

KB	Kolkbreite in mm
KL	Kolklippenbreite in mm
KT	Kolktiefe in mm
KV_F	Kantenversatz der Freifläche in mm
SKV	Schneidkantenversatz in mm
VB	Verschleißmarkenbreite in mm
VB_E	Eckenverschleiß in mm
VB_{max}	(Maximale) Verschleißkerbe in mm

Zusammenhänge zwischen Standzeit T und v_c („Taylor"-Beziehung)

$$T = \frac{c_{T100.1}}{\left(\frac{1}{100} \cdot v_c\right)^{m_{v_c}} \cdot f^{m_f}}$$

Richtwerte:
- $VB \leq 0{,}8 \ldots 1{,}6$ mm beim Drehen (Schruppen)
- $VB \leq 0{,}1 \ldots 0{,}4$ mm beim Drehen (Schlichten)
- $VB \lessapprox 0{,}2 \ldots 0{,}3$ mm beim Feindrehen mit HM
- $VB \leq 0{,}2 \ldots 0{,}8$ mm beim Fräsen
- $KT \leq 1{,}0 \ldots 1{,}5$ mm beim Drehen

$c_{T100.1}$	Standzeit bei $v_c = 100$ m·min^{-1} und $f = 1{,}0$ mm
v_c	Schnittgeschwindigkeit in m·min^{-1}
m_{v_c}	Exponent der Schnittgeschwindigkeit
f	Vorschubweg in mm
m_f	Exponent des Vorschubs

$$SKV = \frac{VB \cdot \tan \alpha}{1 - \tan \alpha \cdot \tan \gamma} \quad \text{in mm}$$

Für $\gamma = (0 \ldots 5)°$: $SKV \approx \tan \alpha \cdot VB$

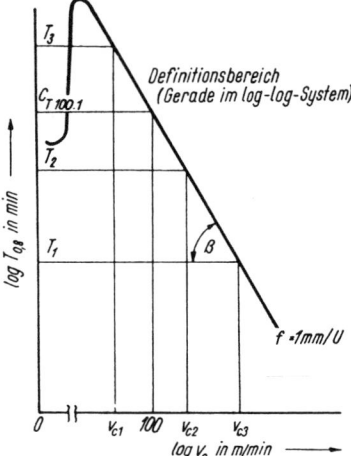

Darstellungen typischer Verschleißarten und Möglichkeiten zur Verminderung und Vermeidung (Beispiel: Drehen), Bilder nach [13]

Freiflächenverschleiß

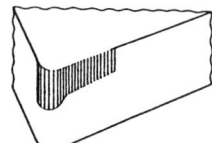

Maßnahmen
- Sorte höherer Verschleißbeständigkeit wählen
- wenn möglich, Vorschub erhöhen
- Schnittgeschwindigkeit reduzieren

Kerbverschleiß

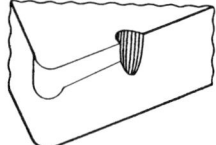

Maßnahmen
- Schneidkante stabilisieren
- Werkzeug mit kleinerem Einstellwinkel wählen (45°)
- Vorschub reduzieren

Kantenausbrüche

Maßnahmen
- Sorte höherer Zähigkeit wählen
- Wendeschneidplatte mit stabiler Schneidengeometrie einsetzen
- Vorschub variieren
- Spanformergeometrie wechseln
- Einstellwinkel ändern

Aufbauschneidenbildung

Maßnahmen
- Schnittgeschwindigkeit erhöhen
- beschichtete Hartmetalle oder Cermets einsetzen
- positive Schneidengeometrie wählen
- Kühlschmiermittel anwenden

4.2 Spanen und Abtragen (mit Generieren)

Kammrisse

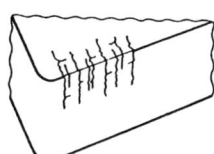

Maßnahmen
- Sorte mit größerer Beanspruchbarkeit gegen Wärmewechselspannungen einsetzen
- Kühlschmiermittelanwendung beachten; Beim Fräsen weitgehend auf Kühlschmiermittel verzichten, außer bei speziellen Sorten zum Nassfräsen, z. B. TN 450, Al- und Titanlegierungen sowie warmfesten Werkstoffen
- Zum Späneentleeren beim Nutenfräsen Druckluft anwenden

Temperaturbelastungen am Schneidkeil

Die Verteilung entstehender Temperaturen beim Drehen metallischer Werkstoffe mit HM P 20 bei $v_c = 60\,\text{m} \cdot \text{min}^{-1}$ zeigt das nebenstehende Bild (aus [2]).

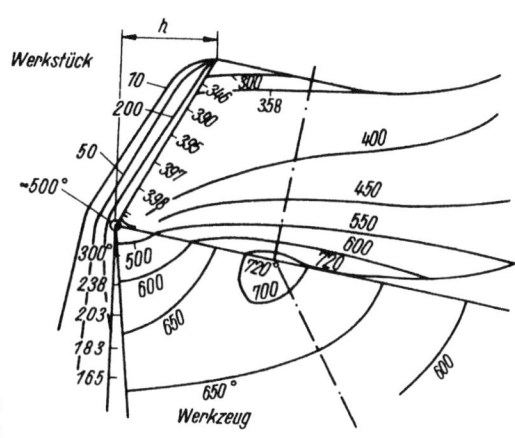

In makroskopischen Bereichen der Kontaktflächen/-bereiche der Partner des Wirkpaares lassen sich demnach Temperaturen im Bereich von $\tau \approx (200\ldots 1400)\,°C$ erwarten (Anlassfarben), die sich etwa wie folgt zuordnen lassen:

Scherzone: $\tau \geqq (400\ldots 500)\,°C$
Spanfläche/Spanunterseite: $\tau \approx (600\ldots 1200)\,°C$
Freifläche/Werkstückoberfläche: $\tau \approx (200\ldots 500)\,°C$
Schneidenecke: $\tau_E \approx (500\ldots 700)\,°C$

Beim Spanen von Kunststoffen können als Folge des im Vergleich zu metallischen Werkstoffen geringen Wärmeleitvermögens veränderte Bedingungen entstehen (zusätzliche Aufheizungen am Schneidkeil anstelle typischer Verschleißfortschritte und -formen).

Die Verteilung der abzuführenden Wärmemenge lässt sich beim Drehen metallischer Teile wie folgt darstellen:

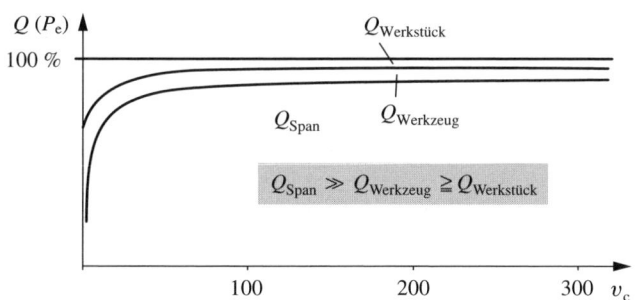

Schnittgeschwindigkeits-Richtwerte (Werte für $v_{c\,\text{Tabelle}}$, vgl. Tafel T 4.1.4)

Standzeitgleichung:

$$T = A_3 \cdot v_c^{A_2} \cdot f^{A_4} \quad \text{in min}$$

Werte für $A_2, \ldots, A_4$ vgl. Tafel T 4.1.4

oder umgeformt zur Bestimmung von v_c:

Außerdem gilt:

$$v_c = \sqrt[A_2]{\frac{T}{A_3 \cdot f^{A_4}}} \quad \text{in m} \cdot \text{min}^{-1}$$

$$T = \frac{1000 \cdot L}{v_f} \quad \text{in min}$$

L Standweg in mm
v_f Vorschubgeschwindigkeit in min^{-1}

Korrekturwerte für die Schnittgeschwindigkeit ($v_{c\,möglich}$) und Einstellwerte für Drehzahlen

$$v_{c\,möglich} = v_{c\,Tabelle} \cdot K_{ap} \cdot K_\varkappa \cdot K_O \cdot K_I \cdot K_{Pl} \cdot K_u \quad \text{in } m \cdot min^{-1}$$

K_{ap} Korrekturwert für die tatsächlich vorhandene Schnitttiefe a_p
$K_\varkappa$ Korrektur für den Einstellwinkel der Hauptschneide
K_O Faktor zur Beachtung des Einflusses des Oberflächenzustandes des Werkstücks (z. B. Walzhaut, Schmiedekruste, Schweißteile, ...)
K_I Korrekturfaktor zur Berücksichtigung erschwerter Spanbildungsbedingungen z. B. bei Innenbearbeitung
K_{Pl} Faktor zur Erfassung der Besonderheiten beim Plandrehen [wie $v_c = f(d_{Werkstück})$]
K_u Faktor zur Beachtung des Einflusses unterbrochener Schnitte

Korrekturwerte für die Schnittgeschwindigkeit $v_{c\,Tabelle}$ nach [2]:

1. Korrekturwerte für die Schnitttiefe a_p:

Schnitttiefe a_P in mm	Schneidstoff			
	P10, P20, P30, P20C, K10, K20	P01, K01	M10C	
	anwenden bei			
	$a_p = 2 \ldots 15$ mm	$a_p = 0{,}4 \ldots 3$ mm	$a_p = 0{,}4 \ldots 5$ mm	
0,4	1,30	1,10	1,20	
0,8	1,20	1,04	1,14	
1,0	1,18	1,00	1,10	
1,5	1,16	0,97	1,08	
2	1,14	0,94	1,04	
3	1,06	0,90	1,00	
4	1,03	0,88	0,97	
5	1,00	0,86	nicht mehr mit P01 und P02 arbeiten	0,95	
6	0,98	0,84	0,92	
8	0,95	—	0,89	
10	0,92	nicht mehr mit P01, P02 und P30 arbeiten	—	0,87	nur bei GG-20 anwenden
12	0,90	—	0,84	
15	0,88	—	—	

2. Korrektur des Einstellwinkels $\varkappa$:

Schneidstoff	Umrechnungsfaktoren für v_{c60}, v_{c240} und v_{c480}		
	$\varkappa_r = 45°$	$\varkappa_r = 70°$	$\varkappa_r = 90°$
P10, P20, P30 beim Spanen von Stahl (unlegiert), Vergütungsstahl und Stahlguss	1	0,96	0,8
P10, P20, P30 beim Spanen von legiertem Stahl und hochlegierten Stählen	1	0,96	0,75
P40, P50 beim Spanen von unlegiertem Stahl und Vergütungsstahl	1	0,93	0,86
P01.3 beim Spanen von unlegiertem Stahl und Vergütungsstahl	1	0,96	0,91
P01.4 beim Spanen von unlegiertem Stahl, Vergütungsstahl	1	0,96	0,94
M10 beim Spanen von unlegiertem Stahl, Vergütungsstahl und Gusseisen	1	0,95	0,90
K01 beim Spanen von Gusseisen GG20	1	0,96	0,94
K10 beim Spanen von Gusseisen	1	0,96	0,9

4.2 Spanen und Abtragen (mit Generieren)

Schneidstoff	Umrechnungsfaktoren für v_{c60}, v_{c240} und v_{c480}		
	$\varkappa_r = 45°$	$\varkappa_r = 60°$	$\varkappa_r = 90°$
Hartmetall beim Spanen aller übrigen Werkstoffe	1	0,96	0,9
SS beim Spanen von Stahl und Stahlguss	1	0,8	0,66
SS beim Spanen von Gusseisen	1	0,89	0,72
SS beim Spanen aller übrigen Werkstoffe	1	0,96	0,9

3. Anpassung des Oberflächenzustandes des Werkstücks:
   - Bearbeitung von Walzhaut oder Schmiedekrusten:

     $$K_O \approx 0{,}6 \cdot (0{,}7 \ldots 0{,}75)$$

     Der Wert $K_O = 0{,}6$ gilt bei Bearbeitung von Gusshaut
   - Spanen im unterbrochenen Schnitt oder bei Bearbeitung geschweißter Werkstücke:

     $$K_u \approx 0{,}8 \ldots 0{,}85$$

4. Korrekturfaktor für Innenbearbeitung und Plandrehen:

Innendrehen	Umrechnungsfaktoren K_i	Plandrehen von innen nach außen für D_i/D_u	Umrechnungsfaktoren K_{pl}
< 75 mm Durchmesser	0,82	> 0,3	1,0
75 … 150 mm Durchmesser	0,9	0,3 … 0,2	1,1
150 … 250 mm Durchmesser	0,95	0,2 … 0,1	1,2
> 250 mm Durchmesser	1,0	0,1 … 0	1,3

Anmerkung: Alle Richtwerte und Korrekturgrößen sind auf $VB = 0{,}8$ mm (bei Verwendung von Hartmetallwerkzeugen) und $VB = 0{,}5$ mm (bei Schneidkeramik) bezogen. Bei ggf. erforderlicher Reduzierung von VB sind die Werte für v_c sinngemäß anzupassen (z. B. bei $VB = 0{,}5$ mm bei Einsatz von Hartmetall um ca. 20 %).

Außerdem gelten die Empfehlungen nach Tafel T 4.1.8.1.3 sowie $\varkappa = 45°$ oder $a_p = 1 \ldots 5$ mm

4.2.1.5 Standgrößen und Standkriterien

1. Standgrößen:
   - Standzeit T in min
     Richtwerte: Gelötete Hartmetallwerkzeuge: $T \approx 60 \ldots 240$ min
     Wendeschneidplatten: $T \approx [(5 \ldots 25) 60]$ min
     Hochgeschwindigkeits-Spanen: $T \approx 5 \ldots 20$ min
     $T_{KSSM} \approx (4 \ldots 5) \cdot T_{Trocken}$
   - Standlänge L in mm (vor allem beim Fräsen oder Räumen)
   - Standmenge M in Stück (vorzugsweise bei Großserien- und Massenfertigung)
2. Standkriterien: Sie zeigen an, dass der Spanungsvorgang als Folge des Erreichens der vorgegebenen Standgrößen beendet werden soll.

Damit lassen sich bestimmen:

$$n_{mögl} = \frac{1000 \cdot v_{c\,mögl}}{d_{max} \cdot \pi} \quad \text{in min}^{-1}$$

$n_{gestuft}$, vgl. S. 13

Moderne WZM verfügen i. d. R. über eine „Override"-Funktion zum stufenlosen Einstellen von n (und f; v_f; …).

4.2.1.6 Schnittgeschwindigkeiten, Vorschübe und Oberflächenqualitäten (Rauheiten)

Prinzipdarstellung der Einflüsse von Schnittgeschwindigkeit und Vorschub auf Rauheiten, Verfestigungen, Aufhärtungen und Verformungen in der Werkstückrandschicht

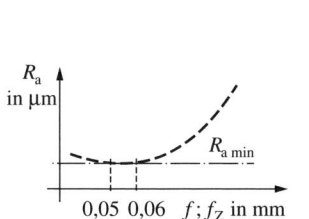

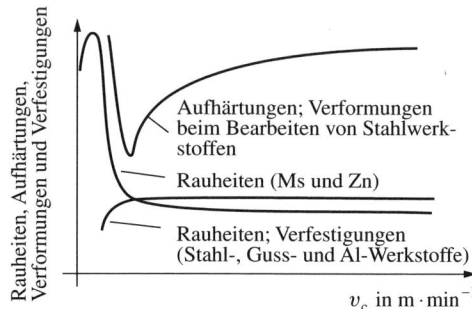

Berechnung von Rauheiten

1. Beim Drehen:

   Allgemein gilt:

   $$R_a = \frac{f^2}{8r_\varepsilon} + 0{,}5h_{\min} \cdot \left(1 + \frac{r_\varepsilon \cdot h_{\min}}{f^2}\right) \quad \text{in mm} \qquad h_{\min} \approx -\frac{f^2}{2r_\varepsilon} + \sqrt{\frac{2R_t \cdot f^2}{r_\varepsilon}} \quad \text{in mm}$$

   r_ε Eckenradius in mm
   $h_{\min}$ Mindestspanungsdicke in mm

   Für praktische Anwendungen meist ausreichend sind:

   $$R_a \approx \frac{f^2}{8r_\varepsilon} \quad \text{in mm} \qquad \text{für } f > 0{,}1 \text{ mm} \quad \text{und}$$

   $$R_a \leqq \left(r_\varepsilon - \sqrt{r_\varepsilon^2 - 0{,}25f^2}\right) \quad \text{in mm} \qquad \text{bei } f \geqq 0{,}08 \text{ mm}$$

   oder

   $$R_a \leqq r_\varepsilon - \sqrt{r_\varepsilon^2 - 0{,}25 \cdot f^2} \quad \text{in mm}$$

Normales Drehen [2]:

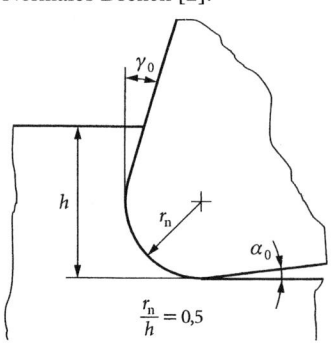

$$h = f \cdot \sin \varkappa_r \quad \text{in mm}$$

Feindrehen [2]:

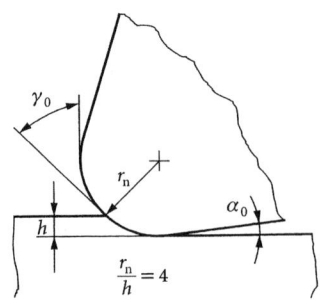

4.2 Spanen und Abtragen (mit Generieren)

2. Für das Rundfräsen gilt:

$$R_a \approx \frac{d_{Wst}}{4} \left(\frac{\pi \cdot n_{Wst}}{z \cdot n_{Wz}}\right)^2 \cdot \left(1 + \frac{d_{Wst}}{D_{Wz}}\right) \quad \text{in mm}$$

d_{Wst} Werkstückdurchmesser in mm
D_{Wz} Werkzeugdurchmesser in mm
$n_{Wst/Wz}$ Werkstück-/Werkzeugdrehzahl in min^{-1}

3. Für das Stirnfräsen gilt:

$$R_a = 52 \left(\frac{f_z}{v_c}\right)^{0,35} \cdot \frac{1}{b_N^{3,35}} \quad \text{in mm}$$

R_a Mittlere Rautiefe in mm
b_N Breite der Nebenschneide in mm;
    Richtwert: $b_N = 2 \ldots 2{,}5$ mm
f Vorschubweg in mm
f_z Vorschubweg pro Zahn in mm
h_{min} Mindestspanungsdicke in mm
r_ε Eckenradius des (Dreh-)Werkzeugs in mm; $r_\varepsilon \approx (2 \ldots 3) f$
v_c Schnittgeschwindigkeit in m · min^{-1}

Ecken-rundung	Mittenrauwert R_a in µm bei Vorschub f in mm						
r_ε in mm	0,08	0,10	0,16	0,25	0,40	0,63	1,0
0,4	0,8	1,3	3,1	7,0			
0,8	0,4	0,6	1,5	3,7	9,0		
1,2		0,4	1,1	2,7	7,0	18	
1,6			0,8	2,0	5,0	12	30
2,4				1,4	3,5	6	21

4.2.1.7 Spanarten, Spanformen, Bearbeitbarkeit (Spanbarkeit)

Spanarten, vgl. auch Anhang, Tafel T 4.1.6

Reiß- oder Bröckelspan   Scherspan   Fließspan

Systematisierung und Bewertung der Spanformen in fertigungstechnischer Hinsicht

Nr.	Spanform, Benennung	Sinnbild	Schüttdichte in t · m^{-3}; Spanraumzahl R in $\frac{mm^3}{mm^3}$	Beurteilung der Spanform
1	Bandspan		$\leq 0{,}09; R \geq 90$	ungünstig
2	Wirrspan			
3	Schraubenspan		$\leq 0{,}15; R \approx 50$	befriedigend
4	Schraubenbruchspan		$\leq 0{,}32; R \geq 25$	
5	Spiralbruchspan		$\leq 0{,}95; R \geq 8$	günstig
6	Spiralspanstücke			
7	Spanbruchstücke		$\leq 2{,}5; R \leq 3$	befriedigend

Einflüsse von Schnittgeschwindigkeit, Vorschub und Schneidengeometrie auf die Bildung von Spanformen (nach [2], [38])

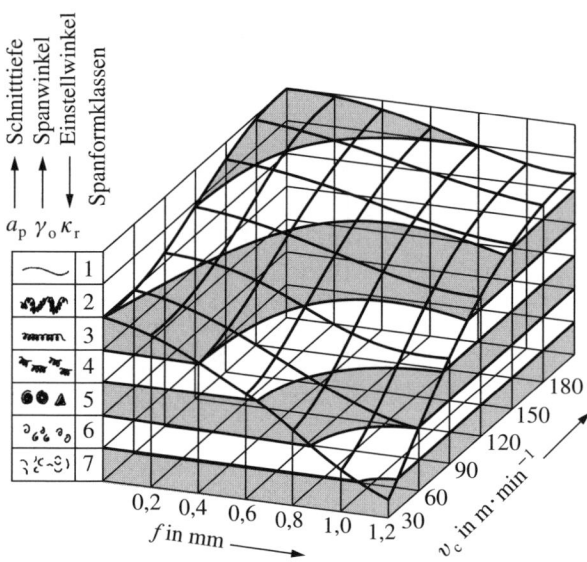

- Einflussmöglichkeiten (z. T. [2])

Schnittgeschwindigkeit v_c:

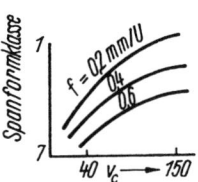

Vorschub f:

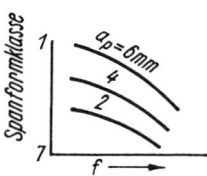

Schnitttiefe a_p:
Günstiges Spanungsverhältnis für gute Spanbrechung ist
$G = a_p/f = 4$

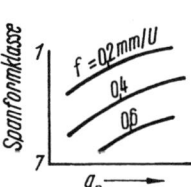

Spanwinkel γ_o:

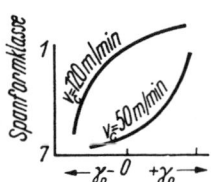

Einstellwinkel $\varkappa_r$:

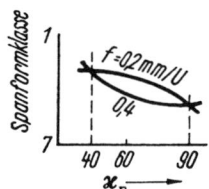

Verwendung von KSSM:

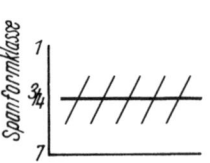

Einsatz von Spanbrechlenk- und -leiteinrichtungen:

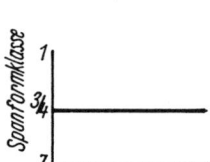

Eingeschliffen	Aufgesetzt	Eingesintert	
Stufe	Stufe	Rille	Buckel

4.2 Spanen und Abtragen (mit Generieren)

- Spanformdiagramm [38]:

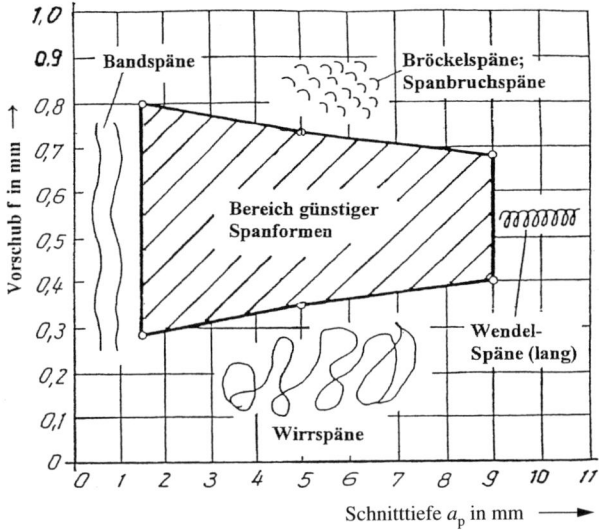

Bearbeitungsparameter:
C 45; HM-WSP; $v_c = 100\ldots 120\,\text{m}\cdot\text{min}^{-1}$

Tendenzbild zur Bewertung der Bearbeitbarkeit (Beispiel: Stahlwerkstoffe)

Orientierungen (vgl. dazu auch DIN 6583):
- Zähe Stähle mit einem Kohlenstoffgehalt von $< 0{,}2\,\%$ sind besser spanbar als Stähle mit Kohlenstoffanteilen von ca. $0{,}2\ldots 0{,}8\,\%$
- Zusätze an Cr, Mn oder Ni vermindern die Spanbarkeit
- Zusätze von S, Pb oder Se begünstigen die Bearbeitbarkeit
- Hochwarmfeste und austenitische Stahlwerkstoffe sind spanend schwierig zu bearbeiten.

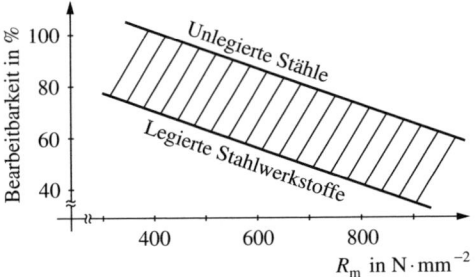

Einfluss- und Bewertungskennwerte für die Spanbarkeit metallischer Werkstoffe, vgl. [2]

(Hauptbewertungspunkt) Einflussgrößen	Schruppbarkeit	Schlichtbarkeit	Messmethode
Schnittkräfte F_c, F_f, F_p	F_c und F_v wirken sich auf Leistung der Maschine, Standzeit, Werkzeugverschleiß und Spanbildung aus. Schnittkraftmessung (mittlere Schnittkraft) ist üblich bei KPV vor allem bei wärmebehandelten Stählen. F_v und F_p steigen rapid bei Standzeitende an.	Schwankungen der Schnittkräfte (hervorgerufen durch Eigenfrequenz von Maschine und Werkzeug) wirken sich auf Oberflächenqualität des Werkstücks und Werkzeugverschleiß negativ aus.	Messprinzip: Induktivitäts-, Kapazitäts- (piezoelektrisch) oder Widerstandsmessung. Gebräuchliche Schnittkraftmessgeber: piezoelektrische Geber. 3-Komponenten-Geber nach Opitz, 1-Komponenten- und 2-Komponenten-Geber nach Berthold, 3-Komponentengeber der Fa. Kistler
Zeit-Spanvolumen	Maßzahl: Schnittgeschwindigkeit v_c in m/min × Spanungsquerschnitt A ($= a_p f$ in mm²) $= Q$ in cm³/min = Maß für Spanvolumen; profilierte Maßzahl für die Schruppbarkeit	wenig Bedeutung für die Schlichtbarkeit	Errechnen! u. U. Volumen- oder Gewichtsbestimmung
Schneidenform	negativer Spanwinkel γ_0 günstig für Spanbrechung	Keine negativen Spanwinkel anwenden! Großer Eckenradius verbessert Oberflächenqualität, u. U. Schleppschneide anwenden!	Winkelmessgerät, Radienlehre
Standzeit T	Die Standzeit T setzt der Maschinengrundzeitsenkung auf Kosten der Schnittgeschwindigkeit Grenzen (Werkzeugwechselkosten steigen an). Günstig für Schruppen: Standzeit von $T = 60$ min und die entsprechende Standzeitschnittgeschwindigkeit $v_{c\,60}$ (beim normalen Drehvorgang)	im Prinzip wie beim Schruppen, jedoch anderes Erliegekriterium des Werkzeugs	üblich: Geschwindigkeitsstufenverfahren Aus VB-t-Diagramm folgt $\log T$, $\log v_c$-Diagramm: oft im Kurzzeitversuch zu testen (d. h. VB während kurzer Zeit t messen und auf Zeitpunkt des Erliegekriteriums extrapolieren). Mindestens Langzeitversuch zur Kontrolle durchführen!

4.2 Spanen und Abtragen (mit Generieren)

(Hauptbewertungspunkt) Einflussgrößen	Schruppbarkeit	Schlichtbarkeit	Messmethode
Erliegekriterium des Werkzeugs	Freiflächenverschleißmarkenbreite $VB = 0{,}8 \ldots 1$ mm für HM und SS, u. U. Kolkfaktor F_T/K_M	Freiflächenverschleißmarkenbreite $VB = 0{,}2 \ldots 0{,}4$ mm für HM (und Schneidkeramik)	Messlupe, Messschieber, Werkstattmikroskop
Spanungsbedingungen	Schnitttiefe a_p, Vorschub $f \rightarrow$ hoch. Geometrie der Schneide: großer Keilwinkel, Spanwinkel vornehmlich negativ halten – Kraftspanung!	R_m vs. f Kurve (wirklicher Verlauf / theoret. Verlauf); hohe Schnittgeschwindigkeit (im HM-Bereich) und niedrige Vorschübe → d. h. gute Oberflächenqualität, kleine Schnitttiefen!	Maschinenwerte
Werkstoff/ Schneidstoff	außer Festigkeit Härte und Bruchdehnung beachten: Austenitische und hochwarmfeste Stähle sind schlecht spanbar. Abhilfe: niedrige Spanungsbedingungen, Grobkornglühen, Schwefel- und Bleizusätze verbessern die Spanform (Automatenstahl)! Schneidstoff: SS, HM	wie bei Schruppbarkeit, dazu noch: Zähe Werkstoffe sind schlecht schlichtbar, u. U. Aufbauschneidenbildung. Doch auch bei Aufbauschneidenbildung über längere Zeit Beharrungszustand mit guter Oberflächenbildung. Schneidstoff: SS, HM und Schneidkeramik	übliche Werkstoffprüfverfahren: Zugversuch, Härtebestimmung nach Brinell, Rockwell oder Vickers, chemische Analyse, u. U. Gefügeuntersuchung
Temperatur	hohe Spanungsbedingungen bewirken hohe Spanungstemperaturen → Erweichung bei SS (600 °C), tiefe Auskolkung bei HM (1000 °C). Im Reiß- und Scherspanbereich treten höhere Temperaturen als im Fließspanbereich auf	wie bei Schruppbarkeit; Schneidkeramik ist weniger temperaturempfindlich	thermoelektrische Temperaturmessung, messen und fotografieren der Wärmestrahlen, Farbwechsel vom Anstrichmittel auswerten
Spanform	Klasse 3/4 anstreben!	wie bei Schruppbarkeit; Spanablauf so, dass bearbeitete Oberfläche nicht verletzt wird	Sichtprüfung
Oberflächenqualität	wenig Bedeutung für die Schruppbarkeit	Bickel empfiehlt als Maß für die Schlichtbarkeit den Aufrauwert $$\frac{\text{wirkliche Querrauheit } R_w}{\text{theoretische Querrauheit } R_{th}}$$ Oberflächenqualität ist von Werkstoff, Schneidstoff, Spanungsbedingungen und Maschinenart abhängig	Perth-o-Meter, Leitz-Forster-Tastprüfgerät, Oberflächenlichtschnittverfahren nach Schmaltz, Mikrohärteprüfung, Spannungsmessung u. a.

4.2.1.8 Schneidstoffe und Wirkmedien (Kühl-, Schmier-, Spül-Mittel)

**Einsatzbereiche und Auswahlkriterien gesinterter Hartmetalle
(nach DIN-Anwendungsgruppen)**

Eigenschaften der Schneidstoffe, Bearbeitungs-Parameter:
⟵ Steigerung von v_c; Zunehmende Verschleißfestigkeit (Härte) der Hartmetalle
⟶ Steigerungen der Werte für f, f_z und a_p; Zunahme der Zähigkeit der Hartmetall-Schneidstoffe

Spanungshauptgruppe für die Werkstoffe	Kennfarbe	Anwendungsgruppen	Zu bearbeitende Werkstoffe	Anwendungen, Arbeitsgänge, Verfahren, Einsatzmöglichkeiten
P Langspanende Werkstoffe	Blau	P 01	Stahl, Stahlguss	Feindrehen, Feinbohren; Hohe Schnittgeschwindigkeiten, kleine Spanungsquerschnitte, anspruchsvolle Maß-, Form-, Lage- und Oberflächenqualitäten, reduzierte Schwingungen
		P 10	Stahl, Stahlguss	Außen- und Innendrehen, Kopier- und Gewindedrehen, Fräsen, Reiben; Hohe Schnittgeschwindigkeiten, kleine bis mittlere Spanungsquerschnitte
		P 20	Stahl, Stahlguss, langspanender Temperguss	Drehen, Kopier- und Gewindedrehen, Fräsen, Reiben, Hobeln; Mittlere Schnittgeschwindigkeiten, mittlere bis große Spanungsquerschnitte (beim Hobeln kleine Schnitte)
		P 30	Stahl, Stahlguss, langspanender Temperguss	Drehen, Hobeln, Fräsen; Mittlere bis niedrige Schnittgeschwindigkeiten, mittlere bis große Spanungsquerschnitte auch für weniger günstige Bedingungen[1]
		P 40	Stahl, Stahlguss (auch mit Sandeinschlüssen und Lunkern)	Drehen, Hobeln, Stoßen, Bohren; Niedrige Schnittgeschwindigkeiten und große Spanungsquerschnitte, große Spanwinkel möglich, auch für weniger günstige Bedingungen[1] und bei Bearbeitungsautomaten
		P 50	Stahl, Stahlguss mit niedriger bis mittlerer Festigkeit, auch mit Sandeinschlüssen und Lunkern	Drehen, Hobeln, Stoßen, Automatendrehen; Niedrige Schnittgeschwindigkeiten und große Spanungsquerschnitte, große Spanwinkel möglich, bei besonders erschwerten Bedingungen[1] und höchsten Forderungen an die Zähigkeit des Hartmetalls
M Lang- und kurzspanende Werkstoffe	Gelb	M 10	Stahl, Stahlguss, Manganhartstahl, austenitische Stähle	Drehen, Fräsen; Mittlere bis hohe Schnittgeschwindigkeiten und kleine bis mittlere Spanungsquerschnitte
		M 20	Stahl-, Temper- und Hartguss, Legiertes Gusseisen	
		M 30	Stahl, Stahlguss, austenitische, hitzebeständige und warmfeste Stähle, Gusseisen und Temperguss	Drehen, Hobeln, Fräsen; Mittlere Schnittgeschwindigkeiten und mittlere bis große Spanungsbedingungen, auch bei weniger günstigen Spanungsbedingungen[1]
		M 40	Stähle mit niedriger Festigkeit, Automatenstähle, Leicht- und Buntmetalle	Drehen, Form-, Kopier- oder Stechdrehen; Einsatz vorrangig auf Bearbeitungsautomaten, große Spanwinkel möglich

[1] wie z. B.: Ungleichmäßige Werkstoffeigenschaften, Gusshaut, Schmiedekruste, örtliche Aufhärtungen, unterbrochene Schnitte, Schwingungen, unrunde Teile, …

4.2 Spanen und Abtragen (mit Generieren)

Spanungshauptgruppe für die Werkstoffe	Kennfarbe	Anwendungsgruppen	Zu bearbeitende Werkstoffe	Anwendungen, Arbeitsgänge, Verfahren, Einsatzmöglichkeiten	Eigenschaften der Schneidstoffe, Bearbeitungs-Parameter
K Kurzspanende Werkstoffe	Rot				← Steigerung von v_c; Zunehmende Verschleißfestigkeit (Härte) der Hartmetalle Steigerungen der Werte für f, f_Z und a_p; Zunahme der Zähigkeit der Hartmetall-Schneidstoffe →
		K 01	Grauguss hoher Härte, Kokillenhartguss (über 86 Shore), Vergütete Stähle, Al-Legierungen mit hohem Si-Anteil, Kunststoffe, Hartpappe, Hartgummi, Keramische Werkstoffe, Glas, Elektrodenkohle	Drehen, Feindrehen, Feinbohren, Feinfräsen, Schaben; Hohe Schnittgeschwindigkeiten und kleine Spanungsquerschnitte	
		K 10	Gusseisen mit $HB \geq 220$, Hartguss, Kurzspanender Temperguss, Gehärtete Stähle, Si-haltige Al-Legierungen, NE-Metalle Kunststoffe, Keramische Werkstoffe, Beton, Stein, Glas, Hartgummi und -pappe, Porzellan	Drehen, Hobeln, Bohren, Senken, Reiben, Schaben, Fräsen, Räumen; Hohe bis mittlere Schnittgeschwindigkeiten, kleine bis mittlere Spanungsquerschnitte	
		K 20	Gusseisen mit $HB \approx 220$, NE-Metalle, stark verschleißend wirkende (Schicht-)Hölzer, Stein, Beton, Kunststoffe	Drehen, Hobeln, Bohren, Senken, Reiben, Schaben, Fräsen, Räumen; Mittlere Schnittgeschwindigkeiten mittlere bis große Spanungsquerschnitte, auch für ungünstige Bearbeitungsbedingungen[1]	
		K 30	Gusseisen mit $HB \leq 180$, Stein, Beton, Kunststoffe, NE-Werkstoffe	Drehen, Hobeln Stoßen, Bohren, Fräsen; Einsatz auch bei ungünstigen Bearbeitungsbedingungen[1], große Spanwinkel möglich	
		K 40	Stein, Beton, Kunststoffe, NE-Metalle, Weich- und Harthölzer im Naturzustand	Drehen, Hobeln, Stoßen, Fräsen; Anwendung auch bei ungünstigen Spanungsbedingungen[1], große Spanwinkel möglich	

[1] wie z. B.: Ungleichmäßige Werkstoffeigenschaften, Gusshaut, Schmiedekruste, örtliche Aufhärtungen, unterbrochene Schnitte, Schwingungen, unrunde Teile, …

Erweiterte Übersicht aus [3] zum Einsatz gesinterter Hartmetalle

Norm-zuordnung	Anwendungsbereich (01–10–20–30–40)	Werkstoffgruppen [1),2)] P(A)	M(R)	K(F)	N	S	H	Verfahren T (Drehen)	M (Fräsen)	D (Bohren)	S (Gewinden)	G (Einstechen)	P (Abstechen)
K15	01–20			●		○		●				○	○
K20	10–30	○		●		○		■				○	○
K15M	10–20			■					■				
P05	01–10	■						■					
P10	01–20	■						■					
P15	10–20	■						●		○		○	○
P25	20–30	●	○					■					
P35	30–40	●	○					■					
P25M	20–30	●	○						■				
M25	20–30		●	○				■					
P15	10–20	●	○					■					
P20	20	●	○					●					○
P25	20–30	■						■					
P30	20–30	■						■					
P30	20–30	■						●		○		○	○
P25M	20–30	●	○						■				
P35M	30	●	○						■				
K15	10–20	○		●				●		○			○
M25	20–30		●	○				■					
K15M	10–20			■					■				
P25	20–30	●	○							●		○	○
P35	30–40	●	○						●	○		○	○
K15	10–20			■							●	○	
P25	20–30	●	○								■		
P05	01–10	■						■					
P10	10	●	○					■					
P15M	10–20	●	○						■				
P10	10	■						●		○			
P25	20	●	○					○	●	○			
P35	30	●	○					●	○	○			
K15	10–20			●	○	○	○	●	○	○	○	○	○
K25	20			○	●			■					
P10	10	■									■		
P25	20	■									■		
K15	10–20			■				■			■		
K10	10				■			■					
K15	10				■			■					

Anmerkungen:

[1)] Spanungshauptgruppen für HM-Werkzeuge nach DIN ISO 513, für Werkzeugstähle nach DIN ISO 4957

Kennfarben: P → Blau   N → Grün (Al, NE, CFK, …)
M → Gelb   S → Braun (Hochwarmfeste Legierungen)
K → Rot   H → Grau (St und GG gehärtet)

[2)] Benennungen in ( ) nach VDI

[3)]
- ■ Ausschließliche Anwendung
- ● Hauptanwendung
- ○ Weitere Anwendung

Übersicht zu wesentlichen Bestandteilen von Schneidstoffen sowie gebräuchlichen Kühl-, Schmier- und Spülmitteln (KSSM) (aus [4])

Zusammensetzung typischer Schneidstoffe

Schneidstoffarten	Bestandteile													
	C	W	Co	Cr	Mo	V	Ti	Ta	Al_2O_3	Fe_2O_3	B	Si	N	Hf	ZrO_2
WS	×	×	×	×	×	×	–	–	–	–	–	–	–	–	–
SS/HSS	×	×	×	×	×	×	–	–	–	–	–	–	–	–	–
HM (ges.)	×	×	×	–	–	(×)	×[1]	×[1]	×[1]	–	–	–	×[1]	×	–
SK: Oxid-	–	–	–	–	–	–	–	–	×	–	–	–	–	–	×
Oxid-Met.	–	–	–	–	×	–	×	–	×	–	–	–	–	–	–
Oxid-Karb.	×	–	×	–	×	–	×	–	×	–	–	–	–	–	–
Sonder-	×	–	–	–	–	–	–	–	–	–	–	×	×	–	–
SD	×	–	–	–	–	–	–	–	–	–	–	–	–	–	–
KBN/CBN	–	–	–	–	–	–	–	–	–	–	×	–	×	–	–
Schleifmittel	–	–	–	–	–	–	–	–	×	×	×	×	–	–	–

[1] Als Beschichtungsstoffe

Anteile in gebräuchlichen Wirkmedien

Arten	Bestandteile													
	N_2	O_2 [2]	Ar	CO_2	C	H_2	Zn	Na	Cl	S	P	Cr	B	Mg	K	...
Luft [1]	×	×	×	×	–	–	–	–	–	–	–	–	–	–	–
Schneidöle [3]	×	×	–	–	×	×	×	×	×	×	×	–	–	–	–
Emulsionen [3]	×	×	–	–	×	×	–	–	×	×	×	–	–	–	–
Metallbearbeitungs-fluids	–	×	–	–	–	×	–	×	–	×	×	×	×	×	×

[1] Ohne Spurenelemente wie Kr, Xe oder Ozon, ...
[2] Vorrangig wirkendes Medium
[3] Ohne Additive, organische Zusätze, teilweise Inhibitoren und Weiteres

Richtwerte: $p_{KSSM} \approx 5 \dots 50\,\text{bar}$
$V_{KSSM} \gtrapprox 2 \dots 20\,\text{ltr} \cdot \text{min}^{-1}$

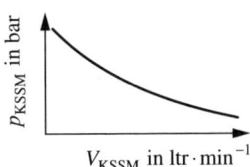

Ein- und Zuordnung sowie Entwicklungsrichtungen derzeit üblicher Schneidstoffarten (vgl. [4])

Kurzbeschreibungen siehe nächste Seite:

HM	Hartmetalle (gesintert)
HSS	Hochleistungs-Schnellarbeitsstähle
KBN	Kubische Bornitride (auch CBN)
SD	Schneiddiamanten
SK	Schneidkeramik
SS	Schnellarbeitsstähle
St	Stellite
WS	Werkzeugstähle

Hartstoffanteile, siehe [3]:

WS	5 ... 10 %
SS/HSS	20 ... 30 %
HM	85 ... 98 %
SK	80 ... 100 %

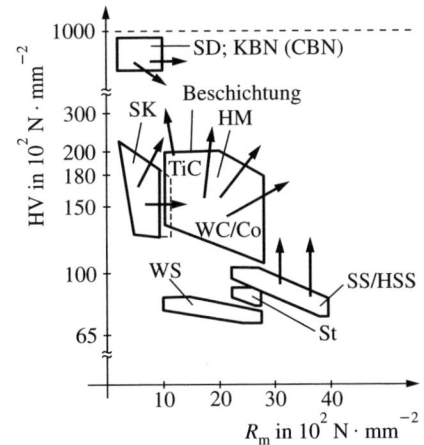

Kurzcharakteristika gebräuchlicher Schneidstoffarten [4]

- **WS**: *Unlegierte* bzw. *niedriglegierte Kohlenstoffstähle* mit hohem Reinheitsgrad, gleichmäßigem Härteverhalten und martensitischem Gefüge;
  Anwendung bei niedrigen Schnittgeschwindigkeiten; Einsatzbereiche: Handwerkzeuge, Maschinenwerkzeuge, Holz-(Gestein-)Bearbeitung, Werkzeugschäfte hochbelasteter Werkzeuge

- **St**: Spröde Gusslegierung aus Co-, Cr-, W- u. a. Bestandteilen; Heute nur noch zur Panzerung von Schrämmwerkzeugen, Ziehringen o. Ä. verwendet; Nicht mehr als Spanungswerkzeug

- **SS/HSS**: *Hochlegierte Stähle* mit in Co-Bindemetall eingelagerten Sonderkarbiden (z. B. Cr-, Wo-, Mo- oder V-Karbide), gekennzeichnet durch Formbarkeit (Gießen, Schmieden, Spanen), höhere Anlassbeständigkeit, Härtesteigerung durch Karbidbildungen;
  Anwendung bei wechselnden Spanungskräften und -temperaturen, Schwingungen, hohen Forderungen an die Arbeitssicherheit; Einsatzbereiche: Mehrschneidige Werkzeuge (Spiralbohrer, Senk-, Gewinde- und Form-Werkzeuge, Sägeblätter, ...

- **HM**: *Gegossene Hartlegierungen* aus kohlenstoffhaltiger Legierung (Grundmetall der Eisengruppe Fe, Co, oder Ni sowie Karbidbildner Cr, Mo, V und W); Derzeit ohne wesentliche praktische Bedeutung;
  Sinterhartmetalle, in flüssiger Co-Phase zusammengesinterte, hochschmelzende Karbide (wie Wo-, Ti-, Ta-, Nb-, V-Karbide, gekennzeichnet durch höhere Härte und Verschleißfestigkeit (spanend nur mittels Schleifen bearbeitbar!);
  Anwendung bei hohen Schnittgeschwindigkeiten, Spanungskräften und -temperaturen sowie großen Spanungsvolumina; Einsatzbereiche: Für nahezu alle Spanungsvorgänge einsetzbar, Hartmetallformstücke: Wendeschneidplatten;
  Nach ISO-Vorschlag Einteilung der HM in Spanungshauptgruppen: **P** (für langspanende Werkstoffe: Stahlwerkstoffe), **M** (Univ.-Sorte für lang- und kurzspanende Werkstoffe: Rostfreie Stähle, Warmfeste Werkstoffe, Titanlegierungen) und **K** (für kurzspanende Materialien wie Grauguss, Hartlegierungen, ...);
  Beschichtungen: Einfach-, Doppel- und Mehrfachbeschichtungen in Abhängigkeit von den Einsatzbedingungen; Schichtdicken zwischen 2 und 15 µm; Derzeit zwei Verfahren zur Herstellung der Beschichtungen:
  – *CVD*-Verfahren (chemical vapour deposition): Schichtbildung durch Abscheidung aus chemischen Reaktionen von Gasgemischen;
  – *PVD*-Verfahren (physical vapour deposition): Schichtbildung durch physikalische Abscheidung aus Gasgemengen

  Cermets (CERamic-METall): Sammelbezeichnung für HM, bei denen die Hartstoffe aus TiC, TiCN, und/oder TiN oder WC bestehen (d. h. keramische Teilchen in metallischem Bindemittel)

- **SK**: Zusammengesinterte, hochschmelzende Metalloxide (z. B. Al_2O_3-Tonerde), gekennzeichnet durch Reaktions- und Diffusionsträgheit, höhere Härte und Verschleißfestigkeit;
  Anwendung vor allem für Fein- und Fertigbearbeitungen, Spanungsvorgänge bei Sonderwerkstoffen; Hohe Schnittgeschwindigkeiten, kleine Vorschübe und Schnitttiefen; Formstücke als Wendeschneidplatten; Arten von SK:
  – *Oxidkeramik*: Nahezu reines Al_2O_3 (99 %); Weitere Einteilung in A1: Reine Al_2O_3-Keramik, A2: Zugabe geringer Mengen von Metallphasen (z. B. ZrO_2), A3: Whiskerverstärkte Al_2O_3-Keramik (Kristallfiber aus SiC mit Durchmesser von ca. 1 µm und Längen von etwa 20 µm, Anteile bei ca. 30 %);
  – *Mischkeramik*: Zum Al_2O_3 werden Zusätze von Metallkarbiden wie TiC, WC oder TaC gegeben; Vorteil: Hohe Schneidkantenfestigkeit;
  – *Nichtoxidkeramik*: Höhere Biegebruchfestigkeit und niedrigere Temperaturempfindlichkeit; Typischer Vertreter: Si_3N_4 (Siliziumnitrid)

- **Superharte Schneidstoffe**: *CBN/KBN, SD*: Natürliche und synthetische Diamanten, Kubische Bornitride, Superharte Verbundschneidstoffe (Hartstoff als Substrat, beschichtet mit superhartem Schneidstoff und Mischschneidstoffe (Verbindung von Hartstoffen und/oder Metalllegierungen mit superharten Schneidstoffen)

- **Schleifmittel**: Lose oder gebundene Hartstoffe mit geometrisch nicht bestimmten Schneiden für die spanende Bearbeitung; Arten: Korunde (KO) wie Normalkorund, Edelkorund, ...; Schmirgel (SL); Diamanten; Borverbindungen (B_4C, BN); Karbide (SiC), ...;
  Anwendungen: Harter Werkstoff → Weicher Schleifkörper
         Weicher Werkstoff → Harter Schleifkörper;

  Klassifizierungen nach Korngrößen, Bindemittel, Gefügeart (Porosität), statischer und dynamischer Härte

- **Läpp- und Poliermittel**: Nicht gebundenes Korn für Feinstbearbeitungen wie Poliergrün (Chromoxid), Polierrot (Eisenoxid), Korund- und Diamantstäube; Talkum, Kaolin, Schlämmkreide, Zinnasche, ...

4.2 Spanen und Abtragen (mit Generieren)

Bezeichnungssystematik für Wendeschneidplatten (HM, SK, CBN, SD, ...)

4.2.1.9 Besonderheiten beim Spanen harter Werkstoffe bei Trocken- sowie HSC- und HPC-Bearbeitungen

- Spanen harter Werkstoffe:
  - Verfahren: Drehen, Fräsen (anstelle Schleifen)
  - Verwendete Schneidstoffe: CBN, SD, (Feinstkorn-)HM
  - Bearbeitungsparameter und -bedingungen:

    $v_c \approx 100\,\text{m}\cdot\text{min}^{-1}$

    $a_p = 0{,}04\ldots 0{,}2\,\text{mm}$

    $f = 0{,}05\ldots 0{,}2\,\text{mm}$

    $\gamma_o = -20°$

    $F_p \approx (1{,}7\ldots 2{,}0)\cdot F_{p\,\text{üblich}}$

  - Erreichbare Arbeitsergebnisse:

    $R_a = 0{,}22\,\mu\text{m};\quad R_z = 2{,}0\ldots 4{,}0\,\mu\text{m}$

    Rundlaufabweichungen: $0{,}001\ldots 0{,}002\,\text{mm}$

    Zylindrizität: $2{,}0\,\mu\text{m}$

    Traganteile: $\leq 90\,\%$ (zum Vergleich beim Schleifen: ca. 40 %)

- Trockenbearbeitung:
  - Verfahren: Fräsen, Drehen
  - Geeignete Schneidstoffe: CBN, SK, Cermets, HM (beschichtet mit Al_2O_3 und TiN, ...)
  - Bearbeitungsparameter und -bedingungen:

    Konturnah spanen, d. h.: $a_p \rightarrow$ Min („Near-Net-Shape-Technology")
    Richtwerte zum Drehen von GG, GGG:

    $h = 0{,}1\ldots 0{,}12\,\text{mm}$

    $v_c = 80\ldots 150\,\text{m}\cdot\text{min}^{-1}$

    $a_p = 0{,}5\,\text{mm}$

    Erreichbares Arbeitsergebnis: $R_a \approx 0{,}5\ldots 0{,}6\,\mu\text{m}$

- Hochgeschwindigkeits- (HSC-) und Hochleistungsspanen (HPC):

  Zusammenhänge nach [39], [40]:

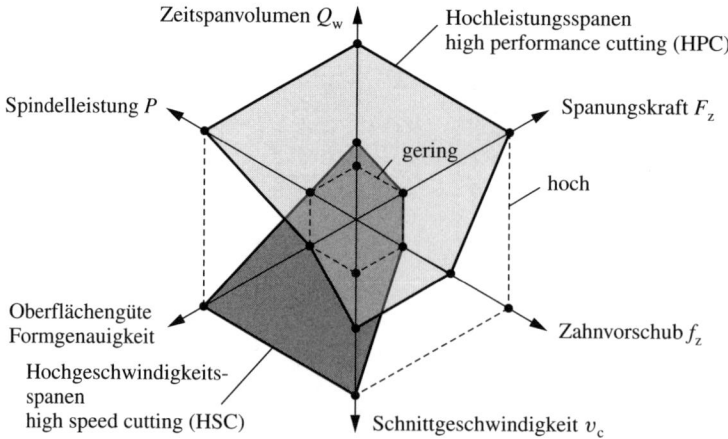

Nach [40]: $v_{c\,HSC} \approx [3\,(15\ldots 20)\,30]\cdot v_{c\,\text{üblich}}$

4.2.1.10 Verfahrenstypische Besonderheiten beim Spanen (jeweils Berechnungen zu Komponenten der Spanungskraft, Leistungen, Maschinenhauptzeiten)

Drehen (Lang-, Plan-, Form-/Nachform-, Gewindedrehen)

Schnittkraft- und Schnittleistungsberechnung beim Drehen

Für die Berechnung der Schnittkräfte, Schnitt- und Antriebsleistungen lassen sich die Beziehungen aus Abschnitt 4.2.1.2 verwenden, vgl. auch Anhang T 4.1.8.

Bestimmung von Hauptzeiten und Vorschubwegen

Die allgemein geltende Beziehung für die Hauptzeit für das Drehen lässt sich wie folgt präzisieren (siehe o. g. Anhang T 4.1.8):

1. Langdrehen (Außen-, Innen-)

$$t_H = \frac{i \cdot D \cdot L \cdot \pi}{f \cdot v_c \cdot 1\,000} \quad \text{in min}$$

D (Größter) Werkstückdurchmesser in mm

$$D = 2z_d + d \quad \text{in mm (siehe Bild rechts)}$$

L Vorschubweglänge (auch Drehlänge) in mm
f Vorschub in mm
i Anzahl erforderlicher Schnitte
t_H Maschinenhauptzeit in min
v_c Schnittgeschwindigkeit in $m \cdot min^{-1}$;
$$v_c \,\widehat{=}\, c_{c\,tats} = \frac{D \cdot \pi \cdot n_{tats}}{1000} \quad \text{in } m \cdot min^{-1}$$
(zu n vgl. Hinweis auf S. 135)
z_d Durchmesserzugabe (bei $i = 1$ gilt: $z_d = a_p$) in mm

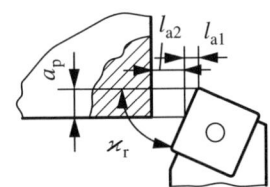

Ermittlung der Vorschubweglänge beim Langdrehen:

$$L = l_{a1} + l_{a2} + 2z_l + l + l_{\ddot{u}} \quad \text{in mm}$$

a_p Schnitttiefe in mm
d Fertigteildurchmesser in mm
l_{a1} Werkzeugbedingter Anlaufweg in mm

$$l_{a1} = a_p / \tan \varkappa_r \quad \text{in mm}$$

l_{a2} Werkstückbedingter Anlaufweg (z. B. für den Ausgleich von Konturabweichungen des Rohteiles, zum Anstellen, ...) in mm

Richtwert: $l_{a2} \approx 1 \ldots 3\,mm$

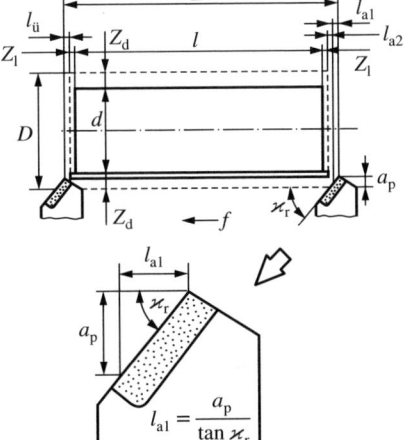

l Werkstücklänge (Fertigmaß nach Zeichnung) in mm
$l_{\ddot{u}}$ Überlaufweg des Werkzeugs in mm

Richtwert: $l_{\ddot{u}} = l_{a2} \approx 1 \ldots 3\,mm$

z_l (Längen-)Bearbeitungszugaben in mm
$\varkappa_r$ Einstellwinkel der Hauptschneide in °

2. Plandrehen
   a) Drehen einer Planfläche mit konstanter Drehzahl (d. h. $v_c \neq$ konst.)
   Beziehung für die Maschinenhauptzeit vgl. Langdrehen oben sinngemäß

Berechnung der Vorschubweglänge

$$L = l_{a1} + l_{a2} + z_d + \frac{1}{2} \cdot d \quad \text{in mm}$$

d Fertigteildurchmesser in mm
l_{a1} Werkzeugbedingter Anlaufweg in mm (siehe oben)
l_{a2} Werkstückbedingter Anlaufweg in mm (siehe oben)
z_d Durchmesserzugabe in mm

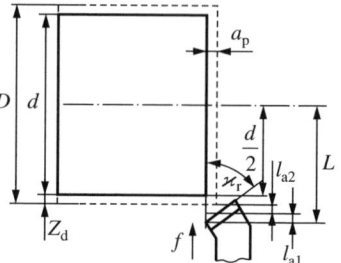

b) Plandrehen mit stufenloser Drehzahlverstellung (v_c = konst.)

Maschinenhauptzeit

$$t_H = \frac{i \cdot (D_a^2 + D_i^2) \cdot \pi}{f \cdot v_c \cdot 4\,000} \quad \text{in min}$$

D_a Durchmesser der Ausgangsposition des Werkzeugs in mm:

$$D_a = 2(l_{a1} + l_{a2} + z_d) + d \quad \text{in mm}$$

D_i Werkstückdurchmesser in mm, bis zu dem mit v_c = konst. gedreht werden kann; Für den Weg von D_i bis zur Teilemitte gilt n = konst.:

$$D_i = 1\,000 v_c / n \cdot \pi \quad \text{in mm}$$

f Vorschub(weg) in mm
i Anzahl erforderlicher Schnitte
l_{a1}; l_{a2} Anlaufwege in mm, siehe oben
n Maximal zulässige Drehzahl für den Plandrehvorgang in min^{-1}
v_c Schnittgeschwindigkeit in m · min^{-1}
z_d Durchmesserzugabe in mm

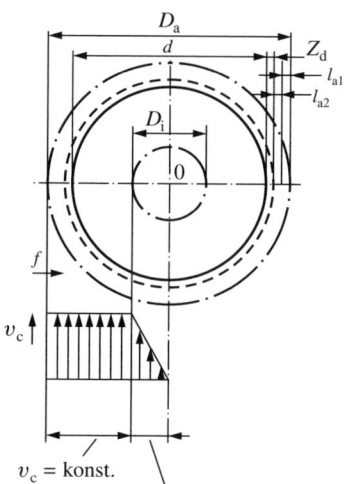

Einsparungen an Maschinenhauptzeit durch Drehen bei v_c = konst. im Vergleich zum Plandrehen mit n = konst.:

$$\Delta t_H = 50 \cdot \left(1 - \frac{D_i^2}{D_a^2}\right) \quad \text{in \%}$$

3. Planringdrehen

a) Drehen mit konstanter Drehzahl (n = konst.)

Maschinenhauptzeit siehe Langdrehen, S. 149 sinngemäß

Vorschubweg beim Planringdrehen

$$L = l_{a1} + l_{a2} + z_a + 0{,}5(d_a - d_i) + z_i + l_{ü} \quad \text{in mm}$$

4.2 Spanen und Abtragen (mit Generieren)

oder:

$$L = l_{a1} + l_{a2} + 0{,}5(D_a - D_i) + l_{ü}$$

in mm

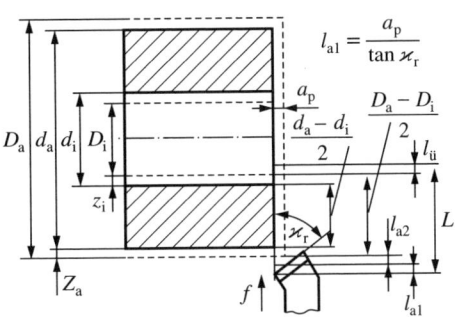

D_a Durchmesser für die Ausgangsposition des Werkzeugs in mm:

$$D_a = 2(l_{a1} + l_{a2} + z_a) + d_a \quad \text{in mm}$$

D_i Kleinster Drehdurchmesser in mm:

$$D_i = d_i - 2(z_i + l_{ü}) \quad \text{in mm}$$

d_a; d_i Fertigteildurchmesser außen; innen in mm
$l_{ü}$ Überlaufweg in mm
z_a; z_i Durchmesserzugaben am Außendurchmesser; in der Bohrung in mm

b) Plandrehen einer Kreisringfläche mit konstanter Schnittgeschwindigkeit (v_c = konst.)

Maschinenhauptzeit

$$t_H = \frac{i \cdot \pi \cdot (D_a^2 - D_i^2)}{f \cdot v_c \cdot 4000} \quad \text{in min}$$

Bestimmung der Vorschubwege: Siehe oben

Einsparungen bei Maschinenhauptzeiten durch das Drehen mit v_c = konst.

$$\Delta t_H = 50 \cdot \left(1 - \frac{D_i}{D_a}\right) \quad \text{in \%}$$

4. Kegeldrehen

Zu prüfen ist, welcher Vorschubweg zu verwenden ist, z. B.

- beim Kegeldrehen mittels Leitlineal L und l, oder
- für Obersupportverstellung L' und l'

Die Kegelmantellänge l' lässt sich berechnen nach

$$l' = 0{,}5 \cdot \sqrt{4l^2 + (D - d)^2} \quad \text{in mm}$$

Die Werte für l_{a1}, l_{a2} und $l_{ü}$ lassen sich mit hinreichender Genauigkeit entsprechend den üblichen Zusammenhängen beim Drehen bestimmen.

a) Drehen mit konstanter Drehzahl (n = konst.)

Maschinenhauptzeit

$$t_H = \frac{i \cdot L \cdot D \cdot \pi}{v_c \cdot f \cdot 1000} \quad \text{in min} \quad \text{(oder } L' \text{ anstelle von } L\text{)}$$

b) Drehen mit konstanter Schnittgeschwindigkeit (v_c = konst.)

Maschinenhauptzeit

$$t_H = \frac{i \cdot L \cdot (D + d) \cdot \pi}{v_c \cdot f \cdot 2000} \quad \text{in min} \quad \text{(oder } L' \text{ anstelle von } L\text{)}$$

Prozentuale Einsparung an t_H beim Kegeldrehen mit v_c = konst. im Vergleich zu n = konst.:

$$\Delta t_H = 100 \cdot \frac{(D - d)}{2D} \quad \text{in \%}$$

Besonderheiten beim Gewindedrehen

Geometrische Zusammenhänge und Kennwerte am Gewinde:

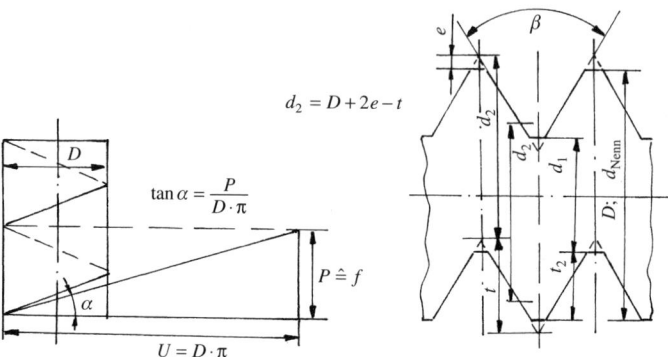

$$d_2 = D + 2e - t$$

$$\tan \alpha = \frac{P}{D \cdot \pi}$$

$$P \triangleq f$$

$$U = D \cdot \pi$$

Lagemöglichkeiten des Gewindeprofils und Flächen des Werkzeuges:

Profil korrekt:

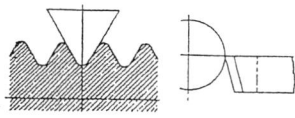

Profil nicht korrekt:

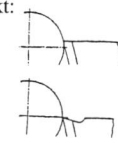
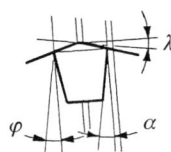

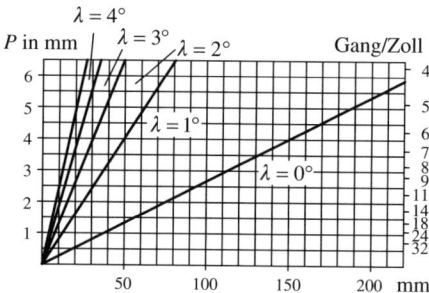

Berechnungen

- D Gewindenenn-(Außen-)Durchmesser in mm
- G Anzahl der Gewindegänge (meist $G = 1$)
- L Gewindelänge in mm (einschließlich An- und Überlaufwege wie beim Drehen üblich, vgl. S. 149)
- P Steigung des Gewindes in mm (siehe Gewindetabellen: z. B. Metrische Grobgewinde in DIN 13, Metrische Feingewinde nach DIN 244 bis DIN 247, oder Whitworth-Gewinde in DIN 11, ...); Beispiele vgl. Tafel T 4.1.8.1.8, S. 391
- a_p Schnitttiefe in mm: $a_p \approx 0{,}025 \cdot \sqrt{D} \triangleq \frac{1}{40} \cdot \sqrt{D}$ in mm

  $a_p \neq $ const, $a_{p1} > a_{p2} > a_{p3} > \ldots$
  Richtwerte vgl. Tafel T 4.1.8.1.8, S. 395

- i Anzahl der erforderlichen Schnitte, berechnet nach $i = t_1 / a_p$

- l_a Summe aller Anlaufwege: $l_a = l_{a1} + l_{a2}$ in mm
- $l_\text{ü}$ Überlaufweg in mm, $l_\text{ü} = l_{a2} \approx 1 \ldots 3$ mm
- t_1 Gewindetiefe (vgl. Tabellen) in mm
- v_c Schnittgeschwindigkeit in m · min^{-1}
  Orientierungen für Hartmetallwerkzeuge:
  $v_c \approx 40 \ldots 100$ m · min^{-1}
- z_l Längenzuschläge in mm

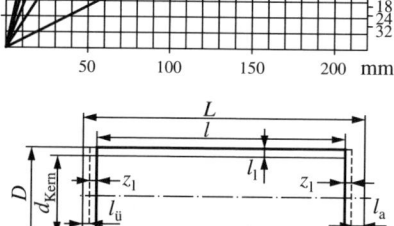

Radial-/Flankenzustellung

Flankenzustellung

Radialzustellung

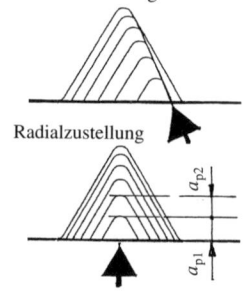

4.2 Spanen und Abtragen (mit Generieren)

Maschinenhauptzeit

$$t_H = \frac{i \cdot L \cdot G \cdot \pi \cdot D}{P \cdot v_c \cdot 1000} \quad \text{in min}$$

Bei zwangsgesteuertem Rücklauf des Werkzeugs entsteht:

$$t_{H\,gesamt} = t_{H\,vorlauf} + t_{H\,rücklauf} \quad \text{in min}$$

wobei $t_{H\,rücklauf}$ keine Hauptzeit, sondern eine Maschinenhilfszeit darstellt.

$$t_{H\,gesamt} = \frac{q+1}{q} \cdot \frac{i \cdot L \cdot G \cdot D \cdot \pi}{P \cdot v_c \cdot 1000} \quad \text{in min}$$

q Verhältnis $v_{c\,rücklauf} : v_{c\,vorlauf}$; Richtwert: $q \approx 1{,}4\,(2\ldots 5)$

Besonderheiten beim Nachformdrehen

a) Lang-Nachformdrehen bei konstanten Drehzahlen und Vorschüben ($n = $ konst.; $f = $ konst.)

„Steigendes" Nachformdrehen ($D_a < D_n$):

$$t_H = \frac{i \cdot (L + x)}{f \cdot n} \quad \text{in min}$$

D Größter Werkstückdurchmesser in mm
D_a Anfangsdurchmesser des Teiles in mm
D_n Enddurchmesser am Werkstück in mm
L_B Vorschubweg des Werkzeugschlittens in mm
X Verlängerung (bei $D_a < D_n$) oder Verkürzung (für $D_a > D_n$) des Vorschubweges in mm

$$X = (D_n - D_a)/2 \tan \zeta \quad \text{in mm}$$

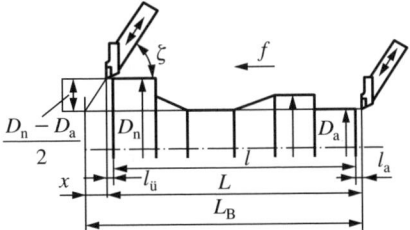

ζ Schrägstellung des Drehmeißels in °; Üblicher Richtwert: $\zeta = 55°$

„Fallendes" Nachformdrehen ($D_a > D_n$):

$$t_H = \frac{i \cdot D \cdot \pi \cdot \left(L + \dfrac{D_a - D_n}{2 \tan \zeta}\right)}{v_c \cdot f \cdot 1000} \quad \text{in min}$$

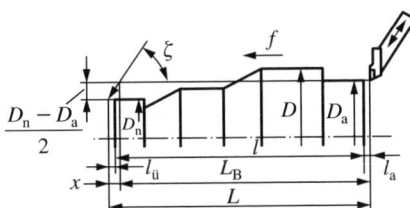

b) Lang- und Plan-Nachformdrehen mit $v_c = $ konst.; $f = $ konst.

Nachformen mit $\zeta = 90°$:

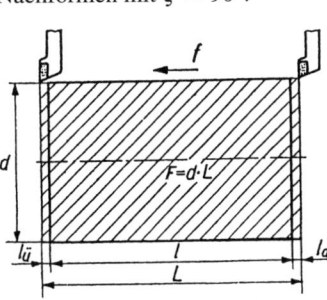

Lang-Nachformen mit $\zeta < 90°$:

Fallend: Steigend:

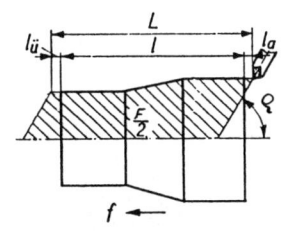 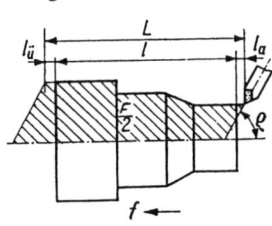

$$t_H = \frac{i \cdot \pi \cdot F_{\downarrow;\uparrow}}{1000 \cdot f \cdot v_c} \quad \text{in min}$$

c) Plan-Nachformdrehen mit konstanten Drehzahlen und Vorschubwerten (n = konst.; f = konst.):

Allgemeine Zusammenhänge

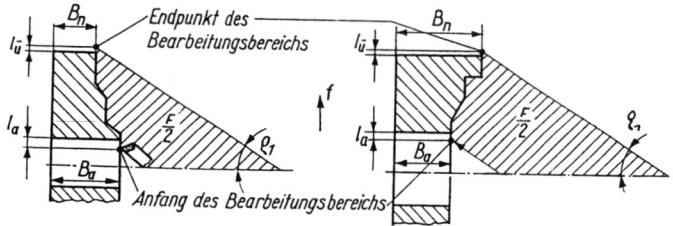

Maschinenhauptzeit

$$t_H = \frac{i \cdot F \cdot \pi}{v_c \cdot f \cdot 1000} = \frac{i \cdot L \cdot d \cdot \pi}{v_c \cdot f \cdot 1000} \quad \text{in min}$$

B_a Anfangsbreite des Werkstücks in mm
B_n Endbreite des Teiles in mm
F Fläche des Teileaxialschnittes einschließlich der Anteile für die Werkzeugan- und -überlaufwege in mm²

Maschinenhauptzeit

$$t_H = \frac{i}{f \cdot n} \cdot \left(\frac{D_a - D_i}{2} + \frac{B_n - B_a}{2 \tan \zeta_1} \right) \quad \text{in min}$$

B_a; B_n Werkstückbreiten in mm, siehe oben
D_a Außenendurchmesser in mm

$$D_a = d_a + 2l_ü \quad \text{in mm}$$

D_i Innendurchmesser in mm

$$D_i = d_i - 2l_a \quad \text{in mm}$$

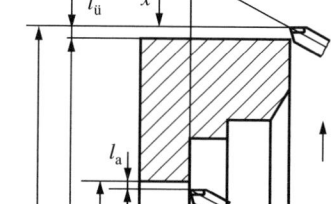

d_a; d_i Fertigteilaußen-/-innendurchmesser in mm (Zeichnungsangabe)
l_a; $l_ü$ An- und Überlaufwege in mm
n Werkstückdrehzahl in min^{-1}
ζ_1 Schrägstellung des Drehmeißels in °

$\zeta_1 = 90° - \zeta$ in °;   Richtwert: $\zeta_1 = 90° - 55° = 35°$

Hobeln und Stoßen

Geometrische und kinematische Größen und Zusammenhänge (nach [5]):

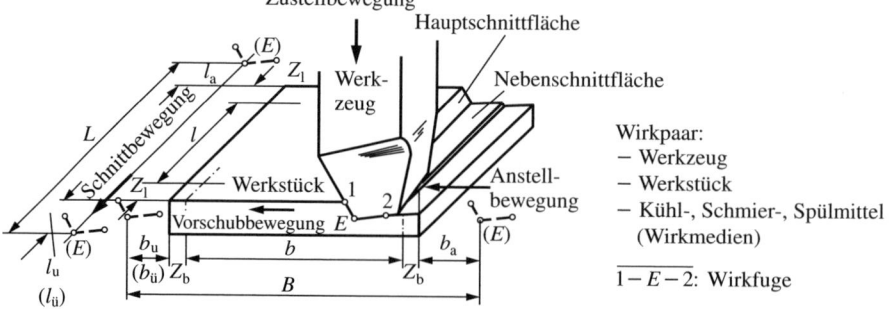

Wirkpaar:
− Werkzeug
− Werkstück
− Kühl-, Schmier-, Spülmittel
  (Wirkmedien)

$\overline{1 - E - 2}$: Wirkfuge

4.2 Spanen und Abtragen (mit Generieren)

Schnittkraft- und Leistungsberechnungen

Für die Berechnung der Schnittkräfte, Schnitt- und Antriebsleistungen lassen sich die Beziehungen aus Abschnitt 4.2.1.2 verwenden:

$$F_c = Z_{iE} \cdot b \cdot h^{(1-m)} \cdot k_{C1.1} \cdot \prod K = Z_{iE} \cdot b \cdot h^{(1-m)} \cdot k_{C1.1} \cdot K_{vc} \cdot K_{Ver} \cdot K_{Sch} \cdot K_\gamma \cdot f_{Verf}$$

in N

mit Richtwerten: $K_{vc} = 1{,}18$ für $v_c = (20\ldots 40)$ m·min^{-1}
$\quad\quad K_{Ver} = 1{,}3\ldots 1{,}5$
$\quad\quad K_{Sch} = 1$ (für Hartmetall)
$\quad\quad K_\gamma\quad$ Bestimmung siehe Abschnitt 4.2.1.2
$\quad\quad f_{Verf} = 1{,}0$

$$\eta = 0{,}6\ldots 0{,}8$$

$$P_c = \frac{F_c \cdot v_c}{60\,000} \quad \text{in kW} \qquad P_A = \frac{P_c}{\eta} \quad \text{in kW}$$

$P_c\quad$ Schnittleistung in kW
$P_A\quad$ Antriebsleistung in kW
$\eta\quad$ Wirkungsgrad; Richtwerte: $\eta = 0{,}6\ldots 0{,}8$

Ermittlung der Maschinenhauptzeit

$$t_H = i \cdot \frac{B}{f \cdot n_D} \quad \text{in min}$$

$$v_m = \frac{2 v_c \cdot q}{1+q} \quad \text{in m·min}^{-1}$$

$$B = b_a + 2 z_b + b + b_ü \quad \text{in mm}$$

$$L = l_a + 2 z_l + l + l_ü \quad \text{in mm}$$

$$n_D = \frac{1000 v_m}{2L} \quad \text{in DH/min}$$

$B\quad$ Hobelbreite in mm
$L\quad$ Hobellänge in mm
$b_a + b_ü \approx 6{,}0$ mm beim Langhobeln
$b_a + b_ü \approx 3{,}0$ mm für das Kurzhobeln
$f\quad$ Vorschubweg in mm
$i\quad$ Anzahl erforderlicher Schnitte
$l_a + l_ü \approx 200$ mm bei Langhobelmaschinen
$l_a + l_ü \approx 20\ldots 50$ mm zum Kurzhobeln
$n_D\quad$ Doppelhub DH/min
$q\quad$ Verhältnis zwischen Schnitt-(Vorlauf-) und Rücklaufgeschwindigkeit
$\quad\quad q = 1{,}4\ldots 3{,}5$ beim Langhobeln
$\quad\quad q = 1{,}4\ldots 2{,}0$ für Stoßmaschinen mit schwingender Kurbelschleife
$\quad\quad q = 1$ bei Stoßmaschinen mit einfachem Kurbeltrieb
$v_c\quad$ Schnittgeschwindigkeit in m·min^{-1}, vgl. Tafel T 4.1.8.2
$v_m\quad$ Mittlere Schnittgeschwindigkeit in m·min^{-1}
$z_b;\ z_l\quad$ Breiten-, Längenzugaben am Werkstück in mm

Bohren (Fein-/Präzisionsbohren, Tieflochbohren, Gewindebohren), Senken (An-, Auf-, Einsenken), Reiben

Eingriffsverhältnisse beim Bohren ins Volle, beim Aufbohren und für das Senken (nach [2]):

Bohren ins Volle

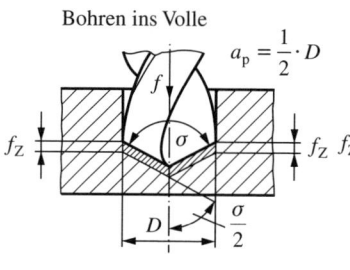

Aufbohren

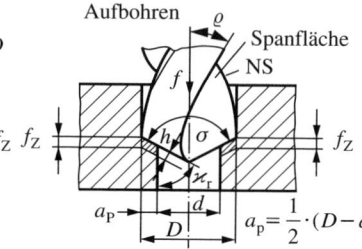

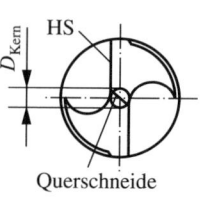

Querschneide

$l_{\text{Quersch.}} \approx D_{\text{Kern}}$
$\approx [(0{,}17\ldots 0{,}30)\,0{,}40]\,D$

Abstand des Kraftangriffs von der Senkrechtachse

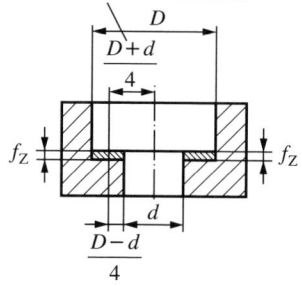

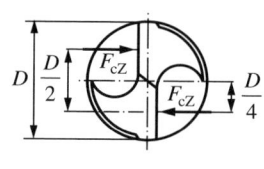

Abstand des Kraftangriffs von der Bohrerachse beim Aufbohren

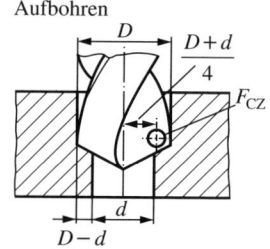

Sonderformen und Anschliffe (Gestaltung von Bohrern, vgl. DIN 6581):

- Spitzen- (und Drall-)Winkel:

Standardwinkel:
$\sigma = 118°$
$\sigma = 130°$
$\sigma = 90°$
ϱ Drallwinkel

- Sonderanschliffe nach DIN 1412:

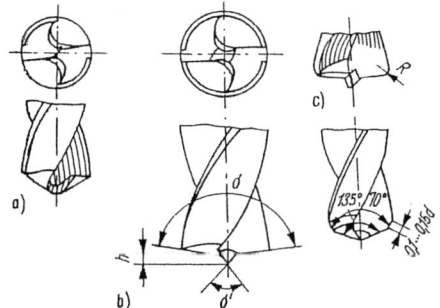

a)   Zähe und hochfeste Werkstoffe
b), c) Bohren weicher Materialien und Bleche (gute Zentrierung)
d)   Spanen nicht gerader Anschnittflächen und von Guss- und Schmiedeteilen

- Spitzenformen für HM-Bohrer:

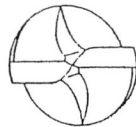 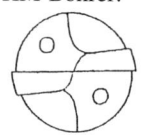

Fase — keine Schneide in der Mitte

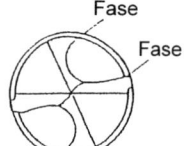

Fase

Schnittkraft-, Vorschubkraft- und Leistungsberechnungen

1. Kräfte beim Bohren und Aufbohren mit Spiralbohrer

$$F_c = Z_{iE} \cdot b \cdot h^{(1-m)} \cdot k_{C1.1} \cdot \prod \cdot K = Z_{iE} \cdot b \cdot h^{(1-m)} \cdot k_{C1.1} \cdot K_{Ver} \cdot f_{Verf} \quad \text{in N}$$

$$b = \frac{D-d}{2\sin 0{,}5\sigma} \quad \text{in mm} \qquad h = f_Z \sin 0{,}5\sigma \quad \text{in mm} \qquad \text{Bohren ins Volle: } d = 0$$

$$f_Z = 0{,}5f \quad \text{in mm}$$

$$F_V = (0{,}6 \ldots 0{,}8)F_c \quad \text{in N} \quad \text{(dabei gilt 0,6 für Stahl- und 0,8 für Gusswerkstoffe) oder}$$

$$F_V \approx 425{,}7 \cdot D^{1{,}18} \cdot f^{0{,}73} \quad \text{in N}$$

F_c Gesamtschnittkraft am Bohrwerkzeug in N
F_{cZ} Schnittkraft pro Schneide (Schneidkeil) in N
F_V Gesamtvorschubkraft am Bohrer in N
K_{Ver} Korrektur für den Schneidenverschleiß,
       $K_{Ver} = 1{,}25 \ldots 1{,}40$, meist für $L = 5\,000$ mm; (bei Guss-/Stahlwerkstoffen)
Z Anzahl vorhandener Schneiden ($Z = 2$ beim Spiralbohrer)
Z_{iE} Anzahl im Eingriff befindlicher Schneiden, bei Spiralbohrern gilt $Z = Z_{iE} = 2$
b Spanungsbreite in mm
h Spanungsdicke in mm
f_{Verf} Verfahrensfaktor; $f_{Verf} = 1{,}0$ beim Bohren ins Volle mit Bohrern aus SS
                 $f_{Verf} = 1{,}05$ Bohren ins Volle mit HM-Bohrern
                 $f_{Verf} = 0{,}95$ für das Aufbohren
$f; f_Z$ Gesamtvorschub; Vorschub pro Schneide in mm
σ Spitzenwinkel in °; beim Spiralbohrer meist $\sigma = 118°$ bei Stahl- und Gusswerkstoffen, $\sigma = 80°$ beim Bohren von Kunststoffen; vgl. Tafel T 4.1.8.3.1; $0{,}5\sigma \mathrel{\hat{=}} \varkappa$

Leistungsberechnung (im Allgemeinen über das Drehmoment am Bohrer M_d):

- beim Aufbohren mit $Z = 2$:

$$M_d = 0{,}05(D+d) \cdot F_c \quad \text{in N} \cdot \text{cm}$$

- für das Bohren ins Volle mit $Z = 2$:

$$M_d = 0{,}05 D \cdot F_c \quad \text{in N} \cdot \text{cm}$$

$$P_c = \frac{M_d \cdot n}{955\,400} = \frac{M_d \cdot v_c \cdot 1\,000}{955\,400 D \cdot \pi} = \frac{M_d \cdot v_c}{D \cdot 3\,000} \quad \text{in kW} \qquad P_A = \frac{P_c}{\eta}$$

oder (wie üblich)

$$P_c = \frac{F_c \cdot v_c}{60\,000} \quad \text{in kW}$$

D Bohreraußen-(Nenn-)Durchmesser in mm
M_d Drehmoment am Bohrer in N · cm
P_A Antriebsleistung in kW
P_c Schnittleistung in kW
d Vorgearbeiteter Bohrungsdurchmesser in mm
n Drehzahl des Bohrers in min^{-1}
v_c Schnittgeschwindigkeit, Richtwerte vgl. Tafel T 4.1.8.3.1
η Wirkungsgrad; $\eta = 0{,}75 \ldots 0{,}90$

2. Beziehungen für das Senken und Reiben
   - Unterschiede beim **Senken**: Prinzipiell gelten für das Senken die gleichen Bedingungen wie für das Aufbohren; zu beachten sind:

   $$f_Z = \frac{f}{Z} \quad \text{in mm,}$$

   da in der Regel beim Senken gilt: $Z > 2$,

   $$h = f_Z \cdot \sin 0{,}5\sigma$$

   zur Berechnung von k_c, wobei bei Kopfsenkern entsteht $0{,}5\sigma = 90°$, d. h. $\sin 0{,}5\sigma = 1$, wodurch $h = f_Z$.

   $f_{\text{Verf}} = 1{,}0$
   $K_{\text{Ver}} = 1{,}3$ (siehe auch S. 130)

   $$M_d = 0{,}025 Z_{iE} \cdot F_{cZ} \cdot (D + d) \quad \text{in N} \cdot \text{cm}$$

   - Beim **Reiben** kann infolge $h \to$ Min, d. h. $F_c \to$ Min und P_c; $P_A \to$ Min, eine Kraft- und Leistungsberechnung im Allgemeinen entfallen.

   Richtwerte für Schnitttiefen (Auf- bzw. Untermaße) in mm:

Werkstoffe	Bohrungsdurchmesser in mm						
	4	10	15	25	40	60	65
Stahl, Grauguss (hart)	0,1	0,15	0,20	0,28	0,30	0,53	0,68
Schwer spanbare Werkstoffe	0,09	0,11	0,13	0,17	0,38	0,40	
Grauguss (weich); Al, Cu und Legierungen	0,14	0,25	0,30	0,38	0,50	0,70	0,75
Kunststoffe (Duroplaste)	0,18	0,24	0,32	0,42	0,50	0,70	0,80

   Generell gilt für die Bestimmung der Leistung:

   $$P_c = \frac{M_d \cdot n}{955\,400} \quad \text{in kW}$$

3. Schnittkräfte beim Gewindebohren, vgl. T 4.1.8.3.3

   Eingriffsverhältnisse am Gewindebohrer (nach [2] für so genannte Einschnittgewindebohrer mit kleinerem Anschnitt im Vergleich zur Gewindelänge):

   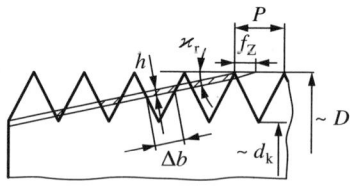

   $$F_c = Z \cdot h \cdot b \cdot k_c \cdot f_{\text{Verf}} \cdot K_{\text{Ver}} \quad \text{in N}$$

   oder

   $$F_c = \frac{1}{4} P \cdot (D - d_V) \cdot k_c \cdot f_{\text{Verf}} \cdot K_{\text{Ver}} \quad \text{in N}$$

   $$h = \sin\varkappa_r \cdot \frac{P}{Z} \quad \text{in mm}$$

   $$b \approx \frac{D - d_v}{4 \sin\varkappa_r} \quad \text{in mm}$$

   D Gewindenenndurchmesser in mm
   K_{Ver} Korrekturfaktor für den Schneidenverschleiß
   P Gewindesteigung in mm

4.2 Spanen und Abtragen (mit Generieren)

Z   Anzahl der Schneidstollen, üblich: $Z = 3 \ldots 5$
b   Spanungsbreite in mm
d_k Gewindekerndurchmesser in mm
d_v Vorbohrdurchmesser in mm; Richtwerte siehe Tafel T 4.1.8.3; Häufig: $\boxed{d_v \approx 0{,}8D}$ in mm
f_{Verf} Verfahrensfaktor; Richtwerte siehe unten (aus [2])
h   Spanungsdicke in mm
k_c Spezifische Schnittkraft, vgl. Tafel T 4.1.3
n   Drehzahl in min^{-1}; $v_c \approx 0{,}75 v_{c\,\text{Tab Drehen}}$ für Werte aus Tafel T 4.1.4
$\varkappa_r$ Anschnittwinkel in °
η Wirkungsgrad; $\eta = 0{,}75 \ldots 0{,}9$

Schnittkraft bei vorgebohrtem Gewinde:

$$\boxed{F_c = 0{,}25 P \cdot (D - d_v) \cdot k_c \cdot f_{\text{Verf}} \cdot K_{\text{Ver}}} \quad \text{in N}$$

$$\boxed{M_d = 0{,}025 F_c \cdot (D + d_v)} \quad \text{in N} \cdot \text{cm}$$

$$\boxed{P_c = \frac{M_d \cdot n}{955\,400}} \quad \text{in kW} \quad \text{und damit}$$

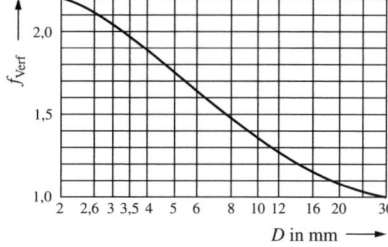

$$\boxed{P_A = \frac{P_c}{\eta}} \quad \text{in kW}$$

$$\boxed{M_{d\,\text{Bruch}} \approx 0{,}55 D^{2{,}8}} \quad \text{in N} \cdot \text{cm}$$

Verteilung des Kraftbedarfes beim Einsatz von Satzbohrern (im Vergleich zu den o. g. Einschnittbohrern, siehe auch T 4.1.8.3.3):

Vorschneider: ca. $40 \ldots 60\,\%$
Nachschneider: ca. $30\,\%$
Fertigschneider: ca. $20\,\%$

Maschinenhauptzeiten beim Bohren, Senken, Reiben

1. Bohren und Aufbohren

   Eingriffsverhältnisse:

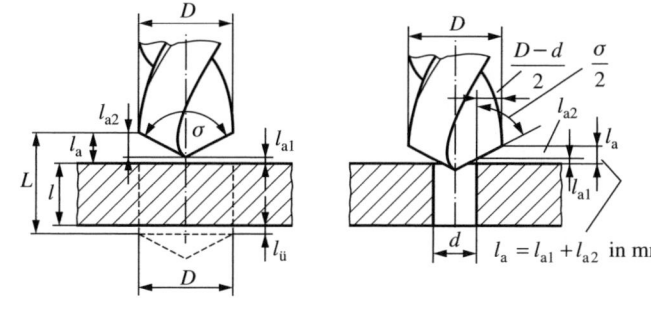

$l_a = l_{a1} + l_{a2}$ in mm

$$\boxed{t_H = \frac{L}{f \cdot n}} \quad \text{in min,} \quad \text{wobei} \quad L = l_{a1} + l_{a2} + l + l_{\ddot{u}} \quad \text{in mm}$$

$$\boxed{l_{a1} = 1{,}0 \ldots 3{,}0 \text{ mm}}$$

Üblich: $l_{\max} \approx (2{,}5 \ldots 3{,}0) D$ in mm (darüber hinaus: Ausspanen!)

$$l_{a2} = \frac{D}{2\tan 0{,}5\sigma} \approx 0{,}3D \quad \text{in mm,} \qquad \text{für das Bohren ins Volle bei } \sigma = 118°$$

$$l_{a2} = \frac{D-d}{2\tan 0{,}5\sigma} \quad \text{in mm} \qquad \text{beim Aufbohren}$$

$$l_{\ddot{u}} = 2{,}0\ldots 3{,}0 \text{ mm}$$

Speziell für das Tieflochbohren gilt:

$$t_H = \frac{L}{f \cdot (n_{Wst} + n_{Wz})} \quad \text{in min}$$

n_{Wst} Drehzahl des Werkstücks in min^{-1}
n_{Wz} Drehzahl des Werkzeugs in min^{-1}
f Vorschub in mm; Richt- bzw. Tabellenwerte $f_{Tabelle}$ vgl. Anhang T 4.1.8.3, T 4.1.8.3.1

2. Senken und Reiben (Richtwerte vgl. Tafel T 4.1.8.3.1 und T 4.1.8.3.2)

$$t_H = \frac{L}{f \cdot n} \quad \text{in min}$$

mit den speziellen Gegebenheiten beim
- Senken: $l_{a1} + l_{a2} = 2{,}0\ldots 3{,}0$ mm und $l_{\ddot{u}} = 0$ mm
- Reiben: $l_{a1} + l_{a2} = D$ in mm

Besonderheiten beim Mehrspindelbohren sowie spezielle Korrekturwerte

1. Korrektur des Vorschubes in Abhängigkeit von
   - Bohrungslänge (K_{fL}),
   - Vorbearbeitung (K_{fV}) und
   - Bohreranzahl (K_{fBz}):

$$f = f_{Tabelle} \cdot K_{fL} \cdot K_{fV} \cdot K_{fBz} \quad \text{in mm}$$

a) Bohrungslänge K_{fL}:

Üblich: $l \approx (2{,}5\ldots 6{,}0)D_{Bohrer}$ in mm, ab $l \geq 5D_{Bohrer}$ in mm ist Ausspanen zweckmäßig

D_{Bohrer}	$l = f(D_{Bohrer})$			
≤ 20 mm	$< 5{,}0 D_{Bohrer}$	$(5{,}0\ldots 8{,}0)D_{Bohrer}$		$> 8 D_{Bohrer}$
$20\ldots 32$ mm	$< 4{,}0 D_{Bohrer}$	$(4{,}0\ldots 6{,}3)D_{Bohrer}$		$6{,}3 D_{Bohrer}$
$32\ldots 50$ mm	$< 3{,}2 D_{Bohrer}$	$(3{,}2\ldots 5{,}0)D_{Bohrer}$		$5{,}0 D_{Bohrer}$
$50\ldots 80$ mm	$< 2{,}5 D_{Bohrer}$	$(2{,}5\ldots 4{,}0)D_{Bohrer}$		$4{,}0 D_{Bohrer}$
$K_{fL} =$	1,0	0,8		0,5

b) Vorgebohrte Bohrung K_{fV}:

D_{Bohrer}	in mm	10	15	20	25	30	35	40	45	50	60	70
d_v	in mm	4	5	7,5	10	12,5	15	15	15	17,5	20	22
$K_{fV} =$		1,41	1,36	1,33	1,30	1,28	1,27	1,26	1,25	1,24	1,22	1,20

c) Bohreranzahl K_{fBz} (Mehrspindelbohren):

Bohreranzahl		
1	$\rightarrow$	$K_{fBz} = 1{,}00$
2…3		$= 0{,}80$
4…8		$= 0{,}58$
9…12		$= 0{,}42$
> 12		$= 0{,}29$

2. Korrektur der Schnittgeschwindigkeit in Abhängigkeit der Bohreranzahl K_{vBz}:

$$v_c = v_{c\,\text{Tabelle}} \cdot K_{vBz} \quad \text{in m} \cdot \text{min}^{-1}$$

$v_{c\,\text{Tabelle}}$ Richtwert für v_c entsprechend Anhang T 4.1.8.3

Bohreranzahl		
1	→	$K_{vBz} = 1{,}00$
2...3		$= 0{,}90$
4...8		$= 0{,}85$
9...12		$= 0{,}75$
> 12		$= 0{,}65$

Besonderheiten beim Tieflochbohren, Weiteres vgl. [41] und [42]

Bohrvorgang mit $l \gg (3\ldots5) \cdot D$ in mm
Erreichbare Bohrungstoleranzen: IT 6 ... IT 11
Oberflächenrauheiten: $R_a \approx 0{,}1 \ldots 3{,}2\,\mu\text{m}$
Mittenversatz der Bohrung: $\Delta d \approx 0{,}1 \ldots 0{,}33$ mm/1 m Bohrungstiefe
Werkzeuge: Spiralbohrer (mit innerer KSSM-Zuführung): $l \approx 50D$ in mm
          Einlippentiefbohrer: $l \approx 100D$ in mm
                           $D \leq 63(250)$ mm
          BTA-Bohrer (Boring and Trepanning Association): $l \approx 100D$ in mm
                           $D \leq 63(1000)$ mm

Typisches Beispiel einer Schnittaufteilung:

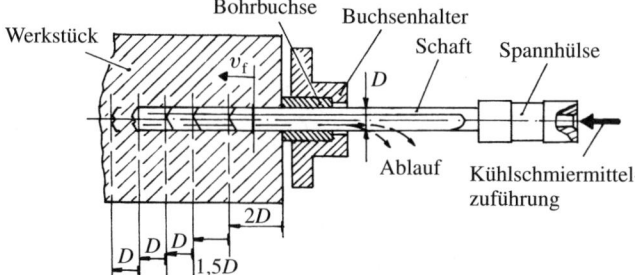

Richtwerte für Schnittgeschwindigkeiten und Vorschübe vgl. Tafel T 4.1.8.3.4

Beispiele typischer Tiefbohrwerkzeuge:
- Einlippenbohrer:

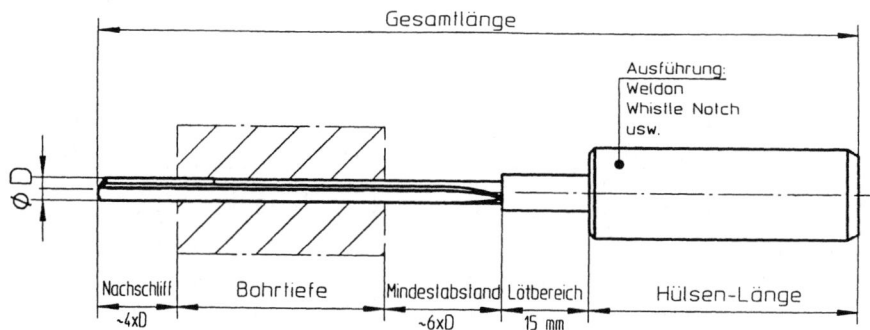

Schaft- und Bohrkopf-Querschnitte:

Vollschäfte:

Bohrschaft:

Leistenkopf:

Voll-HM-Kopf:

- BTA-Tieflochbohrer:

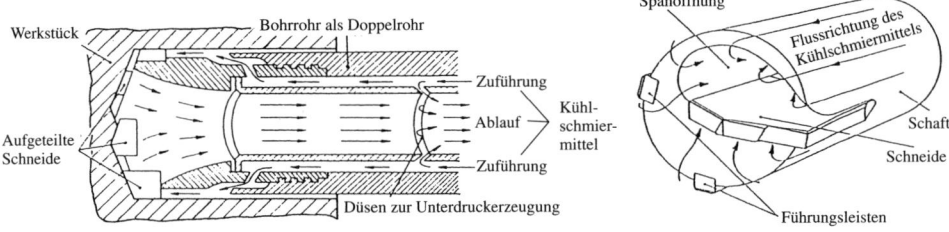

Berechnung der Maschinenhauptzeit beim Tieflochbohren mit umlaufendem Werkzeug und Werkstück:

$$t_\mathrm{H} = \frac{L}{f \cdot (n_{\mathrm{Wst}} + n_{\mathrm{Wz}})} \quad \text{in min}$$

n_{Wst} Drehzahl des Werkstücks in min^{-1}
n_{Wz} Drehzahl des Werkzeugs in min^{-1}
f Vorschub in mm; Richt bzw. Tabellenwerte t_{Tabelle} vgl. Tafel T 4.1.8.3.4

Besonderheiten beim Präzisionsbohren, vgl. [43]

- Funktionsprinzip:

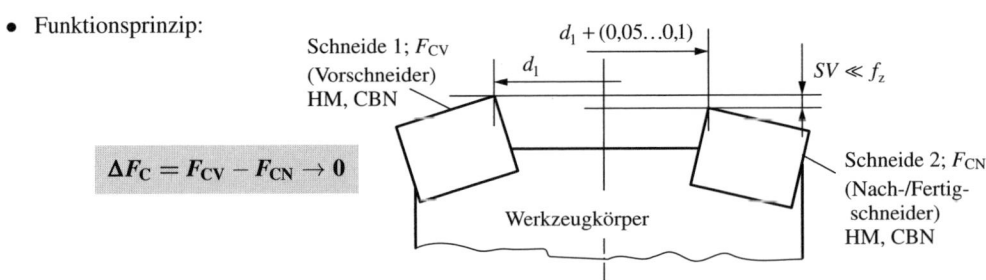

- Richtwerte:

Werkstoffgruppen	Zugfestigkeit in N · mm^{-2}	Schnittgeschwindigkeit in m · min^{-1}	Vorschub in mm	Schnitttiefe in mm	Rauheit R_z in μm
Bau- und Einsatzstähle	350...750	260...340	0,12...0,36	0,5...2,0	≥ 2,0
Vergütungsstähle	750...1100	160...240	0,12...0,32	0,5...2,0	≥ 2,0
Hoch legierte Stahle	900...1100	80...160	0,12...0,28	0,5...2,0	≥ 2,0
GG	150...500	200...320	0,12...0,50	0,5...4,0	≥ 4,0
GGG	300...800	200...320	0,12...0,50	0,5...4,0	≥ 0,6

4.2 Spanen und Abtragen (mit Generieren)

Empfehlungen zum Einsatz von KSSM, zu Bearbeitungsbedingungen und erreichbaren Arbeitsergebnissen bei der Bohrungsbearbeitung

1. Zuführdrücke und Mengen von KSSM (Mindestwerte nach [3]):

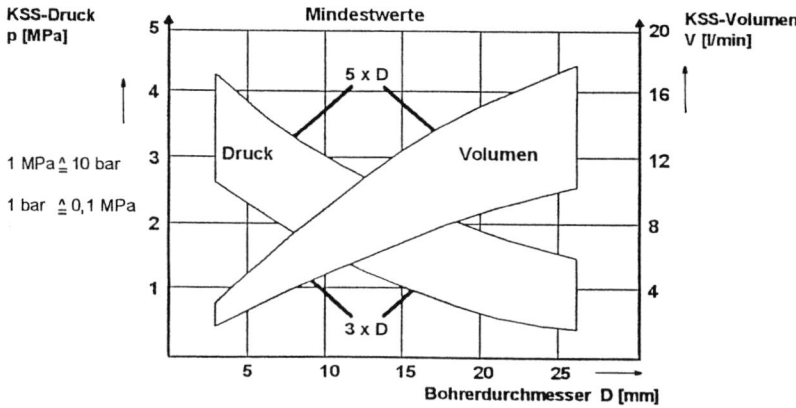

2. Bearbeitungsbedingungen und erreichbare Arbeitsergebnisse (teilweise nach [6]):

D in mm	L	R_a	IT	Schwache vorgearbeitete Bohrungen	– Maschinenleistung – Unregelmäßige Anbohrfläche – Bearbeitungen mit Querbohrung – Niedrige Kosten/Werkstück
2,50...12,00	$\leq 5D$	3,0 µm	IT 10	×	
3,00...12,70	$\leq 5D$	3,0 µm	IT 10		
9,50...30,00	$\leq 3,5D$	1...2 µm	IT 9		
	$\leq 5D$	2...4 µm	IT 10		
17,50...58,00 60,00...80,00	$\leq 2,5D$	6...10 µm	±0,2 mm		×
60,00...110,00	$\leq 2,5D$	6...10 µm	±1,0 mm (bez. auf den Durchmesser)	×	

Fräsen (Plan-, Rund-, Gewinde-)

Kinematische Verhältnisse

Gegenlauffräsen (GgL): Wz läuft gegen das Wst; gestreckte Kommaspäne; ständiges Wechseln der Kraftrichtungen; Stützkraftumkehr von Anschnitt zum Austritt:

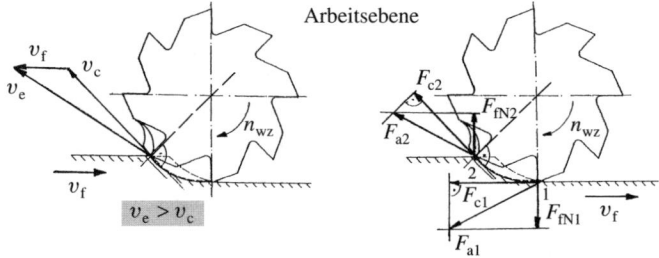

Gleichlauffräsen (GIL): Wz läuft mit dem Wst in gleiche Richtung; gedrungene Kommaspäne; F_f wechselt ständig die Richtung um 180°:

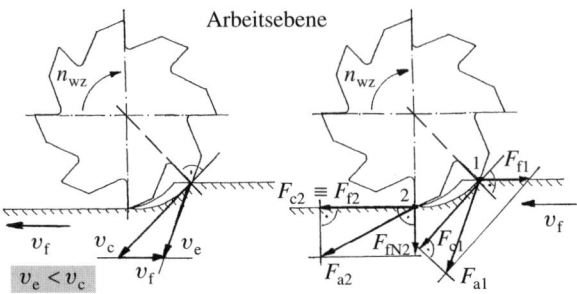

Folgerungen für den Bearbeitungsvorgang:
1. $h_{mGgL} > h_{mGlL} \rightarrow F_{CGgL} < F_{CGlL} \rightarrow P_{CGgl} < P_{CGlL} \rightarrow v_{CGgL} > v_{CGlL}$
2. GgL: Schneiden-„Quetschen" (Markierungen auf den Teileflächen, Rauheiten, ...)
   GlL: Schonung der Schneiden beim Anschnitt
3. GgL: Fräswerkzeug zieht das Werkstück „aus dem Spannmittel"
   GlL: Fräser zieht das Werkstück „in den Schnitt"

Schnittkraft- und Leistungsberechnungen

Betrachtungen beim Stirnfräsen

Eingriffsverhältnisse und Spanungsquerschnitt:

Spanungsbreite

$$b = \frac{a_p}{\sin \varkappa_r} \quad \text{in mm}$$

Spanungsdicke

$$h = f_c \cdot \sin \varkappa_r \quad \text{in mm} \quad \text{oder}$$

$$h \approx f_Z \cdot \sin \varphi \cdot \sin \varkappa_r \quad \text{in mm}$$

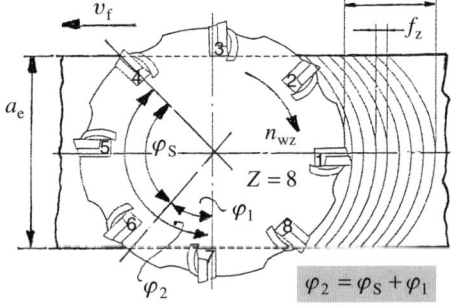

Mittlere Spanungsdicke

$$h_m = \frac{114{,}6°}{\varphi_s} \cdot f_Z \cdot \sin \varkappa_r \cdot \frac{a_e}{D} \quad \text{in mm}$$

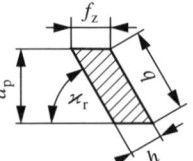

Schnittbogenwinkel

$$\varphi_s = \varphi_2 - \varphi_1 \quad \text{in °} \qquad \varphi_s = 180° - 2\varphi_1 \quad \text{in °}$$

Mittiges Stirnfräsen:

$$\cos \varphi_1 = 1 - \frac{2U_1}{D} \quad \text{und} \quad \cos \varphi_2 = 1 - \frac{2U_2}{D}$$

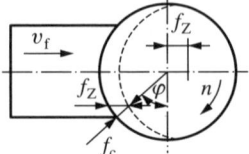

4.2 Spanen und Abtragen (mit Generieren)

Schnittvorschub

$$f_c \approx f_Z \cdot \sin\varphi \quad \text{in mm}$$

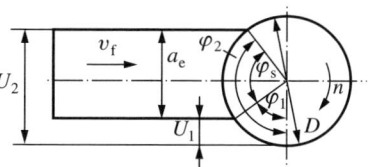

- a_e Eingriffsgröße in mm; $a_e = B_{\text{Wstück}}$ in mm
- a_p Schnitttiefe in mm
- D Durchmesser des Fräswerkzeuges in mm; $D \approx 1{,}25\, a_e$

Vorschub pro Zahn

$$f_Z = \frac{v_f}{n \cdot Z} \quad \text{in mm} \qquad f_{ges} = f_Z \cdot z \quad \text{in mm} \qquad v_f = z \cdot f_Z \cdot n_{Wz} \quad \text{in mm} \cdot \text{min}^{-1}$$

- v_f Vorschubgeschwindigkeit in mm · min^{-1}; Richtwerte für f_Z vgl. Tafel T 4.1.8.4
- $n; Z$ Drehzahl; Zähnezahl des Fräsers

Schnittkraft je Schneide

$$F_{cmZ} = b \cdot h_m \cdot k_c \cdot \prod K = b \cdot h_m \cdot k_c \cdot K_\gamma \cdot K_{vc} \cdot K_{Ver} \cdot K_{Sch} \quad \text{in N}$$

$$k_c = \frac{k_{C1.1}}{h_m^m} \quad \text{in N} \cdot \text{mm}^{-2}$$

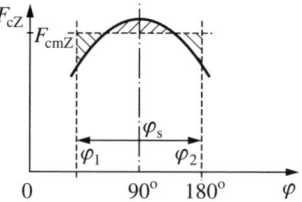

Richtwerte für $k_{C1.1}$ und m siehe Anhang T 4.1.3

$$K_\gamma = 1 - \frac{3(\gamma - \gamma_o)}{200} \quad \text{oder nach T 4.1.1}$$

Werte für γ_o für Stahl- und Gusswerkstoffe vgl. T 4.1.1
K_{vc} siehe dazu Diagramm T 4.1.1
$K_{Ver} = 1{,}2\ldots 1{,}4$ und $K_{Sch} = 1$, da meist HM

Gesamtschnittkraft

$$F_{cm} = Z_{iE} \cdot F_{cmZ} \quad \text{in N} \qquad Z_{iE} = \frac{\varphi_s \cdot Z}{360°}$$

- φ_s in ° (siehe oben)
- Z Zähnezahl des Fräsers
- Z_{iE} im Eingriff befindliche Zähne

Schnitt- und Antriebsleistung:

$$P_c = \frac{F_{cm} \cdot v_c}{60\,000} \quad \text{in kW} \qquad P_A = \frac{P_c}{\eta} \quad \text{in kW}$$

mit Wirkungsgraden $\eta = 0{,}7\ldots 0{,}9$

$$v_c = \frac{D \cdot \pi \cdot n}{1\,000} \quad \text{in m} \cdot \text{min}^{-1}$$

- D Fräserdurchmesser in mm
- n Fräserdrehzahl in min^{-1}

Erreichbare Rauheiten beim Fräsen:
- $R_{a\triangledown} \approx (40\ldots 100)\,\mu\text{m}$
- $R_{a\triangledown\triangledown} \approx (10\ldots 40)\,\mu\text{m}$
- $R_{a\triangledown\triangledown\triangledown} \approx (1{,}5\ldots 10)\,\mu\text{m}$
- $R_{aHSC} \gtrapprox 5\,\text{nm}$

Richtwerte für v_c vgl. Anhang T 4.1.4

Bedingungen beim Umfangsfräsen

Eingriffsverhältnisse und Spanungsquerschnitt (Bild siehe nächste Seite)
Mittlere Spanungsdicke

$$h_m = \frac{114{,}6°}{\varphi_s} \cdot \frac{f_Z \cdot a_e}{D} \quad \text{in mm}$$

Vorschub pro Zahn

$$f_Z = \frac{v_f}{n \cdot Z} \quad \text{in mm} \qquad \text{Richtwerte für } f_Z \text{ vgl. Tafel T 4.1.8.4.2}$$

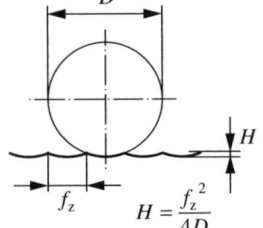

$H = \dfrac{f_Z^2}{4D}$

$$\cos \varphi_s = \frac{0{,}5D - a_e}{0{,}5D} = 1 - \frac{2a_e}{D}$$

$\varphi_s = \varphi_2$, da $\varphi_1 = 0°$ $\qquad \varkappa_r = 90°$

Spanungsbreite

$$b = B_{Wst} \quad \text{in mm}$$

Mittlere Schnittkraft je Schneide

$$F_{cmZ} = b \cdot h_m \cdot k_c \cdot \prod K \quad \text{in N}$$

k_c Spezifische Schnittkraft, vgl. T 4.1.3
$\prod K$ Produkt von Korrekturfaktoren

Schnitt- und Antriebsleistungen

$$P_c = \frac{Z_{iE} \cdot F_{cmZ} \cdot v_c}{60\,000} \quad \text{in kW}$$

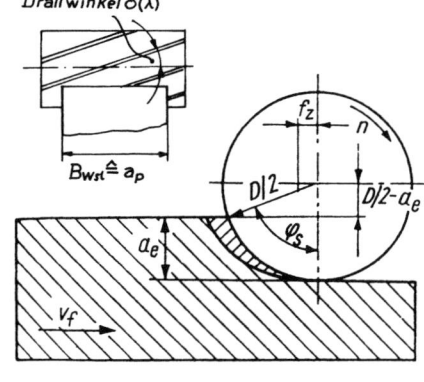

$$P_A = \frac{P_c}{\eta} \quad \text{in kW}$$

Richtwert: $a_e \lessapprox (0{,}25 \ldots 0{,}35) \cdot D$

Z_{iE} und η siehe vorhergehende Seite

Bestimmung von Maschinenhauptzeiten
Umfangs-(oder Walz-)Fräsen

An- und Überlaufwege, Werkstücklängen

$$t_H = \frac{i \cdot L}{v_f} = \frac{i \cdot L}{f_Z \cdot n \cdot Z} \quad \text{in min}$$

L Vorschubweglänge (Fräsweg) in mm
i Anzahl erforderlicher Schnitte
f_Z Vorschub pro Schneide in mm
n Drehzahl des Fräswerkzeugs in min^{-1}
v_f Vorschubgeschwindigkeit in mm · min^{-1}
Z Schneidenanzahl am Fräser in Stück

$$L = l_{a1} + l_{a2} + (2l_Z + l) + l_ü \quad \text{in mm}$$

l_{a1} Verfahrensbedingter Anlaufweg in mm; Richtwert: $l_{a1} = 1{,}0 \ldots 5{,}0$ mm
mit $l_{a1} = 1{,}0 \ldots 2{,}0$ mm beim Schlichten und
$l_{a1} = 3{,}0 \ldots 5{,}0$ mm für das Schrupp- und Walzenstirnfräsen

l_{a2} Werkzeugbedingter Anlaufweg in mm; $l_{a2} = \sqrt{D \cdot a_e - a_e^2}$ in mm

l_Z Längenzugabe in mm
l Werkstücklänge in mm (Fertigmaß des Teiles entsprechend Zeichnung)
$l_ü$ Überlaufweg des Werkzeugs in mm,
Richtwert: $l_ü = l_{a1} = 1{,}0 \ldots 5{,}0$ mm, Zuordnungen siehe oben

Stirnfräsen

$$t_H = \frac{i \cdot L}{v_f} \quad \text{in min}$$

- i Anzahl erforderlicher Schnitte
- L Vorschubweglänge in mm
- v_f Vorschubgeschwindigkeit in mm · min^{-1} (S. 165)

1. Mittiges Stirnfräsen

   Vorschubwege beim Schruppen: Vorschubwege beim Schlichten:

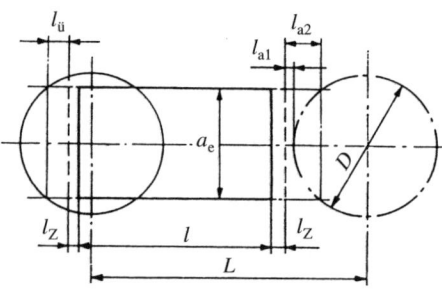 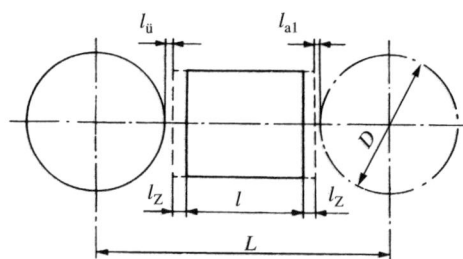

   Schruppen

   $$L = l_{a1} + l_{a2} + (2l_Z + l) + l_{ü}$$
   $$= l_{a1} + \left(0{,}5D - 0{,}5\sqrt{D^2 - a_e^2}\right) + (2l_Z + l) + l_{ü} \quad \text{in mm}$$

   Schlichten

   $$L = l_{a1} + 0{,}5D + (2l_Z + l) + l_{ü} \quad \text{in mm} \qquad l_{ü} = (1\ldots5) + 0{,}5D \quad \text{in mm}$$

   $l_{a1} = 1\ldots5$ mm beim Schruppen
   $l_{a1} = 1\ldots3$ mm für das Schlichten
   $l_{ü} = l_{a1}$ in mm

2. Außermittiges Stirnfräsen

   An- und Überlaufwege, Werkstücklängen für das Schruppfräsen:

   a) Fräsermitte liegt *innerhalb* von a_e bzw. B_{Wst} b) Fräsermitte liegt *außerhalb* von a_e bzw. B_{Wst}

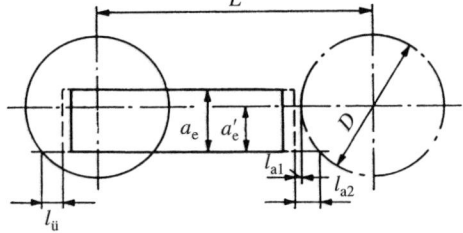 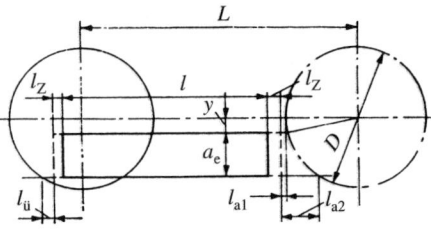

   a) Schruppen

   $$L = l_{a1} + \left(0{,}5D - \sqrt{(0{,}5D)^2 - a_e'^2}\right) + (2l_Z + l) + l_{ü} \quad \text{in mm}$$

   Schlichten

   $$L = l_{a1} + 0{,}5D + (2l_Z + l) + l_{ü} \quad \text{in mm} \qquad l_{ü} = (1\ldots5) + 0{,}5D \quad \text{in mm}$$

b) Schruppen

$$L = l_{a1} + \left(\sqrt{(0{,}5D)^2 - y^2} - \sqrt{(0{,}5D)^2 \cdot (a_e + y)^2}\right) + (l + 2l_Z) + l_\ddot{u} \quad \text{in mm}$$

Schlichten

$$L = l_{a1} + 0{,}5D + (2l_Z + l) + l_\ddot{u} \quad \text{in mm} \qquad l_\ddot{u} = (1 \ldots 5) + 0{,}5D \quad \text{in mm}$$

$l_{a1} = 1{,}0 \ldots 3{,}0$ mm für das Schlichten
$l_{a1} = 2{,}0 \ldots 5{,}0$ mm beim Schruppfräsen

Nutenschritt- und Nutentauchfräsen

Schrittfräsen:

$$t_H = \frac{(l - D) \cdot (t + C)}{v_f \cdot a_p} \quad \text{in min}$$

Tauchfräsen:

$$t_H = \frac{t + l_a}{v_{fs}} + \frac{l - D}{v_{fl}} \quad \text{in min}$$

C Konstante für Fräserein- und -ausläufe in mm;
     Richtwerte: $C = 0{,}3 \ldots 0{,}5$ mm
D Durchmesser des Nutfräsers in mm
a_p Zustellung in mm/Hub;
     Richtwerte: $a_p = 0{,}100 \ldots 0{,}175$ mm
l Länge der Nut in mm (Zeichnungsangabe)
t Tiefe der Nut in mm (nach Zeichnung)
v_f Vorschubgeschwindigkeit in mm · min^{-1}
     Richtwerte: $v_f = 250 \ldots 350$ mm · min^{-1}
         für Stahlwerkstoffe mit $R_m < 700$ N · mm^{-2}
         $v_f = 310 \ldots 400$ mm · min^{-1}
         bei Bearbeitung von GG bis HB 180
v_{fs}, v_{fl} Vorschubgeschwindigkeit senkrecht; längs in mm · min^{-1}

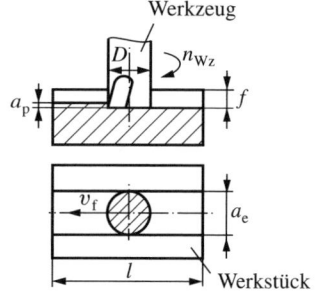

Besonderheiten beim Gewindefräsen

a) Kurzgewindefräsen

$$t_H = \frac{L}{v_f} \quad \text{in min} \qquad L \approx 1{,}167D \cdot \pi \quad \text{in mm}$$

$$v_f = Z \cdot f_Z \cdot n_{Wz} \quad \text{in mm · min}^{-1}$$

D Gewindeaußen-(nenn-)Durchmesser in mm
L Vorschubweglänge in mm, incl. Anlaufweg (Fräsen auf Tiefe)
Z Stollenanzahl der Gewindefräsers
f_Z Vorschubweg je Zahn in mm,
     Richtwerte siehe Anhang T 4.1.8.4.2
n_{Wz} Drehzahl des Gewindefräsers in min^{-1}
v_f Umfangs-Vorschubgeschwindigkeit in mm · min^{-1},
     Richtwerte vgl. Anhang T 4.1.8.4.2

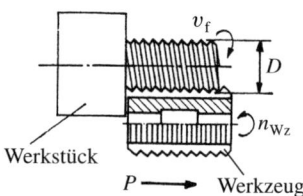

b) Langgewindefräsen

$$t_H = \frac{i \cdot L \cdot G \cdot D \cdot \pi}{P \cdot v_f} \quad \text{in min}$$

$$v_f = Z \cdot f_Z \cdot n_{Wz} = \frac{1\,000Z \cdot f_Z \cdot v_c}{d_{Wz} \cdot \pi} \quad \text{in mm · min}^{-1}$$

4.2 Spanen und Abtragen (mit Generieren)

D Gewindeaußendurchmesser in mm
G Anzahl der Gewindegänge
L Gewindelänge in mm
P Gewindesteigung in mm
Z Schneidenanzahl des Fräswerkzeugs
f_Z Vorschub pro Zahn in mm,
Richtwerte siehe Anhang T 4.1.8.4.2
i Anzahl erforderlicher Schnitte
d_{Wz} Fräserdurchmesser in mm
n_{Wz} Drehzahl des Scheibenfräsers in min^{-1}
v_c Schnittgeschwindigkeit in $\text{m} \cdot \text{min}^{-1}$,
Richtwerte vgl. Anhang T 4.1.8.4.2
v_f Umfangs-Vorschubgeschwindigkeit in $\text{mm} \cdot \text{min}^{-1}$,
Richtwerte in Anhang T 4.1.8.4.2

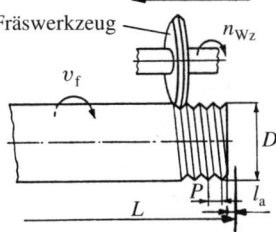

Gegebenheiten und Bedingungen beim Drehfräsen

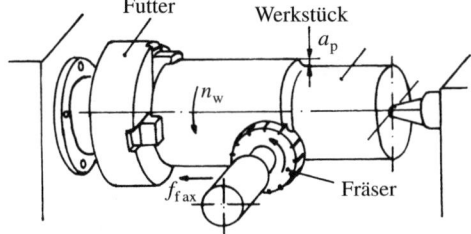

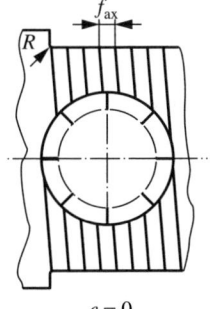 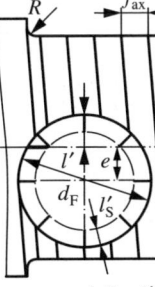 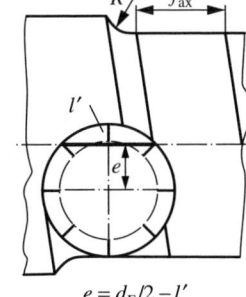 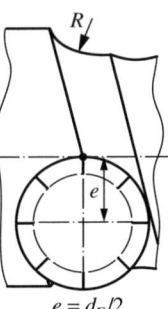

$e = 0$ $e < d_F/2 - l'$ $e = d_F/2 - l'$ $e = d_F/2$

Richtwerte und Empfehlungen:
- Schneidstoffe: HM P20 + TiN
- Schnitttiefen: $a_p = 5\ldots 7$ mm
- $V_{\text{Sp.Drehfr}} \approx (1{,}3\ldots 1{,}5) V_{\text{Sp.Frs.übl}}$ in $\text{cm}^3 \cdot \text{min}^{-1}$
- Schnittgeschwindigkeiten und Vorschubwerte:

Werkstoffgruppen		v_c in $\text{m} \cdot \text{min}^{-1}$	f_z in mm
Kohlenstoffstähle mit:			
$C \approx 0{,}15\%$;	$R_m \approx 500\,\text{N} \cdot \text{mm}^{-2}$	230	0,12...0,4
$C \approx 0{,}45\%$;	$R_m \approx 520\ldots 800\,\text{N} \cdot \text{mm}^{-2}$	180	
$C \approx (0{,}6\ldots 0{,}9)\%$;	$R_m \approx 750\ldots 1050\,\text{N} \cdot \text{mm}^{-2}$	160	
$C \approx (0{,}15\ldots 1{,}05)\%$;	$R_m \approx 920\ldots 1200\,\text{N} \cdot \text{mm}^{-2}$	140	
$C \approx 1{,}05\%$;	$R_m \approx 900\ldots 1280\,\text{N} \cdot \text{mm}^{-2}$	120	
Rost- und säurebeständige Stähle:			
	$R_m \approx 500\ldots 750\,\text{N} \cdot \text{mm}^{-2}$	190	
	$R_m \approx 600\ldots 1150\,\text{N} \cdot \text{mm}^{-2}$	220	
GO mit < 180 HB		195	0,15...0,3
GG mit > 180 HB		160	
GGG		130	

Besonderheiten beim Form- oder Satzfräsen

Formfräser (Werkfotos [45]):

Satzfräser:

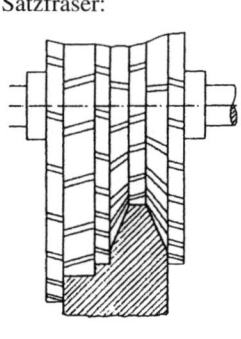

Spezielle Bedingungen beim Schälen/Einzahn-/Schlagzahnfräsen; (Gewinde-)Wirbeln

$$t_H \approx \frac{i \cdot L}{n_{Wst} \cdot P} \quad \text{in min}$$

- bei Außengewinden

$$n_{Wst} = \frac{n_{Wz} \cdot f_u}{D \cdot \pi} \quad \text{in min}^{-1}$$

- für Innengewinde

$$n_{Wst} = \frac{n_{Wz} \cdot f_u}{D_K \cdot \pi} \quad \text{in min}^{-1}$$

f_u Umfangsvorschub je Zahn in mm, Richtwerte siehe Anhang T 4.1.8.4.2
i Anzahl erforderlicher Schlagfrässchnitte
n_{Wst} Werkstückdrehzahl in min^{-1}
n_{Wz} Werkzeugdrehzahl in min^{-1}
D Gewindeaußendurchmesser in mm
D_K Gewindekerndurchmesser in mm
L Gewindelänge in mm
P Gewindesteigung in mm

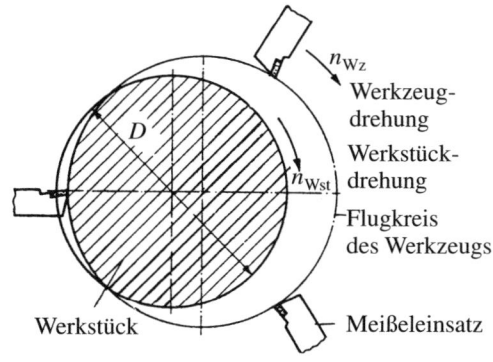

Richtwerte: $v_c \approx [90\,(120 \ldots 130)\,360]\,\text{m} \cdot \text{min}^{-1}$
$T = 90\,\text{min}$ (für E295 ... E360)

Besonderheiten beim Zirkularfräsen [46]

- Tatsächliche Werte für f_z, v_f und radiale a_e beim Zirkularfräsen innen:

Werkzeugzentrumsvorschub:

$$v_{f1} = v_f \sqrt{\frac{D_m - D_c}{D_m}} \quad \text{in mm} \cdot \text{min}^{-1}$$

Vorschub pro Wendeschneidplatte:

$$f_z = \frac{D_{ap} \cdot h_m}{\sin K_r \sqrt{D_{ap}^2 - (D_{ap} - 2a_e)^2}} \quad \text{in mm}$$

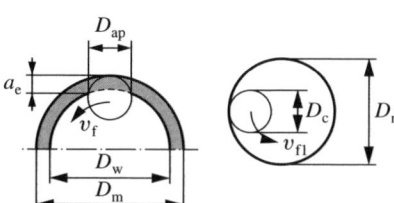

4.2 Spanen und Abtragen (mit Generieren)

Radiale Schnitttiefe:

$$a_e = \frac{D_m^2 - D_w^2}{4 \cdot (D_m - D_{ap})} \quad \text{in mm}$$

- Tatsächliche Werte für f_z, v_f und radiale a_e beim Zirkularfräsen außen:

Werkzeugzentrumsvorschub:

$$v_{fl} = v_f \sqrt{\frac{D_m + D_c}{D_m}} \quad \text{in mm} \cdot \text{min}^{-1}$$

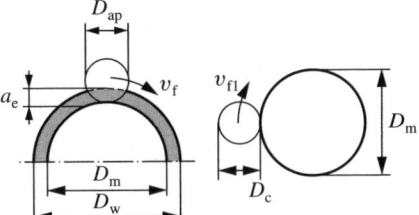

Vorschub pro Wendeschneidplatte:

$$f_z = \frac{D_{ap} \cdot h_m}{\sin K_r \sqrt{D_{ap}^2 - (D_{ap} - 2a_e)^2}} \quad \text{in mm}$$

Radiale Schnitttiefe:

$$a_e = \frac{D_w^2 - D_m^2}{4 \cdot (D_m + D_{ap})} \quad \text{in mm}$$

Gegebenheiten und Bedingungen beim HSC-Fräsen

Tendenzdarstellung:

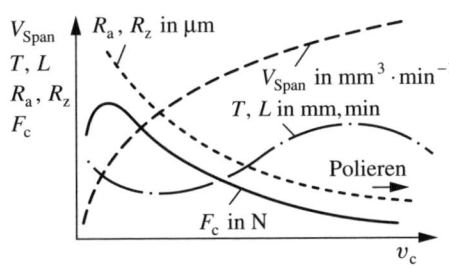

Erreichbare Rauheiten [47]:

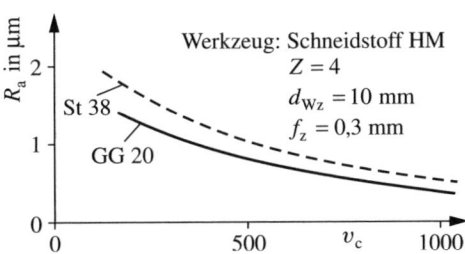

Bearbeitungsparameter: $n_{Wz} \approx (30 \ldots 240) \cdot 10^3 \text{ m} \cdot \text{min}^{-1}$
$a_p \approx [0{,}15 \, (0{,}5 \ldots 5{,}0) \, 15] \text{ mm}$
$v_f \approx 15\,000 \text{ mm} \cdot \text{min}^{-1}$

Besonderheiten beim Fräsen harter Werkstoffe ($HRC < 66 \ldots 68$)

- Schneidstoffe: HM (Feinstkorn-, z. B. K20 + TiAlN)
- Bearbeitungsparameter:
  $v_c \approx [100 \, (200 \ldots 250) \, 300] \text{ m} \cdot \text{min}^{-1}$
  [$v_c \approx 3 \, (90 - HRC_{Wst})$ in m $\cdot$ min^{-1}, zur Beachtung: Gleichung ist nicht maßeinheitengerecht!]
  $f; f_z \approx [0{,}03 \, (0{,}1 \ldots 0{,}3)] \text{ mm}$
  $a_p \approx [0{,}10 \, (0{,}20 \ldots 1{,}2) \, 2{,}5] \text{ mm}$ ($a_p \approx 2D_{Wz}$; $a_e \approx 0{,}02 D_{Wz}$)
  $n \approx (1500 \ldots 15\,000) \text{ min}^{-1}$

Sägen (Band-, Bügel- und Kreis-)

Eingriffsverhältnisse

beim Band-(und Bügel-)Sägen [48], [49]:   beim Kreissägen [2]:

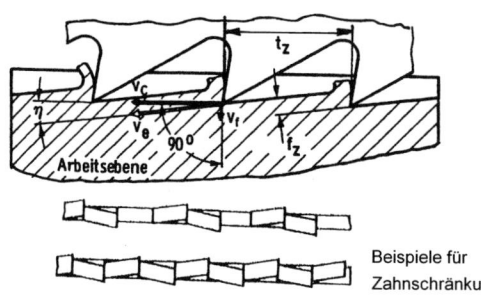 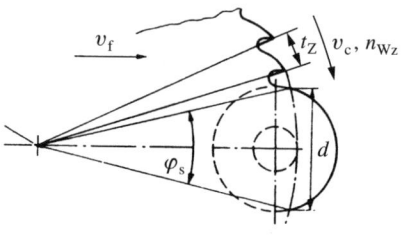

Beispiele für Zahnschränkungen

Berechnung von Schnittkraft, Schnitt- und Antriebsleistung

Schnittkraft pro Zahn

$$F_{cZ} = a_p \cdot f_Z \cdot k_c \cdot f_{Säg} \cdot K_{Ver} = b \cdot h \cdot k_c \cdot f_{Säg} \cdot K_{Ver} \quad \text{in N}$$

A_s Spezifische Schnittfläche in mm²/min (Angaben vom Hersteller der Sägemaschine und T 4.1.8.5)
K_{Ver} Korrekturfaktor für den Schneidenverschleiß, Richtwert: $K_{Ver} \approx 1{,}3$
Z Zähnezahl des Sägeblattes
a_p Schnittbreite in mm
b Spanungsbreite in mm
d Werkstückdicke (-breite oder -durchmesser) in mm
$f_{Säg}$ Verfahrensfaktor für das Sägen, Richtwert: $f_{Säg} = 1{,}15$
f_Z Vorschub pro Zahn in mm

$$f_Z = A_s / (d \cdot n_{Wz} \cdot Z) \quad \text{in mm; Kreissägen}$$

$$f_Z = A_s / (d \cdot v_c \cdot 1\,000) \quad \text{in mm; Bandsägen}$$

Richtwerte für A_s und v_c vgl. Anhang T 4.1.8.5
h Spanungsdicke in mm;
Hinweis: Da $\varkappa_r = 90°$ und damit $\sin \varkappa_r = 1$, gelten $b \approx a_p$ und $h \approx f_Z$
k_c Spezifische Schnittkraft in N · mm^{-2}

$$k_c = k_{C1.1} / f_Z^m \quad \text{in N} \cdot \text{mm}^{-2}; \text{ Richtwerte für } k_{C1.1} \text{ vgl. Anhang T 4.1.8.5}$$

n_{Wz} Drehzahl des Sägeblattes in min^{-1}
t_Z Zahnteilung am Sägeblatt in mm
v_c Schnittgeschwindigkeit in m · min^{-1}
φ_s Schnittbogenwinkel in °

Gesamtschnittkraft

$$F_c = Z_{iE} \cdot F_{cZ} \quad \text{in N} \qquad \text{mit} \qquad Z_{iE} = \frac{\varphi_s \cdot Z}{360°} \quad \text{beim Kreissägen}$$

$$Z_{iE} > 3 \qquad\qquad Z_{iE} = \frac{d}{t_Z} \quad \text{für das Bandsägen}$$

4.2 Spanen und Abtragen (mit Generieren)

Schnitt- und Antriebsleistung

$$P_c = \frac{F_c \cdot v_c}{60\,000} \quad \text{in kW} \quad \text{und} \quad P_A = \frac{P_c}{\eta} \quad \text{in kW}$$

$\eta = 0{,}7 \ldots 0{,}8$ für Bügelsägen
$\eta = 0{,}8 \ldots 0{,}9$ bei Kreissägen

Bestimmung der Maschinenhauptzeit

$$t_H = \frac{A}{A_s} = \frac{A}{f_s \cdot n_{Wz}} \quad \text{in min}$$

A Zu trennender Teilequerschnitt in mm^2
A_s Spezifische Schnittfläche in mm^2/min; Richtwerte für A_s siehe Anhang T 4.1.8.5
f_s Schnittfläche je Umdrehung oder Doppel-Hub in mm^2/U oder mm^2/DH
n_{Wz} Drehzahl oder Hubzahl in min^{-1}

Räumen (Außen-, Innen-, Dreh-)

Eingriffsverhältnisse am Räumwerkzeug:

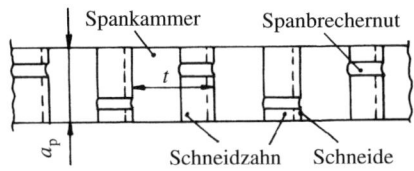
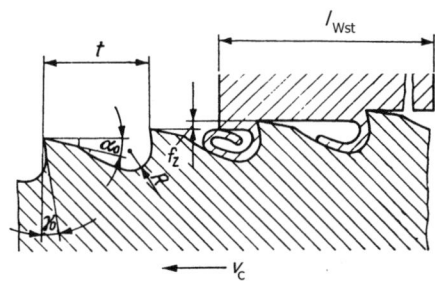

Beispiele typischer Innenräumwerkzeuge:

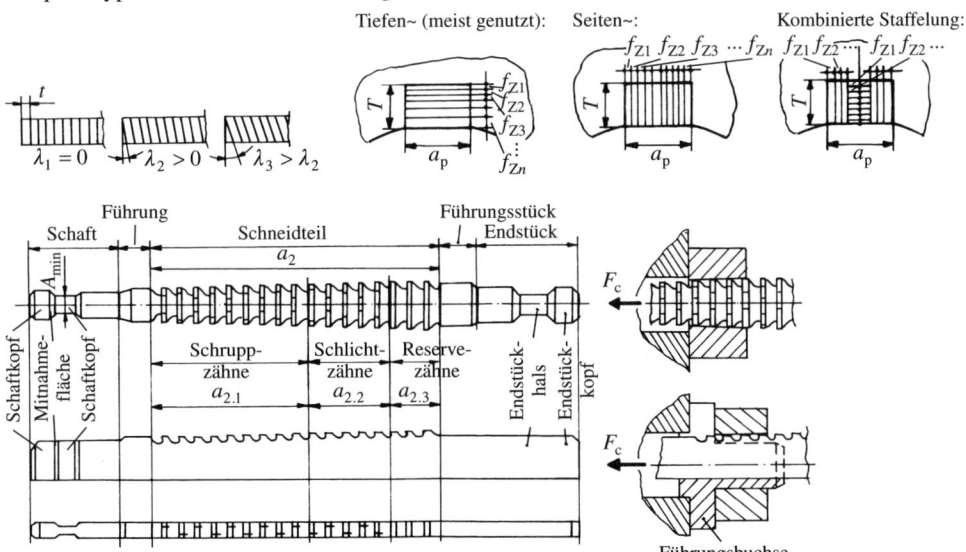

Bestimmung von Schnittkräften, Schnitt- und Antriebsleistungen

Gesamtschnittkraft am Räumwerkzeug:

$$F_c = Z_{iE} \cdot a_p \cdot f_Z \cdot k_c \cdot f_{\text{Räum}} \cdot K_\gamma \cdot K_{\text{Ver}} \quad \text{in N}$$

$$F_c < F_{Masch} \quad \text{in N} \qquad F_c \approx \frac{2}{3} F_{Masch} \quad \text{in N}$$

F_{Masch} Nennkraft der Räummaschine in N
K_{Ver} Korrekturwert für den verschleißbedingten Schnittkraftanstieg; Richtwert: $K_{Ver} = 1,3 \ldots 1,5$
K_γ Korrekturfaktor für den Spanwinkel; Richtwerte vgl. Anhang T 4.1.3; oder: $K_\gamma = 1 - (\gamma_o - \gamma)/66,7$
Z_{iE} Im Eingriff befindliche Zähnezahl;

$$Z_{iE} = l_{Wst}/t \quad ; \text{Hier auf nächste ganze Zahl runden! Orientierung: } Z_{iE} \geqq 3$$

a_p Schnittbreite des Räumwerkzeugs in mm
$f_{Räum}$ Verfahrensfaktor; Richtwerte: Innenräumen: $f_{Räum} = 1,10$
   Außenräumen: $f_{Räum} = 1,05$
f_Z Vorschub pro Zahn in mm, wobei $f_Z = h$
k_c Spezifische Schnittkraft in N · mm^{-2}, vgl. T 4.1.3 oder mit $k_c = k_{C1.1}/h^m$ in N · mm^{-2}
l_{Wst} Werkstücklänge in mm
t Teilung des Räumwerkzeugs in mm; Richtwert: $t \geqq 5$ mm; $t \neq$ konstant

Schnitt- und Antriebsleistungen:

$$P_c = \frac{F_c \cdot v_c}{60\,000} \quad \text{in kW} \qquad \text{und} \qquad P_A = \frac{P_c}{\eta} \quad \text{in kW}$$

v_c Schnittgeschwindigkeit in m · min^{-1}; Richtwerte siehe Anhang T 4.1.8.6
η Wirkungsgrad; Richtwert: $\eta = 0,6 \ldots 0,8$

Berechnung von Maschinenhaupt- und -nebenzeiten (Rücklaufzeit des Werkzeugs)

Hauptzeit: $$t_H = \frac{L_{Wz} + 1,5 l_{Wst}}{1\,000 v_c} \quad \text{in min}$$

Nebenzeit: $$t_N = \frac{L_{Wz} + 1,5 l_{Wst}}{1\,000 v_r} \quad \text{in min}$$

$$H = L_{Wz} + 1,5 l_{Wst} \quad \text{in mm}$$

H Eingestellter Hub der Räummaschine in mm
L_{Wz} Länge des Räumwerkzeugs in mm
l_{Wst} Werkstücklänge in mm
v_c Schnittgeschwindigkeit in m · min^{-1}; Richtwerte siehe Anhang T 4.1.8.6
v_r Rücklaufgeschwindigkeit in m · min^{-1}; $v_r \approx (6 \ldots 7)$ m · min^{-1}

Standlängen: $L \approx (20 \ldots 50) \cdot 10^3$ mm je Anschliff
Anzahl möglicher Anschliffe: $Z_{An} \leqq 10$
Zulässige Verschleißmarkenbreite: $VB_{zul} \approx 0,2 \ldots 0,4$ mm

Berechnung bearbeitbarer Werkstücklängen

$$l_{Wst} = \frac{t}{9 \cdot C \cdot f_Z} \quad \text{in mm}$$

t Teilung des Räumwerkzeuges in mm
C Spanraumzahl
f_Z Vorschub pro Zahn; Richtwerte vgl. Anhang T 4.1.8.6

4.2 Spanen und Abtragen (mit Generieren)

Besonderheiten beim Linear- und Rotationsdrehräumen
(im Gleich- und Gegenlauf; Bearbeitung harter Werkstoffe) [3], [50]

Funktionsprinzip des
- Linear-Drehräumens:
- Rotations-Drehräumens:

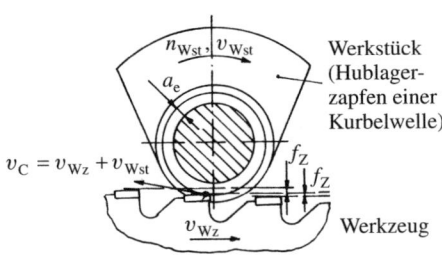
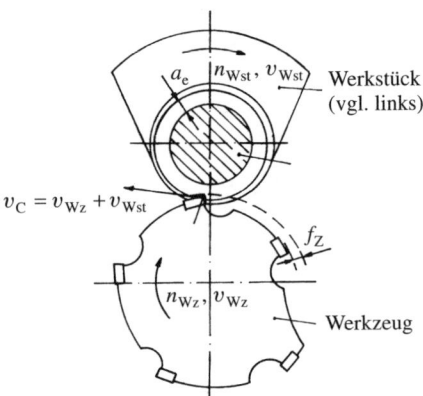

Bearbeitungsbedingungen, erreichte Arbeitsergebnisse beim Rotationsdrehräumen im Gleich- und Gegenlauf [50]

I —●— Gegenlauf	II —○— Gleichlauf	III —▲— Gegenlauf	IV —△— Gleichlauf
Zustellung: $f_Z = 0{,}075$ mm	Zustellung: $f_Z = 0{,}075$ mm	Zustellung: $f_Z = 0{,}05$ mm	Zustellung: $f_Z = 0{,}05$ mm
Vorschub: $f = 1{,}0$ mm	Vorschub: $f = 1{,}0$ mm	Vorschub: $f = 0{,}7$ mm	Vorschub: $f = 0{,}7$ mm

α_o	γ_o	$\varkappa_r$	λ_s	Fase	α_o	γ_o	$\varkappa_r$	λ_s	Fase	α_o	γ_o	$\varkappa_r$	λ_s	Fase	α_o	γ_o	$\varkappa_r$	λ_s	Fase
8°	−3°	90°	0°	T05020	10°	−5°	90°	0°	T05020	8°	−3°	90°	0°	T05010	10°	−5°	90°	0°	T05010

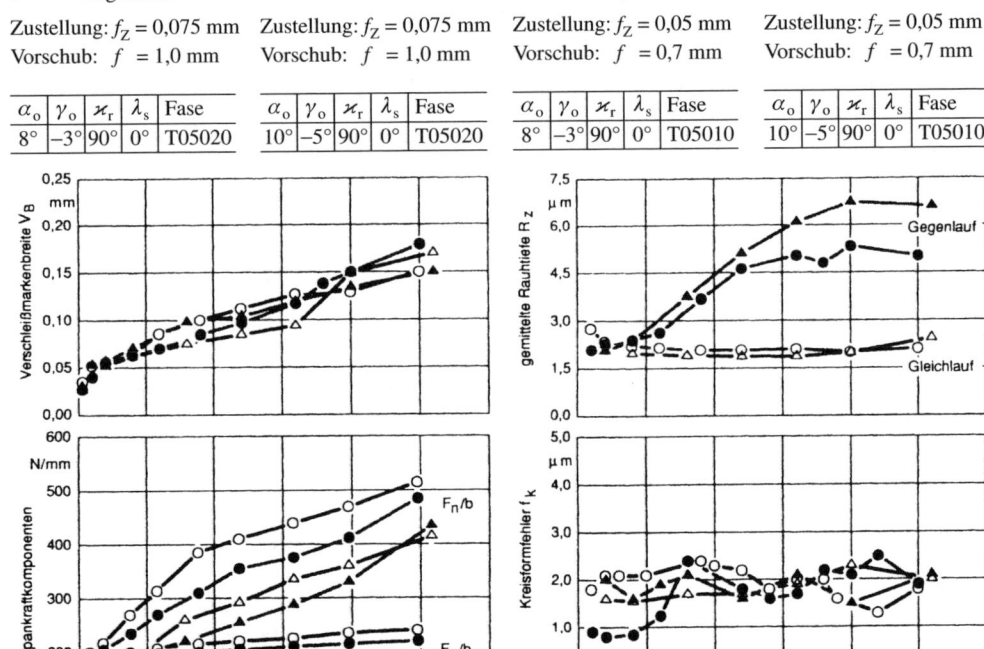

Schleifen (Außen-, Innen-, Rund-, Flach-, Form-, ...)
Verfahren und Werkzeuge

Eingriffsverhältnisse und Spanbildungsvorgang [51], [52]:

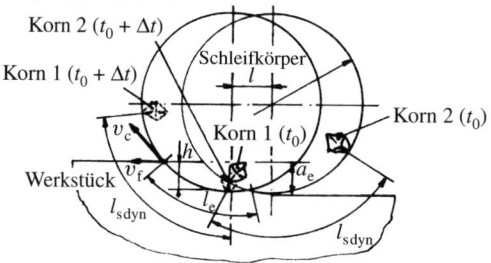

Typische Formen von Spanungsquerschnitten [51]:

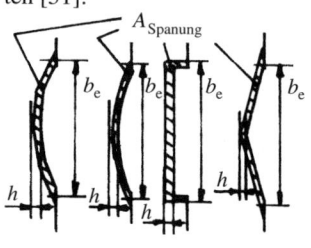

Verformungen und Spanentstehung:

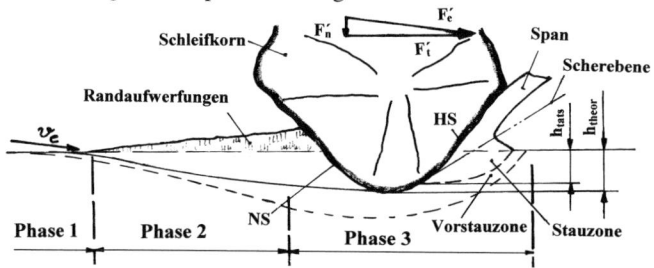

Phase 1: Gleiten und Pressen des Schleifkornes vom Zeitpunkt des Kontaktes mit der Teileoberfläche bis zum Beginn der plastischen Verformung des Werkstoffes
Phase 2: Ritzen und Anschneiden des Werkstoffes; Seitliches „Wegdrücken" von Werkstoffteilchen, Entstehung von „Randaufwerfungen"
Phase 3: An- und Abschneiden des Werkstoffes bis hin zum „außer Eingriff kommen" des Schneidenträgers

Schneidstoffe und Werkzeugformen (DIN EN 525; DIN 69 800 ff., DIN 69 100 ff.) Bezeichnungen gebundener Schleifmittel:

	Schleifmittel	Körnung	Härtegrad	Gefüge	Bindung
Beispiel	C	100	M	10	V

Schleifmittel:	
Korunde (Al$_2$O$_3$)	A
CBN	B
Siliziumkarbid	C
Schneiddiamant	D

Körnungen:			
grob	mittel	fein	sehr fein
6	30	70	220
8	36	80	240
10	46	90	280
12	54	100	320
14	60	120	400
16		150	500
20		180	600
24			800
			1000
			1200

zunehmende Härte
zunehmende Profilhaltigkeit
zunehmende Selbstschärfung

Härtegrade:				
A	B	C	D	äußerst weich
E	F	G	–	sehr weich
H	I	J	K	weich
L	M	N	O	mittel
P	Q	R	S	hart
T	U	V	W	sehr hart
X	Y	Z	–	äußerst hart

Gefügeausführungen:
0 1 2 3 4 5 6 7 8 9 10 11 12 13 14
← Silikatbindung
Gummibindung →

Bindungsarten:	
V	Keramische Bindung
S	Silikatbindung
R	Gummibindung
RF	Gummibindung faserstoffverstärkt
B	Kunstharzbindung
BF	Kunstharzbindung faserstoffverstärkt
E	Schelllackbindung
Mg	Magnesitbindung

kleinporig — großporig — hochporös
dichtes Gefüge — offenes Gefüge — sehr offenes Gefüge

4.2 Spanen und Abtragen (mit Generieren)

Bezeichnungen von Schleifkörpern aus Korunden und Carbiden:

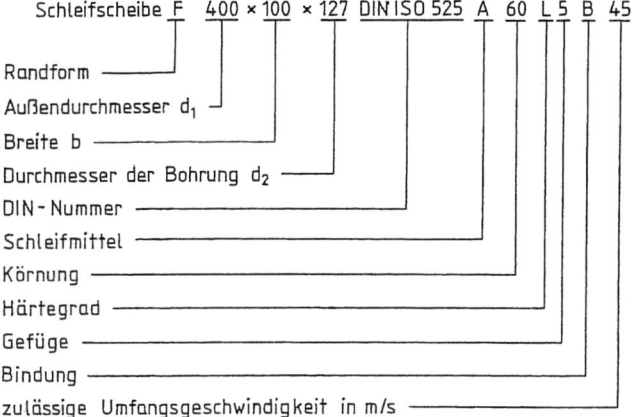

Bezeichnungen von Schleifkörpern aus SD und CBN:

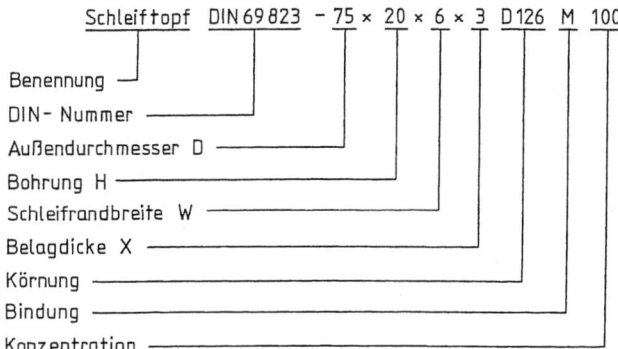

Zusätzliche Kennzeichnungen (Beispiele):
- Zugelassene Schleifkörperumfangsgeschwindigkeiten (nach UVV § 4 werden mittels Probelauf geprüfte Schleifkörper zusätzlich durch einen Buchstaben „P" gekennzeichnet):

  - Ohne Streifenmarkierung $v_c \leq 40\,\text{m} \cdot \text{s}^{-1}$
  - 1 Streifen Blau $v_c \leq 50\,\text{m} \cdot \text{s}^{-1}$
  - 1 Streifen Gelb $v_c \leq 63\,\text{m} \cdot \text{s}^{-1}$
  - 1 Streifen Rot $v_c \leq 80\,\text{m} \cdot \text{s}^{-1}$
  - 1 Streifen Grün $v_c \leq 100\,\text{m} \cdot \text{s}^{-1}$
  - 1 Streifen Blau, 1 Streifen Gelb $v_c \leq 125\,\text{m} \cdot \text{s}^{-1}$
  - 1 Streifen Blau, 1 Streifen Rot $v_c \leq 140\,\text{m} \cdot \text{s}^{-1}$
  - 1 Streifen Blau, 1 Streifen Grün $v_c \leq 160\,\text{m} \cdot \text{s}^{-1}$
  - 1 Streifen Gelb, 1 Streifen Rot $v_c \leq 180\,\text{m} \cdot \text{s}^{-1}$
  - 1 Streifen Gelb, 1 Streifen Grün $v_c \leq 200\,\text{m} \cdot \text{s}^{-1}$
  - 1 Streifen Rot, 1 Streifen Grün $v_c \leq 225\,\text{m} \cdot \text{s}^{-1}$
  - 2 Streifen Blau $v_c \leq 250\,\text{m} \cdot \text{s}^{-1}$
  - 2 Steifen Gelb $v_c \leq 280\,\text{m} \cdot \text{s}^{-1}$
  - 2 Streifen Rot $v_c \leq 320\,\text{m} \cdot \text{s}^{-1}$
  - 2 Streifen Grün $v_c \leq 360\,\text{m} \cdot \text{s}^{-1}$

- Zuordnung von SD- und CBN-Konzentrationen sowie Bindungsarten:

Konzentrationen:		Bezeichnungen	**Bindungsarten**:		
SD:	$1{,}10\,\text{Kt/cm}^3$	C 25	SD:	K	Kunstharzbindung
	$1{,}65\,\text{Kt/cm}^3$	C 38		Bz; M; G; S	Metallbindungen
	$2{,}20\,\text{Kt/cm}^3$	C 50	CBN:	KSS	Kunstharzbindung
	$3{,}30\,\text{Kt/cm}^3$	C 75		GSS	Galvanische Metallbindung
	$4{,}40\,\text{Kt/cm}^3$	C 100		MSS	Sintermetall-Bindung
	$5{,}50\,\text{Kt/cm}^3$	C 125		VSS	Keramische Bindung
	$6{,}00\,\text{Kt/cm}^3$	C 135			
	$6{,}60\,\text{Kt/cm}^3$	C 150			
CBN:	12,00 Vol. %	V 120			
	18,00 Vol. %	V 180			
	24,00 Vol. %	V 240			

Abrichten und Wuchten von Schleifkörpern
- Arten von Unwuchten:

Unwuchten

Geometrisch bedingt — Strukturell verursacht (z. B. sog „Wassersack")

Statische Unwuchten (Bestimmung mit statischen Mitteln wie Rollböcken, Messplätzen, ...)

Dynamische Unwuchten [vorrangig mittels Stroboskop bestimmbar; Genauigkeiten $3\ldots6\,\mu\text{m}$; Wuchtzeit $t_\text{w} > 5\ldots10\,\text{min}$]

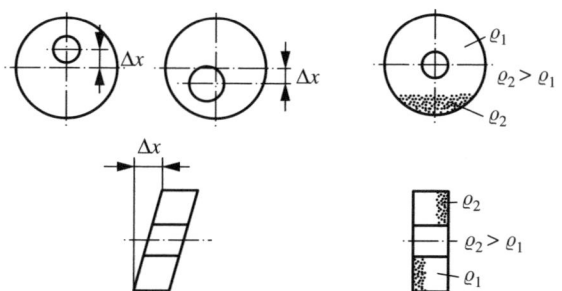

- Abrichtvorgang und -werkzeuge:

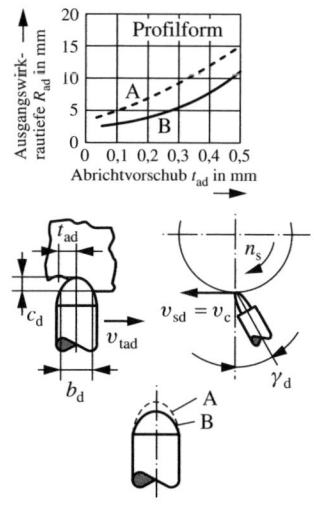

Wirkbewegung	Berührung Schleifscheibe – Abrichtwerkzeug		
	Punkt	Linie	Fläche
	Einkornabrichter	Abrichtplatte $b_\text{d} < b_\text{s}$	Vielkornabrichter $b_\text{d} < b_\text{s}$
„stehende" Abrichtwerkz. $b_\text{s}\;v_\text{c} = v_\text{s}\;v_{\text{f},x}\;v_{\text{f},z}\;\omega_\text{s}$		stehendes Abrichträdchen	stehende Abrichtrolle $b_\text{d} < b_\text{s}$
			Abrichtblock $v_\text{c}\;v_{\text{f},x} \neq 0\;v_{\text{f},z} = 0$
„bewegte" Abrichtwerkz. $v_\text{d}\;v_{\text{f},x}\;v_\text{c}\;\omega_\text{s}\;v_{\text{f},z}\;v_\text{s}$		Abrichträdchen $\omega_\text{R} \neq 0\;v_{\text{f},z} \neq 0$	Abrichtrolle $b_\text{d}\;\omega_\text{R} \neq 0\;v_{\text{f},z} = 0$

Schnittkraft- und Leistungsberechnungen (vgl. dazu auch [53])

Bestimmung der mittleren Schnittkraft

$$F_{cm} = Z_{iE} \cdot b \cdot h_m \cdot k_{cm} \cdot K_{vc} \cdot f_{Schl} \quad \text{in N}$$

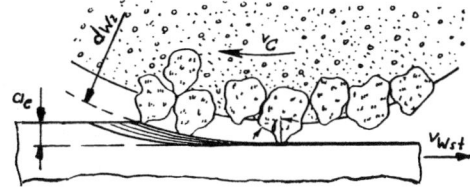

K_{vc} Korrekturfaktor für die Schnittgeschwindigkeit (vorrangig für das Hochgeschwindigkeits-Schleifen von Bedeutung); Richtwert: $K_{vc} = 0{,}8 \ldots 0{,}9$

Z_{iE} Im Eingriff befindliche Zähnezahl; $\quad Z_{iE} = \dfrac{d_{Wz} \cdot \pi \cdot \varphi_s}{\lambda_{ke} \cdot 360°}$

a_e Arbeitseingriff in mm (Zustellung je Hub)
     Vorschleifen: $a_e \approx 0{,}02 \ldots 0{,}03$ mm
     Fertigschleifen: $a_e \approx 0{,}003 \ldots 0{,}01$ mm; vgl. Tafel T 4.1.8.7

b Tatsächlich wirksame Spanungsbreite in mm; in Abhängigkeit vom jeweiligen Schleifverfahren gelten:
- beim Außenrundschleifen: b Vorschub f;
- für das Außenrundstechschleifen: b Breite des zu schleifenden Absatzes (Schleifkörperbreite $BW_z > b$);
- beim Stirnschleifen: b Schnitttiefe (Zustellung a_p)

d_{Wst} Werkstückdurchmesser in mm
d_{Wz} Werkzeugdurchmesser in mm
f_{Schl} Verfahrensfaktor; Bestimmung nach [2]:

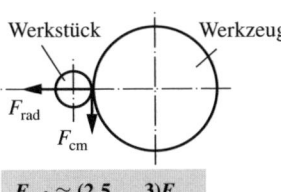

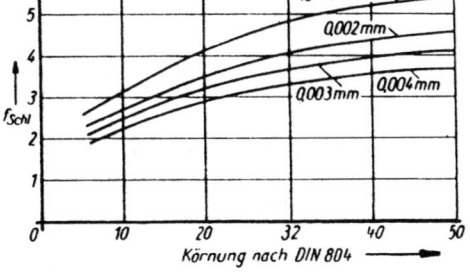

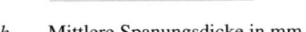

$F_{rad} \approx (2{,}5 \ldots 3) F_{cm}$

h_m Mittlere Spanungsdicke in mm

- für ebene Teileflächen: $h_m = \left(\lambda_{ke} \cdot \sqrt{a_e / d_{Wz}} \right) / q \quad$ in mm

- bei gekrümmten Flächen: $h_m = \left[\lambda_{ke} \cdot \sqrt{a_e (d_{Wz}^{-1} \pm d_{Wst}^{-1})} \right] / q \quad$ in mm,

wobei + beim Außenschleifen und − für das Innenschleifen gelten

k_{cm} Mittelwert der spezifischen Schnittkraft in N · mm^{-2}; $k_{cm} = k_{C1.1} / h_m^m \quad$ mit $k_{C1.1}$ und m nach Tafel T 4.1.8.7

q Geschwindigkeitsverhältnis; $q = v_c / v_{Wst}$; Richtwert: $q = 60$

v_c; v_{Wst} Schnitt-; Werkstückumfangsgeschwindigkeit in m · s^{-1}; vgl. Tafel T 4.1.8.7

φ_s Eingriffswinkel in °

$$\varphi_s \approx \frac{360°}{\pi} \sqrt{\frac{a_e}{d_{Wz} \cdot \left(1 \pm \dfrac{d_{Wz}}{d_{Wst}}\right)}} \quad \text{in °}$$

+   Außenrundschleifen
−   Innenrundschleifen
Richtwerte: Rundschleifen: $\varphi_s = 0{,}2 \ldots 4{,}0°$
            Flachschleifen: $\varphi_s = f(B_{Wst})$, vgl. sinngemäß Schnittbogenwinkel beim Stirnfräsen

λ_{ke} Effektiver Kornabstand in mm;
Ermittlung nach [2] zu:

Körnungen vgl. T 4.1.8.7

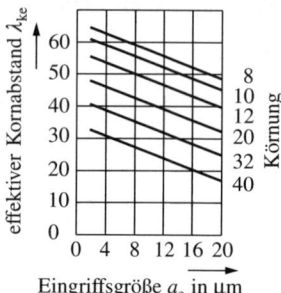

Schnitt- und Antriebsleistungen

$$P_c = \frac{F_{cm} \cdot v_c}{1\,000} \quad \text{in kW};$$

$$P_A = \frac{P_c}{\eta} \quad \text{in kW}; \quad \eta = 0{,}8$$

Schleifverhältnis

$$G = \frac{V_{Wst}}{V_{Wz\,versch}} \quad \text{in \%}$$

Verschleißgrad

$$\xi = \frac{V_{Wst}}{A_{Wz}} \quad \text{in mm}$$

Richtwert: $G > 100$ \qquad Richtwert: $\xi \approx 0{,}6\ldots 0{,}9$

V_{Wst} je Zeiteinheit abgeschliffenes Werkstückvolumen in mm$^3 \cdot$ min^{-1}
$V_{Wz\,versch}$ je Zeiteinheit abgearbeitetes Werkzeugvolumen in mm$^3 \cdot$ min^{-1}
A_{Wz} wirksame Schneidfläche am Schleifkörper in mm^2

Ermittlung von Maschinenhauptzeiten

Allgemein geltende Tendenzen
- Normalschleifen (Längs-, Pendel-, ...): $a_p \to$ Min; $a_p \approx 0{,}3\ldots 0{,}5$ mm
$f; v_f \to$ Max; $v_f \approx 0{,}5\ldots 2{,}0$ m $\cdot$ min^{-1}
- Tiefschleifen: $a_p \to$ Max; $a_p = 0{,}5\ldots 5{,}0$ mm; $i = 1$
$f; v_f \to$ Min; $v_f = 0{,}01\ldots 0{,}02$ m $\cdot$ min^{-1}
1. Rundschleifen (im Futter, zwischen Spitzen und spitzenloses Schleifen):
   - Längsschleifen:

   a) Im Futter oder zwischen Spitzen:

$$t_H = \frac{i \cdot L}{f \cdot n_{Wst}} \quad \text{in min}$$

$$L = l - 0{,}33 B_{Wz} \quad \text{in mm}$$

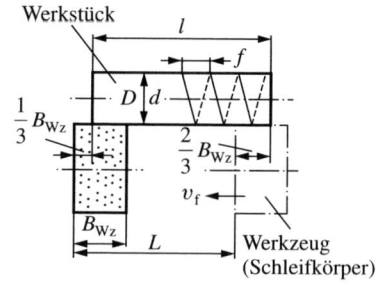

B_{Wz} Breite des Schleifkörpers in mm
D_a Werkstückaußendurchmesser vor dem Schleifen in mm
D_i Werkstückinnendurchmesser vor dem Schleifen in mm
L Schleif-(oder Schalt-)Weg in mm
a_p Schnitttiefe (Zustellung) in mm;
Richtwerte: Schruppen: $a_p = 0{,}01\ldots 0{,}08$ mm
Schlichten: $a_p = 0{,}002\ldots 0{,}01$ mm
d_a Werkstückaußendurchmesser nach dem Schliff in mm
d_i Werkstückinnendurchmesser nach dem Schleifen in mm
f Längsvorschub des Schleifkörpers je Werkstückumdrehung in mm;
Richtwert: $f = (0{,}2\ldots 0{,}8)B_{Wz}$ mm

4.2 Spanen und Abtragen (mit Generieren)

i Anzahl erforderlicher Schnitte (oder Hübe):

$$i = (D_a - d_a)/2a_p \quad \text{beim Außenrundlängsschleifen}$$

$$i = (d_i - D_i)/2a_p \quad \text{beim Innenrundlängsschleifen}$$

n_{Wst} Drehzahl des Werkstücks in $\min^{-1}$; v_c vgl. Tafel T 4.1.8.7

Anzahl erforderlicher Überschliffe:

$$i = \frac{B_{Wz}}{f} \quad ; \quad v_{fAx} = \frac{f \cdot n_{Wst}}{1000} \quad \text{in m} \cdot \min^{-1}$$

B_{Wz} Breite des Schleifkörpers in mm
f Längsvorschub des Schleifkörpers in mm
v_{fAx} Vorschubgeschwindigkeit in m · $\min^{-1}$
n_{Wst} Drehzahl des Werkstückes in $\min^{-1}$

b) Spitzenloses Außenrundschleifen:

$$t_H = \frac{i \cdot L}{0{,}95 v_f} \quad \text{in min}$$

$$v_f = D_R \cdot \pi \cdot n_R \cdot \sin \alpha_o \quad \text{in mm} \cdot \min^{-1}$$

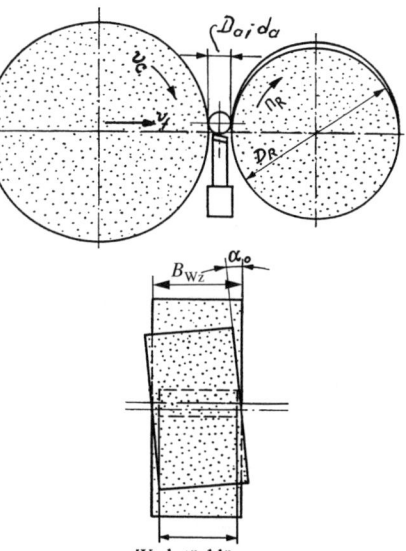

B_{Wz} Breite des Schleifkörpers in mm
D_R Durchmesser der Regelscheibe in mm
L Schleifweg in mm
i Anzahl der erforderlichen Schnitte, hier in der Regel $i = 1$, Weiteres siehe oben
n_R Drehzahl der Regelscheibe in $\min^{-1}$
v_f Axiale Vorschubgeschwindigkeit in mm · $\min^{-1}$; siehe auch Tafel T 4.1.8.7
α_o Neigungswinkel der Regelscheibe in °; Richtwert: $\alpha_o = 3°$, $\sin \alpha_o = 0{,}0523$

Werkstücklänge

- Stechschleifen (Einstech-, Schrägeinstech-, ...):

  a) Spannung im Futter oder zwischen Spitzen:

$$t_H = \frac{L}{v_f} \quad \text{in min} \qquad v_f = a_p \cdot n_{Wst} \quad \text{in mm} \cdot \min^{-1}$$

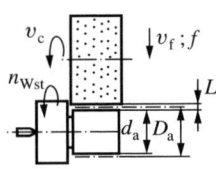

L (Radialer) Schleifweg in mm: $\boxed{L = l_a + 0{,}5(D_a - d_a)} \quad \text{in mm}$
a_p; n_{Wst} siehe oben
d_a; D_a siehe oben in mm
l_a Anlaufweg in mm; Richtwert: $l_a = 0{,}1 \ldots 0{,}3$ mm
v_f Vorschubgeschwindigkeit (radial) in mm · $\min^{-1}$;
siehe auch Tafel T 4.1.8.7; $\quad v_f = f \cdot n_{Wz}$

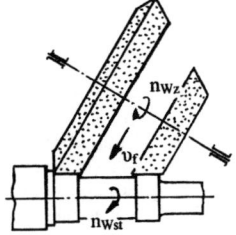

f Radialer Vorschub in mm

Richtwerte für f:
- Stahlwerkstoffe: $f = 0{,}05$ mm (Vorschleifen)
  $f = 0{,}002 \ldots 0{,}01$ mm (Fertigschleifen)
- Gusswerkstoffe: $f = 0{,}1$ mm (Vorschleifen)
  $f = 0{,}05$ mm (Fertigschleifen)

b) Spitzenloses Stechschleifen:

$$t_H = \frac{L}{v_f} \quad \text{in min}$$

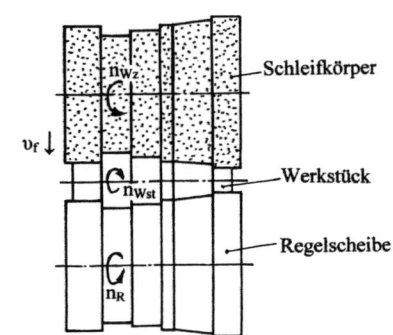

D_R Durchmesser der Regelscheibe in mm
D_a Teiledurchmesser vor dem Schleifen in mm
L Vorschubweg; $\;L = l_a + 0{,}5(D_a - d_a)$
     in mm
a_p Schnitttiefe/Zustellung in mm
d_a Werkstückdurchmesser nach dem Schleifen in mm
l_a Radialer Anlaufweg in mm; Richtwert: $l_a = 0{,}1 \ldots 0{,}3$ mm
n_R Drehzahl der Regelscheibe in min^{-1}
v_f Vorschubgeschwindigkeit (radial);

$$v_f = 0{,}95 D_R \cdot n_R \cdot a_p / d_a \quad \text{in mm} \cdot \text{min}^{-1}$$

(In der o. g. Beziehung wird der Einfluss des Neigungswinkels der Regelscheibe $\alpha_o = 0{,}5°$ vernachlässigbar klein.)

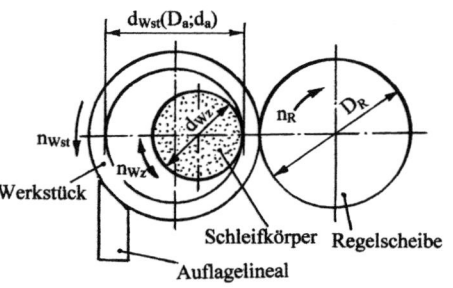

- Besonderheiten beim Einprofil-Längsschleifen (Gewinde-, Schnecken-, ...):

$$t_H = \frac{i \cdot L \cdot g}{n_{Wst} \cdot P} \quad \text{in min}$$

$$n_{Wst} = \frac{1000 \cdot v_{Wst}}{d_{Wst} \cdot \pi} \quad \text{in min}^{-1}$$

$$v_{Wst} = \frac{60 \cdot v_c}{q} \quad \text{in m} \cdot \text{min}^{-1}$$

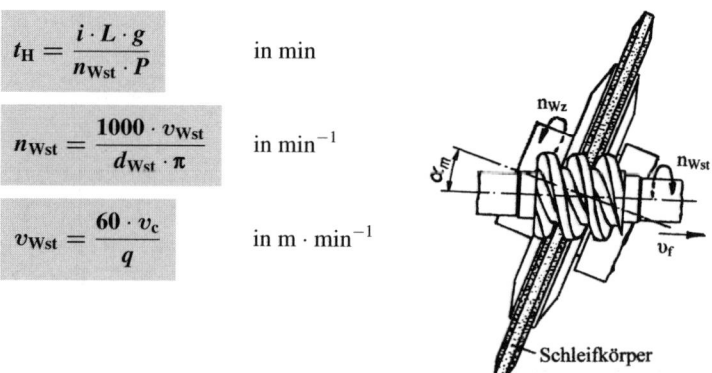

i Anzahl erforderlicher Schnitte
L Vorschubweg, hier „Schaltweg" des Maschinentisches mit
     $L = l_a + l + l_ü$ in mm
g Anzahl der Gewindegänge
P Steigung des Gewindes in mm
n_{Wst} Drehzahl des Werkstückes in min^{-1}
v_{Wst} Werkstück-Umfangsgeschwindigkeit in m · min^{-1}
d_{Wst} Gewindenenndurchmesser in mm
q Geschwindigkeitverhältnis; meist $q = 60$

4.2 Spanen und Abtragen (mit Generieren)

2. Flachschleifen:
   - Umfangs-Flachschleifen:

   $$t_H = \frac{i \cdot B}{f \cdot n} \quad \text{in min}$$

   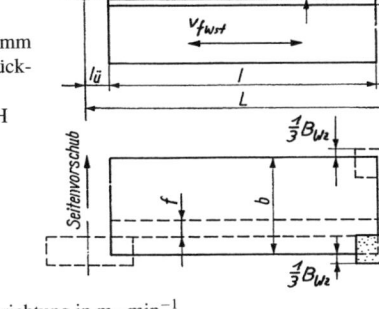

   B   Schaltweg in Richtung der Werkstückbreite in mm
   L   Hublänge/Schaltweg in Richtung der Werkstücklänge in mm
   f   (Seitlicher) Vorschub je Doppelhub in mm/DH
   i   Anzahl erforderlicher Schnitte (Zustellungen)
   n   Anzahl der Doppelhübe in DH/min;

   $$n = 500 v_{fWst}/L \quad \text{in DH/min}$$

   l_a; $l_ü$ Anlauf-; Überlaufweg in mm;
   Richtwert: $l_a = l_ü = 10 \dots 20$ mm
   v_{fWst} (Werkstück-)Vorschubgeschwindigkeit in Hubrichtung in m · min^{-1}

   Anzahl erforderlicher Überschliffe:

   $$v_{fAx} = 2 \cdot f \cdot n_{DH} \quad \text{in mm} \cdot \text{min}^{-1}$$

   f   Längsvorschub des Schleifkörpers in mm
   v_{fAx} Vorschubgeschwindigkeit in m · min^{-1}
   n_{DH} Anzahl der Doppelhübe in DH · min^{-1}

   - Flachschleifen im Stirnschliff:

   $$t_H = \frac{i \cdot Z}{f \cdot n} \quad \text{in min}$$

   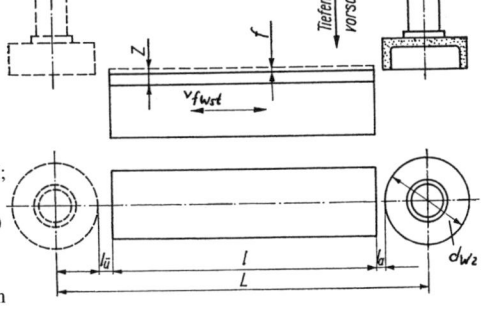

   Z   Bearbeitungszugabe (Aufmaß) in mm
   f   (Axialer) Vorschub je Doppelhub in mm/DH; vgl. Tafel T 4.1.8.7
   i   Anzahl erf. Schnitte (seitliche Verschiebungen)
   l_a; $l_ü$ Werkzeugan-, -überlaufweg in mm; Richtwert: $l_a = l_ü = 10 \dots 20$ mm
   n   Anzahl der Doppelhübe pro Minute in DH/min

Maß-, Form-, Lage- und Oberflächenabweichungen beim Schleifen

- Ursachen für Fehler beim Schleifen:
  - Ungenauigkeiten beim Einstellen von Schnittwerten
  - Verformungen im System „Werkzeug – Werkstück – Spannmittel – Werkzeugmaschine"
  - Verlagerungen der Wirkfläche des Schleifkörpers verursacht durch Werkzeugverschleiß
- Feststellbare Abweichungen:
  - Formabweichungen „1. Ordnung", verursacht durch elastische Verformungen im System „Werkstück – Werkzeug – Spannmittel – Werkzeugmaschine" (Skizze nach [51]); vermeidbar z. B. durch:
    * Vergrößerung der Systemsteife
    * Ausreichende Anzahl von Ausfunküberläufen (ohne Zustellung)
    * Verwendung geeigneter Schleifkörper mit verminderter Stützkraftwirkung
    * Verminderung der Werte für An-, (vor allem jedoch) für Überläufe $l_ü$

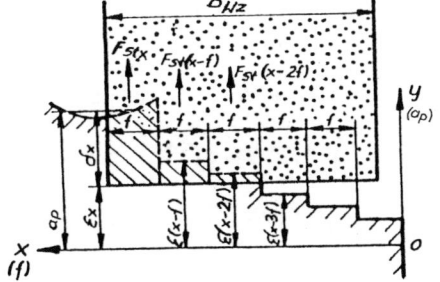

- Formabweichungen „2. Ordnung", sog. „Welligkeiten": Folge von Unwuchten am Schleifkörper oder ungleichförmigen Bewegungen des Werkzeug- und/oder Werkstückantriebes (letztendlich durch Schwingungen verursacht)
- Formabweichungen „3. Ordnung", „Rauheiten": Als Folge des unterbrochenen Schnittes verursachte Querrauheiten, zusätzlich und teilweise größer als die verfahrensbedingten Längsrauheiten beim Schleifen. Näherungsweise Berechnungen wie folgt [51]:
  * beim Außenrundschleifen:

$$R_\mathrm{t} \sim \frac{1}{8} \cdot \frac{r_\mathrm{Wst} + r_\mathrm{Wz}}{r_\mathrm{Wst} \cdot r_\mathrm{Wz}} \cdot \left(\frac{v_\mathrm{f}}{v_\mathrm{c}}\right)^2 \cdot l_\mathrm{s\,dyn}^2 + \frac{1}{4} \cdot \frac{b_\mathrm{eff}^2}{d_\mathrm{Korn}} \cdot \left(\frac{f_\mathrm{axial}}{B_\mathrm{Wz}}\right)^2$$

  * beim Umfangsflachschleifen:

$$R_\mathrm{t} \sim \frac{1}{8 \cdot r_\mathrm{Wz}} \cdot \left(\frac{v_\mathrm{f}}{v_\mathrm{c}}\right)^2 \cdot l_\mathrm{s\,dyn}^2 + \frac{1}{4} \cdot \frac{b_\mathrm{eff}^2}{d_\mathrm{Korn}} \cdot \left(\frac{f_\mathrm{axial}}{B_\mathrm{Wz}}\right)^2$$

  * beim Innenrundschleifen:

$$R_\mathrm{t} \sim \frac{1}{8} \cdot \frac{r_\mathrm{Wst} - r_\mathrm{Wz}}{r_\mathrm{Wst} \cdot r_\mathrm{Wz}} \cdot \left(\frac{v_\mathrm{f}}{v_\mathrm{c}}\right)^2 \cdot l_\mathrm{s\,dyn}^2 + \frac{1}{4} \cdot \frac{b_\mathrm{eff}^2}{d_\mathrm{Korn}} \cdot \left(\frac{f_\mathrm{axial}}{B_\mathrm{Wz}}\right)^2$$

- Aufheizungen in der Wirkstelle: Entstehung von sog. „Schleifbrand" (Oxidationen oberer Werkstoffschichten), Gefügeumwandlungen (ggf. Bildung von „Weichflecken") und Schleifrissen (als Folge von Unterschieden im Dehnungsverhalten zwischen der obersten und darunter liegenden Werkstoffschichten, besonders bei einsatzgehärteten Stählen festzustellen). Vermeidung z. B. durch
  * Verminderung des Wärmeeintrages (wie mittels verstärkter Zuführung von KSSM oder Steigerung der Vorschubgeschwindigkeit bei gleichem Spanungsvolumen),
  * Verwendung geeigneter Schleifkörper (offenes Gefüge, niedrige Härte, ...)
  * Verminderung des pro Zeiteinheit zu spanenden Werkstoffvolumens
- Besonderheit beim Außenrundschleifen: Der „Gleichdick" und sein Nachweis:

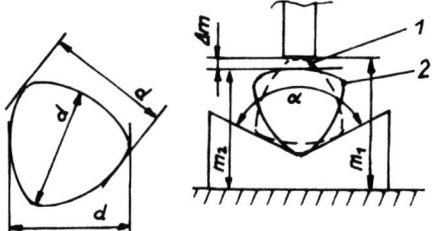

4.2.1.11 Fein-, Mikro- und Präzisionsbearbeitung

Besonderheiten beim Feindrehen

Spanungsquerschnitte und Schneidengeometrien für das Feindrehen (vgl. [2])

Varianten tatsächlicher Spanungsquerschnitte:

a) Fall I: $a_\mathrm{p} \gg r_\mathrm{e}$

$$A = b \cdot h \quad \text{in mm}^2$$

$$h = f \cdot \sin \varkappa_\mathrm{r} \quad \text{in mm}$$

$$b = \frac{a_\mathrm{p}}{\sin \varkappa_\mathrm{r}} \quad \text{in mm}$$

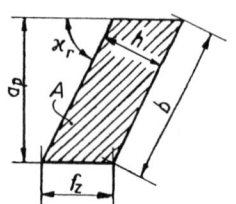

4.2 Spanen und Abtragen (mit Generieren)

b) Fall II: $a_p \geqq a_n$

$$A \approx f \cdot \left(a_p - 0{,}333 r_e + 0{,}166 \sqrt{4 r_e^2 - f^2}\right) \quad \text{in mm}^2$$

$$h \to h_m = \frac{A}{b_m} \quad \text{in mm}$$

$$b \to b_m = \frac{a_p - a_n}{\sin \alpha_o} + 0{,}017\,45 \varkappa_r \cdot r_e \quad \text{in mm}$$

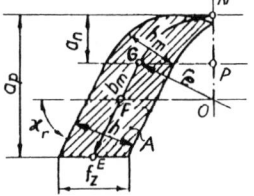

c) Fall III: $a_p < a_n$

$$A \approx a_p \cdot \left(a_p - 0{,}333 r_e + 0{,}166 \sqrt{4 r_e^2 - f^2}\right) \quad \text{in mm}^2$$

$$h \to h_m = \frac{A}{b_m} \quad \text{in mm}$$

$$b \to b_m \approx 0{,}017\,45 \arccos\left(1 - \frac{a_p}{r_e}\right) \cdot r_e \quad \text{in mm}$$

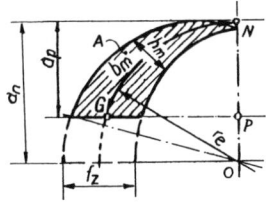

Typische Schneidengeometrien:

Normalschneide: Rundschneide: Facettenschneide:

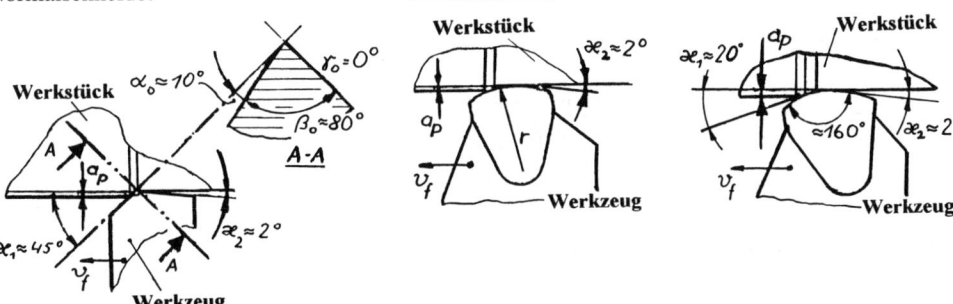

Besonderheiten der Fein-, Mikro- und Präzisionsbearbeitung spezieller Teilekonturen mittels monokristallinen SD, vgl. u. a. [66], [67], [68]:
- Schneidengeometrien:

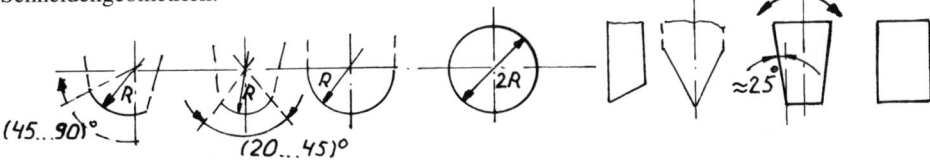

$$R \approx 0{,}8 \ldots 2{,}5 \,\text{mm}$$

- Bearbeitete Werkstoffe: Al 99, 999; OFHC-Cu; Ms; Platin; PMMA, PC; Si; GeZnS; ZnSe u. a.

- Schneidengeometrie: $\alpha = (5\ldots 15)\,18°$ $\quad r_{SK} = 2\ldots 10\,\text{mm}$
  $\gamma = 0°$
  $\varkappa = 4\ldots 20°$

- Bearbeitungsparameter: $v_c \leq 1\,(5\ldots 20)\,470\,\text{m}\cdot\text{min}^{-1}$ $\quad G = 30\ldots 60$
  $a_p = (0{,}15\ldots 0{,}30)\,150\,\text{mm}$
  $f;\,f_Z = (0{,}002\ldots 0{,}7)\,3{,}0\,\mu\text{m}$

- Erreichbare Arbeitsergebnisse: $R_a \geq (3{,}5\ldots 6{,}3)\,12\,\text{nm}$

Richtwerte für erreichbare Arbeitsergebnisse (Rauheiten) für das Feindrehen typischer Werkstoffe

Werkstoffe	Schneidstoffe	Rauheiten R_t in µm
Stahl	HM, SK	3,0[1]
Grauguss	HM, SK	4,0
Al-Legierungen	HM	1,0
	SD	0,2
Messing	HM	2,5
	SD	0,2
Bronze	HM	0,5
	SD	0,2

[1] Mit Breitschlicht-("Schlepp"-)Schneide bis $R_t \leq 1{,}0\,\mu\text{m}$:

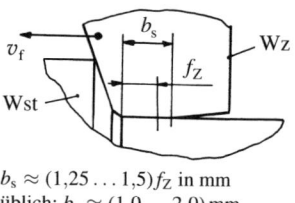

$b_s \approx (1{,}25\ldots 1{,}5)\,f_Z$ in mm
üblich: $b_s \approx (1{,}0\ldots 2{,}0)\,\text{mm}$

Berechnungen der Rauheiten in Abhängigkeit von Vorschubweg und Spanungsdicke

für $f > 0{,}1\,\text{mm}$:

$$R_m \approx \frac{f^2}{8r_e} \quad \text{in mm}$$

bei $f \leq 0{,}1\,\text{mm}$ (und $f > 0{,}1\,\text{mm}$) gelten:

$$R_m = \frac{f^2}{8r_e} + 0{,}5 h_{min} \cdot \left(1 + \frac{r_e \cdot h_{min}}{f^2}\right) \quad \text{in mm} \quad \text{(Berechnung von } h_{min} \text{ siehe S. 136)}$$

oder für $f \geq 0{,}08\,\text{mm}$:

$$R_m = 1000\left(r_e - \sqrt{r_e^2 - 0{,}25 f^2}\right) \quad \text{in µm}$$

R_m Mittlere Rauheit in mm oder µm
f Vorschub in mm
h_{min} Mindestspanungsdicke, die gerade noch abgehoben werden kann, in mm

Empfehlungen für Bearbeitungswerte und -bedingungen

- Standzeiten für $VB_{zul} = 0{,}2\,\text{mm}$: $T \leq 480\,\text{min}$ für HM-Schneidstoffe
  $T \leq 500\,\text{h}$ mit SD

- Schnittgeschwindigkeiten und Vorschübe

  für *HM-Werkzeuge*:
  a) Stahlwerkstoffe: $\quad v_c \leq 250\,\text{m}\cdot\text{min}^{-1}$; $\quad f = 0{,}05\ldots 0{,}1\,\text{mm}$
  b) Guss: $\quad v_c \leq 150\,\text{m}\cdot\text{min}^{-1}$; $\quad f = 0{,}05\ldots 0{,}1\,\text{mm}$
  c) Leichtmetalle: $\quad v_c \leq 2000\,\text{m}\cdot\text{min}^{-1}$; $\quad f = 0{,}05\ldots 0{,}07\,\text{mm}$

4.2 Spanen und Abtragen (mit Generieren)

für *Diamant-Werkzeuge*:
a) Al- und Mg-Werkstoffe: $v_c \approx 600 \ldots 900 \text{ m} \cdot \text{min}^{-1}$; $f = 0{,}01 \ldots 0{,}06$ mm
b) Cu; Ms; Bronze; Weißmetall: $v_c \approx 150 \ldots 400 \text{ m} \cdot \text{min}^{-1}$; $f = 0{,}1 \ldots 0{,}4$ mm
c) Phosphorbronze: $v_c \leq 3000 \text{ m} \cdot \text{min}^{-1}$; $f = 0{,}02 \ldots 0{,}04$ mm

- Schnitttiefe, Schneidengeometrie, Eckenrundung:

$$a_p = [0{,}02 \cdot (0{,}05 \ldots 0{,}30) \cdot 0{,}5] \text{ mm}$$

$\alpha_o = 6°$; $\gamma_o = 0 \ldots 5°$; $\varkappa_r = 60 \ldots 90°$;

$r_e \leq 0{,}66 a_p$ in mm

- Geeignete Schneidstoffsorten/-arten für das Feindrehen: P01; K10 ... K20; SD; KBN

- Zusammenhänge; Diagramme (Einflüsse von Frei- und Spanwinkel, Schnittgeschwindigkeiten, Vorschüben und Schnitttiefen auf erreichbare Rauheiten der Teilefunktionsflächen, [7]):

Wirtschaftlichkeit beim Feindrehen: In der Regel ist für $R_t \geq 3{,}0 \, \mu$m das Spanen mit geometrisch bestimmten Schneiden wirtschaftlicher als mit geometrisch nicht bestimmten Schneiden (Feinschleifen o. Ä.).

Einfluss des Freiwinkels α_0

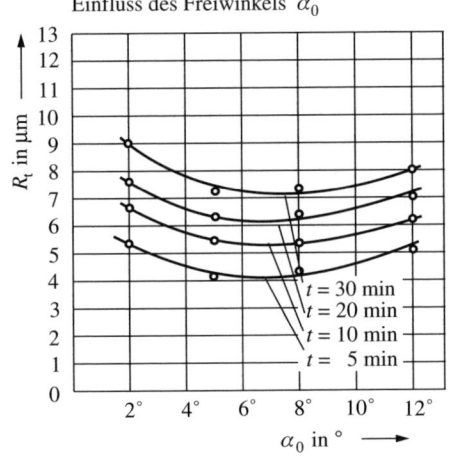

Versuchsbedingungen:
Schnittgeschwindigkeit $v_c = 250$ m / min
Spanungsquerschnitt $a \cdot f = 0{,}2 \cdot 0{,}5$ mm^2
Spanwinkel $\gamma_0 = 10°$
Neigungswinkel $\lambda_s = 5°$
Einstellwinkel $\varkappa_r = 80°$
Eckenradius $r_e = 0{,}25$ mm
Werkstoff C45
Schneidstoff HM P 01.4 (HS 02)

Einfluss des Spanwinkels γ_0

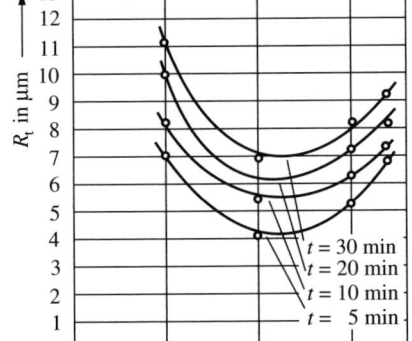

Versuchsbedingungen:
Schnittgeschwindigkeit $v_e = 250$ m / min
Spanungsquerschnitt $a \cdot f = 0{,}2 \cdot 0{,}5$ mm^2
Freiwinkel $\alpha_0 = 12°$
Neigungswinkel $\lambda_s = 5°$
Einstellwinkel $\varkappa_r = 80°$
Eckenradius $r_e = 0{,}25$ mm
Werkstoff C45
Schneidstoff HM P 01.4 (HS 02)

Einfluss der Schnittgeschwindigkeit v_c

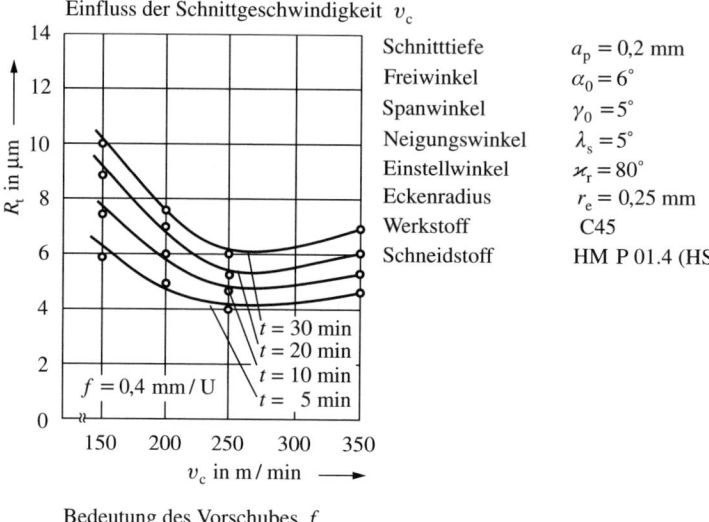

Schnitttiefe	$a_p = 0{,}2$ mm
Freiwinkel	$\alpha_0 = 6°$
Spanwinkel	$\gamma_0 = 5°$
Neigungswinkel	$\lambda_s = 5°$
Einstellwinkel	$\varkappa_r = 80°$
Eckenradius	$r_e = 0{,}25$ mm
Werkstoff	C45
Schneidstoff	HM P 01.4 (HS 02)

Bedeutung des Vorschubes f

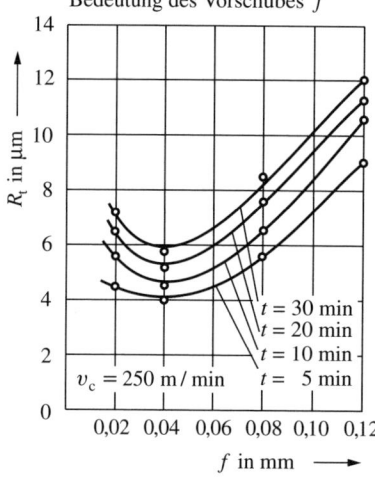

Schnitttiefe	$a_p = 0{,}2$ mm
Freiwinkel	$\alpha_0 = 6°$
Spanwinkel	$\gamma_0 = 5°$
Neigungswinkel	$\lambda_s = 5°$
Einstellwinkel	$\varkappa_r = 80°$
Eckenradius	$r_e = 0{,}25$ mm
Werkstoff	C45
Schneidstoff	HM P 01.4 (HS 02)

Wirkung der Schnitttiefe a_p

Versuchsbedingungen:

Schnittgeschwindigkeit	$v_c = 250$ m/min
Vorschub	$f = 0{,}05$ mm/U
Spanwinkel	$\gamma_0 = 10$
Einstellwinkel	$\varkappa_r = 80$
Eckenradius	$r_e = 0{,}25$ mm
Werkstoff	C45
Schneidstoff	HM P 01.4 (HS 02)

Gegebenheiten des Feinfräsens (Stirnfräsen)

Verfahrensvarianten und Spanungsquerschnitte beim Feinfräsen

- Varianten des Feinfräsens:

Schlichtfräsen:	Breitschlichtfräsen:	Schlichtfräsen mit Schlicht- und Breitschlichtschneiden:

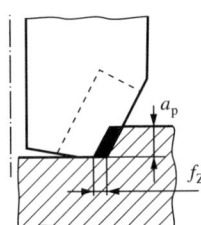
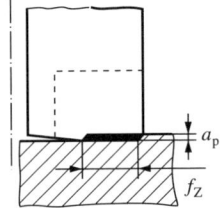
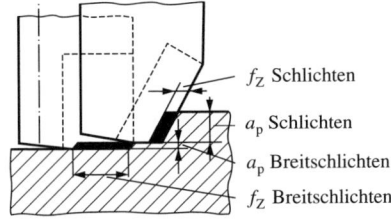

f_Z Schlichten
a_p Schlichten
a_p Breitschlichten
f_Z Breitschlichten

Zähnezahl:
$z = 50 \ldots 60$
Schnitttiefe:
$a_p = 0{,}3 \ldots 1{,}0$ mm
Vorschub pro Zahn:
$f_Z \leq 0{,}2 \ldots 0{,}3$ mm
$\dfrac{a_p}{f_Z} = (5 \ldots 10)$

Zähnezahl:
$z = 1 \ldots 7$
Schnitttiefe:
$a_p = 0{,}05 \ldots 0{,}2$ mm
Vorschub pro Zahn:
$f_Z = 0{,}5 \ldots 10$ mm
$\dfrac{a_p}{f_Z} = \left(\dfrac{1}{50} \ldots \dfrac{1}{200}\right)$

Zähnezahl: $z = 20 \ldots 30$ für Schlichtzähne
$\, z = 1 \ldots 2$ bei Breitschlichtmessern
Schnitt- $\;a_p = 0{,}5 \ldots 2{,}0$ mm für Schlichtmesser
tiefe: $\;a_p = 0{,}03 \ldots 0{,}05$ mm für Breitschlichten
Vorschub $f_Z = 0{,}1 \ldots 0{,}3$ mm bei Schlichtmessern
pro Zahn: $f_Z = 2{,}0 \ldots 5{,}0$ mm bei Breitschlichtmessern
Breite der Schlichtschneiden:
$\quad b \geq 1{,}5 \cdot f$ in mm $(f = z \cdot f_Z)$

- Spanungsquerschnitte und ihre Berechnung:

a) Fall I: $a_p \gg r_e$:

$$A = b \cdot h \quad \text{in mm}^2$$

$$b = \frac{a_p}{\sin \varkappa_r} \quad \text{in mm}$$

$$h \to h_m = \frac{114{,}6 f_Z \cdot \sin \varkappa_r \cdot a_e}{D_{Wz} \cdot \varphi_s} \quad \text{in mm}$$

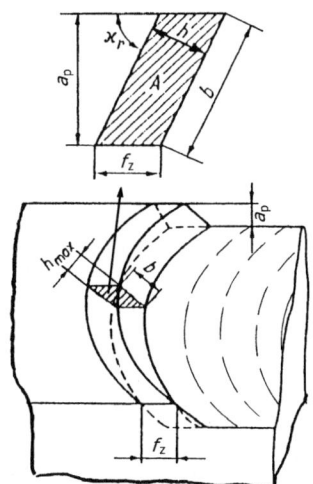

b) Fall II: $a_p \geq a_n$

$$h \to h_m \approx \frac{114{,}6 f_Z \cdot a_p \cdot a_e}{\dfrac{0{,}01745 \varkappa_r \cdot r_e + \varphi_s \cdot D_{Wz}[a_p - r_e(1 - \cos \varkappa_r)]}{\sin \varkappa_r}} \quad \text{in mm}$$

$$a_n = r_e(1 - \cos \varkappa_r) \quad \text{in mm}$$

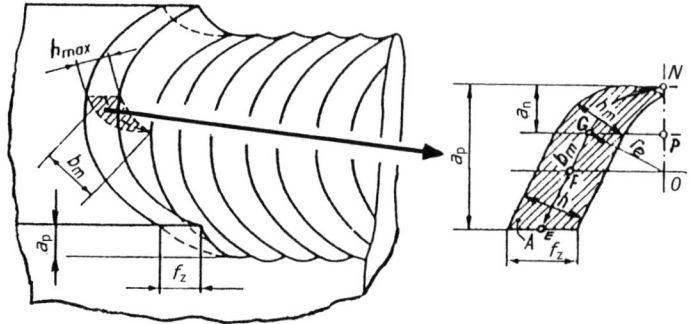

c) Fall III: $a_p < a_n$

$$h \to h_m \approx \frac{114{,}6 f_Z \cdot a_p}{0{,}01745 \varphi_s \cdot D_{Wz} \cdot r_e \cdot \arccos\left(1 - \dfrac{a_p}{r_e}\right)} \quad \text{in mm}$$

Nominelle Schnitttiefe a_n: Siehe oben

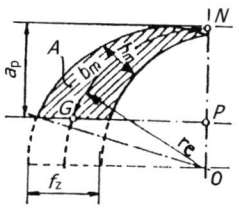

- Zusammenhänge zum Feinfräsen von St 52 und GG 25 mit SK (Einflüsse von Schnittgeschwindigkeiten, Schnitttiefen, Vorschüben und Standwegen auf erreichbare Rauheiten, entstehenden Verschleißfortschritt und Komponenten der Spanungskraft [54]):

Einflüsse von v_C und a_p auf das Verhalten von VB:

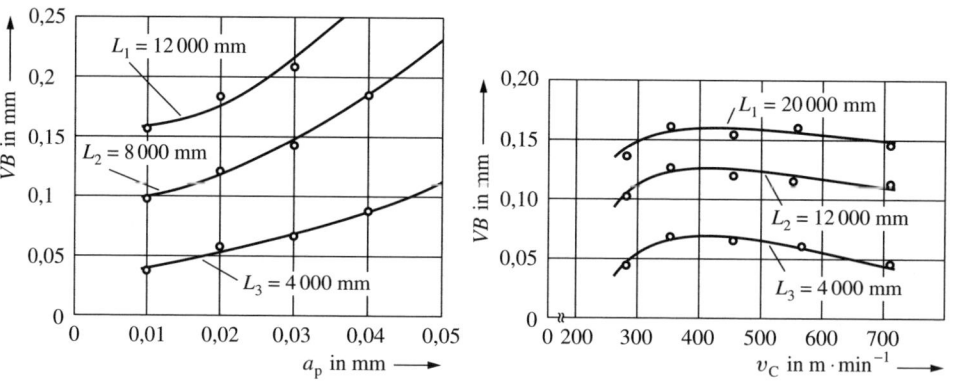

Versuchsbedingungen: Werkstoff: St 52
  Schneidstoff: SK
  $\Phi = 90°$
  $Z = 1$
  $f_Z = 2{,}0$ mm

4.2 Spanen und Abtragen (mit Generieren)

Beeinflussung von Komponenten der Spanungskraft durch v_C und f_Z:

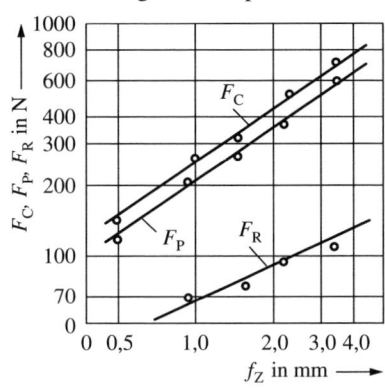
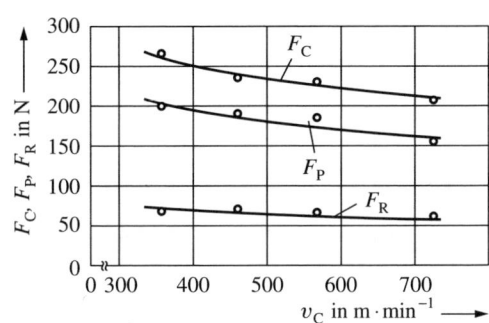

Versuchsbedingungen: Werk- und Schneidstoff: s. o.
$$\Phi = 90°$$
$$a_p = 0{,}03 \ldots 0{,}05 \text{ mm}$$
$$VB \leq 0{,}03 \ldots 0{,}05 \text{ mm}$$

Abhängigkeit erreichbarer Rauheiten vom Standweg L:

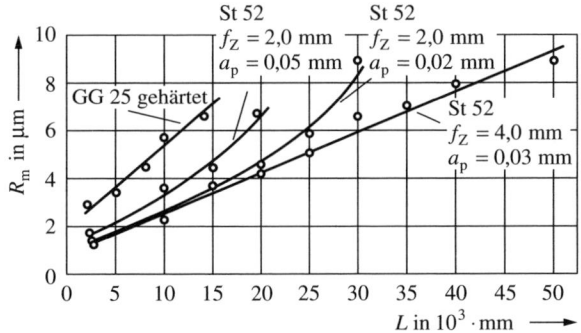

Versuchsbedingungen:
Schneidstoff: SK
$Z = 1$
$v_C = 560 \text{ m} \cdot \text{min}^{-1}$ für St 52
$ = 220 \text{ m} \cdot \text{min}^{-1}$ für GG 25
$f_Z = 0{,}8 \text{ mm}$ für GG 25
$a_p = 0{,}03 \text{ mm}$ für GG 25

Schneidengeometrie für das Breitschlichtfräsen

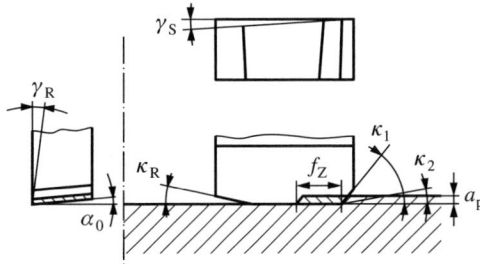
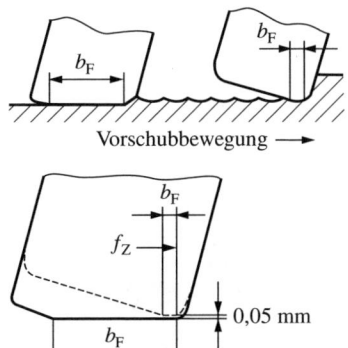

Richtwerte:

	Stahlwerkstoffe	Grauguss
Rückspanwinkel γ_R	$6 \ldots 12°$	$-6 \ldots +6°$
Seitenspanwinkel γ_S	$0 \ldots -45°$	$0°$
Freiwinkel α_0	$3 \ldots 6°$	$8 \ldots 10°$

Verfahrensbedingte Besonderheiten beim Feinfräsen

- Sturz der Frässpindel mit Einfluss auf die Formabweichung q:

$$q = 1000 \tan \delta \quad \text{in mm/m}$$

Richtwert: $q = (0{,}08 \ldots 0{,}3)$ mm/m, meist $q = 0{,}1$ mm/m

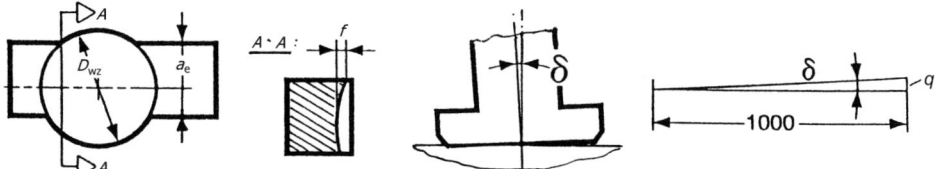

- Formabweichungen:

$$f = 10^{-3} \cdot q \cdot \left(\frac{1}{2} D_{Wz} - \sqrt{\left(\frac{1}{2}D_{Wz}\right)^2 - \left(\frac{1}{2}a_e\right)^2} \right) \quad \text{in mm}$$

- Zulässige Verschleißmarkenbreiten; Standzeiten und -wege:

$VB_{zul} = 0{,}1$ mm für Gusswerkstoffe

$VB_{zul} = 0{,}3$ mm bei Stahlwerkstoffen

Standwege: $L \approx (20 \ldots 40) \cdot 10^3$ mm

Zusammenhang: $L = 10^{-3} \cdot T \cdot v_f \quad \text{in m}$

- Empfehlungen für Bearbeitungsparameter:

Werkstoffarten	Schnittgeschwindigkeiten v_c in m · min^{-1}	Vorschübe f_Z in mm	Schnitttiefen a_p in mm
Gusswerkstoffe	70 ... 100	0,1 ... 0,25	0,3 ... 1,0
Stahlwerkstoffe	60 ... 250	0,08 ... 0,20	0,3 ... 1,0
Leichtmetalle	≤ 800	0,05 ... 0,12	0,2 ... 1,0

- Einflüsse von Schnittgeschwindigkeit und Schnitttiefe auf erreichbare Rauheiten beim Einzahn-Breitschlichtfräsen (aus [7]):

Einfluss von v_c auf R_t:

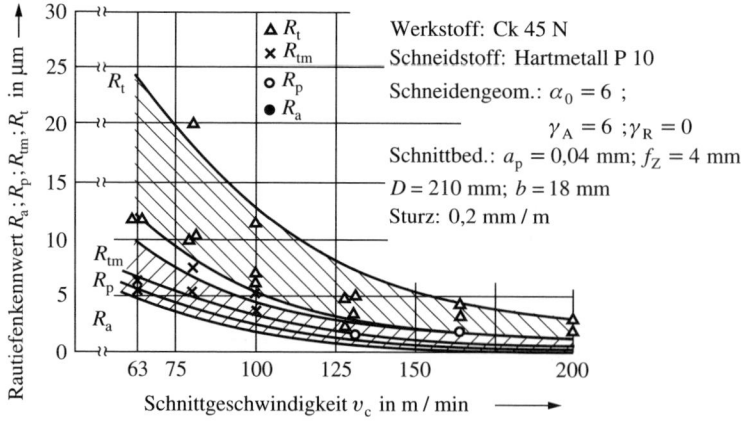

4.2 Spanen und Abtragen (mit Generieren)

Beeinflussung von R_t durch a_p:

- ○ $f_Z = 2$ mm
- × $f_Z = 3$ mm
- ▲ $f_Z = 4$ mm
- □ $f_Z = 5$ mm
- ▽ $f_Z = 12$ mm

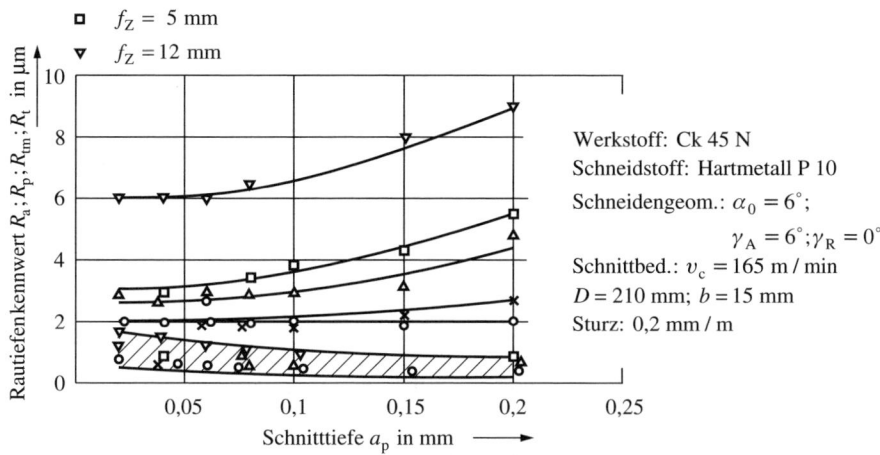

Werkstoff: Ck 45 N
Schneidstoff: Hartmetall P 10
Schneidengeom.: $\alpha_0 = 6°$;
$\gamma_A = 6°; \gamma_R = 0°$
Schnittbed.: $v_c = 165$ m/min
$D = 210$ mm; $b = 15$ mm
Sturz: 0,2 mm/m

Feinschleifen, Ziehschleifen, Läppen, Polieren

Feinschleifen

- Schneidstoffarten:
  - Edelkorund (99 % Al_2O_3) mit keramischer oder Gummibindung für nahezu alle Werkstoffe;
  - Schneiddiamanten für die Bearbeitung von Hartmetallen, NE-Metallen, Keramik, Kunststoffen und Glas;
  - Kubische Bornitride zum Schleifen von Stahlwerkstoffen (auch $HRC > 60$) und NE-Metallen;
  - Abrichten erforderlich ab $R_{a\,ist} \approx (1{,}25 \ldots 1{,}50)\, R_{a\,Anfang}$;
  - Einfluss der Schleifkörperhärte auf die Oberflächenrauheit:

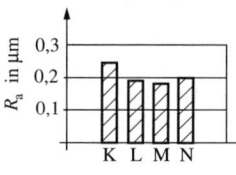

- Bearbeitungsparameter und ihr Einfluss auf das Arbeitsergebnis:

Oberflächenrauheit R_a und Schnittgeschwindigkeit v_c:

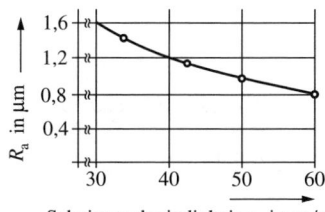

Rauheit R_a und Werkstoffabnahme V_{Span}:

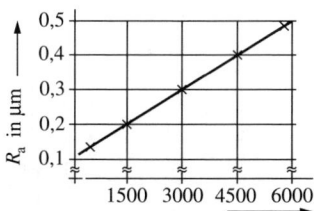

Einflüsse von Kühl-, Schmier-, Spülmittel (Emulsion, Schleiföl) und Ausfunkzeit t_A auf die Oberflächenrauheit der Werkstücke:

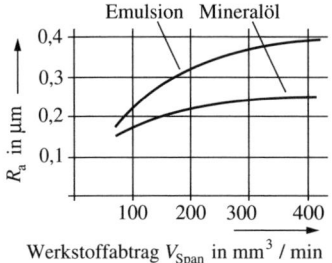
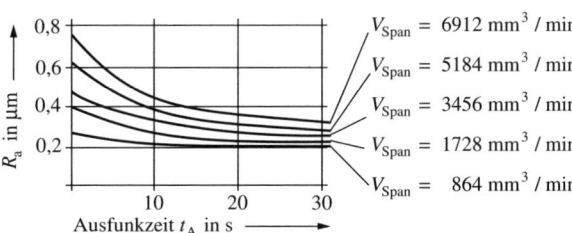

Ziehschleifen (Honen)

- Schleifmittel (Schneidstoffe):
  - Schneiddiamant und kubische Bornitride für nahezu alle Werkstoffe
  - Edelkorunde und Siliciumkarbide: „Grünkorn" (SKG) und „Schwarzkorn" (SKS) vor allem für die Bearbeitung von Grauguss und Kunststoffen

- Bestimmung der erforderlichen Anzahl von Hon-Segmenten:

  Summe der Breiten der Hon-Segmente/Bohrungsumfang $\approx 0{,}2 \ldots 0{,}3$

- Ausgangsrauheit und Einfluss von Werkstücklänge l_{Wst} und -durchmesser d_{Wst} auf die Bearbeitungsparameter:
  - Richtwert für die Ausgangsrauheit aus der Vorfertigung: $10 \ldots 20$ µm
  - $l_{Wst}/d_{Wst} = 1 \ldots 3$ für allgemeine Bedingungen
  $l_{Wst}/d_{Wst} < 1$ mit konstanter Axialgeschwindigkeit und variabler Umfangsgeschwindigkeit schleifen zum Erreichen der Rundheit; außerdem gilt hier: $l_{Wst} \approx l_{Wzeug}$
  $l_{Wst}/d_{Wst} > 3$ arbeiten mit konstanter Axialgeschwindigkeit bei veränderbarer Umfangsgeschwindigkeit zum Erreichen der Zylindrizität

- Bearbeitungsbedingungen und -parameter:
  - Grundsatz (für alle Schleifverfahren): Harter Werkstoff → Weicher Schleifkörper bzw.
    Weicher Werkstoff → Harter Schleifkörper
  - Körnungen: Vorschleifen mit groben Körnungen, z. B. $32 \ldots 8$
    Fertigschleifen mit mittleren Körnungen $6 \ldots$ F40 oder feinen, wie F28 $\ldots$ F14
  - An- und Überlaufwege: Richtwert: $l_a = l_{ü} \approx 0{,}3 l_{Wzeug}$ in mm
  Einflüsse von An- und Überlaufwegen auf erreichbare Formgenauigkeiten (Zylindrizität) beim Honen:
  a) Übliche Hublänge und Hublage
  b) ... d) Hubeinstellungen zur Verbesserung der Formgenauigkeiten von Bohrungen

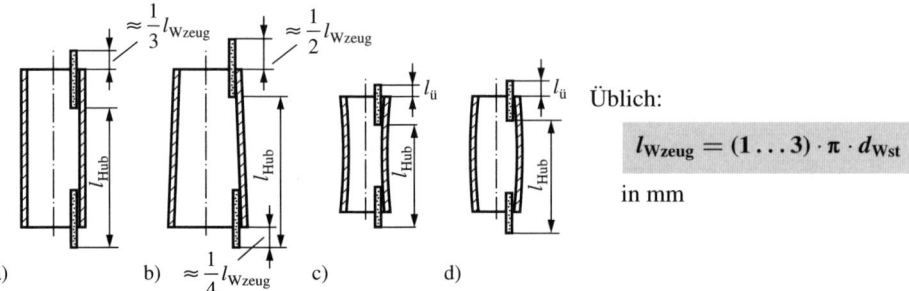

Üblich:

$$l_{Wzeug} = (1 \ldots 3) \cdot \pi \cdot d_{Wst}$$

in mm

- Richtwerte für Bearbeitungszeiten: $t_H \approx 20 \ldots 60$ s

4.2 Spanen und Abtragen (mit Generieren)

- Axial- und Tangentialgeschwindigkeiten und ihr Einfluss auf das Arbeitsergebnis [49]:

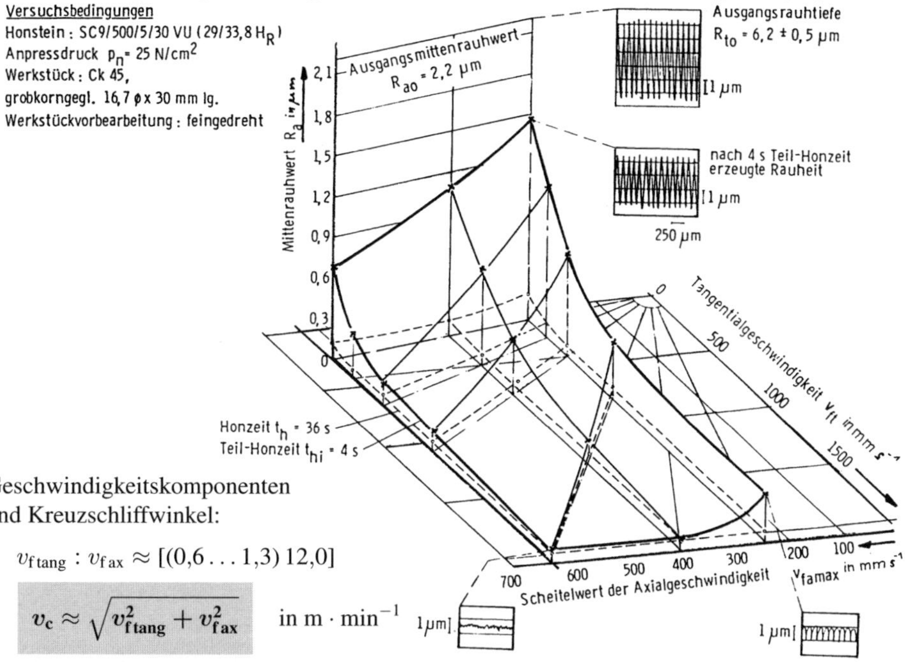

  Versuchsbedingungen
  Honstein : SC9/500/5/30 VU (29/33,8 H_R)
  Anpressdruck p_n = 25 N/cm²
  Werkstück : Ck 45,
  grobkorngegl. 16,7 ∅ × 30 mm lg.
  Werkstückvorbearbeitung : feingedreht

Geschwindigkeitskomponenten und Kreuzschliffwinkel:

$$v_{f\,tang} : v_{f\,ax} \approx [(0{,}6 \ldots 1{,}3)\,12{,}0]$$

$$v_c \approx \sqrt{v_{f\,tang}^2 + v_{f\,ax}^2} \quad \text{in } \mathrm{m \cdot min^{-1}}$$

$$n_{\mathrm{Wzeug}} = \frac{1000 \cdot v_{f\,tang}}{\pi \cdot d_{\mathrm{Wzeug}}} \quad \text{in } \mathrm{min^{-1}}$$

$$\alpha = 2 \arctan \frac{v_{f\,ax}}{v_{f\,tang}} \quad \text{in } °$$

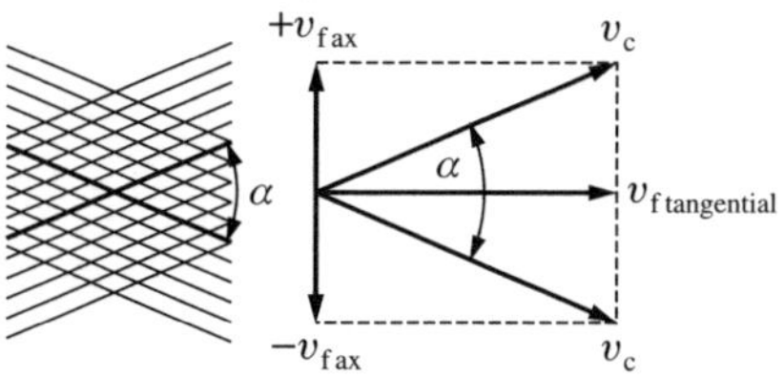

Richtwert: $\alpha = 40 \ldots 45°$

- Erreichbare Arbeitsergebnisse:

Beeinflussung des Spanungsvolumens V_{Span}, des Schleifkörperverschleißes SV, der Rauheit R_a und der Schnittkraft F_c beim Honen durch Schleifmittelarten, -körnung und Bearbeitungszeit t_H:

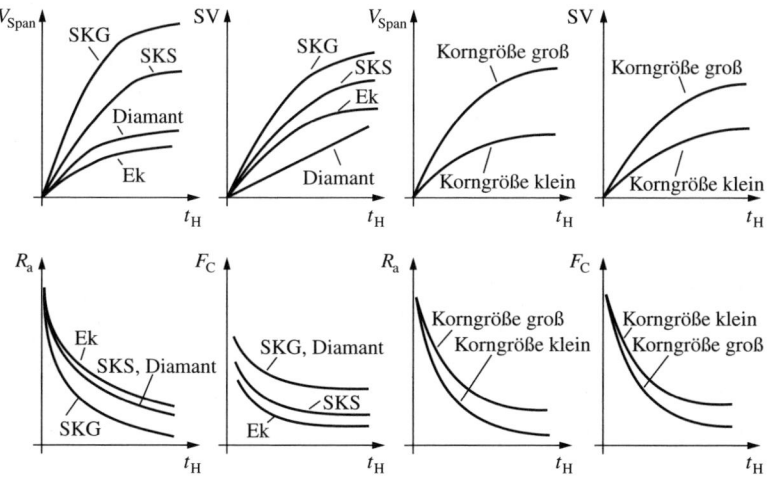

Einflüsse des Anpressdrucks p_n auf Spanungsvolumen V_{Span}, Schleifkörperverschleiß SV, Rauheit R_a und Schnittkraft:

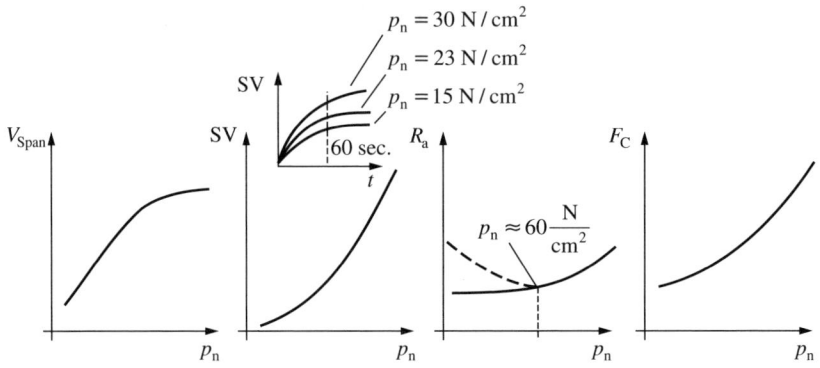

Richtwerte: $v_c \approx (30 \ldots 60)$ m · min^{-1}

Anpressdrücke p_n in N · cm^{-2} für Honsteine [49]:

	Vorhonen	Fertighonen
Keramische Bindung	150...250	90...120
Kunststoffbindung	250...500	100...150
SD } Metallische	300...800	150...300
KBN } Bindung	200...400	100...200

Verbesserung erreichbarer Rauheiten mittels Honen in mehreren Arbeitsstufen:

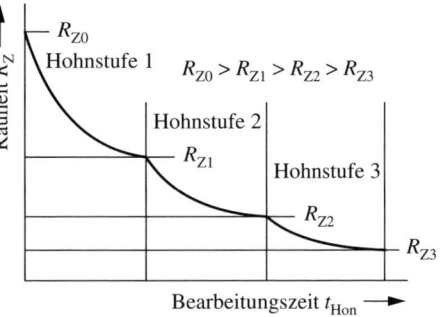

Schwingziehschleifen

- Funktionsprinzip und Richtwerte für Bearbeitungsparameter:

  L, B, H Länge, Breite, Höhe des Schleifkörpers in mm
  p_n Anpressdruck in N · m^{-2}
  v_{ft} Tangentiale Vorschubgeschwindigkeit in mm · min^{-1}
  v_{fa} Axiale Vorschubgeschwindigkeit in mm · min^{-1}
  d_{Wst} Werkstückdurchmesser in mm
  α Umfangswinkel in °, $\alpha = 40 \ldots 60°$; siehe auch S. 196
  f Schwingfrequenz in min^{-1}

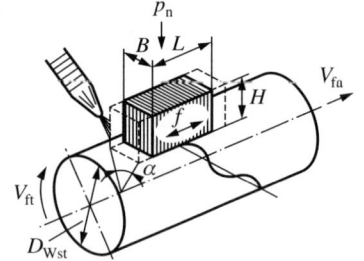

Richtwerte:

Anpresskraft	$F_n \approx 5 \ldots 600$ N
Schwingfrequenz	$f \approx 1\,000 \ldots 3\,000$ min^{-1}
Schwingamplituden	$\lambda \approx 2 \ldots 8$ mm
Umschlingungswinkel	$\alpha \approx 40 \ldots 60°$
Vorschubgeschwindigkeit tangential	$v_{ft} \approx [6(12 \ldots 25)60]$ m · min^{-1}
Vorschubgeschwindigkeit axial	$v_{fa} \approx 2 \ldots 4$ mm · min^{-1}
Anzahl erforderlicher Schnitte	$i = 1$ (üblich)
Kühl-, Schmier-, Spülmittel:	Petroleum mit 10...20 % Mineralölzusatz

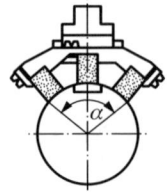

$\alpha \approx 40° \ldots 60°$

4.2 Spanen und Abtragen (mit Generieren)

- Bewegungsverhältnisse:

$$v_c = \sqrt{\left(\frac{\lambda \cdot \pi \cdot f}{1\,000} + \frac{v_{ft} \cdot v_{fa}}{\pi \cdot d_{Wst}}\right)^2 + v_{ft}^2} \quad \text{in } m \cdot min^{-1} \quad \text{(Kurzzeichen vgl. auch Bild unten)}$$

v_c (Resultierende) Schnittgeschwindigkeit in $m \cdot min^{-1}$
v_{fa} Axialer Vorschub in mm
v_{ft} Tangentiale Vorschubgeschwindigkeit in $m \cdot min^{-1}$
v_0 Momentane Schwinggeschwindigkeit in $m \cdot s^{-1}$

β Vorschubrichtungswinkel in °
γ Schleifbahnwinkel in °
λ Schwingungsamplitude in mm
f Schwingungfrequenz in min^{-1} (S. 196)

Ohne Vorschubbewegung: Mit Vorschubbewegung:

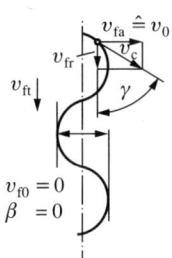
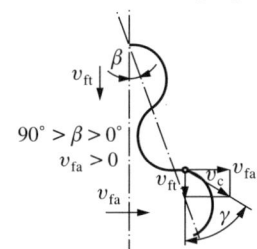

- Bearbeitbare Teileformen, Werkstückabmessungen und Bearbeitungsaufmaße:

Formen: Abmessungen:

Herstellbare Formen:

Bedingt herstellbare Formen:

Abmessungen			
Außenflächen			
Zwischen Spitzen	Durchmesserbereich	6...500 mm	
	Längsbereich	10...4 000 mm	
Durchlaufbearbeitung	Durchmesserbereich	2,5...70 mm	
(spitzenlos)	Längsbereich	4,5...150 mm	
Innenflächen			
Mit Innenschwingzieh-	Durchmesserbereich	über 8 mm	
schleifeinheit	Längsbereich	bis 200 mm	

Bearbeitungsaufmaße: Feingeschliffene Oberflächen   3...6 µm
                        Normalgeschliffene Oberflächen   6...10 µm
                        Grobgeschliffene Oberflächen   8...16 µm
                        Gedrehte (geschlichtete) Oberflächen   16...25 µm

- Erreichbare Maß-, Form-, Lage- und Oberflächenabweichungen:

Rauheiten: $R_a \approx 0{,}003 \ldots 0{,}02$ µm bei Durchgangsbearbeitung
            $R_a \approx 0{,}005 \ldots 0{,}03$ µm für Einstechhonen
Maßgenauigkeiten: IT 3 ... IT 4
Traganteile ca. 75...95 %

Zusammenhang zwischen Oberflächenrauheit, Schwingfrequenz und tangentialer Vorschubgeschwindigkeit:

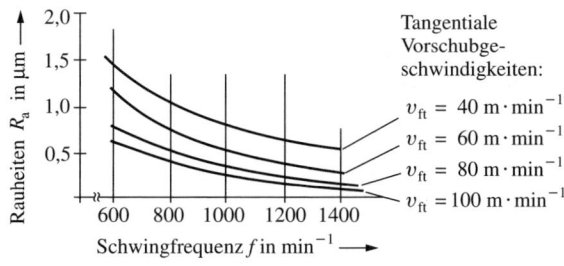

Tangentiale Vorschubgeschwindigkeiten:
$v_{ft} = 40 \; m \cdot min^{-1}$
$v_{ft} = 60 \; m \cdot min^{-1}$
$v_{ft} = 80 \; m \cdot min^{-1}$
$v_{ft} = 100 \; m \cdot min^{-1}$

Bearbeitungskennwerte:
$t_H = 1{,}0$ min
Werkstoff: St 70-2 (E 360)
Anpressdruck: $P_n = 20 \; N \cdot cm^{-2}$

Läppen und Polieren

- Anwendungsmöglichkeiten typischer Läpp- und Poliermittel:

Läppmittel	Korngruppe Nr.	Abmessung des Nennkorns	Anwendung für Arbeitsgang	Werkstoff	Erzielbare Rautiefe
Siliciumkarbid (SiC)	12	< 125...100	Vorläppen, bei nicht zu hohen Ansprüchen auch Fertigläppen	HM/Stahl	0,3...0,6/1...4
	10	< 100...80		Ms/Kunstharz	1,5...6/2...8
	8	< 80...63		Grauguss	
	5	< 50...40		Bronze	
	F40	< 40...28		HM/Stahl	0,15...0,3/0,8...1,6
	F28	< 28...20		Ms/Kunstharz	0,2 ...0,5/0,2...0,8
	F20	< 20...14		Grauguss	
	F14	< 14...10		Bronze	
Edelkorund (89 % Al_2O_3)	F28	< 28...20	Vorläppen, bei nicht zu hohen Ansprüchen auch Fertigläppen	St (hart)	0,25...0,6
	F20	< 20...14		Ms/Kunstharz	0,2 ...0,5/0,2...0,8
	F14	< 14...10		Grauguss	
	F10	< 10... 7		St (hart)	0,1...0,25
	F7	< 7... 5		Ms/Kunstharz	0,1...0,3/0,2...0,5
				Grauguss	
Polierrot (Fe_2O_3)	—	1...2	feinstes Fertigläppen	St	0,1 und weniger
Chromgrün (Cr_2O_3)	—	1...2	feinstes Fertigläppen	St/Ms	0,1 und weniger
Borkarbid (B_4C)	5	< 50...40	Vor- und Fertigläppen	HM/ Hartchrom	0,1...1
	F40	< 40...28			
	F28	< 28...20			
	F14	< 14...10			
	F10	< 10...7			
Diamantstaub (C)	—	2...4	Vor- und Fertigläppen	HM/ St (hart)	0,1 und weniger
	—	0,8...12			
	—	0,5...1			

Zahlenangaben in μm; Korngrößen für Diamant-Läpp-/Poliermittel siehe DIN ISO 6106

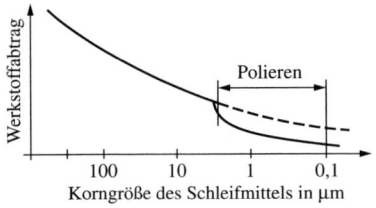

Poliergrade opt. Oberflächen nach DIN ISO 10 110:
$P_1 \rightarrow$ 80...400 Mikrodefekte je 10 mm Abtastlänge
$P_2 \rightarrow$ 16... 80 Mikrodefekte je 10 mm Abtastlänge
$P_3 \rightarrow$ 3... 10 Mikrodefekte je 10 mm Abtastlänge
$P_4 \rightarrow <$ 3 Mikrodefekte je 10 mm Abtastlänge

- Zusammenhänge zwischen Abtraggeschwindigkeit und Zustelltiefe, Schwingungsamplitude und Vorschubkraft beim Läppen:

Bearbeitungsparameter:
Werkstoff: SiC (gesintert)
Wirkmedium: B_4C (Körnung 280)
30 % Gewichtsanteil in H_2O
Absaugung: $p_{Saug} = -0,6$ bar
Schwingungsamplitude: $X = 16...32$ μm
Stat. Vorschubkraft: $F_{Stat} = 0,7...2,3$ N·mm^{-2}

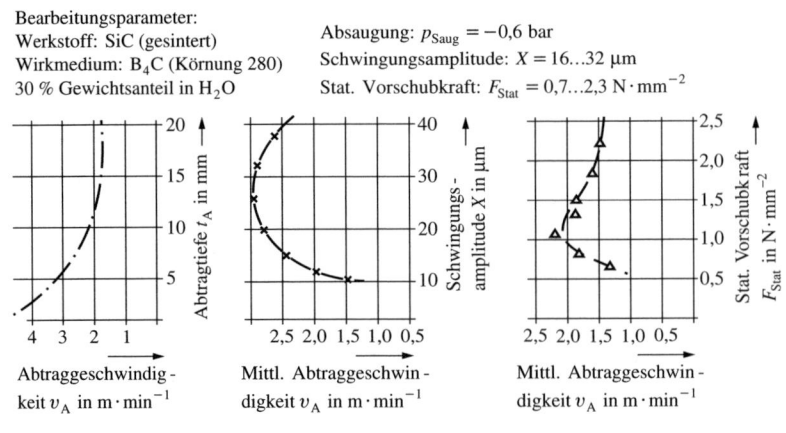

4.2 Spanen und Abtragen (mit Generieren)

- Einflüsse von Läppdruck, Läppdauer und Diamantkonzentration auf Bearbeitungsvorgang und Arbeitsergebnis (nach [7]):

Strukturierung geläppter Teilerandschichten (schematisch)

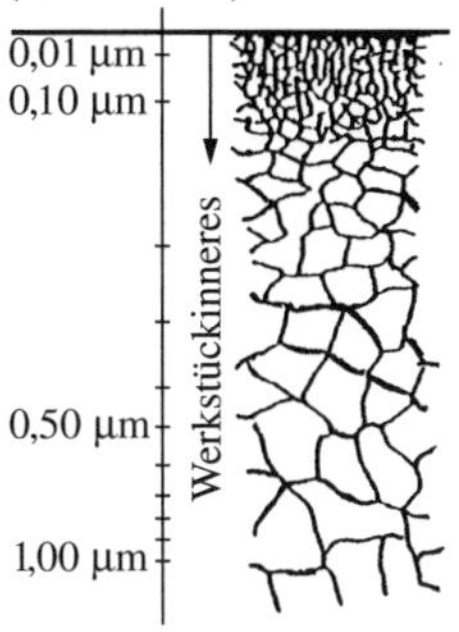

$v_c \approx [(5 \ldots 30)\ 150]\ \text{m} \cdot \text{min}^{-1}$
($v_c = 150\ \text{m} \cdot \text{min}^{-1}$ zum Vorläppen)
$v_f \approx 20\ \mu\text{m} \cdot \text{min}^{-1}$
Teilequalität $\sim L; T$

Werkstoff: Hartmetall
Läppwerkzeug: Gusseisen
Läppmittel: Diamantpulver (Körnung 0 … 15 μm)
Trägermittel: Mineralöl
Läppgeschwindigkeit: 30 m min^{-1}
Drehzahl des Läppwerkzeuges: 66 min^{-1}
Geläppte Werkstückfläche: 40 mm^2
Ausgangsrauheit: $R_t = 2{,}4$ μm
Läppdruck: 13 N · mm^{-2}
Läppdauer: 30 min

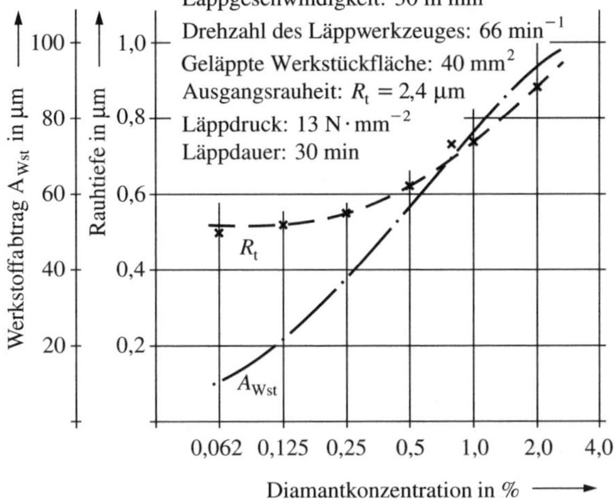

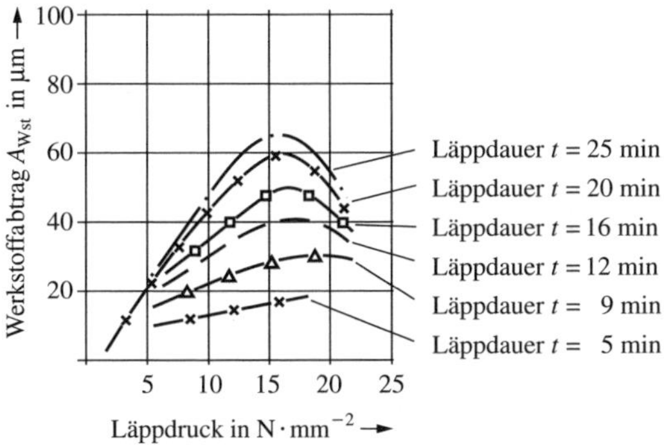

Werkstoff: Hartmetall
Läppwerkzeug: Gusseisen
Läppmittel: Diamantpulver (Körnung 0 … 15 μm)
Trägermittel: Mineralöl
Läppgeschwindigkeit: 30 m · min^{-1}
Drehzahl des Läppwerkzeuges: 66 min^{-1}
Geläppte Werkstückfläche: 40 mm^2
Ausgangsrauheit: $R_t = 2{,}7$ μm

HARMST-Technologien (High-Aspect-Ratio-Micro-System Technolgy)

LIGA-Verfahren (Lithographie, Galvanoformung, Abformung)

- Einheitliche Grundprozesse von LIGA-Verfahren [55]:

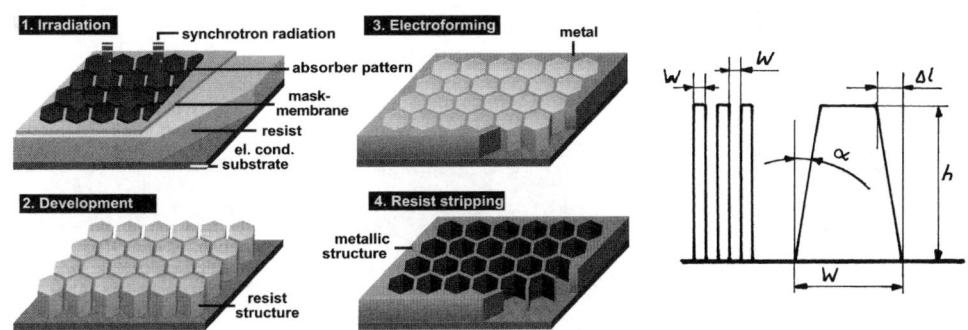

- Röntgentiefenlithographie (Herstellung von Strukturen mit < 100 nm):

    Funktionsprinzip [55]:

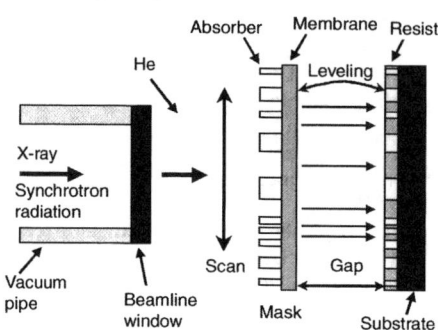

    Kennwerte (typische Beispiele):

    Röntgenstrahlung: $\lambda = 0{,}5 \ldots 2{,}0\,\mu\text{m}$
    $\qquad\qquad\qquad Q = (1{,}0 \ldots 2{,}0)\,10\,\text{keV}$

    Aspektverhältnis: $AR = h/\Delta L = \alpha^{-1} = 1 \ldots 500$

    Werkstoffe:
    Maske: Beryllium-Folien mit $s = 500\,\mu\text{m}$
    $\qquad\quad$ Ti-Folien mit $s = 2\,\mu\text{m}$
    $\qquad\quad$ BN, C, SiN, Polymid, ...
    Absorber: Au, W, Ta, Pt
    Resist: Photoaktive organische oder anorganische Stoffe wie PMMA mit $s = 820 \ldots 1500\,\mu\text{m}$
    Substrat: Ti, Cu, Al und deren Legierungen (z. B.: Dural, Al_2O_3-Keramik)

- Galvanoformung (Erzeugung von Strukturen mit < 100 µm):

    Funktionsprinzip und Arbeitsabläufe [55]:

    a) Herstellung selbsttragender Mikrostrukturen:

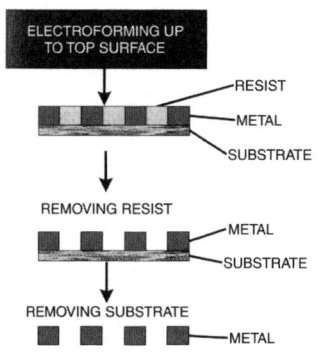

    b) Erzeugung beweglicher Strukturen:

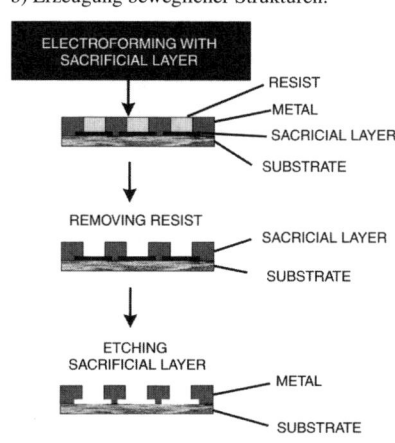

    c) Herstellung abgestufter Strukturen:

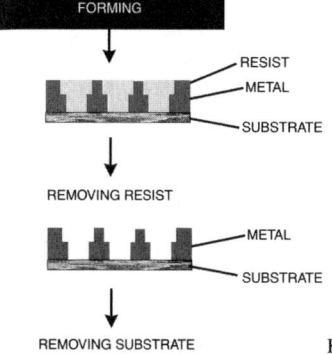

    d) Überwachsende Mikrostrukturen:

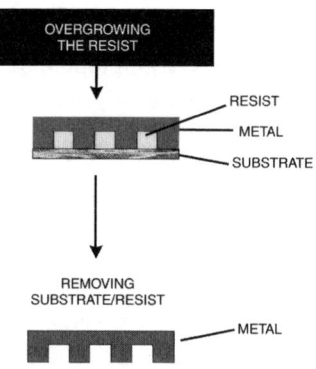

Kennwerte:
Bearbeitbare Werkstoffe: Atomgruppen I b und II b (Cu, Ag, Zn, Au, ...)
$\qquad\qquad\qquad\qquad\quad$ Gruppen VI b und VIII b (Cr, Ni, Fe, Co, ...)
Elektrolyte: Wässrige Elektrolyte aus Metallsalzen wie $CuSO_4$; $NiSO_4$, ...

Mikroabformung

Mikrourformen; Abformen von Teilen mit $m_{\text{Wst}} \geq 0{,}022\,\text{g}$, Strukturen von $< 1\,\text{mm}$; $AR = 1 \ldots 100$ und $V_{\text{Wst}} \geq 1\,\text{mm}^3$, z. B. aus PE, PP, PS, PMMA, ...), vgl. [55], [56]

- Mikrospritzgießen:

   Funktionsprinzip [55]:

   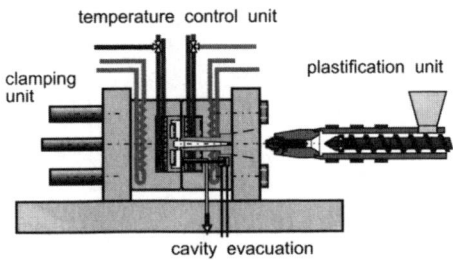

   Arbeitsrichtungen:
   1. Direkte Herstellung von Teilen mit Abmessungen im Bereich einiger µm und geringen „Schussgewichten"
   2. Herstellung „makroskopischer" Teile mit einer Vielzahl von Mikrostrukturen (z. B. Wafer)

   Füllzeit:

   $$\lg t_F = -0{,}5 + 1{,}6 \lg d$$

   Kühl-/Nachdrückzeit:

   $$t_K = \frac{2{,}88 d^2}{\pi^2 \cdot a} \cdot \ln\left[\frac{4(T_{\text{Pl}} - T_W)}{\pi (T_E - T_W)}\right]$$

   d Größte Wanddicke des Werkstückes in mm
   a Wärmeleitzahl der Spritzgießmasse in cal $\cdot$ mm^{-1} $\cdot$ s^{-1} $\cdot$ K^{-1}
   T_E Ausformungstemperatur in K
   T_{Pl} Plastifizierungstemperatur des Werkstoffes in K
   T_W Werkzeugtemperatur in K

- Heißprägen ($m_{\text{Wst}} > 10\,\text{g}$):

   Funktionsprinzip [55]:

   Präzises Abformen (Replizieren) kleinster Konturen vorzugsweise in Kunststoffen:
   $AR \lesssim 50$; $h \leq 3{,}0\,\text{mm}$;
   $T_{\text{Präge}} = T_{\text{Gls}} + 50 \ldots 100\,\text{K}$;
   $P_{\text{Präge}} \approx 200 \ldots 1000\,\text{kN}$

   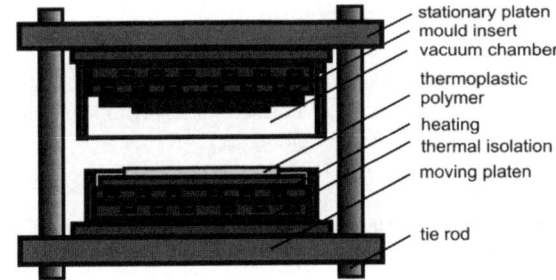

- Mikro-Pulver-Spritzgießen:

   Verarbeitung plastischer Massen mit großen Anteilen metallischer und keramischer Füllstoffe mittels Spritzgießen (PIM: Power-Injection-Moulding)

   Verfahrensablauf:

   Pulverwerkstoff:

   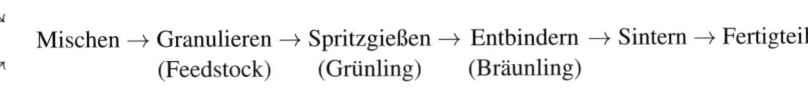

   Bindemittel:

Mikro-EDM-Verfahren

Herstellung von Strukturen mit 50...1000 µm und $AR = 1...10$, siehe [56]

Spezielle Kennwerte und Parameter:

Erodiergeschwindigkeit: $v \leq 300\,\text{mm}^2 \cdot \text{min}^{-1}$
Rauheiten: $R_a = 0,1...0,2\,\mu\text{m}$
Maß-, Form-, Lageabweichungen: $\pm 1...2\,\mu\text{m}$
Stegbreiten: $> 10...20\,\mu\text{m}$
Impulsparameter nach VDI 3402 (wie bei EDM üblich)
Dielektrika beim Drahterodieren: Deionisiertes Wasser
               Senkerodieren: Spezielle Erodieröle
               Dichte: $0,765...0,824\,\text{g} \cdot \text{cm}^{-3}$
               Viskosität: $1,8...5,8\,\text{mm}^2 \cdot \text{s}$
               Zündpunkt: $63...118\,°C$
               Durchschlagspannung: $52...59\,\text{kV}$
               Elektroden: Elektrolytkupfer (Graphit ist infolge Körnigkeit bei Spaltbreiten von $5...15\,\mu\text{m}$ weniger gut geeignet)

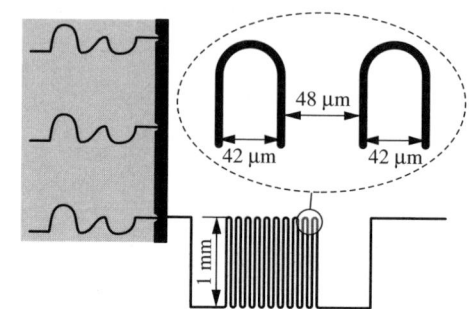

Mikrostrukturieren und -abtragen mittels Photonenstrahlen

Erzeugung von Strukturen mit $5...50\,\mu\text{m}$ und $AR = 1...50$

Geeignete Laser:
- CO_2-Laser ($\lambda = 10,6\,\mu\text{m}$, IR-Licht)
- CV-Laser ($\lambda = 578,2\,\mu\text{m}$)
- Nd:YAG-Laser ($\lambda = 1,06\,\mu\text{m}$)
- Excimer-Laser (Gaslaser mit $\lambda = 193,3...351,3\,\text{nm}$; UV-Licht und Pulsdauer $10...20\,\text{ns}$)

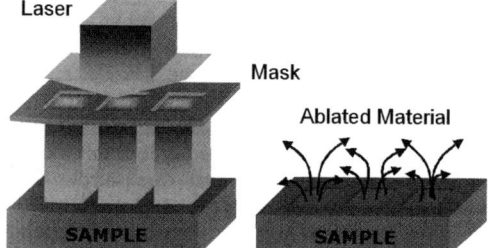

Bei der Herstellung kleinster Teile mittels Laser sind vor allem zu beachten: Fokuslage, Kaustik (Taillendurchmesser, Brennweite), ...

Anwendungen:
1. Direktes Herstellen kleinster Konturen, Durchbrüche, ...
2. Herstellung bestimmter Formen mittels (Einfach- und Mehrfach-)Masken:
   Bewegte Maske (Mask Dragging)
   Bewegtes Werkstück (Workpiece Dragging)

Spanende Fertigung kleinster Strukturen [Fräsen, Drehen, Bohren; Strukturen mit $10...1000\,\mu\text{m}$ und $AR = 1...10$ mittels Fräsen]

Kennzeichen des Spanbildungsvorganges im Bereich der Schneidkantenrundung [55]:

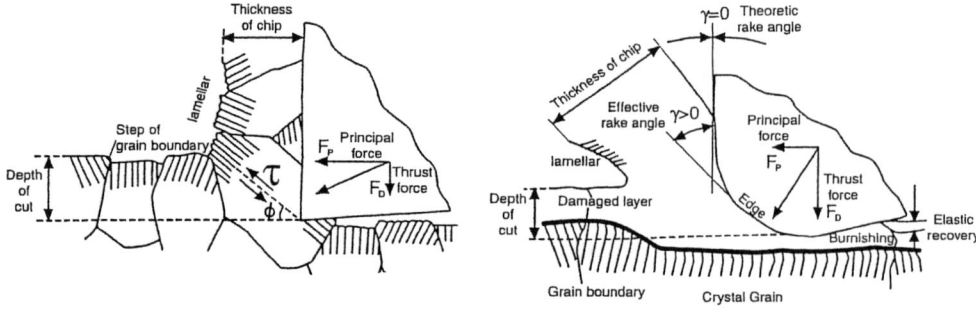

4.2 Spanen und Abtragen (mit Generieren)

Spezielle Bearbeitungskennwerte und -bedingungen:
$a_p \geq 10\,(1\ldots 2)\,\mu m$; $v_C \approx 1{,}25\ldots 1{,}3\,\text{m}\cdot\text{min}^{-1}$; $\alpha = 5\ldots 10°$; $\gamma = 0\,(6\ldots 10)°$; SKR → Min ($r \approx 1\ldots 2\,\mu m$)
Schneidstoffe: SD, KBN, Mikron- HM („Micro-Grain" Cemented Carbides)
Warmhärte: $HB_{\text{Schneidst}} \approx 4HB_{\text{Wstoff}}$
Bearbeitete Werkstoffe: Stähle und Edelstähle; Cu, Cu-Legierungen, Au, Ag, Al, Ni, Kunststoffe (PMMA, PC mit $v_C \approx 0{,}7 v_{C\,\text{Ms/Cu}}$ und $a_p \approx a_{p\,\text{Ms/Cu}}$), Glas, Keramik

Mikroformen durch Ätzen

Funktionsprinzip [57]:

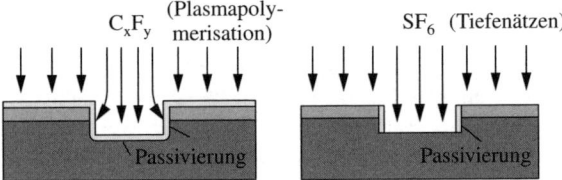

Gleitschleifen metallischer und nichtmetallischer Teile

Verfahrensvarianten beim Gleitschleifen [58]:

Übersicht zu Arten und Formen von Gleitschleifkörpern (Typische Beispiele nach [58]):

Keramikchips Form		Kunststoffchips Form		
Dreieck		W Winkel		
S Dreieckschrägschnitt		DZ Dreizack		
ST Stern		DZS Dreizackschrägschnitt		

Einflüsse auf den Verschleiß von Gleitschleifkörpern [58]:

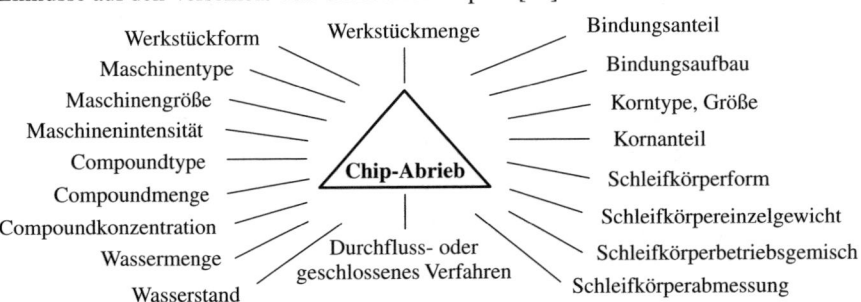

Abriebskennwerte typischer Gleitschleifkörper [58]:

Chipgruppe	Chipcharakteristik	Abriebswert %/h	
		Rundvibratoren und Trogvibratoren	Fliehkraftanlagen Faktor 5...10
1	polierend	0,007	0,35...0,07
2	fein schleifend	0,10	0,50...1,00
3	mittel schleifend	0,20	1,00...2,00
4	stark schleifend	0,50	2,50...5,00
5	sehr stark schleifend	0,90	4,50...9,00
6	superstark schleifend	1,80	9,00...18,00

Bearbeitungskennwerte und Berechnungen [58]:
- maximale Trommelfüllung: ca. 40...60 % (Werkstücke und Schleifkörper);
 günstige Mischungsverhältnisse: Schleifkörper: Werkstücke: ca. 3(5...7) 10 : 1;
 geeignete Wirkmedien (Compounds): Flüssige, pastöse oder pulverförmige Mischungen unterschiedlicher Chemikalien im Verhältnis 0,3...3,0 % je Liter H_2O
- $t_{HRundvibrator} \approx 20 t_{HFliehkraftanlage}$
- pro Zeiteinheit abgespantes Werkstoffvolumen:

$$V_{Sp} = C \cdot t \quad \text{in \%}$$

 C Konstante in Abhängigkeit des Gleitschleifverfahrens, der Bearbeitungsparameter, der Teilegröße, der Werkstückform, ...
 RW.: $C \approx 0,001...0,01$ in %/min
 (mit $C \approx 0,001$ für Trommelanlagen und $C \approx 0,01$ für Fliehkraftanlagen)
 t Schleifzeit in min
 V_{Sp} Abgeschliffenes Werkstoffvolumen in % vom Anfangsvolumen (Rohteil-)
- Gleitschleifkörper:
  - Keramikchips: Härte: 7,5...8,6 nach Mohs; spezifisches Gewicht: 2,39...3,60 g/cm³
  - Kunststoffchips (schonende Bearbeitung): spezifisches Gewicht: 1,20...1,84 g/cm³
  - Stahlkugeln, unregelmäßig geformte Naturprodukte (z. B. Kiesel): für Sonderfälle
- Bearbeitungsbedingungen:
  - Abwälzen über kantige und/oder spitze Chipkonturen: Gute Schleif- oder Entgratewirkungen; griffige, grob strukturierte Werkstoffoberflächen;
  - Gleitendes Abrollen über Rundungen an Chips: Geringere Schleifwirkung; fein strukturierte Teilefunktionsflächen
- Nachbehandlungen: Trocknen, Waschen, Konservieren

4.2.1.12 Herstellung von Verzahnungen

Wälzfräsen gerad- und schrägverzahnter Stirnräder

**Eingriffsverhältnisse;
Vorschubweg beim Wälzfräsen**

$$a_p = \frac{13}{6} m \quad \text{in mm}$$

$$f_{Rad} \approx 0,5 f_{Ax} \quad \text{in mm}$$

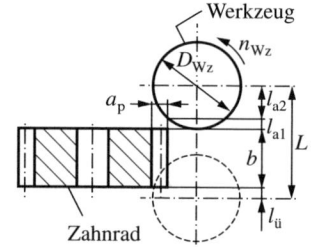

m Modul in mm
f_{Rad} Vorschubweg in radiale Richtung in mm
f_{Ax} Vorschubweg in axiale Richtung in mm

Für $i = 1$ wird $a_p = $ Zahnhöhe h.

4.2 Spanen und Abtragen (mit Generieren)

Berechnung der mittleren Schnittkraft, Schnitt- und Antriebsleistung

Schnittkraft

$$F_{cm} \approx C \cdot f^{0,92} \cdot m^{1,66} \cdot Z^{0,43} \cdot K_{vc} \cdot K_\beta \cdot K_{ver} \quad \text{in N}$$

- C Werkstoffkonstante in N
  - Richtwerte: $C = 30$ N   für Stahlwerkstoffe mit $R_m \approx 900\ldots 1\,100\ \text{N} \cdot \text{mm}^{-2}$ (40Cr4 o. Ä.)
  -            $C = 35$ N   für Stähle mit $R_m \approx 650\ldots 950\ \text{N} \cdot \text{mm}^{-2}$ (z. B. 15Cr3)
  -            $C = 14{,}5$ N   für kurzspanende Werkstoffe (z. B. GG20) mit $R_m \approx 200\ \text{N} \cdot \text{mm}^{-2}$
- K_{vc} Korrekturfaktor für die Schnittgeschwindigkeit; Richtwerte siehe unten
- K_{ver} Korrekturwert für den Schneidenverschleiß; Richtwert: $K_{ver} \approx 1{,}2$
- K_β Korrekturfaktor für den Zahnschrägungswinkel; Richtwerte siehe unten
- Z Zähnezahl; häufig: $Z = 20\ldots 70$

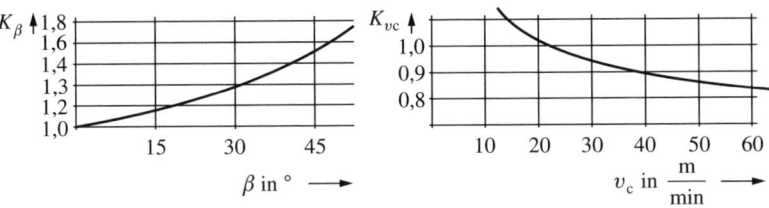

Schnitt- und Antriebsleistungen

$$P_c = \frac{F_{cm} \cdot v_c}{60\,000} \quad \text{in kW}$$

$$P_A = \frac{P_c}{\eta} \quad \text{in kW}, \qquad \text{wobei } \eta = 0{,}4\ldots 0{,}5$$

Bestimmung der Maschinenhauptzeit

$$t_H = \frac{b + l_a + l_\ddot{u}}{f_R \cdot n_{Wz} \cdot g} \cdot i \cdot Z \quad \text{in min} \qquad \text{und} \qquad l_a = l_{a1} + l_{a2} \quad \text{in mm}$$

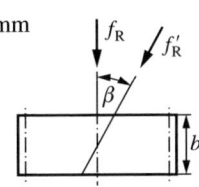

- f_R' Axialer Vorschub je Radumdrehung in Richtung des Zahnververlaufs (d. h. für $\beta \geqq 20°$ ggf. mit $\cos \beta$ korrigieren) in mm
- f_R Vorschub in Richtung der Werkstückachse:

$$f_R = \cos\beta\, f_R' \quad \text{in mm}$$

- g Anzahl der Fräsergänge (üblich: $g = 1$);
  - Zustellungen: $0{,}07 \ldots 1{,}3$ mm
  - Aufmaße: $0{,}05 \ldots 0{,}7$ mm
- $l_{a1}; l_\ddot{u}$ Verfahrensbedingte An-, Überlaufwege in mm; Richtwerte: $l_{a1} = l_\ddot{u} \approx 2\ldots 3$ mm
- l_{a2} Geometrisch bedingter Anlaufweg in mm; Berechnung siehe unten
- n_{Wz} Werkzeugdrehzahl in min^{-1}; Richtwerte für v_c [häufig: $v_c = (10\ldots 40)\ \text{m} \cdot \text{min}^{-1}$], f_R und D_{Wz} vgl. Anhang T 4.1.8.8
- i Anzahl erforderlicher Schnitte
- Z Zähnezahl

Berechnung von l_{a2}

a) Geradverzahnte Stirnräder: 1. (Schrupp-)Schnitt: $l_{a2.1} = \sqrt{D_{Wz} \cdot a_p - a_p^2}$ in mm
   2. (Schrupp-)Schnitt: $l_{a2.2} \approx 0{,}5 l_{a2.1}$ in mm
   3. (Schrupp-)Schnitt: $l_{a2.3} \approx 0{,}3 l_{a2.1}$ in mm

b) Schräg verzahnte Räder:

$$l_{a2} = \sin\beta\,(2{,}94m + 0{,}5 B_{Wz}) + \cos\beta \cdot \sqrt{D_{Wz} \cdot a_p - a_p^2} \quad \text{in mm}$$

B_{Wz} Breite des Wälzfräsers in mm
m Modul in mm
β Zahnschrägungswinkel in °; siehe oben

$a_p \triangleq$ **Zahnhöhe h** in mm oder: $a_p = 2{,}16 m$ in mm für $i = 1$

$h = 2m + C$ in mm

h Zahnhöhe in mm
C Kopfspiel in mm
   Richtwerte: $C = 0{,}167$ mm (im Maschinenbau)
   $C = 0{,}1 \ldots 0{,}3$ mm allgemein

Kennwerte und Ansichten beim Wälzfräsen [59]

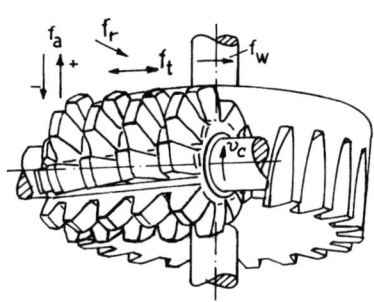

v_C Schnittgeschwindigkeit in m · min^{-1}
f_a Axialvorschub(weg) in mm
f_r Radialvorschub(weg) in mm
f_t Tangentialvorschub(weg) in mm
f_W Wälzvorschub(weg) in mm

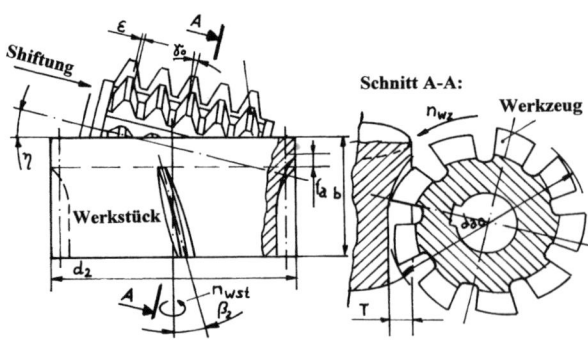

Werkstück (Zahnrad):
d_2 Werkstückdurchmesser
β_2 Schrägungswinkel; $\beta_2 = \beta_0$
b Breite des Zahnrades
Z Zähnezahl

Werkzeug (Fräs-):
d_{a0} Werkzeugdurchmesser
γ_0 Steigungswinkel
ε Axialteilung
G Gangzahl (meist $G = 1$)

Bearbeitungskennwerte:
η Schwenkwinkel; $\eta = \beta_0 \pm \gamma_0$
f_a Axialvorschub
T Tauchtiefe
n_{Wz} Werkzeugdrehzahl
n_{Wst} Werkstückdrehzahl

$$\frac{n_{Wz}}{n_{Wst}} = \frac{Z}{G}$$

4.2 Spanen und Abtragen (mit Generieren)

Varianten des Wälzfräsens bei der Herstellung zylindrischer Verzahnungen:

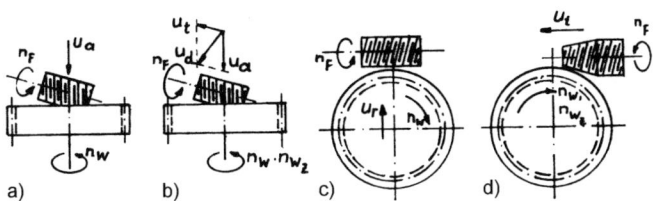

a) Axialverfahren (Stirnradherstellung)
b) Diagonalverfahren (Stirnradherstellung)
c) Radialverfahren (Herstellung von Schneckenrädern)
d) Tangentialverfahren (Herstellung von Schneckenrädern)

Polygonkantenbildung durch Hüllschnitte beim Wälzfräsen [14]:

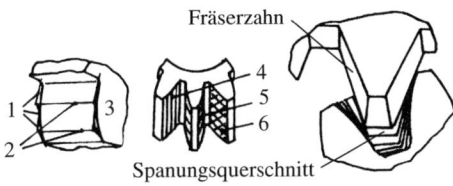

1 Wälzfräser – Hüllschnitte, 2 achsparallele Polygonkanten eines axial walzgefrästen Zahns, 3 theoretischer Evolventenverlauf, 4 axial walzgefräster Zahn, 5 diagonal walzgefräster Zahn, 6 sich kreuzende Polygonkanten zweier kämmender diagonal walzgefräster Zähne

Einfluss des Vorschubes auf die Zahnform in Flankenrichtung [14]:

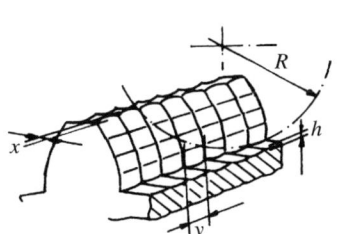

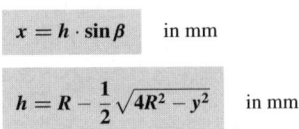

$$x = h \cdot \sin \beta \quad \text{in mm}$$

$$h = R - \frac{1}{2}\sqrt{4R^2 - y^2} \quad \text{in mm}$$

R Fräserradius in mm
x Vertiefung in der Zahnflanke in mm
$y = s$ Vorschub in Flankenrichtung in mm/WU
h Vertiefung im Zahngrund in mm
β Eingriffswinkel; $\beta = 15°; 20°$

Wälzstoßen gerad- und schrägverzahnter Stirnräder

Eingriffsverhältnisse beim Wälzstoßen

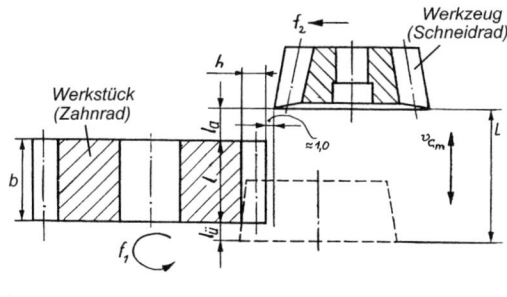
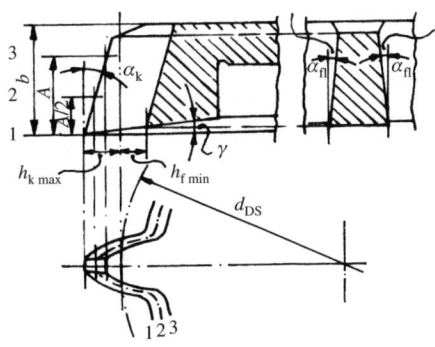

Berechnung der mittleren Schnittkraft und Schnitt-Antriebsleistung

Schnittkraft

$$F_{cm} = 5\,250 m^{1,2} \cdot f^{0,84} \cdot K_{Ver} \quad \text{in N}$$

K_{Ver} Verschleißbedingter Schnittkraftanstieg; $K_{Ver} = 1{,}3 \ldots 1{,}4$
Z Zähnezahl des zu stoßenden Rades (bei Innenverzahnungen: $Z_{Wz} \leqq 0{,}4 Z_{Wst}$!)
a_p Schnitttiefe in mm
f Wälzvorschub in mm/Hub
m Modul in mm
v_{cm} Mittlere Schnittgeschwindigkeit in m · min^{-1}; Richtwerte siehe unten

Hinweis: Die o. g. Gleichung gilt nach [2] für die Bearbeitung von St37 mit $d_{Wz} = 100$ mm, $Z > 25$ und $a_p = 2$ m

Antriebsleistung

$$P_A = \frac{F_{cm} \cdot v_c}{60\,000\,\eta} \quad \text{in kW}$$

Bestimmung der Maschinenhauptzeit

Schruppen (Symbol: ▽) gerad- und schrägverzahnter Räder:

$$t_H = \frac{i \cdot Z \cdot m \cdot \pi}{v_{f1\triangledown}} + \frac{h}{v_{f2\triangledown}} = \frac{i \cdot Z \cdot m \cdot \pi}{f_{1\triangledown} \cdot n_{D\triangledown}} + \frac{h}{f_{2\triangledown} \cdot n_{D\triangledown}} \quad \text{in min}$$

Schlichten (Symbol: ▽▽):

$$t_H = \frac{i \cdot Z \cdot m \cdot \pi}{f_{1\triangledown\triangledown} \cdot n_{D\triangledown\triangledown}} + \frac{h}{f_{2\triangledown\triangledown} \cdot n_{D\triangledown\triangledown}} \quad \text{in min}$$

L Vorschubweglänge in mm; $L = l_a + l + l_ü$ in mm

f_1 Vorschub in Umfangsrichtung des Rades in mm/DH;
Richtwerte: Schruppen: $f_1 = 0{,}20 \ldots 0{,}25$ mm/DH
Schlichten: $f_1 = 0{,}25 \ldots 0{,}45$ mm/DH
f_2 Vorschub in radialer Richtung (Tiefen-) in mm/DH;
Richtwert: Schruppen: $f_2 = 0{,}03$ mm/DH
h Zahnhöhe/Zahntiefe in mm
h' Zahnhöhe/Zahntiefe bei Zahnschrägungswinkel $\beta > 0°$ in mm
i Anzahl erforderlicher Schnitte;
Richtwerte: Schruppen: $i = 1 \ldots 2$ für $m = 4 \ldots 8$
Schlichten: $i = 1 \ldots 2$ bei $m = 4 \ldots 8$
l Zahnbreite in mm (bei geradverzahnten Rädern gleich der Radbreite, sonst Zahnschrägung β beachten)
l_a Anlaufweg in mm; Richtwerte: $l_a = 5$ mm für $l < 50$ mm
$l_a = 5 \ldots 7$ mm bei $l = 50 \ldots 100$ mm
$l_a = 10$ mm für $l = 100 \ldots 160$ mm
$l_ü$ Überlaufweg in mm; Richtwert: $l_ü = l_a$

n_D Doppelhubzahl in DH · min^{-1}; $n_D = 1\,000 v_{cm}/2L$ in mm/DH

v_f Vorschubgeschwindigkeit in mm · min^{-1} (in radialer und Umfangsrichtung)
v_{cm} Mittlere Schnittgeschwindigkeit in m · min^{-1}; weitere Werte vgl. Tafel T 4.1.8.8
Richtwerte: $v_{cm} = 12$ m · min^{-1} für GS mit $R_m = 400 \ldots 600$ N · mm^{-2}
$v_{cm} = 17 \ldots 20$ m · min^{-1} für St mit $R_m = 500 \ldots 700$ N · mm^{-2}
$v_{cm} = 14$ m · min^{-1} bei GG und legiertem St mit $R_m \leqq 700$ N · mm^{-2}
$v_{cm} = 24$ m · min^{-1} für Bronze und Messing

Wälzstoßen mit Kammmeißel
(System „Maag"; als Hobelwerkzeug ausgebildete Zahnstange)
Funktionsprinzip und Eingriffsverhältnisse

Bahn des Kammmeißels

Bestimmung der Maschinenhauptzeit

a) Schruppen

$$t_H = i_\triangledown \cdot (Z + Z_1) \cdot \left(\frac{m \cdot \pi}{f_\triangledown \cdot n_{D\triangledown}} + t_n \right) \quad \text{in min}$$

b) Schlichten

$$t_H = i_{\triangledown\triangledown} \cdot Z \cdot \left(\frac{m \cdot \pi}{f_{\triangledown\triangledown} \cdot n_{D\triangledown\triangledown}} + t_n \right) \quad \text{in min}$$

L	Vorschubweglänge in mm: $L = l_a + l + l_\text{ü}$ in mm
Z	Zähnezahl des Werkstücks
Z_1	Einwälzzähnezahl, vgl. Anhang T 2.7
B	Zahnbreite in mm
$i_\triangledown; i_{\triangledown\triangledown}$	Anzahl erforderlicher Schnitte beim Schruppen, Schlichten; siehe auch Tafel T 4.1.8.8
	Richtwerte: $i_\triangledown = 1$ bei $m = 14\ldots16$ mm
	$i_\triangledown = 2$ für $m = 18\ldots20$ mm und $i_{\triangledown\triangledown} = 1\ldots2$ mm
$f_\triangledown; f_{\triangledown\triangledown}$	Vorschübe beim Schruppen; Schlichten in mm/DH
l	Tatsächliche Werkstücklänge in mm; $l = \cos\beta \cdot b$ in mm
$l_a; l_\text{ü}$	An- und Überlaufwege in mm; Richtwert: $l_a + l_\text{ü} \approx 20$ mm
m	Modul in mm
$n_{D\triangledown}; n_{D\triangledown\triangledown}$	Doppelhubzahl zum Schlichten; Schruppen in DH/min

$$n_D = 1000 v_{cm}/2L \quad \text{in DH/min}$$

t_n	Nebenzeit für den Teilvorgang in min; Richtwert: $t_n = 0{,}12$ min je Zahn und Schnitt
β	Zahnschrägungswinkel in °

Richtwerte für Vorschübe (Schruppen und Schlichten) und Schnittgeschwindigkeiten bei Bearbeitung von St50 bis St60 und GS52 (nach [2]):

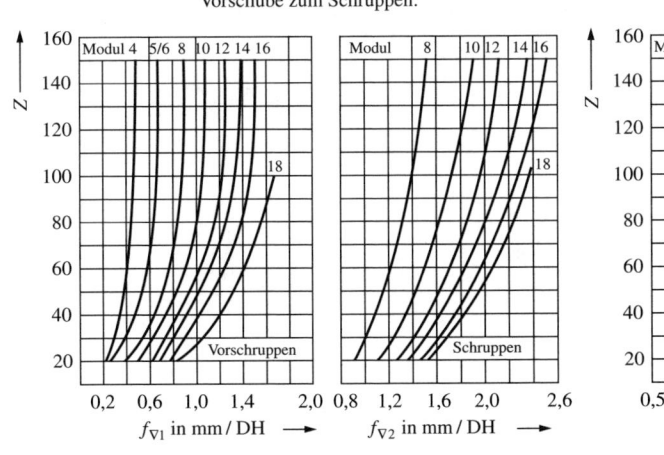

Vorschübe zum Schruppen:

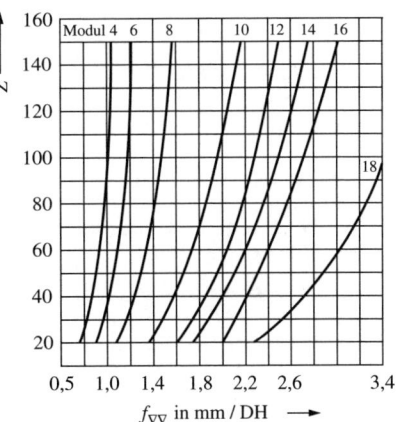

Vorschübe zum Schlichten:

Schnittgeschwindigkeiten:

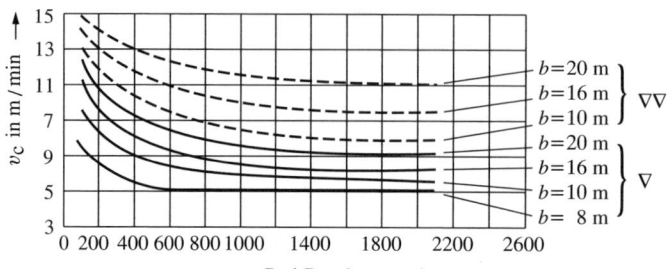

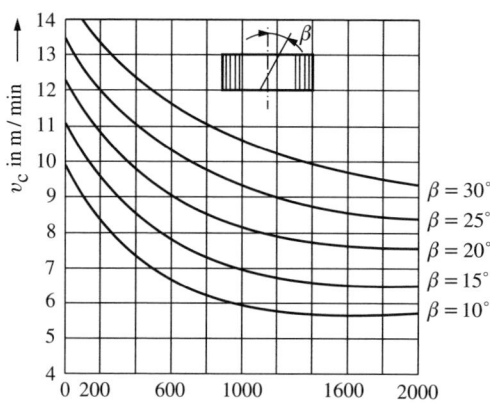

Formfräsen mittels Scheibenfräser (Einzelteilverfahren)

Geometrische Verhältnisse

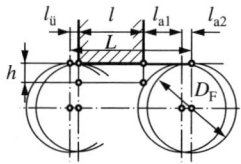

Bestimmung der Bearbeitungszeit (Maschinenhaupt- und -nebenzeiten)

$$t_B = t_H + t_n = \frac{i \cdot Z \cdot L}{v_f} + t_n \quad \text{in min} \quad \text{oder:} \quad t_B = \left(\frac{L}{v_f} + t_n\right) \cdot Z \cdot i \quad \text{in min}$$

a_p Schnitttiefe in mm (bei $i = 1$ gilt: $a_p = h = 2{,}16$ m)
D_F Durchmesser des Fräswerkzeugs in mm
f_F Vorschub je Fräserumdrehung in mm; Richtwert: $f_F \approx 1{,}5$ mm
h Zahnhöhe in mm
i Anzahl erforderlicher Schnitte; Richtwerte: $i = 2$ bei $m = 2 \ldots 14$ mm und $i = 3$ für $m \geq 15$ mm
L Vorschubweglänge in mm:

$$L = l_a + l + l_ü = (l_{a1} + l_{a2}) + l + l_ü \quad \text{in mm}$$

l_{a1} Werkzeugbedingter Anlaufweg in mm:

$$l_{a1} = \sqrt{D_F \cdot a_p - a_p^2} \quad \text{in mm}$$

4.2 Spanen und Abtragen (mit Generieren)

l_{a2} Verfahrensbedingter Anlaufweg in mm: $l_{a2} = 1,5 \ldots 5,0$ mm
$l_{ü}$ Überlaufweg in mm: $l_{ü} = 2,0 \ldots 6,0$ mm
m Modul in mm
n_F Fräserdrehzahl in min^{-1}: $n_F = 1000 v_c / (D_F \cdot \pi)$ in min^{-1}
t_B Bearbeitungszeit in min: $t_B = t_H + t_n$ in min
t_n Nebenzeit (Eilrücklauf des Fräsers und Teilen) in min;
Richtwerte: $t_n = 2 \ldots 7$ min oder $t_n = 0,4 \ldots 0,6$ min je Zahn und Schnitt
v_c Schnittgeschwindigkeit in m · min^{-1};
Richtwerte: $v_c = 16 \ldots 20$ m · min^{-1} für $m = 40 \ldots 20$ mm und HM-Werkzeuge
v_f Vorschubgeschwindigkeit in mm · min^{-1}: $v_f = f_F \cdot n_F$ in mm · min^{-1}
Z Zähnezahl des zu fräsenden Teiles

Formfräsen mit Schaftfräser (Einzelteilverfahren)

An- und Überlaufwege

Geradverzahnung Pfeilverzahnung

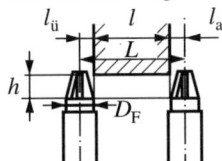
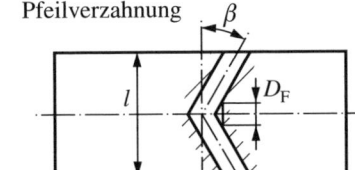

Berechnung der Bearbeitungszeit

Geradverzahnung:

$$t_B = t_H + t_n = i \cdot Z \cdot \left[\frac{(l_{a1} + l_{a2} + l + l_{ü})}{f_F \cdot n_F} + t_n \right] \quad \text{in min}$$

Pfeilverzahnung:

$$t'_B = i \cdot Z \cdot \left[\frac{l + 0{,}5 D_F \cdot (1 + \sin \beta) + l_a + l_{ü}}{f_F \cdot n_F} + t_n \right] \quad \text{in min}$$

D_F Fräserdurchmesser in mm;
Hinweis: Erst beim Fertigschnitt entspricht D_F der Zahnlückenweite am Kopfkreisdurchmesser des Zahnrades!
Deshalb sollte gelten:
1. Schnitt: $D_{F1} = 0{,}85 D_F$ in mm
2. Schnitt: $D_{F2} = 0{,}90 D_F$ in mm
3. Schnitt: $D_{F3} = 0{,}95 D_F$ in mm (bei $i = 3$ gilt bereits: $D_{F3} = D_F$)
4. Schnitt: $D_{F4} = D_F$
f_F Vorschub in mm; Bei Pfeilverzahnung (Bild oben) gilt: $f_F = f_{F1} \cdot \cos \beta$ in mm
i Anzahl erforderlicher Schnitte; Richtwerte $i = 3 \ldots 4$ für $m \leq 60$ mm
l_a Gesamt-Anlaufweg in mm; Für das Fräsen von Pfeilverzahnungen gilt:

$$l_a = 0{,}5 D_F (1 + \sin \beta) \quad \text{in mm}$$

l_{a1} Werkzeugbedingter Anlaufweg in mm: $l_{a1} = 0{,}5 D_F$ in mm
l_{a2} Verfahrensbedingter Anlaufweg in mm; Richtwert $l_{a2} = 1{,}5 \ldots 4{,}0$ mm
$l_{ü}$ Überlaufweg des Werkzeugs in mm; $l_{ü} = 2{,}0 \ldots 5{,}0$ mm
n_F Fräserdrehzahl in min^{-1}:

$$n_F = 1000 v_c / (D_F \cdot \pi) \quad \text{in min}^{-1}$$

v_c Schnittgeschwindigkeit in m · min^{-1};
Richtwerte $v_c = 40 \ldots 60$ m · min^{-1} für HM-Werkzeuge bei $f_F = 0{,}15 \ldots 0{,}40$ mm mit Bearbeitung von P355N (St50.0) und GS52
t_n Nebenzeit in min

Zahnflankenschleifen geradverzahnter Stirnräder

Eingriffsverhältnisse und Kraftkomponenten beim Schleifen geradverzahnter Stirnräder, so genanntes „Niles"-Verfahren

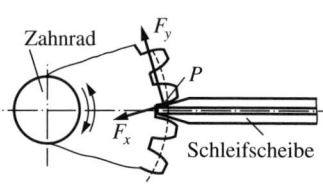
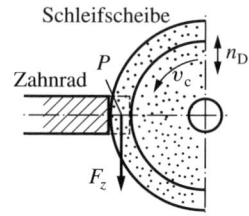

P   Betrachteter Punkt am Werkzeug

Bestimmung von Schnittkraft, Schnitt- und Antriebsleistung

$$F_c = F_y = 1{,}137 a_p^{0,68} \cdot n_D^{0,82} \cdot m \quad \text{in N}$$

mit den Relationen

$$F_y : F_z : F_x = 1 : 0{,}38 : 0{,}21$$

- Werkstoff: 40Cr4 mit $HRC = 50\ldots64$
- Kopfkreisdurchmesser $d_{Wst} = 85\ldots250$ mm, Zähnezahl $Z = 15\ldots95$, Modul $m = 1{,}5\ldots8$ mm
- Doppelhub des Schleifkörpers $n_D = 48\ldots96$ DH·min^{-1}; Schnitttiefe (Zustellung) $a_p = 0{,}02\ldots0{,}15$ mm; Schnittgeschwindigkeit $v_c \approx 30$ m·s^{-1}; Durchmesser des Schleifkörpers $d_{Wz} = 250$ mm; Wirkungsgrad $\eta = 0{,}4\ldots0{,}6$

$$P_c = \frac{F_c \cdot v_c}{1\,000} \quad \text{in kW} \quad \text{und} \quad P_a = \frac{P_c}{\eta} \quad \text{in kW}$$

Zahnflankenschleifen, Systeme „Niles" und „Maag"

Eingriffs- und kinematische Verhältnisse beim Schleifen nach den Systemen

Niles:

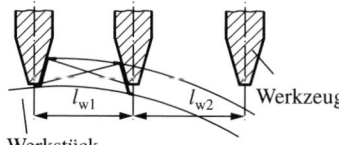

Maag:

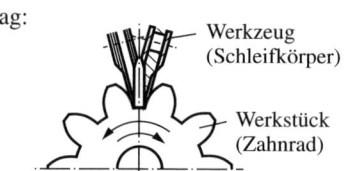

Berechnung der Maschinenhauptzeit beim Verfahren nach System „Niles"

$$t_H = 2Z \cdot \left[L_{w1} \left(\frac{i_\triangledown}{f_\triangledown \cdot n_{D\triangledown}} + \frac{i_{\triangledown\triangledown}}{f_{\triangledown\triangledown} \cdot n_{D\triangledown\triangledown}} \right) + \frac{L_{w2}(i_\triangledown + i_{\triangledown\triangledown})}{v_f} \right] \quad \text{in min}$$

$i_\triangledown$; $i_{\triangledown\triangledown}$ Anzahl erforderlicher Schrupp- und Schlichtschnitte
$f_\triangledown$; $f_{\triangledown\triangledown}$ Vorschub je DH beim Schrupp- und Schlichtschleifen in mm/DH
L Vorschubweg in mm: $L = l_a + l + l_ü$ in mm
L_{w1} Schleif-(Wälz-)Weg je Zahn in mm
L_{w2} Auslaufweg in mm, siehe Bild S. 213
l_a; $l_ü$ An- und Überlaufwege in mm; Richtwert: $l_a + l_ü = 20$ mm

4.2 Spanen und Abtragen (mit Generieren)

$n_{D\triangledown}$; $n_{D\triangledown\triangledown}$ Anzahl der Doppelhübe in DH · min^{-1}:

$$n_D = 1\,000 v_c / 2L \quad \text{in DH} \cdot \text{min}^{-1}$$

v_c Schnittgeschwindigkeit in m · min^{-1}; Richtwert $v_c = 15 \ldots 25$ m · min^{-1}
v_f Auslaufgeschwindigkeit in mm · min^{-1}; $v_f \approx 400 \ldots 600$ mm · min^{-1}
Z Zähnezahl des Werkstücks
d_0 Kopfkreisdurchmesser in mm

Diagramm zur Bestimmung von L_{w1} und L_{w2} (aus [2]):

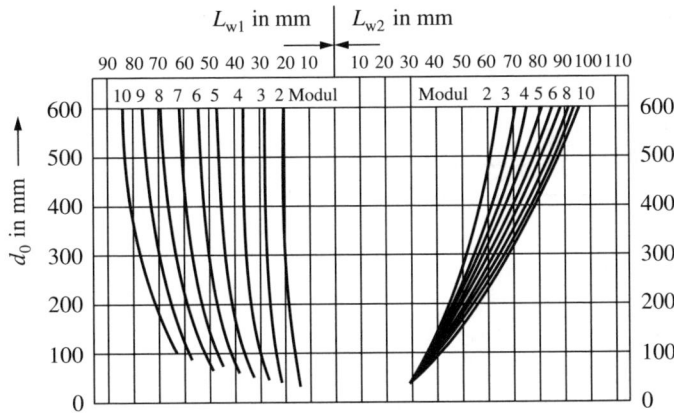

Berechnung der Maschinenhauptzeit beim Schleifen nach System „Maag"

$$t_H = \frac{Z \cdot L}{n_w} \cdot \left(\frac{i_\triangledown}{f_\triangledown} + \frac{i_{\triangledown\triangledown}}{f_{\triangledown\triangledown}} \right) \quad \text{in min}$$

a_p Schnitttiefe/Zustellung in mm; Richtwert $a_p \approx 2{,}2$ mm
D_{Wz} Durchmesser des Schleifkörpers in mm; Häufig: $D_{Wz} \approx 220$ mm
$i_\triangledown$; $i_{\triangledown\triangledown}$ Anzahl erforderlicher Schrupp-; Schlichtschnitte
$f_\triangledown$; $f_{\triangledown\triangledown}$ Vorschub in Zahnrichtung in mm/H
L Vorschubweg in mm: $L = l_a + l + l_{\ddot{u}}$ in mm
l Zahn-(Werkstück-)Breite in mm
l_a; $l_{\ddot{u}}$ An-, Überlaufwege der Schleifscheibe in mm:

$$l_a + l_{\ddot{u}} = 20 + \sqrt{D_{Wz} \cdot a_p - a_p^2} \quad \text{in mm}$$

m Modul in mm
n_w Anzahl einfacher Wälzungen/Hübe pro Minute min^{-1}; vgl. Bild unten

Diagramm zur Bestimmung der Anzahl einfacher Wälzungen n_w (aus [2]):

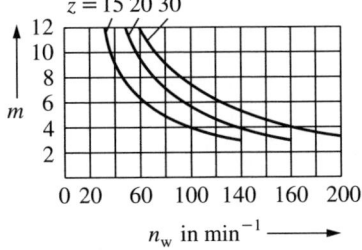

Schraub-Wälzschleifen

Bewegungsverhältnisse beim Schraub-Wälzschleifen (Prinzipdarstellung nach [2])

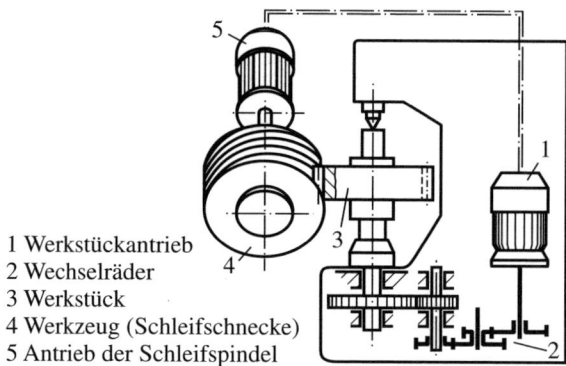

1 Werkstückantrieb
2 Wechselräder
3 Werkstück
4 Werkzeug (Schleifschnecke)
5 Antrieb der Schleifspindel

Bestimmung der Maschinenhauptzeit

$$t_H = \frac{Z \cdot L \cdot t \cdot K_Z}{60 K_{Mat}} \quad \text{in s}$$

K_{Mat} Werkstoff-Faktor; Richtwert: $K_{Mat} = 0{,}8 \ldots 1{,}0$
K_Z Zähnezahlfaktor, Bestimmung siehe Diagramm unten
L Schlittenhub in mm; $L = l + l_a$ in mm
l Zahnbreite in mm (häufig auch b genannt)
l_a Zugabe in mm; Richtwerte für
    • geradverzahnte Stirnräder: $l_a = 1{,}0 \ldots 3{,}0$ mm
    • schrägverzahnte Räder: $l_a = 6m \cdot \sin \beta$
m Modul in mm
t (Spezifische) Schleifzeit je 1mm Schlittenhub; $t = f \cdot 1 \text{ mm}^{-1}$
Z Zähnezahl des Werkstücks
β Zahnschrägungswinkel in °

Diagramm zur Bestimmung des Faktors K_Z (nach [2]):

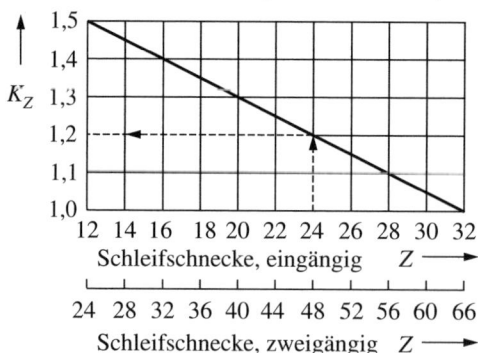

4.2 Spanen und Abtragen (mit Generieren)

Ermittlung der spezifischen Schleifzeit je 1 mm Schlittenhub in Abhängigkeit von Schleifzugabe, Bezugsprofil und Eingriffswinkel:

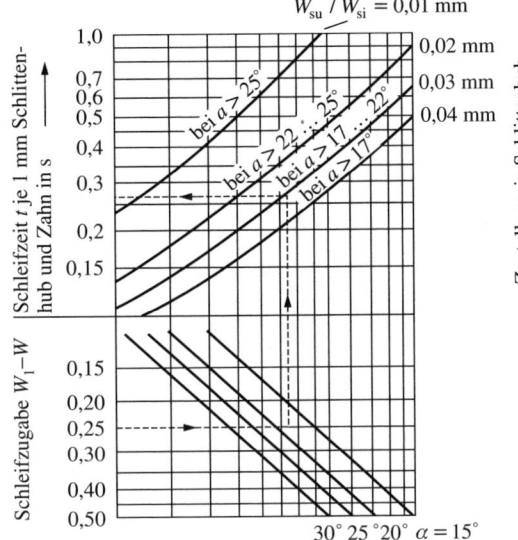

Bestimmung der Schleifzeit je 1 mm Schlittenhub im Zusammenhang von Schleifzugabe, Bezugsprofil und Eingriffswinkel durch den Faktor t beim Schleifen aus dem Vollen [12]

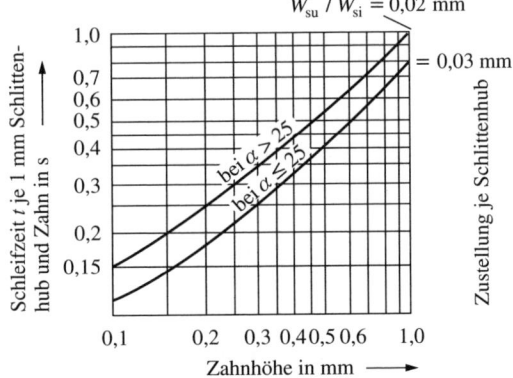

Schaben von Zahnrädern (Zahnflanken)

Eingriffsverhältnisse beim Schaben von Zahnrädern

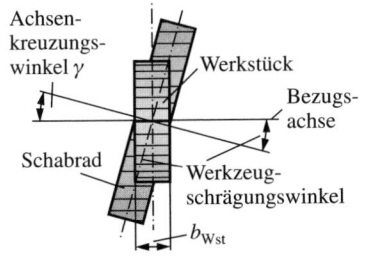
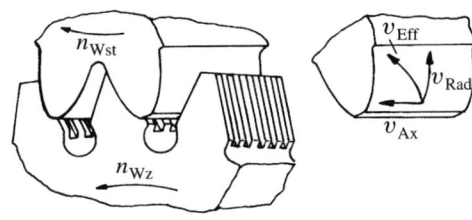

n_{Wst} Werkstückdrehzahl in min^{-1}
n_{Wz} Drehzahl des Schaberades in min^{-1}
v_{Ax} Axiale Komponente der Schabegeschwindigkeit v_c in m · min^{-1}
v_{Rad} Radiale Komponente von v_c in m · min^{-1}
v_{Eff} Resultierende (Effektiv-) v_c in m · min^{-1}

Berechnung der Maschinenhauptzeit

$$t_H = \frac{i \cdot L}{f_h \cdot n_{Wst}} \text{ in min}$$

a_p Schnitttiefe/Schabezugabe in mm; Richtwert: $a_p \approx (0{,}015 \ldots 0{,}06)$ mm je Zahnflanke bei $m = (1 \ldots 12)$ mm
D_{Wz} Durchmesser des Schaberades in mm
i Anzahl erforderlicher Schnitte:

$$i = [a_p/(f_v \cdot \tan \alpha)] + i_o$$

i_o Anzahl der Hübe ohne Vertikalvorschub; Richtwert: $i_o = 2 \ldots 6$
f_h Horizontalvorschub je Radumdrehung in mm; Richtwert: $f_h = 0{,}2 \ldots 0{,}6$ mm/U
f_v Vertikalvorschub je Hub des Rades in mm; Richtwert: $f_v = 0{,}005 \ldots 0{,}06$ mm/H
L Schabelänge in mm; $L \approx b_{Wst}$
m Modul in mm
n_{Wst} Drehzahl des Werkstücks in min^{-1};

$$n_{Wst} = n_{Wz} \cdot (Z_{Wz}/Z_{Wst}) \text{ in min}^{-1}$$

n_{Wz} Drehzahl des Werkzeugs (Schaberad) in min^{-1};

$$n_{Wz} = 1000 v_c/(D_{Wz} \cdot \pi) \text{ in min}^{-1}$$

v_c Schnittgeschwindigkeit in m · min^{-1};
Richtwerte: $v_c \approx (60 \ldots 100) \, 150$ m · min^{-1} in Abhängigkeit vom Werkstoff (siehe unten)
Z_{Wst} Zähnezahl des Werkstücks (des zu schabenden Rades)
Z_{Wz} Zähnezahl des Werkzeugs (Schaberad)

Richtwerte zum Schaben:

Werkstoffgruppen	v_C in m · min^{-1}	f_n in mm
40Cr4; 42CrMo4	130	0,15
C45, Ck45	145	0,25
GG, GGG	145	0,08

Aufmaße/Schabezugaben: $a = (0{,}015 \ldots 0{,}06)$ mm für $m = (1 \ldots 12)$ mm

Schälen (Fertigbearbeitung) gehärteter Zahnflanken

Funktionsprinzip

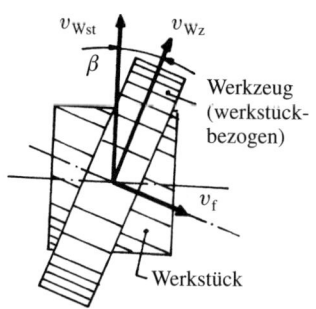

β Achswinkel in Grad;

$$\beta = \beta_{Wz} + \beta_{Wst}$$

β_{Wz} Neigungswinkel des Werkzeuges, meist $\beta_{Wz} = 0°$
β_{Wst} Neigungswinkel des Werkstückes in Grad
v_f Vorschubgeschwindigkeit;

$$v_f \approx \frac{v_{Wz} \cdot \sin \beta}{\cos \beta_{Wst}}, \text{ wobei } f = 0{,}12 \ldots 0{,}14 \text{ mm}$$

v_{Wz} Umfangsgeschwindigkeit des Werkzeuges in m · min^{-1};
$v_{Wz} \approx 70 \ldots 80$ m · min^{-1}
v_{Wst} Umfangsgeschwindigkeit des Wstückes in m · min^{-1}
a Flankenaufmaß in mm; $a_{üblich} \approx 0{,}1$ mm

Wälz-Ziehschleifen (-honen) von Zahnrädern

a) Außenverzahnung:

b) Innenverzahnung:

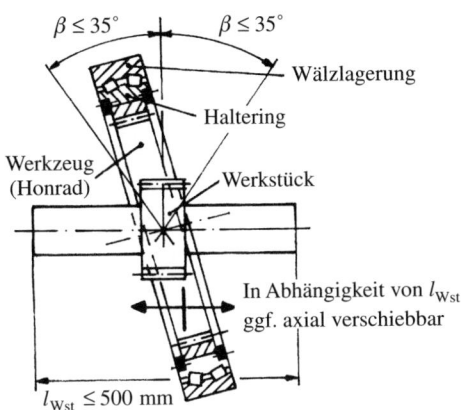
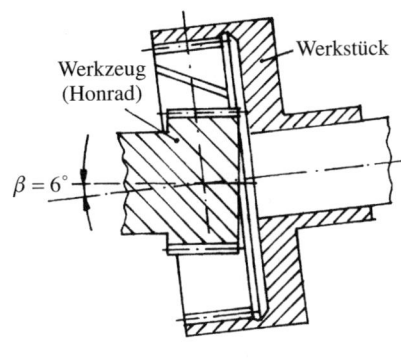

a Flankenaufmaß in mm; $a \approx 0{,}005$ mm

$t_H < 1$ min
$R_m \approx 0{,}0010 \ldots 0{,}0015$ mm

Bearbeitung von Schneckentrieben

Wälzfräsen

Eingriffsverhältnisse beim Wälzfräsen

a) mit Radialvorschub:

b) mit Tangentialvorschub:

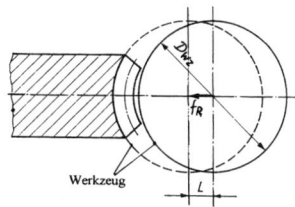
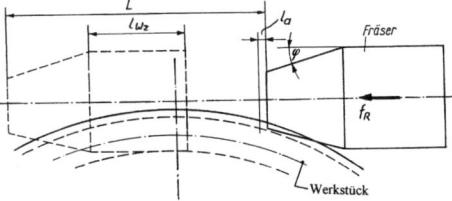

Bestimmung der Maschinenhauptzeiten:

$$t_H = \frac{i \cdot Z \cdot L}{f_R \cdot n_{Wz} \cdot G} \quad \text{in min}$$

a_p Frästiefe in mm
D_{Wst} Durchmesser des Schneckenrades (Werkstück) in mm
D_{Wz} Fräserdurchmesser in mm
f_R Vorschub des Fräsers je Schneckenradumdrehung in mm; Richtwert: $f_R \approx (0{,}1 \ldots 0{,}14)1{,}0$ mm/U für $m = 4 \ldots 20$
G Gangzahl des Fräswerkzeugs
L Vorschubweg in mm;
    Bei a) Richtwert: $L \approx (2{,}7 \ldots 2{,}8)\,m$ in mm

    Für b) $L = l_{Wz} + (a_p - 0{,}25 D_{Wst} \cdot \sin\varphi)/\tan\varphi + 0{,}5 D_{Wst} \cdot \sin\varphi + \sqrt{a_p \cdot (D_{Wst} - a_p)}$ in mm

l_{Wz} Länge des zylindrischen Fräserteils in mm

n_{Wz} Drehzahl des Fräsers in min^{-1}; $n_{Wz} = 1000 v_c/(D_{Wz} \cdot \pi)$ in min^{-1}
Z Zähnezahl des Schneckenrades
φ Halber Kegelwinkel des Fräswerkzeugs in °
i Anzahl erforderlicher Schnitte ($i = 2$ beim Wälzfräsen mit Tangentialvorschub)

Walzschälen [2]

$$t_H = \frac{i \cdot L \cdot Z}{f_t \cdot n_{Wst} \cdot g} \quad \text{in min}$$

b Werkstückbreite in mm
i Anzahl erforderlicher Schnitte, meist $i = 1$
L Fräsweg (Vorschub-); $L = l_a + l_{Wst}(b) + l_ü$
Z Zähnezahl des Werkzeuges (Schälrad); $Z \approx 25$
f_t Tangentialvorschub des Werkzeuges; $f_t \approx 1{,}4$ mm
n_{Wst} Werkstückdrehzahl in min^{-1} mit $v_C \approx 50$ m $\cdot$ min^{-1}; KSSM; $n_{Wst} \approx 200$ min^{-1}
g Gangzahl des Werkstückes, meist $g = 1$

Formfräsen [2]

$$t_H = \frac{i \cdot L \cdot d_{Wst}}{v_f \cdot m \cdot \cos \gamma_m} \quad \text{in min}$$

b Werkstückbreite in mm
d_{Wst} Wälzkreisdurchmesser des Werkstückes (Schnecke) in mm
d_{Wz} Werkzeugdurchmesser in mm
f_Z Vorschubweg je Fräserzahn in mm;
   $f_Z \approx (0{,}05\ldots 0{,}08)$ mm
h Zahnhöhe in mm; $h = 2{,}2$ m
i Anzahl erf. Schnitte, meist $i = 1$
L Fräsweg (Vorschub-);

$L = l_a + l_{Wst}(b) + l_ü$

$l_a + l_ü \approx \sqrt{d_{Wz} \cdot h - h^2} \sin \gamma_m + x \cdot m$

x Faktor zur Berücksichtigung der Einflüsse von Eingriffs- und Flankenwinkel;
   $x = 2{,}1$ für Eingriffswinkel von 15° und Flankenwinkel 30°
   $x = 2{,}3$ für Eingriffswinkel von 20° und Flankenwinkel 40°
n_{Wz} Drehzahl des Werkzeuges in min^{-1} [bei St 50 ... St 80 für $v_c \approx (15\ldots 20)$ m $\cdot$ min^{-1}]
m Achsmodul in mm
v_f Vorschubgeschwindigkeit in mm $\cdot$ min^{-1};

$v_f = f_Z \cdot Z \cdot n$

v_f' Axiale Komponente von v_f in mm $\cdot$ min^{-1}
Z Zähnezahl des Fräswerkzeuges
γ_m Steigungswinkel des Werkstückes (Schnecke);

$\tan \gamma_m = m \cdot Z/d_{Wst}$

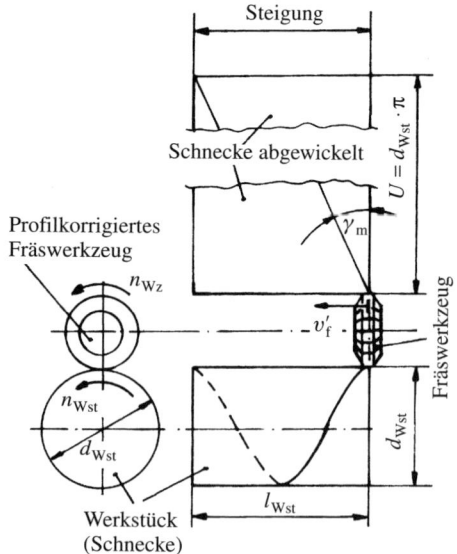

Herstellung von Kegelrädern (Formhobeln, Wälzhobeln, Wälzfräsen)

Schablonen-Formhobeln (Oerlikon-Kegelradhobeln)

Bestimmung der Maschinenhauptzeit in Abhängigkeit von Modul m und Zahnradbreite b (Diagramm aus [2]):

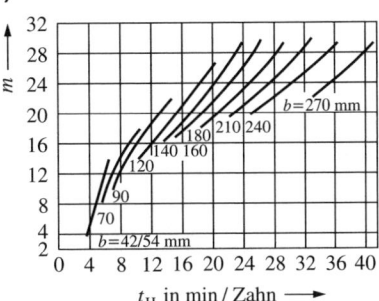

Einmeißel-Wälzhobeln (System Bilgram)

Eingriffsverhältnisse beim Kegelradhobeln nach System „Bilgram" [49]:

1 rechter Seitenschnitt, 2 Mittelschnitt, 3 linker Seitenschnitt, 4 Stoßwerkzeug, 5 Wälzboden, 6 Wälzkegel, 7 ideelles Planrad, 8 Werkstück, 9 Zahnlücke

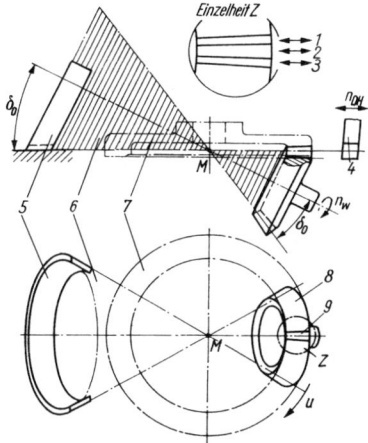

Ermittlung der Maschinenhauptzeit:

$$t_H = \frac{L_\triangledown}{2 f_{r\triangledown} \cdot n_{D\triangledown}} + \frac{i \cdot L_{\triangledown\triangledown}}{f_{r\triangledown\triangledown} \cdot n_{D\triangledown\triangledown}} \quad \text{in min}$$

$f_{r\triangledown}$; $f_{r\triangledown\triangledown}$	Wälzvorschub beim Schruppen; Schlichten in mm/DH (gemessen am Kegelradius); Richtwerte vgl. Anhang T 4.1.8.8
i	Anzahl erforderlicher Schnitte; Richtwerte: $i = (2 \ldots 3)4$
H	Stößelweg (Hub) in mm;
$L_\triangledown$	Wälzweg beim Schruppen („Vorstechen") in mm; $L_\triangledown = L_1 + L_2$
$L_{\triangledown\triangledown}$	Wälzweg beim Schlichten („Flankenschnitt") in mm: $L_{\triangledown\triangledown} = m \cdot \sqrt{0{,}03 Z^2 + Z + 1} - 0{,}17 Z + 3{,}8 m$
L_1	Teil-Wälzweg in mm: $L_1 = 1{,}5 m \cdot \sqrt{Z / \cos \delta_{1;2} - 2 \tan^2 \delta_{1;2}}$
L_2	Teil-Wälzweg in mm: $L_2 = x \cdot m$
m	Modul in mm
$n_{D\triangledown}$; $n_{D\triangledown\triangledown}$	Doppelhubzahl beim Schruppen; Schlichten: $n_D = 1000 v_c / 2H$ in DH/min
v_c	Schnittgeschwindigkeit in m·min^{-1}; Richtwerte vgl. Anhang T 4.1.8.8
x	Korrekturwert, vgl. nebenstehendes Bild
Z	Zähnezahl
$\delta_{1;2}$	Teilkegelwinkel in °: $\delta_{1;2} = \delta_1 + \delta_2$ in °

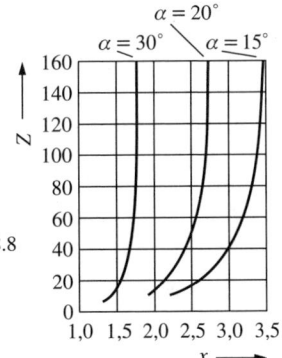

Zweimeißel-Wälzhobeln (System Heidenreich und Harbeck)

Wege und Arbeitsverhältnisse beim Zweimeißel-Wälzhobeln (nach [2], [49]):

Bestimmung der Maschinenhauptzeit:

$$t_H = t_{H\triangledown 1} + t_{H\triangledown 2} + t_{H\triangledown\triangledown} \quad \text{in min}$$

1. Bei Modul $m < 4$ gilt:

   Schruppen aus dem Vollen (d. h.: $i = 1$):

   $$t_{H\triangledown 1} = 0{,}5Z \cdot \left(\frac{L_\triangledown}{f_{r\triangledown} \cdot n_D} + 0{,}2 \right) \quad \text{in min}$$

   $t_{H\triangledown 2}$ entfällt

   Schlichten (d. h.: $i = 1$):

   $$t_{H\triangledown\triangledown} = Z \cdot \left(\frac{L_{\triangledown\triangledown}}{f_{r\triangledown\triangledown} \cdot n_D} + 0{,}2 \right) \quad \text{in min}$$

1 Stoßwerkzeug, 2 ideelles Planrad, 3 Werkstück

2. Für Modul $m \geqq 4$ wird:

   Vorstechen der Zahnlücke (mit $i_\triangledown = 1$):

   $$t_{H\triangledown 1} = Z \cdot \left(\frac{2{,}2m + 3}{f_{r\triangledown} \cdot n_D} + 0{,}2 \right) \quad \text{in min}$$

   Schruppen der Zähne im Wälzgang (mit $i_\triangledown = 1 \ldots 2$):

   $$t_{H\triangledown 2} = i \cdot Z \cdot \left(\frac{2L_{W2}}{f_{r\triangledown} \cdot n_D} + 0{,}2 \right) \quad \text{in min}$$

   Schlichten der Zähne ($i_{\triangledown\triangledown} = 1$):

   $$t_{H\triangledown\triangledown} = Z \cdot \left(\frac{2L_{W2}}{f_{r\triangledown\triangledown} \cdot n_D} + 0{,}2 \right) \quad \text{in min}$$

$f_{r\triangledown}$; $f_{r\triangledown\triangledown}$ Wälzvorschübe beim Schruppen; Schlichten in mm/DH
L_{W1} Teil-Wälzweg in mm; Berechnung siehe L_1
L_{W2} Teil-Wälzweg in mm; $L_{W2} = x \cdot m$
L_{W3} Teil-Wälzweg in mm; $L_{W3} = 2{,}84m$
$L_\triangledown$ Gesamtwälzweg beim Schruppen in mm; $L_\triangledown = L_{W1} + L_{W2} + L_{W3}$, vgl. dazu Bild oben
$L_{\triangledown\triangledown}$ Gesamtweg beim Schlichten in mm; $L_{\triangledown\triangledown} = 2L_{W2}$
x Korrekturwert
Z Zähnezahl

Abwälzfräsen gerad- und bogenverzahnter Kegelräder (Konvoid- und Kurvex-Verzahnung)

Eingriffsverhältnisse beim a) Einstechen, b) Einwälzen, c) Einstechwälzen und d) Einfahrwälzen:

- - - - - Vorschub Eilgang
——— Vorschub
-·-·-·- Zurückfahren in Spannstellung

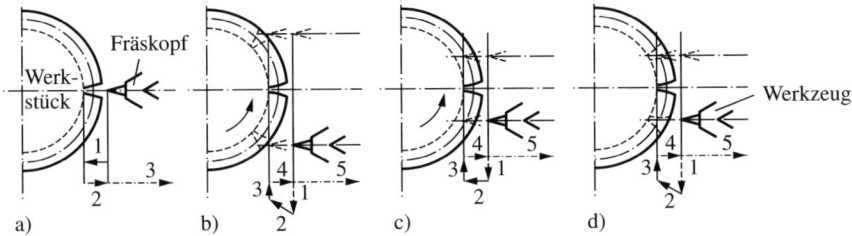

Berechnung der Hauptzeit bei Fertigung von Konvoid-Verzahnungen:

Einstechen (ohne Wälzbewegung)

$$t_H = 0{,}016\,7 Z_{1;2} \cdot \left[L \cdot \left(\frac{1}{f_t} + \frac{1}{8} \right) + 1 \right] \quad \text{in min}$$

Wälzen (Ein-, Einstech- und Einfahr-)

$$t_H = 0{,}016\,7 Z_{1;2} \cdot \left[L \cdot \left(\frac{1}{f_t} + \frac{1}{8} \right) + 0{,}002\,7 Z_p \cdot e_w \cdot \pi \cdot \left(\frac{1}{v_w} + \frac{1}{3} \right) \right] \quad \text{in min}$$

e_w Wiegenschenkelwinkel in °
f_t Zahntiefen-Vorschubgeschwindigkeit in mm · s^{-1}
L Vorschubweg in mm
v_w Wälzgeschwindigkeit in mm · s^{-1} (für Stirnmodul $m = 1$)
Z_p Zähnezahl des Planrades: $Z_p = \sqrt{Z_1^2 + Z_2^2}$
Z_1 Zähnezahl des zu verzahnenden Ritzels (kleines Rad)
Z_2 Zähnezahl am Tellerrad (großes Rad)

Richtwerte und weitere Hinweise siehe Anhang T 4.1.8.8

Hauptzeitbestimmung für die Herstellung von Kurvex-Verzahnungen [13]:

Eingriffs- und Arbeitsverhältnisse:

- - - - - Vorschub Eilgang
——— Vorschub
-·-·-·- Zurückfahren in Spannstellung

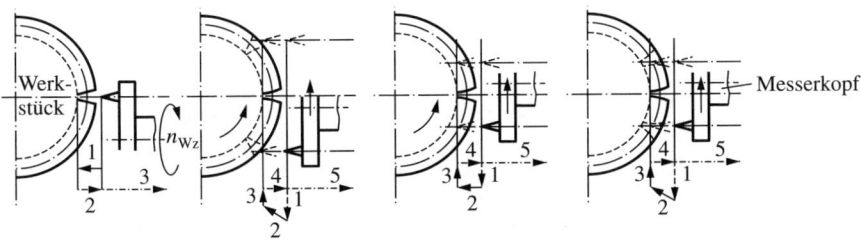

a) Einstechen   b) Einwälzen   c) Einstechwälzen   d) Einfahrwälzen

Berechnung der Maschinenhauptzeit: Siehe dazu oben „Geradverzahnte Kegelräder"

Schraub-Wälzfräsen von Palloid-Spiralkegelrädern (Klingelnberg-Verzahnung)

Maschinenhauptzeit

$$t_H = \frac{\lambda_S \cdot Z_p \cdot f_K}{n_{Fa} + n_{Fe}} \quad \text{in min}$$

Spitzenentfernung/äußerer Planradhalbmesser

$$R_a = \frac{Z_2 \cdot m}{2 \sin \delta_2} \quad \text{in mm}$$

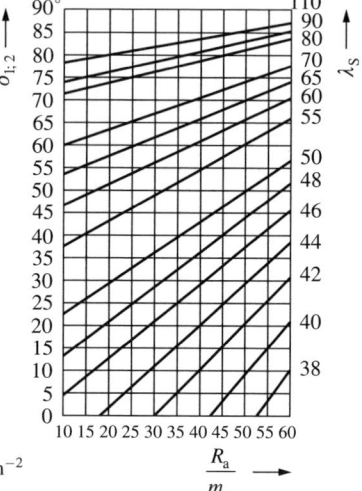

f_K Vorschubkennzahl in mm · min^{-1};
     Richtwerte: $f_K = 1{,}2 \ldots 3{,}4$ mm · min^{-1}
m Stirnmodul in mm
m_n Normalmodul in mm
n_{Fa} Anfangsdrehzahl des Wälzfräsers in min^{-1};
     Richtwerte: Schruppen: $n_{Fa} = 24 \ldots 170$ min^{-1}
             Schlichten: $n_{Fa} = 45 \ldots 300$ min^{-1}
n_{Fe} Enddrehzahl des Wälzfräsers in min^{-1};
     Richtwerte: $n_{Fe} = 1{,}5 \ldots 1{,}8 \cdot n_{Fa}$ in min^{-1}
v_c Schnittgeschwindigkeit in m · min^{-1};
     Richtwerte: $v_c = 25 \ldots 40$ m · min^{-1} für Stähle mit $R_m \leq 850$ N · mm^{-2}
          $v_c = 20 \ldots 35$ m · min^{-1} bei Gusswerkstoffen
Z_p Zähnezahl des Planrades: $Z_p = Z_2 / \sin \delta_2$
Z_1 Zähnezahl des Ritzelrades
Z_2 Zähnezahl des Tellerrades
δ_1 Teilkegelwinkel am Ritzel in °
δ_2 Teilkegelwinkel am Tellerrad in °
λ_S Schwenkwinkel der Planscheibe in °;
     Ermittlung nach nebenstehendem Bild [14]

4.2.1.13 Berechnung und Gestaltung ausgewählter Spanungswerkzeuge

Auslegung von Drehwerkzeugen

Durchbiegung von Drehmeißeln und Abmessungen von Werkzeugschäften

Abmessungen:

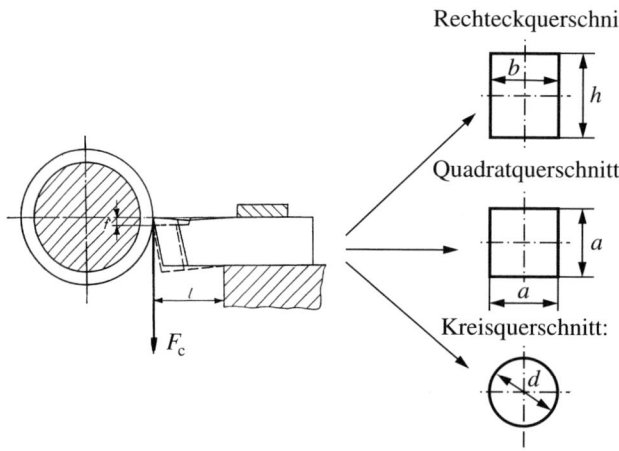

Rechteckquerschnitt:

$$h = \sqrt[3]{\frac{9l \cdot F_c}{R_{m\,zul}}} \quad \text{in mm}$$

$$b = \frac{h}{1{,}5} \quad \text{in mm}$$

Quadratquerschnitt:

$$a = \sqrt[3]{\frac{6l \cdot F_c}{R_{m\,zul}}} \quad \text{in mm}$$

Kreisquerschnitt:

$$d = \sqrt[3]{\frac{10l \cdot F_c}{R_{m\,zul}}} \quad \text{in mm}$$

4.2 Spanen und Abtragen (mit Generieren)

Durchbiegung:

$$f = \frac{F_c \cdot l^3}{3E \cdot I} \quad \text{in mm}$$

$$f_{zul} \leq 0{,}1 \text{ mm} \quad \text{(bei } f_{zul} > 0{,}1 \text{ mm ist mit Rattermarken zu rechnen)}$$

a	Seitenlängen quadratischer Werkzeugschäfte in mm
b	Breite rechteckiger Meißelschäfte in mm
d	Durchmesser kreisförmiger Meißelschäfte in mm
E	Elastizitätsmodul des Schaftwerkstoffes in N $\cdot$ mm^{-2}
F_c	Schnittkraft in N
f_{zul}	Zulässige Durchbiegung am Meißelschaft in mm
h	Höhe rechteckiger Werkzeugschäfte in mm
I	Trägheitsmoment des Schaftquerschnittes in mm^4:

Für Rechteckquerschnitte: $\quad I = b \cdot h^3 / 12 \quad$ in mm^4

Quadratquerschnitte: $\quad I = a^4 / 12 \quad$ in mm^4

Kreisquerschnitte: $\quad I = 0{,}05 d^4 \quad$ in mm^4

l	Ausladung der Meißelspitze in mm
M_b	Biegemoment in N $\cdot$ mm; $M_b = F_c \cdot l$
$R_{m\,zul}$	Maximal zulässige Biegespannung (Belastungsfall II) in N $\cdot$ mm^{-2}

Formwerkzeuge – Winkel und Profilkorrektur

Winkel- und Profilkorrekturen an Rundmeißeln:

$$\sin \alpha_o = \frac{2a}{d_{Wz}}$$

$$a_{Wz} = 0{,}5 d_{Wz} \cdot \sin(\alpha_o + \gamma_o) \quad \text{in mm}$$

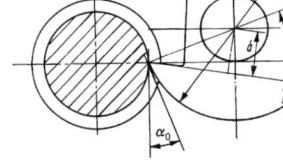

a Übermittestellung des Drehmeißels in mm
d_{Wz} Durchmesser des Rundmeißels in mm
a_{Wz} Nachschleifmaß am Rundmeißel in mm

Freiwinkel an Formmeißeln:

Fall 1: 2 Winkel $\varkappa_r \neq 90°$

$$\tan \alpha_o = \frac{\tan \alpha_s}{\cos \varkappa_r} \quad \text{oder}$$

$$\tan \alpha_s = \tan \alpha_o \cdot \cos \varkappa_r$$

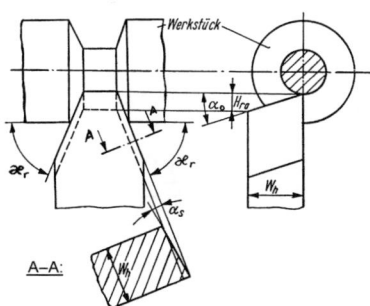

Fall 2: 1 Winkel $\varkappa_r = 90°$:

$$\tan \alpha_{sr} = \frac{H_{ra} \cdot \cos \varkappa_r - H_{ax} \cdot \sin \varkappa_r}{W_h}$$ oder

$$\tan \alpha_{sr} = \tan \alpha_o \cdot \cos \varkappa_r - \tan \alpha_{ax} \cdot \sin \varkappa_r$$

$$\tan \alpha_{ax} = \frac{H_{ax}}{W_h} \quad \text{und} \quad \tan \alpha_o = \frac{H_{ra}}{W_h}$$

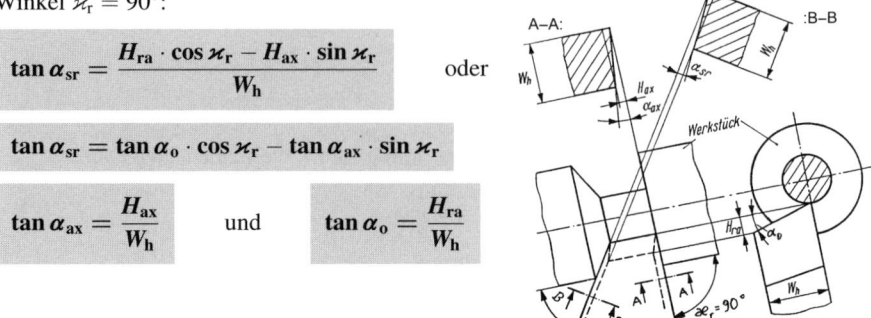

Profilkorrektur an Formmeißeln (nach [5]):

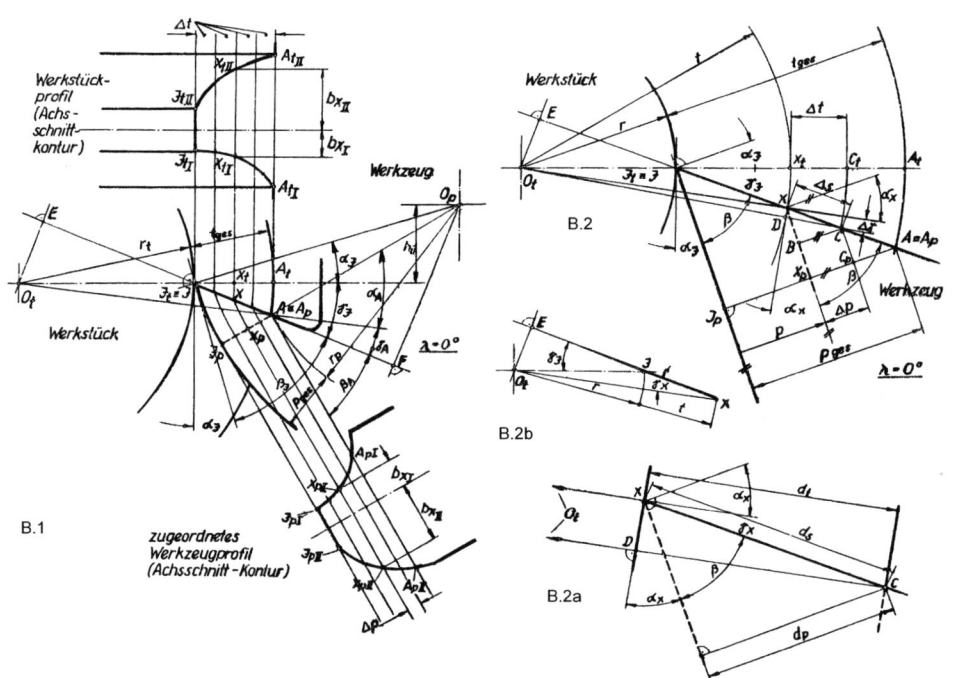

Prismatischer Formmeißel (B.2) mit: $\alpha_J > 0°$; $\gamma_J \neq 0°$; $B = \text{const.}$; $\lambda = 0°$

Für $\Delta \gamma \to 0$, d. h. $B, C, D \to x$ gelten für die Dreiecke in B.2a:

$$\Delta XBC: \quad \frac{dp}{ds} = \sin \beta; \qquad \Delta XDC: \quad \frac{dt}{ds} = \cos \gamma_X,$$

d. h.: $\dfrac{dp}{ds} \cdot \dfrac{ds}{dt} = \dfrac{dp}{dt}$

Hieraus ergibt sich die Differentialgleichung:

$$\frac{dp}{\sin \beta} = \frac{dt}{\cos \gamma_X} \quad (1) \qquad \text{Nach B.2b ist: } \cos \gamma_J = \frac{\overline{EJ}}{\overline{O_tJ}}; \cos \gamma_X = \frac{\overline{EX}}{\overline{O_tX}} = f(t)$$

Mit dem cos-Satz $(\overline{O_tJ})^2 = (\overline{JX})^2 + (\overline{O_tX})^2 - 2(\overline{JX}) \cdot (\overline{O_tX}) \cdot \cos \gamma_X$,
worin $\overline{O_tJ} = r$; $\overline{O_tX} = (r+t)$; $\overline{JX} = \overline{EX} - \overline{EJ} = (r+t) \cdot \cos \gamma_X - r \cdot \cos \gamma_J$, ergibt sich:

4.2 Spanen und Abtragen (mit Generieren)

$$\cos \gamma_{X1,2} = \pm \frac{1}{r+t} \sqrt{r^2(\cos^2 \gamma_J - 1) + (r+t)^2} \qquad (2)$$

(2) in (1) eingesetzt ergibt:

$$dp = \sin \beta \, \frac{(r+t)\,dt}{\sqrt{r^2(\cos^2 \gamma_J - 1) + (r+t)^2}} \qquad (3)$$

Die der vorgegebenen Werkstück-Profiltiefe t in mm zugeordnete Werkzeug-Profiltiefe p in mm wird durch Integration gewonnen:

$$\int dp = p + C_1 \qquad (4)$$

$J = \int \sin \beta \, \dfrac{(r+t)\,dt}{\sqrt{r^2(\cos^2 \gamma_J - 1) + (r+t)^2}}$ mit folgenden Umformungen und Substitutionen:

$\sin \beta = \text{const.}; \; r^2(\cos^{-2} \gamma_J - 1) \mathrel{\hat=} k,$

1. Substitution: $\dfrac{r+t}{\sqrt{k}} \mathrel{\hat=} \overline{U}$, d. h.: $\dfrac{d\overline{u}}{dt} = \dfrac{1}{\sqrt{k}}$;

2. Substitution: $1 + \overline{U}^2 \mathrel{\hat=} V$, d. h. $\dfrac{d\overline{v}}{d\overline{U}} = 2\overline{U}$

Hiermit wird:

$$J = \sin \beta \int \frac{(r+t)\,dt}{\sqrt{k + (r+t)^2}} = \sin \beta \int \frac{(r+t)\,dt}{\sqrt{k}\sqrt{1 + \left(\frac{r+t}{\sqrt{k}}\right)^2}} \mathrel{\hat=} \sin \beta \int \frac{\overline{U} \cdot \sqrt{k}\,du}{\sqrt{1 + \overline{U}^2}}$$

$$J = \sqrt{k} \sin \beta \int \frac{1/2\,dv}{v \cdot 1/2} = \frac{\sqrt{k}}{2} \sin \beta \int v^{-1/2}\,dv = \frac{\sqrt{k}}{2} \sin \beta \cdot \frac{v \cdot 1/2}{1/2} + C_2$$

$\sqrt{v} \mathrel{\hat=} \sqrt{1 + \overline{U}^2} \mathrel{\hat=} \sqrt{1 + \left(\dfrac{r+t}{\sqrt{k}}\right)^2} = \dfrac{1}{\sqrt{k}} \sqrt{k + (r+t)^2}$, womit:

$$J = \sin \beta \sqrt{r^2(\cos^2 \gamma_J - 1) + (r+t)^2} + C \qquad (5)$$

Mit (4) und (5) entsteht aus (3):

$$p + C_1 = \sin \beta \sqrt{r^2(\cos^2 \gamma_J - 1) + (r+t)^2} + C_2$$

und mit $C \mathrel{\hat=} C_2 - C_1$:

$$p = \sin \beta \sqrt{r^2(\cos^2 \gamma_J - 1) + (r+t)^2} + C \qquad (6)$$

C entsteht mithilfe folgender Randbedingungen: Bei $t = 0$ wird auch $p = 0$, d. h.:

$$C = -r \cdot \sin \beta \cdot \cos \gamma_J \qquad (7)$$

Mit $\sin \beta = \cos(\alpha_J + \gamma_J)$ (B.2/2a) und (7) in (6) eingesetzt, ist die gesuchte Profiltiefe:

$$p = \cos(\alpha_J + \gamma_J) \left[\sqrt{r^2 \cdot (\cos^2 \gamma_J - 1) + (r+t)^2} - r \cdot \cos \gamma_J \right] \quad \text{in mm} \qquad (8)$$

Festigkeiten an Spiralbohrern

Bruchdrehmoment am Bohrer

$$M_{dBr} = 1{,}3 d_{Wz}^{2{,}7} \quad \text{in N} \cdot \text{mm} \quad \text{und} \quad M_{d\,vorh} = (0{,}7 \ldots 0{,}9) M_{dBr} \quad \text{in N} \cdot \text{mm}$$

d_{Wz} Durchmesser des Bohrers in mm
M_{dBr} Erforderliches Drehmoment zur Herbeiführung eines Bohrerbruches in N · mm
$M_{d\,vorh}$ Beim Bohren entstehendes Drehmoment in N · mm

Gestaltung von Fräswerkzeugen

Gefräste Fräser

- Gerade genutete Fräser

  mit zylindrischen Mantelflächen (Bild siehe unten):

  $$t = \frac{S \cdot \sin(\delta + \varepsilon)}{\sin \delta} \quad \text{in mm} \qquad S = \frac{d_{Wz} \cdot \sin \beta_2}{2 \sin \varepsilon} \quad \text{in mm}$$

  $$\varepsilon = 90° - 0{,}5 \beta_2 \quad \text{in °} \qquad \beta_2 = \beta - \beta_1 \quad \text{in °} \qquad \beta = \frac{360°}{Z} \quad \text{in °}$$

  $$\beta_1 = \frac{360° \cdot b}{d_{Wz} \cdot \pi} \qquad \cos \alpha = \tan \beta \cdot \cot \delta$$

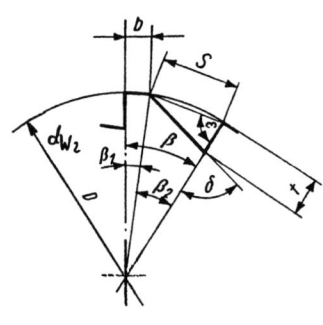
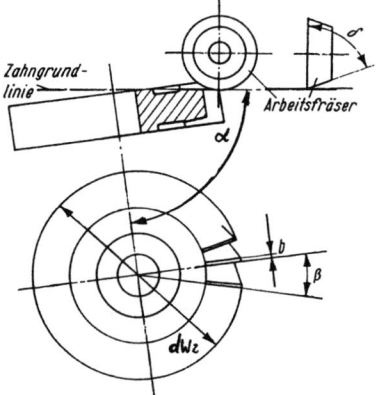

mit Kegelflächen:

$$\alpha = \alpha_1 - \alpha_2 \quad \text{in °}$$

$$\tan \alpha_1 = \cos \beta \cdot \cot \varepsilon$$

$$\sin \alpha_2 = \tan \beta \cdot \cot \delta \cdot \sin \alpha_1$$

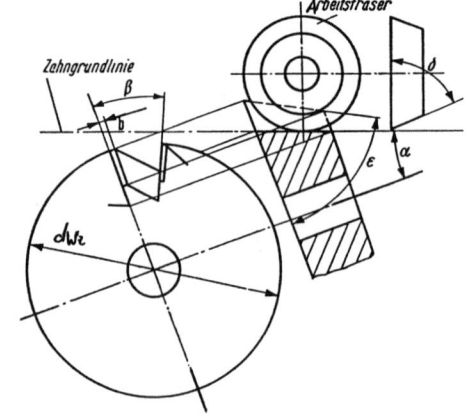

4.2 Spanen und Abtragen (mit Generieren)

- Drallgenutete Fräser:

    Drallwinkel

    $$\lambda = \frac{\pi \cdot d_{Wz}}{h_{Wz}} \quad \text{in } °$$

    Axialteilung

    $$t_{ax} = \frac{\pi \cdot d_{Wz} \cdot \cot \lambda}{Z} \quad \text{in mm}$$

    d_{Wz} Fräserdurchmesser in mm
    h_{Wz} Steigung am Fräser in mm
    Z Zähnezahl

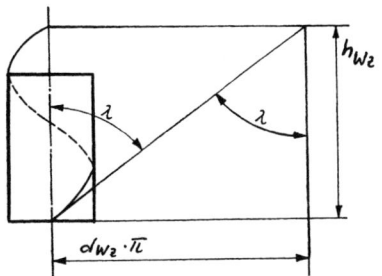

Hinterdrehte Fräswerkzeuge

Hinterdrehung

$$h = \frac{d_{Wz} \cdot \pi \cdot \tan \alpha}{Z} \quad \text{in mm} \qquad h = \frac{\tan \alpha_{rs} \cdot \pi \cdot d_{Wz}}{\tan \varkappa_r \cdot Z + \tan \alpha_{rs} \cdot 2\pi}$$

Radialer Seitenfreiwinkel

$$\tan \alpha_{rs} = \frac{\tan \varkappa_r \cdot h \cdot Z}{(d_{Wz} - 2h) \cdot \pi}$$

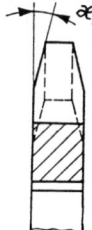 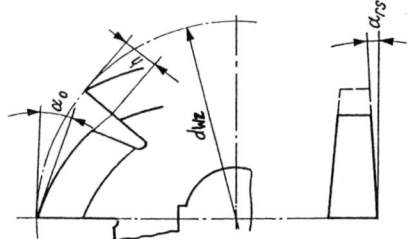

Fräser mit eingesetzten Schneiden (Stirnfräsköpfe)

Bestimmung des Nenndurchmessers bei Fräsköpfen

$$d_{Wz} \approx 1{,}25 b_{Wst} \quad \text{in mm}$$

b_{Wst} Werkstückbreite in mm
d_{Wz} Fräsernenndurchmesser in mm
Z Zähnezahl

Berechnungen an Räumwerkzeugen

Berechnung der Teilung t nach

- der Aufnahmefähigkeit des Spanraumes:

    $$t \approx 3\sqrt{w \cdot f_Z \cdot C} \quad \text{in mm}$$

    f_Z Vorschub je Schneidenzahn in mm
    C Spanraumkennzahl; Richtwerte für
    spröde, kurzspanende Werkstoffe: $C_\triangledown = (3 \ldots 4)\,7$
    $ C_{\triangledown\triangledown} = 6 \ldots 12$
    zähe, langspanende Werkstoffe: $C_\triangledown = (4 \ldots 7)\,10$
    $ C_{\triangledown\triangledown} = 8 \ldots 16$
    w Zu räumende (Werkstück-)Länge in mm
    h_Z Zahnhöhe in mm

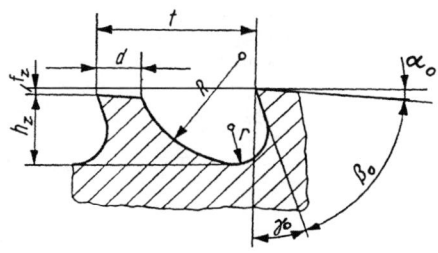

- der Maschinenkraft (Zug- oder Druck-):

$$t = \frac{3a_p \cdot f_Z \cdot w \cdot f_B \cdot k_c \cdot K_{\gamma o}}{2F_{\text{Masch}}} \quad \text{in mm}$$

a_p	Schnittbreite in mm
F_{Masch}	Zug-/Druckkraft der Räummaschine in N
f_B	Verfahrensfaktor für das Räumen;
	Richtwerte: Innenräumen: $f_B = 1{,}1$
	Außenräumen: $f_B = 1{,}05$
f_Z	Vorschub pro Zahn in mm
k_c	Spezifische Schnittkraft in N · mm^{-2}
$K_{\gamma o}$	Korrekturfaktor für den Spanwinkel, vgl. Anhang T 4.1.1

- der Festigkeit des Räumwerkzeugs:

$$t = \frac{a_p \cdot f_Z \cdot w \cdot f_B \cdot k_c \cdot K_{\gamma o}}{A_{Wz} \cdot R_{m\,\text{zul}}} \quad \text{in mm}$$

A_{Wz} Kleinste Querschnittsfläche des Räumwerkzeugs in mm² (meist im Schaft oder in der ersten Zahnlücke)
$R_{m\,\text{zul}}$ Zulässige Zug-/Druckspannung des Werkstoffs des Räumwerkzeugs in N · mm^{-2} (inkl. Si.-Faktor 2)
  Richtwerte für Werkzeugstahl: $R_{m\,\text{zul}} \approx 300$ N · mm^{-2}
  Schnellarbeitsstahl: $R_{m\,\text{zul}} \approx 350$ N · mm^{-2}

$$R_{m\,\text{zul}} > \frac{F_{c\,\text{max}}}{A_{Wz}} \quad \text{in N · mm}^{-2} \qquad d_{\min} = \sqrt{\frac{4F_{c\,\text{max}}}{\pi \cdot R_{m\,\text{zul}}}}\,; \qquad d_{\min} = (d_{\text{Bohrung}} - 2h_Z) \quad \text{in mm}$$

t Teilung in mm (zur Vermeidung des Ratterns: $t \neq$ konst.);
  Richtwerte: $t_{\triangledown\triangledown}$; $t_{\triangledown\triangledown\triangledown} = (0{,}6 \ldots 0{,}7) t_{\triangledown}$

Anzahl erforderlicher Zähne

$$Z = \frac{L}{f_Z}$$

Schruppschneidzähne: $\quad Z_{\triangledown} = \dfrac{l - 5 f_{Z\triangledown\triangledown}}{f_{Z\triangledown}}$

Schlichtschneidzähne: $\quad Z_{\triangledown\triangledown} = 5$

Kalibrierzähne (d. h.: $f_Z = 0$): $\quad Z_{\triangledown\triangledown\triangledown} = 4 \ldots 6$

L Bearbeitungsaufmaß in mm
f_Z Vorschub pro Zahn in mm
  Richtwerte: $f_Z \approx 3 \ldots 15\,\mu\text{m}$ für St
  $f_Z \approx 25\,\mu\text{m}$ für GG

Bestimmung der Länge des Räumwerkzeugs

$$L = l_1 + l_2 + (t_{\triangledown} \cdot Z_{\triangledown} + t_{\triangledown\triangledown} \cdot Z_{\triangledown\triangledown} + t_{\triangledown\triangledown\triangledown} \cdot Z_{\triangledown\triangledown\triangledown}) + l_3 + l_4 \quad \text{in mm}$$

l_1	Schaftlänge in mm
l_2	Aufnahmelänge in mm
l_3	Länge des Führungsstückes in mm; $l_3 \approx 0{,}7 \cdot D_{\max}$ in mm
l_4	Länge des Endstückes in mm
l_5	Länge des Schneidenteils in mm (Schrupp-, Schlicht- und Kalibrier-)
$t_{\triangledown}$; $t_{\triangledown\triangledown}$; $t_{\triangledown\triangledown\triangledown}$	Teilung der Schrupp-; Schlicht-; Kalibrierzähne in mm
$Z_{\triangledown}$; $Z_{\triangledown\triangledown}$; $Z_{\triangledown\triangledown\triangledown}$	Zähnezahlen in den Schrupp-; Schlicht-; Kalibrierbereichen

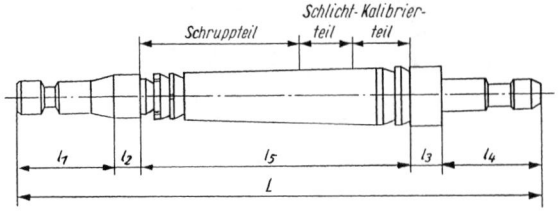

Prüfung:

$l_1 \ldots l_4 \geq (Z_{\triangledown} + 1) \cdot f_{Z\triangledown}$ in mm?
$l_5 \geq (Z_{\triangledown\triangledown} + 1) \cdot f_{Z\triangledown\triangledown}$ in mm?

4.2 Spanen und Abtragen (mit Generieren)

Gestaltung der Schneiden- und Zahngeometrie

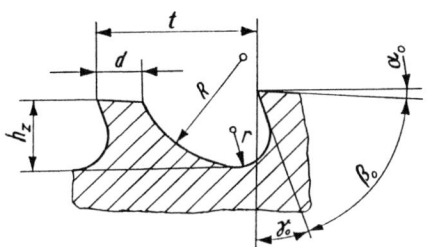

Zahnhöhe: $h_Z = (0{,}3 \ldots 0{,}4)t$ in mm
Freiflächenbreite: $d = (0{,}2 \ldots 0{,}3)t$ in mm
Zahnlückenrundung: $r = (0{,}4 \ldots 0{,}6)h_Z$ in mm
Zahnrückenrundung: $R = (1{,}5 \ldots 2{,}0)h_Z$ in mm

Schneidengeometrie:

	Freiwinkel α_o		Spanwinkel γ_o	
	Schruppen	Schlichten	Schruppen	Schlichten
Stahlwerkstoffe			$10 \ldots 16°$	$15 \ldots 18°$
Gusswerkstoffe	$1{,}5 \ldots 3°$	$0{,}5 \ldots 1{,}0°$	$4 \ldots 6°$	$10°$
Ms, Bz, u. Ä.			$6 \ldots 8°$	$10°$

4.2.2 Abtragen und Generieren

4.2.2.1 Verfahren der Abtragtechnik

Funkenerosives Abtragen (EDM – Electro Discharge Machining)

Physikalische Grundlagen

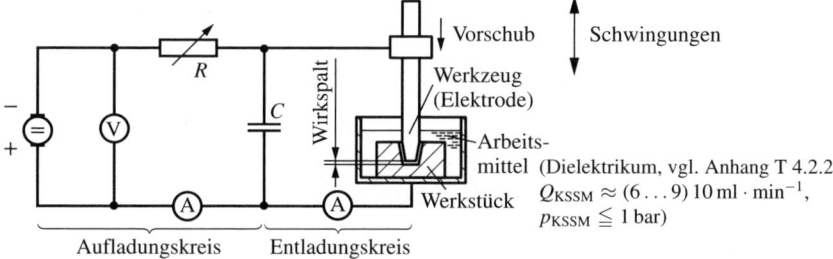

Arbeitsmittel (Dielektrikum, vgl. Anhang T 4.2.2
$Q_{KSSM} \approx (6 \ldots 9)\, 10\,\text{ml} \cdot \text{min}^{-1}$,
$p_{KSSM} \leqq 1\,\text{bar}$)

Kenngrößen beim Erodieren (VDI-3402/1):

Entladungsenergie im Wirkspalt

$$W_e = U_e \cdot I_e \cdot t_e \quad \text{in J}$$

U_e Entladespannung in V
I_e Entladestrom in A
t_e Entladedauer in s

Abgetragenes Werkstoffvolumen

$$V = \frac{I_e \cdot U_e \cdot \tau \cdot f}{W_{spez} \cdot T} \quad \text{in mm}^3$$

τ Dauer des Funkenschlages in s
f Frequenz der Funkenüberschläge in s^{-1}
W_{spez} Spezifische Wärme des Wirkstoffes in J $\cdot$ mm^{-3}
(z. B. für Stahl: $W_{spez} = 50\,\text{J} \cdot \text{mm}^{-3}$)

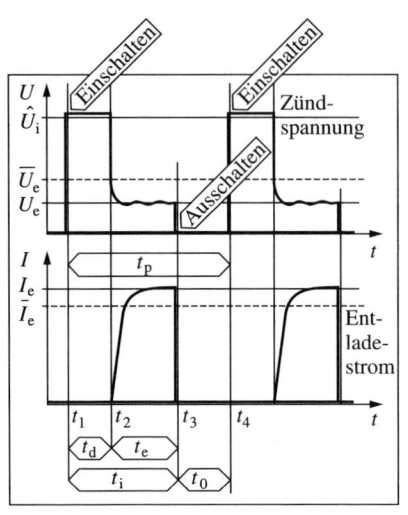

I_e	Entladestrom in A
$\bar{I}_e$	Arbeitsstrom in A
t_i	Impulsdauer in s; Zeitraum des eingeschalteten Spannungsimpulses; $t_i \leq 2\,\mu s$
t_o	Pausendauer in s; Zeit zwischen zwei Impulsen
t_p	Periodendauer in s: $t_p = t_i + t_o$ in s
t_d	Zündverzögerung in s: $t_d = t_i - t_e$ in s
t_e	Entladedauer in s; Zeit für das Durchzünden der Entladestrecke
$\hat{U}_i$	Zündspannung in V
U_e	Entladespannung in V
$\bar{U}_e$	Arbeitsspannung in V
V_w	Abtragrate in mm³/min; pro Zeiteinheit abgetragenes Werkstoffvolumen (Senken)
$V_{w\,spez}$	Spezifische Abtragrate in mm³/(A · min); Richtwerte:

	$V_{w\,spez}$ in mm³/(A · min)	ϑ in %
Schruppen	4,5 ... 9,0	0,2 ... 0,01
Schlichten	0,3 ... 4,5	2,4 ... 0,20
Feinschlichten	< 0,3	> 15 ... 2,40

V_c	Schneidrate in mm²/min; pro Zeiteinheit erodierte Fläche (Schneiden)
V_E	Verschleißrate in mm³/min; pro Zeiteinheit abgetragenes Werkzeugvolumen
φ	Entladeverhältnis: $\varphi = t_e/t_i$
ϑ	Relative Verschleißrate: $\vartheta = (V_E/V_w) \cdot 100\,\%$

Erodier-Senken (mit geometriebestimmender Elektrode oder Bewegung)

- Maschinenhauptzeit (vgl. T 4.2.3):

$$t_H \approx \frac{h \cdot A_{wirk} \cdot K}{V_w} \quad \text{in min} \qquad V_w = I_e \cdot V_{W\,spez} \quad \text{in mm}^3 \cdot \text{min}^{-1}$$

A_{wirk} Wirkfläche (Bearbeitungs-) in mm²
h Erodier-(Senk-)Tiefe in mm
K Formfaktor: $K = 1/(1 + \vartheta)$

t_H Hauptzeit in min; Richtwert für das Abtragen von 10^3 mm³: $t_H \approx 55$ min
V_w Pro Zeiteinheit erodierbares Werkstoffvolumen in mm³/min

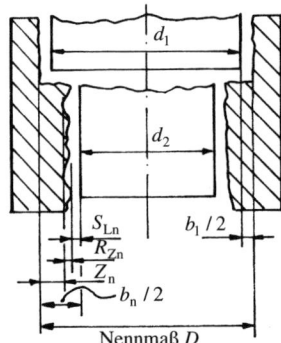

Nennmaß D

$$b_n = 2 \cdot S_{Ln} + 2 \cdot R_{Zn} + Z_n$$

$$b_n = 2(S_{Ln} + R_{Zn} + Z_n)$$

$$b_1 = 2 \cdot S_{L1}$$

S_{Ln} Lateraler Arbeitsspalt der n-ten Vorbearbeitungsstufe; $s_L \leq 0,01$ mm
R_{Zn} Größter lateraler Rauheits-Einzelwert
Z_n Seitenzugabe
d_2 Durchmesser der Schruppelektrode
d_1 Durchmesser der Schlichtelektrode

4.2 Spanen und Abtragen (mit Generieren)

- Anzahl erforderlicher Elektroden (Schruppen und Schlichten):

$$N = \frac{\lg f_m - \lg 100}{\lg(1-K)} \quad \text{in Stück}$$

f_m Prozentual zulässiger Gesamtfehler:

$$f_m = \frac{\text{Zulässiger Toleranzwert}}{\text{Nennmaß}} \cdot 100\,\%$$

K Formfaktor, siehe oben bei Bohren/Generieren

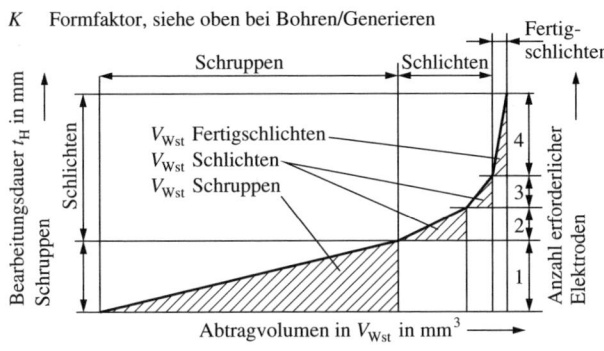

- Richtwerte für Bearbeitungsparameter in Abhängigkeit von Abtragvorgang und erreichbaren Arbeitsergebnissen:

a) Abtragvolumen in Abhängigkeit von der mittleren Stromstärke:

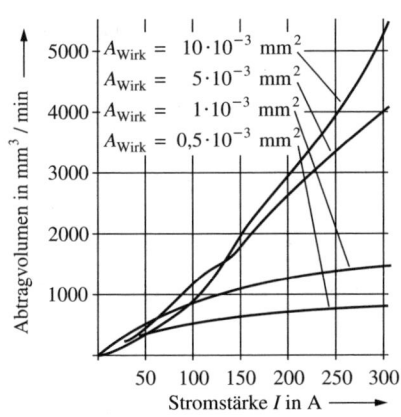

b) Abtragvolumen in Abhängigkeit von der Bearbeitungsfläche:

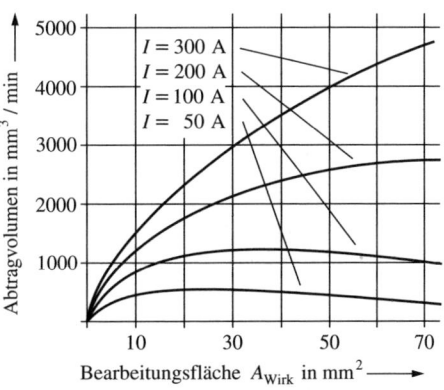

c) Einfluss der Elektrodenbelastung auf Abtragvolumen und Elektrodenverschleiß:

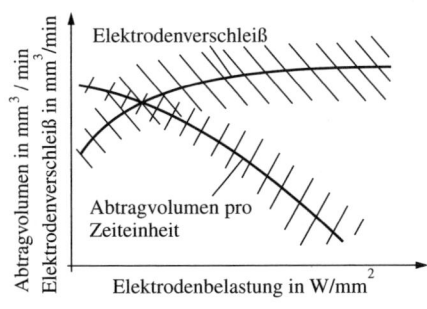

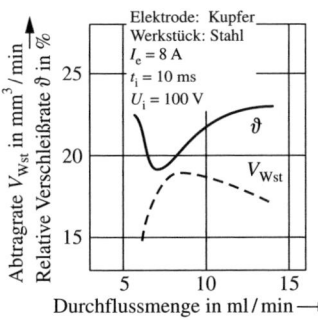

d) Abtragraten typischer Rein-Werkstoffe:

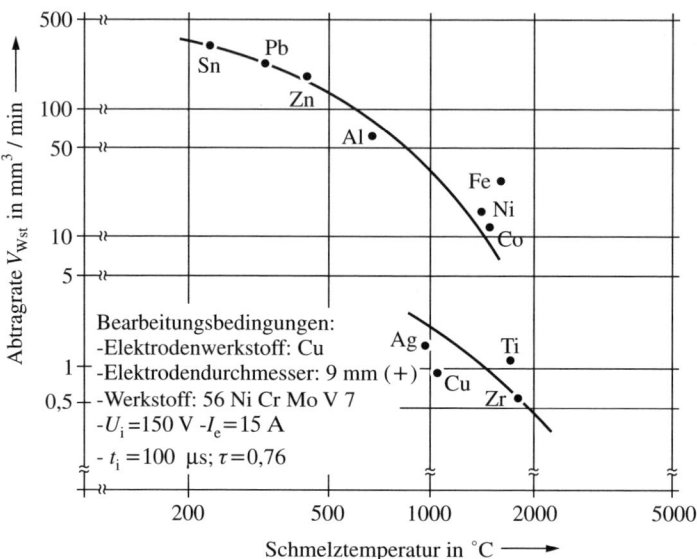

Erodierschneiden (Blatt-, Draht-, Band-, Scheiben-)

- Maschinenhauptzeit: Grundsätzlich lässt sich die für das Senken genannte Beziehung sinngemäß anwenden, siehe auch Tafel T 4.2.3)

- Vorschubgeschwindigkeit:

$$v_f = \frac{V_c}{h} \quad \text{in mm} \cdot \text{min}^{-1}$$

h Werkstückdicke in mm
V_c Schneidrate in mm² · min⁻¹

- Maschinenhauptzeit (spezifische Gleichung):

$$t_H = \frac{A_{Wst}}{V_c} \quad \text{in min}$$

A_{Wst} zu schneidende Werkstückdicke in mm²
V_c Schneidrate in mm² · min⁻¹; Richtwerte:
        $V_c \gtrapprox 250$ mm² · min⁻¹ bei Vollschnitt
        ≈ 50 mm² · min⁻¹ bei Präzisionsschnitt

Schnittbreite und Schnittkonizität:

$$s_m = 0{,}5(s_o + s_u) \quad \text{in mm}$$

$$\tan \alpha = \frac{s_o - s_u}{2h}$$

b Bauchung der Schnittbreite in mm
s_m Mittlere Schnittbreite in mm
s_o Obere Schnittbreite in mm;
     $s_o \approx (10 \ldots 70)\,\mu m$
s_u Untere Schnittbreite in mm
α Konizitätswinkel in °
d_{Dr} Drahtdurchmesser in mm;
     $d_{Dr} \approx (0{,}1 \ldots 0{,}3)$ mm

4.2 Spanen und Abtragen (mit Generieren)

- Bearbeitungsparameter und ihre Wirkungen auf den Schneidvorgang und das erreichbare Arbeitsergebnis:

a) Schneidrate in Abhängigkeit von der Impulsfrequenz und unterschiedlichen Schneiddrähten:

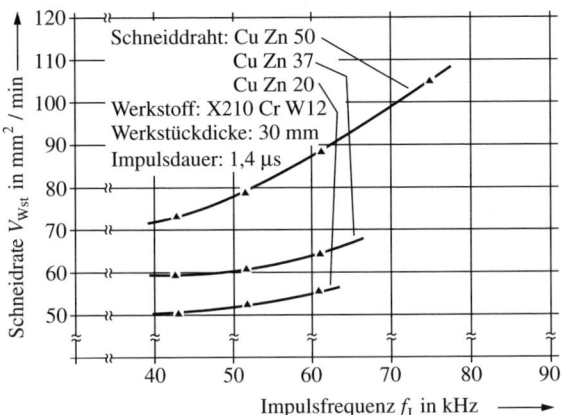

b) Schneidrate in Abhängigkeit von der Werkstoffhöhe:

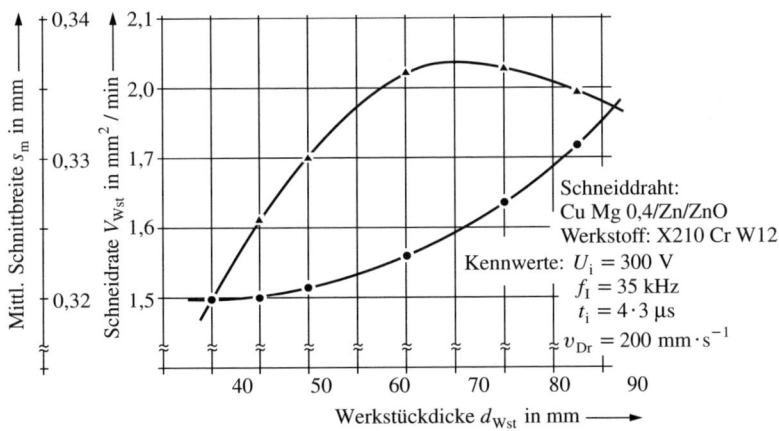

c) Abhängigkeit zwischen Entladestrom und erreichbaren Oberflächenrauheiten:

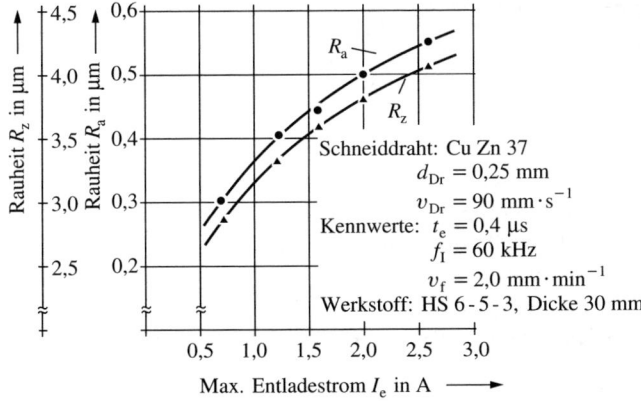

d) Einfluss der Impulsfrequenz auf die Rauheiten der Teileoberfläche:

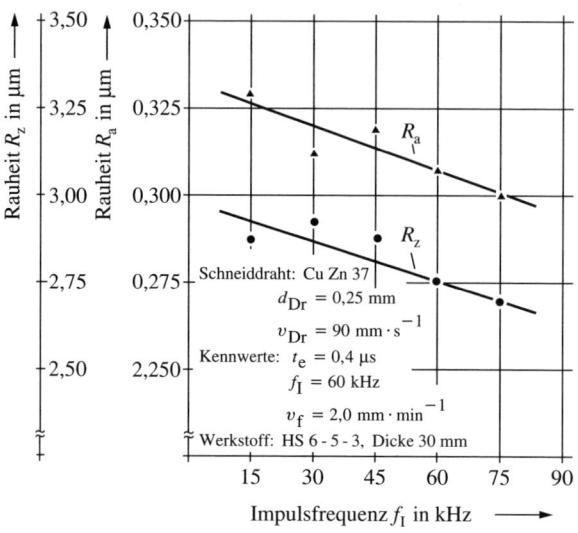

Generell gelten:
- Maßgenauigkeiten: $\pm 1\,\mu m$
- Oberflächenrauheiten: $0,1 \ldots 0,2\,\mu m$
- Stegbreiten: $10 \ldots 20\,\mu m$
- Innenradien: $\approx 20\,\mu m$
- Aspektverhältnisse: $100 \ldots 150$

Chemisches Abtragen

Ätzen (Tauch-, Sprühätzen; Glänzen; Herstellung gedruckter Schaltungen; Masseverminderungen)

Vorrangige Wirkmedien (Ätzmittel) sind:
- Salzsäure (HCl)
- Schwefelsäure (H_2SO_4)
- Natriumlauge (NaOH)
- Salpetersäure (HNO_3)

Funktionsprinzip des Ätzens:

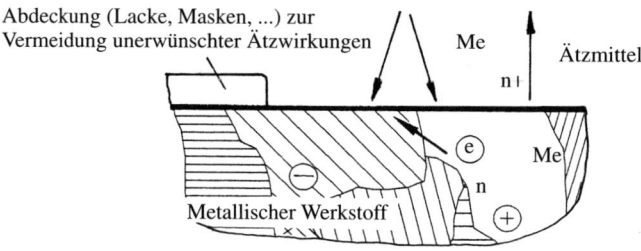

- Glasätzen: $SiO_2 + 4HF \rightarrow SiF_4 + 2H_2O$
- Metallätzen: Wirkmedien: Wässrige Lösungen, z. B. aus HCl, HNO_3, H_2SO_4, NaOH, ...;
  Abtraggeschwindigkeiten: $v_{Ätz} \approx 0,01 \ldots 0,08\,mm \cdot min^{-1}$
  Erreichbare Rauheiten: $R_a \approx 0,1 \ldots 1,5\,\mu m$

Chemisch-thermisches Entgraten (auch TEM – Thermische Entgrate-Methode)

Funktionsprinzip und Anlagenaufbau:

$$2H_2 + O_2 \rightarrow H_2O + \text{Wärmeenergie [ca. } (2500 \ldots 3500)\,°C]$$

4.2 Spanen und Abtragen (mit Generieren)

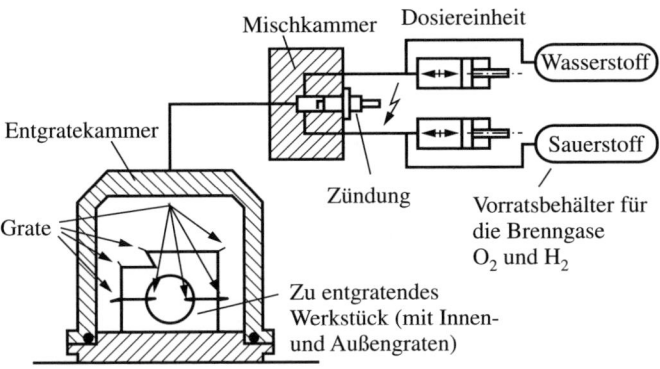

Bearbeitungs-Kennwerte:
- Mischungsverhältnis: $H_2 : O_2 = 1 : 0,5 \ldots 1,5$
- Gastemperaturen (bei H_2, C_2H_4, ...): $\tau_{Gas} \leq 3500\ °C$
- Gasfülldrücke: $p_{Gas} = 10 \ldots 20$ bar   für NE-Metalle
  $p_{Gas} = 20 \ldots 30$ bar   bei Stahlwerkstoffen
  $p_{Gas} = (30 \ldots 60) \cdot 70$ bar   für hochwarmfeste Stähle
- Bearbeitungsdauer: $t_H = 20 \ldots 30$ s
- Werkstückabmessungen: ca. 120 mm × 150 mm × 280 mm

Elektrochemisches Abtragen (ECM – Electro-Chemical Machining; Elysieren)

- Wirkprinzip der anodischen Auflösung:

  Anode: $Me^{n+} + n\,OH^- \rightarrow Me(OH)n \downarrow$

  Kathode: $2\,H_2O + 2\,e^- \rightarrow H_2 \uparrow + 2\,OH^-$ oder/und

  $NO_3^- + 2\,H_2O + 2\,e^- \rightarrow NO_2^- + 2\,OH^-$

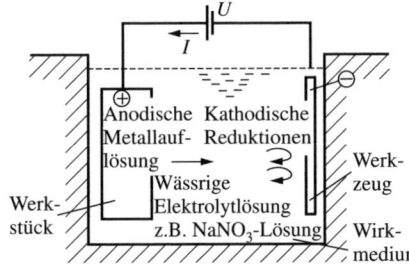

Typische Elektrolyte:
- Salze: NaCl, NaNO$_3$, KCl
- Säuren: HCl, H$_2$SO$_4$
- Basen: NaOH, KOH

- Berechnung des Werkstoffabtrages (an der Anode):

$$m = \frac{M \cdot I \cdot t \cdot \eta}{Z \cdot F} \quad \text{in g} \quad \text{oder}$$

$$V = \frac{M \cdot I \cdot t \cdot \eta}{\zeta \cdot Z \cdot F} \quad \text{in mm}^3 \quad \text{bzw.} \quad V_{spez} = \frac{60M}{\zeta \cdot Z \cdot F} \quad \text{in m}^3/(A \cdot \text{min})$$

F Faradaysche Konstante; $F = 96\,487$ A · s/mol
I Stromstärke in A
M Molmasse in g/mol; Richtwerte für Stahlwerkstoffe: $M_{St} = 53{,}48$ g/mol
                                        Wasser: $M_{HOH} = 18{,}00$ g/mol

m Abgetragene Werkstoffmasse in Gramm: $m = V \cdot \zeta$ in g

V Abgetragenes Werkstoffvolumen in mm³
V_{spez} Spezifisches Abtragvolumen in mm³/(A · min)
    [Werkstoffkonstante, z. B. für Stahlwerkstoffe: $V_{spez} = 1{,}0 \ldots 2{,}5$ mm³/(A · min)]
Z Elektrochemische Wertigkeitsänderung („Ionenwertigkeit"; z. B. für Fe → Fe²⁺ + 2 e⁻ gilt: $Z = 2$)
ζ Werkstoffdichte in g/mm³
η Wirkungsgrad (Übergangswiderstände und Wärmeentwicklung); Richtwert: $\eta = 0{,}95$

$$U = R \cdot I + \Delta U \quad \text{in V}$$

U Arbeitsspannung in V
R Widerstand des Elektrolyten in Ω
ΔU Spannungsdifferenz zwischen Anode und Katode in V

- Berechnung des Arbeitsvorschubes beim EC-Abtragen:

$$v_f = \frac{M \cdot J \cdot \eta}{\zeta \cdot Z \cdot F} \quad \text{in mm} \cdot \text{min}^{-1}$$

J Stromdichte in A · mm⁻²
v_f Vorschubgeschwindigkeit (auch Abtraggeschwindigkeit v_A) in mm · min⁻¹;
    Richtwerte: $v_f \approx 0{,}5 \ldots 2{,}0$ mm · min⁻¹

- Bestimmung der Größe des Arbeitsspaltes:

$$s = \frac{V_{spez} \cdot \varkappa \cdot U_A}{v_f} \quad \text{in mm}$$

oder

$$s \approx \frac{U_A \cdot \varkappa}{J} \quad \text{in mm}$$

s Spaltweite in mm; Richtwerte: $s \approx 0{,}02 \ldots 0{,}2$ mm
U_A Arbeitsspannung in V;
    Richtwerte: $U_A \approx (5 \ldots 20)\,30$ V
v_f Vorschubgeschwindigkeit in mm · min⁻¹; Kennlinien zum Abtragverhalten typischer Werkstoffe und Elektrolyte in T 3.1
$\varkappa$ Spezifische elektrische Leitfähigkeit des Elektrolyten in A/(V · mm) oder $(\Omega \cdot \text{mm})^{-1}$;
    Richtwerte: $\varkappa = 10^{-6} \ldots 10^{-4}\ (\Omega \cdot \text{mm})^{-1}$

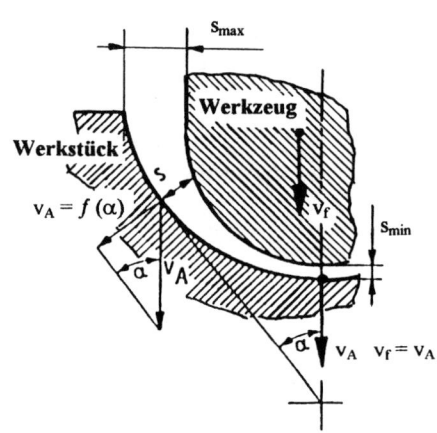

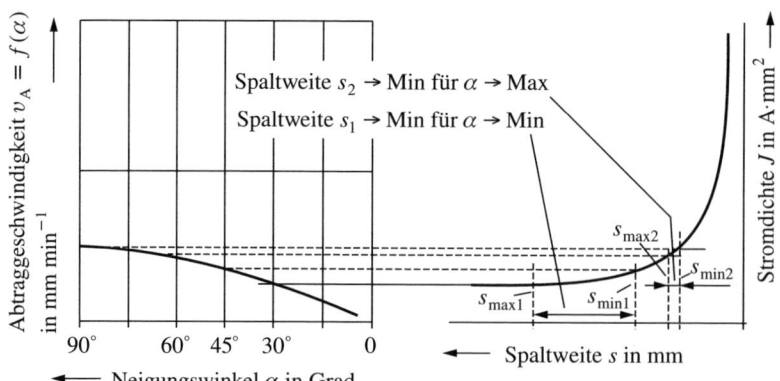

4.2 Spanen und Abtragen (mit Generieren)

Besonderheiten beim Elysieren:

Funktionsprinzip: Überlagerung EC- mit mechanischen Bearbeitungen:

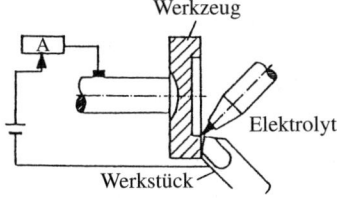

Kennwerte typischer Elektolyten (Grundausführungen), vgl. Tafel T 4.2.2:

	Spezifische Leitfähigkeit [1]	Korrosive Wirkungen	Physiologie
NaCl	0,196	Korrosion	Keine
KCl	0,268		
NaNO$_3$	0,130	Rostschutz	Keine
HCl	0,762	Korrosion	
H$_2$SO$_4$	0,653	Sonderfälle	Ätzend
HNO$_3$	0,690		
NaOH	0,343	Korrosion	
KOH	0,543	Sonderfälle	Ätzend

[1] $\varkappa$ in $\dfrac{1}{cm \cdot \Omega}$; $\dfrac{S}{cm}$

Passivierungseffekt durch Bildung von Anodenhaut [49]:

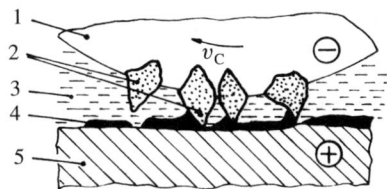

1 Schleifkörper
2 Schleifkorn
3 Elektrolyt
4 Anodenhaut
5 Werkstück

Ultraschall-Schwingläppen (USM – Ultrasonic Machining)

- Funktionsprinzip des USM:

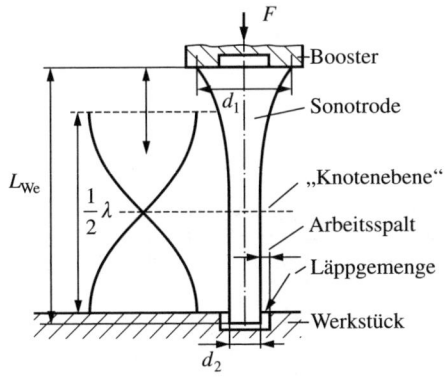

$$\lambda = \frac{c}{f} \quad \text{in cm}$$

c Schallgeschwindigkeit des Werkzeugmaterials (Stahl: $c = 5180\,\text{m} \cdot \text{s}^{-1}$)

f Frequenz der Sonotrode (i. d. R. $f = 20\,000\,\text{s}^{-1}$)
$\rightarrow \lambda \approx 0{,}25\,\text{m}$; $1/2 \cdot \lambda \approx 12{,}5\,\text{cm}$

Bearbeitungsparameter:
- Werkzeug-(auch Formzeug-)Werkstoffe: St35, Booster S235 (St37), ...;
- Läppmittel: B$_4$C (Körnung 280) mit Wasser
- Arbeitsfrequenz: $f = 20\dots 100$ kHz, meist $f = 20$ kHz
- Erreichbare Oberflächenqualitäten:
  Rauheiten $R_a \approx 0{,}1$ µm; Kreisform-Abweichungen ca. 0,02...0,03 mm

Dimensionierung typischer „Sonotroden" (nach [60], [61]) siehe Anhang T 4.2.1

- Zusammenhänge zwischen Läppgeschwindigkeit und Zustelltiefe, Schwingungsamplitude und Vorschubkraft sowie Strukturierung geläppter Teilerandschichten siehe S. 199

- Verschleißformen an USM-Werkzeugen:

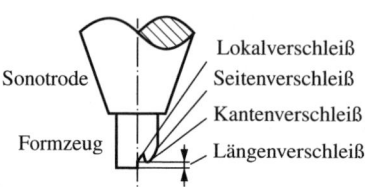

Bestimmung des pro Zeiteinheit abtragbaren Werkstoffvolumens bei USM-Bahnbearbeitung [8]:

$$V_{Wst} = d_{F,a} a_e v_{f,q} \quad \text{in mm}^3 \cdot \text{min}^{-1}$$

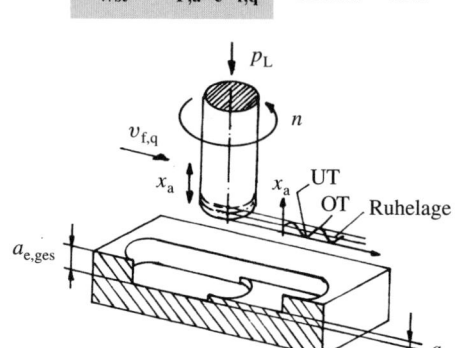

Besonderheiten beim Strahlläppen

Funktionsprinzip:

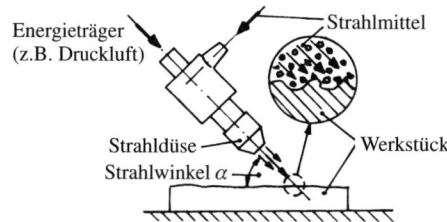

Kennwerte und Bearbeitungsparameter:
Strahlwinkel: $\alpha = 45°$
Düsenabstand: 40...50 mm
Düsendurchmesser: 6,5...7,0 mm
Läppdruck: $p = 60...80$ bar
Mischungsverhältnis: Läppkorn : Wasser = 1 : 7
Korngrößen: 100...120 µm
Erreichbare Rauheiten: $R_t \approx 2{,}0$ µm

Bearbeitung mit energiereicher Strahlung

Teilebearbeitung mit Laserstrahlen (LBM – Laser Beam Machining), vgl. [62] bis [64]

Aufbau einer LBM-Anlage (Prinzipdarstellung)

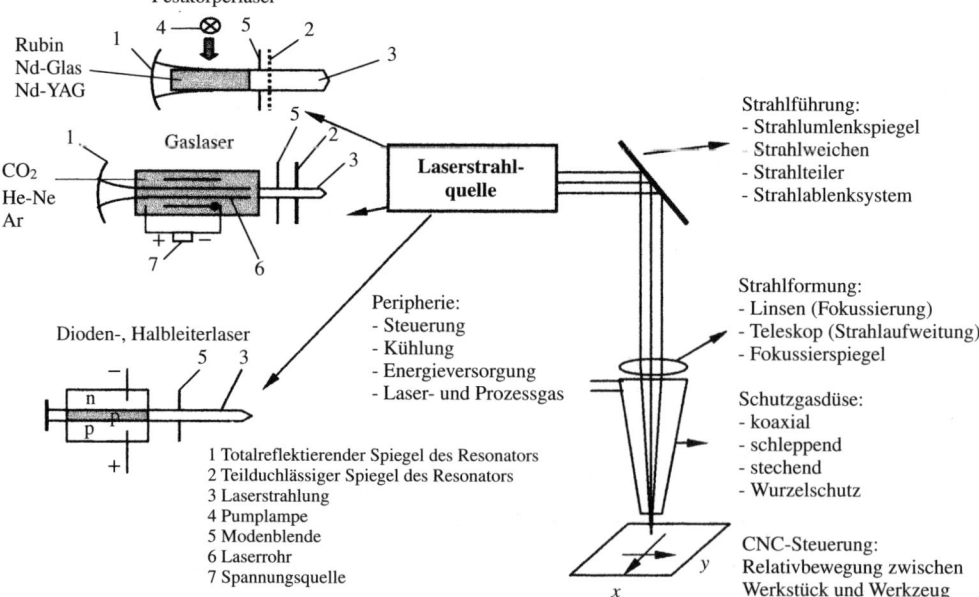

1 Totalreflektierender Spiegel des Resonators
2 Teildurchlässiger Spiegel des Resonators
3 Laserstrahlung
4 Pumplampe
5 Modenblende
6 Laserrohr
7 Spannungsquelle

Peripherie:
- Steuerung
- Kühlung
- Energieversorgung
- Laser- und Prozessgas

Strahlführung:
- Strahlumlenkspiegel
- Strahlweichen
- Strahlteiler
- Strahlablenksystem

Strahlformung:
- Linsen (Fokussierung)
- Teleskop (Strahlaufweitung)
- Fokussierspiegel

Schutzgasdüse:
- koaxial
- schleppend
- stechend
- Wurzelschutz

CNC-Steuerung:
Relativbewegung zwischen Werkstück und Werkzeug

4.2 Spanen und Abtragen (mit Generieren)

Vorrangige Einsatzmöglichkeiten:
CO_2-Laser: Schneiden, Schweißen, Oberflächenbehandlung
Nd:YAG-Laser: Bohren, Schneiden, Schweißen, Beschriften (Feinwerktechnik)
Excimer-Laser: Bohren, Beschriften, Mikrostrukturierung(-technik)
Diodenlaser: Löten, Schweißen, Oberflächenbehandlung

Kennwerte des Laserstrahles:

Merkmale:
- Monochromasie („Einfarbigkeit")
- Kohärenz (Verstärkung bei Überlagerung bez. Ausbreitung und Phasenbeziehung)
- Hochfrequent pulsfähig (bis 10^{-12} s)
- Fokussierfähigkeit (z. B. bei He-Ne-Laser bis $0,5 \cdot 10^{-3\circ}$)
- Formbarkeit zu Parallelbündeln (Öffnungswinkel z. B. bei He-Ne-Laser: 0,05°)
- Hohe Leistungsdichte: $Q = (10^4 \ldots 10^8)\, 10^{15}\, W \cdot cm^{-2}$

Parameter am Laserstrahl:

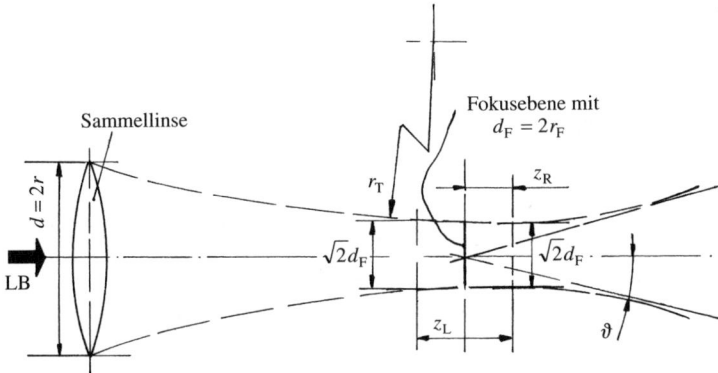

Rayleigh-Länge:

$$z_R = \frac{\pi \cdot d_F^2}{4\lambda} = \frac{\pi \cdot r_F^2}{\lambda} \quad \text{in } \mu m$$

Divergenzwinkel:

$$\vartheta = \frac{\lambda}{\pi \cdot r_F} \quad \text{in rad}$$

Brennfleckdurchmesser:

$$d_{BF} = 1{,}22 \frac{f \cdot \lambda}{r} \quad \text{in } \mu m$$

Leistungsdichte in Brennfleck:

$$Q = 0{,}21 \frac{P \cdot d^2}{f^2 \cdot \lambda^2} \quad \text{in } W \cdot cm^{-2}$$

Richtwert: $d_{BF} \approx (0{,}4 \ldots 25{,}0)\, 52{,}0\, \mu m$

oder

Fokusdurchmesser:

$$d_F = \frac{4\lambda \cdot f \cdot b^2}{\pi \cdot d} \quad \text{in } \mu m$$

$$Q \approx \frac{P}{f^2 \cdot \vartheta^2 \cdot \pi} \quad \text{in } W \cdot cm^{-2}$$

LB Laserstrahl
d_F Fokusdurchmesser in μm; $d_F \sim f$
z_L Abschnitt des Laserstrahles mit der geringsten Krümmung in μm
z_R Rayleigh-Länge in μm
λ Wellenlänge der Laserstrahlung, z. B.:
  $\lambda_{CO2} = 10{,}60\, \mu m$ (IR)
  $\lambda_{Nd:YAG} = 1{,}06\, \mu m$ (IR)
  $\lambda_{Exc} = 0{,}16 \ldots 0{,}35\, \mu m$ (UV); „excited dimer"
  $\lambda_{Diode} = 0{,}60 \ldots 1{,}60\, \mu m$ (UV)
f Brennweite der Sammellinse in mm

r Radius der Linse in mm
d Strahldurchmesser der Fokussieroptik (-Linse) in mm
b Korrekturfaktoren für die Ausleuchtung der Laseroptik, s. u.
r_F Radius des Laserstrahls im Fokus in μm
P Installierte Laserleistung in W
r_T Taillenradius in mm
ϑ Divergenzwinkel der Linse in rad
l Azimutale Modenzahl, meist: $l = 2$
p Radiale Modenzahl, meist: $p = 1$

Korrekturfaktor (für die meist nicht vollständige Ausleuchtung der Laseroptik)
- für rotationssymmetrische Systeme (Linsen, Resonatoren, ..., z. B. bei Nd:YAG-Lasern):

$$b = \sqrt{2p + l + 1} \quad \text{in } \mu m$$

- bei rechteckigen Spiegeln u. a. (bei CO_2-Lasern)

$$b = \sqrt{2p + 1} \quad \text{in } \mu m$$

Strahlparameterprodukt (zur quantitativen Bewertung eines Laserstrahls, vor allem seiner Fokussierbarkeit):

$$r_F \cdot \vartheta = K \cdot \frac{\lambda}{\pi} \quad \text{in mm}$$

K Korrekturkoeffizient für die TEM; $TEM_{00} \rightarrow K = 1$ (Gaußsche Verteilung)
                                          $TEM_{01} \rightarrow K = 2$
                                          $TEM_{10} \rightarrow K = 3$

Strahlqualitätszahl K^* (Normierte Strahlqualität; Vergleich eines zu bewertenden Strahles mit einem normierten Laserstrahl):

$$K^* = \frac{\lambda}{\pi \cdot r_T \cdot \sigma} \cong \frac{\lambda \cdot z_R}{\pi \cdot r_T^2}$$

r_T Radius der Strahltaille in μm
z_R Rayleigh-Länge in μm
σ Fernfeld-Divergenz
λ Wellenlänge des Laserlichtes in μm

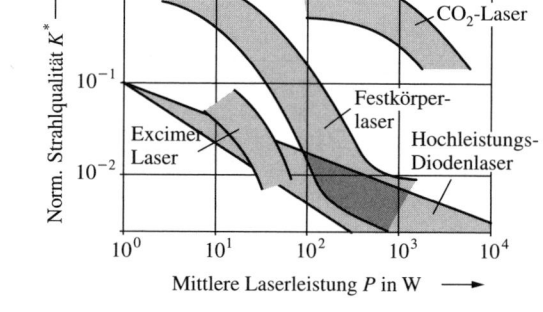

Wertebereiche: $0 < K^* < 1$;
$K^* \rightarrow 1$, hohe Strahlqualität
$K^* \rightarrow 0$, geringere Qualität
$K^* \sim L$ (Resonatorlänge)

Einkopplung des Laserstrahles in den Werkstoff:

$$P_O = P_R + P_A + P_T \quad |: P_O$$

$$1 = \frac{P_R}{P_O} + \frac{P_A}{P_O} + \frac{P_T}{P_O} \quad \rightarrow \frac{P_R}{P_O} = R; \text{ Reflexionsgrad}$$

$$\frac{P_A}{P_O} = A; \text{ Absorptionsgrad}$$

$$\frac{P_T}{P_O} = T; \text{ Transmissionsgrad}$$

$$R + A + T = 1 \quad R \rightarrow \text{Max.}$$
$$ \quad A \rightarrow \text{Min.}$$
$$ \quad T \rightarrow \text{Max.}$$

4.2 Spanen und Abtragen (mit Generieren)

Prinzipdarstellung typischer Anwendungsmöglichkeiten:

Fertigungsaufgabe	Relativbewegungen bzw. Anordnungen zwischen Laser und Werkstück	Bearbeitungsbeispiele	Bemerkungen
Herstellung einzelner bzw. mehrerer Grund- oder Durchgangsbohrungen			Die Maße D_1 und l werden durch die Leistungsfähigkeit des Lasers beeinflusst. Erforderliche Verschiebebewegungen werden durch das Werkstück ausgeführt.
Einbringen von Bohrungen, deren Längsachse nicht rechtwinklig zur Werkstückoberfläche liegt			Zur Vermeidung unerwünschter Reflexionen des Laserstrahls auf der Werkstückoberfläche ist bei $\alpha \geq 50°$ bis $60°$ die Teileoberfläche abzudunkeln.
Herstellung prismatischer Durchbrüche, Einsenkungen und Sonderformen			Die Größe der Durchbrüche, Einsenkungen und Sonderformen hängt von der Größe der Querschnittsfläche des Laserstrahls ab.
Gleichzeitige Bearbeitung von Ein- und Ausgangskegel sowie Kalibrieren von Bohrungen			D_1 und l_1 sind abhängig von den Kennwerten des Laserstrahls und dem Kammerdruck p_K.
Zertrennen dünnwandiger Teile; Herstellen von Nuten und Rillen in ebenen Werkstücken			Verwendung von Lasern mit Dauerbetrieb oder hoher Impulsfolge
Perforieren			Zum Perforieren von Kunststofffolien; Verwendung von Lasern mit Impulsbetrieb (Möglichkeit der Punktverschweißung dünnwandiger Teile oder Folien)
Herstellen zylindrischer Werkstücke; Einbringen von Teil- oder Vollnuten			Die Arbeitsergebnisse werden außer durch Intensität und Einwirkdauer des Laserstrahls u. a. beeinflusst durch • Drehzahl und • Vorschubgeschwindigkeit des Werkstückes

Spezielle Bedingungen des Laserstrahlschneidens und -schweißens:
- Schmelz-, Brenn-, Sublimierschneiden:

Funktionsprinzip und Zusammenhänge beim Laserstrahlschneiden [62]

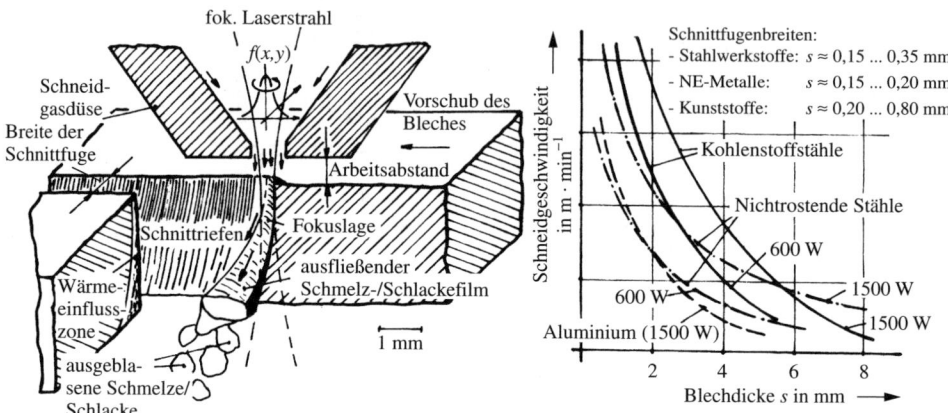

Bearbeitungsparameter siehe Anhang T 4.2.4

- Wärmeleitungs- und Tiefschweißen [65]:

Funktionsprinzip beim

Wärmeleitungschweißen:

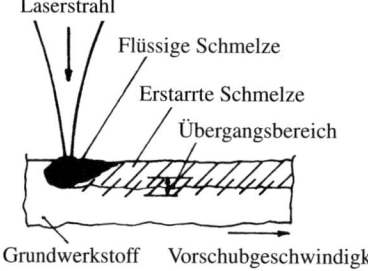

Tiefschweißen:

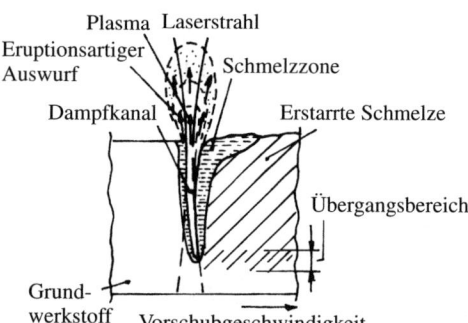

Bearbeitungsparameter vgl. Anhang T 4.2.4

Vorteilhafte Gestaltung von Schweißverbindungen beim Laserstrahlschweißen [65]:

Sachverhalt	Beispiel	
	Ungünstig	Günstig
1. Fügeteiltoleranzen sollten durch gestalterische Maßnahmen ausgeglichen werden		
2. Naht nahe an der Kraftflussrichtung anordnen		

4.2 Spanen und Abtragen (mit Generieren)

Sachverhalt	Beispiel	
	Ungünstig	Günstig
3. Nahtanordnung so wählen, dass Spalten vermieden werden		
4. Fugen- und Nahtarten wählen, die keine Kantenerfassung benötigen		
5. Bei zu verschweißenden verzinkten Blechen Entgasung durch geeignete Spalte ermöglichen		

Beispiele vorteilhafter Fokuslagen für das Schweißen mittels Laserstrahl:

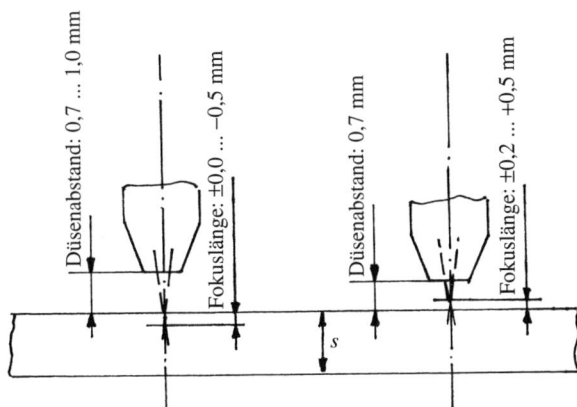

Besonderheiten bei der Herstellung „funktionsangepasster" Blechteile („Tailored" Blanks) mittels Laserstrahlschweißen [8], [69]:

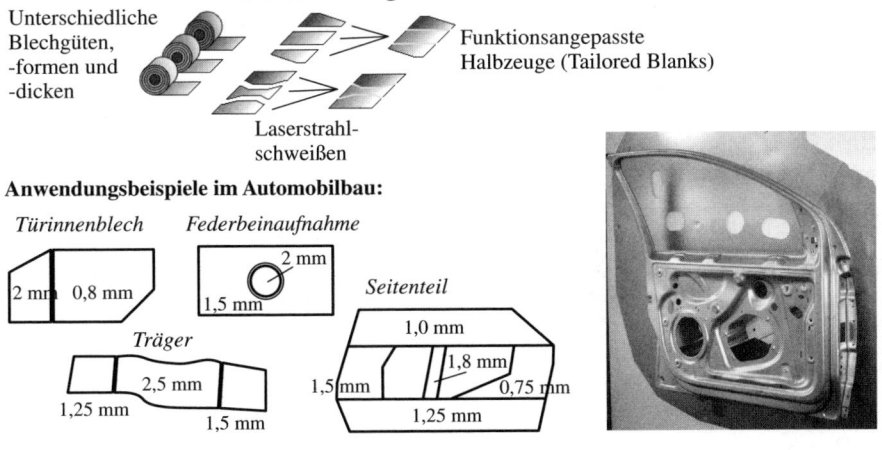

Bohren, Perforieren mit Laserstrahl:
- Verfahrensvarianten:

Einzelimpulsverfahren:　　Perkussionsbohren:　　　　　　　　Trepanierbohren:

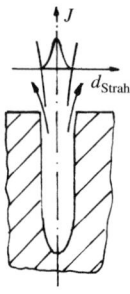
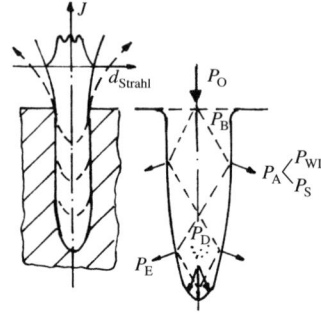
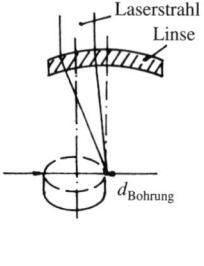

- Typische Brennpunktlagen bei der Bohrungsherstellung (hier mit Festkörperlaser):

Brennpunkt vor der Teileoberfläche: $l_x = f + \Delta l_x$

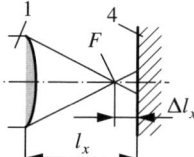

- $\Delta l_x = 1{,}5\,\text{mm}$; keine optimale Energiekonzentration in der Bearbeitungszone; Strahlungsadsorption
- Langsames Ausbilden der quasistatischen Phase; dynamische Phase nur unter besonderen Bedingungen; ab $\Delta l_x < 0{,}5$ mm Übergang zu Fall b)

Brennpunkt auf der Teileoberfläche: $l_x \equiv f$

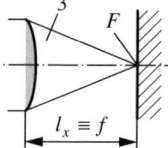

- $\Delta l_x = 0\,\text{mm}$; kurzfristiges intensives Aufheizen der Bearbeitungszone; hohe Photonenkonzentration
- Rasches Ausbilden der quasistatischen Phase; unmittelbarer Übergang in den dynamischen Zustand

Brennpunkt im Teileinneren: $l_x = f - \Delta l_x$

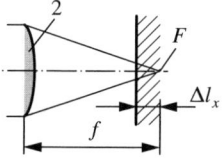

- Geringere, jedoch zur Ausbildung einer quasistatischen Phase ausreichende Energiekonzentration
- Explosionsgefahr des Teiles durch Entstehung einer lokalen Wärmequelle bei F

1 Laserstrahl, 2 Sammellinse, 3 fokussierter Strahl, 4 Werkstück

Grundbohrungen:

vorrangig erzeugt durch die Brennpunktlagen vor/auf der Teileoberfläche

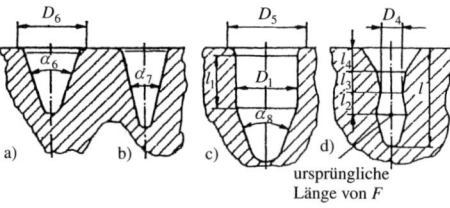

Durchgangsbohrungen:

vor allem erzeugt durch die Brennpunktlagen im Teileinneren

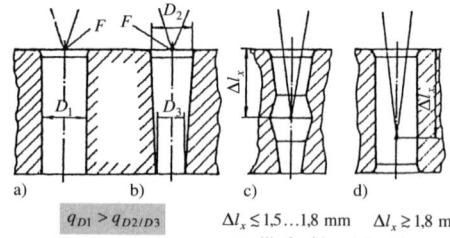

$\Delta l_x \leq 1{,}5\ldots 1{,}8$ mm　　$\Delta l_x \geq 1{,}8$ mm
vorteilhaft: $\Delta l_x \approx 1{,}5\ldots 1{,}8$ mm

4.2 Spanen und Abtragen (mit Generieren)

- Bearbeitungsparameter (typische Beispiele):

  Einzelimpulsbohren: $I = 10^6 \ldots 10^8$ W·cm^{-2} im pw-Betrieb
  $\quad\quad d_{\text{Bohr}} \approx 1\,(20\ldots 500)\,\mu$m
  $\quad\quad L_{\text{Bohr}} < 2$ mm (Grund- und Durchgangsbohrungen)

  Percussionsbohren: $d_{\text{Bohr}} < 1$ mm
  $\quad\quad L_{\text{Bohr}} < 20$ mm (sinngemäß „Blechdicke s")

  Trepanierbohren: $d_{\text{Bohr}} \approx 0{,}4\ldots 6{,}0$ mm
  $\quad\quad L_{\text{Bohr}} < 30$ mm

  Zeitraum zwischen zwei Perforationsbohrungen:

  $$t = \dfrac{d}{v_{\text{f}}} \quad \text{in min}$$

  d Mittenabstand der Perforationsbohrungen in mm
  v_{f} Vorschubgeschwindigkeit der Laser-Perforationseinheit in mm·min^{-1}

Laserstrahl-Oberflächenbehandlung:
- Varianten thermischer und thermochemischer Verfahren ([65] teilweise):

Umschmelzen, Dispergieren:	Legieren:	Beschichten:	Härten:
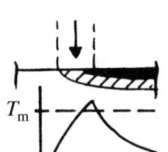	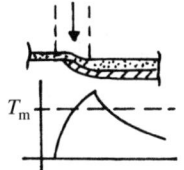	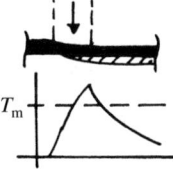	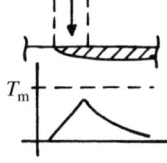

T_{m} Schmelztemperatur des zu bearbeitenden Werkstoffes

- Bearbeitungskennwerte:

  Laserleistung: $I = (10^3 \ldots 10^4)\,10^5$ W·cm^{-2}
  Härtetiefen: $l_{\text{H}} \leq 2\ldots 3$ mm bei St-Werkstoffen mit C > 3 %
  Vorschubgeschwindigkeiten: $v_{\text{f}} = 0{,}1\ldots 1{,}0$ mm·min^{-1}
  Aufheizgeschwindigkeit: $v_{\text{A}} > 1000$ K·s^{-1}

- Typische Arbeitsbereiche für das Laserhärten (hier: 100 Cr6):

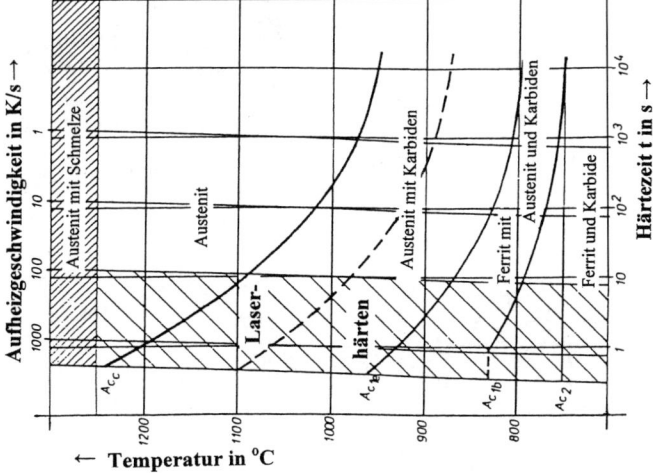

- Härteverlauf in der Randzone von Stahl 1.2363:

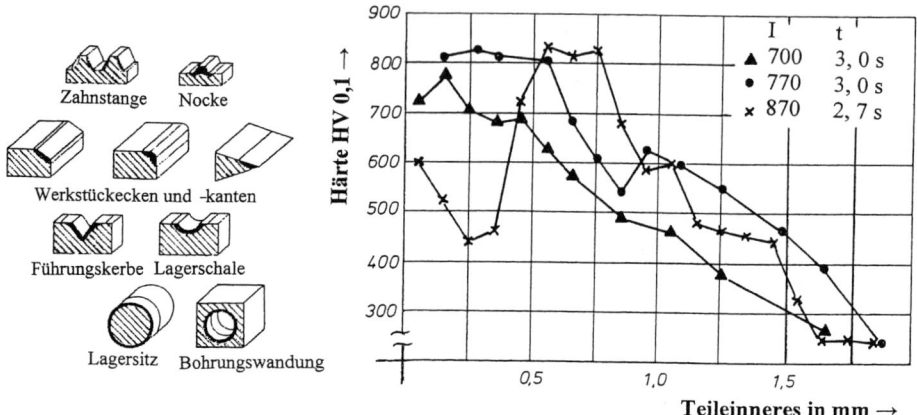

Beschriften und Markieren (Strukturieren, Gravieren, Lasercaving):

Funktionsprinzip (Schrifttiefen: $\geq 10\,\mu m$)

Maskenverfahren: Schrift-(Vector-, Scan-)Verfahren:

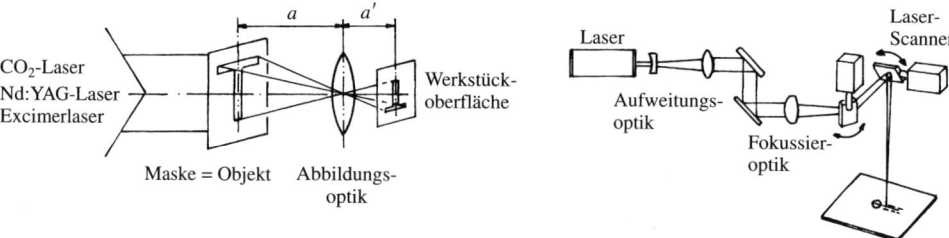

Strukturieren: Erzeugung von Näpfchen (Tiefe: ca. $10\,\mu m$; Durchmesser: etwa $90\,\mu m$;
                   Traganteil: ca. 25 %) z. B. zur Verbesserung des Haftvermögens von Schmierstoffen

Lasercaving: Spur- und schichtweises Abtragen metallischer Werkstoffe [Schichtdicken: ca. $10\ldots50\,\mu m$; vgl. auch [8]]:

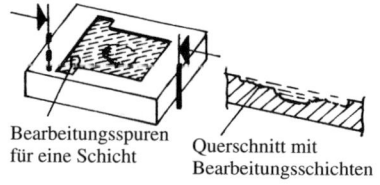

Mikroformung (Abtragen metallischer Werkstoffe unter Einwirkung von Laserstrahlung und reaktiven Flüssigkeiten):

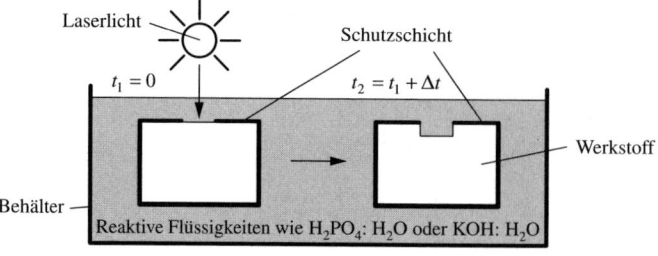

4.2 Spanen und Abtragen (mit Generieren)

Laserunterstütztes Spanen (LAM – Laser-Assisted Machining):

- Funktionsprinzip [8]:

Anliegen: Verbesserung der Spanbarkeit schwer oder nicht spanbarer Werkstoffe durch Aufheizung der Teilerandschicht unmittelbar vor dem Ort der Spanbildung

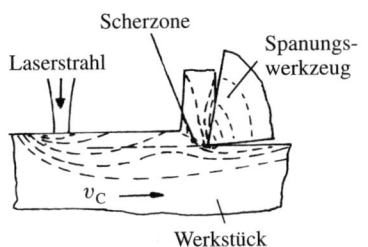

- Bearbeitungsparameter und erreichbare Effekte:

Komponenten der Spanungskraft: $F \approx 0{,}2 \ldots 0{,}5\, F_{\text{üblich}}$
Standverhalten von Werkzeugen: $T \approx 1{,}2 \ldots 1{,}5\, T_{\text{üblich}}$
Laserleistungen: $I > 10^7\, \text{W} \cdot \text{cm}^{-2}$

Fertigung mittels Elektronenstrahlen; EBM – Electron-Beam Machining

- Aufbau und Funktionsweise einer EBM-Anlage:

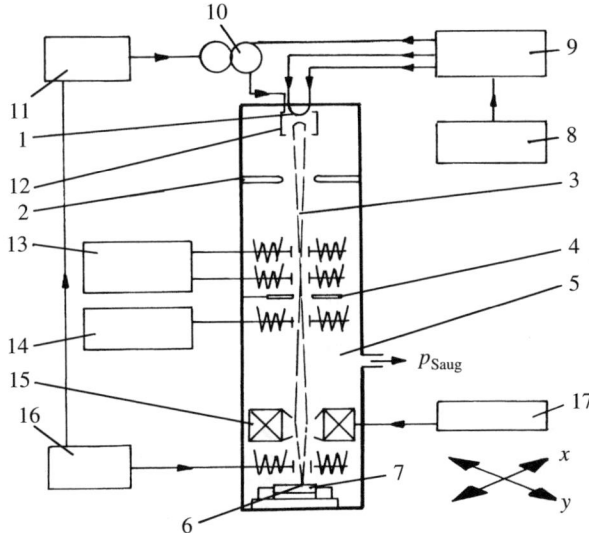

1 Katode
2 Anode
3 Elektronenstrahl
4 Blende
5 Vakuum
6 Fokussierter Elektronenstrahl
7 Werkstück
8 Hochspannungseinheit
9 Heiz- und Steuerspannung
10 Impulstransformator
11 Impulsgenerator
12 Wehnelt-Elektrode
13 Magnetische Justierung
14 Stigmator (Ausgleich axialer Abweichungen)
15 Magnetische Linse
16 Steuerung des Strahlprofils
17 Linsenstromerzeugung

Brennfleckdurchmesser: $d_B \leqq 0{,}1 \ldots 1{,}0\, \text{mm}$

- Einsatzbereiche und erforderliche Bearbeitungskennwerte [8]:

Leistungsdichte in $\text{W} \cdot \text{cm}^{-2}$	Anwendungsgebiet	Werkstoffgruppe
$10^2 \ldots 10^3$	Polymerisieren	Kunststoffe
10^3	Elektroresistverfahren	
$10^4 \ldots 10^5$	Härten	Metalle
$10^5 \ldots 10^6$	Schweißen, Umschmelzen	
$10^5 \ldots 10^7$	Perforieren	
$10^7 \ldots 10^9$	Bohren, Fräsen	
10^8	Gravieren	
$> 10^8$	Sublimieren	

- Einsatzbereiche für das EB-Bohren:

Durchmesser-Längen-Verhältnisse:

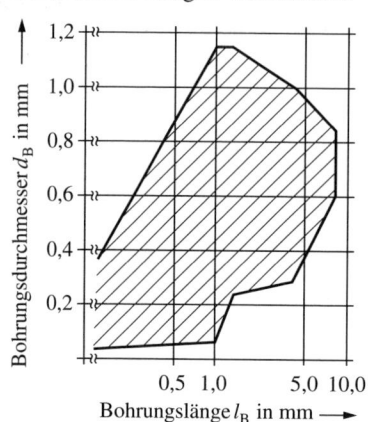

Bohrfrequenzen:

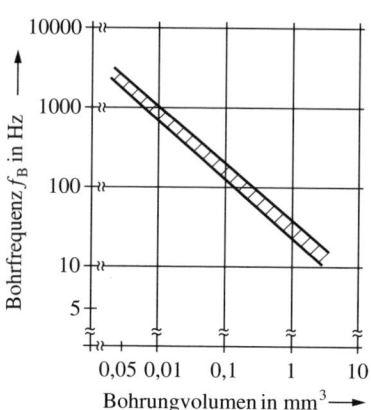

Abtragen mittels Ionen- und Plasmastrahlung

- Funktionsprinzip der Ionenstrahlbearbeitung:

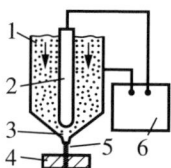

1 Gas
2 Katode
3 Anode (Düse)
4 Werkstück
5 Plasmastrahl
6 Generator

- Wirkprinzip bei der Plasmabearbeitung:

a) Direkter Brenner; b) Indirekter Brenner; c) Induktiver Brenner

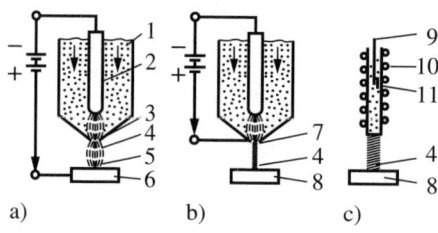

1 Gas	7 Düse (Anode)
2 Katode	8 Werkstück
3 Düse	9 Zündelektrode
4 Plasmastrahl	10 Induktionsspule
5 Offener Lichtbogen	11 Quarzrohr
6 Werkstück	

Fertigungstechnische Daten:
- Schnittbreiten: $\leq 0{,}1$ mm
- Leistungsdichte: $\leq 5 \cdot 10^5$ W · cm^{-2}
- Bearbeitbare Werkstoffdicken:
    Stahlwerkstoffe: $\leq 15 \ldots 70$ mm
    Al-Materialien: ≤ 100 mm
    Cu-Werkstoffe: ≤ 20 mm
- „Drehen" mit Plasmabrenner (vgl. sinngemäß Herstellen zylindrischer Werkstücke):
    $v_{Wst} \approx 10{,}0 \ldots 30{,}0$ m · min^{-1}
    $a_p \approx 0{,}5 \ldots 2{,}0$ mm

Hochdruck-Flüssigkeitsstrahlbearbeitung (Schneiden und Entgraten)

- Vorgänge bei der Flüssigkeitsstrahlbearbeitung [70]:

Flüssigkeitsstrahlschneiden (Wasser, Elektrolyte, ...):

Schneiden mit Flüssigkeit und Abrasivmittel:

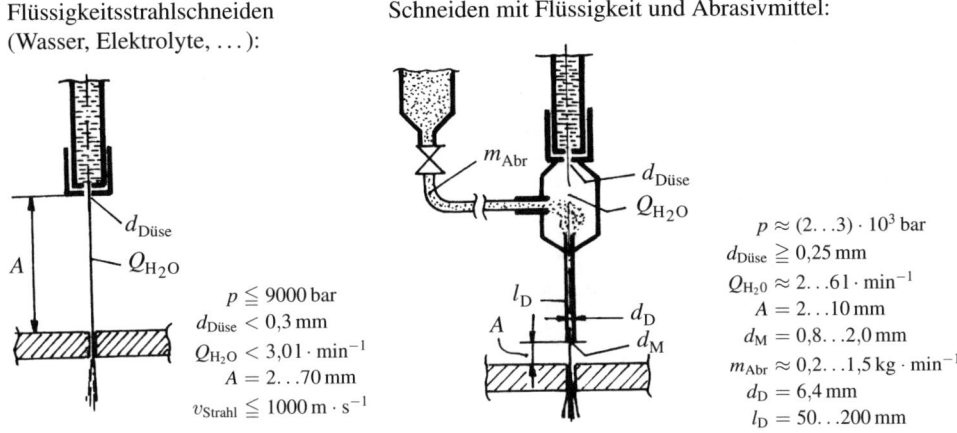

$p \leq 9000$ bar
$d_{Düse} < 0{,}3$ mm
$Q_{H_2O} < 3{,}0 \, l \cdot min^{-1}$
$A = 2\ldots70$ mm
$v_{Strahl} \leq 1000 \, m \cdot s^{-1}$

$p \approx (2\ldots3) \cdot 10^3$ bar
$d_{Düse} \geq 0{,}25$ mm
$Q_{H_2O} \approx 2\ldots6 \, l \cdot min^{-1}$
$A = 2\ldots10$ mm
$d_M = 0{,}8\ldots2{,}0$ mm
$m_{Abr} \approx 0{,}2\ldots1{,}5 \, kg \cdot min^{-1}$
$d_D = 6{,}4$ mm
$l_D = 50\ldots200$ mm

- Wesentliche Baugruppen einer Flüssigkeitsstrahl-Schneid-/Entgrateanlage:

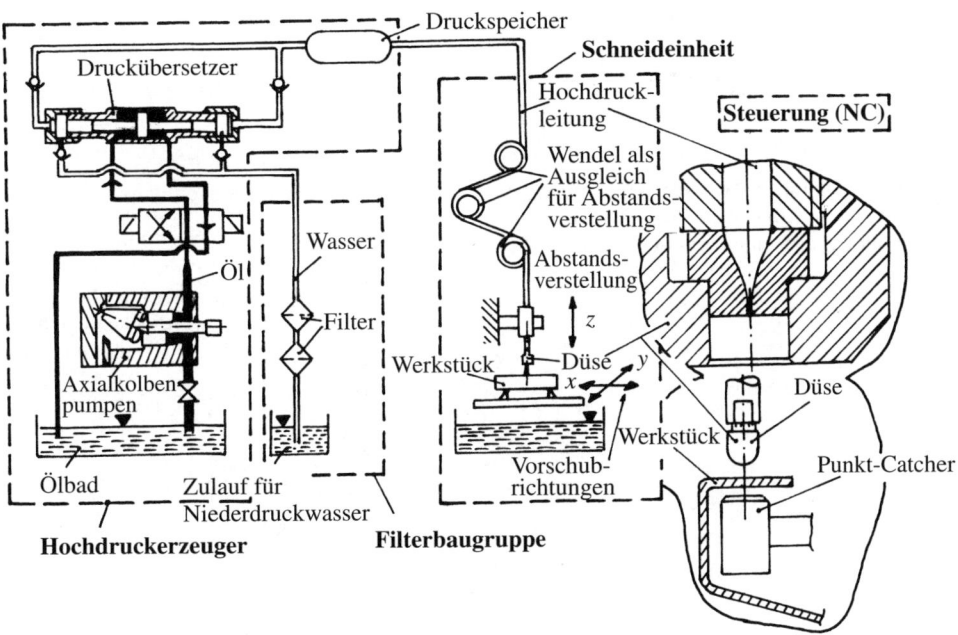

- Gegebenheiten und Bedingungen im Flüssigkeitsstrahl [70]:

Geschwindigkeits- und Kraftverläufe:

Schneidvorgang:

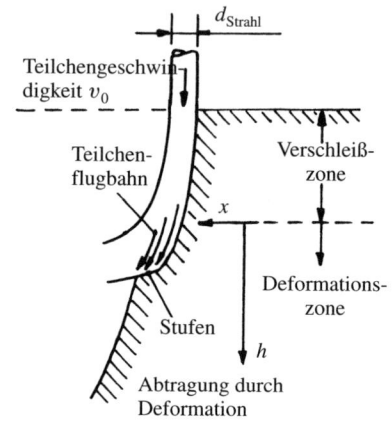

- Richtwerte für Vorschubgeschwindigkeiten (Schneid-) beim Wasserstrahlschneiden mit Abrasivmittel:

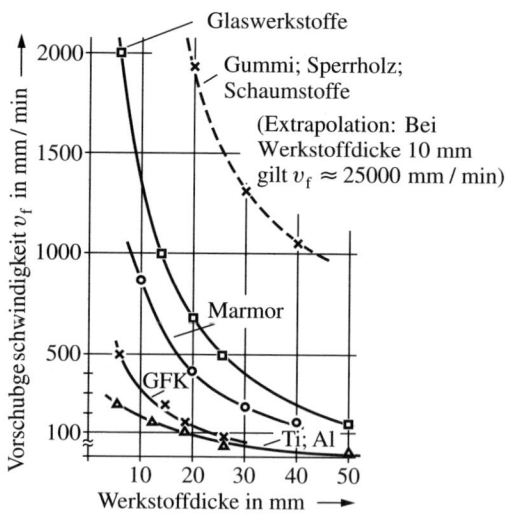

4.2.2.2 Generieren von Bauteilen (Rapid Product Development/Rapid Prototyping)

- Einheitlicher Grundprozess beim Generieren von Bauteilen:

Modell → CAD-Modell → Rechnerinterne Aufteilung in Volumenelemente (Schichten → „slicen") → Zusammenführen der rechnerinternen Schichten zu einem Gesamtwerkstück

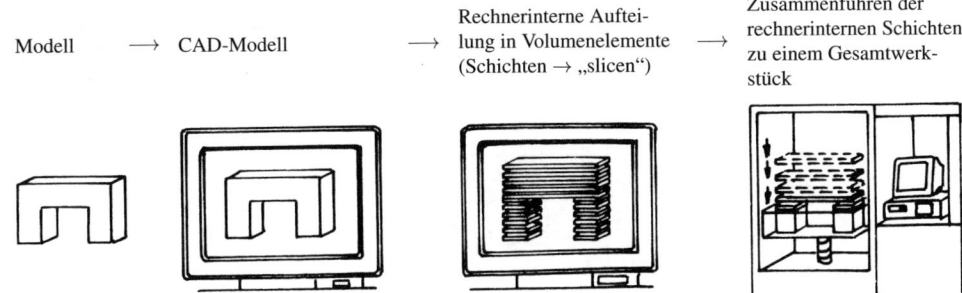

- Übersicht und Zuordnung derzeit genutzter Generierverfahren

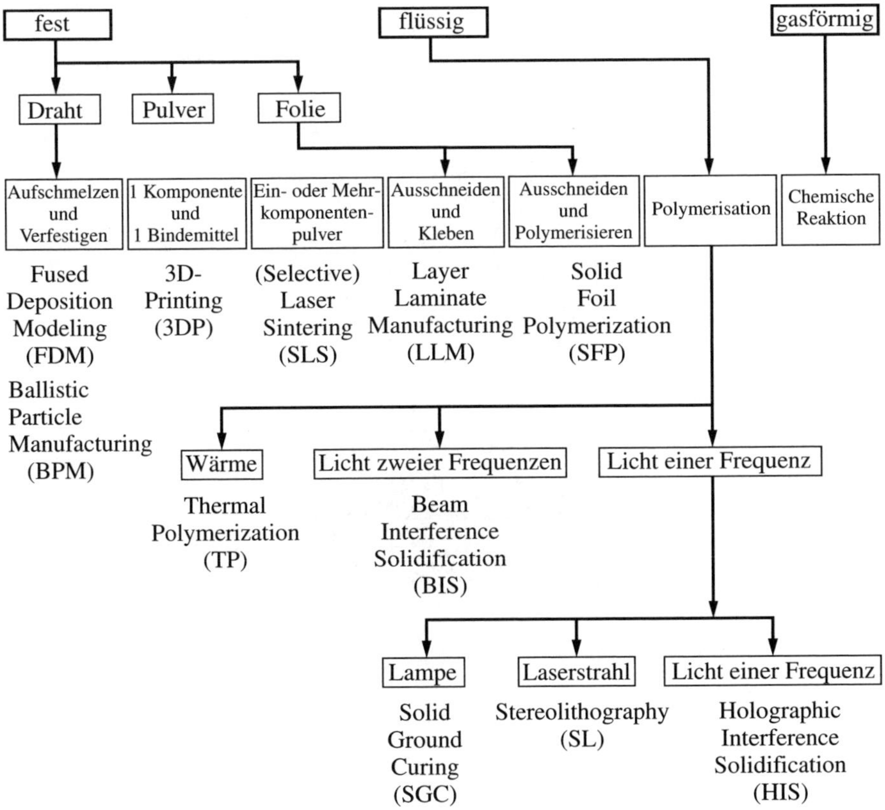

fest
- Draht
  - Aufschmelzen und Verfestigen
    - Fused Deposition Modeling (FDM)
    - Ballistic Particle Manufacturing (BPM)
- Pulver
  - 1 Komponente und 1 Bindemittel
    - 3D-Printing (3DP)
  - Ein- oder Mehrkomponentenpulver
    - (Selective) Laser Sintering (SLS)
- Folie
  - Ausschneiden und Kleben
    - Layer Laminate Manufacturing (LLM)
  - Ausschneiden und Polymerisieren
    - Solid Foil Polymerization (SFP)

flüssig
- Polymerisation
  - Wärme
    - Thermal Polymerization (TP)
  - Licht zweier Frequenzen
    - Beam Interference Solidification (BIS)
  - Licht einer Frequenz
    - Lampe
      - Solid Ground Curing (SGC)
    - Laserstrahl
      - Stereolithography (SL)
    - Licht einer Frequenz
      - Holographic Interference Solidification (HIS)

gasförmig
- Chemische Reaktion

- Funktionsprinzipien derzeit genutzter Verfahren beim Generieren und verarbeitbare Werkstoffe ([10] teilweise):

Lasergestützte Verfahren:

Verfahren		Ver-/bearbeitbare Werkstoffe
Stereolithografie (SL): Schichtweises Aushärten flüssiger Polymere mit Laserstrahl	a) Laser, b) rechnergesteuerte Scanner-Spiegel, c) flüssiges Photopolymeres, d) Behälter, e) Bauteil, f) Stützkonstruktion, g) Lift zum Absenken des Bauteils	Photopolymere (s. u.)
Selective Laser Sintering (SLS): Lokales Verschmelzen pulverförmiger Stoffe	a) Laser, b) Optik, c) Scanner-Spiegel, d) Strahl, e) pulverförmiges Ausgangsmaterial, f) Glättwalze für die Pulverschicht	Thermoplaste (s. u.) Wachse, Metalle, Sande
Laminated Object Manufacturing (LOM): Verkleben geschnittener (selbstklebender) Schichten aus Papier, Folien, o. Ä.	A: Ausschneiden der EPS-Platte a mit einer Heizelektrode b, B: Verkleben mit dem bereits aufgebauten Unterteil	Papier, Folien (Metall, Kunststoff)

4.2 Spanen und Abtragen (mit Generieren)

Nicht lasergestützte Verfahren:

Verfahren		Ver-/bearbeitbare Werkstoffe
Solid Ground Curing (SGC): Flächiges Aushärten von Schichten flüssiger Polymere	a) Paralleles UV-Licht, b) Maske, c) flüssiges Photopolymeres, d) Behälter, e) Bauteil, f) Lift	Photopolymere (s. u.)
Fused Deposition Modeling (FDM): Aufschmelzen drahtförmiger Werkstoffe durch plottergesteuerte Düse	a) Drahtvorschub, b) Düse, c) Rolle mit drahtförmigem Material, d) Werkstück, e) Schrittweise senkbarer Arbeitstisch, f) Stützwerkstoff (separat zugeführt)	Thermoplaste (s. u.) Wachse
Three-Dimensional Printing (3DP): Lokales Verbinden pulverförmiger Ausgangsstoffe	a) Ink-Jet-Düse, b) Bindemittel, c) Verteilerwalze, d) Pulver, e) Werkstück, f) Schrittweise senkbarer Arbeitstisch	Keramik, Metalle

Kennwerte häufig verwendeter Materialien für Verfahren des Rapid Product Development

Photo-Polymerharze für die Stereolithografie (**SL**)

Materialien	E-Modul	Zugfestigkeit	Bruchdehnung	Härte	Dichte (25 °C)	Viskosität (35 °C)
	in $N \cdot mm^{-2}$	in $N \cdot mm^{-2}$	in %	in Shore D	in $g \cdot cm^{-2}$	in Poise
Acrylharz (SLA 500)	900...1 200	26...33	7...16	80	1,12	1,6...2,4
Epoxidharz (SLA 250)	2 000...2 300	59...60	9...11	85	1,14	1,8

Kunststoffpulver für das Selective Laser Sintering (**SLS**)

Materialien	E-Modul in N · mm^{-2}	Zugfestigkeit in N · mm^{-2}	Bruch- dehnung in %	Schmelz- punkt in °C	Dichte (20 °C) in g · cm^{-2}	Mittlere Korngröße in μm
Laserite [1]	1 220...2 828	23...49	5...32	150...193	1,04...1,47	50...120
True Form Pattern	1,1	10	1,2	69	1,08	33
Rapid Tool	21 000	475	15	8,23	55	

[1] z. B. die Pulver LPC 3010 Polycarbonat; LPC 4010 Polyamid; LNF 5000 Polyamid; LNC 7000 Polyamid (fein, glasgefüllt); ...;

Acryl-Butadien-Styrol-(ABS-)Materialien beim Fused Deposition Modeling (**FDM**)

E-Modul in N · mm^{-2}	Zugfestigkeit in N · mm^{-2}	Bruch- dehnung in %	Schmelz- punkt in °C	Härte in Shore D	Dichte in g · cm^{-2}	Warmform- beständigkeit in °C
2 500	35	50	240	105	1,05	91

4.2.3 Optimierung von Spanungsvorgängen und Maschinenauslastungen

Standzeit-Schnittgeschwindigkeiten

$$T = f(v_c; f) \quad \text{in min}$$

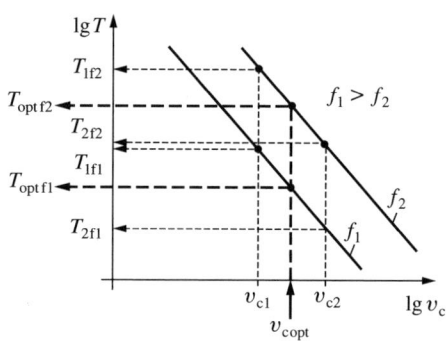

Maschinenauslastung

für

$$v_c = f(f) \quad \text{in m} \cdot \text{min}^{-1}$$

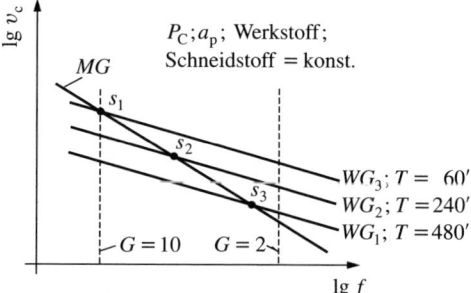

MAD Maschinenauslastungsdiagramm (zur grafischen Bestimmung der Auslastung von Fertigungsmitteln; Zielstellungen: 1. Schruppen: $A = a_p f \rightarrow$ Maximun
 $v_c \rightarrow$ Minimum/Optimum
 2. Schlichten: $A \rightarrow$ Minimum
 $v_c \rightarrow$ Maximum

MG Maschinengerade für $v_c = \dfrac{60\,000 F_c}{k_c \cdot b \cdot h \cdot \prod K}$ in m · min^{-1}

WG Werkzeuggerade entsprechend der Standzeit-Schnittgeschwindigkeiten nach Anhang T 4.1

G Spanungsverhältnis: $G = a_p/f$; $G = 2...20$, vgl. Anhang T 4.1.8.1.6

4.2 Spanen und Abtragen (mit Generieren)

Arbeitsbereiche/Lösungsfelder bei der Nutzung von Bearbeitungsparametern

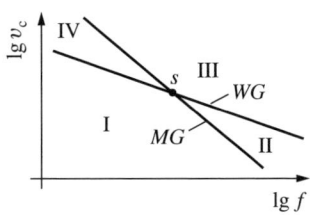

Punkt S: Vollständige Auslastung von WZM und Wz
Bereich I: WZM und Wz sind nicht ausgelastet, Standzeit T wird höher; Vorzugskorrektur
Bereich II: WZM überlastet, aber Wz nicht ausgelastet
Bereich III: WZM und Wz überlastet, Standzeit wird nicht erreicht
Bereich IV: WZM nicht ausgelastet, Wz überlastet

Beispiel zu Lösungsfeldern für eine wirtschaftliche Nutzung der Teilsysteme:
- Werkzeugmaschine – Werkstück (WZM – WST),
- Werkstück – Werkstückspannmittel (SP – WST)
- Werkzeug – Werkstück (WZ – WST)

aus dem Gesamtsystem „**W**erkzeugmaschine – **S**pannzeug – **W**erkzeug – **W**erkstück"; WSWW), nach [71], [72]:

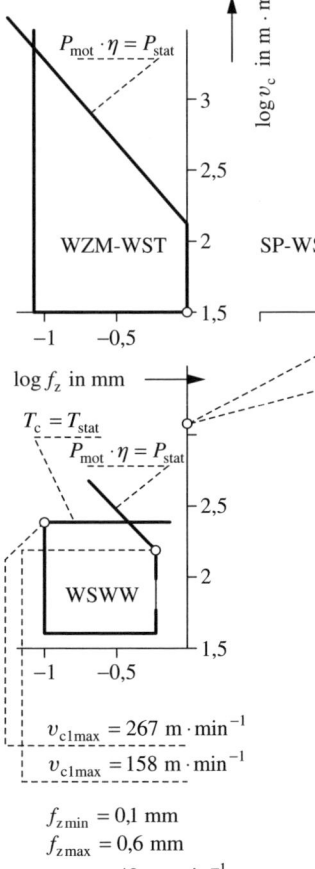

WSWW-Lösungsfeld als Überlagerung der Fertigungsmittel-Lösungsfelder

Numerisches Orientierungsbeispiel:
Längsdrehen ohne Schnittüberdeckung

$n_{SE} = 1, n_{OEges} = 1, t_h = t_c, z = 1$
$d = 200\,\text{mm}, l_f = 400\,\text{mm}, a_p = 6\,\text{mm},$
$\chi_r = 60°, P_{mot} \cdot \eta = 1404 \cdot 10^3\,\text{N} \cdot \text{m} \cdot \text{min}^{-1} = 23{,}4\,\text{kW}$

Werkstoff-Schneidstoff-Paarung St60-P20 mit
$K_{c1} = 2110\,\text{N} \cdot \text{mm}^{-2} \cdot \text{mm}^{-K_{c2}}, K_{c2} = -0{,}17,$
$A_3 = 2{,}4 \cdot 10^{11}\,(\text{min} \cdot \text{m}^{-1})^{A2} \cdot (1 \cdot \text{mm}^{-1})^{A4}, A_2 = -4{,}7, A_4 = -1$

$v_{cWZM\,max}, v_{cSP\,max}$ und $v_{cWZ\,max}$ liegen außerhalb der zugeordneten Lösungsfelder

n_{SE} Zahl der stetigen Zerspanungsschnitte innerhalb einer Operationseinheit

n_{OEges} aktuelle Werkzeugeinsatzzahl (arbeitsscharfes Werkzeug)

Optimierung in energetischer Hinsicht

Für die Bestimmung von h (und b) kann unter Beachtung der Forderungen für R_a gelten: $h \to$ Maximum

$$W_k = \frac{100 W_{vm}}{M_a} + \frac{100 W_{dp}}{M_a} - 1 \quad \text{in MJ/kg}$$

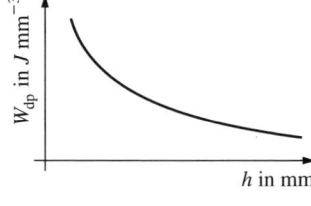

M_a Materialausnutzung in % (Verhältnis von Fertigteilmasse : Rohteilmasse)
W_{dp} Spezifischer Energieaufwand in J/mm^3; Richtwerte vgl. [2]; z. B. beim Schlicht-Drehen auf NCM: $W_{dp} = 113{,}7 \ldots 495{,}0$ J/mm^3
W_k Kumulierter Energieaufwand je Masseeinheit „Fertigteil" in MJ/kg (Basis: Primärenergie)
W_{vm} Im Werkstoff vergegenständlichter Energieaufwand in MJ/kg (Basis: Primärenergie); z. B. 1 t Stabstahl repräsentiert einen Energieaufwand von 27 GJ

Optimierung, Bewertung und Bestimmung von Fertigungskosten

- Beeinflussung von Fertigungskosten durch Wertebereiche von Einstellgrößen, vorhandene Bedingungen und erforderliche Arbeitsergebnisse:

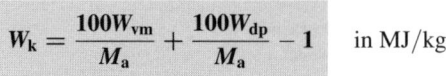

$K; K_1 \ldots K_n$ Kosten (hier im Sinn von minimalen Kosten als Zielfunktion) in €, wobei $K_1 > K_2 > K_3 > K_4 \ldots > K_n$ in €
$R; R_1 \ldots R_5$ Restriktionsgrenzen:
     R_1 Mindestwert für den Vorschub f an der WZM (ggf. Gültigkeitsbereich der Standzeitbeziehung beachten)
     R_2 Größtmöglich einstellbarer Wert für f an der WZM; zu beachten sind dabei
         – der Definitionsbereich der Standzeitbeziehung (wie o. g.)
         – die geforderte Oberflächenrauheit am Werkstück
         – das maximal zulässige Drehmoment an der Arbeitsspindel
         – die zulässigen Kräfte und Momente am Spannmittel
         – die maximal zulässigen Durchbiegungen von Werkzeug und Werkstück
     R_3 Maximal erreichbarer Wert für v_c
     R_4 Mindestwert für v_c (Gültigkeit der „Taylor"-Beziehung beachten)
     R_5 Max. zulässige Spanungsleistung P_c an der Arbeitsspindel
G Gradient (Scheitel-) Optimaler Punkt der Funktion $v_c = f(f)$ bei $K = \text{konst.}$

(Wenn P_{opt} außerhalb des Lösungspolyeders liegt, wie z. B. P_4, dann Werte in Richtung auf P_0 – in den Polyeder hinein – korrigieren)

- Zielstellungen/Aspekte bei der externen und internen Optimierung:

Externe Optimierung

$$K = t_H \cdot (K_M + K_L) + \frac{t_H}{T} \cdot (K_{WW} + K_{WS} + K_{WV}) \quad \text{in €}$$

K_M Maschinenminutenkosten in €/min
K_L Lohnminutensatz in €/min
K_{WW} Kosten eines Werkzeugwechsels in €
K_{WS} Kosten eines Werkzeuganschliffes in €
K_{WV} Kosten für den Werkzeugverbrauch je Anschliff in €
T Standzeit in min
t_H Maschinenhauptzeit in min

4.2 Spanen und Abtragen (mit Generieren)

Interne Optimierung

$$f = f_{opt} = \sqrt[1-m]{\frac{F_c \cdot \sin \varkappa^m}{k_{C1.1} \cdot a_p \cdot \prod K}} \quad \text{in mm}$$

$v_{c1} < v_{c2} < v_{c3}$ in m·min^{-1}

$VB_{opt} \approx 0{,}8 \ldots 1{,}4$ mm;

beim Schlichten: $VB_{opt} \leqq 0{,}3$ mm

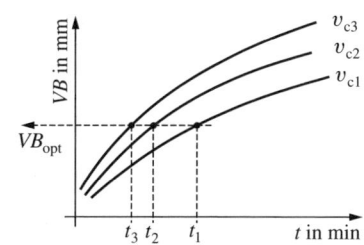

- Fertigungskosten in Abhängigkeit von Schnittgeschwindigkeiten und Vorschubwerten:

Gesamtzusammenhänge: Besonderer Einfluss der Schnittgeschwindigkeit:

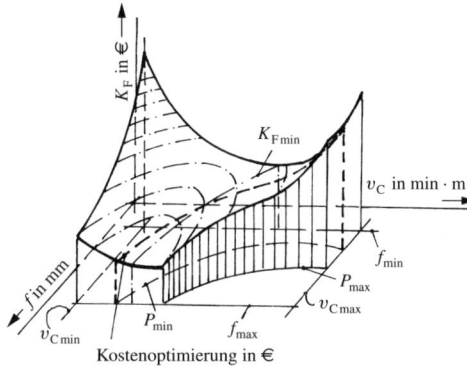
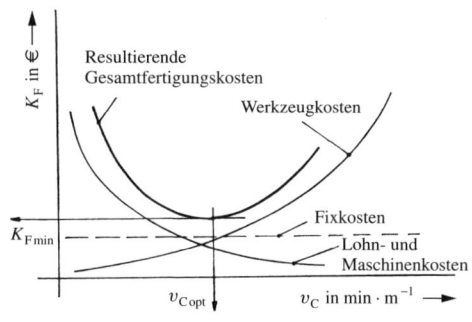

Kostenoptimierung in €

Kostengünstige Schnittgeschwindigkeit:

$$v_{C\,opt\,K} = C_T \left[-(m+1) \cdot \left(t_{Wz} + \frac{K_{Wzz}}{K_{ML}} \right) \right]^{\frac{1}{m}} \quad \text{in m·min}^{-1}$$

Kostengünstige Standzeit:

$$T_{opt\,K} = -(m+1) \cdot \left(t_{Wzz} + \frac{K_{Wzz}}{K_{ML}} \right) \quad \text{in min}$$

Zeitoptimierte Schnittgeschwindigkeit:

$$v_{C\,opt\,t} = C_T \left[-(m+1) \cdot t_{Wzz} \right]^{\frac{1}{m}} \quad \text{in min}$$

Günstige Standzeit:

$$T_{opt} = -(m+1) \cdot t_{Wz} \quad \text{in min}$$

Generell gelten:

$$v_{C\,opt\,t} > v_{C\,opt\,K} \quad \text{und} \quad T_{opt} < T_{opt\,K}$$

C_T Schnittgeschwindigkeit bei $T = 1$ min
m $= \tan \beta$; Anstieg der Geraden $\log T = f(\log v_C)$
t_{Wz} Werkzeugwechselzeit in min
t_{Wzz} Werkzeugwechselzeit je Schneide in min
K_{Wzz} Werkzeugkosten je Schneide in €
K_{ML} Maschinen- und Lohnstundensatz in €/h

5 Fügetechnik – Übersichten zum Schweißen und Schneiden, Löten, Kleben und zu sonstigen Fügeverfahren

5.1 Schweißen und Schneiden

5.1.1 Schweißeignung, -sicherheit, -möglichkeiten (Schweiß-, Schweißfolgeplan)

Grundsatz: Da jede Schweißstelle eine potenzielle Fehlerstelle sein kann, sollte die Anzahl von Schweißstellen an einem Werkstück auf ein erforderliches Mindestmaß begrenzt werden.

Bestimmung der Schweißbarkeit eines Bauteiles:

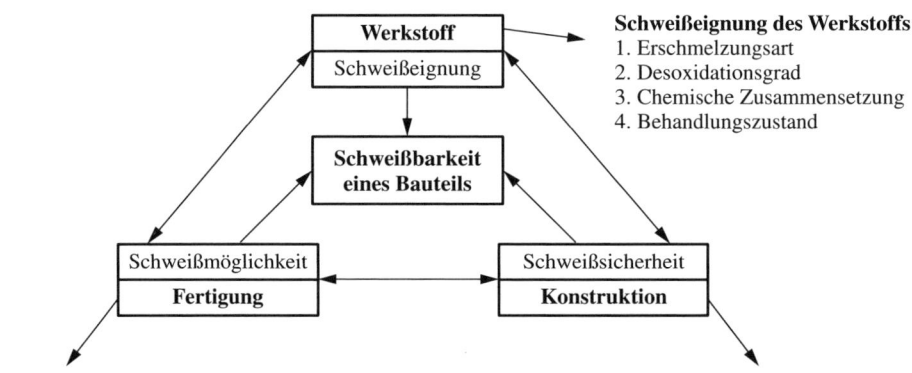

Schweißeignung des Werkstoffs:
1. Erschmelzungsart
2. Desoxidationsgrad
3. Chemische Zusammensetzung
4. Behandlungszustand

Schweißmöglichkeiten der Fertigung:
1. Nahtvorbereitung (Fugenform)
2. Schweißpositionen
3. Zugänglichkeit zur Schweißnaht
4. Schweißtechnologie
5. Qualifizierung des schweißtechnischen Personals
6. Wärmevor- und Nachbehandlungen

Schweißsicherheit der Konstruktion:
1. Schweißnahtanordnung und Kraftfluss
2. Änderungen von Werkstoffeigenschaften beim Schweißen
3. Mechanische, thermische und chemische (d. h. korrosive) Beanspruchungen
4. Verformungs- und Eigenspannungszustände

Schweißplan und **Schweißfolgeplan**

Schweiß- und Schweißfolgeplan: Zeitliche und örtliche Folge des Schweißens von Bauteilen und Baugruppen; Beispiel [73]:

Schweißfolgeplan (Kombination von Zeichnung und Text)

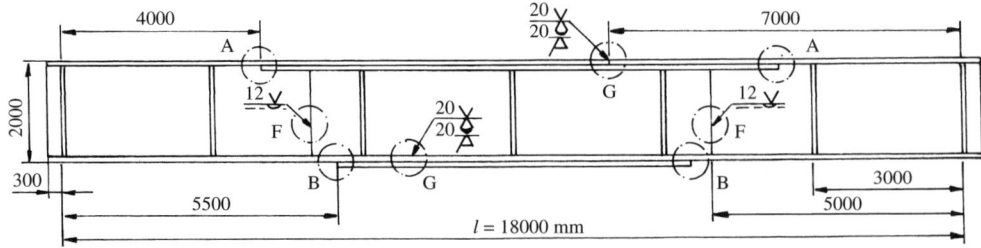

5.1 Schweißen und Schneiden

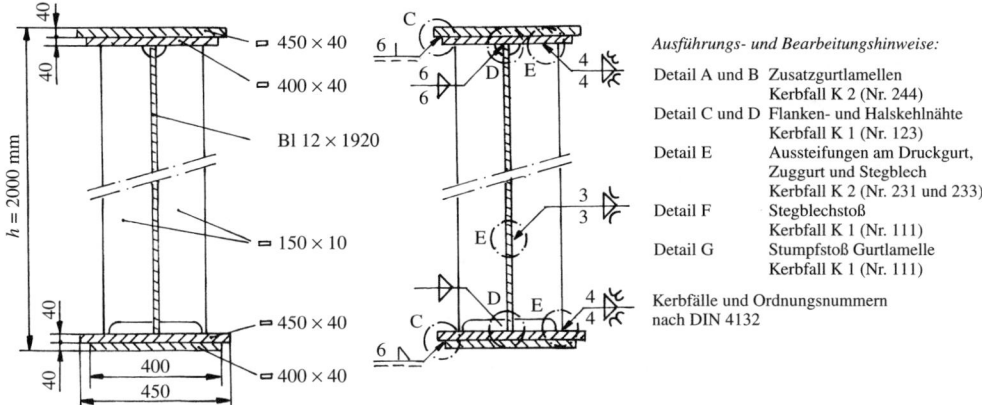

Ausführungs- und Bearbeitungshinweise:

Detail A und B	Zusatzgurtlamellen Kerbfall K 2 (Nr. 244)
Detail C und D	Flanken- und Halskehlnähte Kerbfall K 1 (Nr. 123)
Detail E	Aussteifungen am Druckgurt, Zuggurt und Stegblech Kerbfall K 2 (Nr. 231 und 233)
Detail F	Stegblechstoß Kerbfall K 1 (Nr. 111)
Detail G	Stumpfstoß Gurtlamelle Kerbfall K 1 (Nr. 111)

Kerbfälle und Ordnungsnummern nach DIN 4132

Schweißplan (Beispiel)

Firma	Schweißplan	Blatt-Nr.
1.	Auftraggeber:	
	Kom.-Nr.:	
	Bauwerk:	Kranbahn für Brückenkran; Beanspruchungsgruppe B4
	Bauteil:	Kranbahnträger
	Hauptabmessungen:	$l = 18{,}0$ m; $h = 2{,}0$ m
	Gewicht:	120 kN
	Zeichnung Nr.:	
	Sondervorschriften:	Werkstoff-Abnahmeprüfzeugnis 3.1 C nach DIN 50 049 Aufschweiß-Biegeprobe für Gurtlamellen nach DIN 17 100 Berechnung und konstruktive Ausbildung nach DIN 4132 Großer Eignungsnachweis zum Schweißen nach DIN 18 800 Teil 7 mit Erweiterung auf DIN 15 018 und DIN 4132
2.	Werkstoff:	S235JRG2 und S235J2G3 nach DIN EN 10 025
	Schweißverfahren:	Lichtbogenhandschweißen E (111) Schutzgasschweißen MAGM (135)
	Zusatzwerkstoffe:	Stabelektroden DIN EN 499, E 35 0 RR12 ($\varnothing$ 3,25 mm und $\varnothing$ 4 mm) E 35 0 RC11 ($\varnothing$ 4 mm) Drahtelektrode DIN EN 440, G3Si1 ($\varnothing$ 1,2 mm) Alle Zusatzwerkstoffe mit DB-Zulassung
	Hilfsstoffe:	Schutzgas DIN EN 439, M 21 Mit DB-Zulassung
3.	Nahtvorbereitung:	DIN 8551 Teil 1 und Schweißfolgeplan
	Vorrichtung:	Schweiß- und Wendevorrichtung, drehbar
	Schweißerprüfungen:	DIN EN 287-1 111 P BW W01 RR t12,5 PF ss nb DIN EN 287-1 111 P BW W01 RC t12 PG ss nb DIN EN 287-1 135 P BW W01 wm t12,5 PF ss nb
	Witterungsschutz:	Regenschutz und ggf. Einzeltung
	Vorwärmung:	Bei Werkstofftemperatur unter 0 °C Vorwärmung auf etwa 80 °C; bei Werkstofftemperatur unter +5 °C Vorwärmung auf etwa 50 °C Kontrolle mit Thermochromstiften
	Zwischenlagentemperatur:	keine Kontrolle erforderlich
4.	Schweißfolge:	Siehe Schweißfolgeplan (Anlage)
5.	Wärmenachbehandlung:	keine

Firma	Schweißplan	Blatt-Nr.

6. Gütesicherung: Bauüberwachung und -abnahme durch _____

    Nahtbewertungsgruppen: Stumpf- und Kehlnähte: DIN EN 25 817-B

    Nahtprüfung: Stumpfnähte: 100 % Durchstrahlungsprüfung Gurt
                                 50 % Durchstrahlungsprüfung Steg
                      Kehlnähte: visuelle Prüfung;
                                 etwa 5 % der Nahtlänge mit Oberflächenrissprüfung

    Mechanische Bearbeitung: Nach DIN 15 018 Teil 1
                                Stumpfnähte: Gurtlamellen – einseitig bearbeitet
                                                Stegblech – Normalgüte
                                Kehlnähte: Hals- und Flankennähte – Normalgüte
                                                            Aussteifungen – Sondergüte

    Maßkontrolle: Für diesen Auftrag gültige Toleranzen:
                            Länge, Höhe $\pm 0{,}5\,\%\!o$
                            Geradheit (Längsachse) $\pm 0{,}25\,\%\!o$
                            Ebenheit (Blechfelder und Steifen) $f \leq \dfrac{h_{Steg}}{500} = \dfrac{1920}{500} \leq 4\,\mathrm{mm}$

Bestimmung der Schweißeignung unter betr.-praktischen Bedingungen nach dem sog. „Kohlenstoffäquivalent $C_{\ddot{A}}$", z. B.:

$$C_{\ddot{A}} = C\,\% + 0{,}25\,\mathrm{Mo}\,\% + 0{,}20\,\mathrm{Cr}\,\% + 0{,}20\,\mathrm{V}\,\% + 0{,}17\,\mathrm{Mn}\,\% + 0{,}07\,\mathrm{Ni}\,\% + 0{,}07\,\mathrm{Cu}\,\%$$

oder

$$C_{\ddot{A}} = C\,\% + 0{,}25\,\mathrm{Mo}\,\% + 0{,}20\,\mathrm{Cr}\,\% + 0{,}20\,\mathrm{V}\,\% + 0{,}17\,\mathrm{Mn}\,\% + 0{,}07\,\mathrm{Ni}\,\% + 0{,}07\,(\mathrm{Cu}+\mathrm{Si})\,\%$$

oder

$$C_{\ddot{A}} = C\,\% + 0{,}17\,\mathrm{Mn}\,\% + 0{,}2\,(\mathrm{Cr}+\mathrm{V})\,\% + 0{,}25\,\mathrm{Mo}\,\% + 0{,}07\,(\mathrm{Ni}+\mathrm{Cu}+\mathrm{Si})\,\%$$

$C_{\ddot{A}} < 0{,}4\,\%$ Schweißeignung gesichert
$C_{\ddot{A}} = (0{,}4\ldots 0{,}6)\,\%$ Bauteil ist bedingt schweißbar [Wärmebehandlung bei ca. $(200\ldots 400)\,°C$ zweckmäßig/erforderlich: $C_{\ddot{A}} = (0{,}4\ldots 0{,}5) \to (100\ldots 200)\,°C$; $C_{\ddot{A}} = (0{,}5\ldots 0{,}55) \to (200\ldots 300)\,°C$; $C_{\ddot{A}} = (0{,}55\ldots 0{,}6) \to (300\ldots 400)\,°C$]
$C_{\ddot{A}} > 0{,}6\,\%$ Schweißbarkeit nicht gesichert; Prüfen: Ersatz der Schweißverbindung durch eine hochfeste Schraubenverbindung

C-Gehalt $< 0{,}22\,\%$ $\to$ Gute Schweißeignung; $\approx 0{,}22\,\%$ $\to$ bedingt schweißbar; $> 0{,}22\,\%$ $\to$ keine Schweißeignung

5.1.2 Verfahren zum Schweißen und Schneiden

Gasschmelzschweißen

Funktionsprinzip (nach [74]):

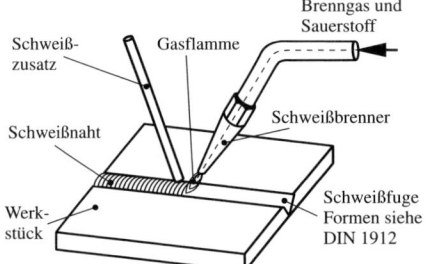

Unterschiede:

	„Nach links"-Schweißen (NL) für $s \leq 3$ mm:		„Nach rechts"-Schweißen (NR) bei $s > 4$ mm (Durchschweißung):
	St	Al und Cu	alle Werkstoffe
$\alpha_{Brenner}$	40°	45 $\ldots$ 90°	35 $\ldots$ 40°
$\alpha_{Schweißzusatz}$	30°	15 $\ldots$ 30°	40 $\ldots$ 50°

Schweißgeschwindigkeit: $v_{Schweiß} \approx (15\ldots 20)\,\mathrm{cm}\cdot\mathrm{min}^{-1}$

5.1 Schweißen und Schneiden

Kennwerte typischer Brenngase:

Brenngase	Heizwert H_U in kJ·m^{-3}	Verbrennungs- geschwindigkeit in m·s^{-1}	Flammen- temperatur in °C	Flammenleistung in kW·cm^{-2}
H_2	10 800	8,9	2 500	13,98
C_2H_2	57 000	13,5	3 150	42,74
C_3H_8	93 000	3,7	2 750	10,27
Erdgase	36 000	3,3	2 770	8,51

Handformel zur Bestimmung des Gasverbrauches:

$$V = 50(s_{\min}{}^{1)} + s_{\max}{}^{1)}) \quad \text{in l·h}^{-1}$$

Anmerkung [1]: Für den jeweiligen Schweißeinsatz (siehe unten)

Schweißzusätze (Zusammensetzung, Kennzeichnung und Eignung): DIN 8554
Schläuche, Kupplungen, Verbinder, ...: DIN EN 559, DIN EN 560 und DIN EN 561
Druckminderventile: DIN EN 585; Arbeitsdrücke (Hinweise auf dem Brenner beachten!)
p_{O_2} = 2,5 bar;   Kennfarbe: Blau
$p_{C_2H_2}$ = 0,3 bar (max. 1,5 bar); Kennfarbe: Kastanienbraun

Schweißbrenner (Saug-, Injektions-): DIN 8543 mit 8 Schweißeinsätzen für Blechdicken
$s = (0,5 \ldots 30)$ mm, wie:

Nr. 1 für $s = 0,5 \ldots 1,0$ mm   Nr. 4 für $s = 5,0 \ldots 6,0$ mm
Nr. 2 für $s = 1,0 \ldots 2,0$ mm   Nr. 5 für $s = 6,0 \ldots 9,0$ mm
Nr. 3 für $s = 3,0 \ldots 4,0$ mm   Nr. 8 für $s = 20,0 \ldots 30,0$ mm

Lichtbogen-Schmelzschweißen

[Lichtbogen-Handschweißen (LBH); UP-Schweißen; Schutzgasschweißen: MIG/MAG-, WIG- und Plasmaschweißen]

Funktionsprinzip (LBH-Schweißen; [74]):

Stabelektrode, umhüllt
Bezeichnung nach DIN 1913
Kerndraht: Werkstoff artgleich Werkstückwerkstoff
Umhüllung: Zusammensetzung nach Aufgabe

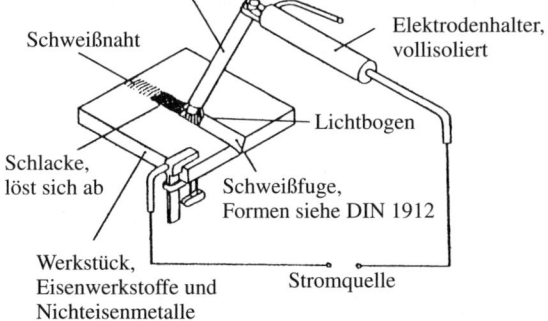

Schweißnaht
Elektrodenhalter, vollisoliert
Lichtbogen
Schlacke, löst sich ab
Schweißfuge, Formen siehe DIN 1912
Werkstück, Eisenwerkstoffe und Nichteisenmetalle
Stromquelle

Schweiß-/Abschmelzvorgang [74]:

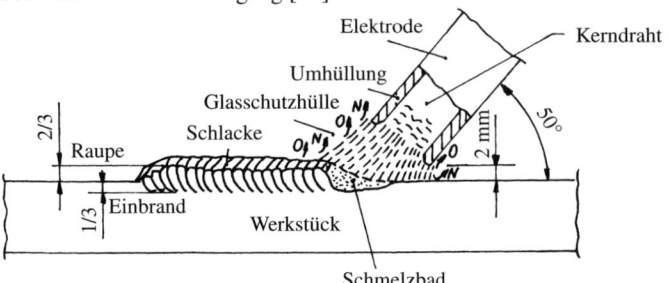

Kennlinien und Arbeitspunkte:

Konstantstrom-Kennlinie ($\Delta I \to$ Min.):
(Lichtbogenlängenregulierung)

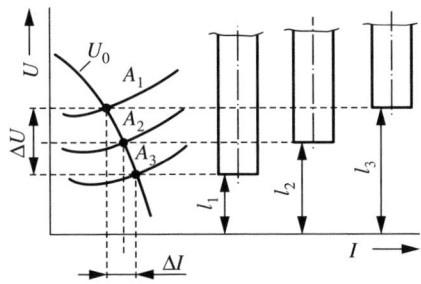

Konstantspannungs-Kennlinie ($\Delta U \to$ Min.):
(Lichtbogenregelung und Arbeitspunkte)

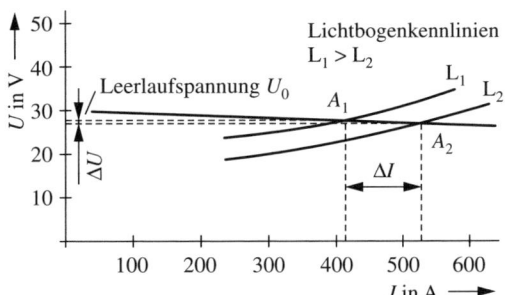

Bearbeitungskennwerte:

$I = (20 \ldots 500)\, 2000\,\text{A}$

Handformel: $I \approx (30 \ldots 50)\, s$ in A

$v_{\text{Schweiß}} \leq 20\,\text{cm} \cdot \text{min}^{-1}$

Anwendungsbereiche für Elektroden: Stabelektroden für

Un- und niedrig legierte Stähle	DIN EN 499
Höherfeste Stähle	DIN EN 499
Warmfeste Stähle	DIN 8575
Nicht rostende und hitzebeständige Stähle	DIN 8556
Auftragsschweißungen	DIN 8555
Al und Al-Legierungen	DIN 1732
Cu und Cu-Legierungen	DIN 1733
Ni und Ni-Legierungen	DIN 1736

Grundtypen von Elektrodenumhüllungen und deren Wirkungen auf den Schweißvorgang und erreichbare Arbeitsergebnisse [74]:

Zelluloseumhüllte E. (C)   Sauer umhüllte E. (A)   Rutilumhüllte E. (R)   Basisumhüllte E. (B)

  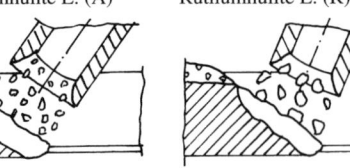

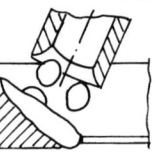 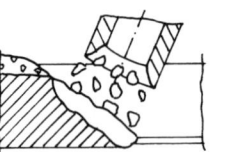 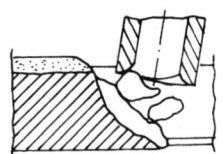

Zellulosetyp		Saurer Typ		Rutiltyp		Basischer Typ	
Zellulose	40	Magnetit Fe_3O_4	50	Rutil TiO_2	45	Flussspat CaF_2	45
Rutil TiO_2	20	Quarz SiO_2	20	Magnetit Fe_3O_4	10	Kalkspat $CaCO_3$	40
Quarz SiO_2	25	Kalkspat $CaCO_3$	10	Quarz SiO_2	20	Quarz SiO_2	10
Fe-Mn	15	Fe-Mn	20	Kalkspat $CaCO_3$	10	Fe-Mn	5
Wasserglas		Wasserglas		Fe-Mn	15	Wasserglas	
				Wasserglas			

5.1 Schweißen und Schneiden

Umhüllungsrohstoff	Wirkung auf die Schweißeigenschaften
Quarz-SiO_2	erhöht die Strombelastbarkeit, Schlackenverdünner
Rutil-TiO_2	verbessert Schlackenabgang und Nahtzeichnung, gutes Wiederanzünden
Magnetit-Fe_3O_4	verfeinert den Tropfenübergang
Kalkspat-$CaCO_3$	setzt die Lichtbogenspannung herab, Schutzgasbildner und Schlackenbildner
Flussspat-CaF_2	Schlackenverdünner bei basischen Elektroden, verschlechtert die Ionisation
Kali-Feldspat-$K_2O \cdot Al_2O_3 \cdot 6\,SiO_2$	leicht ionisierbar, verbessert die Lichtbogenstabilität
Ferro-Mangan/Ferro-Silizium	Desoxidationsmittel
Zellulose	Schutzgasbildner
Kaolin-$Al_2O_3 \cdot 2\,SiO_2 \cdot 2\,H_2O$	Gleitmittel
K- oder Na-Wasserglas K_2SiO_3/Na_2SiO_3	Bindemittel

Beispiel einer Elektrodenbezeichnung nach DIN EN 499:

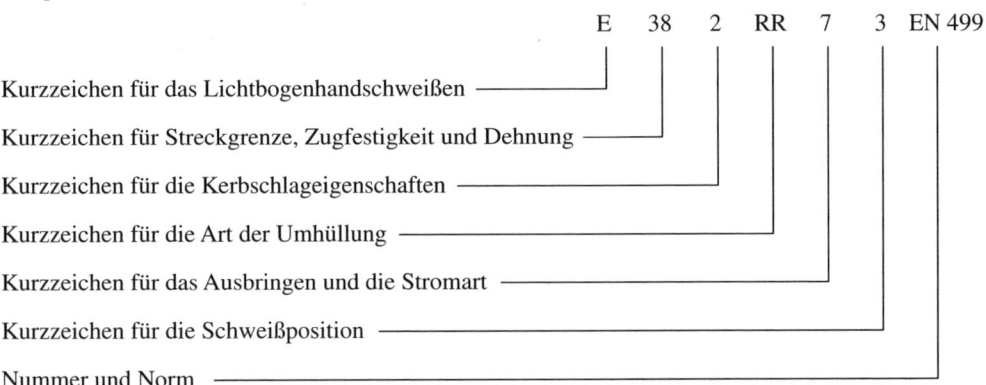

Kurzzeichen für das Lichtbogenhandschweißen

Kurzzeichen für Streckgrenze, Zugfestigkeit und Dehnung

Kurzzeichen für die Kerbschlageigenschaften

Kurzzeichen für die Art der Umhüllung

Kurzzeichen für das Ausbringen und die Stromart

Kurzzeichen für die Schweißposition

Nummer und Norm

Unterpulverschweißen (UP)

Funktionsprinzip und Aufbau einer UP-Schweißeinrichtung [74]:

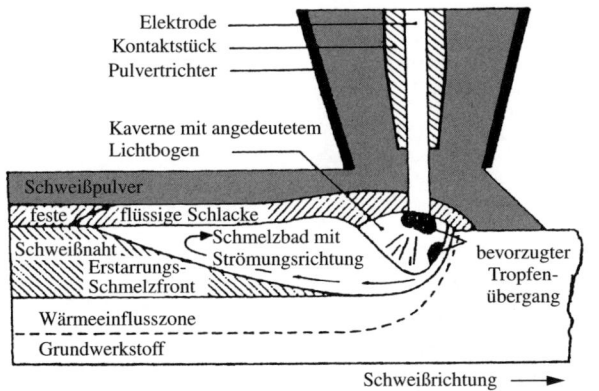

Kennwerte:

$s \gg 4\,\text{mm}$ (auch $> 20\,\text{mm}$)
$I \approx (300 \ldots 1300)\,\text{A}$
$U = (15 \ldots 35)\,\text{V}$
$d_{\text{Draht}} \approx (2 \ldots 6)\,\text{mm}$
$v_{\text{Draht}} \approx (60 \ldots 240)\,\text{m} \cdot \text{min}^{-1}$
$v_{\text{Schweiß}} \approx (25 \ldots 175)\,\text{cm} \cdot \text{min}^{-1}$

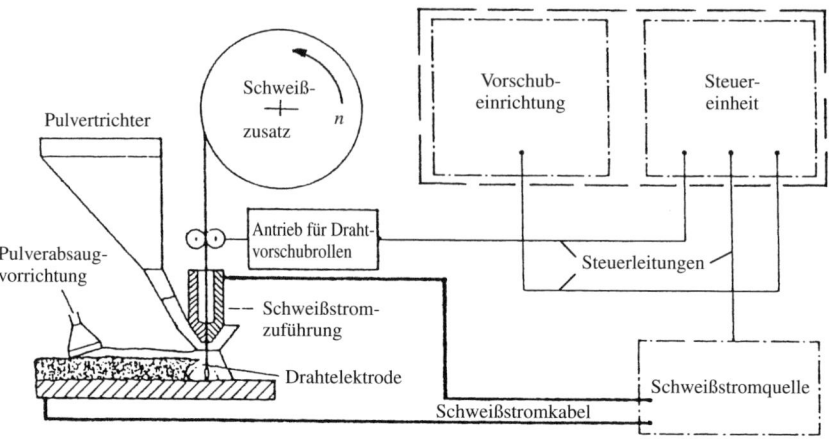

Elektroden nach DIN EN 756; Schweißpulver nach DIN EN 760:

Kennzeichen	Chemische Zusammensetzung Hauptbestandteile		Pulvertyp
MS	$MnO + SiO_2$	$\geq 50\%$	Mangan-Silikat
CS	$CaO + MgO + SiO_2$	$\geq 60\%$	Kalzium-Silikat
AR	$Al_2O_3 + TiO_2$	$\geq 45\%$	aluminatrutil
AB	$Al_2O_3 + CaO + MgO$ (Al_2O_3 min. 20 %)	$\geq 45\%$	aluminatbasisch
FB	$CaO + MgO + MnO + CaF_3$ SiO_2 CaF_2	$\geq 50\%$ $\leq 20\%$ $\geq 15\%$	fluoridbasisch

Schutzgasschweißen (DIN EN 24 063 und DIN EN 439)

Unterschiede:
- Metall-Schutzgasschweißen (MSG): MIG-; MAG-Schweißen (Unterschied: Art des jeweils verwendeten Schutzgases)
- Wolfram-Schutzgasschweißen (WSG): WIG- und Plasmaschweißen

Funktionsprinzip beim MSG-Schweißen [73]:

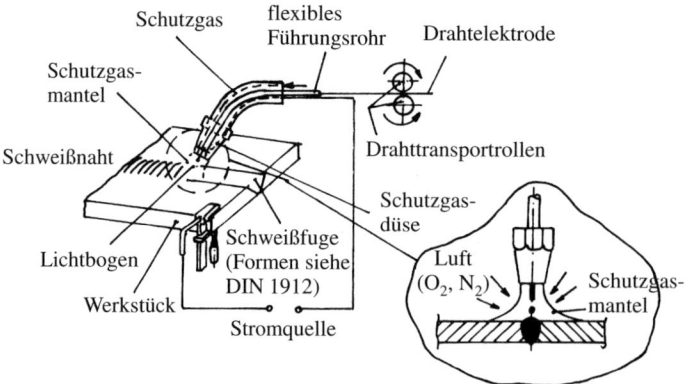

5.1 Schweißen und Schneiden

Lichtbogenarten beim MSG-Schweißen:

$$L_{\text{Libo}} \sim U = R \cdot I = \text{konstant}$$

KLB Kurz-Lichtbogen (feintropfig)
LLB Lang-Lichtbogen (grobtropfig)
ÜLB Übergangs-Lichtbogen (fein-, grobtropfig)
SLB Sprüh-Lichtbogen (feinsttropfig)
ILB Impuls-Lichtbogen (feintropfig)
RLB Rotierender Lichtbogen

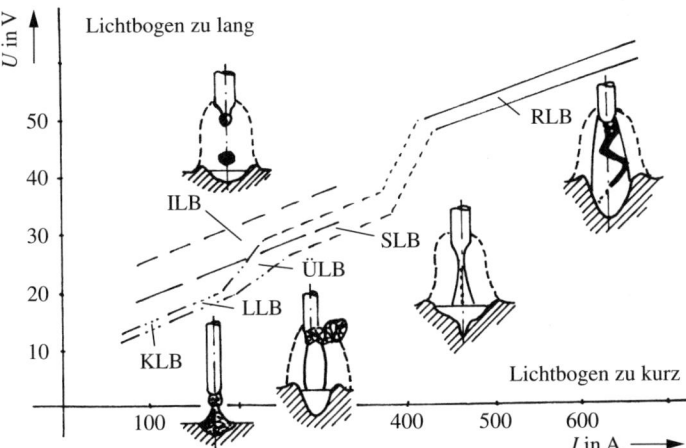

Typische Bearbeitungswerte beim MSG-(MAG-)Schweißen [73], weitere siehe [74]:

Draht-vorschub	⌀0,8 mm (3,9 g·m⁻¹)		⌀1,0 mm (6,2 g·m⁻¹)		⌀1,2 mm (8,9 g·m⁻¹)	
	Abschmelz-gewicht	Arbeits-spannung/Schweißstrom	Abschmelz-gewicht	Arbeits-spannung/Schweißstrom	Abschmelz-gewicht	Arbeits-spannung/Schweißstrom
$m \cdot \text{min}^{-1}$	$kg \cdot h^{-1}$	$V \cdot A^{-1}$	$kg \cdot h^{-1}$	$V \cdot A^{-1}$	$kg \cdot h^{-1}$	$V \cdot A^{-1}$
2	0,5	16/70	—	—	—	—
4	0,9	17/90	1,5	18/110	2,1	19/150
6	1,4	18/110	2,2	20/145	3,2	22/200
8	1,9	20/130	3,0	22/190	4,3	26/260
10	2,3	22/150	3,7	24/210	5,3	30/300
12	2,8	24/170	4,5	27/240	6,4	33/340
14	3,3	26/190	5,2	29/260		

Kontaktrohrabstand: Kurzlichtbogen 15 mm, Sprühlichtbogen 20 mm

Übersicht, Einteilung, Zusammensetzung und Zuordnung der Schutzgase nach DIN EN 439:

Werkstoff	Schutzgas nach DIN EN 439
Al und Al-Legierungen	I1 bis I3
Mg und Mg-Legierungen	I1
unlegierter Stahl	M1 bis M4, C1
niedrig legierter Stahl	M1 bis M4
nicht rostender Stahl	M1 bis M2
Kupfer und Kupferlegierungen	I1 bis I3
Nickel und Nickellegierungen	I1, (R2)
Titan und Titanlegierungen	I1

Bezeichnungssystematik der Schutzgase:
R Reduzierende Wirkung
I Inertgase
M1... M3 Mischgase (schwach bis stark oxidierend)
C CO_2-Schutzgas (ggf. nur O_2)
F Formiergas (reaktionsträge und reduzierend)

(Siehe auch Tabelle nächste Seite)

Kurzbezeich-nung [1]		Komponenten in Volumen-Prozent						Übliche Anwendung	Bemer-kungen
Gruppe	Kenn-zahl	oxidierend		inert		reduzie-rend	reak-tions-träge		
		CO_2	O_2	Ar	He	H_2	N_2		
R	1			Rest [2]		> 0...15		WIG, Plasma-schweißen, Plas-maschneiden, Wurzelschutz	reduzierend
	2			Rest [2]		> 15...35			
I	1			100				MIG, WIG, Plas-maschneiden, Wurzelschutz	inert
	2				100				
	3			Rest	> 0...95				
M1	1	> 0...5		Rest [2]		> 0...5		MAG	schwach oxidierend
	2	> 0...5		Rest [2]					
	3		> 0...3	Rest [2]					
	4	> 0...5	> 0...3	Rest [2]					
M2	1	> 5...25		Rest [2]					
	2		> 3...10	Rest [2]					
	3	> 0...5	> 3...10	Rest [2]					
	4	> 5...25	> 0...8	Rest [2]					
M3	1	> 25...50		Rest [2]					
	2		> 10...15	Rest [2]					
	3	> 5...50	> 8...15	Rest [2]					
C	1	100							stark oxidierend
	2	Rest	> 0...30						
F	1						100	Plasma-schneiden, Wurzelschutz	reaktionsträge
	2					> 0...50	Rest		reduzierend

[1] Wenn Komponenten zugemischt werden, die nicht in der Tabelle aufgeführt sind, so wird das Mischgas als Spezialgas und mit dem Buchstaben S bezeichnet. Einzelheiten zur Bezeichnung S enthält Abschnitt 4 von DIN EN 439.
[2] Argon kann bis zu 95 % durch Helium ersetzt werden. Der Helium-Anteil wird mit einer zusätzlichen Kennzahl nach Tabelle 3 angegeben, siehe Abschnitt 4 von DIN EN 439.

Handformel zur Bestimmung des Gasverbrauches:

$$V_{Gas} \approx 10 d_{Draht} \quad \text{in } \ell \cdot \min \quad \text{mit } d_{Draht} = (0{,}6 \ldots 2{,}4)\,\text{mm}$$

WIG-Schutzgasschweißen

Funktionsprinzip [74]:

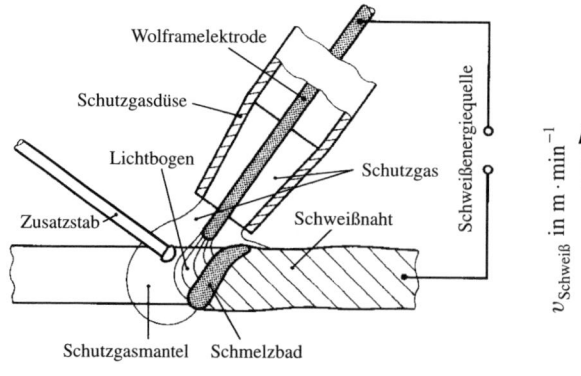
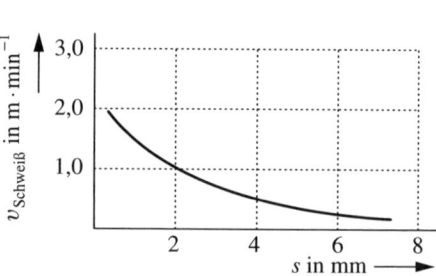

Plasmaschweißen

Funktionsprinzip [74]:

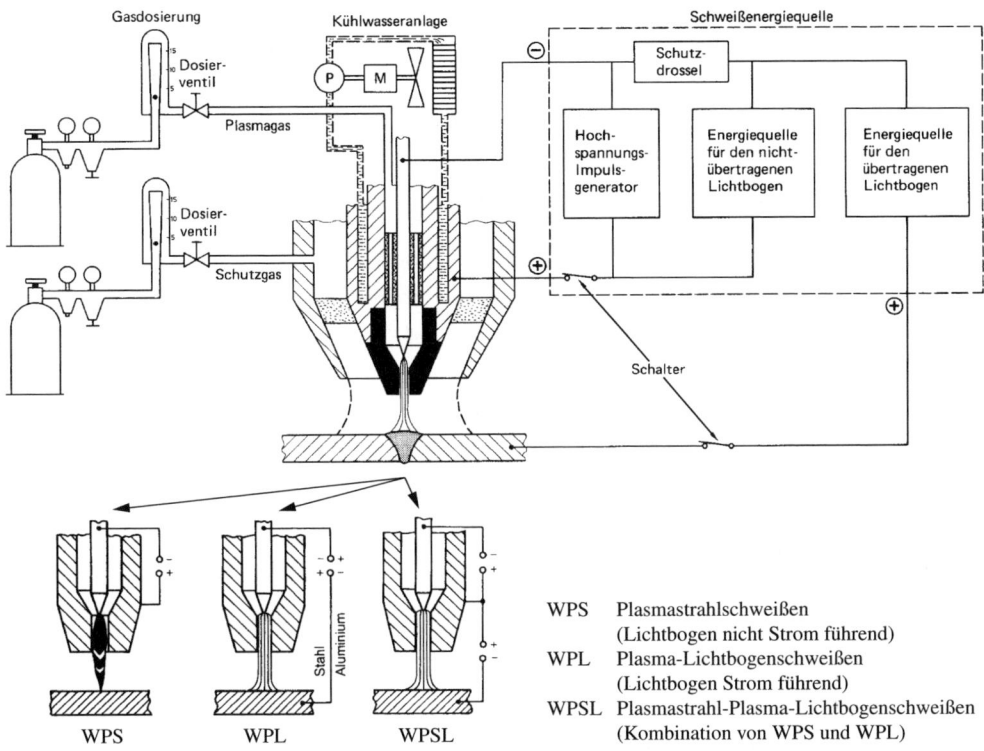

WPS   Plasmastrahlschweißen
(Lichtbogen nicht Strom führend)
WPL   Plasma-Lichtbogenschweißen
(Lichtbogen Strom führend)
WPSL Plasmastrahl-Plasma-Lichtbogenschweißen
(Kombination von WPS und WPL)

Stichlochtechnik:

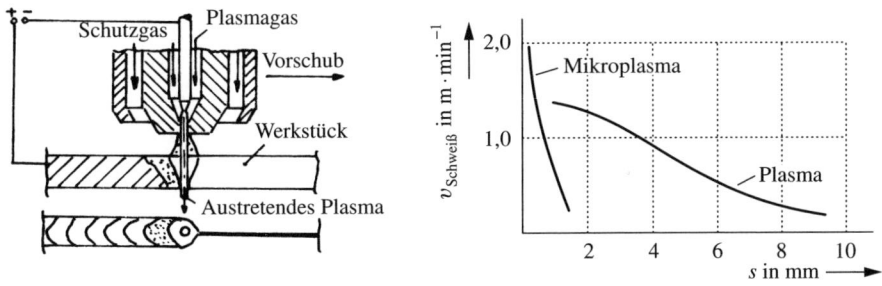

Richtwerte und Empfehlungen:

Gase: Ar (ggf. mit Zusätzen von H_2 und He) oder CO_2; HF-Zündung
Katode: Wolframstab; Anode: Cu-Düse (oder elektrisch leitendes Werkstück)
Bearbeitungsparameter; Beispiel: Handschweißen von I-Nähten [Werte in ( )] und mechanisches Stichlochschweißen von CrNi-Werkstoffen:

$s \quad\quad = (0,1 \ldots 1,5)\, 10\,\text{mm}$
$I \quad\quad = (2,5 \ldots 45,0)\, 340\,\text{A}$
$d_{\text{Düse}} = (0,8 \ldots 2,0)\, 4,0\,\text{mm}$
$V_{\text{Plasmagas}} = (0,2 \ldots 0,5)\, 4,0\,\ell \cdot \text{min}^{-1}$ (Zusammensetzung: 93,5 % Ar; 6,5 % He)
$V_{\text{Schutzgas}} = (5,0 \ldots 7,0)\, 20,0\,\ell \cdot \text{min}^{-1}$ (Zusammensetzung siehe oben)
$v_{\text{Schweiß}} \approx (20 \ldots 25)\, 50\,\text{cm} \cdot \text{min}^{-1}$

Gießschmelzschweißen

(Erzeugung der Schmelztemperatur ohne äußere Wärmequelle)

Funktionsprinzip [74]:

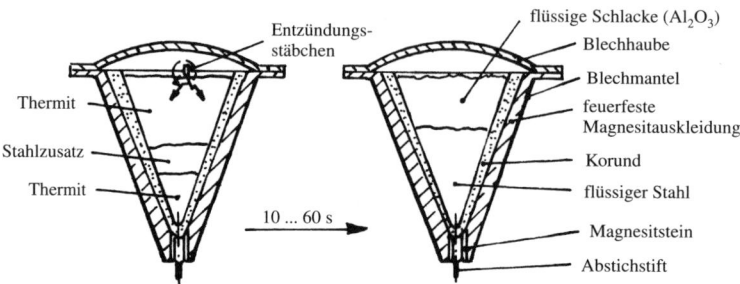

Verfahrensschema:
- Ausrichten der Schiene
- Erstellen eines Spaltes mit (24...26) mm Breite
- Einformen im Bereich der Schweißstelle
- Vorwärmen auf (600...1000) °C

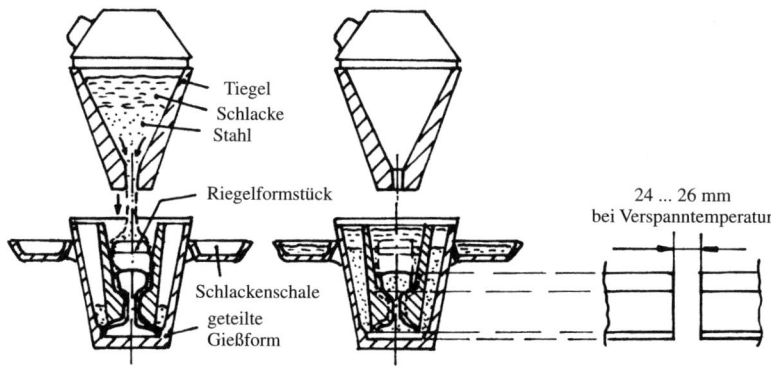

Redox-Vorgang, z. B.: $Fe_2O_3 + 2\,Al \rightarrow Al_2O_3 + 2\,Fe + (-758\,kJ \cdot mol^{-1})$

Elektroschlackeschweißen

(Große Abschmelzvolumina, Verbinden dickwandiger Bauteile)

Funktionsprinzip [74]:

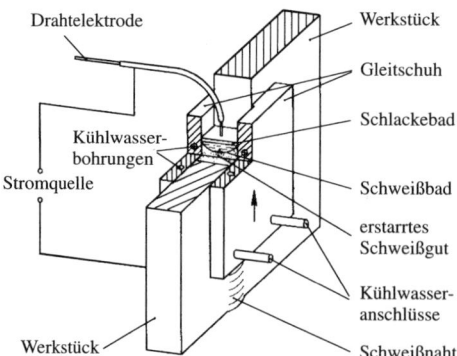

Kennwerte:
$d_{Draht} = (4{,}9\ldots 12{,}6)\,mm$
$v_{Draht} = [(3\ldots 6)\,9]\,m \cdot min^{-1}$
$U \geq (32\ldots 50)\,V$
$I = (450\ldots 900)\,A$

Elektronenstrahlschweißen

(siehe auch Abschnitt 4.2.2.1)

Funktionsprinzip [74]:

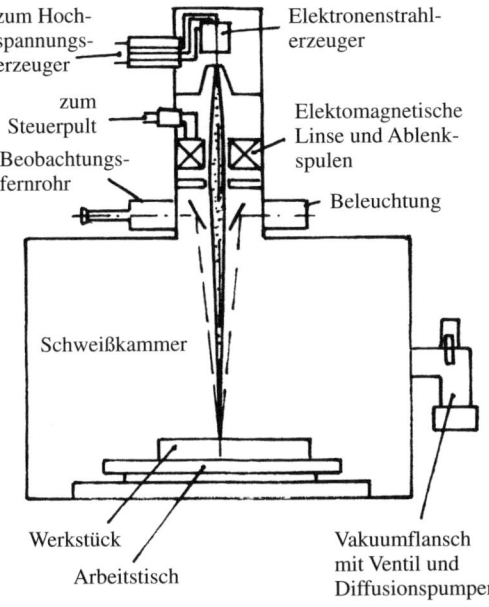

Richtwerte für Schweißgeschwindigkeiten:

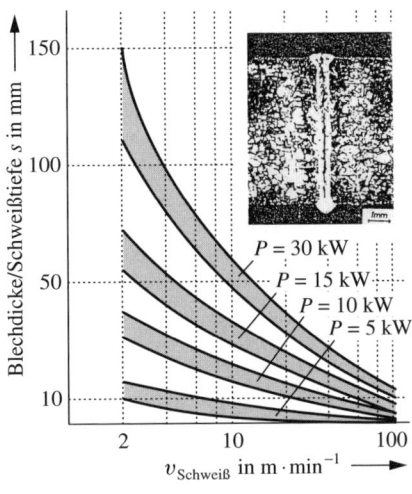

$p_{Saug} \approx 10^{-7}$ bar
$s \leq 200$ mm
$AR =$ Tiefe : Breite der Naht $= 50 : 1$

Laserstrahlschweißen

(siehe auch Abschnitt 4.2.2.1)

Funktionsprinzip [23]:

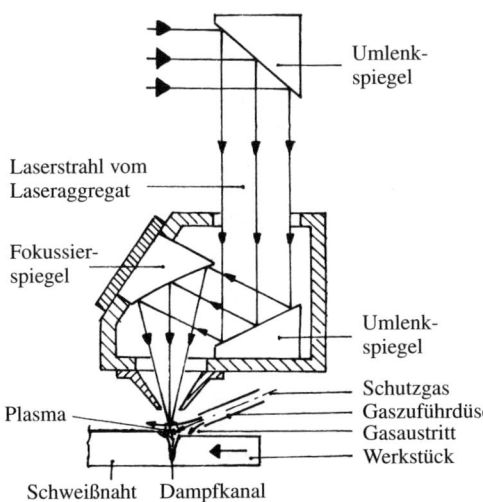

Vergleich der Nahtquerschnitte (Formen, Abmessungen, ...) typischer Schweißverfahren:

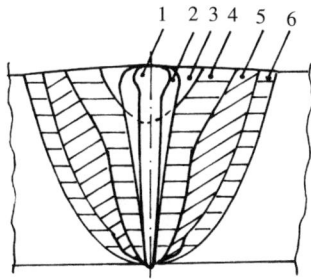

1 Elektronenstrahlschweißnaht (Tiefschweißen)
2 Laserstrahlschweißnaht (Tiefschweißen)
3 Elektronen-/Laserstrahlschweißnaht (Wärmeleitungsschweißen)
4 Plasmaschweißnaht
5 MAG-Schweißnaht
6 WIG-Schweißnaht

Ausbildung des Dampfkanals beim Tiefschweißen [65]:

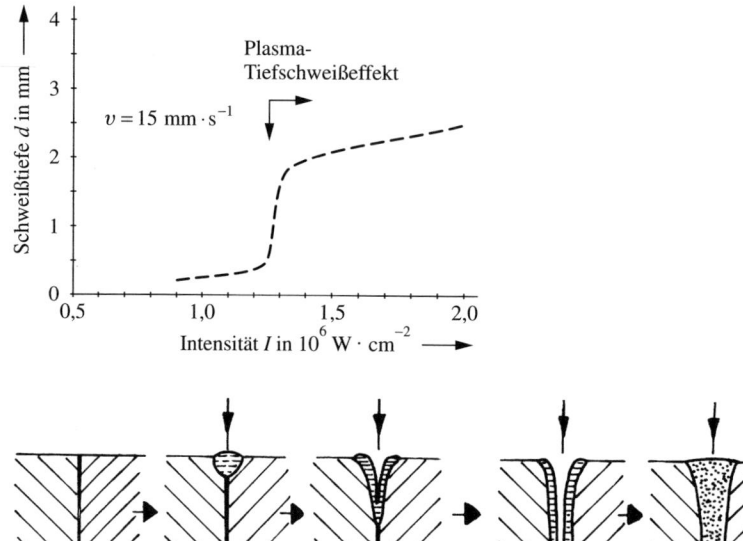

| Stoßfuge vor dem Schweißen | Aufschmelzen an der Auftreffstelle des Laserstrahls | Dampfkanal entsteht | Dampfkanal und Schmelzmantel haben das Werkstück durchdrungen | Schweißnaht nach beendeter Erstarrung |

Abhängigkeit der Schweißgeschwindigkeit beim Laserstrahlschweißen von der Blechdicke (bzw. Schweißtiefe):

Fokussierzahl:

$$F = \frac{f}{D}$$

f Brennweite der Fokussieroptik in mm
     $f = 300$ mm (Schweißen)
     $f = 100$ mm (Schneiden)
D Strahldurchmesser vor der Fokussieroptik in mm

Richtwerte:

$$F = 4 \ldots 10$$

beim Schweißen

$d_{\text{Fokus}} \sim \lambda$
$d_{\text{Fokus CO2}} \approx 150\,\mu\text{m}$
$d_{\text{Fokus NdYAG}} \approx 20\,\mu\text{m}$
$d_{\text{Fokus GaA}} \approx 1{,}0\,\text{mm}$

Wärmeleitungsschweißen:

$$I < 10^6\,\text{W} \cdot \text{cm}^{-2}$$
$$R \approx 50 \ldots 85\,\%$$
$$v_{\text{Schweiß}} = 1 \ldots 2\,\text{m} \cdot \text{min}^{-1}$$

Tiefschweißen:

$$I > 10^6 \ldots 10^7\,\text{W} \cdot \text{cm}^{-2}$$
$$R \approx 0 \ldots 20\,\%$$
$$v_{\text{Schweiß}} < 20\,\text{m} \cdot \text{min}^{-1}$$
$$P_e \approx (1 \ldots 20)\,30\,\text{kW}$$

5.1 Schweißen und Schneiden

Besonderheiten beim Polarisationsschweißen mit Laserstrahl [73]:

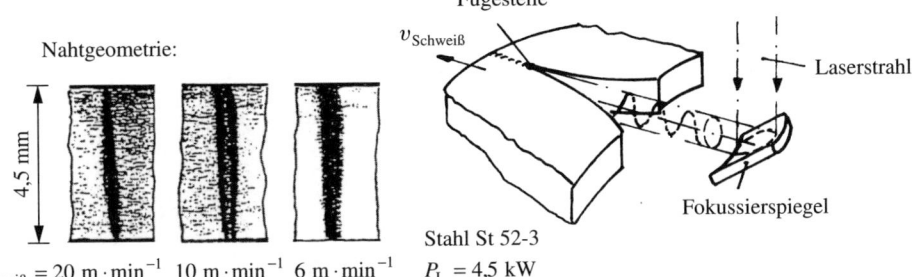

Nahtgeometrie: 4,5 mm

$v_{\text{Schweiß}} = 20\ \text{m} \cdot \text{min}^{-1}\quad 10\ \text{m} \cdot \text{min}^{-1}\quad 6\ \text{m} \cdot \text{min}^{-1}$

Stahl St 52-3 $P_L = 4{,}5\ \text{kW}$

Spezielle Bedingungen bei der Kombination von Laserstrahl- und WIG-Schweißen (Steigerung der Leistungsfähigkeit beim Schweißen durch Steigerung von $v_{\text{schweiß}}$):

Zum Beispiel: Laserschweißen mit $v_{\text{schweiß}} = 3{,}2\ \text{m} \cdot \text{min}^{-1}$

WIG-Schweißen mit $v_{\text{schweiß}} = 3{,}8\ \text{m} \cdot \text{min}^{-1}$

Resultierende Schweißgeschwindigkeit: $v_{\text{schweiß Res.}} = 5{,}8\ \text{m} \cdot \text{min}^{-1}$

Widerstandspressschweißen

Punktschweißen RP, Buckelschweißen RB, Rollnahtschweißen RR mit Foliennahtschweißen RF und Rollentransformatorschweißen RT, Pressstumpfschweißen RPS, Abbrennstumpfschweißen RA; Induktionsschweißen RI; Lichtbogen-Bolzen- (RBo) und Reibschweißen

Physikalische Grundlagen:

Elektrische Arbeit $\quad W = U \cdot I \cdot t \quad \text{in W} \cdot \text{s}$

Ohmsches Gesetz $\quad U = R \cdot I \quad \text{in V}$

Erzeugte Wärmemenge $\quad Q = I^2 \cdot R \cdot t \quad \text{in J}; \quad Q = W$

$\qquad\qquad 1\ \text{W für } t = 1\ \text{s} = 0{,}239\ \text{cal}$

$\qquad\qquad Q = 0{,}239\ I^2 \cdot R \cdot t \quad \text{in J (oder } W \text{ in W} \cdot \text{s)}$

Funktionsprinzip und zeitliche Zusammenhänge (Beispiel: RP; 1 Periode = 20 ms; $I < 25\ \text{kA}$):

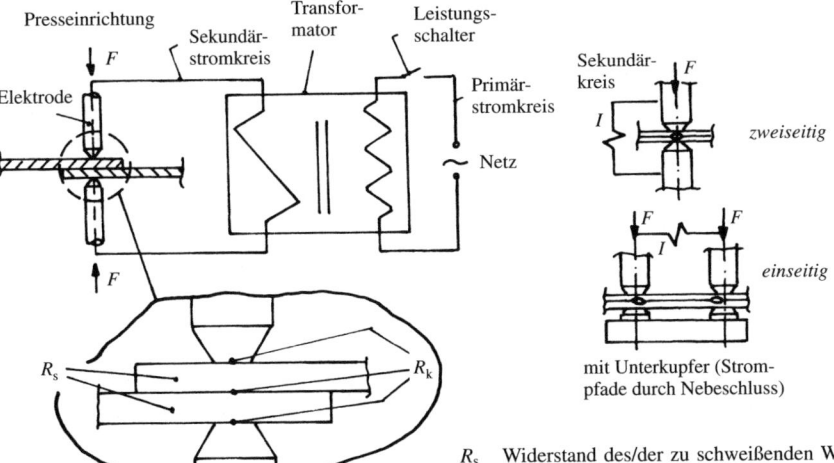

R_s Widerstand des/der zu schweißenden Werkstoffe(s) in Ω
$(\hat{=} \text{V} \cdot \text{A}^{-1}); R_s = \dfrac{R_{s\,\text{spez}} \cdot s}{A_{\text{Linse}}}\ \text{in}\ \Omega$

R_k Kontakt-/Übergangswiderstände zwischen Elektroden und Werkstoffen in Ω

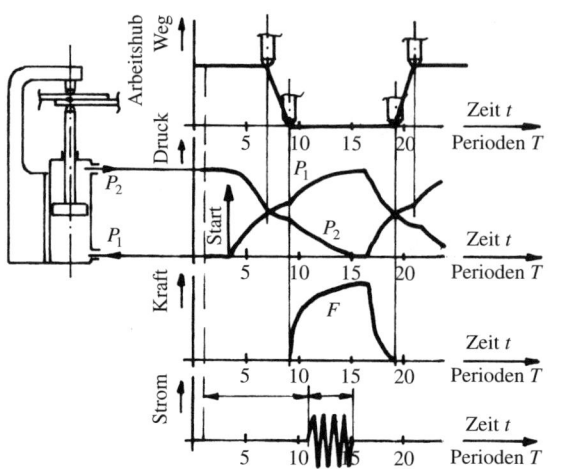

Punktabstand für $s = (0{,}5 \ldots 3{,}0)$ mm:

$$a \approx 6\, d_{\text{Linse}} \quad \text{in mm}$$

Schweißlinse:

$$d_{\text{Linse}} \approx (4 \ldots 6)\sqrt{s} \quad \text{in mm}$$
$$\approx (2 \ldots 6)\,\text{mm}$$

$$h_{\text{Linse}} = (1 \ldots 1{,}6)\, s \quad \text{in mm}$$

$$e_{\text{Linse}} < 0{,}05\, s \quad \text{in mm}$$

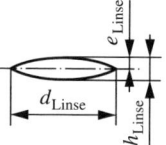

Bestimmung von Einstellgrößen (Beispiel: RP; [73], weitere [74]):

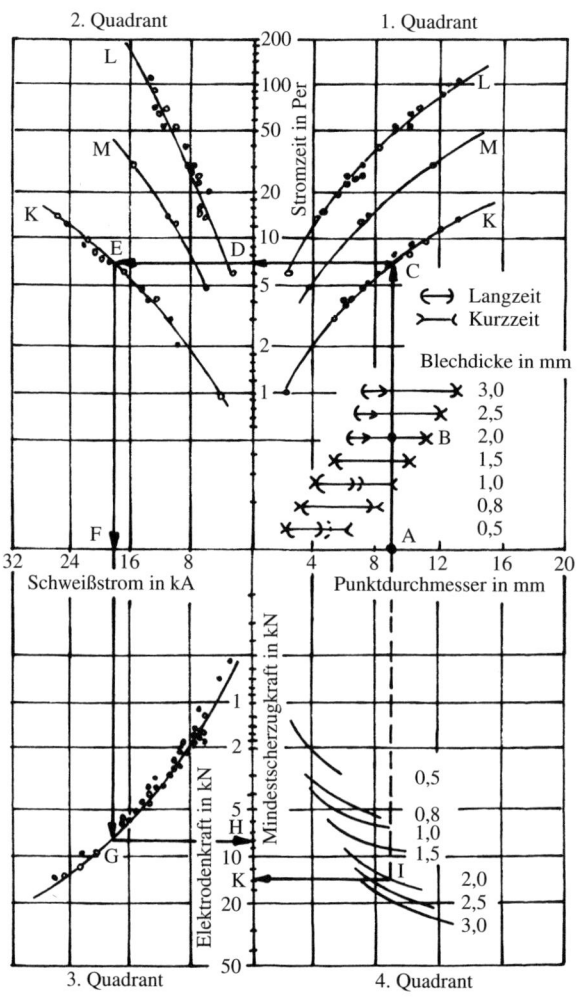

Richtwerte für das Einimpulsschweißen von Stahlblechen; Kohlenstoffgehalt $< 0{,}15\,\%$. Mindestscherzugkräfte nur für Werkstoffe nach DIN 1623 Teil 1.

Beispiel für die Anwendung: Für eine Schweißaufgabe soll bei der Blechdicke 2 mm (B) ein Schweißpunkt mit einer Mindestscherzugkraft von 13,5 kN (K) hergestellt werden. Zugeordnet ist ein Punktdurchmesser von 9 mm (A). Die zugehörige Schweißzeit wird in D, der Schweißstrom in F und die Elektrodenkraft in H abgelesen. (Nach Merkblatt DVS 2902 Teil 4.)

5.1 Schweißen und Schneiden

Verfahrensvarianten (Prinzipdarstellungen) und ihre Besonderheiten:

- Buckelschweißen:

  $I > 150\,\text{kA}$

  20 Buckel gleichzeitig
  $s < 3\,\text{mm}$ (in der Regel)

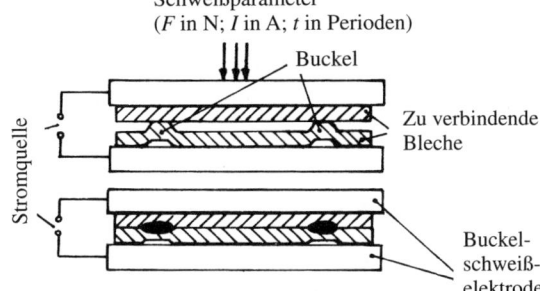

- Rollennahtschweißen:

  $I = 6\ldots 15\,\text{kA}$

  $v_{\text{Schweiß}} = (1\ldots 6)\,20\,\text{m}\cdot\text{min}^{-1}$

  $s < 3\,\text{mm}$ (in der Regel)

  Profilbreite der Rolle:

  $B = b + 1\,\text{mm}$

  Punktabstand:

  $a = 16{,}67 v_{\text{Schweiß}}(t_p + t_s)$ in mm

  Dichtnaht:

  $v_{\text{Schweiß}} = 0{,}12 a \cdot f$ in $\text{m}\cdot\text{min}^{-1}$

  $v_{\text{Schweiß}}$ Schweißgeschwindigkeit in $\text{m}\cdot\text{min}^{-1}$
  t_p Stromruhezeit in s
  t_s Stromzeit in s
  a Erforderlicher Punktanstand in mm
  b Erforderliche Nahtbreite in mm
  f Impulsfrequenz in Hz

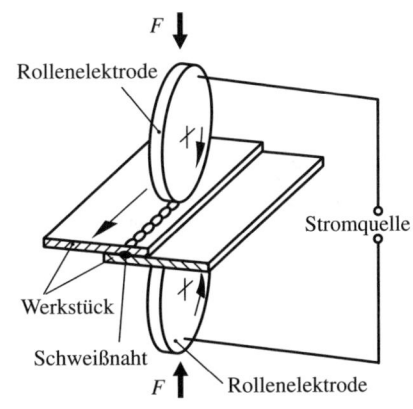

- Pressstumpfschweißen:

  $d_{\text{Schweiß}} = 0{,}3\ldots 14{,}0\,\text{mm}$

  $A_{\text{Schweiß}} < 2000\,\text{mm}^2$

  $T_{\text{Schmelz}} = 1100\ldots 1300\,°\text{C}$ (Stahl)

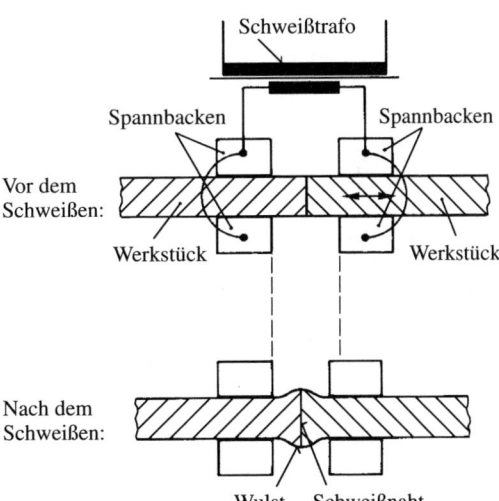

- Induktionsschweißen [74]:

  $d_{Wst} = (10 \ldots 350) \, 1000 \, \text{mm}$
  $s = (0{,}2 \ldots 7{,}0) \, 15 \, \text{mm}$
  $f = (1 \ldots 10) \, 450 \, \text{kHz}$
  $v_{\text{Schweiß}} = (6 \ldots 60) \, 150 \, \text{m} \cdot \text{min}^{-1}$
  $p_{\text{Press}} = 20 \ldots 40 \, \text{N} \cdot \text{mm}^{-2}$

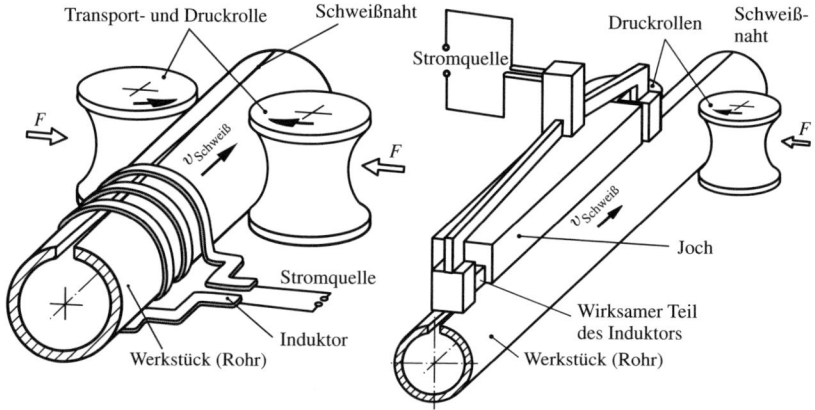

- Lichtbogen-Bolzenschweißen:

  $s; d_{\text{Schweiß}} < (5 \ldots 25) \, 30 \, \text{mm}$
  $P_{\text{Schweiß}} \approx 10 \, \text{N} \cdot \text{mm}^{-2}$
  $U < 120 \, \text{V}$
  $I < 800 \ldots 10\,000 \, \text{A}$
  $t_{\text{Schweiß}} = 50 \ldots 60 \, \text{ms}$

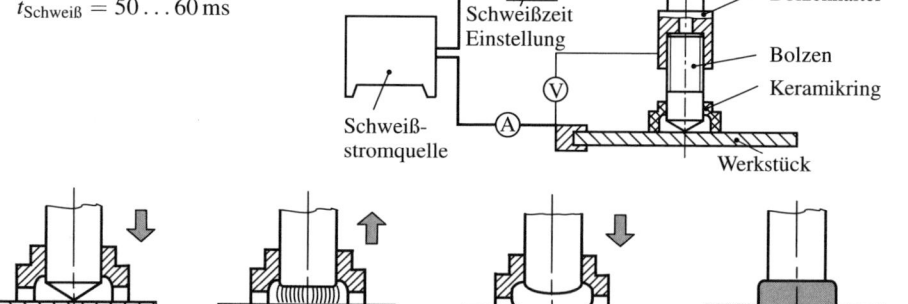

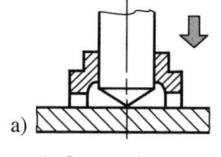
a) Aufsetzen des Bolzens

b) Abhub und Zünden des Lichtbogens

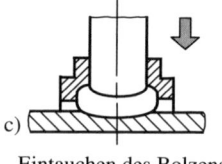
c) Eintauchen des Bolzens in flächiges Werkstück

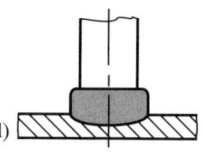
d) Verschweißter Bolzen

5.1 Schweißen und Schneiden

- Reibschweißen [74]:

  $d_{\text{Schweiß}} = 0{,}7 \ldots 200\,\text{mm}$ (Rohre bis 400 mm)

  $p_{\text{Schweiß}} = 10 \ldots 50\,\text{MPa}$ (für Al 99 hart)

  $U_{\text{Schweiß}} = 0{,}5 \ldots 2{,}5\,\text{m}\cdot\text{s}^{-1}$ (für Al 99 hart)

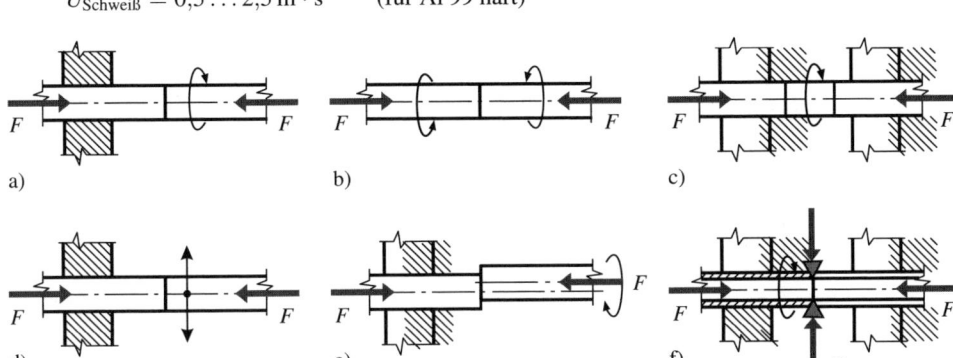

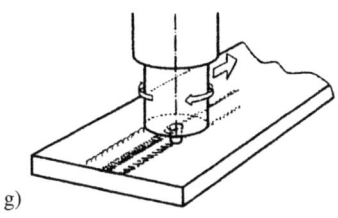

a) Rotationsbewegung eines Bauelementes, ein Bauelement fest eingespannt
b) gegenläufige Rotationsbewegung
c) rotierendes Zwischenstück
d) oszillierende Reibbewegung
e) exzentrische Reibbewegung
f) Radialreibschweißen
g) Rührreibschweißen

- Abbrennstumpfschweißen:

  $d_{\text{Wst}} > 0{,}04\,\text{mm}$

  $A_{\text{Wst}} < 70\,000\,\text{mm}^2$

  $A_{\text{Wst}} < 120\,000\,\text{mm}^2$ für Rohre

  $F_{\text{Stauch}} \approx 20 \ldots 100\,\text{N}$ (für C < 0,2 %)

  $F_{\text{Stauch}} \approx 40 \ldots 250\,\text{N}$ (für C > 0,2 %)

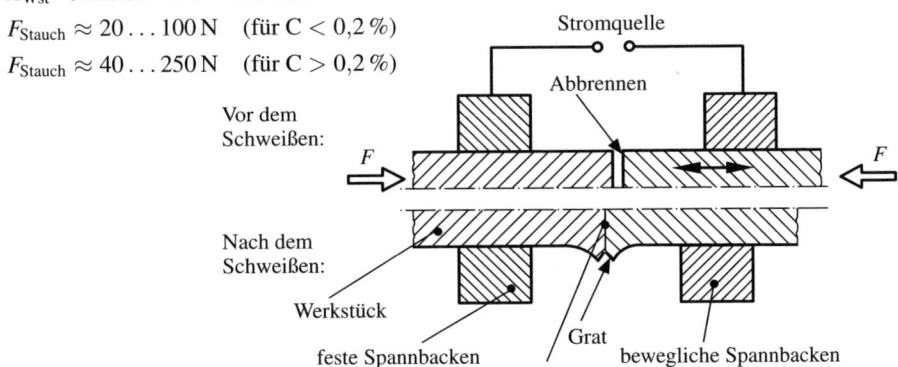

Diffusionsschweißen

Verbindung gleicher oder unterschiedlicher Werkstoffe (auch nichtmetallischer, z. B. Keramik) durch Atomwanderung (mit oder ohne Zusatzstoffe) unter Schutzgasatmosphäre [73]:

$T_{\text{Schweiß}} \approx (0{,}53 \ldots 0{,}88)\,T_{\text{Schmelz}}$

$p_{\text{Schweiß}} \approx 1 \ldots 30\,\text{N}\cdot\text{mm}^{-2}$

$t_{\text{Schweiß}} \gg 0{,}2\,\text{h}$

$R_{a\,erf} \leq 0{,}5\ldots 1{,}5\,\mu m$

$v_{Aufheiz} = 5\ldots 10\,K\cdot min{-1}$ (für Cu)

$v_{Aufheiz} = 30\ldots 60\,K\cdot min{-1}$ (für St)

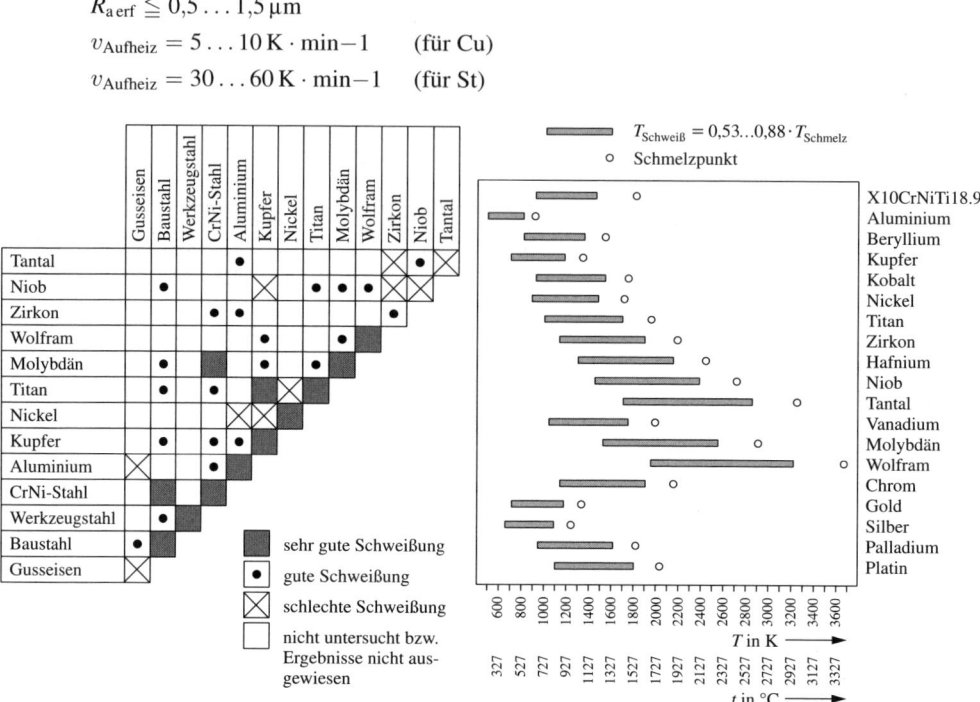

Kaltpressschweißen

Stumpf- und Überlappnähte gleicher oder unterschiedlicher metallischer Werkstoffe durch große Presskräfte bis hin zur Annäherung der zu fügenden Teile auf atomare Abstände; Wirken atomarer Bindungskräfte; [74]:

Kennwerte:

$A_{Schweiß} < 1\ldots 1000\,mm^2$ (Stumpf-)

$s = 0{,}2\ldots 15{,}0\,mm$ (Überlappnaht)

Funktionsprinzip mit Beispiel:

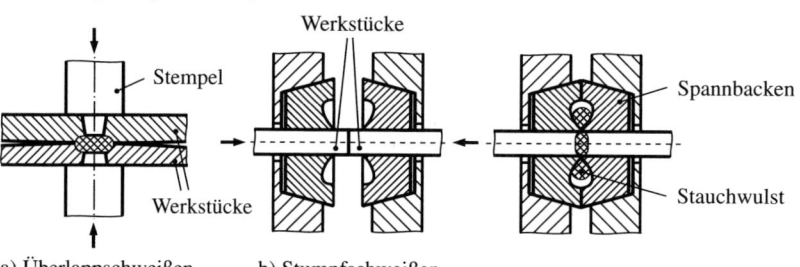

a) Überlappschweißen   b) Stumpfschweißen

5.1 Schweißen und Schneiden

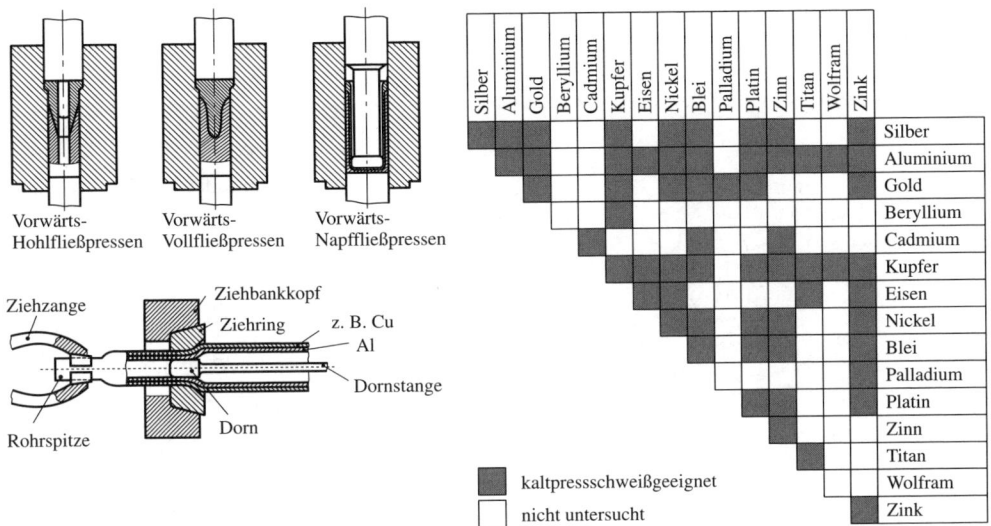

Explosivschweißen (Explosivplattieren)

Kennwerte:

$s_{Blech} = 0{,}5 \ldots 25{,}0$ mm

$\alpha = 1 \ldots 20°$

$v_{Schweiß} \approx 2700$ m · s^{-1}

$V_{Luft} \approx 1{,}25 \ldots 4{,}00$ cm^3 · dm^{-2} (zwischen beiden Werkstücken)

Ladungsgröße:

$$L = n \cdot m_{Blech} \quad \text{in kg}$$

$n = 1{,}0 \ldots 1{,}2$ für CrNi- und Baustähle
$n = 2{,}2 \ldots 2{,}5$ für Ti-Werkstoffe
$n = 0{,}9 \ldots 1{,}0$ für Cu-Werkstoffe
$n = 0{,}8 \ldots 1{,}0$ für Al-Werkstoffe

Funktionsprinzip:

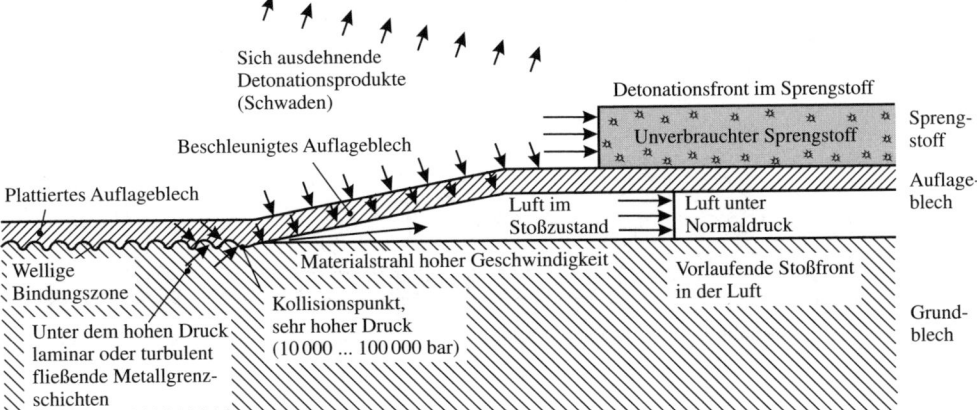

Ultraschallschweißen

(siehe auch Abschnitt 4.2.2.1)

Funktionsprinzip [74] zum Schweißen von Metallen:

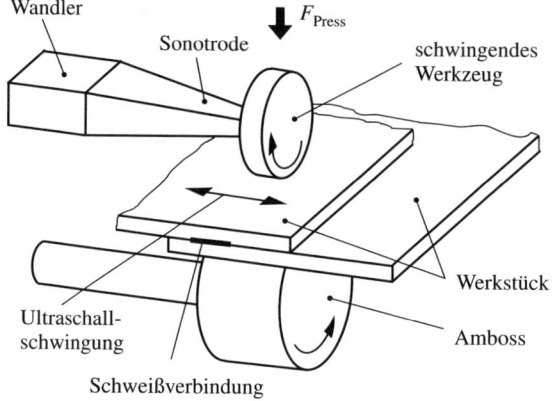

Kennwerte:

$f = 4 \ldots 100\,\text{kHz}$
(Amplitude: $5 \ldots 35\,\mu\text{m}$)
$P = 20 \ldots 8000\,\text{W}$
$t_{\text{Schweiß}} \approx 0{,}1 \ldots 3{,}0\,\text{s}$
$F_{\text{Press}} = 5 \ldots 4000\,\text{N}$
$v_{\text{Schweiß}} \approx 2 \ldots 15\,\text{m} \cdot \text{min}^{-1}$
$s \lessapprox 0{,}003 \ldots 3{,}0\,\text{mm}$
$d \lessapprox 1 \ldots 5\,\text{mm}$

Thermisches Trennen und Schneiden

- Brennschneiden und Brennfugen [73] und DIN EN ISO 7287:

Brennschneiden:

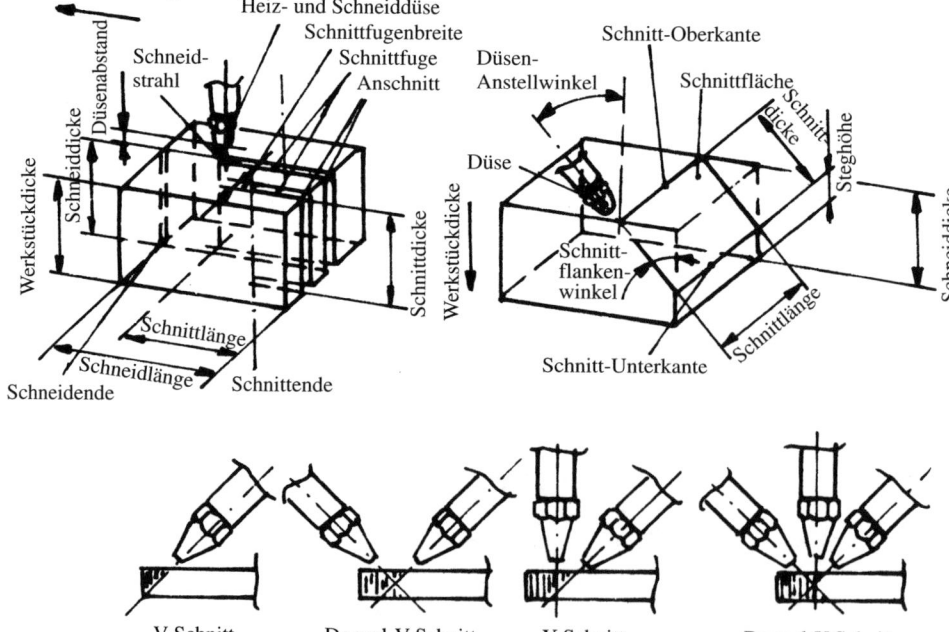

5.1 Schweißen und Schneiden

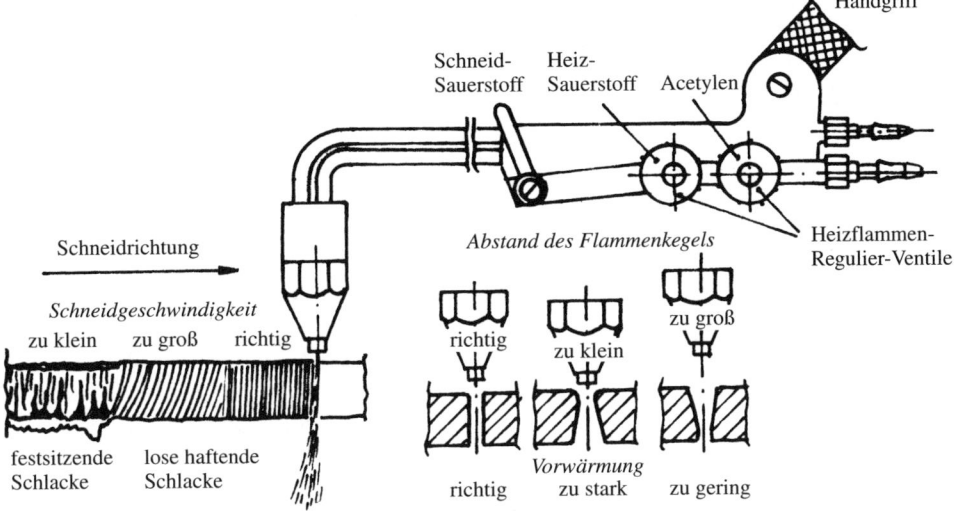

Brennfugen:

Arbeitsablauf:

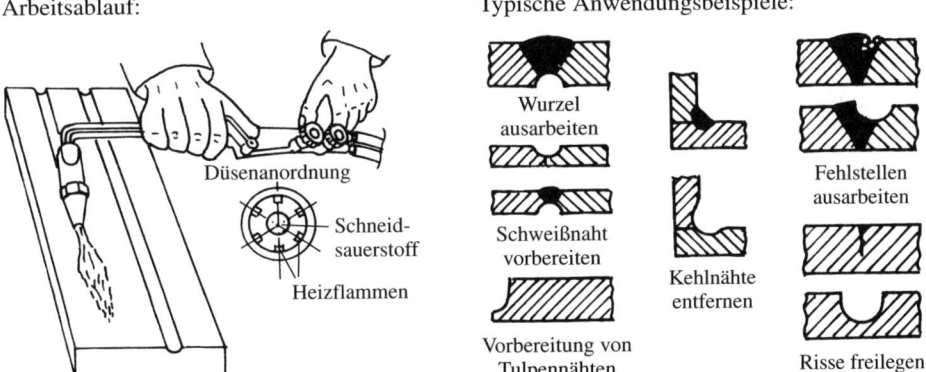

Typische Anwendungsbeispiele:

- Wurzel ausarbeiten
- Schweißnaht vorbereiten
- Vorbereitung von Tulpennähten
- Kehlnähte entfernen
- Fehlstellen ausarbeiten
- Risse freilegen

- Plasma- und Laserstrahlschneiden, vgl. Abschnitt 4.2.2.1 und T 4.2.4

Aufbau einer Plasmaschneidanlage mit Richtwerten für Schneidgeschwindigkeiten:

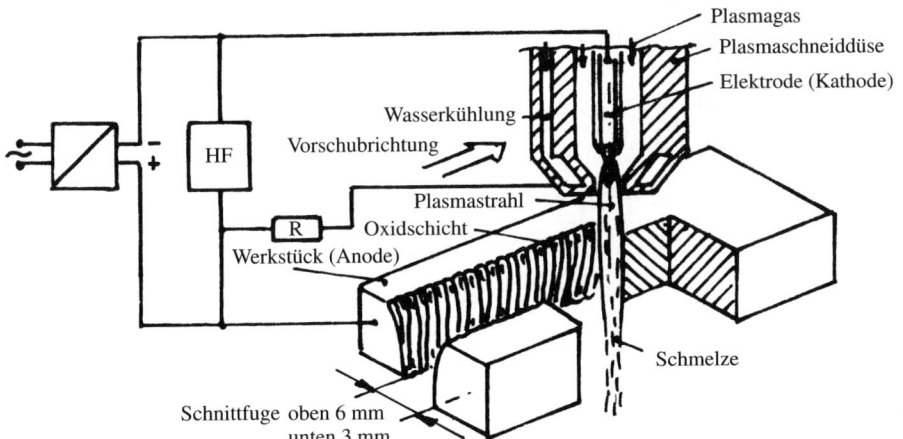

Blechdicke in mm	Schneidgeschwindigkeit in mm·min⁻¹	Stromstärke in A
5	5000	250
10	3200	450
15	2500	450
20	1800	450
25	1300	450
30	900	450
40	400	450

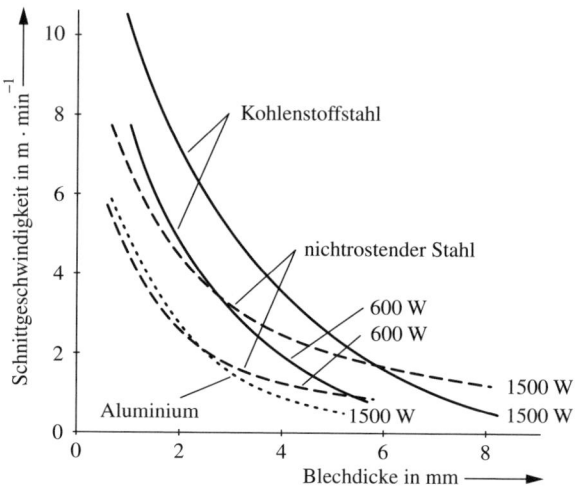

Schneidgeschwindigkeiten beim Laserstrahlschneiden:

- Vergleich der Einsatzbedingungen und Leistungsfähigkeit unterschiedlicher Schneidverfahren [75]; siehe auch Tabelle nächste Seite:

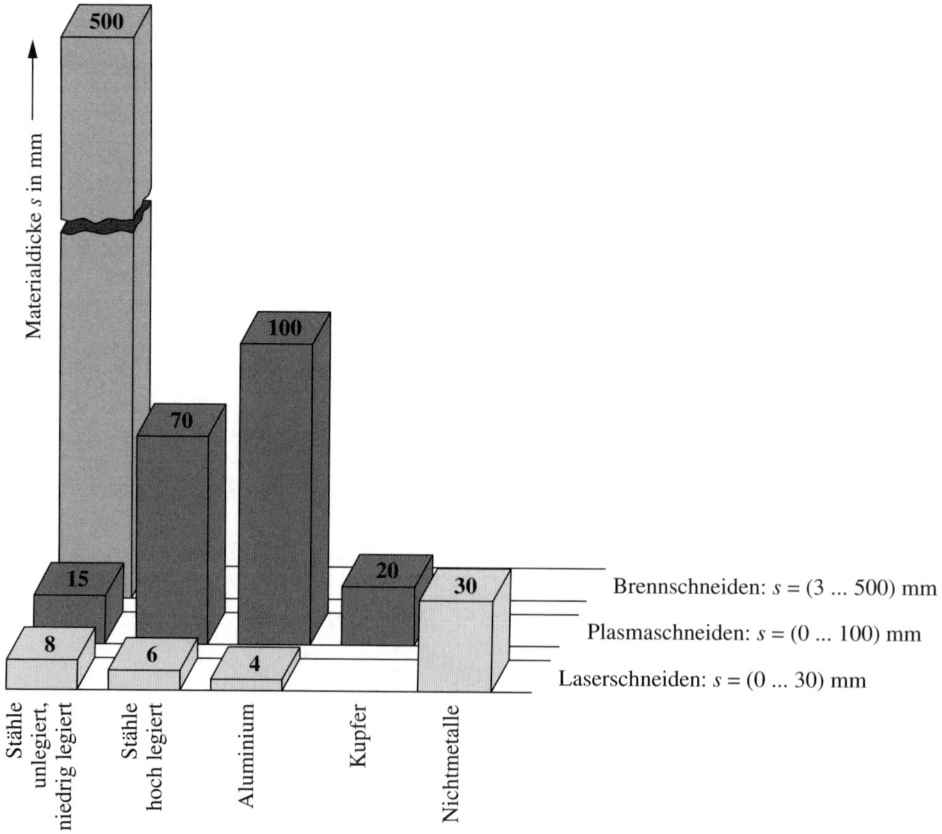

Brennschneiden: $s = (3 \ldots 500)$ mm
Plasmaschneiden: $s = (0 \ldots 100)$ mm
Laserschneiden: $s = (0 \ldots 30)$ mm

5.1 Schweißen und Schneiden

Kriterium	Laser	Plasma-HiFocus	Plasma-Feinstrahl	Autogen	Wasserstrahl	Nibbeln, Stanzen
Notwendige Vorbereitung	Entzundern, Entrosten	Keine	Keine	Keine	Keine	Keine
Hauptprozess	Sehr hohe Energiekonzentration	Sehr hohe Energiekonzentration	Hohe Energiekonzentration	Hoher Wärmeeintrag	Keine Wärme	Verfestigung, Scherbearbeitung
Notwendige Nachbearbeitung	Bis 12 mm keine	Bis 30 mm keine (160 A)	Bis 25 mm keine (250 A)	Richten, Entgraten	Keine	Entgraten
Maßhaltigkeit, Präzision	Sehr hoch	Sehr hoch bis hoch	Hoch/mittel	Gering	Sehr hoch	Mittel/hoch
Thermischer Verzug	Gering	Gering	Gering	Groß	Kein Verzug	Kein Verzug
Werkstoffe	Baustahl, hochlegierter Stahl, Alu (dünn), Buntmetalle schwierig	Baustahl, hochlegierter Stahl, Alu, Kupfer, Guss, Plattierungen, Sonderwerkstoffe	Baustahl, hochlegierter Stahl, Alu, Kupfer, Guss, Plattierungen, Sonderwerkstoffe	Baustahl	Baustahl, hochlegierter Stahl, Al, Cu, Plattierungen, Guss	Baustahl, hochlegierter Stahl (dünn), Al, Cu
Bearbeitbare Blechdicke (Standardbereiche)	0,5...12 mm	0,5...30 mm	5...80 (160) mm	10...500 mm	0,5...12 mm	< 8 mm
Wirtschaftlichkeit	Hoch	Sehr Hoch	Hoch	Mittel (nur Baustahl)	Gering	Mittel (Hohe Werkzeugkosten)

5.1.3 Schweißgerechte Konstruktion von Bauteilen

5.1.3.1 Stoß- und Nahtarten, Formen von Schweißfugen

- Stoßarten nach DIN EN 12 345:

Lfd. Nr.	Benennung	Merkmale	Sinnbild
1	Stumpfstoß	Teile liegen in einer Ebene	
2	Überlappstoß	Teile überlappen sich	
3	Parallelstoß	Teile liegen breitflächig aufeinander	
4	T-Stoß	Zwei Teile, eins mit seinem Ende, stoßen rechtwinklig aufeinander	
5	Kreuzstoß	Zwei in einer Ebene liegende Teile stoßen je mit einem Ende rechtwinklig gegen ein dazwischenliegendes drittes	
6	Schrägstoß	Ein Teil stößt mit einem Ende schräg gegen ein anderes	
7	Eckstoß	Zwei Teile stoßen mit ihren Enden im beliebigen Winkel gegeneinander	
8	Mehrfachstoß	Drei oder mehrere Teile stoßen unter beliebigem Winkel aneinander	

- Typische Nahtarten, aus [73]; DIN EN 22 553:

    Stumpfnähte:

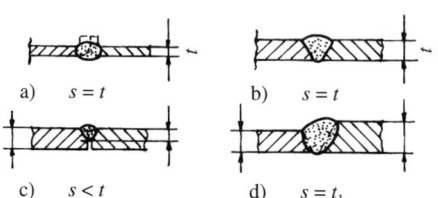

a) $s = t$
b) $s = t$
c) $s < t$
d) $s = t_1$
d) $s = t_1$

a) Bördelnaht (Bördel vollständig niedergeschmolzen)
b) durchgeschweißte V-Naht
c) nicht durchgeschweißte I-Naht
d) Bleche verschiedener Dicke als einseitig bündiger Stoß
e) zentrischer Stoß, vorstehende Kanten abgeschrägt

Kehlnähte:

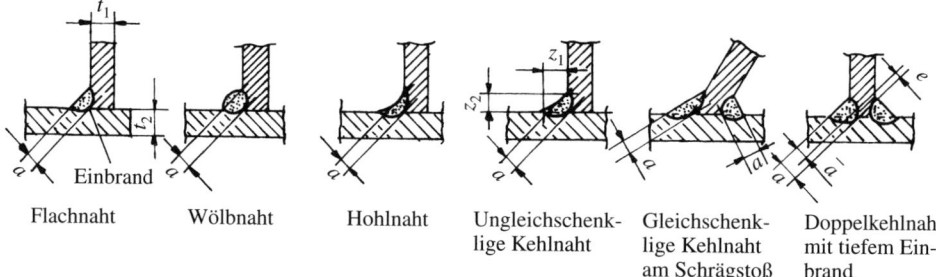

Flachnaht | Wölbnaht | Hohlnaht | Ungleichschenklige Kehlnaht | Gleichschenklige Kehlnaht am Schrägstoß | Doppelkehlnaht mit tiefem Einbrand

Sonstige Nähte (typische Beispiele)

Durchgeschweißte Wurzel: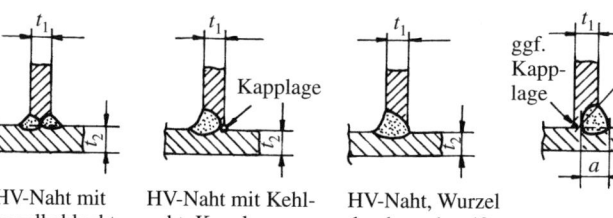

Nicht durchgeschweißte Wurzel: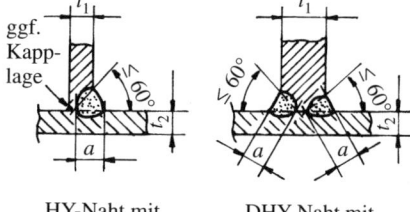

DHV-Naht mit Doppelkehlnaht | HV-Naht mit Kehlnaht, Kapplage gegengeschweißt | HV-Naht, Wurzel durchgeschweißt | HY-Naht mit Kehlnaht | DHY-Naht mit Doppelkehlnaht

- Formen von Schweißfugen nach DIN EN 22 553 für das Gas- und Lichtbogenschweißen:

Sinnbild	Fugenform	Benennung	Sinnbild	Fugenform	Benennung
||		I-Naht	⊥⊥		Bördelnaht
V		V-Naht	∨		Steilflankennaht
X		DV-Naht	Y		Y-Naht

5.1 Schweißen und Schneiden

Sinnbild	Fugenform	Benennung	Sinnbild	Fugenform	Benennung
X		Doppel-Y-Naht	Y		U-Naht
)(		Doppel-U-Naht	V		halbe V-Naht (HV)
K		2/3 HV-Naht	K		Doppel-HY-Naht
Y		halbe U-Naht (HU)	K		Doppel-HU-Naht

R Radius, b Spaltbreite, c Steghöhe, h Flankenhöhe, t Blech-/Wanddicke, α Öffnungswinkel, β halber Öffnungswinkel

DIN EN 22 553 beim WIG-Schweißen (Skizzen: ohne Schweißzusatz; Tabelle: mit Schweißzusatz):

Stirnnaht   Ecknaht   Dreiblechnaht   Bördelnaht   Bördelecknaht

Fugenform	Stahl					Aluminium				
	Dicke t in mm	Öffnungs-winkel in °	Spalt-breite b_{sp} in mm	Steg-höhe c in mm	Bemer-kungen	Dicke t in mm	Öffnungs-winkel in °	Spalt-breite b_{sp} in mm	Steg-höhe c in mm	Bemer-kungen
	alle	—	—	—	—	alle	—	—	—	—
	< 4	—	$\approx t$	—	einseitig	< 5	—	—	—	einseitig
	< 8	—	$\approx t/2$	—	beidseitig	< 12	—	0…5	—	beidseitig
	> 8	≈ 60	0…3	0…4[1]	beidseitig	> 10	≈ 70	0…6	0…3[1]	beidseitig
	> 10	≈ 60	0…4	0…6[1]	meistt nur Wurzellage	> 12	≈ 70	0…6	0…4[1]	meist nur Wurzellage
	> 12	≈ 8	0…3	≈ 3	meist nur Wurzellage	> 20	15…25	0…5	≈ 3	meist nur Wurzellage
	—	—	—	—	—	> 10	20…30	—	≈ 3	meist nur Wurzellage

[1] Diese Nähte werden auch als V- oder DV-Nähte geschweißt, das heißt Steghöhe = 0. Dann werden aber die Spitzen der Flanken etwas gebrochen.

5.1.3.2 Zeichnerische Darstellungen von Schweißverbindungen (DIN EN 22 553)

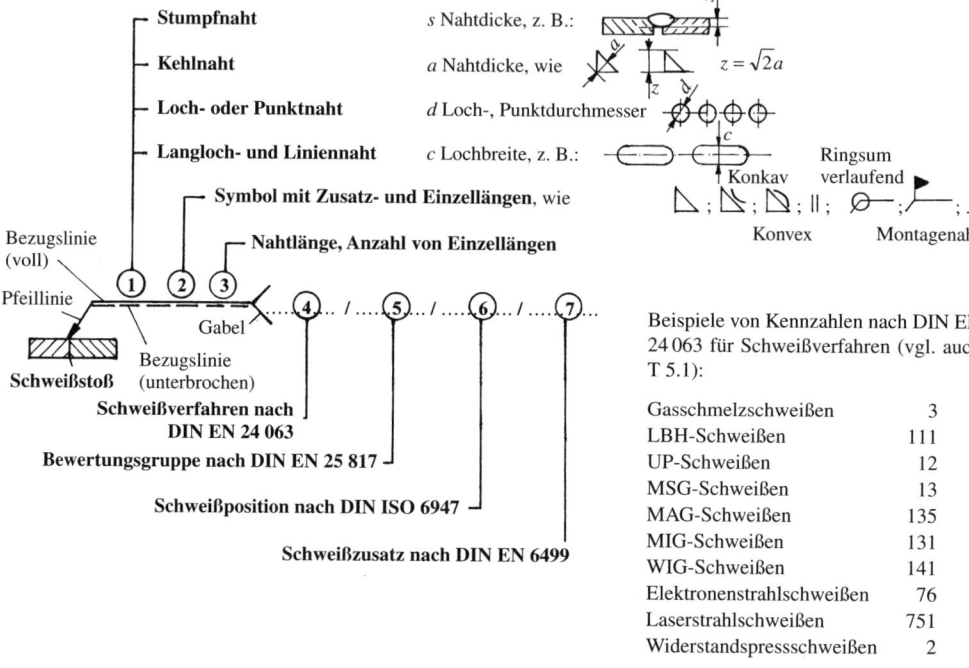

Beispiele von Kennzahlen nach DIN EN 24 063 für Schweißverfahren (vgl. auch T 5.1):

Gasschmelzschweißen	3
LBH-Schweißen	111
UP-Schweißen	12
MSG-Schweißen	13
MAG-Schweißen	135
MIG-Schweißen	131
WIG-Schweißen	141
Elektronenstrahlschweißen	76
Laserstrahlschweißen	751
Widerstandspressschweißen	2

5.1.3.3 Abmessungen von Schweißnähten, Berechnungen einfacher Schweißverbindungen; Nahtwertigkeit und Nahtformkoeffizient

- Abmessungen an Schweißnähten:

Stumpfstöße:

Gleiche Bauteildicke: $s = t$ in mm
Ungleiche Bauteildicke: $s = t_{min}$ in mm

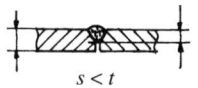 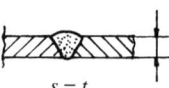 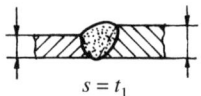
$s < t$ $s = t$ $s = t_1$

Kehlnähte:

Gleichschenklige Nähte:

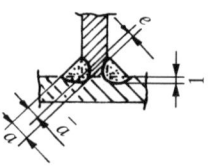

$$z_1 = z_2 = a\sqrt{2}$$ in mm

Ungleichschenklige Nähte:

$$a = 0{,}5\sqrt{2}$$ in mm   mit $z_1 < z_2$

Tiefer Einbrand:

$$a = \bar{a} + e$$ in mm

5.1 Schweißen und Schneiden

Sonstige Nähte:

Durchgeschweißte Wurzel:

$a = t_1$ in mm   mit $t_1 = t_{min}$ in mm

Nicht durchgeschweißte Wurzel:

Für $t \geq 3$ mm: $2\,\text{mm} \leq a \leq 0{,}7 t_{min}$ in mm

$a \geq (\sqrt{t_{max}} - 0{,}5)$ in mm

Für $t > 25 \ldots 30$ mm: $a > (3{,}0 \ldots 3{,}5)\,5{,}0$ in mm

Stäbe und Laschen (nach Schuler):

Allgemeiner Wert

$l \geq 6a$ in mm   für $l_{min} = 30$ mm

Brückenbau

$60a \geq l \geq 15a$ in mm

Laschen und Stäbe

$l \leq 150a$ in mm

- Berechnungen einfacher Schweißverbindungen (nach Schuler):

Belastungsbild/Nahtbild	Beanspruchungsart	Berechnungsansatz
T-Stoß mit Doppelkehlnaht	Zug/Druck	$\sigma_\perp = \dfrac{F_N}{2 \cdot a \cdot h}$
	Schub	$\tau_\parallel = \dfrac{F_q}{2 \cdot a \cdot h}$
	Biegung	$\sigma_\perp = \dfrac{6 \cdot M_b}{2 \cdot a \cdot h^2}$
	Vergleichsspannung statisch	$\sigma_{w,v} = \sqrt{\overline{\sigma}_{\perp\text{ges}} + 2 \cdot \tau_\parallel^2}$
		$\sigma_{w,v} = \sqrt{\overline{\sigma}_{\perp\text{ges}}^2 + \tau_\parallel^2}$
	Vergleichswert dynamisch	$\left(\dfrac{\sigma_{\perp\text{ges}}}{\sigma_{\perp\text{zul}}}\right)^2 + \left(\dfrac{\tau_\parallel}{\tau_{\parallel\text{zul}}}\right)^2 \leq \dfrac{1{,}0}{(1{,}1)}$

Belastungsbild/Nahtbild	Beanspruchungsart	Berechnungsansatz
Zapfen mit Kehlnahtanschluss	Zug/Druck	$\sigma_\perp = \dfrac{F_N}{\pi \cdot a \cdot (d + a)}$
	Schub	$\tau = \dfrac{F_q}{\pi \cdot a \cdot (d + a)}$
	Biegung	$\sigma_\perp = \dfrac{32 \cdot (d + 2a) \cdot M_b}{\pi \cdot \left[(d + 2a)^4 - d^4\right]}$
	Torsion	$\tau_\parallel = \dfrac{16 \cdot (d + 2a) \cdot M_t}{\pi \cdot \left[(d + 2a)^4 - d^4\right]}$
	Vergleichsspannung bzw. Vergleichswert	wie Zeile 4
Überlappter Konsolanschluss	Schub in der Stirnkehlnaht infolge F_x	$\tau_\parallel = \dfrac{F_x}{2 \cdot a \cdot b}$
	Schub in der Stirnkehlnaht infolge des Drehmoments	$\tau_\parallel = \dfrac{F_x \cdot (l_1 + 0{,}5 l_2)}{2 \cdot a \cdot b \cdot l_2}$
	Schub in der Flankenkehlnaht infolge F_y	$\tau_\parallel = \dfrac{F_y}{2 \cdot a \cdot l_2}$
	Schub in der Flankenkehlnaht infolge des Drehmoments	$\tau_\parallel = \dfrac{F_x \cdot (l_1 + 0{,}5 l_2)}{2 \cdot a \cdot b \cdot l_2}$

- Besonderheiten bei Schweißnahtlängen an Stab- und Laschenanschlüssen (nach Schuler):

a) mit Flankenkehlnähten, b) mit Stirn- und Flankenkehlnähten, c) mit ringsum laufender Kehlnaht (Schwerachse näher zur längeren Naht), d) mit ringsum laufender Kehlnaht (Schwerachse näher zur kürzeren Naht)

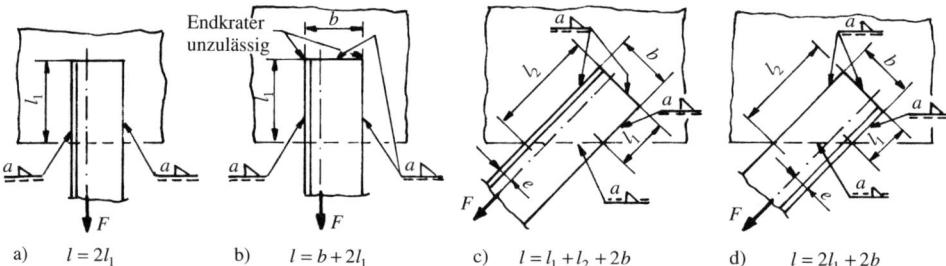

a) $l = 2l_1$ b) $l = b + 2l_1$ c) $l = l_1 + l_2 + 2b$ d) $l = 2l_1 + 2b$

- Bestimmung der Nahtwertigkeit und des Nahtformkoeffizienten:

Nahtwertigkeit:

$$W_{\text{Naht}} = \frac{R_{\text{mSG}}}{R_{\text{mW}}}$$

Zielstellung: $W_{\text{Naht}} \to 1$

R_{mSG} Festigkeit des Schweißgutes in N · mm^{-2}
R_{mW} Festigkeit des zu verbindenden Werkstoffes in N · mm^{-2}

Innerer (ψ) und äußerer (φ) Nahtformkoeffizient (vor allem für das Lichtbogenschweißen):

$$\psi;\ \varphi = \frac{b}{h}$$

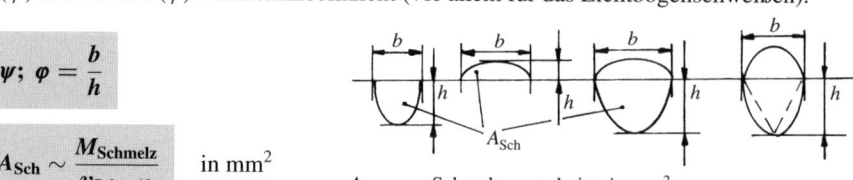

$$A_{\text{Sch}} \sim \frac{M_{\text{Schmelz}}}{v_{\text{Schweiß}}} \quad \text{in mm}^2$$

A_{Sch} Schmelzquerschnitte in mm^2
M_{Schmelz} Abschmelzvolumen je Zeiteinheit in mm^3 · min^{-1}
$v_{\text{Schweiß}}$ Schweißgeschwindigkeit in m · min^{-1} (mm · min^{-1})

5.1.3.4 Schrumpfungen an geschweißten Teilen

- Querschrumpfungen an Stumpfnähten von Stahlwerkstoffen (nach Schuler):

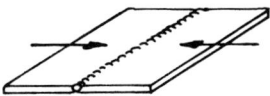

Die Schrumpfmaße sind Mittelwerte von Messungen an großen, gut vorgehefteten Bauteilen; Werkstoff: St 37, St 42

Querschnitt	Schweißart	Schrumpfmaß in mm	Querschnitt	Schweißart	Schrumpfmaß in mm
	Lichtbogenschweißen, umhüllte Stabelektrode, 2 Lagen	1,0		Gasschweißen nach rechts	2,3
	Lichtbogenschweißen, nackte Stabelektrode, 4 Lagen, ohne Gegenschweißen	1,4		Lichtbogenschweißen, umhüllte Stabelektrode, 20 Lagen ohne rückseitige Schweißung	3,2
	Lichtbogenschweißen, umhüllte Stabelektrode, 5 Lagen, ohne Gegenschweißen	1,6		1/3 Lichtbogenschweißen, umhüllte Stabelektrode; 1/3 UP-Schweißen, 1 Lage	2,4
	Lichtbogenschweißen, umhüllte Stabelektrode, 5 Lagen, Wurzel ausgefugt, 2 Wurzellagen	1,8		UP-Schweißen, 1 Lage, Kupferunterlage	0,6
	Lichtbogenschweißen, umhüllte Stabelektrode, 4 Lagen auf jeder Seite	1,8		Lichtbogenschweißen, umhüllte Stabelektrode, 120°, nicht zu empfehlen!	3,3
	Lichtbogenschweißen, Tiefeinbrandelektrode	1,6		Lichtbogenschweißen, umhüllte Stabelektrode, einseitig mit Unterlage	1,5

- Winkelschrumpfungen an Stumpf- und T-Verbindungen an Stahlwerkstoffen (nach Schuler):

Querschnitt	Schweißart	Schrumpfwinkel α	Querschnitt	Schweißart	Schrumpfwinkel α
	Lichtbogenschweißen, umhüllte Stabelektrode, 2 Lagen	1°		Lichtbogenschweißen, umhüllte Stabelektrode, 8 breite Lagen	7°
	Lichtbogenschweißen, nackte Stabelektrode, 3 Lagen	1°		Lichtbogenschweißen, umhüllte Stabelektrode, 22 schmale Raupen	13°
	Lichtbogenschweißen, umhüllte Stabelektrode, 5 Lagen	3 1/2 °		UP-Schweißen, 1 Lage, Kupferunterlage	0°
	Lichtbogenschweißen, umhüllte Stabelektrode, 5 Lagen, Wurzel ausgefugt, 3 Wurzellagen	0°		1/3 Lichtbogenschweißen, umhüllte Stabelektrode; 1/3 UP-Schweißen, 1 Lage	2°
	Gasschweißen nach rechts	1°		UP-Schweißen, 2 Lagen, Stahlbandunterlage	5°
	Gasschweißen senkrecht, doppelseitig, gleichzeitig	0°			

Querschnitt	Schweißart	Schrumpfwinkel α	Querschnitt	Schweißart	Schrumpfwinkel α
	Lichtbogenschweißen, umhüllte Stabelektroden	3°		Lichtbogenschweißen, umhüllte Stabelektroden, 4 Lagen waagerecht	1 1/2 °
	Lichtbogenschweißen, umhüllte Stabelektroden, je 2 Lagen waagerecht	3°		Lichtbogenschweißen, umhüllte Stabelektroden, 1 Lage	0°
	Lichtbogenschweißen, umhüllte Stabelektroden, je 2 Lagen waagerecht	1°		Lichtbogenschweißen, umhüllte Stabelektroden, 3 Lagen	1°
	Lichtbogenschweißen, umhüllte Stabelektroden, unterbroche Zickzackschweißung, 1/3 frei	0°		UP-Schweißen, 1 Lage	0°
	Lichtbogenschweißen, umhüllte Stabelektroden, 3 Lagen waagerecht	2°			

5.1.3.5 Grundsätze und typische Beispiele schweißgerechter Konstruktion von Bauteilen

- Gestaltung von Fügestellen (teilweise nach [74]) beim Plasmaschweißen:

Stoßart	Vorbereitung	Verbindung	Anwendung
Stumpfstoß	b_{sp}		$t = 0{,}8 \ldots 8$ mm ohne Zusatzwerkstoff: $b_{sp} < 0{,}15t$
	$60°$, $c \approx 0{,}5t$		$t = 8 \ldots 12$ mm einseitig; zweilagig bei $t > 12$ mm beidseitig
	$2t$		bei $t \leq 0{,}1$ mm vorteilhaft
	a b b, h, t_2		bei $t_1 \neq t_2 < 0{,}3$ mm; $a = 2t_2$, $b = t_2$, $h = 2t_2$
Überlappstoß	t_1, t_2		$t = 0{,}2 \ldots 15$ mm; bei $t_1 \neq t_2$; $t_2 : t_1$; max. 5 : 1 und dickes Blech oben
	t_2, a, b, t_1		$t_2 \geq 0{,}1$ mm; $a = 2t_2$, $b = t_2$
Winkelstoß	t_3, t_1, t_2		$t_2 < 0{,}1$ mm
	t_2, t_1		$t_2 \approx 0{,}2 \ldots 5$ mm

Widerstandsschweißen:

	richtig	falsch
Vollquerschnitte, ungleicher Durchmesser		
Massivteile gegen Rohr		
Flansch gegen Rundquerschnitt		
Rechteckquerschnitte		

Reibschweißen:

Querschnittsform an der Fügestelle	Fügestellenform	Reibschweißverbindung
Rundmaterial – Rundmaterial		
Rundmaterial – Profil		
Rundmaterial – Rohr		
Rohr – Rohr		
Rundmaterial – Rundmaterial		

5.1 Schweißen und Schneiden

Kaltpressschweißen:

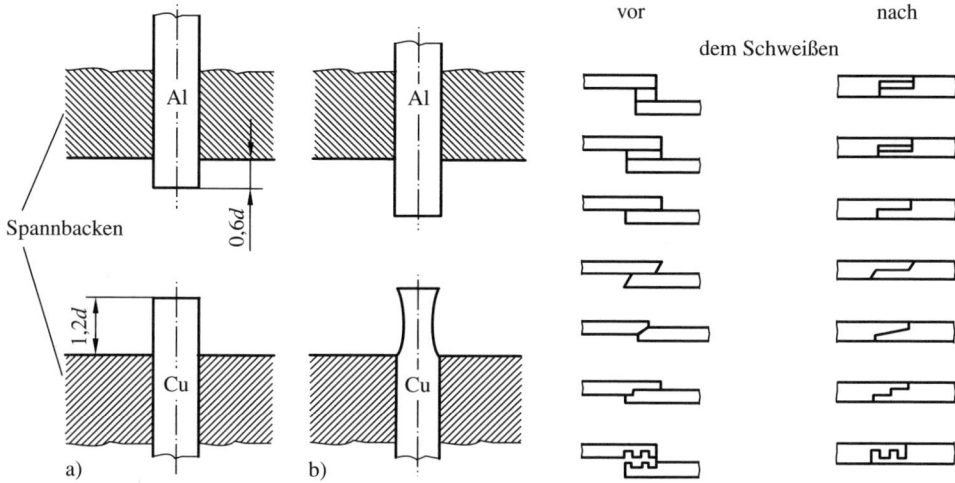

a) Unterschiedliche freie Stauchlänge, b) Ringnut an der freien Stauchlänge des härteren Werkstoffs

Elektronenstrahlschweißen:

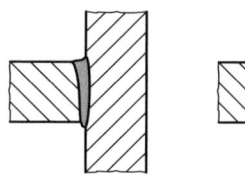 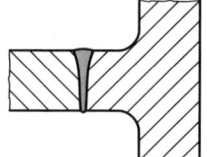 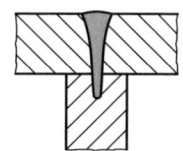 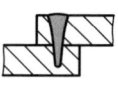

T-Stoß mit I-Naht für hohe statische und mittlere dynamische Beanspruchung

T-Stoß mit I-Naht für hohe statische und hohe dynamische Beanspruchung

T-Stoß mit I-Naht für hohe statische und hohe dynamische Beanspruchung

Überlappnaht (bevorzugt Anwendung im Dünnblechbereich unter 3 mm)

- Beispiele für eine fertigungsgerechte Gestaltung von Schweißkonstruktionen

Kraftverläufe in Schweißnähten [73]:

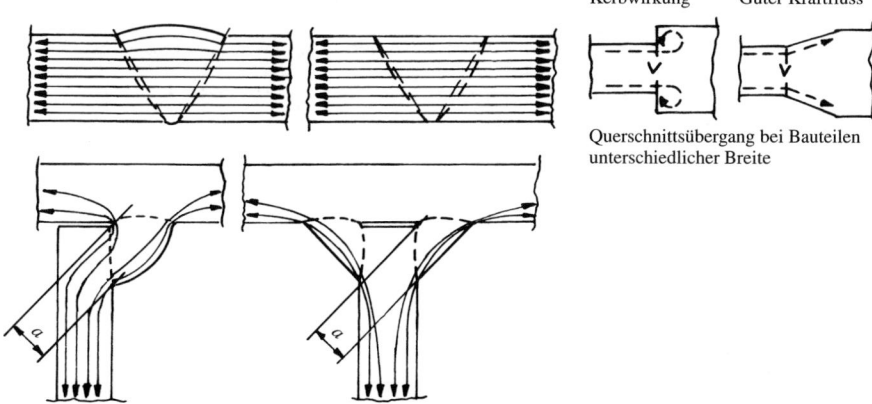

Kerbwirkung   Guter Kraftfluss

Querschnittsübergang bei Bauteilen unterschiedlicher Breite

Günstige schweißtechnische Gestaltung von Grundformelementen, [73]:

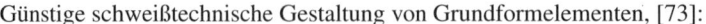

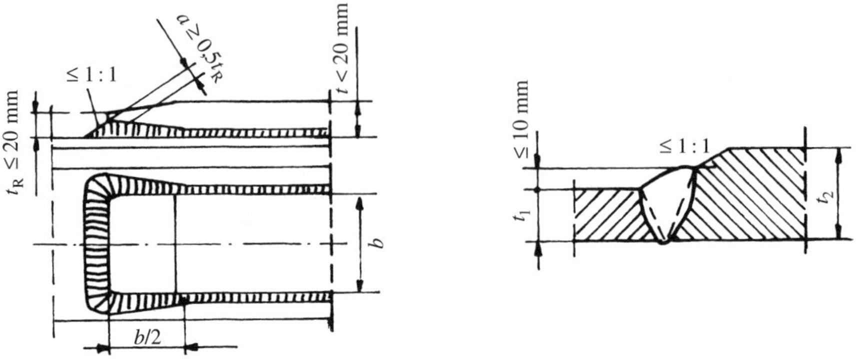

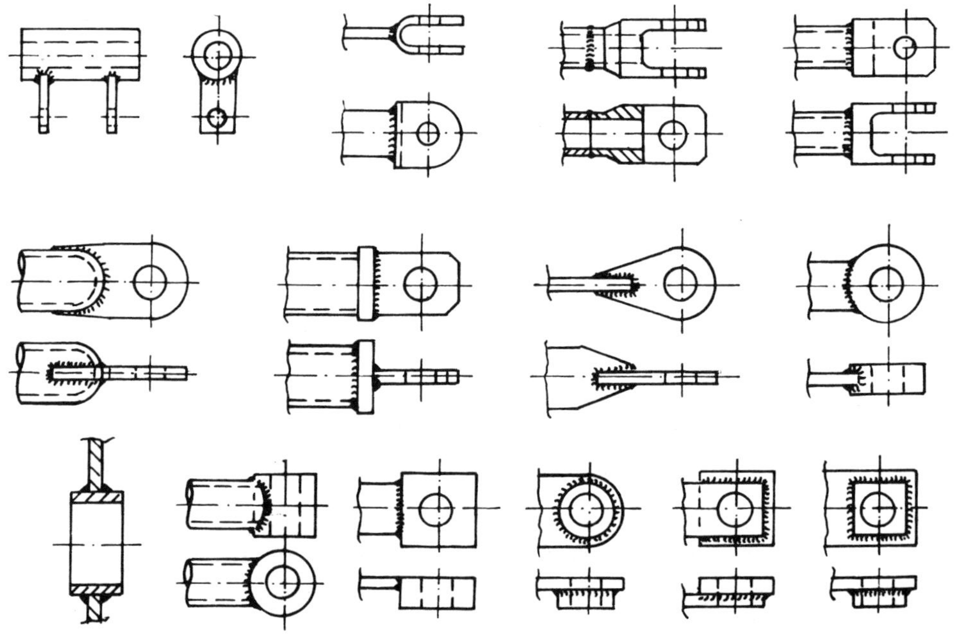

Schweißverbindungen in Abhängigkeit von der Beanspruchungshöhe an Druckbehältern:

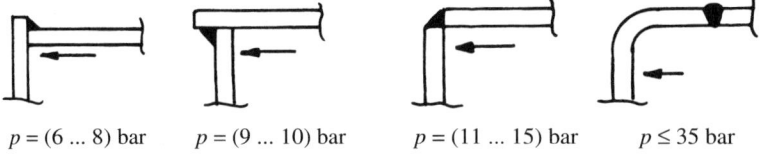

$p = (6 \ldots 8)$ bar $p = (9 \ldots 10)$ bar $p = (11 \ldots 15)$ bar $p \leq 35$ bar

5.1 Schweißen und Schneiden

Gestaltung von Trägern und Stützen [73]:

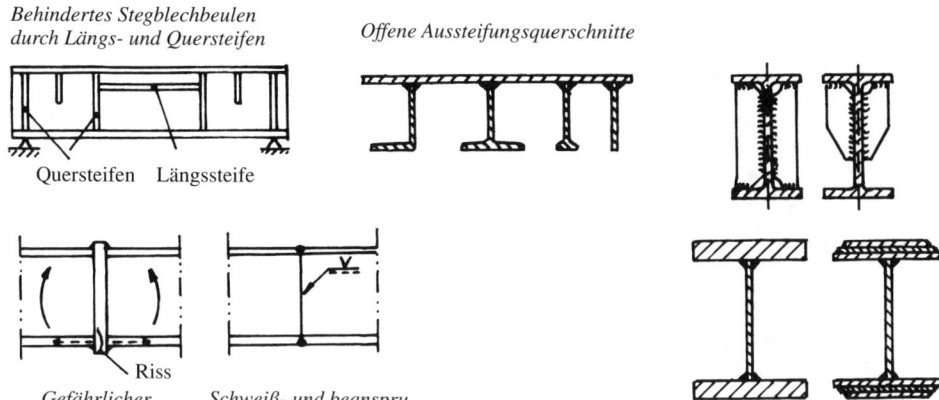

Behindertes Stegblechbeulen durch Längs- und Quersteifen

Quersteifen   Längssteife

Offene Aussteifungsquerschnitte

Riss

Gefährlicher Kreuzstoß   *Schweiß- und beanspruchungsgerechter Vollstoß*

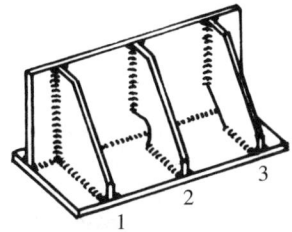

Lösung 1: Kerbwirkung minimal, dynamisch sicher bis Blechdicken von etwa 15 mm
Lösung 2: Für Blechdicken größer als 15 mm bei dynamischer Beanspruchung (Brücken, Krane, Kranbahnen)
Lösung 3: Billig, jedoch starke Kerbwirkung; nur für ruhende Belastung ausreichend

Vermeidung von Nahtanhäufungen [73]:

Ungünstig: Vorteilhaft:

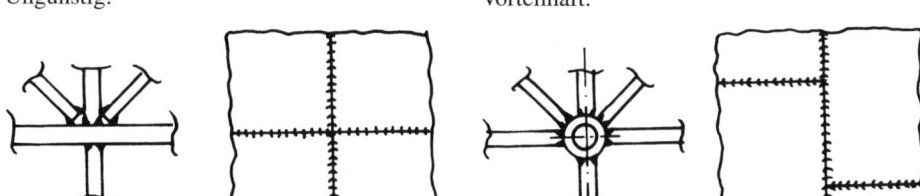

Laser- und Elektronenstrahl-Schweißungen [73]:

Stirnrad aus 9 NiCr14 (LBM)   Ritzel aus 16 MnCr5 /20 MnCr5 (EBM)

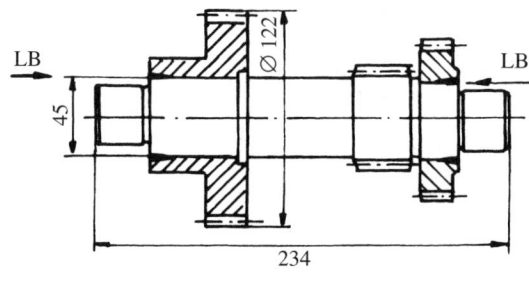
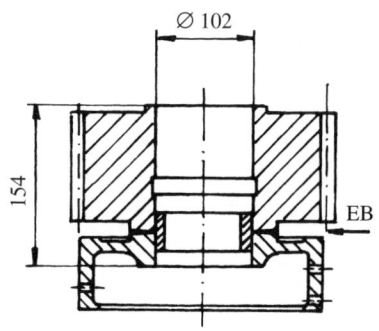

Vergleich eines Lagerbockes in gegossener, geschweißter und Brennschneidteil-Ausführung (nach Schuler), **Grundsatz**: Niemals Gieß- in Schweiß-/Schneidkonstruktionen überführen ohne Anpassungen in verfahrenstechnischer Hinsicht!

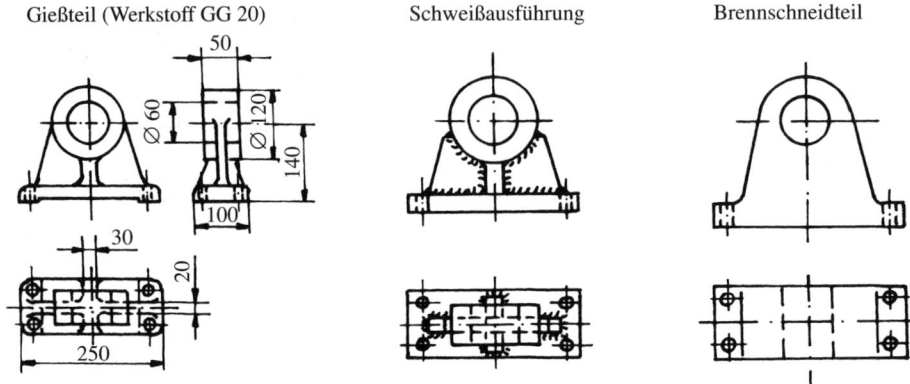

Gießteil (Werkstoff GG 20) — Schweißausführung — Brennschneidteil

Besonderheiten beim Punkt- und Rollennahtschweißen

Nahtformen beim Rollennahtschweißen [73], [74]:

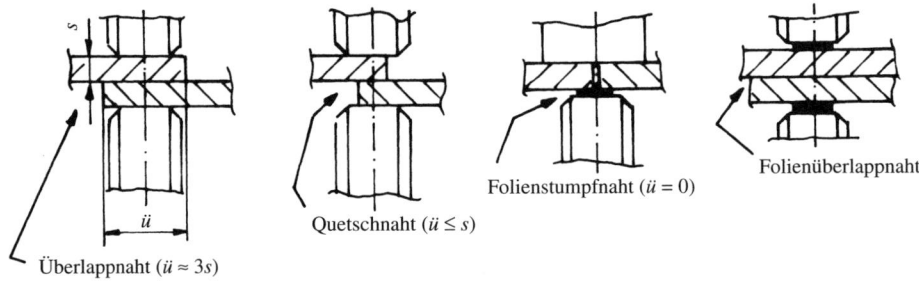

Überlappnaht ($ü \approx 3s$) — Quetschnaht ($ü \leq s$) — Folienstumpfnaht ($ü = 0$) — Folienüberlappnaht

Beanspruchungen beim Punktschweißen [73]:

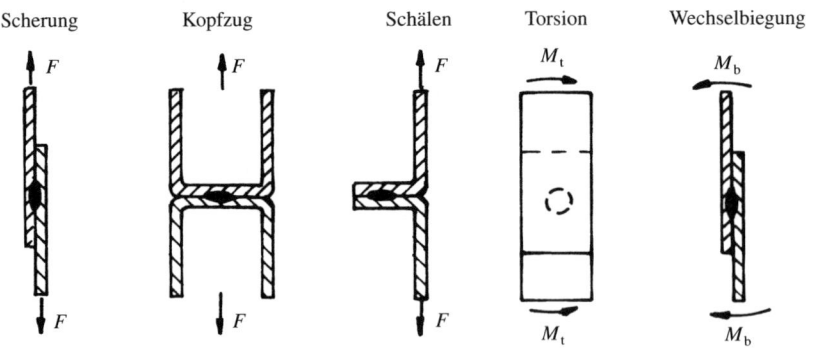

Scherung — Kopfzug — Schälen — Torsion — Wechselbiegung

5.1 Schweißen und Schneiden

Beispiel einer punktgeschweißten Kfz-Karosserie [73]:

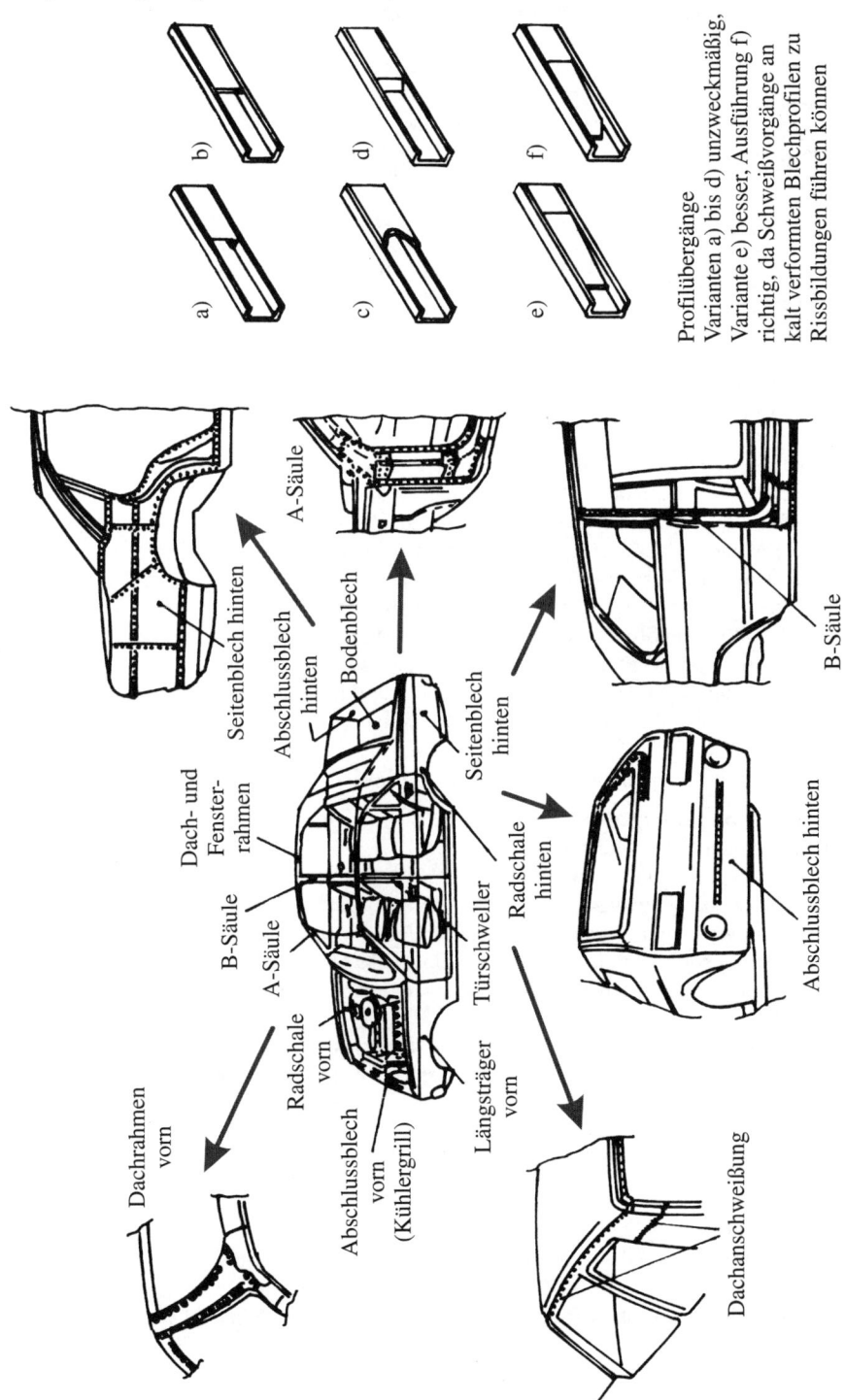

Profilübergänge
Varianten a) bis d) unzweckmäßig, Variante e) besser, Ausführung f) richtig, da Schweißvorgänge an kalt verformten Blechprofilen zu Rissbildungen führen können

5.1.3.6 Kennzeichnung von Schweißpositionen und Rationalisierungsansätze beim Schweißen

- Kennzeichnung der Schweißpositionen (vgl. auch DIN EN 6947):

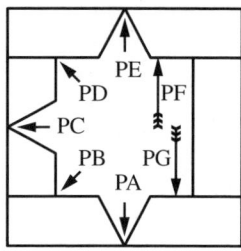

PA Waagerechtes Schweißen von Stumpfnähten (butt welds) und Kehlnähten (fillet welds) in Wannenposition (normal position)
PB Horizontales Schweißen von Kehlnähten in Normallage (downhand position)
PC Querposition (transverse position)
PD Horizontal-Überkopfposition (horizontal overhead position)
PE Überkopfposition (overhead position)
PF Senkrecht steigende Position (vertical up position)
PG Senkrecht fallende Position (vertical down position)

- Möglichkeiten für Kosteneinsparungen durch Rationalisierungen
  a) Reduzierung der Menge an Schweißgut durch
  - eine Begrenzung der Anzahl erforderlicher Schweißnähte
  - präzise Bestimmung der Nahtquerschnitte und Orientierung auf Mindestabmessungen
  - genaue Berechnungen der Nahtlängen
  - das Schweißen unterbrochener Nähte (wenn zugelassen)
  - die Begrenzung der zulässigen Maß-, Formabweichungen von Kehlnähten
  - eine Nutzung der Vorteile eines tiefen Einbrandes
  - die Sicherung eines maßhaltigen Zusammenbaus
  - das Schweißen von Stumpfstößen von beiden Seiten (DV-Naht anstelle von V-Naht)
  - das Festlegen geringstmöglicher Nahtöffnungswinkel
  - eine Anpassung der Fugenform (z. B.: U- oder Steilflankennaht anstelle einer V-Naht)
  - die Herstellung präziser Brennschnitte und Verminderung des Verziehens von Brennschneidteilen
  - eine hohe Schweißnahtgüte (Schweißnahtfaktor) bei verminderter Blechdicke

  b) Verkürzung von Hauptzeiten durch
  - Umsetzung der Empfehlungen von a)
  - Steigerung der Abschmelzleistung (z. B. durch stärkeren Strom, dickere oder mehrere Elektroden, spezielle Schutzgase, ...)
  - Einsatz eines anderen Schweißverfahrens und/oder anderer Schweißvorrichtungen
  - Schweißen in vorteilhaften Schweißpositionen (siehe oben)
  - Verwendung von Badsicherungen (Einbringung der Wurzellage durch höhere Abschmelzleistung)
  - Prüfung geeigneter Mechanisierungs- und Automatisierungsmöglichkeiten (wie IR o. Ä.)
  - Verbesserung der Wärmeleitung (z. B. beim mechanisierten Dünnblechschweißen)
  - Schulung und Motivierung der Schweißer

  c) Verminderung der Nebenzeiten beim Schweißen durch
  - verbesserte Organisation der Fertigung (z. B. Verkürzung von Warte-, Wegezeiten, Vermeidung von Nacharbeiten wie Schlacke- oder Spritzerentfernung, ...)
  - günstigere Gestaltung des Schweißarbeitsplatzes (Arbeitsstudium)
  - geeignete Information des Schweißers (Schweiß- und Schweißfolgeplan)
  - die Sicherung einer günstigen Zugänglichkeit der Schweißnähte
  - eine Beseitigung gesundheitsschädigender Einwirkungen (Schweißgase, Geräuschpegel, Lichtblitze, ...)
  - den Einsatz von Mechanisierungs- und Automatisierungsmitteln (IR, mech. Geräte, ...)
  - die Vermeidung von Teileverzug (durch Vorbiegen, Schweißfolgeplan, Einsatz von Verfahren mit geringerem Wärmeverzug, ...)

- mögliche Senkungen von Störungen und Ausfällen (durch vorbeugende Instandsetzung, Gerätepflege, Beachtung von Betriebsanleitungen, Schulungen und Motivierungen, ...)

d) **Sparsame Verwendung von Energie und Hilfsstoffen durch**
- die Nutzung von Möglichkeiten zur Einsparung von Energie (Vermeidung von Kabelverlusten, Abschaltung von Geräten in Pausen, Einsatz energiesparender Geräte, ...)
- einen sorgfältigen Umgang mit Hilfs- und Verbrauchsstoffen (Aussondern kurzer Elektrodenstummel, Vermeidung von Gasverlusten, Überwachung des Verbrauchs von Ersatz- und Hilfsmaterial, ...)

e) **Qualitätskontrolle in der Fertigung, d. h.**
- Vermeidung überhöhter Qualitätsforderungen („So genau wie nötig, nicht wie möglich")
- Einführung von Qualitätssicherungssystemen; Qualitätswettbewerbe, Entwicklung eines Qualitätsbewusstseins, ...

5.2 Löten von Einzelteilen und Baugruppen

5.2.1 Einteilung/Zuordnung von Lötverfahren, Löteignung/Lötbarkeit

- Einteilung und Zuordnung der Lötverfahren [73], [76] nach der

Liquidustemperatur der Lote:
- WL (Weichlöten) Herstellung elektrisch leitender oder dichtender Verbindungen
- HL (Hartlöten) Festigkeiten von Lötverbindung und Grundwerkstoff sind weitestgehend vergleichbar
- HTL (Hochtemperaturlöten) Festigkeiten von Lot und Grundwerkstoff sind vergleichbar (auch bei niedrig bis hoch legierten Stählen)

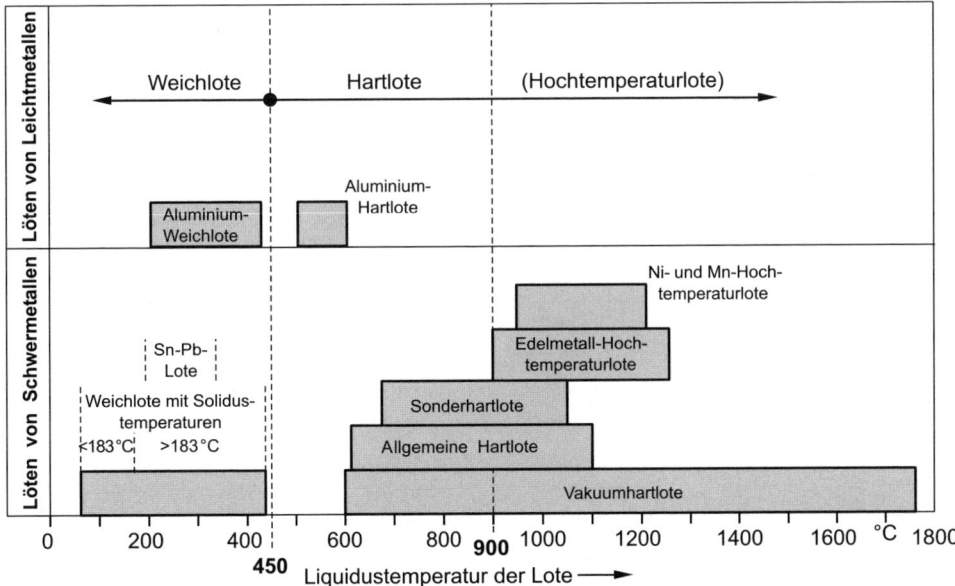

Art der Lötstellen:

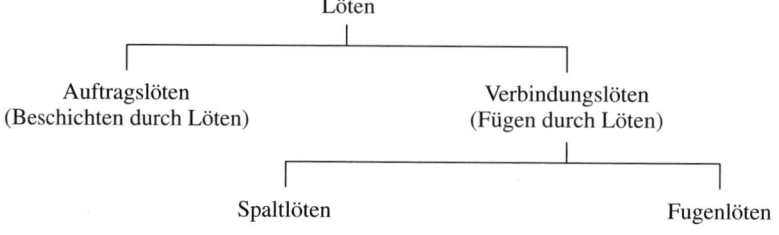

Lötspaltbreite b (klein und gleich weit)

$b < 0{,}05$ mm, flussmittelfreies Löten
$b = 0{,}05 \ldots 0{,}2$ mm, mechanisiertes und automatisiertes Löten mit Flussmittel
$b = 0{,}2 \ldots 0{,}5$ mm, manuelles Löten mit Flussmittel

Lötspalt wird vorzugsweise durch kapillaren Fülldruck mit Lot gefüllt

Abstand zwischen den Fügestellen ist > 0,5 mm bzw. als V- oder X-Fuge vorbereitet

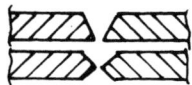

Fuge wird vorwiegend mithilfe der Schwerkraft mit Lot gefüllt

Einsatz: Reparaturen, Installationen

Art der Lotzuführung:
– Löten mit Lotdepot
– Löten mit lotbeschichteten Teilen (z. B. Keramik-)
– Tauchlöten
– Löten mit angesetztem (a) oder eingelegtem Lot (b):

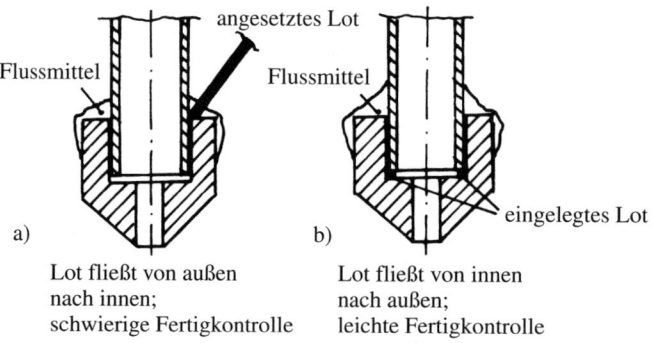

a) Lot fließt von außen nach innen; schwierige Fertigkontrolle

b) Lot fließt von innen nach außen; leichte Fertigkontrolle

Art der Fertigung:
– Handlöten
– Teilmechanisiertes Löten
– Vollmechanisiertes Löten
– Automatisiertes Löten

5.2 Löten von Einzelteilen und Baugruppen

Art der Energieträger:

Energieträger	Lötverfahren	WL	HL	HTL
Löten durch feste Körper	Kolbenlöten	×		
	Blocklöten	×		
	Rollenlöten	×		
Löten durch Flüssigkeit	Salzbadlöten		×	
	Lotbadlöten	×	×	
	Wellenlöten	×		
	Schlepplöten	×		
	Ultraschallöten	×		
	Wiederaufschmelzlöten	×		
Löten durch Gas	Flammlöten	×	×	
	Warmgaslöten	×		
	Löten im Gasofen	×		
Löten durch elektrische Gasentladung	Lichtbogenlöten		×	
Löten durch energiereichen Strahl	Lichtstrahllöten	×	×	
	Laserstrahllöten		×	×
	Elektronenstrahllöten		×	×
Löten durch elektrischen Strom	Widerstandslöten	×	×	
	Induktionslöten an Luft	×	×	
	Induktionslöten in reduzierendem Schutzgas			×
	Induktionslöten in inertem Schutzgas			×
	Induktionslöten in Vakuum			×
	Ofenlöten mit Flussmitteln	×	×	
	Ofenlöten in reduzierendem Schutzgas		×	×
	Ofenlöten in inertem Schutzgas		×	×
	Ofenlöten in Vakuum		×	×
Löten durch Bewegung	Kaltpresslöten	×	×	
	Ultraschallöten	×	×	

WL – Weichlöten, HL – Hartlöten, HTL – Hochtemperaturlöten

- Bewertung der Lötbarkeit (vgl. dazu Abschnitt 5.1.1):

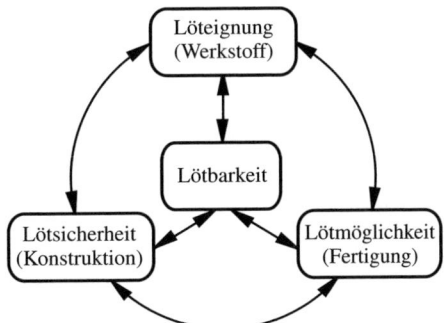

- Übersicht zur Löteignung unterschiedlicher Werkstoffe/Werkstoffgruppen:

  Gruppe 1 Werkstoffe, die mit Universalloten und Universalflussmitteln sowie allen üblichen Verfahren gelötet werden können, zum Beispiel:
  - Kupfer und Kupferlegierungen
  - Nickel und Nickellegierungen
  - Eisenwerkstoffe
  - beliebige Stähle
  - Cobalt
  - Edelmetalle

  Gruppe 2 Werkstoffe, die Speziallote und/oder Spezialflussmittel, jedoch keine speziellen Verfahren erfordern, zum Beispiel:
  - Aluminium und Aluminiumlegierungen

- Hartmetalle, Stellite
- Chrom, Molybdän, Wolfram, Tantal, Niob
- weichlotähnliche Werkstoffe

Gruppe 3 Werkstoffe, die nur unter Verwendung spezieller Lote und spezieller Verfahren gelötet werden können, zum Beispiel:
- Titan
- Zirkonium
- Beryllium
- Metalloxidkeramiken

5.2.2 Lötverbindung, Lote und Flussmittel, Lötbarkeit von Werkstoffen, Verfahrensvarianten

- Aufbau einer Lötverbindung:

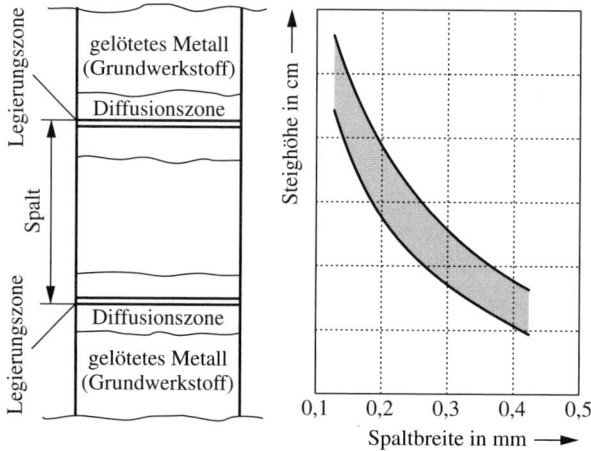

- Kennzeichnung der Lötverfahren nach DIN EN 24 063

Hartlöten, Weichlöten und Fugenlöten (Verfahrensnummer 9)

Hartlöten (Verfahrensnummern 91, 92, 93)		Weichlöten (Verfahrensnummern 94, 95, 96)		Fugenlöten (Verfahrensnummer 97)	
Nr.	Verfahren	Nr.	Verfahren	Nr.	Verfahren
911	Infrarothartlöten	941	Infrarotweichlöten	971	Fugenlöten mit Ramme
912	Flammhartlöten	942	Flammweichlöten	972	Fugenlöten mit Lichtbogen
913	Ofenhartlöten	943	Ofenweichlöten		
914	Lotbadhartlöten	944	Lotbadweichlöten		
915	Salzbadhartlöten	945	Salzbadweichlöten		
916	Induktionshartlöten	946	Induktionsweichlöten		
917	Ultraschallhartlöten	947	Ultraschallweichlöten		
918	Widerstandshartlöten	948	Widerstandsweichlöten		
919	Diffusionshartlöten	949	Diffusionsweichlöten		
923	Reibhartlöten	951	Anschwemm- oder Schwallweichlöten		
924	Vakuumhartlöten				
93	Andere Hartlötverfahren	952	Kolbenweichlöten		
		953	Reibweichlöten		
		954	Vakuumweichlöten		
		956	Schleppweichlöten		
		96	Andere Weichlötverfahren		

5.2 Löten von Einzelteilen und Baugruppen

- Zuordnung typischer Werkstoffe zu geeigneten Loten [76]:

Grundwerkstoff	Lot[1]: Galliumlote	Indiumlote	Bleilote	Zinklote	Zinn-Blei-Lote	Blei-Silber-Lote	Magnesiumlote	Aluminiumlote	Silberlote	Silber-Mangan-Lote	Kupfer-Phosphor-Lot	Goldlote	Silber-Kupfer-Palladium-Lote	Kupfer-Zink-Lote	Platinlote	Titanlote	Nickellote	Manganlote	Kupfer-Nickel-Lote	Kupferlote
Aluminium				■				■												
Aluminiumlegierungen				■				■			■									
Beryllium												■								
Glas – Glas												■								
Glas – Metall												■								
Glas – Quarz		■																		
Gold												■	■							
Graphit																				
Guss / Gusseisen											—									
Grauguss											—									
Temperguss											—									
Hartmetall																				
Inconel																		■		
Keramik																				
Kupfer				■	■	■			■		■	■	■	■						
Kupferlegierungen				■	■	■			■		■		■	■						
Magnesium							■													
Magnesiumlegierungen							■													
Messing				■	■	■			■		■			■						
Molybdän																				
Nickel					■				■			■	■						■	■
Nickellegierungen					■				■			■	■						■	■
Stahl unlegiert					■				■		—		■	■					■	■
legiert					■				■		—		■	■					■	■
hochfest					■				■		—		■				■		■	■
korrosionsbeständig									■		—		(—)				■		■	■
warmfest									■		—		■						■	■
Thorium													■							
Titan													■			■				
Titanlegierungen													■			■				
Wolfram																				
Zink					■															
Zirkonium															■	■				

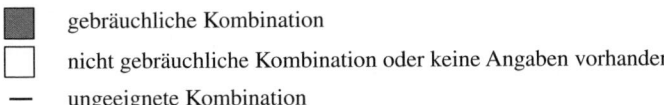

■ gebräuchliche Kombination

☐ nicht gebräuchliche Kombination oder keine Angaben vorhanden

— ungeeignete Kombination

[1] Weichlote: DIN EN 29 454; Hartlote: DIN EN 1045

- Empfehlungen zum Einsatz von Loten, Flussmitteln, und Lötverfahren [73]; Werkstoffgruppe vgl. S. 299/300:

Werkstoffgruppe 1:

Werkstoffe	Hartlöten			Weichlöten		
	Hartlote	Flussmittel	Lötverfahren	Weichlote	Flussmittel	Lötverfahren
Kupfer	L-Ag2P L-CuP6	–		L-SnCu3 L-SnAg5 L-Sn50Pb	F-SW21 F-SW31	Flammlöten, Widerstandslöten, Kolbenlöten, Warmgaslöten
	L-Ag56Sn L-Ag44	F-SH 1	Flammlöten, Induktionslöten, Widerstandslöten, Schutzgasofenlöten			
Kupferlegierungen	L-Ag2P L-Ag56Sn L-Ag44	F-SH 1		L-Sn50Pb L-SnAg5 L-SnCu3 L-CdZnAg2	F-SW 12 F-SW 21	Flammlöten, Widerstandslöten, Kolbenlöten, Warmgaslöten, Ofenlöten (Atmosphäre)
Nickel- und Nickel-legierungen, Eisenwerkstoffe, beliebige Stähle, Cobalt	L-Ag56Sn L-Ag44 L-Ag40Cd	F-SH 1	Flammlöten, Induktionslöten, Widerstandslöten, Ofenlöten (Atmosphäre)			
	L-CuZn40 L-CuNi1OZn42	F-SH 2				
	L-Cu	–	Schutzgasofenlöten, Vakuumofenlöten			
Chrom- und Chrom-Nickel-Stähle	L-Ag56Sn L Ag45lnNl	F-SH 1	Flammlöten, Induktionslöten, Widerstandslöten	L-SnAg5	F-SW 11	Flammlöten, Widerstandslöten, Kolbenlöten, Warmgaslöten, Ofenlöten (Atmosphäre)
	L-Ni7/L-Ni2 LAg72/L-Cu	–	Schutzgasofenlöten, Vakuumofenlöten			
Edelmetalle	L-Ag56Sn L-Ag60 L Agg72 Goldlote	F SH 1	Flammlöten, Induktionslöten, Widerstandslöten, Ofenlöten (Atmosphäre), Schutzgasofenlöten	L-SnAg5	F-SW 21	Flammlöten, Widerstandslöten, Kolbenlöten, Warmgaslöten, Ofenlöten (Atmosphäre)

5.2 Löten von Einzelteilen und Baugruppen

Werkstoffgruppen 2 und 3:

Werkstoffe	Hartlöten			Weichlöten		
	Hartlote	Flussmittel	Lötverfahren	Weichlote	Flussmittel	Lötverfahren
Aluminium und Aluminiumlegierungen (mit Magnesium- und/oder Siliziumgehalten von höchstens 2 %)	L-AlSi12	F-LH 1	Flammlöten, Induktionslöten, Widerstandslöten, Ofenlöten (Atmosphäre)	L-SnAg5 L-CnZn20	F-LW 1	Kolbenlöten, Widerstandslöten, Warmgaslöten
Hartmetalle, Stellite	L-Ag50CdNi L-Ag49 (eventuell als „Schichtlot")	F-SH 1	Flammlöten, Induktionslöten, Widerstandslöten, Ofenlöten (Atmosphäre), Schutzgasofenlöten	—	—	—
	L-Ag27 L-CuNi10Zn42	F-SH 2				
	L-Cu (eventuell mit Nickelnetz)	—	Schutzgasofenlöten, Vakuumofenlöten			
Chrom-Molybdän, Wolfram, Tantal, Niob	L-Ag49	F-SH 1	Flammlöten, Induktionslöten, Widerstandslöten, Ofenlöten (Atmosphäre), Schutzgasofenlöten	—	—	—
	Cu87MnCo (nicht genormt)	F-SH 2				
Zink, Antimon	—	—	—	L-Sn40Pb L-SnAg5	F-SW 12	Flammlöten, Widerstandslöten, Kolbenlöten, Warmgaslöten
Blei, Wismut, Zinn	—	—	—	L-SnPbCd 18	F-SW 12	Flammlöten, Widerstandslöten, Kolbenlöten, Warmgaslöten
Titan	L-Ag72 Ag58CuPd (nicht genormt)	—	Schutzgasofenlöten (Argon), Vakuumofenlöten	—	—	—
Zirkonium, Beryllium	Ag58CuPd (nicht genormt)	—	Schutzgasofenlöten (Argon), Vakuumofenlöten	—	—	—
Grafit, Metalloxidkeramiken	AgCuTi (nicht genormt)	—	Schutzgasofenlöten (Argon), Vakuumofenlöten	—	—	—

- Übersicht (Funktionsprinzipien) zu Lötverfahren und -varianten [76]:

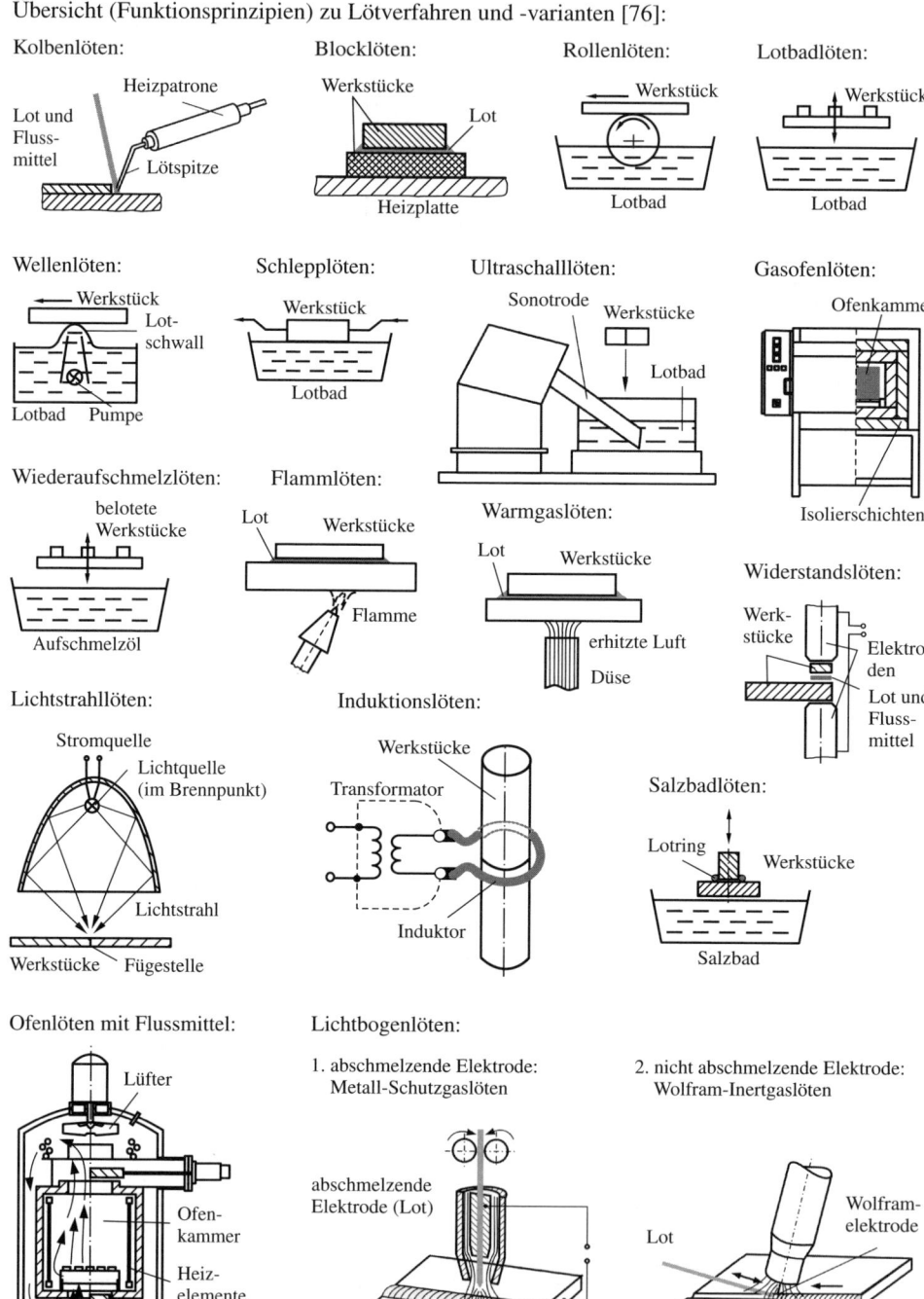

5.2 Löten von Einzelteilen und Baugruppen

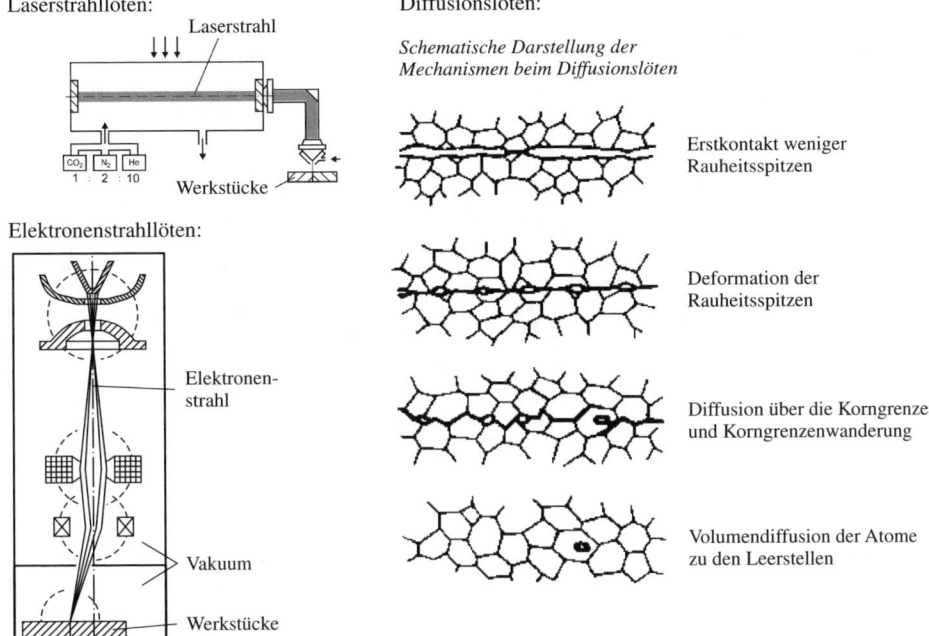

5.2.3 Lötgerechte Konstruktion von Bauteilen; Zeichnerische Darstellung von Lötverbindungen

- Stoßarten an Lötverbindungen [76]:

Stoßart	Bemerkungen
Überlappstoß	Teile liegen parallel aufeinander und überlappen teilweise oder vollständig – für Lötverbindungen prinzipiell vorteilhaft – vergleichsweise große Lötflächen realisierbar – bevorzugt für Verbindungen an Blechen und Rohren Sonderfall: Einsteckverbindung: Bauteile stecken ineinander. Zwischen den Mantelflächen besteht der Lötspalt, vorzugsweise für Verbindungen von Rohren mit Armaturen.
Parallelstoß	Teile liegen parallel aufeinander. – für Lötverbindungen prinzipiell vorteilhaft – vergleichsweise große Lotflächem realisierbar – bevorzugt für Verbindungen an Blechen und Rohren
Stumpfstoß	Teile liegen in einer Ebene und stoßen stumpf gegeneinander. – bevorzugt angewandt für Fugenlotung, aber auch Spaltlötung möglich – nur relativ kleine Lötflächen vorhanden
T-Stoß	Teile stoßen rechtwinklig aufeinander. – bevorzugt angewandt für Fugenlötung, aber auch Spaltlötung möglich – typisch für Lichtbogenlötungen – nur relativ kleine Lötflächen vorhanden
Schrägstoß	Eines der Teile stößt schräg gegen ein anderes. – bevorzugt angewandt für Fugenlötung, aber auch Spaltlötung möglich – typisch für Lichtbogenlötungen – nur relativ kleine Lötflächen vorhanden

- Einfluss des Lötspaltverhaltens auf eine lötgerechte Konstruktion [76]:

konstruktiv zweckmäßig	konstruktiv unzweckmäßig	Bemerkungen
		Der erforderliche Lötspalt b muss bei Arbeitstemperatur vorhanden sein. Der Lötspalt sollte eine konstante Lotflussrichtung verengen. Eine Verbreiterung des Lötspalts in der Lotflussrichtung ist zu vermeiden. Die durch das Lot zu benetzende Fläche sollte nicht durch Einstiche o. Ä. unterbrochen sein. AT Arbeitstemperatur RT Raumtemperatur

- Typische Beispiele für lötgerechte Konstruktionen bezüglich Fließmöglichkeiten der Lote und vorteilhafte Krafteinleitung [76]:

  Günstige Fließmöglichkeiten:

konstruktiv zweckmäßig	konstruktiv unzweckmäßig	Bemerkungen
		Das Lot soll bei nicht konstanter Lötspaltbreite in Richtung der Spaltverengung fließen. *Andernfalls*: Reduzierter kapillarer Fülldruck und ungenügende Spaltfüllung
		Die durch das Lot zu benetzende Fläche soll nicht unterbrochen sein. Fasen, Einstiche u. a. sind zu vermeiden. *Andernfalls:* Reduzierter, häufig gänzlich aufgehobener kapillarer Fülldruck und ungenügende oder überhaupt nicht erfolgte Spaltfüllung
		Bei sehr goßen Lötflächen mit großen notwendigen Fließwegen kann die Lötfläche ggf. reduziert werden, z. B. in Form einer Ringfläche. Die Verminderung der Lötfläche wird durch die Vorteile, d. h. weniger wahrscheinliche Lötfehler, und durch die verbesserte Spaltfüllung, ausgeglichen. *Andernfalls:* große Fließwege, höhere Wahrscheinlichkeit von Lötfehlern
		Unterbringung des Lots in einem Lötdepot anstreben, um die Fließwege zu verringern. *Andernfalls:* Gefahr ungenügender Spaltfüllung
		Das Lot möglichst vom Bauteilinnern nach außen fließen lassen. Hierdurch kann Flussmittel entweichen, und visuelle Kontrolle der Spaltfüllung ist möglich. *Andernfalls:* Gefahr von Flussmitteleinschlüssen und erschwerte Qualitätskontrolle

5.2 Löten von Einzelteilen und Baugruppen

Vorteilhafte Krafteinleitung:

konstruktiv zweckmäßig	konstruktiv unzweckmäßig	Bemerkungen
$u = (3 \ldots 6)t$	$u > 6t$	Um für die Lötverbindung die Belastbarkeit des Grundwerkstoffs zu erreichen, genügt als Überlapplänge i. Allg. das 3- ... 6fache der kleinsten vorhandenen Blechdicke. *Falls Überlappung zu groß:* Zunehmende Wahrscheinlichkeit von Lötfehlern, Überdimensionierung und verminderte Wirtschaftlichkeit infolge größeren Werkstoffbedarfs
$4t$ / $4t$	$3t$	Steifigkeitssprünge vermeiden, insbesondere wichtig bei dynamisch beanspruchten Konstruktionen. *Andernfalls:* Gefahr von Spannungskonzentrationen und Bauteilversagen durch Bruch oder reduzierte Bauteillebensdauer
		Große Lötflächen anstreben, z. B. Stumpf- oder T-Stöße durch Überlappstöße oder Einsteckverbindungen ersetzen. *Andernfalls:* Verminderte Festigkeit der Lötverbindung

- Zeichnerische Darstellung einer Lötverbindung [76]; DIN EN 22 553:

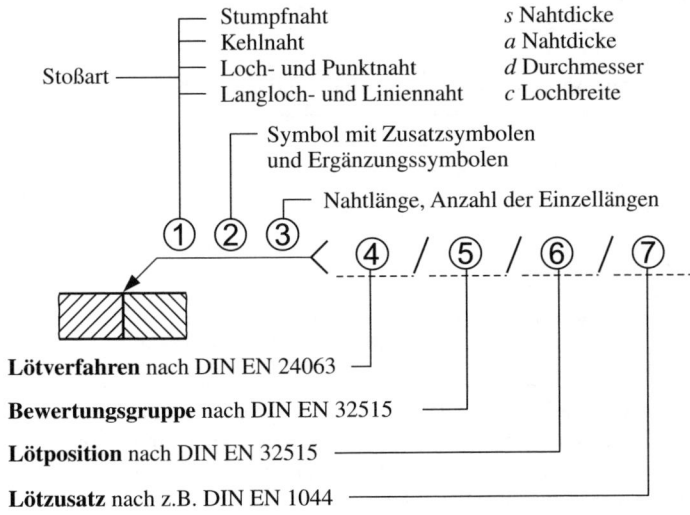

Stoßart — Stumpfnaht — s Nahtdicke
Kehlnaht — a Nahtdicke
Loch- und Punktnaht — d Durchmesser
Langloch- und Liniennaht — c Lochbreite

Symbol mit Zusatzsymbolen und Ergänzungssymbolen

Nahtlänge, Anzahl der Einzellängen

① ② ③ ④ / ⑤ / ⑥ / ⑦

Lötverfahren nach DIN EN 24063
Bewertungsgruppe nach DIN EN 32515
Lötposition nach DIN EN 32515
Lötzusatz nach z.B. DIN EN 1044

- Richtwerte zum Löten:

    Spaltbreiten: $a_{opt} \approx (0{,}01 \ldots 0{,}25)$ mm
    Lötzeiten: $\quad t_{Löt} \approx [0{,}005\,(5 \ldots 7)]$ s (Ofenlöten: $\lessapprox 3600$ s; Widerstandslöten: ≤ 2400 s)
    Blechdicken: $s_{Löt} \approx (0{,}1 \ldots 12{,}0)$ mm
    Füllgrad des Lötspaltes mit Lot (DIN 65 170): $\geqq (80 \ldots 85)\,\%\ \to$ Bew.-Gruppe I
    $\hspace{6.5cm} \geqq (70 \ldots 75)\,\%\ \to$ Bew.-Gruppe II
    $\hspace{6.5cm}$ Ohne Forderungen $\to$ Gruppe III

5.3 Kleben von Bauteilen

5.3.1 Aufbau von Klebeverbindungen; Vorteile, Anwendungsgrenzen und Besonderheiten beim Kleben [76]

- Aufbau einer Klebeverbindung: • Kohäsion und Adhäsion beim Kleben:

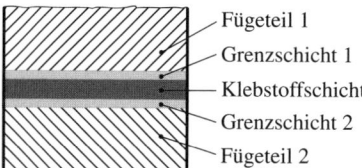
Fügeteil 1
Grenzschicht 1
Klebstoffschicht
Grenzschicht 2
Fügeteil 2

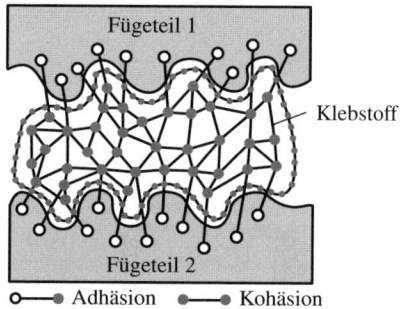
Fügeteil 1
Klebstoff
Fügeteil 2
○—● Adhäsion   ●—● Kohäsion

- Wechselwirkungen zwischen stoff- und formspezifischen Haltekräften:

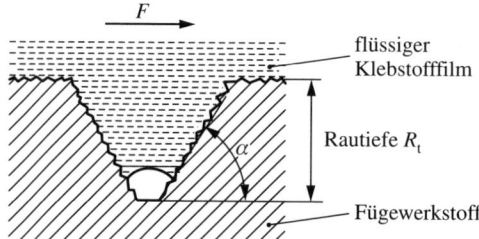
F
flüssiger Klebstofffilm
Rautiefe R_t
α
Fügewerkstoff

- Vorteile und Anwendungsgrenzen; Verfahrensspezifische Besonderheiten [76]:

Vorteile	Nachteile
– Möglichkeit, unterschiedliche Materialien zu fügen – keine bzw. geringe thermische Beeinflussung der Werkstücke – Gewichtsersparnis, Leichtbau – viele günstige Eigenschaften, wie z. B. gleichmäßige Spannungsverteilung senkrecht zur Belastungsrichtung, dynamische Festigkeit und Schwingungsdämpfung – sehr wirtschaftliches Fügeverfahren	– Überlappung erforderlich – Oberflächenvorbehandlung der Fügeteile (teilweise aufwendig) – begrenzte thermische Beständigkeit, Alterungsabhängigkeit der Festigkeit, Festigkeitseigenschaften in der Regel schlechter als bei Schweißverbindungen – begrenzte Zeitstandfestigkeit – begrenzte Reparaturmöglichkeiten

Für Klebstoffe auf anorganischer Basis, die vor allem dann gewählt werden, wenn Dauertemperaturbelastungen von $250 \ldots 350\,°C$ vorliegen oder sogar überschritten werden, treffen einige dieser Vorteile nicht zu. Die Verarbeitungstemperaturen dieser Klebstoffe liegen in Temperaturbereichen, in denen schon Gefügeänderungen an metallischen Fügewerkstoffen möglich sind.

5.3 Kleben von Bauteilen

- Eignung von Klebstoffen für Metalle und Kunststoffe:

Klebstoffe für Metalle:

Leichtmetalle:	EP-Harze
	Phenolharze
	Ungesättigte Polyesterharze
	PUR-Klebstoffe
	Acrylat-Klebstoffe
Stahlwerkstoffe:	Ungesättigte Polyesterharze
	Phenol-, EP-Harze
	PUR-Klebstoffe
	Acrylat-Klebstoffe
	Kautschuk-Klebstoffe
Schwermetalle:	EP-Harze (ggf. elastifiziert)
	Ungesättigte Polyesterharze
	PUR-Klebstoffe
	Acrylat-Klebstoffe
	Kautschuk-Klebstoffe

Klebstoffe für Kunststoffe:

Duroplaste:	EP-Harze
	Unges. Polyesterharze
	PUR-Klebstoffe
	Phenol-, Melamin-, Harnstoffe
Thermoplaste:	Kaltverfestigende flexible Klebefilme
	Lösemittel-Klebstoffe
Elastomere:	PUR-Klebstoffe
	Kautschuk-Klebstoffe

5.3.2 Klebstoffarten (DIN EN 923); Grundvorgänge beim Kleben

- Einteilung der Klebstoffe nach der Art des Abbindens [76]:

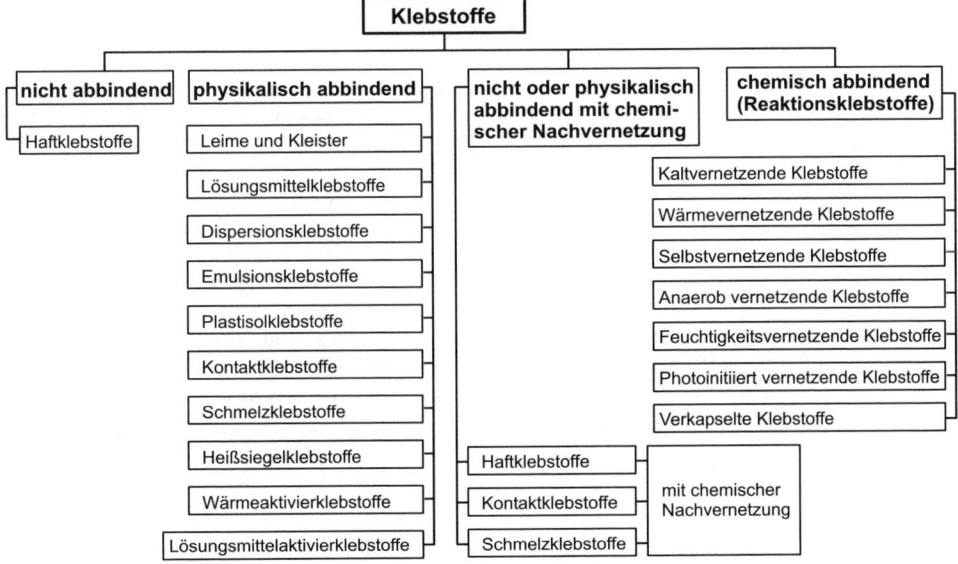

- Einheitlicher Grundprozess beim Kleben [76]:

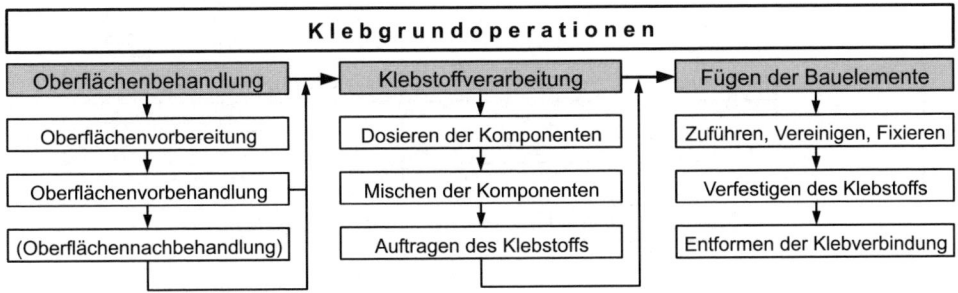

- Möglichkeiten zum Lösen von Klebeverbindungen [76]:

Art der Demontage	Beschreibung	Kombinationsmöglichkeiten der Demontagearten	
thermisch	Temperaturen im Schmelz- bzw. Zersetzungsbereich der Klebstoffe bewirken eine Entfestigung der Klebschicht, sodass eine Trennung mit geringen Kräften erfolgen kann.	×	×
mechanisch	Die alleinige Anwendung mechanischer Kräfte ist meist mit der Beschädigung oder Zerstörung der gefügten Teile verbunden.	×	×
chemisch	Lösungsmitteleinwirkung über längere Zeit (Tauchbad) und bei ggf. erhöhter Temperatur ermöglicht in begrenztem Maße eine Entfestigung der Klebschicht.		×

5.3.3 Empfehlungen zur klebegerechten Konstruktion und Festigkeitsprüfung von Bauteilen

- Typische Grundbeanspruchungen für Klebeverbindungen (DIN 8593, Teil 8)

Thermische Beständigkeit: Organische Klebstoffe: $T \leq (100 \ldots 150)\,°C$

Anorganische Klebstoffe (sog. „Zemente"): $T \leq 3000\,°C$

Mechanische Belastungen [76]:

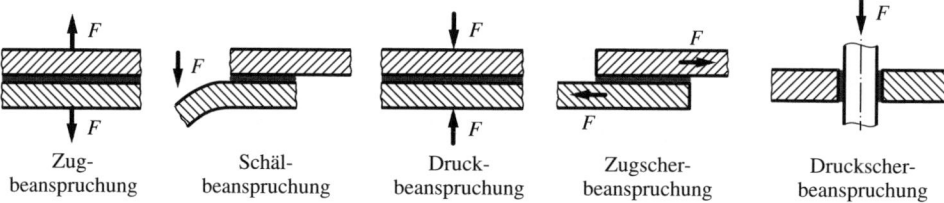

Zug-beanspruchung · Schäl-beanspruchung · Druck-beanspruchung · Zugscher-beanspruchung · Druckscher-beanspruchung

In jedem Fall sind Relaxations- und Kriecheffekte zu berücksichtigen, d. h. vor allem: Festigkeitsberechnungen in jedem Fall durch praktisch orientierte Versuche verifizieren!

- Empfehlungen zur Gestaltung von Klebeverbindungen (Druck- und Scherbeanspruchungen können durch Klebeverbindungen aufgenommen werden; Si-Faktoren: $f_{Si} = 1{,}5 \ldots 3$) [76]:

Stoßart	Beispiele für Flachverbindungen	Beispiele für Rundverbindungen
Stumpfstoß	Stumpfstoß (-)	Stumpfklebung (-)
	Schäftung (+)	Schäftung (+)
	Keilzapfenverbindung (+)	doppelte Schäftung (+)

5.3 Kleben von Bauteilen

Stoßart	Beispiele für Flachverbindungen	Beispiele für Rundverbindungen
Stumpfstoß	abgesetzte Überlappung (++)	abgesetzte Schäftung (++)
	abgesetzte Doppellaschung (+++)	abgesetzte Überlappung (+++)
Überlappstoß	einschnittige Überlappung (+)	Steckverbindung (+)
	zugeschärfte einschnittige Überlappung (++)	Steckverbindung mit Eindrehung (++)
	zweischnittige Überlappung (+++)	
kombinierter Stumpf-Überlappstoß	gekröpfte Überlappung (+)	Innenmuffenverbindung (+)
	einschnittige Laschung (+)	Außenmuffenverbindung (+)
	zweischnittige Laschung (++)	geteilte Außenmuffenverbindung (+) 1; 2 ... Fügeteile (Rohre) 3; 4 ... geteilte Muffe
	zugeschärfte zweischnittige Laschung (+++)	

(-) ungeeignet   (+) geeignet   (++) gut geeignet   (+++) sehr gut geeignet

- Übersicht zu typischen Festigkeitsprüfungen von Klebeverbindungen [76]:

Prüfung	Beanspruchung	Beschreibung	
Zeitstandversuch	ruhend, statisch	Zur Beurteilung des Kriechverhaltens von Klebstoffen werden die Zeitstandfestigkeit (Zugkraft, die nach bestimmter Zeit zur Trennung der Klebverbindung führt) und die Dauerstandfestigkeit (Zugkraft, die dauernd ohne Schädigung der Klebverbindung wirken kann) sowie die Relativverschiebung der Fügepartner zueinander ermittelt. DIN 53 284	
Zugscherversuch	einmalig, quasistatisch	Ermittelt werden die Klebfestigkeiten einschnittig überlappter Metallklebungen bei Beanspruchung der Fügeteile durch Zugkräfte parallel zur Klebfläche. DIN EN 1465	
		Klebstoff-Kennwerte, wie z. B. Schubmodul, Schubfestigkeit, Bruchgleitung, werden ermittelt. Relativ dicke Fügeteile und eine kurze Klebfuge gewährleisten einen annähernd gleichmäßigen Schubspannungszustand in der Klebschicht. Die im Versuch gemessene Fügeteilverschiebung in Kraftrichtung im Überlappungsbereich ist ein Maß für die Klebschicht-Schubverformung. DIN 54 451	
Losbrechversuch	einmalig, quasistatisch	Bei der Bestimmung der Drehfestigkeit, die zur vergleichenden Beurteilung der Sicherungswirkung an geklebten Gewinden dient, werden das bei der ersten Relativbewegung zwischen den als Mutter und Schraube ausgebildeten Fügeteilen gemessene Drehmoment und das nach dem Losbrechen bei einem festgelegten Drehwinkel gemessene Moment ermittelt. DIN EN ISO 10 964	
Schwingversuch	mehrmalig, deterministisch oder stochastisch	Zur Ermittlung der Ermüdungseigenschaften von Strukturklebungen wird eine einschnittig oder zweischnittig überlappte Fügeprobe aus Aluminiumlegierungen oder Stahl der Einwirkung von Spannungen unterworfen, die sich als Überlagerung einer sinusförmig wechselnden Spannung und einer statischen Spannung ergeben. Beurteilt wird der Zustand der Probe nach bestimmten Lastwechselzahlen. DIN EN ISO 9664	

5.3 Kleben von Bauteilen

Prüfung	Beanspruchung	Beschreibung	
Stirnzug-versuch	einmalig, quasistatisch	Mit diesem Verfahren werden Zugfestigkeiten von Stumpfklebungen bestimmt. Zur Beurteilung dienen jeweils die größte Kraft während des Bruchvorganges und die Art des Bruches. DIN EN 26 922	
Druck-scherver-such	einmalig, quasistatisch	Die Druckscherfestigkeiten vorzugsweise anaerob härten-der Metallklebstoffe werden ermittelt. Die Druckscherfes-tigkeiten ergeben sich als Quotient aus der axialen Bruchkraft und der Scherflä-che im rotationssymme-trischen Klebspalt DIN 54 452	
Winkel-schälver-such	einmalig, quasistatisch	Ermittelt wird der Widerstand von Metallklebungen gegen abschälende Kräfte. Die T-för-mig abgewinkelte Probe wird bis zur Trennung auseinan-dergezogen und dabei die erforderliche Kraft über dem Weg aufgezeichnet. DIN 53 282	
Biegeschäl-versuch	einmalig, quasistatisch	Zur Ermittlung des Biege-schälwiderstandes von Kunst-stoff-Metall-Klebverbindungen gegen abschälende, senk-recht zur Klebfuge angreifende Kräfte wird ein flächig auf ein Stahlteil überlappt geklebtes Kunststoffteil an seinem freien Ende senkrecht zur Klebflä-che linienförmig belastet. Kraft und Weg bis zum ersten Anriss werden aufgezeichnet. DIN V 54 461	
Torsions-scherver-such	einmalig, quasistatisch	Die Torsionsscherfestigkeiten vorwiegend anaerob härten-der Klebstoffe werden ermit-telt. Die Torsionsscherfestig-keiten ergeben sich als Quotient aus dem Bruchmo-ment und dem Produkt aus Klebspaltradius und Scherfläche. DIN 54 455	

5.3.4 Gesundheits- und Arbeitsschutz beim Kleben

- Vorhandene Gefährdungen [76]:

Aufnahme durch	Wirkung und Folgen
Kontakt (Berührung mit der Haut)	reizend, toxisch Dermatosen, allergische Exzeme
Inhalation (Lunge, Aufnahme über Atmung)	reizend, toxisch allergisches Asthma
Resorption (innere Organe, Nervensystem, Aufnahme über Verdauungstrakt)	reversible Funktionsstörungen, irreversible Funktionsstörungen, Entstehung von Tumoren

- Geeignete Schutzmaßnahmen:

Arbeitsschutzrisiken	Arbeitsschutzmaßnahmen
Klebstoffe	Ersatz von Lösungsmitteln durch wässrige Medien bei der Vorbehandlung, Einsatz von Klebstoffen ohne oder mit geringem Lösungsmittelgehalt, Ersatz von flüssigen Klebstoffen durch feste oder pastöse Klebstoffe, Vermeidung der Entstehung bzw. Freisetzung von Reaktionsprodukten bei thermischen Folgeoperationen
Klebtechnologie	Verwendung geschlossener Systeme für die Bereitstellung, den Transport und ggf. die Mischung des Klebstoffs, Einsatz automatisierter, leckagefreier und exakt justierbarer Dosier- und Auftragsvorrichtungen, Materialfluss ohne Bauteil- und Anlagenverschmutzung durch die Verschleppung von Klebstoffresten
Mensch	Arbeitsmedizinische Vorsorgeuntersuchungen, Tragen von Schutzkleidung, Atemschutzmaßnahmen bei Überschreitung der Arbeitsplatzkonzentration

5.4 Übersicht zu sonstigen Verfahren zur Verbindung von Bauteilen und Baugruppen

Eine Übersicht zu weiteren z. T. neuartigen Methoden zum Fügen von Bauteilen und Baugruppen mittels
- Zusammensetzen (Einlegen, Einhängen, ...),
- Füllen (Einfüllen, Tränken),
- Urformen (Ausgießen, Umgießen, Ummanteln, ...),
- An- oder Einpressen (Schrauben, Pressen, Nageln, Verkeilen, ...) und
- Umformen (Spleißen, Weiten, Fließpressen, Nieten, Clinchen, Quetschen, ...)

ist im Anhang Tafel T 5.1 der vorliegenden Formelsammlung zusammengestellt.

6 Beschichten – Herstellung fest haftender metallischer und nichtmetallischer Schichten

- Typische Verfahren zur Vorbehandlung/zum Entrosten von Bauteilen (Bearbeitungszeiten, erforderliche Mittel):
  - Entfetten (Gas-, Dampf-, Ultraschall-, ..., ggf. anschließend Spülen):
    $t = 30 \text{ min} \cdot \text{m}^{-2}$ (NaOH, NaCN, ...)
  - Beizen (Ätzen): $t = 2 \text{ min} \cdot \text{m}^{-2}$ (z. B. mittels HNO_3, H_2SO_4, HCl, HF, ...)
  - Bürsten: Handbürsten: $t = 12 \text{ min} \cdot \text{m}^{-2}$
    Druckluftbürsten: $t = 6 \text{ min} \cdot \text{m}^{-2}$
  - Klopfen (Druckluft-): $t = 20 \text{ min} \cdot \text{m}^{-2}$
  - Strahlen (Sand-, Kies-, ...): $t = 4 \text{ min} \cdot \text{m}^{-2}$
  - Flammstrahlen: $t = 6 \text{ min} \cdot \text{m}^{-2}$

- Bewertung von Rostgraden an Werkstücken:
  - R_0: Oberfläche vollständig frei von Rost, Verzunderungen u. Ä.
  - $R_1 = 0{,}5 \ldots 1{,}0\,\%$; Roststellen, Verzunderungen
  - $R_2 \leq 5\,\%$
  - $R_3 \leq 15\,\%$
  - $R_4 \leq 40\,\%$
  - $R_5 > 50\,\%$

- Übersicht/Vergleich der Leistungsfähigkeit derzeit üblicher Beschichtungsverfahren:

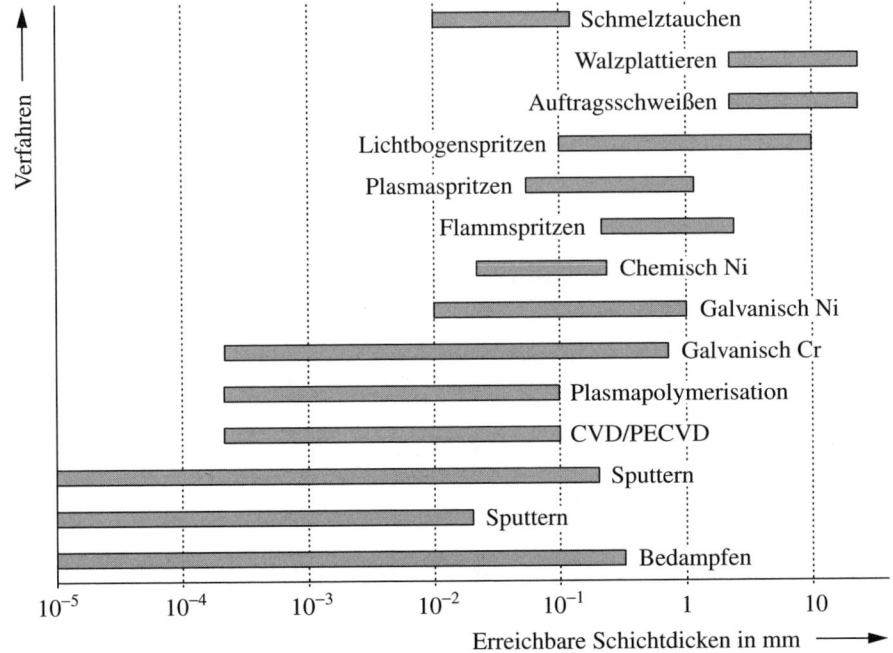

316   6 Beschichten – Herstellung fest haftender metallischer und nichtmetallischer Schichten

- Empfehlungen zur beschichtungsgerechten Konstruktion von Bauteilen [80]:
  - Vermeidung von Sammelmöglichkeiten für Beschichtungsstoffe:

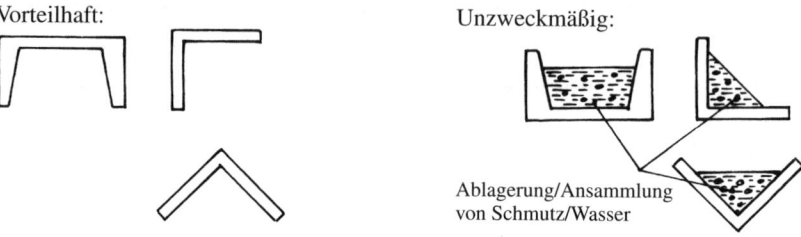

Vorteilhaft: Unzweckmäßig:

Ablagerung/Ansammlung von Schmutz/Wasser

  - Gestaltung von Schweißnähten und Werkstückkonturen (-ecken, -kanten):

Ungünstig (begrenzte Zugänglichkeit zu den zu beschichtenden Teilebereichen):

Günstiger (gute Zugänglichkeit zu den zu beschichtenden Werkstückbereichen):

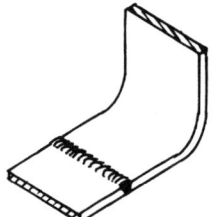

  - Beeinflussung von Beschichtungssystemen durch scharfe Ecken oder Werkstückkanten:

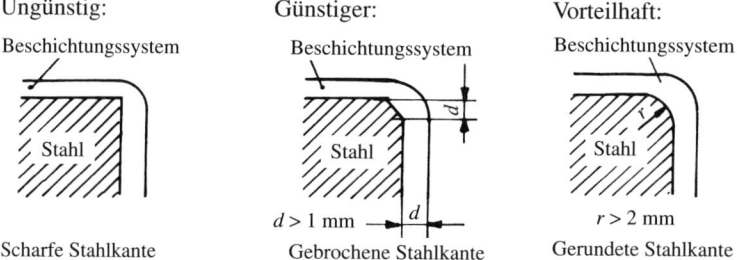

Ungünstig: Günstiger: Vorteilhaft:
Beschichtungssystem   Beschichtungssystem   Beschichtungssystem
Stahl   Stahl   Stahl
                          $d > 1$ mm $r > 2$ mm
Scharfe Stahlkante   Gebrochene Stahlkante   Gerundete Stahlkante

6.1 Beschichten mit metallischen Überzügen

- Schmelz- und Tauchverfahren:

  Beschichten mit Al, Zn, Sn, Pb, ...; z. B. Verzinken bei $T \approx 450\,°C$ und $t \approx (0{,}3 \ldots 10)\,\text{min}$

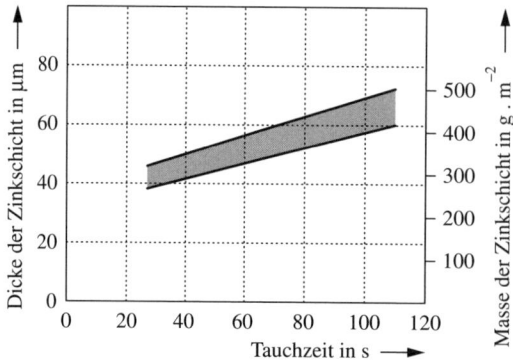

6.1 Beschichten mit metallischen Überzügen

- Diffusionsbeschichten: Diffusionswerkstoffe: C, N_2, B, Si, Al, Cr, Zn, ...

- Auftragsschweißen (vgl. auch Kapitel 5) z. B. zum
  - **Panzern** von Teilekonturen (wie Schutz verschleißbeanspruchter Konturen an Ur- und Umformwerkzeugen);
  - **Plattieren** zur Verbesserung der Beständigkeit gegenüber Korrosion;
  - **Puffern** (Erzeugung sog. Konversionsschichten) für eine Verbesserung der Bindung zwischen unterschiedlichen (Grund- und Beschichtungs-)Werkstoffen.

- Thermisches Spritzen (auch „Metallspritzen"; Übersicht und Bearbeitungsparameter, nach [81]):

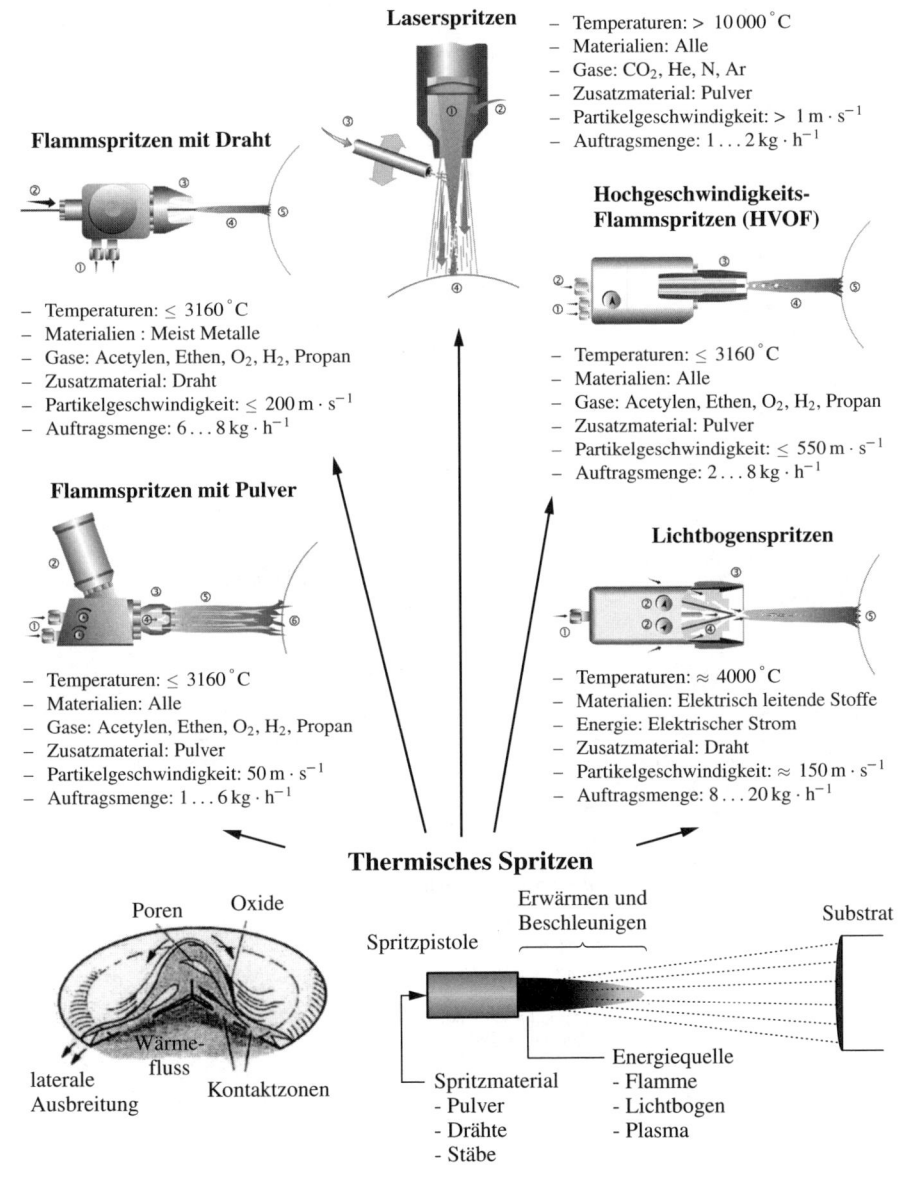

Laserspritzen
- Temperaturen: > 10 000 °C
- Materialien: Alle
- Gase: CO_2, He, N, Ar
- Zusatzmaterial: Pulver
- Partikelgeschwindigkeit: > 1 m · s^{-1}
- Auftragsmenge: 1 ... 2 kg · h^{-1}

Flammspritzen mit Draht
- Temperaturen: ≤ 3160 °C
- Materialien: Meist Metalle
- Gase: Acetylen, Ethen, O_2, H_2, Propan
- Zusatzmaterial: Draht
- Partikelgeschwindigkeit: ≤ 200 m · s^{-1}
- Auftragsmenge: 6 ... 8 kg · h^{-1}

Hochgeschwindigkeits-Flammspritzen (HVOF)
- Temperaturen: ≤ 3160 °C
- Materialien: Alle
- Gase: Acetylen, Ethen, O_2, H_2, Propan
- Zusatzmaterial: Pulver
- Partikelgeschwindigkeit: ≤ 550 m · s^{-1}
- Auftragsmenge: 2 ... 8 kg · h^{-1}

Flammspritzen mit Pulver
- Temperaturen: ≤ 3160 °C
- Materialien: Alle
- Gase: Acetylen, Ethen, O_2, H_2, Propan
- Zusatzmaterial: Pulver
- Partikelgeschwindigkeit: 50 m · s^{-1}
- Auftragsmenge: 1 ... 6 kg · h^{-1}

Lichtbogenspritzen
- Temperaturen: ≈ 4000 °C
- Materialien: Elektrisch leitende Stoffe
- Energie: Elektrischer Strom
- Zusatzmaterial: Draht
- Partikelgeschwindigkeit: ≈ 150 m · s^{-1}
- Auftragsmenge: 8 ... 20 kg · h^{-1}

Thermisches Spritzen

Poren, Oxide, Wärmefluss, Kontaktzonen, laterale Ausbreitung

Spritzpistole — Erwärmen und Beschleunigen — Substrat
Spritzmaterial
- Pulver
- Drähte
- Stäbe

Energiequelle
- Flamme
- Lichtbogen
- Plasma

... (weiter folgende Seite)

Thermisches Spritzen

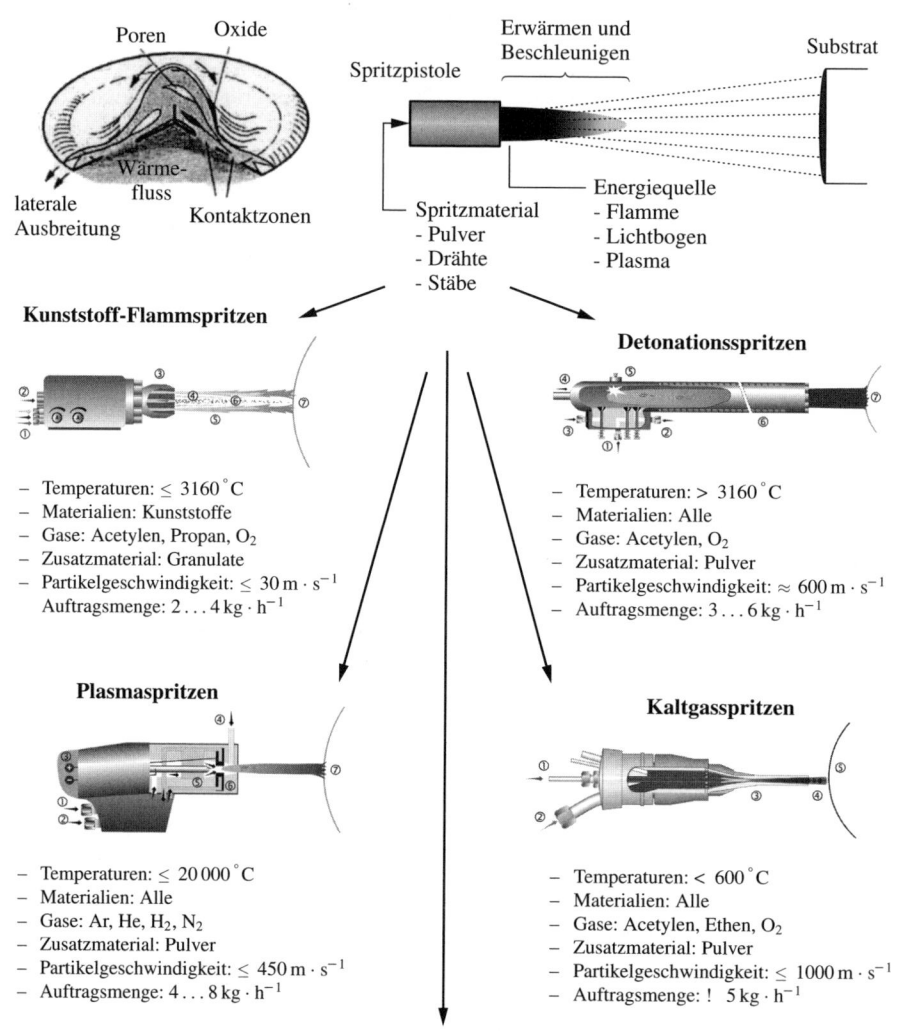

Kunststoff-Flammspritzen

- Temperaturen: $\leq 3160\,°C$
- Materialien: Kunststoffe
- Gase: Acetylen, Propan, O_2
- Zusatzmaterial: Granulate
- Partikelgeschwindigkeit: $\leq 30\,m \cdot s^{-1}$
  Auftragsmenge: $2\ldots 4\,kg \cdot h^{-1}$

Detonationsspritzen

- Temperaturen: $> 3160\,°C$
- Materialien: Alle
- Gase: Acetylen, O_2
- Zusatzmaterial: Pulver
- Partikelgeschwindigkeit: $\approx 600\,m \cdot s^{-1}$
- Auftragsmenge: $3\ldots 6\,kg \cdot h^{-1}$

Plasmaspritzen

- Temperaturen: $\leq 20\,000\,°C$
- Materialien: Alle
- Gase: Ar, He, H_2, N_2
- Zusatzmaterial: Pulver
- Partikelgeschwindigkeit: $\leq 450\,m \cdot s^{-1}$
- Auftragsmenge: $4\ldots 8\,kg \cdot h^{-1}$

Kaltgasspritzen

- Temperaturen: $< 600\,°C$
- Materialien: Alle
- Gase: Acetylen, Ethen, O_2
- Zusatzmaterial: Pulver
- Partikelgeschwindigkeit: $\leq 1000\,m \cdot s^{-1}$
- Auftragsmenge: ! $5\,kg \cdot h^{-1}$

Vakuumplasmaspritzen

- Temperaturen: $\leq 20\,000\,°C$
- Materialien: Alle
- Gase: Ar, He, H_2, N_2
- Zusatzmaterial: Pulver
- Partikelgeschwindigkeit: $\leq 450\,m \cdot s^{-1}$
- Auftragsmenge: $5\ldots 9\,kg \cdot h^{-1}$

6.1 Beschichten mit metallischen Überzügen

- Beschichten aus dem ionisierten Zustand (Elektrolytische/galvanische Metallabscheidung):
  - Funktionsprinzip:

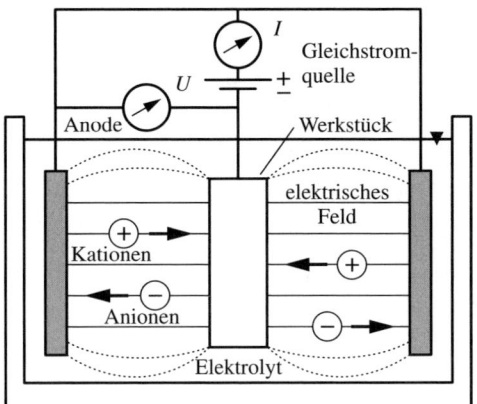

  - Berechnungen:

    Abzuscheidende Masse:

    $$m = C \cdot I \cdot t_{Besch} \cdot \eta_{Besch} \quad \text{in g}$$

    oder

    $$m = A_0 \cdot s_{Schicht} \cdot \varrho_{Schicht} \quad \text{in g}$$

    Stromdichte:

    $$S_{Besch} = \frac{I}{A_0} \quad \text{in A} \cdot \text{mm}^{-2}$$

m	Abzuscheidende (Schicht-)Masse in g
C	Werkstoffkonstante in 10^{-3} g $\cdot$ (A $\cdot$ s)$^{-1}$, z. B.:
	Pb: $C = 1{,}074$ g $\cdot$ (A $\cdot$ s)$^{-1}$ (Bad: sauer)
	Cr: $C = 0{,}090$ g $\cdot$ (A $\cdot$ s)$^{-1}$ (Bad: sauer)
	Au: $C = 2{,}041$ g $\cdot$ (A $\cdot$ s)$^{-1}$ (Bad: alkalisch)
	Cu: $C = 0{,}658$ g $\cdot$ (A $\cdot$ s)$^{-1}$ (Bad: alkalisch)
	Ag: $C = 1{,}118$ g $\cdot$ (A $\cdot$ s)$^{-1}$ (Bad: alkalisch)
	Zn: $C = 0{,}339$ g $\cdot$ (A $\cdot$ s)$^{-1}$ (Bad: alkalisch)
	Sn: $C = 0{,}615$ g $\cdot$ (A $\cdot$ s)$^{-1}$ (Bad: sauer)
$s_{Schicht}$	Entstehende Schichtdicke in µm
t_{Besch}	Abscheidezeit in s
η_{Besch}	Wirkungsgrad (Stromausbeute), z. B.: $\eta_{Besch} \approx 0{,}15 \ldots 0{,}30$
ϱ_{Besch}	Dichte des abscheidenden Werkstoffes in g $\cdot$ mm^{-3}, z. B.
	Cu: $\varrho_{Besch} = 0{,}008\,96$ g $\cdot$ mm^{-3}
	Cr: $\varrho_{Besch} = 0{,}007\,10$ g $\cdot$ mm^{-3}
A_0	Tatsächliche Teileoberfläche in mm^2
S_{Besch}	Stromdichte in A $\cdot$ mm^{-2}
I	Stromstärke in A

    Entstehende Schichtdicken:

    $$s = \frac{100 \cdot C \cdot S_{Besch} \cdot t_{Besch} \cdot \eta_{Besch}}{\varrho_{Besch}} \quad \text{in µm}$$

Beschichtungszeit (sinngemäß: Maschinenhauptzeit t_H):

$$t_{Besch} = \frac{m}{C \cdot I \cdot \eta_{Besch}} \text{ in s}$$

- Anodisches Beschichten: Wie galvanische Metallabscheidung für Al-, Mg-, Ti-Werkstoffe, wobei als Unterschied der abzuscheidende Werkstoff als **Anode** gepolt ist.

  Typisches Beispiel: **EL OX AL** – Verfahren (elektrochemisches Oxidieren von Aluminium):

  $$2\,Al + 6\,OH^- \rightleftarrows Al_2O_3 + 3\,H_2O + 6\,e^- \quad \text{(Schichtdicken: } s = 5\ldots 25\,\mu m)$$

- Eloxieren:

  Parameter: Elektrolyt: $\quad\quad\quad H_2SO_4$ (Konzentration: $200\,g \cdot l^{-1}$)
  Badtemperatur: $\quad\quad T \leqq 20\,°C$
  Stromdichte: $\quad\quad\quad I = 1{,}6\,A \cdot dm^{-2}$
  Beschichtungszeit(en): $t_{Besch} = 40\,min$ (für $s = 15\,\mu m$)
  Schichtdicken: $\quad\quad s_{Schicht} = 5\ldots 25\,\mu m$

- Stromloses/chemisches Abscheiden metallischer Schichten (Tauch-, Reduktions-, und Diffusionsabscheiden):
  - **Chromatieren**: $Mg + CrO_3 + H_2O \rightarrow MgCrO_4 + H_2$ (Abscheidezeit: $t_{Besch} \approx 30\,min$)
  - **Brünieren**: Bildung von Fe_3O_4-Schichten durch Tauchen niedrig legierter Stähle in NaOH-Lösung (Schichtdicken: $s_{Schicht} < 1\,\mu m$: Brünierzeiten: $t_{Besch} \approx 20\,min$)
  - **Phosphatieren**: Zum Beispiel: $Zn(H_2PO_4)_2 + 2\,Fe \rightarrow Zn(FePO_4)_2 + 2\,H_2$
    Phosphatierzeit: $t_{Besch} = 2\ldots 10\,min$
    Badtemperatur: $T \approx 70\,°C$
    Schichtdicken: $s_{Schicht} = 2\ldots 15\,\mu m$
  - **Passivieren**: Verminderung der Reaktionsbereitschaft an den Oberflächen hoch legierter Stähle:
    Bearbeitungsdauer: $t_{Besch} = 5\,min$
    Badtemperatur: $\quad T = 70\,°C$ (HNO_3)
  - **Borieren**: Erzeugung harter Schichten in den Randzonen metallischer Teile:
    Borierzeit: $\quad\quad t = 1\ldots 12\,h$
    (Einwirkung von B_4C)
    Arbeitstemperatur: $T = 70\,°C$
    Schichtdicken: $\quad s_{Schicht} = 50\ldots 500\,\mu m$

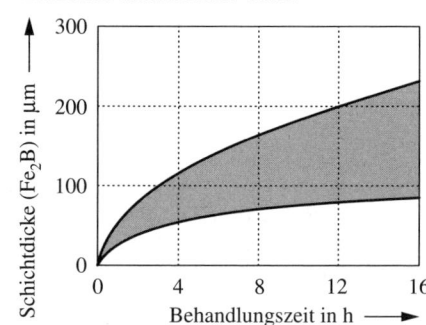

  - **Alitieren**: Diffusion von Al in die Randzonen von Eisenwerkstoffen:
    Diffusionstemperatur: $T = 750\ldots 1150\,°C$
    Schichtdicken: $\quad s_{chicht} = 20\ldots 100\,\mu m$
  - **Inchromieren**: Diffusion von Cr in Eisenwerkstoffe:
    Diffusionstemperatur: $T \approx 800\,°C$
    Schichtdicken: $\quad s_{Schicht} = 10\ldots 20\,\mu m$
  - **Sherardisieren**: Mechanisch-thermisches Diffundieren von Zn in metallische Teileoberflächen:
    Diffusionstemperatur: $T \approx 420\,°C$
    Bearbeitungsdauer: $t = 2\ldots 3\,h$
    Schichtdicken: $\quad s_{Schicht} \approx 0{,}15\,\mu m$

6.2 Beschichten mit nichtmetallischen Überzügen

- Emaillieren (RAL 529): Bearbeitungsablauf des Auftragens einer Masse meist anorganischer Zusammensetzung (oxidische Werkstoffe) in einer Schicht oder mehreren Lagen auf Teile aus Metall oder Glas durch Aufschmelzen

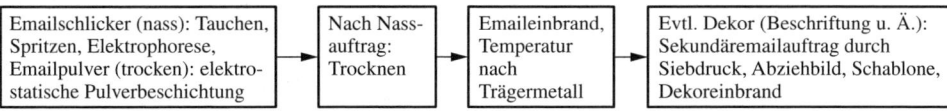

- Lackieren (DIN 55 945): Zusammensetzung von Lacken/Lackfarben:

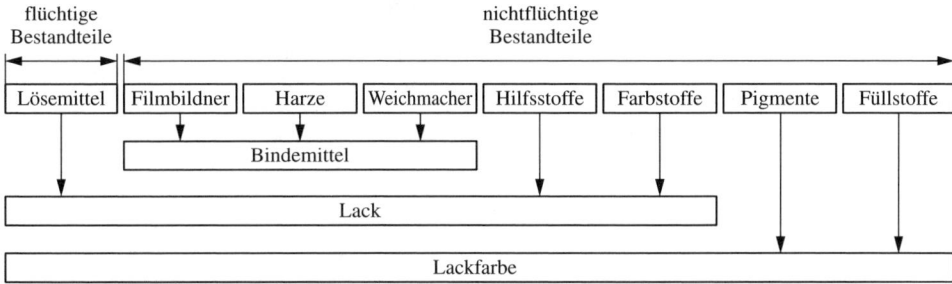

- Pulverbeschichten (Kunststoffschichten), z. B. mithilfe von
  - Wirbelsintern: Eintauchen vorgewärmter (meist metallischer) Grundkörper in Polyäthylen- oder Polyamidpulver, die bei Kontakt mit den Grundkörpern schmelzen und aufsintern.
  - Thermischem Spritzen: Vgl. Dazu Abschnitt 6.1 sinngemäß
  - Elektrostatischem Pulverbeschichten [82] (EPS-Verfahren):

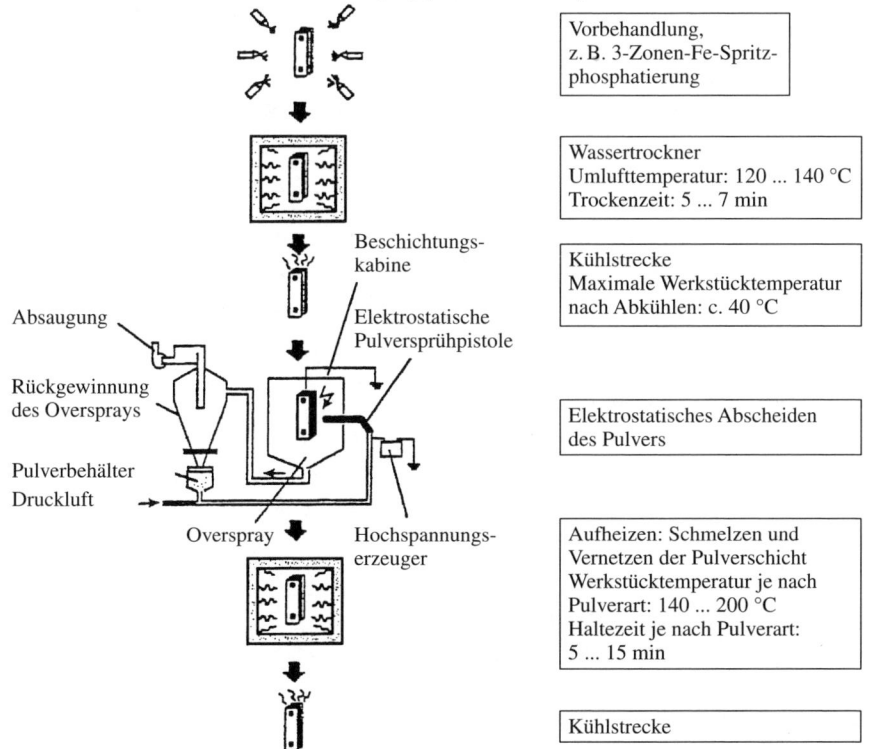

6.3 Beschichten aus dem gas- oder dampfförmigen Zustand (PVD – Physical Vapour Deposition, CVD – Chemical Vapour Deposition)

- Prinzipdarstellung häufig eingesetzter PVD- und CVD-Verfahren [82]:

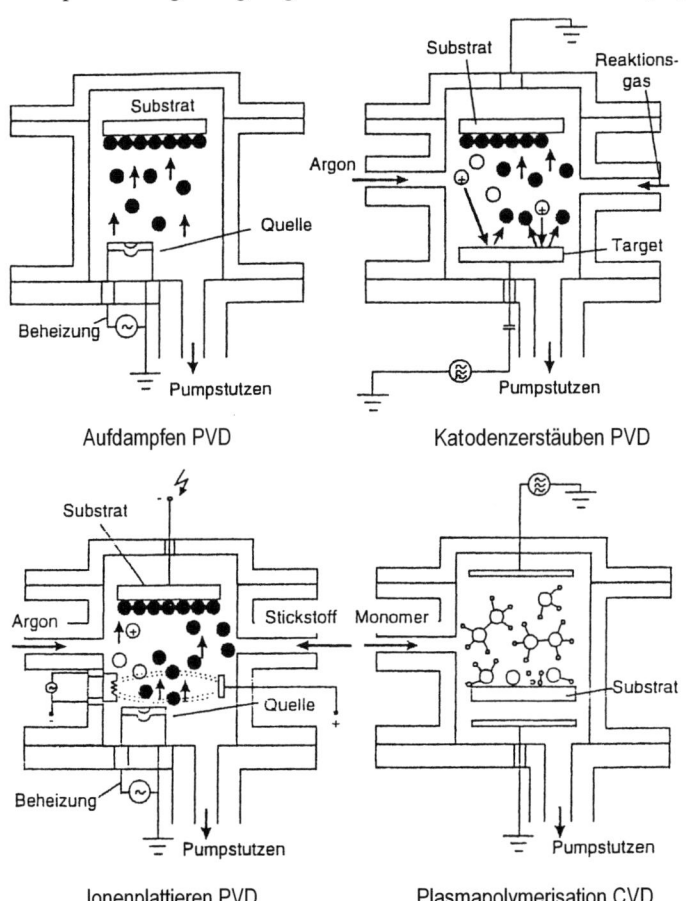

- Verfahrensvarianten und Bearbeitungsparameter:
  - Aufdampfen: Hochvakuum: $p < 10^{-3}$ Pa

    Verdampfungstemperaturen: z. B.: $T_{Dampf} = 2447\,°C$ für Al bei $p = 10^{-5}$ Pa
    $T_{Dampf} = 1060\,°C$ für Al bei $p = 0{,}1$ Pa
    Substratwerkstoffe: Metalle, Glase, Keramik, Kunststoffe
    Abscheideraten: $\leq 1\,\mu m \cdot s^{-1}$

  - Katodenzerstäuben („Sputtern" → „Aufstäuben"):

    Edelgasatmosphäre: Ar mit $p = 1$ Pa
    Spannung: $U \approx n \cdot 10^3$ V (Schichtwerkstoff als Katode)
    Substratwerkstoffe: Metalle, Glase, Sinterwerkstoffe; $T \approx 100\ldots200\,°C$
    Schichtwerkstoffe: W, Ta, Keramik, …
    Abscheideraten: $< 0{,}07\,\mu m \cdot s^{-1}$

- Ionenplattieren (Kombination von „Sputtern" und „Aufdampfen"):

    Hochvakuum: $\quad p \leq 1\,\text{Pa}$
    Schichtwerkstoffe: TiNi, TiC, ...

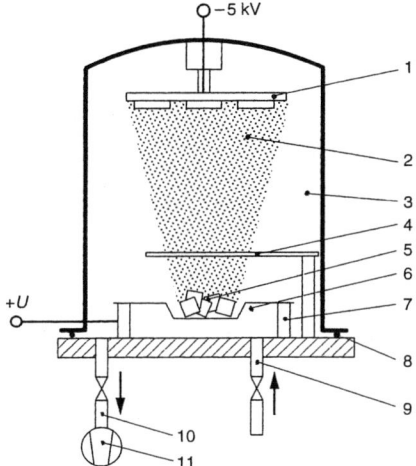

1 Substrathalter mit Substraten (beheizbar, drehbar)
2 Dampfstrahl
3 Prozesskammer
4 Blende, schwenkbar
5 Aufdampfwerkstoff
6 Verdampfer (widerstands- oder induktiv beheizte Wolframmulde oder Wolframdraht, Elektronenstrahlverdampfer)
7 Stromzuführung
8 Vakuumdichtung
9 Gaseinlass
10 Absaugung
11 Vakuumpumpe

- Plasmapolymerisation:

    Vakuum: $\quad p \approx 10^{-1} \ldots 10^2\,\text{Pa}$
    Schichtwerkstoffe: Monomere (organische Gase), die zu Radikalen zerlegt und ionisiert werden.
    Diese „Fragmente" kondensieren auf den Substratwerkstoffen und werden dort unter dem Einfluss von Elektronen und Photonen zu Polymerschichten vernetzt.
    Schichtdicken: $\quad s_{\text{Schicht}} \approx 20\,\mu\text{m}$
    Abscheideraten: $\quad \leq 0{,}02\,\mu\text{m} \cdot \text{s}^{-1}$

7 Änderungen von Stoffeigenschaften – Härten, Glühen, Vergüten, Anlassen

7.1 Zusammenhänge bei der Änderung von Stoffeigenschaften (Thermische, Thermo-chemische und thermo-mechanische Verfahren)

- Varianten beim Härten; Einheitlicher Prozess beim Umwandlungshärten:
  - Kalthärten: Hämmern, Walzen, Ziehen,... metallischer Werkstoffe bei Raumtemperatur
  - Umwandlungshärten („Warm-"), bestehend aus (einheitlicher Grundvorgang):
    Vorbereitungsarbeiten: Bestimmung von Temperaturverläufen, der Art des Härteofens, erforderlicher Härtetemperaturen, entstehende Beanspruchungen des Härtegutes, ...
    Wärmebehandlung: *Erwärmen*, z. B. durch Flammen- oder Brennhärten, Induktionsverfahren, Laser- oder Elektronenstrahlen, Diffusionseinrichtungen
    Halten der erforderlichen Härtetemperatur(en)
    Abkühlen/Abschrecken
  Anlassen (sofern erforderlich)
  - Aushärten oder Ausscheidungshärten
  - Nitrierhärten („Nitrieren ")

- Varianten des Glühens (vgl. DIN EN 10 052):
  - Spannungsarmglühen: Erwärmung auf ca. 550...650 °C, dort 4 Std. halten, danach langsames Abkühlen (Zielstellung: Verminderung/Beseitigung mechanischer und/oder thermischer Spannungen)
  - Rekristallisationsglühen: Erwärmung auf ca. 400...600 °C, danach langsames Abkühlen (Zielstellung: Beseitigung stark verfestigten Gefüges als Folge von Kaltverformungen)
  - Weichglühen: Aufheizen bis unmittelbar unter die P-S-Linie oder die P-S-K-Linie (bei legierten oder überperlitischen Stählen); Zielstellung: Umwandlung von Zementitlamellen im Perlit in kugelförmige Zementitteilchen (Verbesserung der Spanbarkeit)
  - Normalglühen („Normalisieren"): Erwärmung auf etwa 30 °C über die G-S-K-Linie zur Beseitigung von Grobkorngefüge als Folge von Ur-, Umform- oder Fügevorgängen
  - Diffusionsglühen: Erwärmung auf 1100...1300 °C, dort Halten bis zu 40 Std., danach langsames Abkühlen (Zielstellung: Ausgleichen von Kristallseigerungen und ungleichen Verteilungen von Legierungsbestandteilen)
  - Grobkornglühen: Aufheizung des Werkstoffes auf ca. 150 °C über die G-S-Linie, dort mehrere Stunden halten, danach langsames Abkühlen (Zielstellung: Verbesserung der Spanbarkeit kohlenstoffarmer Stähle durch Verminderung von Aufbauschneidenbildung und „Schmiereffekten")

- Verfahrensvarianten des Vergütens (nach DIN EN 10 052):
  - Vergüten: Härten und Anlassen von Bau- und Vergütungsstählen („Zwischenstufenvergüten"); Zielstellung: Verbesserungen bei Festigkeiten und Zähigkeiten (vollständig oder im Kernbereich)
  - Chemisch-thermische Wärmebehandlung: Diffundieren von C, W oder B in die Randzonen von Vergütungsstählen (Zielstellung: Verbesserung der Verschleiß- und Dauerfestigkeit)
  - Thermo-mechanische Behandlung: Austenitformhärten oder verformungsinduzierte Umwandlung Mn- und Ni-haltiger Baustähle; Zielstellung: Verbesserung von Festigkeitseigenschaften bei guter Zähigkeit

7.1 Zusammenhänge bei der Änderung von Stoffeigenschaften

- Martensitaushärtung: Anlassen von Fe-Ni-Legierungen mit Al, Ti oder Mo auf 400...500 °C zur Aushärtung des vorhandenen Martensits (Zielstellung: Erreichen höchster Festigkeitswerte)

- Bestimmung von Ofenliegezeiten:

$$t = s \cdot k \cdot L \cdot B \quad \text{in min}$$

t Ofenliegezeit in min
B Belegungsfaktor (siehe Skizze unten)
k Formkoeffizient (zur Berücksichtigung des Einflusses von Verzug); Beispiele (nach [80]):

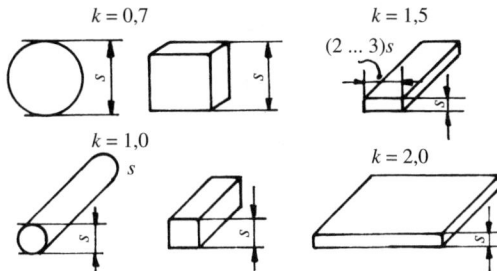

L Legierungsfaktoren (abhängig von Ofenart und Wärmebehandlungstemperatur)
s Kennzeichnende Teileabmessung in mm

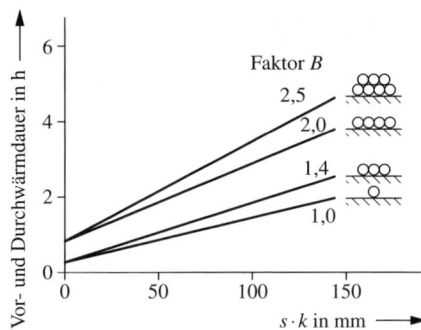

- Einflüsse von Legierungsbestandteilen auf das Verhalten von Stahlwerkstoffen bei der Änderung von Stoffeigenschaften:

Technologische Eigenschaften	Legierungselemente									
	Al	Cr	Ni	Mn	Mo	P	S	Si	V	W
Streckgrenze	0	+	+	+	+	+	0	+	+	+
Zugfestigkeit	0	+	+	+	+	+	0	+	+	+
Kerbschlagzähigkeit	–	–	0	0	+	–	–	–	+	0
Zerspanbarkeit	0	0	–	–	–	+	+	–	0	–
Verschleißfestigkeit	0	+	–	–	+	0	0	–	+	+
Warmumformbarkeit	–	–	+	+	+	0	–	–	+	–
Kaltumformbarkeit	0	0	0	–	–	–	–	–	0	–
Härtbarkeit	0	+	+	+	+	0	0	+	+	+
Vergütbarkeit	0	+	+	+	+	0	0	+	+	+
Nitrierbarkeit	+	+	0	+	+	0	0	–	+	+
Härtetemperatur	0	+	0	–	+	0	0	+	+	+
Vergütungstemperatur	0	+	0	–	+	0	0	+	+	+
Schweißbarkeit	+	–	–	–	–	–	–	0	+	0
Korrosionsbeständigkeit	0	+	0	0	0	0	–	0	+	0

Erklärung: + Zunahme, – Abnahme, 0 gleichbleibend

- Zustandsschaubild Fe-Fe$_3$C [80]:

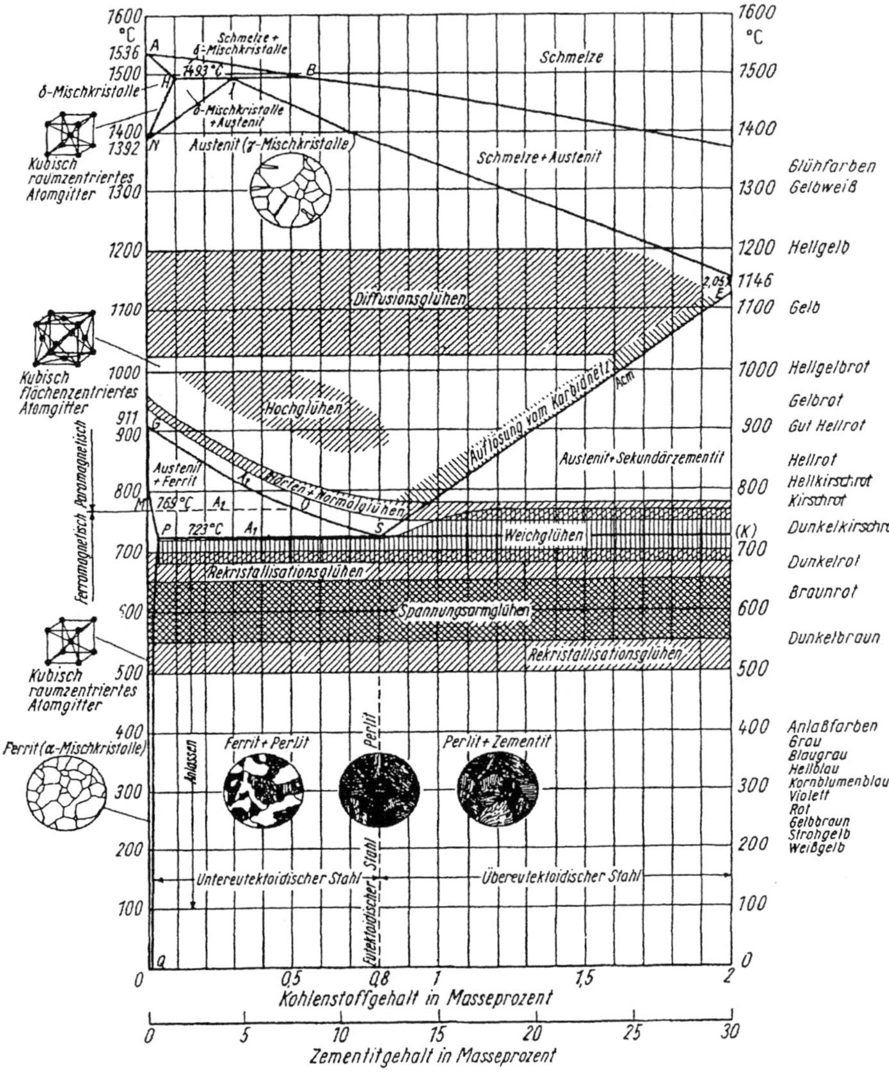

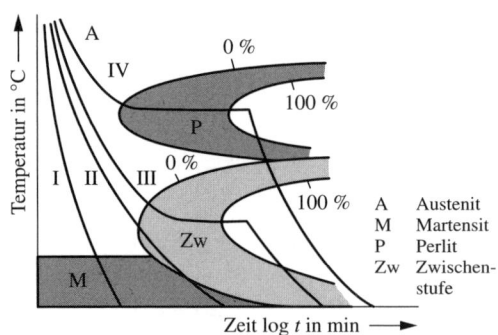

- Stark vereinfachtes Z-T-U-Schaubild:

A Austenit
M Martensit
P Perlit
Zw Zwischenstufe

Kurve I: Kritische Abkühlgeschwindigkeit; Martensitbildung (vollständiges Härten)

Kurve II: Nicht vollständiges Erreichen der kritischen Abkühlgeschwindigkeit (Mischgefüge aus Zwischenstufe und Martensit; unvollständiges Härten)

Kurve III: Vollständiges Durchlaufen des Zwischenstufengebietes durch isothermisches Halten (Zwischenstufenvergütung)

Kurve IV: Vollständiges Durchlaufen des Perlitbereiches durch isothermisches Halten (Weichglühen; „Isothermisches Perlitisieren")

7.2 Temperaturverläufe bei typischen Wärmebehandlungsverfahren

7.2.1 Glühverfahren für Eisenwerkstoffe

- Normalglühen:

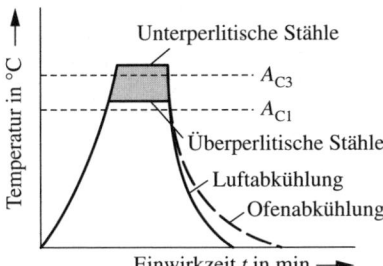

- Normal- und Weichglühen:

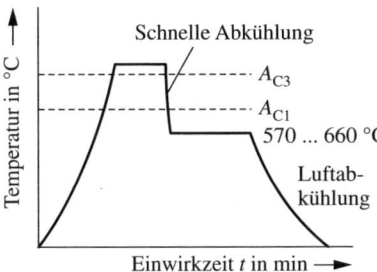

- Glühen mit Öl- und Luftabkühlung (nach Küntscher):

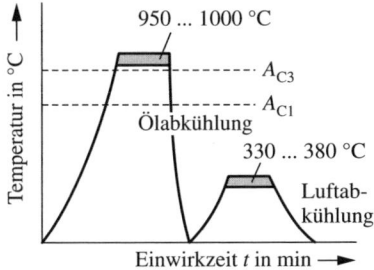

- Weichglühen:

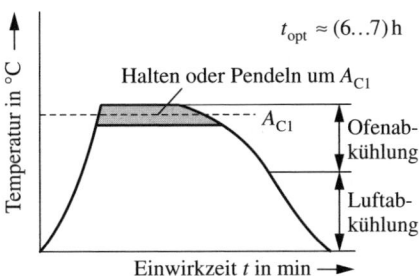

- Diffusions- und Grobkornglühen:

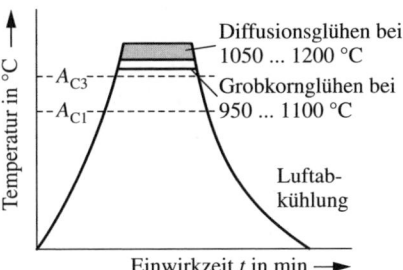

- Spannungsarmglühen:

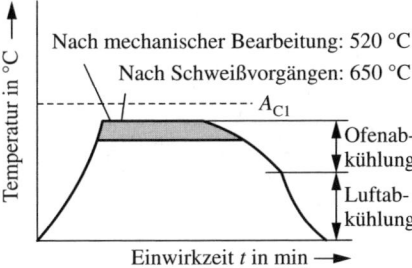

7.2.2 Glühmethoden für Leichtmetalle

- Homogenisieren nicht härtbarer Legierungen:

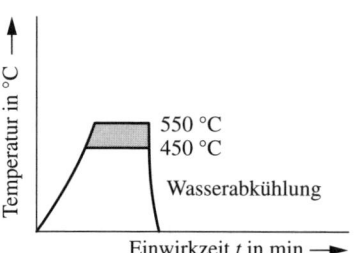

- Weichglühen:

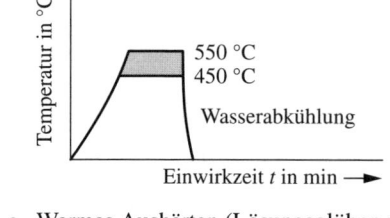

- Warmes Aushärten (Lösungsglühen und warme Auslagerung):

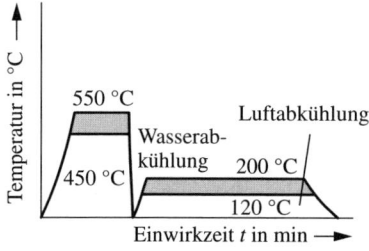

- Kaltes Aushärten (Lösungsglühen und kalte Auslagerung):

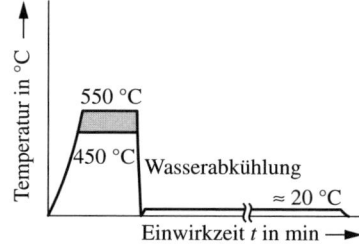

7.2.3 Wärmebehandlungen mit signifikanten Änderungen der Stoffeigenschaften

- Einsatzhärten (Pulveraufkohlung mit Zwischenglühen für nachfolgende mechanische Bearbeitungen):

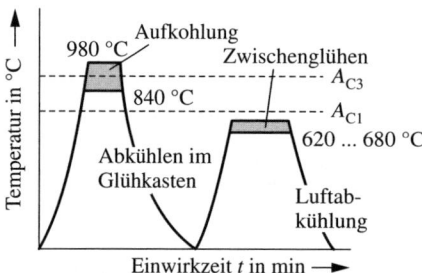

- Einsatzhärten (Pulveraufkohlung mit Kernrückfeinen und Zwischenglühen für anschließende mechanische Bearbeitung):

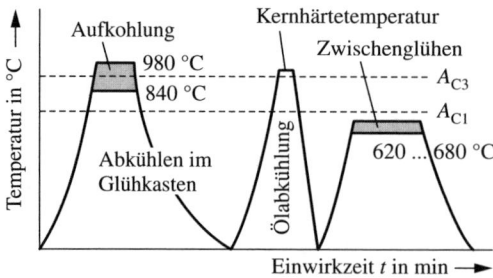

7.2 Temperaturverläufe bei typischen Wärmebehandlungsverfahren

- Einsatzhärten (Aufkohlung mit Kern- und Randhärtungen für anspruchsvolle Werkstücke; Entstehung von Verzug möglich, der durch Einsatz von Warmbädern bei der Abkühlung vermieden werden kann):

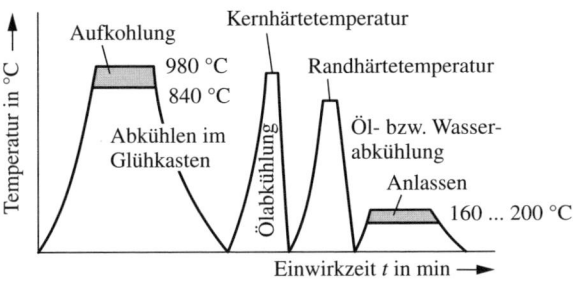

Mittlere Eindringtiefe:

$$s = \sqrt{2D \cdot t}$$

- s Mittlere Eindringtiefe in mm
- D Werkstoffabhängiger Diffusionskoeffizient in mm $\cdot$ min^{-1}
- t Zeit in min

- Einsatzhärten (Aufkohlung mit Kern- und Randhärtungen):

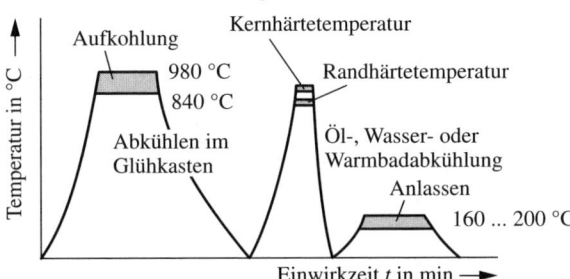

- Einsatzhärten (Aufkohlung im Salzbad; übliche Einsatzstähle):

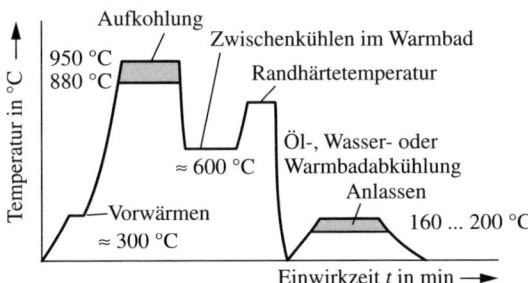

- Einsatzhärten (Aufkohlung im Salzbad; Feinkornstähle):

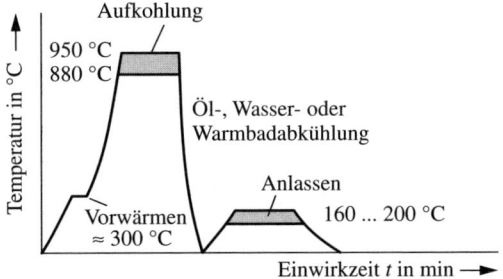

- Gasaufkohlungsverfahren: dafür gelten die Darstellungen in den oben dargestellten Abschnitten 7.2.1 bis 7.2.3 sinngemäß.

7.2.4 Härten auf Martensit und Vergüten

- Härten ohne Verminderung der Ausgangshärte der Werkstoffe:

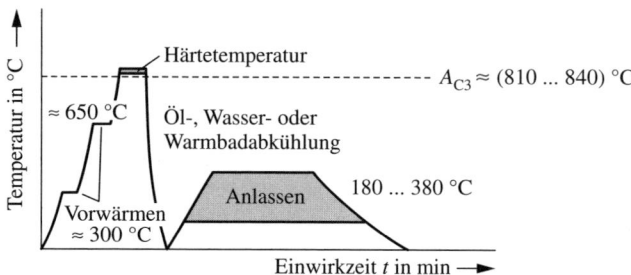

(Hinweis: Vorwärmstufen sind hier vorteilhaft für Kalt-, Warm- und Schnellarbeitsstähle)

- Vergüten über Martensitstufe auf Zwischenstufengefüge:

- Vergüten direkt auf Zwischenstufengefüge:

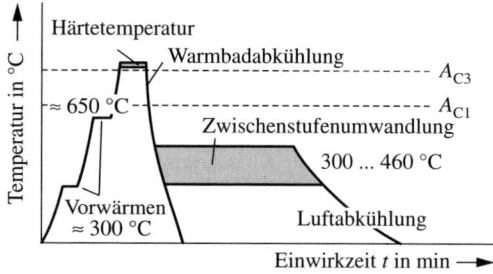

7.2.5 Nitrieren von Werkstoffen

- Carbonitrieren in Gas oder Salzbad:

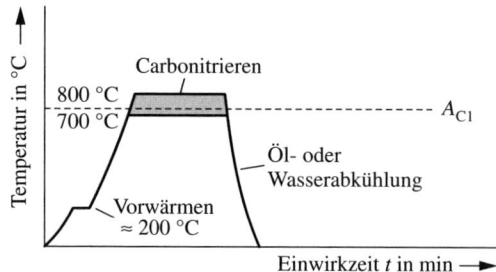

- Badnitrieren und Sulfonitrieren im Salzbad (oder Gas):

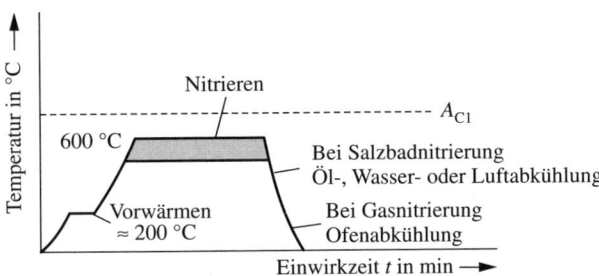

7.3 Wärme-, Abkühl-, Halte- und Perlitisierungszeiten bei der Wärmebehandlung von Stahlwerkstoffen

- Zuordnungsgruppen (hier nicht genannte Werkstoffe lassen sich sinngemäß entsprechend den Legierungsbestandteilen zuordnen):
  Gruppe 1: Bau- und Kohlenstoffstähle (wie S185, S235JR, C 10, C 22, C 45, C 60, ...)
  Gruppe 2: C 70, C 90, 13NiCr14, 15Cr3, 16MnCr5, 20MnCr5, 20MoCr5, 30Cr4, 32CrAlMo4, 35SiMn5, 40Cr4, 48Si7, 50CrV4, 55SiMn7, 58CrMo4, 65Si7, 80CrV3, 85Cr7, 90MnV8, 100Cr6, ...
  Gruppe 3: 19NiCrMo15, 24CrMoV5.5, 30WCo36, 35WCrV7, 50NiCr13, 65NiCrMo6, 80WV2, 100Cr13, 100WCr6, 115W8, 145Cr6, 150CrSi14, 165CrMoWV46, 210Cr46, 210CrW46, ...
  Gruppe 4: DMo5, EV4, EV4Co, E18Co10, X90CrMoV18, 72WV72.7, 90WV38.23, 100CrCoMo33, 130MV42.38, 135WCo48.18, 142WCrV13, ...

- Durchwärmzeiten für Werkstoffe der Gruppen 1 und 2:

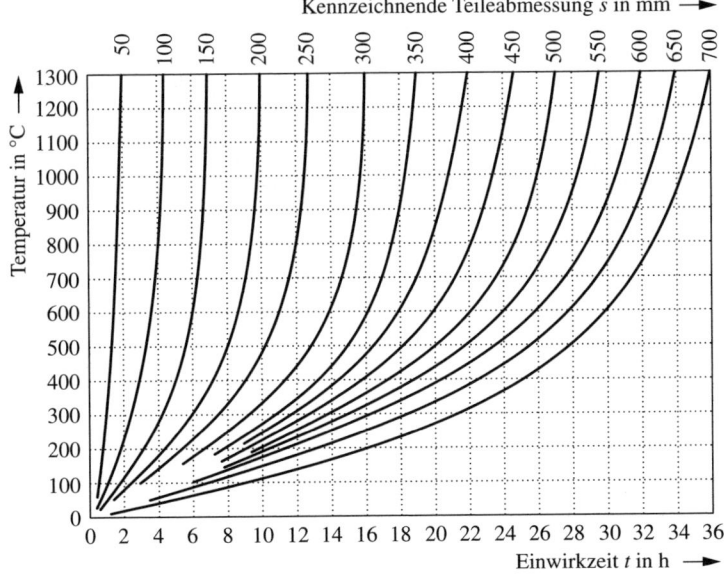

- Durchwärmzeiten für Werkstoffe der Gruppen 3 und 4:

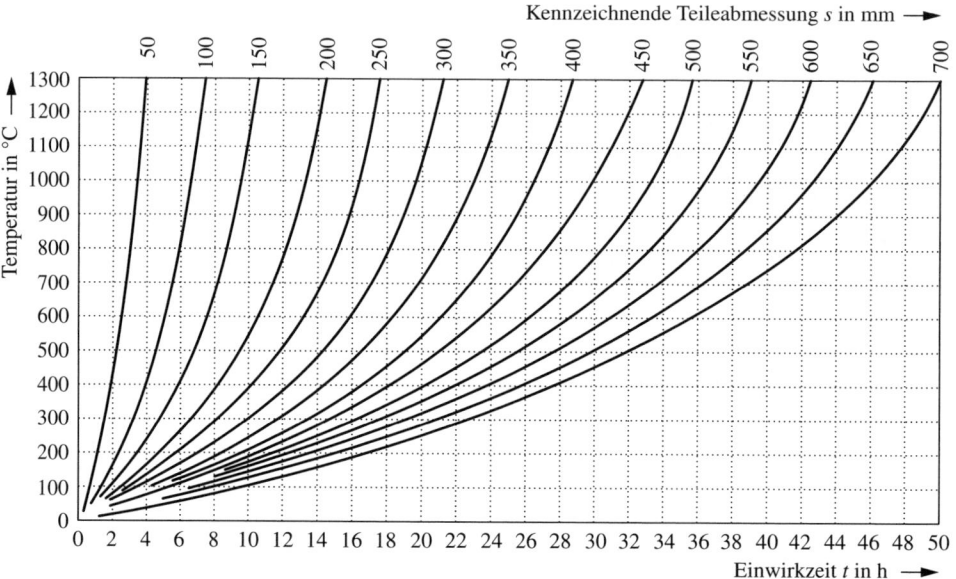

- Haltezeiten auf Austenitisierungstemperatur für Werkstoffe der Gruppen 1 bis 4:

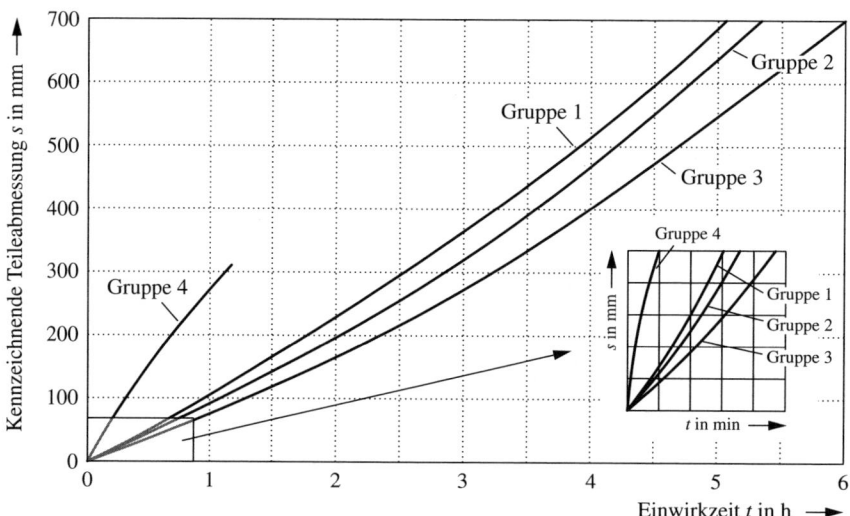

- Perlitisierungs- und Anlasszeiten:

Perlitisierungszeiten: Anlasszeiten:

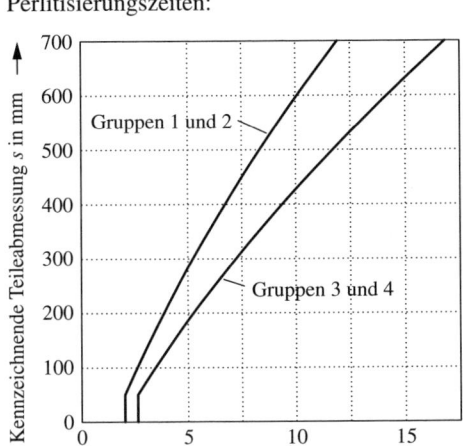 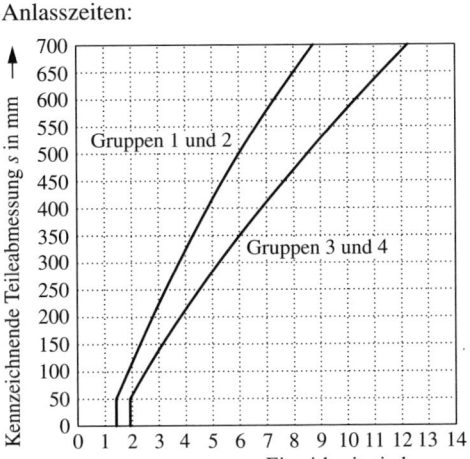

7.4 Zusammenhänge zur Ermittlung von Aufkohlungs- und Nitrierzeiten

- Aufkohlungsgeschwindigkeiten (Einsatz in Pulver):

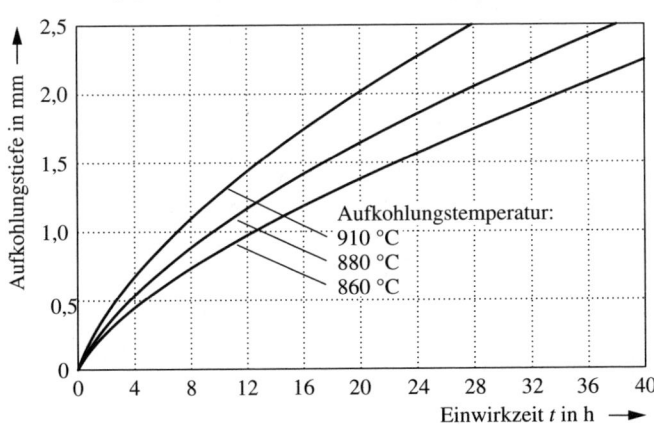

- Aufkohlungsgeschwindigkeiten in aktiven (links) und nicht aktiven (rechts) Salzbädern:

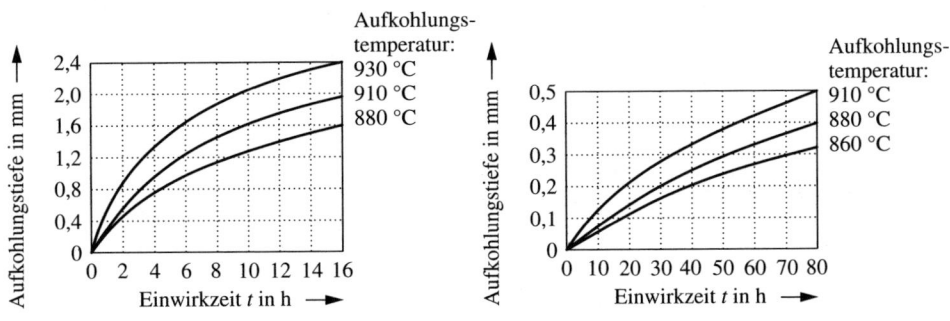

- Aufkohlungsgeschwindigkeiten bei der Gasaufkohlung:

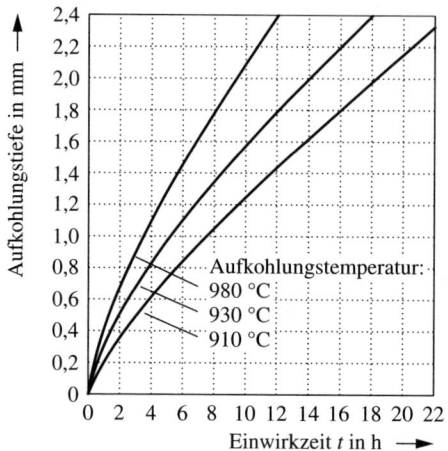

- Nitriergeschwindigkeiten bei der Gas- (oben) und Salzbadnitrierung (unten):

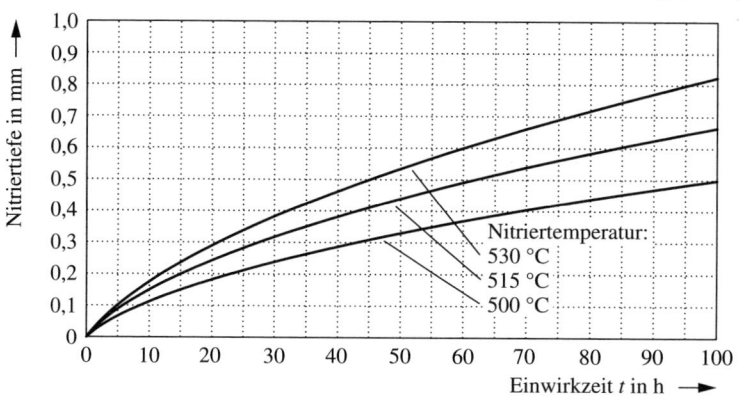

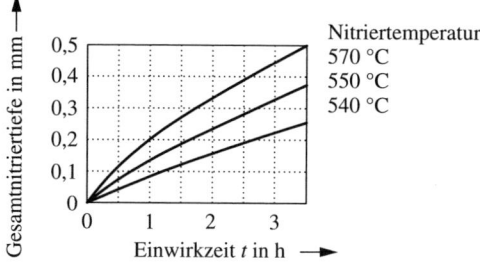

7.5 Temperaturverläufe beim Abkühlen/Abschrecken

- Abkühlung in Wasser (Werkstücktemperatur $T = 800\,°C$):

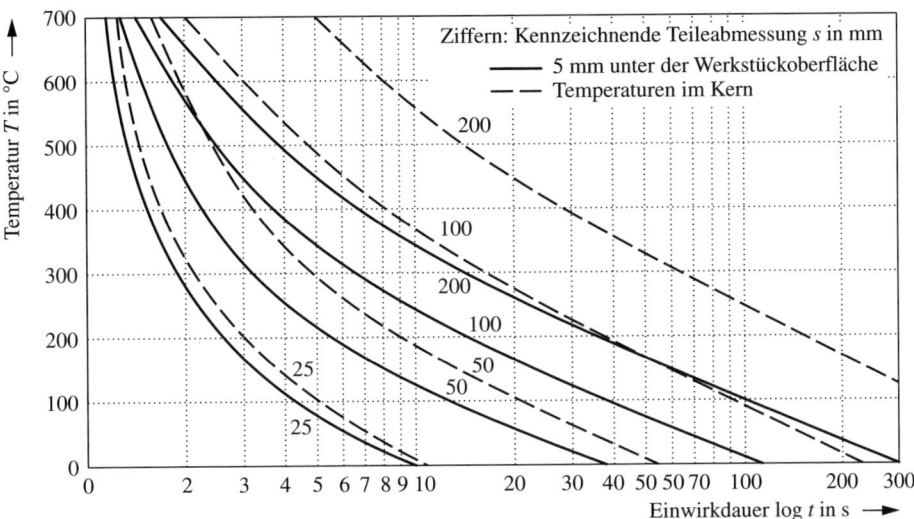

- Abkühlung in Härteöl (Werkstücktemperatur $T = 870\,°C$):

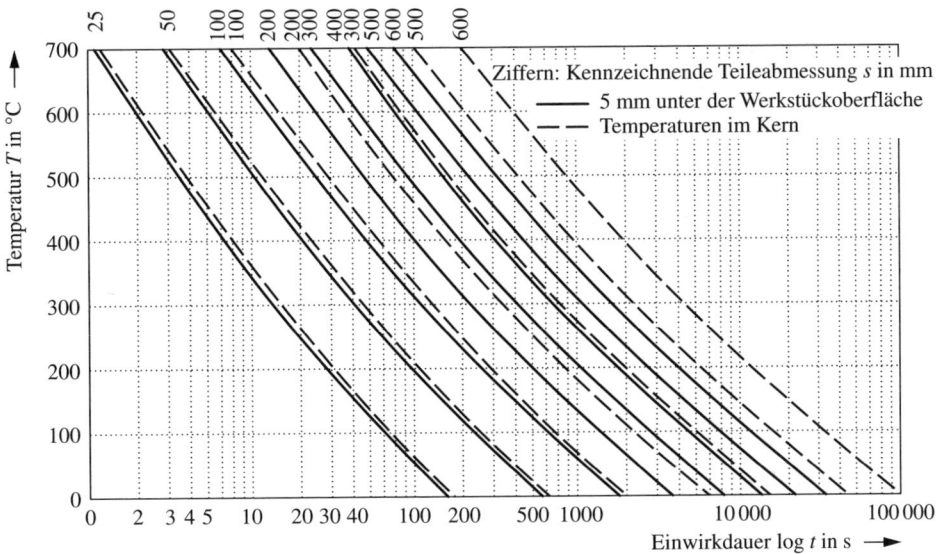

- Abkühlung an Luft (Werkstücktemperatur $T = 870\,°C$)

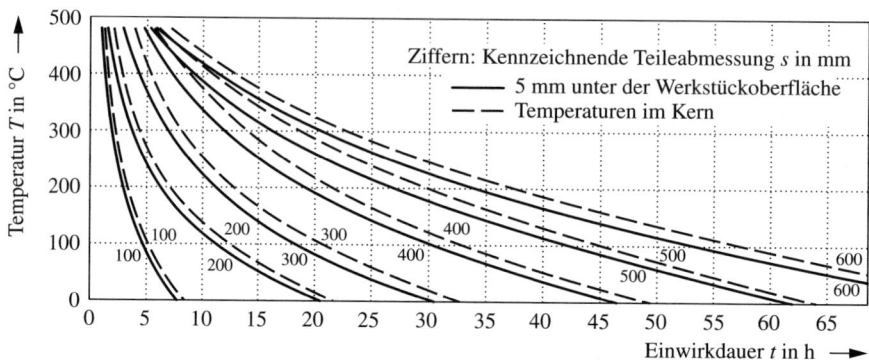

- Kritische Abkühlgeschwindigkeiten von Stahlwerkstoffen:

  Bei: $C = 0{,}6\,\%$; $Mn = 0{,}3\,\% \rightarrow v_{\text{Abkühl}} = 450\,K \cdot s^{-1}$

  $C = 0{,}8\,\%$; $Mn = 1{,}5\,\% \rightarrow v_{\text{Abkühl}} = 20\,K \cdot s^{-1}$

  $C = 0{,}2\,\%$; $Mn = 0{,}9\,\% \rightarrow v_{\text{Abkühl}} = 250\,K \cdot s^{-1}$

  $C = 0{,}9\,\%$; $Mn = 4{,}2\,\% \rightarrow v_{\text{Abkühl}} = 1\,K \cdot s^{-1}$

- Zeitanteile und Begriffe bei Wärmebehandlungsvorgängen:

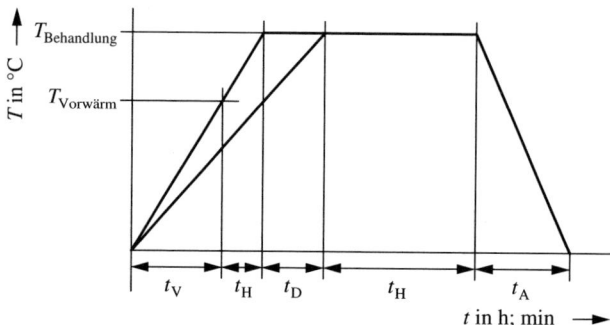

t_V Vorwärmzeit
t_H Hochwärmdauer
t_D Durchwärmzeit
t_H Haltezeit
t_A Abkühldauer

Erwärmungszeit:

$$t_E = t_V + t_H + t_D$$

8 Kalkulationen (Zeiten, Kosten, Preise, ...); Arbeitsstudien und Investitionsrechnungen

8.1 Berechnungen von Kosten und Preisen

- Berechnung von Fertigungskosten [83]:

$$K_F = K_{ML}\left(\frac{t_R}{M} + t_n\right) + K_{ML} \cdot t_H + \frac{t_H}{T}(K_{ML} \cdot t_{Wz} \cdot K_{Wz}) \quad \text{in } €$$

K_F	Herstellkosten für einen Arbeitsablauf in €
K_{ML}	Maschinen- und Lohnkosten in €/min
K_{Wz}	Werkzeugkosten je Standzeit in €/min
M	Losgröße in Stk.
T	Werkzeugstandzeit in min
t_H	Maschinenhauptzeit in min
t_n	Nebenzeit in min
t_R	Rüstzeit in min
t_{Wz}	Werkzeugwechselzeit in min

- Anteile zur Kalkulationsrechnung (-schema):

Herstellkosten: $$HK = (MK + MGK) + (FK + FGK)$$ in € oder €/Stück

Selbstkosten: $$SK = HK + (KK + KAV + KVV)$$ in € oder €/Stück

Kalkulierter Preis: $$KP = SK + \text{Kalkulierter Gewinn}$$ in € oder €/Stück

Endpreis: $$P = KP + \text{MWSteuer}$$ in € oder €/Stück

FK	Fertigungskosten (Lohnkosten) in € oder €/Stück
FGK	Fertigungsgemeinkosten in € oder €/Stück
KAV	Kosten für die Arbeitsvorbereitung in € oder €/Stück
KK	Kosten für die Konstruktion in € oder €/Stück
KVV	Verwaltungs- und Vertriebskosten in € oder €/Stück
MK	Materialkosten in € oder €/Stück
MGK	Materialgemeinkosten in € oder €/Stück (mindestens 6 % von MK)

- Übliche Umsatz- und Gewinnverläufe innerhalb der Lebensdauer eines Erzeugnisses:

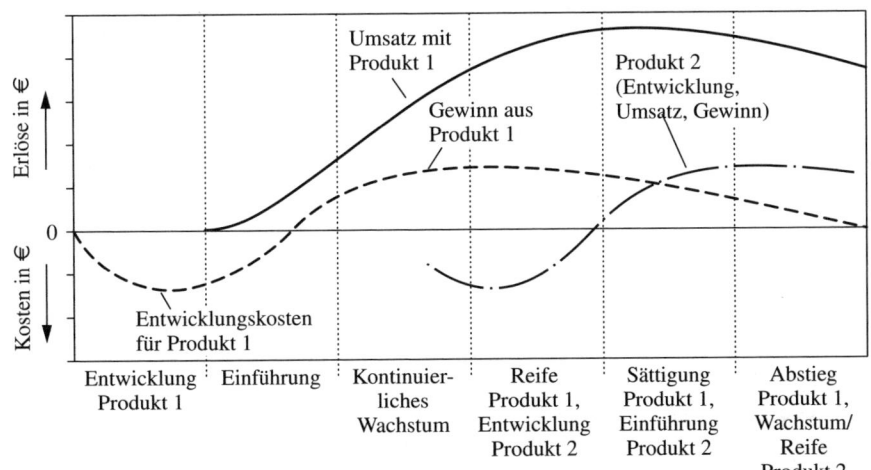

8.2 Bestimmung technisch-organisatorisch begründeter Durchlaufzeiten (DLZ)

- Übersicht zu Bestandteilen von DLZ:

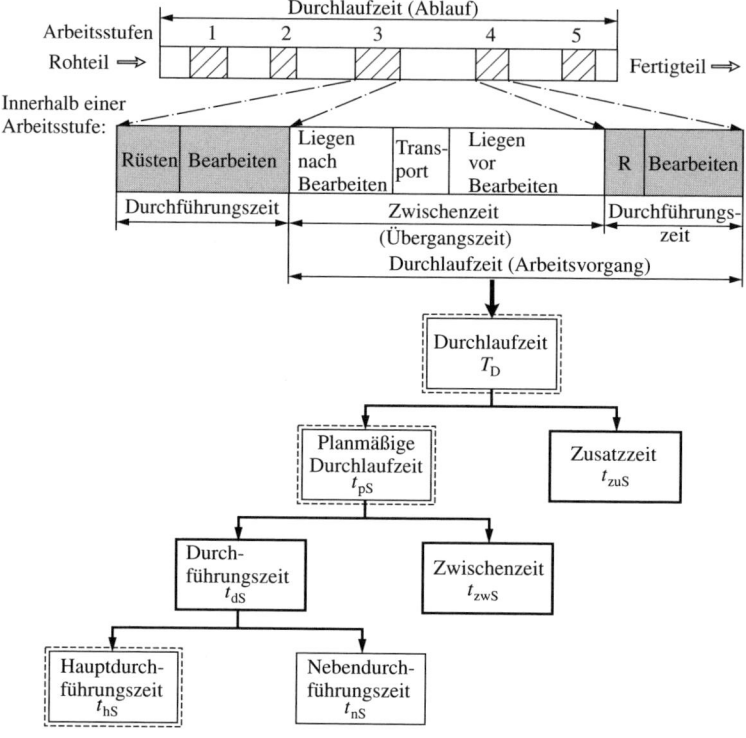

- Berechnung von Auftragszeiten:

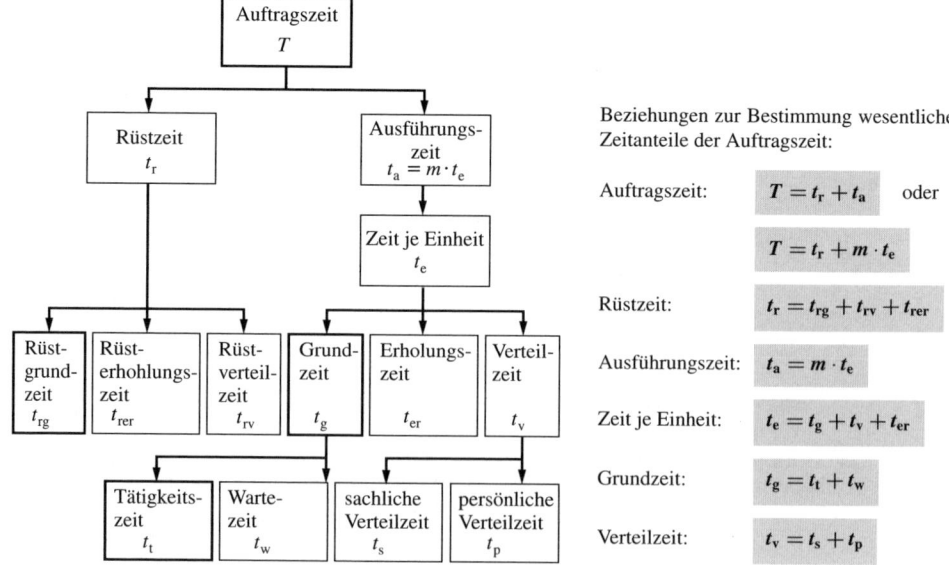

Beziehungen zur Bestimmung wesentlicher Zeitanteile der Auftragszeit:

Auftragszeit: $T = t_r + t_a$ oder

$T = t_r + m \cdot t_e$

Rüstzeit: $t_r = t_{rg} + t_{rv} + t_{rer}$

Ausführungszeit: $t_a = m \cdot t_e$

Zeit je Einheit: $t_e = t_g + t_v + t_{er}$

Grundzeit: $t_g = t_t + t_w$

Verteilzeit: $t_v = t_s + t_p$

8.2 Bestimmung technisch-organisatorisch begründeter Durchlaufzeiten (DLZ)

- Ermittlung von Belegungszeiten:

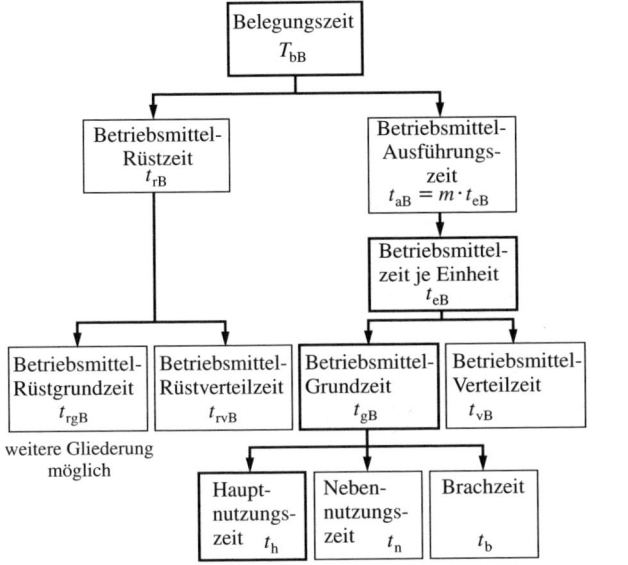

Beziehungen zur Berechnung wesentlicher Zeitanteile:

Betriebsmittel-Rüstzeit:

$$t_{rB} = t_{rgB} + t_{rvB}$$

Betriebsmittel-Ausführungszeit:

$$t_{aB} = m \cdot t_{eB}$$

Betriebsmittelzeit je Einheit:

$$t_{eB} = t_{gB} + t_{vB}$$

Betriebsmittel-Grundzeit:

$$t_{gB} = t_h + t_n + t_b$$

- Richtwerte und Empfehlungen:

Zwischenzeiten:	$t_{zwS} \leq 0{,}9 T_D$	in min
Rüstzeiten:	$t_R \approx (0{,}1 \ldots 0{,}15) \cdot t_g$	in min
Verteilzeiten (Sachliche):	$t_s \leq (0{,}05 \ldots 0{,}1)\, 0{,}15 \cdot t_g$	in min

(Wenn $t_s > 0{,}15 \cdot t_g$, dann mangelhafte Organisation der Fertigung)

Verteilzeiten (Persönliche):	$t_p \approx 0{,}05 \cdot t_g$	in min

(Vereinbarung zwischen den jeweiligen Tarifpartnern)

Erholungszeit:	$t_{er} \ll 0{,}05 \cdot t_g$	in min

Zielstellung: $t_{er} \to 0$ min

- Typische Methoden und Zusammenhänge bei der Arbeitsbereitstellung/Fertigungssteuerung:

Schiebeprinzip:

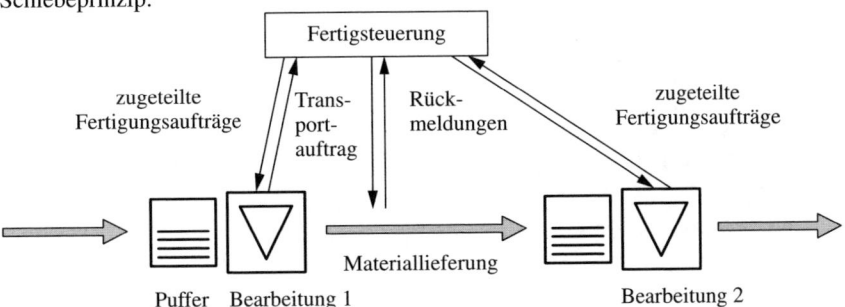

Ziehprinzip („Kanban-" → „Schilder"; Supermarktprinzip: Eigenverantwortliche Beschaffung erforderlicher Werkstücke o. a. durch „bedarfstragenden" Bereich):

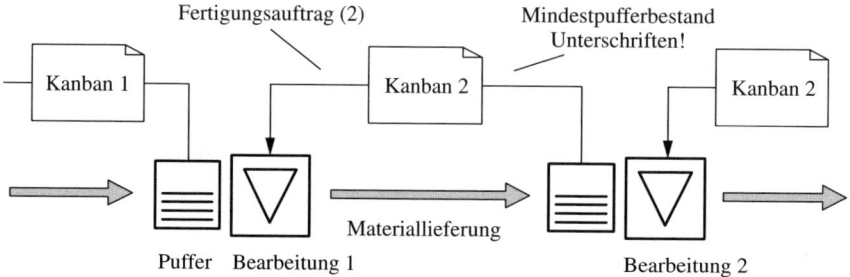

„Teufelskreis" der Fertigung:

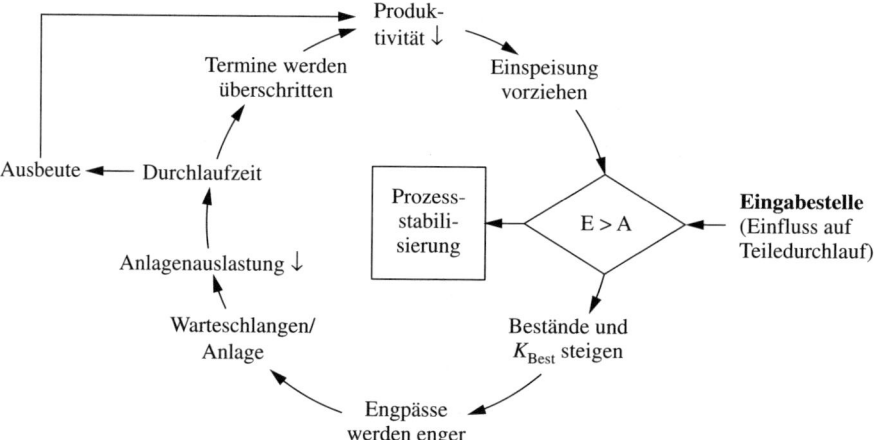

Belastungsorientierte Freigabe von Fertigungsaufträgen:

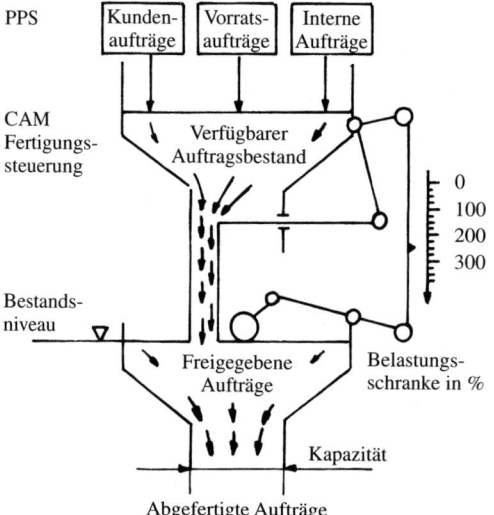

8.3 Durchführung von Arbeitsstudien

$$N = \frac{3{,}84 \cdot P(100 - P)}{f^2} \quad \text{in Stk.} \qquad P = \frac{n}{N} \cdot 100\,\% \quad \text{in \%}$$

N Gesamtanzahl erforderlicher Beobachtungen in Stk.
f Absolute Streuung von P in %;
Richtwert: $f = \pm 0{,}5 \ldots 2{,}5\,\%$ für z. B. $n = 1600$ Beobachtungen (für $n > 10\,000$ Beobachtungen: Unwirtschaftlicher Aufwand; bei $n < 300$ Beobachtungen: Ungenaues Ergebnis)
n Anteil der Beobachtungen des jeweiligen Einzelablaufes in %
P Anteil einer Ablaufart in %
3,84   Faktor zum Erreichen einer statistischen Sicherheit des Studienergebnisses von 95 %

8.4 Typische Methoden für/bei Investitionsrechnungen

- Statisches Verfahren [Beispiel: Einsatz einer Werkzeugmaschine (WZM)]:

Kaufpreis der WZM: $K = 500\,000{,}00\,€$
Nutzungsdauer: $N = 8$ Jahre
Verzinsung: $I = 8\,\%$
Restwerlös: $R = 0\,€$

Mittlere Erträge: $230\,000\,€/a$
Mittlere laufende Aufwendungen: $-70\,000\,€/a$
Mittlere Abschreibungen $(K : I)$: $-62\,500\,€$
Mittlere Zinskosten: $Z = 0{,}5I \cdot (K + R) = -20\,000\,€$

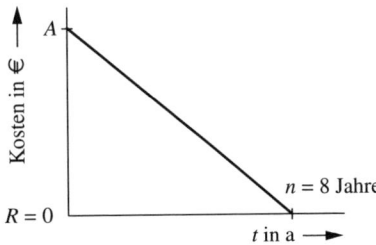

Mittlerer jährlicher Gewinn: **77 500 €**
Mittleres gebundenes Kapital: 250 000 €
Mittlerer Kapitalertrag (Gewinn und Zinskosten):   97 500 €
Mittlere Rendite der Investition: **39 %**

- Dynamisches Verfahren; Echtzeitbetrachtung über den gesamten Nutzungs- bzw. Abschreibungszeitraum (Beispiel: Beschaffung einer EDVA):

Kosten:	Zeitraum (Zahlen in €)					
	Jahr 0	Jahr 1	Jahr 2	Jahr 3	Jahr 4	Jahr 5
Einzahlungen, Auszahlungen						
Hardware	−20 000					
Software	−72 000					
Wartung (5 %)		−2 000	−7 875	−8 269	−8 682	−9 116
Schulung	−21 600					
Einführungskosten		−50 000				
Schaffung Planungsbasis	−100 000					
Zinskosten (10 %)		−21 360	−29 696	−21 013	−12 089	−2 107
Auszahlungsreihe:	−213 600	−73 360	−36 571	−29 282	−20 771	−11 223
Erwartete Effekte:						
Reinschrift (5 %)			+26 250	+27 563	+28 941	+30 388
Verkürzung DLZ (5 %)			+15 750	+16 537	+17 364	+18 232
Kapitalbindung (2 %)			+51 000	+52 020	+53 060	+54 121
Ausschussreduzierung (2 %)			+20 400	+20 808	+21 224	+21 648
Einzahlungsreihe:			+113 400	+116 928	+120 589	+124 389
Zahlungsreihe:	−213 600	−73 360	+76 829	+89 237	+99 818	+113 166
Gesamtrechnung zur Investition:	−213 600	−286 960	−210 131	−210 894	−21 076	+92 090

- Bestimmung von Grenzstückzahlen für einen wirtschaftlichen Einsatz von Werkzeugmaschinen u. a. Investitionen:

$$z_G = \frac{t_{rB} - t_{rA}}{t_{sA} - t_{sB}} \quad \text{in Stk.}$$

z_G Grenzstückzahl in Stk.
t_{rA} Rüstzeit für Maschine, Variante „A" in min
t_{rB} Rüstzeit für Maschine, Variante „B" in min
t_{sA} Stückzeit bei Maschine, Variante „A" in min
t_{sB} Stückzeit bei Maschine, Variante „B" in min

- Break-Even-Analyse [82]:

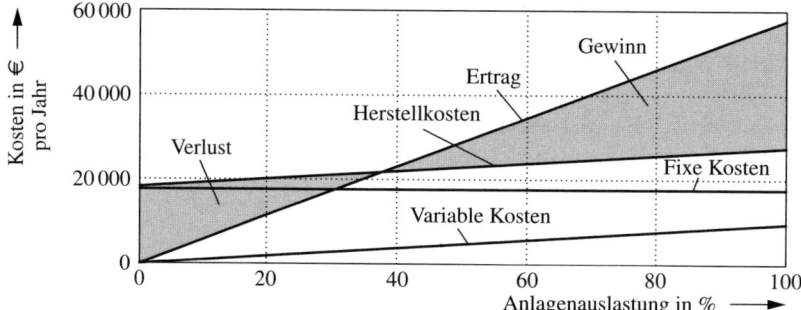

- Ermittlung von Automatisierungsgraden („Quotient aus der Menge bereits automatisierter Funktionen zur Menge sämtlich automatisierbarer Funktionen"):

$$A = \frac{\sum(F_{Aut} \cdot P) \cdot 100\,\%}{\sum(F_{Aut} \cdot P) + \sum(F_{Naut} \cdot P)} \quad \text{in \%}$$

A Automatisierungsgrad in %
F_{Aut} Menge bereits automatisierter Funktionen in Stk.
F_{Naut} Menge noch nicht automatisierter Funktionen eines Betriebes/Unternehmens in Stk.
P Wertungsfaktor (Erfassung von Unterschieden bei der Wichtigkeit von Automatisierungen)

Anhang

T 1 Allgemeine Übersichten

T 1.1 ISO-Toleranzen für Wellen und Bohrungen (Auszüge)

Toleranzen für Wellen (Grenzabmaße in µm):

Kurzzeichen	Grenzabmaß	1 bis 3	über 3 bis 6	über 6 bis 10	über 10 bis 18	über 18 bis 30	über 30 bis 40	über 40 bis 50	über 50 bis 65	über 65 bis 80	über 80 bis 100	über 100 bis 120	über 120 bis 140	über 140 bis 160	über 160 bis 180	über 180 bis 200	über 200 bis 225	über 225 bis 250	über 250 bis 280	über 280 bis 315	über 315 bis 355	über 355 bis 400	über 400 bis 450	über 450 bis 500
a 12	oberes	−270	−270	−280	−290	−300	−310	−320	−340	−360	−380	−410	−460	−520	−580	−660	−740	−820	−920	−1050	−1200	−1350	−1500	−1650
	unteres	−370	−390	−430	−470	−510	−560	−570	−640	−660	−730	−760	−860	−920	−980	−1120	−1200	−1280	−1440	−1570	−1770	−1920	−2130	−2280
a 13	oberes	−270	−270	−280	−290	−300	−310	−320	−340	−360	−380	−410	−460	−520	−580	−660	−740	−820	−920	−1050	−1200	−1350	−1500	−1650
	unteres	−410	−450	−500	−560	−630	−700	−710	−800	−820	−920	−950	−1090	−1150	−1210	−1380	−1460	−1540	−1730	−1860	−2090	−2240	−2470	−2620
c 12	oberes	—	−70	−80	−95	−110	−120	−130	−140	−150	−170	−180	−200	−210	−230	−240	−260	−280	−300	−330	−360	−400	−440	−480
	unteres	—	−190	−230	−275	−320	−370	−380	−440	−450	−520	−530	−600	−610	−630	−700	−720	−740	−820	−850	−930	−970	−1070	−1110
d 6	oberes	−20	−30	−40	−50	−65	−80	−80	−100	−100	−120	−120	−145	−145	−145	−170	−170	−170	−190	−190	−210	−210	−230	−230
	unteres	−26	−38	−49	−61	−78	−96	−96	−119	−119	−142	−142	−170	−170	−170	−199	−199	−199	−222	−222	−246	−246	−270	−270
e 6	oberes	−14	−20	−25	−32	−40	−50	−50	−60	−60	−72	−72	−85	−85	−85	−100	−100	−100	−110	−110	−125	−125	−135	−135
	unteres	−20	−28	−34	−43	−53	−66	−66	−79	−79	−94	−94	−110	−110	−110	−129	−129	−129	−142	−142	−161	−161	−175	−175
e 7	oberes	−14	−20	−25	−32	−40	−50	−50	−60	−60	−72	−72	−85	−85	−85	−100	−100	−100	−110	−110	−125	−125	−135	−135
	unteres	−24	−32	−40	−50	−61	−75	−75	−90	−90	−107	−107	−125	−125	−125	−146	−146	−146	−162	−162	−182	−182	−198	−198
e 12	oberes	—	−20	−25	−32	−40	−50	−50	−60	−60	−72	−72	−85	−85	−85	−100	−100	−100	−110	−110	−125	−125	−135	−135
	unteres	—	−140	−175	−212	−250	−300	−300	−360	−360	−422	−422	−485	−485	−485	−560	−560	−560	−630	−630	−695	−695	−765	−765
f 5	oberes	−6	−10	−13	−16	−20	−25	−25	−30	−30	−36	−36	−43	−43	−43	−50	−50	−50	−56	−56	−62	−62	−68	−68
	unteres	−10	−15	−19	−24	−29	−36	−36	−43	−43	−51	−51	−61	−61	−61	−70	−70	−70	−79	−79	−87	−87	−95	−95
f 6	oberes	−6	−10	−13	−16	−20	−25	−25	−30	−30	−36	−36	−43	−43	−43	−50	−50	−50	−56	−56	−62	−62	−68	−68
	unteres	−12	−18	−22	−27	−33	−41	−41	−49	−49	−58	−58	−68	−68	−68	−79	−79	−79	−88	−88	−98	−98	−108	−108
f 7	oberes	−6	−10	−13	−16	−20	−25	−25	−30	−30	−36	−36	−43	−43	−43	−50	−50	−50	−56	−56	−62	−62	−68	−68
	unteres	−16	−22	−28	−34	−41	−50	−50	−60	−60	−71	−71	−83	−83	−83	−96	−96	−96	−108	−108	−119	−119	−131	−131
g 5	oberes	−2	−4	−5	−6	−7	−9	−9	−10	−10	−12	−12	−14	−14	−14	−15	−15	−15	−17	−17	−18	−18	−20	−20
	unteres	−6	−9	−11	−14	−16	−20	−20	−23	−23	−27	−27	−32	−32	−32	−35	−35	−35	−40	−40	−43	−43	−47	−47
g 6	oberes	−2	−4	−5	−6	−7	−9	−9	−10	−10	−12	−12	−14	−14	−14	−15	−15	−15	−17	−17	−18	−18	−20	−20
	unteres	−8	−12	−17	−17	−20	−25	−25	−29	−29	−34	−34	−39	−39	−39	−44	−44	−44	−49	−49	−54	−54	−60	−60
g 7	oberes	−2	−4	−5	−6	−7	−9	−9	−10	−10	−12	−12	−14	−14	−14	−15	−15	−15	−17	−17	−18	−18	−20	−20
	unteres	−12	−16	−20	−24	−28	−34	−34	−40	−40	−47	−47	−54	−54	−54	−61	−61	−61	−69	−69	−75	−75	−83	−83
h 5	oberes	0	0	0	0	0	0	0	0	0	0	0	0	0	0	0	0	0	0	0	0	0	0	0
	unteres	−4	−5	−6	−8	−9	−11	−11	−13	−13	−15	−15	−18	−18	−18	−20	−20	−20	−23	−23	−25	−25	−27	−27
h 6	oberes	0	0	0	0	0	0	0	0	0	0	0	0	0	0	0	0	0	0	0	0	0	0	0
	unteres	−6	−8	−9	−11	−13	−16	−16	−19	−19	−22	−22	−25	−25	−25	−29	−29	−29	−32	−32	−36	−36	−40	−40
h 7	oberes	0	0	0	0	0	0	0	0	0	0	0	0	0	0	0	0	0	0	0	0	0	0	0
	unteres	−7	−12	−15	−18	−21	−25	−25	−30	−30	−35	−35	−40	−40	−40	−46	−46	−46	−52	−52	−57	−57	−63	−63
h 8	oberes	0	0	0	0	0	0	0	0	0	0	0	0	0	0	0	0	0	0	0	0	0	0	0
	unteres	−14	−18	−22	−27	−33	−39	−39	−46	−46	−54	−54	−63	−63	−63	−72	−72	−72	−81	−81	−89	−89	−97	−97
h 9	oberes	0	0	0	0	0	0	0	0	0	0	0	0	0	0	0	0	0	0	0	0	0	0	0
	unteres	−25	−30	−36	−43	−52	−62	−62	−74	−74	−87	−87	−100	−100	−100	−115	−115	−115	−130	−130	−140	−140	−155	−155
h 10	oberes	0	0	0	0	0	0	0	0	0	0	0	0	0	0	0	0	0	0	0	0	0	0	0
	unteres	−40	−48	−58	−70	−84	−100	−100	−120	−120	−140	−140	−160	−160	−160	−185	−185	−185	−210	−210	−230	−230	−250	−250

Nennmaßbereich in mm

Toleranzen für Wellen (Grenzabmaße in μm) (Fortsetzung):

Kurzzeichen	Grenzabmaß	1 bis 3	über 3 bis 6	über 6 bis 10	über 10 bis 18	über 18 bis 30	über 30 bis 40	40 bis 50	über 50 bis 65	65 bis 80	über 80 bis 100	100 bis 120	120 bis 140	über 140 bis 160	160 bis 180	180 bis 200	über 200 bis 225	225 bis 250	über 250 bis 280	280 bis 315	über 315 bis 355	355 bis 400	über 400 bis 450	450 bis 500
h 11	oberes	0	0	0	0	0	0		0		0		0				0		0		0		0	
	unteres	−60	−75	−90	−110	−130	−160		−190		−220		−250				−290		−320		−360		−400	
h 13	oberes	0	0	0	0	0	0		0		0		0				0		0		0		0	
	unteres	−140	−180	−220	−270	−330	−390		−460		−540		−630				−720		−810		−890		−970	
j 5	oberes	+2	+3	+4	+5	+5	+6		+6		+6		+7				+7		+7		+7		+7	
	unteres	−2	−2	−2	−3	−4	−5		−7		−9		−11				−13		−16		−18		−20	
j 6	oberes	+4	+6	+7	+8	+9	+11		+12		+13		+14				+16		+16		+18		+20	
	unteres	−2	−2	−2	−3	−4	−5		−7		−9		−11				−13		−16		−18		−20	
j 7	oberes	+6	+8	+10	+12	+13	+15		+18		+20		+22				+25		+26		+29		+31	
	unteres	−4	−4	−5	−6	−8	−10		−12		−15		−18				−21		−26		−28		−32	
js 5	oberes	+2	+2,5	+3	+4	+4,5	+5,5		+6,5		+7,5		+9				+10		+11,5		+12,5		+13,5	
	unteres	−2	−2,5	−3	−4	−4,5	−5,5		−6,5		−7,5		−9				−10		−11,5		−12,5		−13,5	
js 6	oberes	+3	+4	+4,5	+5,5	+6,5	+8		+9,5		+11		+12,5				+14,5		+16		+18		+20	
	unteres	−3	−4	−4,5	−5,5	−6,5	−8		−9,5		−11		−12,5				−14,5		−16		−18		−20	
js 7	oberes	+5	+6	+7,5	+9	+10,5	+12,5		+15		+17,5		+20				+23		+26		+28,5		+31,5	
	unteres	−5	−6	−7,5	−9	−10,5	−12,5		−15		−17,5		−20				−23		−26		−28,5		−31,5	
k 5	oberes	+4	+6	+7	+9	+11	+13		+15		+18		+21				+24		+27		+29		+32	
	unteres	0	+1	+1	+1	+2	+2		+2		+3		+3				+4		+4		+4		+5	
k 6	oberes	+6	+9	+10	+12	+15	+18		+21		+25		+28				+33		+35		+40		+45	
	unteres	0	+1	+1	+1	+2	+2		+2		+3		+3				+4		+4		+4		+5	
k 7	oberes	+10	+13	+16	+19	+23	+27		+32		+38		+43				+50		+56		+61		+68	
	unteres	0	+1	+1	+1	+2	+2		+2		+3		+3				+4		+4		+4		+5	
m 5	oberes	+6	+9	+12	+15	+17	+20		+24		+28		+33				+37		+43		+46		+50	
	unteres	+2	+4	+6	+7	+8	+9		+11		+13		+15				+17		+20		+21		+23	
m 6	oberes	+8	+12	+15	+18	+21	+25		+30		+35		+40				+46		+52		+57		+63	
	unteres	+2	+4	+6	+7	+8	+9		+11		+13		+15				+17		+20		+21		+23	
m 7	oberes	—	+16	+21	+25	+29	+34		+41		+48		+55				+63		+72		+78		+85	
	unteres		+4	+6	+7	+8	+9		+11		+13		+15				+17		+20		+s121		+23	
n 5	oberes	+8	+13	+16	+20	+24	+28		+33		+38		+45				+51		+57		+62		+67	
	unteres	+4	+8	+10	+12	+15	+17		+20		+23		+27				+31		+34		+37		+40	
n 6	oberes	+10	+16	+19	+23	+28	+33		+39		+45		+52				+60		+66		+73		+80	
	unteres	+4	+8	+10	+12	+15	+17		+20		+23		+27				+31		+34		+37		+40	
n 7	oberes	+14	+20	+125	+30	+36	+42		+s150		+58		+s167				+77		+86		+94		+103	
	unteres	+4	+8	+10	+12	+15	+17		+20		+23		+27				+31		+34		+37		+40	
p 5	oberes	+10	+17	+21	+26	+31	+s137		+45		+52		+61				+70		+79		+87		+95	
	unteres	+6	+12	+15	+18	+22	+26		+32		+37		+43				+50		+56		+62		+68	
p 6	oberes	+12	+20	+24	+29	+35	+42		+51		+59		+68				+79		+88		+98		+108	
	unteres	+6	+12	+15	+18	+22	+26		+32		+37		+43				+50		+56		+62		+68	
p 7	oberes	+16	+24	+30	+36	+43	+51		+62		+72		+83				+96		+108		+119		+131	
	unteres	+6	+12	+15	+18	+22	+26		+32		+37		+43				+50		+56		+62		+68	

T 1.1 ISO-Toleranzen für Wellen und Bohrungen (Auszüge)

Toleranzen für Bohrungen (Grenzabmaße in µm) (Fortsetzung):

Kurzzeichen	Grenzabmaß	über 3 bis 6	über 6 bis 10	über 10 bis 18	über 18 bis 30	über 30 bis 40	über 40 bis 50	über 50 bis 65	über 65 bis 80	über 80 bis 100	über 100 bis 120	über 120 bis 140	über 140 bis 160	über 160 bis 180	über 180 bis 200	über 200 bis 225	über 225 bis 250	über 250 bis 280	über 280 bis 315	über 315 bis 355	über 355 bis 400	über 400 bis 450	über 450 bis 500	über 500 bis 560	über 560 bis 630	über 630 bis 710	über 710 bis 800	über 800 bis 900	über 900 bis 1000
E 6	oberes	+28	+34	+43	+53	+66	+66	+79	+79	+94	+94	+110	+110	+110	+129	+129	+129	+142	+142	+161	+161	+175	+175	+189	+189	+210	+210	+225	+225
	unteres	+20	+25	+32	+40	+50	+50	+60	+60	+72	+72	+85	+85	+85	+100	+100	+100	+110	+110	+125	+125	+135	+135	+145	+145	+160	+160	+170	+170
E 7	oberes	+32	+240	+50	+61	+75	+75	+90	+90	+107	+107	+125	+125	+125	+146	+146	+146	+162	+162	+182	+182	+198	+198	+215	+215	+240	+240	+260	+260
	unteres	+20	+25	+32	+40	+50	+50	+60	+60	+72	+72	+85	+85	+85	+100	+100	+100	+110	+110	+125	+125	+135	+135	+145	+145	+160	+160	+170	+170
E 10	oberes	+68	+83	+102	+124	+150	+150	+180	+180	+212	+212	+245	+245	+245	+255	+255	+255	+320	+320	+355	+355	+385	+385	+425	+425	+480	+480	+530	+530
	unteres	+20	+25	+32	+40	+50	+50	+60	+60	+72	+72	+85	+85	+85	+100	+100	+100	+110	+110	+125	+125	+135	+135	+145	+145	+160	+160	+170	+170
E 11	oberes	+95	+115	+142	+170	+210	+210	+250	+250	+292	+292	+335	+335	+335	+390	+390	+390	+430	+430	+485	+485	+535	+535	+585	+585	+660	+660	+730	+730
	unteres	+20	+25	+32	+40	+50	+50	+60	+60	+72	+72	+85	+85	+85	+100	+100	+100	+110	+110	+125	+125	+135	+135	+145	+145	+160	+160	+170	+170
E 12	oberes	+140	+175	+212	+250	+300	+300	+360	+360	+422	+422	+845	+845	+845	+560	+560	+560	+630	+630	+605	+605	+765	+765	+845	+845	+960	+960	+1070	+1070
	unteres	+20	+25	+32	+40	+50	+50	s160 60	60	+72	+72	+85	+85	+85	+100	+100	+100	+110	+110	+125	+125	+135	+135	+145	+145	+160	+160	+170	+170
F 6	oberes	+18	+22	+27	+33	+41	+41	+49	+49	+58	+58	+68	+68	+68	+79	+79	+79	+88	+88	s198	+198	+108	+108	+120	+120	+130	+130	+142	+142
	unteres	+10	+13	+16	+20	+25	+25	+30	+30	+36	+36	+43	+43	+43	+50	+50	+50	+56	+56	+62	+62	+68	+68	+76	+76	+80	+80	186	186
F 7	oberes	+22	+28	+34	+41	+50	+50	+60	+60	+71	+71	+83	+83	+83	+96	+96	+96	+108	+108	+119	+119	+131	+131	+146	+146	+160	+160	+176	+176
	unteres	+10	+13	+16	20	+25	+25	+30	+30	+36	+36	+43	+43	+43	+50	+50	+50	+56	+56	+62	+62	+68	+68	+76	+76	+80	+80	+86	+86
F 8	oberes	+28	+35	+43	+54	+64	+64	+76	+76	+90	+90	+106	+106	+106	+122	+122	+122	+137	+137	+151	+151	+165	+165	+186	+186	+205	+205	+226	+226
	unteres	+10	+13	+16	+20	+25	+25	+30	+30	+36	+36	+43	+43	+43	+50	+50	+50	+56	+56	+62	+62	+68	+68	+76	+76	+80	+80	+86	+86
G 6	oberes	+12	+14	+17	+20	+25	+25	+29	+29	+34	+34	+39	+39	+39	+44	+44	+44	+49	+49	+54	+54	+60	+60	+66	+66	+74	+74	+82	+82
	unteres	+4	+5	+6	+7	+9	+9	+10	+10	+12	+12	+14	+14	+14	+15	+15	+15	+17	+17	+18	+18	+20	+20	+22	+22	+24	+24	+26	+26
G 7	oberes	+15	+20	+24	+28	+34	+34	+40	+40	+47	+47	+54	+54	+54	+61	+61	+61	+69	+69	+75	+75	+83	+83	+92	+92	+104	+104	+116	+116
	unteres	+4	+5	+6	+7	+9	+9	+10	+10	+12	+12	+14	+14	+14	+15	+15	+15	+17	+17	+18	+18	+20	+20	+22	+22	+24	+24	+26	+26
G 8	oberes	+22	+27	+33	+40	+48	+48	+56	+56	+66	+66	+77	+77	+77	+87	+87	+87	+98	+98	+107	+107	+117	+117	+132	+132	+149	+149	+166	+166
	unteres	+4	+5	+6	+7	+9	+9	+10	+10	+12	+12	+14	+14	+14	+15	+15	+15	+17	+17	+18	+18	+20	+20	+22	+22	+24	+24	+26	+26
H 6	oberes	+8	+9	+11	+13 s10	+16	+16	+19	+19	+22	+22	+25	+25	+25	+29	+29	+29	+32	+32	+36	+36	+40 s10	+40	+44	+44	+50	+50	+56	+56
	unteres	0	0	0	0	0	0	0	0	0	0	0	0	0	0	0	0	0	0	0	0	0	0	0	0	0	0	0	0
H 7	oberes	+12	+15	+18	+21	+25	+25	+30	+30	+35	+35	+40	+40	+40	+46	+46	+46	+52	+52	+57	+57	+63	+63	+70	+70	+80	+80	+90	+90
	unteres	0	0	0	0	0	0	0	0	0	0	0	0	0	0	0	0	0	0	0	0	0	0	0	0	0	0	0	0
H 8	oberes	+18	+22	+27	+33	+39	+39	+46	+46	+54	+54	+63	+63	+63	+72	+72	+72	+81	+81	+89	+89	+97	+97	+110	+110	+125	+125	+140	+140
	unteres	0	0	0	0	0	0	0	0	0	0	0	0	0	0	0	0	0	0	0	0	0	0	0	0	0	0	0	0
H 9	oberes	+30	+36	+43	+52	+62	+62	+74	+74	+87	+87	+100	+100	+100	+115	+115	+115	+130	+130	+140	+140	+155	+155	+175	+175	+200	+200	+230	+230
	unteres	0	0	0	0	0	0	0	0	0	0	0	0	0	0	0	0	0	0	0	0	0	0	0	0	0	0	0	0
H 10	oberes	+48	+58	+70	+84	+100	+100	+120	+120	+140	+140	+160	+160	+160	+185	+185	+185	+210	+210	+230	+230	+250	+250	+280	+280	+320	+320	+360	+360
	unteres	0	0	0	0	0	0	0	0	0	0	0	0	0	0	0	0	0	0	0	0	0	0	0	0	0	0	0	0
H 11	oberes	+75	+90	+110	+130	+160	+160	+190	+190	+220	+220	+250	+250	+250	+290	+290	+290	+320	+320	+360	+360	+400	+400	+440	+440	+500	+500	+560	+560
	unteres	0	0	0	0	0	0	0	0	0	0	0	0	0	0	0	0	0	0	0	0	0	0	0	0	0	0	0	0
J 6	oberes	+5	+5	+6	+8	+10	+10	+13	+13	+16	+16	+18	+18	+18	+22	+22	+22	+25	+25	+29	+29	+33	+33	—	—	—	—	—	—
	unteres	−3	−4	−5	−5	−6	−6	−6	−6	−6	−6	−7	−7	−7	−7	−7	−7	−7	−7	−7	−7	−7	−7	—	—	—	—	—	—
J 7	oberes	+6	+8	+10	+12	+14	+14	+18	+18	+22	+22	+26	+26	+26	+30	+30	+30	+36	+36	+39	+39	+43	+43	—	—	—	—	—	—
	unteres	−6	−7	−8	−9	−11	−11	−12	−12	−13	−13	−14	−14	−14	−16	−16	−16	−16	−16	−18	−18	−20	−20	—	—	—	—	—	—

Toleranzen für Bohrungen (Grenzabmaße in μm) (Fortsetzung):

Kurzzeichen	Grenzabmaß	über 3 bis 6	über 6 bis 10	über 10 bis 18	über 18 bis 30	über 30 bis 40	über 40 bis 50	über 50 bis 65	über 65 bis 80	über 80 bis 100	über 100 bis 120	über 120 bis 140	über 140 bis 160	über 160 bis 180	über 180 bis 200	über 200 bis 225	über 225 bis 250	über 250 bis 280	über 280 bis 315	über 315 bis 355	über 355 bis 400	über 400 bis 450	über 450 bis 500	über 500 bis 560	über 560 bis 630	über 630 bis 710	über 710 bis 800	über 800 bis 900	über 900 bis 1000
J 8	oberes	+10	12	+15	+20	+24		+28		+34		+41			+47		+55		+60		+66		—		—		—	
	unteres	−8	−10	−12	−13	−15		−18		−20		−22			−25		−26		−29		−31							
JS 6	oberes	+4	+4,5	+5,5	+6,5	+8		+9,5		+11		+12,5			+14,5		+16		+18		+20		+22		+25		+28	
	unteres	−4	−4,5	−5,5	−6,5	−8		−9,5		−11		−12,5			−14,5		−16		−18		−20		−22		−25		−28	
JS 7	oberes	+6	+7,5	+9	+10,5	+12,5		+15		+17,5		+20			+23		+26		+28,5		+31,5		+35		+40		+45	
	unteres	−6	−7,5	−9	−10,5	−12,5		−15		−17,5		−20			−23		−26		−28,5		−31,5		−35		−40		−45	
JS 8	oberes	+9	+11	+13,5	+16,5	+19,5		+23		+27		+31,5			+36		+40,5		+44,5		+48,5		+55		+62		+70	
	unteres	−9	−11	−13,5	−16,5	−19,5		−23		−27		−31,5			−36		−40,5		−44,5		−48,5		−55		−62		−70	
K 6	oberes	+2	+2	+2	+2	+3		+4		+4		+4			+5		+5		+7		+8		0		0		0	
	unteres	−6	−7	−9	−11	−13		−15		−18		−21			−24		−27		−29		−32		−44		−50		−56	
K 7	oberes	+3	+5	+6	+6	+7		+9		+10		+12			+13		+16		+17		+18		0		0		0	
	unteres	−9	−10	−12	−15	−18		−21		−25		−28			−33		−36		−40		−45		−70		−80		−90	
K 8	oberes	+5	+6	+8	+10	+12		+14		+16		+20			+22		+25		+28		+29		0		0		0	
	unteres	−13	−16	−19	−23	−27		−32		−38		−43			−50		−56		−61		−68		−110		−125		−140	
M 6	oberes	−1	−3	−4	−4	−4		−5		s16		−8			−8		−9		−10		−10		−26		−30		−34	
	unteres	−9	−12	−15	−17	−20		−24		−28		−33			−37		−41		−46		−50		−70		−80		−90	
M 7	oberes	0	0	0	0	0		0		0		0			0		0		0		0		−26		−30		−34	
	unteres	−12	−15	−18	−21	−25		−30		−35		−40			−46		−52		−57		−63		−96		−110		−124	
M 8	oberes	+2	+1	+2	+4	+5		+5		+6		+8			+9		+9		+11		+11		−26		30		−34	
	unteres	−16	−21	s125	−29	−34		−41		−48		−55			−63		−72		−78		−86		−136		−155		−174	
N 6	oberes	−5	−7	−9	−11	−12		−14		−16		−20			−22		−25		−26		−27		−44		−50		−56	
	unteres	−13	−16	−20	−24	−28		−33		−38		−45			−51		−57		−62		−86		−88		−100		−112	
N 7	oberes	−4	−4	−5	−7	−8		−9		−10		−12			−14		−14		−16		−17		−44		−50		−56	
	unteres	−16	−19	−23	−28	−33		−39		−45		−52			−60		−66		−73		−80		−114		−130		−146	
N 8	oberes	−2	0	0	−3	−3		−4		−4		−4			−5		−5		−5		−6		−44		−50		−56	
	unteres	−20	−25	−30	−36	−42		−50		−58		−67			−77		−86		−94		−103		−154		−175		−196	
P 6	oberes	−9	−12	−15	−18	−21		−26		−30		−36			−41		−47		−51		−55		−78		−88		−100	
	unteres	−17	−21	−26	−31	−37		−43		−52		−61			−70		−79		−87		−95		−122		−138		−156	
P 7	oberes	−8	−9	−11	−14	−17		−21		−24		−28			−33		−36		−41		−45		−78		−88		−100	
	unteres	−20	−24	−29	−35	−42		−51		−59		−68			−79		−88		−98		−108		−148		−168		−190	
P 8	oberes	−12	−15	−18	−22	−26		−32		−37		−43			−50		−56		−62		−68		−78		−88		−100	
	unteres	−30	−37	−45	−55	−65		−78		−91		−106			−122		−137		−151		−165		−188		−213		−240	
R 6	oberes	−12	−16	−20	−24	−29		−35	−37	−44	−47	−56	−58	−61	−68	−71	−75	−85	−89	−97	−103	−113	−119	−150	−155	−175	−185	−210	−220
	unteres	−20	−25	−31	−37	−45		−54	−56	−66	−69	−81	−83	−86	−97	−100	−104	−117	−121	−133	−139	−153	−159	−194	−199	−225	−235	−266	−278
R 7	oberes	−11	−13	−16	−20	−25		−30	−32	−38	−41	−48	−50	−53	−60	−63	−67	−74	−78	−87	−93	−103	−109	−150	−155	−175	−185	−210	−220
	unteres	−23	−26	−34	−41	−50		−60	−62	−73	−76	−88	−90	−93	−106	−109	−113	−126	−130	−144	−150	−166	−172	−220	−225	−255	−265	−300	−310

T 1.2 Erreichbare Rauheiten R_z in Abhängigkeit unterschiedlicher Bearbeitungsverfahren

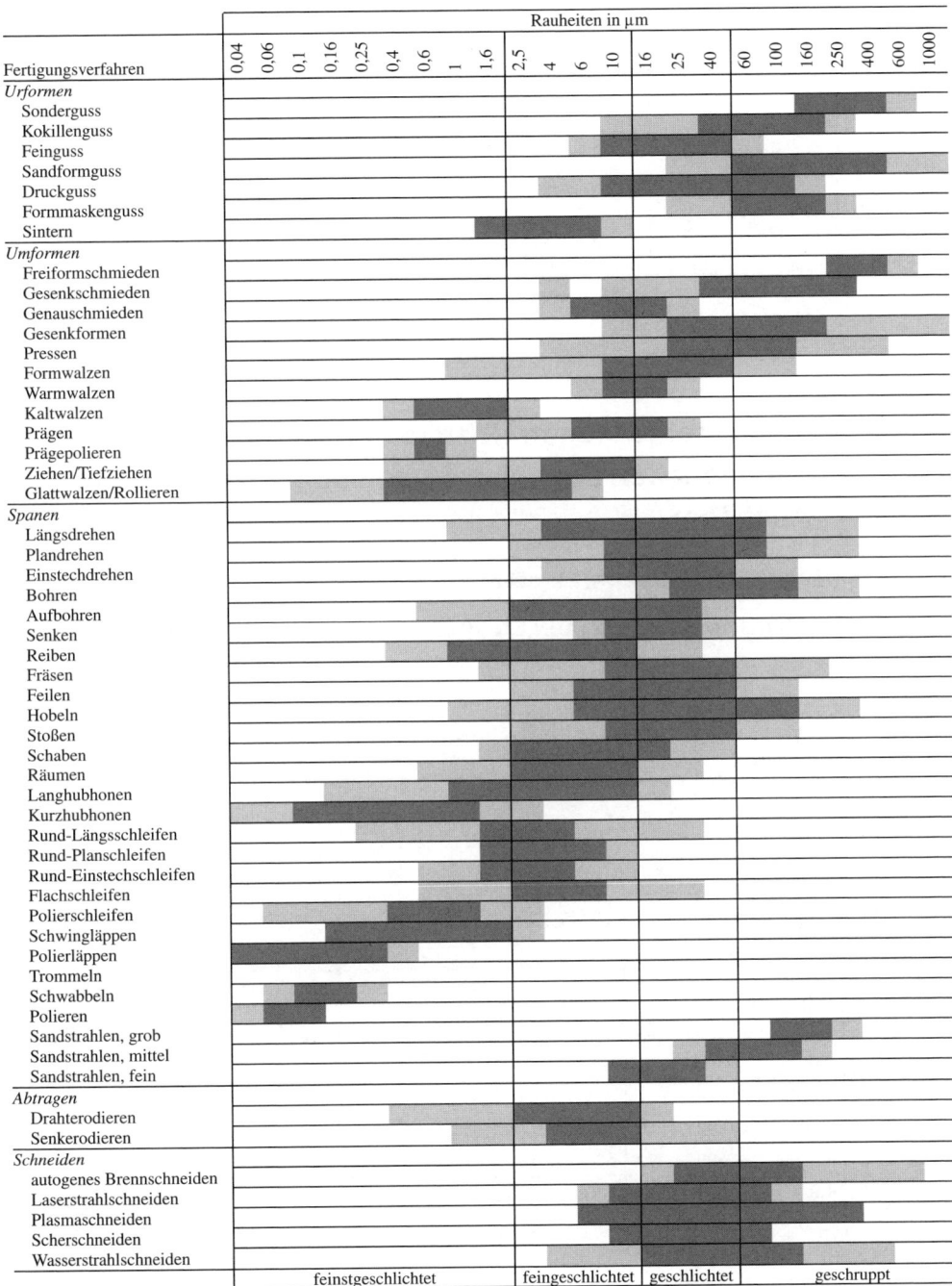

Klassifizierung des Begriffes „Präzision/Genauigkeit":

	Länge	Winkel	Geradheit	Ebenheit	Rundheit	zulässige Schwingungsamplitude
	in µm	in Grd.; Min.	in µm · m^{-1}	in µm · m^{-2}	in µm	in µm
Übliche Genauigkeit	> 50	> 10'...1°	> 500	> 500	> 50	> 10
Mittlere Präzision	5	10"...10'	50	50	5	1
Hohe Genauigkeit	0,5	0,1"...10"	5	5	0,5	0,1
Höchste Präzision	< 0,05...< 0,01"	< 0,1"	< 0,5	< 0,5	< 0,05	< 0,01

T 1.3 Zusammenfassende Übersichten zu mechanischen Eigenschaften typischer Maschinenbauwerkstoffe (Auszüge)

T 1.3.1 Stahl- und Gusswerkstoffe

T 1.3.1.1 Unlegierte Baustähle; DIN EN 10 025

Stahlsorte Bezeichnung		Zugfestigkeit R_m [1] für Nenndicken in mm			Streckgrenze R_{eH} [1] für Nenndicken in mm					
Kurzname	Werkstoffnummer	< 3	≥ 3 ≤ 100	> 100 ≤ 150	≤ 16	> 16 ≤ 40	> 40 ≤ 63	> 63 ≤ 80	> 80 ≤ 100	> 100 ≤ 150
nach EN 10 027-1 und ECISS IC10	nach EN 10 027-2	in N · mm^{-2}			in N · mm^{-2} (min.)					
S 185 [2]	1.0035	310...540	290...510	—	185	175	—	—	—	—
S235JR [2] S235JRG1 [2]	1.0037 1.0036	360...510	340...470	—	235	225	—	—	—	—
S235JRG2 S235J2G3	1.0038 1.0116			340...470	235	225	215	215	215	195
S275JR S275J2G3	1.0044 1.0144	430...580	410...560	400...540	275	265	255	245	235	225
S355J2G3	1.0570	510...680	490...630	470...630	355	345	335	325	315	295
E295 [3]	1.0050	490...660	470...610	450...610	295	285	275	265	255	245
E335 [3]	1.0060	590...770	570...710	550...710	335	325	315	305	295	275
E360 [3]	1.0070	690...900	670...830	650...830	360	355	345	335	325	305

[1] Die Werte für den Zugversuch in der Tabelle gelten für Längsproben (l), bei Band, Blech und Breitflachstahl in Breiten ≥ 600 mm für Querproben (t).

[2] Nur für Nenndicken ≤ 25 mm lieferbar.

[3] Diese Stahlsorten kommen üblicherweise nicht für Profilerzeugnisse (I-, U-Winkel) in Betracht.

T 1.3 Zusammenfassende Übersichten typischer Maschinenbauwerkstoffe

T 1.3.1.2 Vergütungsstähle; DIN EN 10 083-1/2

Mechanische Eigenschaften [1), 2)] der Stähle im vergüteten Zustand (+QT)

Stahlbezeichn.		bis 16 mm Durchmesser					über 16...40 mm Durchmesser					über 40...100 mm Durchmesser				
Kurzname	Werkstoffnummer	Streckgrenze (0,2-Grenze) R_e min. N·mm⁻²	Zugfestigkeit R_m N·mm⁻²	Bruchdehnung % min.	Brucheinschnürung % min.	Kerbschlagarbeit (Charpy-Probe) J min.	Streckgrenze (0,2-Grenze) R_e min. N·mm⁻²	Zugfestigkeit R_m N·mm⁻²	Bruchdehnung % min.	Brucheinschnürung % min.	Kerbschlagarbeit (Charpy-Probe) J min.	Streckgrenze (0,2-Grenze) R_e min. N·mm⁻²	Zugfestigkeit R_m N·mm⁻²	Bruchdehnung % min.	Brucheinschnürung % min.	Kerbschlagarbeit (Charpy-Probe) J min.
C 22	1.0402	340	500	20	50	—	290	470	22	50	—	—	—	—	—	—
C 22E	1.1151	—	...	—	—	50	—	...	—	—	50	—	—	—	—	—
C 22R	1.1149	—	650	—	—	50	—	620	—	—	50	—	—	—	—	—
C 25	1.0406	370	550	19	45	—	320	500	21	50	—	—	—	—	—	—
C 25E	1.1158	—	...	—	—	45	—	...	—	—	45	—	—	—	—	—
C 25R	1.1163	—	700	—	—	45	—	650	—	—	45	—	—	—	—	—
C 30	1.0528	400	600	18	40	—	350	550	20	45	—	300[3)]	500	21[3)]	50[3)]	—
C 30E	1.1178	—	...	—	—	40	—	...	—	—	40	—	...	—	—	40[3)]
C 30R	1.1179	—	750	—	—	40	—	700	—	—	40	—	650[3)]	—	—	40
C 35	1.0501	430	630	17	40	—	380	600	19	45	—	320	550	20	50	—
C 35E	1.1181	—	...	—	—	35	—	...	—	—	35	—	...	—	—	35
C 35R	1.1180	—	780	—	—	35	—	750	—	—	35	—	700	—	—	35
C 40	1.0511	460	650	16	35	—	400	630	18	40	—	350	600	19	45	—
C 40E	1.1186	—	...	—	—	30	—	...	—	—	30	—	...	—	—	30
C 40R	1.1189	—	800	—	—	30	—	780	—	—	30	—	750	—	—	30
C 45	1.0503	490	700	14	35	—	430	650	16	40	—	370	630	17	45	—
C 45E	1.1191	—	...	—	—	25	—	...	—	—	25	—	...	—	—	25
C 45R	1.1201	—	850	—	—	25	—	800	—	—	25	—	780	—	—	25
C 50	1.0540	520	750	13	30	—	460	700	15	35	—	400	650	16	40	—
C 50E	1.1206	—	...	—	—	—	—	...	—	—	—	—	...	—	—	—
C 50R	1.1241	—	900	—	—	—	—	850	—	—	—	—	800	—	—	—
C 55	1.0535	550	800	12	30	—	490	750	14	35	—	420	700	15	40	—
C 55E	1.1203	—	...	—	—	—	—	...	—	—	—	—	...	—	—	—
C 55R	1.1209	—	950	—	—	—	—	900	—	—	—	—	850	—	—	—
C 60	1.0601	580	850	11	25	—	520	800	13	30	—	450	750	14	35	—
C 60E	1.1221	—	...	—	—	—	—	...	—	—	—	—	...	—	—	—
C 60R	1.1223	—	1000	—	—	—	—	950	—	—	—	—	900	—	—	—

[1)] bis [3)] siehe am Ende von DIN EN 10083

Mechanische Eigenschaften der Stähle im vergüteten Zustand (+QT) (Fortsetzung)

Stahlbezeichnung		bis 16 mm Durchmesser					über 16…40 mm Durchmesser					über 40…100 mm Durchmesser				
Kurzname	Werkstoffnummer	Streckgrenze (0,2-Grenze) R_c $N \cdot mm^{-2}$ min.	Zugfestigkeit R_m $N \cdot mm^{-2}$	Bruchdehnung % min.	Brucheinschnürung % min.	Kerbschlagarbeit (Charpy-Probe) J min.	Streckgrenze (0,2-Grenze) R_c $N \cdot mm^{-2}$ min.	Zugfestigkeit R_m $N \cdot mm^{-2}$	Bruchdehnung % min.	Brucheinschnürung % min.	Kerbschlagarbeit (Charpy-Probe) J min.	Streckgrenze (0,2-Grenze) R_c $N \cdot mm^{-2}$ min.	Zugfestigkeit R_m $N \cdot mm^{-2}$	Bruchdehnung % min.	Brucheinschnürung % min.	Kerbschlagarbeit (Charpy-Probe) J min.
28 Mn 6	1.1170	590	800…950	13	40	35	490	700…850	15	45	40	440	650…800	16	50	40
38 Cr 2 38 CrS 2	1.7003 1.7023	550	800…950	14	35	35	450	700…850	15	40	35	350	600…750	17	45	35
46 Cr 2 46 CrS 2	1.7006 1.7025	650	900…1100	12	35	30	550	800…950	14	40	35	400	650…800	15	45	35
34 Cr 4 34 CrS 4	1.7033 1.7037	700	900…1100	12	35	35	590	800…950	14	40	40	460	700…850	15	45	40
37 Cr 4 37 CrS 4	1.7034 1.7038	750	950…1150	11	35	30	630	850…1000	13	40	35	510	750…900	14	40	35
41 Cr 4 41 CrS 4	1.7035 1.7039	800	1000…1200	11	30	30	660	900…1100	12	35	35	560	800…950	14	40	35
25 CrMo 4 25 CrMoS 4	1.7218 1.7213	700	900…1100	12	50	45	600	800…950	14	55	50	450	700…850	15	60	50
34 CrMo 4 34 CrMoS 4	1.7220 1.7226	800	1000…1200	11	45	35	650	900…1100	12	50	40	550	800…950	14	55	45
42 CrMo 4 42 CrMoS 4	1.7225 1.7227	900	1100…1300	10	40	30	750	1000…1200	11	45	35	650	900…1100	12	50	35

T 1.3 Zusammenfassende Übersichten typischer Maschinenbauwerkstoffe

Mechanische Eigenschaften der Stähle im vergüteten Zustand (+QT) (Fortsetzung)

Stahlbezeichnung Kurzname	Werkstoffnummer	bis 16 mm Durchmesser					über 16…40 mm Durchmesser					über 40…100 mm Durchmesser				
		Streckgrenze (0,2-Grenze) R_e $N \cdot mm^{-2}$ min.	Zugfestigkeit R_m $N \cdot mm^{-2}$	Bruchdehnung % min.	Brucheinschnürung % min.	Kerbschlagarbeit (Charpy-Probe) J min.	Streckgrenze (0,2-Grenze) R_e $N \cdot mm^{-2}$ min.	Zugfestigkeit R_m $N \cdot mm^{-2}$	Bruchdehnung % min.	Brucheinschnürung % min.	Kerbschlagarbeit (Charpy-Probe) J min.	Streckgrenze (0,2-Grenze) R_e $N \cdot mm^{-2}$ min.	Zugfestigkeit R_m $N \cdot mm^{-2}$	Bruchdehnung % min.	Brucheinschnürung % min.	Kerbschlagarbeit (Charpy-Probe) J min.
50 CrMo 4	1.7228	900	1100…1300	9	40	30[4]	780	1000…1200	10	45	30[4]	700	900…1100	12	50	30[4]
36 CrNiMo 4	1.6511	900	1100…1300	10	45	35	800	1000…1200	11	50	40	700	900…1100	12	55	45
34 CrNiMo 6	1.6582	1000	1200…1400	9	40	35	900	1100…1300	10	45	45	800	1000…1200	11	50	45
30 CrNiMo 8	1.6580	1050	1250…1450	9	40	30	1050	1250…1450	9	40	30	900	1100…1300	10	45	35
36 NiCrMo 16	1.6773	1050	1250…1450	9	40	30	1050	1250…1450	9	40	30	900	1100…1300	10	45	35
51 CrV 4	1.8159	900	1100…1300	9	40	30[4]	800	1000…1200	10	45	30[4]	700	900…1100	12	50	30[4]

[1] R_e: obere Streckgrenze oder, falls keine ausgeprägte Streckgrenze auftritt, 0,2 % Dehngrenze $R_\text{p0,2}$
 Bruchdehnung: Anfangslänge $L_0 = 5{,}65 \cdot \sqrt{S_0}$
[2] Die Festlegung der Maßgrenzen bedeutet nicht, dass bis zur festgelegten Probenentnahmestelle weitgehend martensitisch durchvergütet werden kann.
 Die Einhärtungstiefe ergibt sich aus dem Verlauf der Stirnabschreckkurven
[3] Gültig für Durchmesser bis 63 mm oder für Dicken bis 35 mm
[4] Vorläufige Werte

T 1.3.1.3 Einsatzstähle; DIN EN 10 084

(HB für unterschiedliche Behandlungszustände)

Stahlbezeichnung		Härte Im Behandlungszustand [1]			
Kurzname	Werkstoff-nummer	+S (behandelt auf Scherbarkeit)	+A (weichgeglüht)	+TH (behandelt auf Festigkeit)	+FP (behandelt auf Ferrit-Perlit-Gefüge)
		HB max.	HB max.	HB	HB
C10E	1.1121	—	131	—	—
C10R	1.1207	—	131	—	—
C15E	1.1141	—	143	—	—
C15R	1.1140	—	143	—	—
17Cr 3	1.7016	[2]	174	—	—
17CrS3	1.7014	[2]	174	—	—
28Cr4	1.7030	255	217	166...217	156...207
28CrS4	1.7036	255	217	166...217	156...207
16MnCr5	1.7131	[2]	207	156...207	140...187
16MnCrS5	1.7139	[2]	207	156...207	140...187
20MnCr5	1.7147	255	217	170...217	152...201
20MnCrS5	1.7149	255	217	170...217	152...201
20MoCr4	1.7321	255	207	156...207	140...187
20MoCrS4	1.7323	255	207	156...207	140...187
20NiCrMo2-2	1.6523	[2]	212	152...201	145...192
20NiCrMoS2-2	1.6526	[2]	212	152...201	145...192
17CrNiMo6-4	1.6566	255	229	179...229	149...201
17CrNiMoS6-4	1.6569	255	229	179...229	149...201
20CrNiMoS6-4	1.6571	255	229	179...229	154...207

[1] Anforderungen an die Härte für die in den nachfolgenden Zuständen gelieferten Erzeugnisse
[2] Die Stahlsorten sind, unter geeigneten Bedingungen, im unbehandelten Zustand scherbar

T 1.3.1.4   Wälzlagerstähle; DIN EN ISO 683-17

Stahlbezeichnung Kurzname	Werkstoffnummer	Härte im Lieferzustand						Frühere Bezeichnung
		+S	+A	+HR	+AC [1]	+AC [1] +C	+FP	
		HB max.	HB max.	HB	HB max.	HB max.	HB	
Durchhärtende Wälzlagerstähle								
—	1.3501	[2]	—	—	207	241 [3], [4]	—	100 Cr 2
100Cr6	1.3505	[2]	—	—	207	241 [3], [4]	—	100 Cr 6
100CrMnSi6-6	1.3520	[2]	—	—	217	251 [4]	—	100 CrMn 6
100CrMo7	1.3537	[2]	—	—	217	251 [4]	—	100 CrMo 7
100CrMo 7-3	1.3536	[2]	—	—	230	—	—	100 CrMo 7 3
100CrMoSi8-4-6	1.3539	[2]	—	—	230	—	—	100 CrMnMo 8
Einsatzhärtende Wälzlagerstähle								
17MnCr5	1.3521	[5]	207	156...207	170	[6]	140...187	17 MnCr 5
19MnCr5	1.3523	255	217	170...217	180	[6]	152...201	19 MnCr 5
—	1.3531	255	—	179...227	180	[6]	—	16 CrNiMo 6
18NiCrMo14-6	1.3533	255	—	—	241	[6]	—	17 NiCrMo 14
Induktionshärtende Wälzlagerstähle								
C56E2	1.1219	255 [7]	229	—	—	—	—	Cf 54
—	1.3561	255	—	—	—	—	—	44 Cr 2
43CrMo4	1.3563	255	241	—	—	—	—	43 CrMo 4
—	1.3565	255	—	—	—	—	—	48 CrMo 4
Nichtrostende Wälzlagerstähle								
X47Cr14	1.3541	[8]	—	—	248	[6]	—	X 45 Cr 13
X108CrMo17	1.3543	[8]	—	—	255	[6]	—	X 102 CrMo 17
X89CrMoV18-1	1.3549	[8]	—	—	255	[6]	—	X 89 CrMoV 18 1
Warmharte Wälzlagerstähle								
80MoCrV42-16	1.3551	[8]	—	—	248	[6]	—	80 MoCrV 42 16
X82WMoCrV6-5-4	1.3553	[8]	—	—	248	[6]	—	X 82 WMoCrV 6 5 4
X75WCrV18-4-1	1.3558	[8]	—	—	269	[6]	—	X 75 WCrV 18 4 1

[1] Für Einsatzstähle wird dieser Zustand verwendet, wenn Kaltumformen vorgesehen ist. Bei durchhärtenden, nichtrostenden und warmharten Wälzlagerstählen wird dieser Zustand auch verwendet, wenn der Stahl durch spanendes Bearbeiten weiterverarbeitet wird.

[2] Wenn dieser Zustand nötig wird, sind der Höchstwert der Härte und die Anforderungen an das Gefüge bei der Anfrage und Bestellung zu vereinbaren.

[3] Die Härte von Draht für Nadellager darf bis zu 321 HB betragen.

[4] Die Härte von kaltgefertigten Rohren darf bis zu 321 HB betragen.

[5] Unter geeigneten Bedingungen ist diese Sorte im unbehandelten Zustand scherbar.

[6] Je nach Kaltumformgrad dürfen die Werte bis zu etwa 50 HB über den für den Zustand +AC liegen.

[7] Je nach chemischer Zusammensetzung der Schmelze und den Maßen kann Zustand +A erforderlich sein.

[8] Scherbarkeit wird im allgemeinen nur im Zustand +AC möglich.

T 1.3.1.5 Automatenstähle; DIN EN 10 087

Stahlbezeichnung		Durchmesser		Unbehandelt		Vergütet		
Kurzname	Werk-stoff-num-mer	d in mm		Härte [1], [2]	Zugfestig-keit	Streck-grenze	Zug-festigkeit	Deh-nung
					R_m	R_e	R_m	A
		über	bis	HB	$\mathrm{N \cdot mm^{-2}}$	$\mathrm{N \cdot mm^{-2}}$ min.	$\mathrm{N \cdot mm^{-2}}$	% min.
Nicht für eine Wärmebehandlung bestimmte Automatenstähle								
11SMn30	1.0715	5	10	—	380...570	—	—	—
11SMnPb30	1.0718	10	16	—	380...570	—	—	—
11SMn37	1.0736	16	40	112...169	380...570	—	—	—
11SMnPb37	1.0737	40	63	112...169	380...570	—	—	—
		63	100	107...154	360...520	—	—	—
Einsatzstähle								
		5	10	—	360...530	—	—	—
10S20	1.0722	10	16	—	360...530	—	—	—
10SPb20	1.0721	16	40	107...156	360...530	—	—	—
		40	63	107...156	360...530	—	—	—
		63	100	105...146	350...490	—	—	—
		5	10	—	430...610	—	—	—
		10	16	—	430...610	—	—	—
15 SMn13	1.0725	16	40	128...178	430...600	—	—	—
		40	63	128...172	430...580	—	—	—
		63	100	125...160	420...540	—	—	—
Vergütungsstähle								
		5	10	—	550...720	430	630...780	15
35S20	1.07261	10	16	—	550...700	430	630...780	15
35SPb20	1.0756	16	40	154...201	520...680	380	600...750	16
		40	63	154...201	520...670	320	550...700	17
		63	100	149...193	500...650	320	550...700	17
		5	10	—	580...770	480	700...850	14
36SMn14	1.0726	10	16	—	580...770	460	700...850	14
36SMnPb14	1.0765	16	40	166...222	560...750	420	670...820	15
		40	63	166...219	560...740	400	640...700	16
		63	100	163...219	550...740	360	570...720	17
		5	10	—	580...780	480	700...850	15
38SMn28	1.0760	10	16	—	580...750	460	700...850	15
38SMnPb28	1.0761	16	40	166...216	530...730	420	700...850	15
		40	63	166...216	560...730	400	700...850	16
		63	100	163...207	550...700	380	630...800	16

[1] In Schadensfällen sind die Zugfestigkeitswerte maßgebend.
[2] Die Härtewerte dienen nur als Anhalt.

T 1.3.1.6 Gusseisen mit Lamellengraphit; DIN EN 1561

Werkstoffbezeichnung		Maßgebende Wanddicken		Zugfestigkeit R_m [1] Einzuhaltende Werte		Erwartungswerte im Gussstück	Frühere Bezeichnung
Kurzzeichen	Nummer			im getrennt gegossenen Probestück [2]	im angegossenen Probestück [3]	Zugfestigkeit [4] R_m	
		mm über	bis	$N \cdot mm^{-2}$ min.	$N \cdot mm^{-2}$ min.	$N \cdot mm^{-2}$	
EN-GJL-100	EN-JL 1010	5 [5]	40	min. 100	—	—	GG-10
EN-GJL-150	EN-JL 1020	2,5 [5]	5	150…250	—	180	GG-15
		5	10		—	155	
		10	20		—	130	
		20	40		120	110	
		40	80		110	95	
		80	150		100	80	
		150	300		90 [6]	—	
EN-GJL-200	EN-JL 1030	2,5 [5]	5	200…300	—	230	GG-20
		5	10		—	205	
		10	20		—	180	
		20	40		170	155	
		40	80		150	130	
		80	150		140	115	
		150	300		130 [6]	—	
EN-GJL-250	EN-JL 1040	5 [5]	10	250…350	—	250	GG-25
		10	20		—	225	
		20	40		210	195	
		40	80		190	170	
		80	150		170	155	
		150	300		160 [6]	—	
EN-GJL-300	EN-JL 1050	10 [5]	20	300…400	—	270	GG-30
		20	40		250	240	
		40	80		220	210	
		80	150		210	195	
		150	300		190 [6]	—	
EN-GJL-350	EN-JL 1060	10 [5]	20	350…400	—	315	GG-35
		20	40		290	280	
		40	80		260	250	
		80	150		230	225	
		150	300		210 [6]	—	

[1] Falls bei Bestellung der Nachweis der Zugfestigkeit vereinbart wurde, ist die Art des Probestückes bei Bestellung anzugeben.
[2] Die Werte beziehen sich auf Probestücke mit 30 mm Rohgussdurchmesser entsprechend einer Wanddicke von 15 mm.
[3] Wenn für einen bestimmten Wanddickenbereich keine Festlegungen getroffen werden können, ist dies durch einen Strich gekennzeichnet.
[4] Die Werte dienen zur Information.
[5] Dieses Maß ist als untere Grenze des Wanddickenbereiches eingeschlossen.
[6] Diese Werte sind Anhaltswerte.

T 1.3.1.7 Gusseisen mit Kugelgraphit; DIN EN 1563

Mechanische Eigenschaften

Werkstoffbezeichnung		Gewährleistete Eigenschaften an getrennt gegossenen und mechanisch bearbeiteten Probestücken [1]			Frühere Bezeichnung
Kurzzeichen	Nummer	Zugfestigkeit R_m $N \cdot mm^{-2}$ min.	Dehngrenze [2] $R_{p0,2}$ $N \cdot mm^{-2}$ min.	Dehnung A % min.	
EN-GJS-350-22-LT	EN-JS1015	350	220	22	GGG-35.3
EN-GJS-400-18-LT	EN-JS1025	400	250	18	GGG-40.3
EN-GJS-400-15	EN-JS1030	400	250	15	GGG-40
EN-GJS-500-7	EN-JS1050	500	320	7	GGG-50
EN-GJS-600-3	EN-JS1060	600	370	3	GGG-60
EN-GJS-700-2	EN-JS1070	700	420	2	GGG-70
EN-GJS-800-2	EN-JS1080	800	480	2	GGG-80

[1] Besonders bei Wanddicken > 50 mm und kompakten Gussstücken empfehlen sich Vereinbarungen zwischen Hersteller und Verbraucher.

[2] Bei den ferritischen Sorten ist es zulässig, anstelle der 0,2-%-Dehngrenze die aus dem Maschinendiagramm zu ermittelnde Streckgrenze anzugeben.

Eigenschaften in angegossenen Probestücken

Werkstoffbezeichnung		Maßgebende Wanddicke des Gussstückes mm	Dicke des angegossenen Probestückes mm	Zugfestigkeit R_m $N \cdot mm^{-2}$ min.	0,2-%-Dehngrenze $R_{p0,2}$ $N \cdot mm^{-2}$ min.	Bruchdehnung A % min.	Kerbschlagarbeit (DVM-Proben) bei $-20\,°C$	
Kurzzeichen	Nummer						Mittel aus 3 Proben Joule min.	Einzelwert Joule min.
EN-GJS-400-18U	EN-JS1062	von 30...60	40	390	250	15	14	11
		über 60...200	70	370	240	12	12	9
EN-GJS-400-15U	EN-JS1072	von 30...60	40	390	250	14	—	
		über 60...200	70	370	240	11	—	
EN-GJS-500-7U	EN-JS1082	von 30...60	40	450	300	7	—	
		über 60...200	70	420	290	5	—	
EN-GJS-600-3U	EN-JS1092	von 30...60	40	600	360	2	—	
		über 60...200	70	550	340	1	—	
EN-GJS-700-2U	EN-JS1102	von 30...60	40	700	400	2	—	
		über 60...200	70	660	380	1	—	
EN-GJS-800-2U	EN-JS1112	von 30...60	40	800	480	2	—	
		über 60...200	70	zwischen Hersteller und Käufer zu vereinbaren				

Anmerkung: Die Eigenschaften einer angegossenen Probe können die Eigenschaften des eigentlichen Gussstückes nicht genau wiedergeben, es können sich hier jedoch bessere Näherungswerte ergeben als mit einem getrennt gegossenen Probestück.

T 1.3.1.8 Stahlguss; DIN 1681

Stahlgusssorte		Streckgrenze [1] $N \cdot mm^{-2}$ min.	Zugfestigkeit $N \cdot mm^{-2}$ min.	Bruchdehnung ($L_0 = 5d_0$) % min.	Brucheinschnürung [2] % min.	Kerbschlagarbeit (ISO-V-Proben) Mittelwert [3] J min.		Magnetische Induktion [4] bei einer Feldstärke in $A \cdot cm^{-1}$ von		
Kurzname	Werkstoffnummer					$\leq 30\,mm$	$> 30\,mm$	25 T min.	50 T min.	100 T min.
GS-38	1.0420	200	380	25	40	35	35	1.45	1.60	1.75
GS-45	1.0446	230	450	22	31	27	27	1.40	1.55	1.70
GS-52	1.0552	260	520	18	25	27	22	1.35	1.55	1.70
GS-60	1.0558	300	600	15	21	27	20	1.30	1.50	1.65

[1] Falls keine ausgeprägte Streckgrenze auftritt, gilt die 0,2-%-Dehngrenze.
[2] Die Werte sind für die Abnahme nicht maßgebend.
[3] Aus jeweils drei Einzelwerten bestimmt.
[4] Diese Werte gelten nur nach Vereinbarung.

T 1.3.1.9   Warmfester Stahlguss; DIN EN 10 213-2

Stahlgussorte Kurzname	Werkstoffnummer	Wärmebehandlung; Symbol [1]	Zugfestigkeit R_m N·mm^{-2}	0,2-%-Dehngrenze $R_{p0,2}$ bei einer Temperatur in °C von N·mm^{-2}							Dehnung A %	Kerbschlagarbeit KV J
				20	200	300	350	400	450	500		
GP240Gr	1.0621	+N	420…600	240	—	—	—	—	—	—	22	27
GP240GH	1.0619	+N	420…600	240	175	145	135	130	125	—	22	27
		+QT	420…600	240	175	145	135	130	125	—	22	40
GP280GH	1.0625	+N	480…640	280	220	190	170	160	150	—	22	27
		+QT	440…590	280	220	190	170	160	150	—	22	35
G20Mo5	1.5419	+QT	440…590	245	190	165	155	150	145	135	22	27
G17CrMo5-5	1.7357	+QT	490…690	315	250	230	215	200	190	175	20	27
G17CrMo9-10	1.7379	+QT	590…740	400	355	345	330	315	305	280	18	40
G12MoCrV5-2	1.7720	+QT	510…660	295	244	230	—	214	—	194	17	27
G17CrMoV5-10	1.7706	+QT	590…780	440	385	365	350	335	320	300	15	27
GX15CrMo5	1.7365	+QT	630…760	420	390	380	—	370	—	305	16	27
GX8CrNi12	1.4107	+QT1	540…690	355	275	265	—	255	—	—	18	45
		+QT2	600…800	500	410	390	—	370	—	—	16	40
GX4CrNi13-4	1.4317	+QT	760…960	550	485	455	440	—	—	—	15	50
GX23CrMoV12-1	1.4931	+QT	740…880	540	450	430	410	390	370	340	15	27
GX4CrNiMo16-5-1	1.4408	+QT	760…960	540	485	455	—	—	—	—	15	60

[1] +N bedeutet: Normalglühen, +Q bedeutet: Abschrecken in Luft oder Flüssigkeit.
   Wenn es alternative Wärmebehandlungen gibt, ist die gewünschte Alternative in der Bestellung anzugeben, z. B. GX8CrNi12 + QT oder 1.4107 + QT1.

T 1.3.1.10   Temperguss; DIN EN 1562 (TGW und TGS)

Werkstoffbezeichnung		Durchmesser der Probe d	Zugfestigkeit R_m	0,2-Dehngrenze	Dehnung $A_{3,4}$	Brinellhärte	Frühere Bezeichnung
Kurzzeichen	Nummer	mm	N·mm^{-2} min.	N·mm^{-2} min.	% min.	HB max.	
Entkohlend geglühter (weißer) Temperguss							
EN-GJMW-350-4	EN-JM1010	9	340	—	5	230	GTW-35-04
		12	350	—	4	230	
		15	360	—	3	230	
EN-GJMW-360-12	EN-JM1020	9	320	170	15	200	GTW-S 38-12
		12	380	200	12	200	
		15	400	210	8	200	
EN-GJMW-400-5	EN-JM1030	9	360	200	8	220	GTW-40-05
		12	400	220	5	220	
		15	420	230	4	220	
EN-GJMW-450-7	EN-JM1040	9	400	230	10	220	GTW-45-07
		12	450	260	7	220	
		15	480	280	4	220	
Nicht entkohlend geglühter (schwarzer) Temperguss							
EN-GJMB-350-10	EN-JM1130	12 oder 15	350	200	10	150	GTS-35-10
EN-GJMB-450-6	EN-JM1140	12 oder 15	450	270	6	200	GTS-45-06
EN-GJMB-550-4	EN-JM1160	12 oder 15	550	340	4	230	GTS-55-04
EN-GJMB-650-2	EN-JM1180	12 oder 15	650	430	2	260	GTS-65-02
EN-GJMB-700-2	EN-JM1190	12 oder 15	700	530	2	290	GTS-70-02

T 1.3.2   Duro- und Thermoplaste

Nicht verstärkte Thermoplaste

Kunststoff	Kurz-zeichen	Zug-festigkeit N·mm^{-2}	Zug E-Modul N·mm^{-2}	Kugel-druckhärte 30 s N·mm^{-2}	Biege-festigkeit N·mm^{-2}	Schlag-zähigkeit kJ·m^{-2}	Kerb-schlagzähigkeit kJ·m^{-2}	Form-beständigkeit Vicat B °C
Niederdruckpolyethylen	LDPE	18...35	700...1400	40...65	36	o. Br.	o. Br.	60...70
Hochdruckpolyethylen	HDPE	8...23	200...500	13...20	—	o. Br.	o. Br.	<40
Polypropylen	PP	21...37	1100...1300	36...70	43	o. Br.	3...17	85...100
Polyvinylchlorid hart	PVC hart	50...75	2500...3500	75...155	110	o. Br.	2...50	75...110
Polyvinylchlorid weich	PVC weich	10...25	<100	A90[1]	—	o. Br.	o. Br.	40
Polystyrol	PS	45...65	3200...3250	140...150	90	15...20	2...2,5	78...99
Styrol/Acrilnitril-Copolym.	SAN	75	3600	160...170	100	16...20	2...3	100...115
Acrilnitril/Polybutil/Styrolpfropfpyolym.	ABS	32...60	1900...2700	80...120	75	70/o. Br.	7...20	95...110
Polymethylmethacrylat	PMMA	50...77	2700...3200	180...200	105	18	2	70...100
Polyacetat	POM	62...80	2800...3200	150...170	110	o. Br.	8	160...173
Polytetrafluorethylen	PTFE	25...36	410	27...35	18	o. Br.	13...15	—
Polyamid 6[2]	PA 6	70...85	1400	75	50	o. Br.	15...20	180
Polyamid 66[2]	PA 66	77...84	2000	100	50	o. Br.	30...40	200
Polyamid 11[2]	PA 11	40	1000	75	—	o. Br.	10...20	175
Polyamid 12[2]	PA 12	40	1200	75	—	o. Br.	—	165
Polycarbonat	PC	56...67	2100...2400	110	100	o. Br.	20...30	160...170
Celluloseacetat (432)	CA	40	1600	50	50	o. Br.	15	50...63
Celluloseacetobutyrat (413)	CAB	35	1600	55	38	o. Br.	20	60...75

[1] Shore-Härte Skala A
[2] Konditioniert 23 °C/50 % rel. Feuchte

T 1.3 Zusammenfassende Übersichten typischer Maschinenbauwerkstoffe

Verstärkte Thermoplaste

Kunststoff	Kurzzeichen	Zugfestigkeit N·mm^{-2}	Zug E-Modul N·mm^{-2}	Reißdehnung N·mm^{-2}	Biegefestigkeit N·mm^{-2}	Schlagzähigkeit kJ·m^{-2}	Kerbschlagzähigkeit kJ·m^{-2}	Formbeständigkeit Vicat B °C
Polypropylen	PP Gf 30[1]	50	5 500	5	65	16[6]	6[6]	110
Polybutylenterephthalat	PBT Gf 30	145	10 500	2,5	210	50[7]	8,5[7]	205
Polyethylenterephthalat	PET Gf 35[2]	190	13 500	2,5	270	54[7]	11[7]	230
Polyamid 6[3]	PA 6 Gf 30	180	8 500	3	250	60[7]	12[7]	210
Polyamid 66[3]	PA 66 Gf 30	190	10 000	3	270	45[7]	8,5[7]	250
Polyoxymethylen	POM Gf 30	130	10 000	3	170	32[7]	5,5[7]	160
Polyphenylenoxid modifiziert	PPO Gf 30	105	8 500	2,5	135	20[6]	6[6]	145
Polyphenylensulfid	PPS Gf 40[4]	180	14 000	1,6	240	35[7]	6,5[7]	255
Polysulfon	PSU Gf 30	125	10 000	1,8	160	20[7]	7[7]	190
Polyethersulfon	PES Gf 30	150	10 500	2,1	200	30[7]	8[7]	215
Polyetherimid	PEI Gf 30	160	9 000	3	220	35[6]	8[6]	220
Polyaryletherketon[5]	PAEK Gf 30	190	12 000	3,5	250	42[6]	11[6]	> 300
Flüssigkristallines Polymer (Liquid Crystal Polymer)	LCP Gf 30	200	23 000	1	—	20[6]	12[6]	170

[1] Gf 30 = 30 % Glasfaser gefüllt
[2] nicht handelsüblich
[3] Werte spezifisch trocken
[4] 30 % nicht handelsüblich
[5] PEKEKK
[6] Charpy
[7] Izod

Duroplastische Kunststoffe

Harzart	Gruppe	Typ	Füllstoff	Biegefestigkeit $N \cdot mm^{-2}$ mind.	Schlagzähigkeit $kJ \cdot m^{-2}$ mind.	Kerbschlagzähigkeit $kJ \cdot m^{-2}$ mind.	Formbeständigkeit (Martens) °C
Phenol	I	31	Holzmehl	70	6	1,5	125
	II	85	Holzmehl	70	5	2,5	125
		51	Zellstoff	60	5	3,5	125
		83	Baumwollfasern	60	5	3,5	125
		71	Baumwollfasern	60	6	6	125
		84	Baumwollgewebeschnitzel	60	6	6	125
		74	Baumwollgewebeschnitzel	60	12	12	125
		75	Kunstseidenstränge	60	14	14	125
	III	12	Asbestfasern				
		15	Asbestfasern	Asbestprodukte werden kaum noch angeboten.			
		16	Asbestschnur				
	IV	11,5	Gesteinsmehl	50	3,5	1,3	150
		13	Glimmer	50	3	2	150
		13,5	Glimmer	50	3	2	150
		30,5	Holzmehl	60	5	1,5	100
		31,5	Holzmehl	70	6	1,5	125
		51,5	Zellstoff	60	5	3,5	125
Aminoplast und Aminoplast-Phenol	I	131	Zellstoff	80	6,5	1,5	100
		150	Holzmehl	70	6	1,5	120
		180	Holzmehl	80	6	1,5	120
	II	153	Baumwollfasern	60	5	3,5	125
		154	Baumwollgewebeschnitzel	60	6	6	125
Aminoplast und Aminoplast-Phenol	III	155	Gesteinsmehl	40	2,5	1	130
		156	Asbestfasern				
		157	Asbestfasern + Holzmehl	Asbestprodukte werden kaum noch angeboten.			
		158	Asbestfasern				
	IV	131,5	Zellstoff	80	6,5	1,5	100
		152	Zellstoff	80	7	1,5	120
		181	Zellstoff	80	7	1,5	120
		181,5	Zellstoff	80	7	1,5	120
		182	Holz- und Gesteinsmehl	70	4	1,2	120
		183	Zellstoff + Gesteinsmehl	70	5	1,5	120
Polyester		801	Glasfasern	60	22	22	125
		802	Glasfasern	55	4,5	3	140
		830	Glasmatten	120	50	40	—
		832	Glasmatten	160	70	60	—
Epoxid		870	Gesteinsmehl	50	5	1,5	110
		871	Glasfaser	80	8	3	120
		872	Glasfaser	90	15	15	125
Phenol		HP 2061	Papierbahnen	150	20	15	—
		Hgw 2081	Baumwollgewebe grob	100	18	15	—
		Hgw 2082	Baumwollgewebe fein	130	30	15	—
		Hgw 2083	Baumwollgewebe feinst	150	35	15	—

Gruppe I: Typen für allgemeine Verwendung
Gruppe II: Typen mit erhöhter Kerbschlagzähigkeit
Gruppe III: Typen mit erhöhter Formbeständigkeit in der Wärme
Gruppe IV: Typen mit erhöhten elektrischen Eigenschaften

T 2 Tabellen zur Urformtechnik

T 2.1 Spezielle Übersicht zur Gestaltung von Radien und Übergängen an Gussteilen

a) Nicht günstig, da R zu klein:

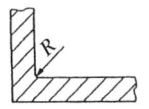

b) Nicht günstig, da R zu groß:

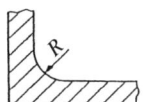

c) Vorteilhaft:

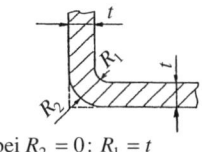

bei $R_2 = 0$: $R_1 = t$
bei $R_2 = R_1 + t$: $R_1 = t$ bis $1{,}25t$

d) Vorteilhaft, aber hohe Formkosten:

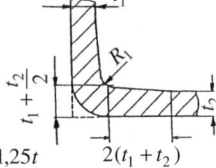

$2(t_1 + t_2)$

e) Nicht günstig:

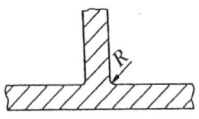

f) Vorteilhaft:

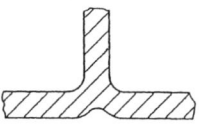

$R = t$ bis $1{,}25t$

g) Günstig, da verbesserte Gefügedichte:

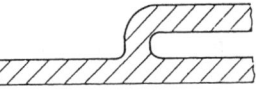

h) Nicht günstig, da Rissgefahr:

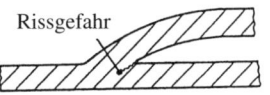

i) Günstige Querschnittsgestaltung:

j) Spezifische Gestaltungsvorschläge:

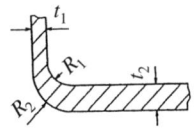 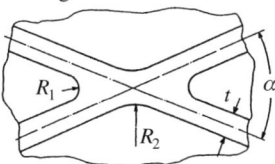 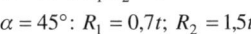 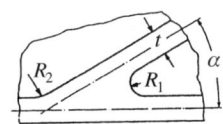

$R_1 = \frac{2}{3}(t_1 + t_2)$
$R_2 = 0$ bis $R_1 + t_2$

$\alpha = 90°$: $R_1\, R_2 = t$
$\alpha = 45°$: $R_1 = 0{,}7t$; $R_2 = 1{,}5t$

$\alpha = 30°$: $R_1 = 0{,}5t$; $R_2 = 2{,}5t$

T 2.2 Empfehlungen für zulässige Maßabweichungen an Gießereimodellen

Nennmaß-bereiche in mm	Zulässige Maßabweichungen in mm für unterschiedliche Güteklassen von						
	Holzmodellen			Metallmodellen		Kunststoffmodellen	
	H1/H1a[1]	H2[2]	H3[3]	M1[1]	M2[2]	K1[1]	K2[2]
< 30	±0,2	±0,4	±0,4	±0,10	±0,15	±0,15	±0,25
30…50	±0,3	±0,5	±0,5	±0,15	±0,20	±0,2	±0,30
50…80	±0,3	±0,6	±0,6	±0,15	±0,25	±0,25	±0,35
80…120	±0,4	±0,7	±0,7	±0,20	±0,30	±0,30	±0,45
120…180	±0,5	±0,8	±0,8	±0,20	±0,30	±0,30	±0,50
180…250	±0,6	±0,9	±0,9	±0,25	±0,35	±0,35	±0,60
250…315	±0,6	±1,0	±1,0	±0,25	±0,40	±0,40	±0,65
315…400	±0,7	±1,1	±1,1	±0,30	±0,45	±0,45	±0,70
400…500	±0,8	±1,2	±1,2	±0,30	±0,50	±0,50	±0,80

[1] geeignet für etwa 1000…1200 Abformungen; H1 für 500…1000 Gießvorgänge
[2] verwendbar für ca. 50…100 Abformvorgänge
[3] geeignet bis etwa 5…10 Gießprozesse

T 3 Tafeln und Tabellen zur Umformtechnik

T 3.1 Formänderungsfestigkeiten und Fließkurven

T 3.1.1 Auswahl typischer Formänderungsfestigkeiten $k_{fl} = f(\varphi)$ bei der Kaltverformung weichgeglühter Werkstoffe

Werkstoffe	k_{fo}	$k_{fl} = f(\varphi)$									
		$\varphi =$ 0,1	0,2	0,4	0,6	0,8	1,0	1,2	1,4	1,6	1,8	2,0
QSt32-3 (Ma8)	250	420	496	586	646	692	730	763	792	818	—	—
Ck10	260	450	523	607	663	706	740	770	796	819	—	—
Cq15/Ck15	280	520	583	654	700	733	760	783	803	821	—	—
Cq22/Ck22	320	530	591	658	702	734	7600	782	801	818	—	—
Cq35/Ck35	340	630	713	807	867	913	950	982	1008	1033	—	—
Cq45/Ck45	390	680	764	858	918	963	1000	1031	1058	1082	—	—
Cf53	430	770	867	975	1049	1098	1140	1176	—	—	—	—
15CrNi6	420	700	767	841	888	922	950	973	993	1011	—	—
16MnCr5	380	630	702	780	832	869	900	926	948	968	—	—
34CrMo4	410	730	808	893	947	998	1020	1048	1071	1092	—	—
42CrMo4	420	780	865	959	1019	1064	1100	1130	1156	1180	—	—
CuZn37 (Ms63)	280	325	438	592	706	799	880	952	1018	1078	1134	1188
CuZn30 (Ms70)	250	280	395	558	682	788	880	964	1040	1112	1179	1242
Ti99,8	600	700	862	1062	1200	1309	1400	1479	1549	1612	—	—
Al99,8	60	90	105	122	134	143	150	156	162	166	171	175
AlMgSi1	130	165	189	217	235	249	260	270	278	285	292	298

T 3.1.2 Beispiele für Fließkurven typischer Maschinenbauwerkstoffe (Kaltumformung)

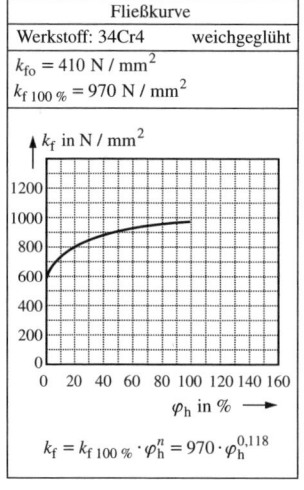

Fließkurve
Werkstoff: 34Cr4 weichgeglüht
$k_{fo} = 410$ N/mm^2
$k_{f\,100\%} = 970$ N/mm^2
$k_f = k_{f\,100\%} \cdot \varphi_h^n = 970 \cdot \varphi_h^{0,118}$

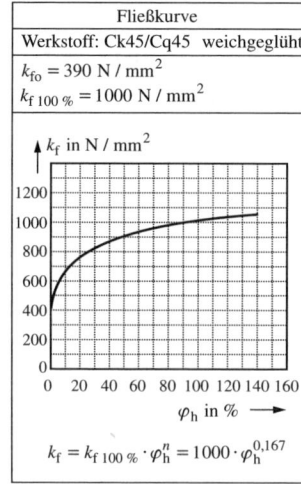

Fließkurve
Werkstoff: Ck45/Cq45 weichgeglüht
$k_{fo} = 390$ N/mm^2
$k_{f\,100\%} = 1000$ N/mm^2
$k_f = k_{f\,100\%} \cdot \varphi_h^n = 1000 \cdot \varphi_h^{0,167}$

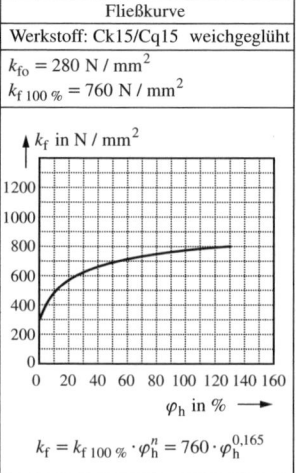

Fließkurve
Werkstoff: Ck15/Cq15 weichgeglüht
$k_{fo} = 280$ N/mm^2
$k_{f\,100\%} = 760$ N/mm^2
$k_f = k_{f\,100\%} \cdot \varphi_h^n = 760 \cdot \varphi_h^{0,165}$

T 3.1 Formänderungsfestigkeiten und Fließkurven 363

Fließkurve
Werkstoff: Cf53   weichgeglüht
$k_{fo} = 430$ N / mm^2
$k_{f\,100\%} = 1140$ N / mm^2

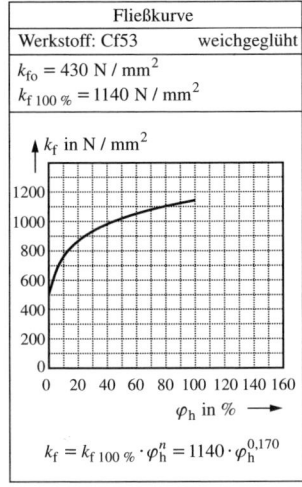

$k_f = k_{f\,100\%} \cdot \varphi_h^n = 1140 \cdot \varphi_h^{0,170}$

Fließkurve
Werkstoff: Ck35/Cq35   weichgeglüht
$k_{fo} = 340$ N / mm^2
$k_{f\,100\%} = 950$ N / mm^2

$k_f = k_{f\,100\%} \cdot \varphi_h^n = 950 \cdot \varphi_h^{0,178}$

Fließkurve
Werkstoff: Ck22/Cq22   weichgeglüht
$k_{fo} = 320$ N / mm^2
$k_{f\,100\%} = 760$ N / mm^2

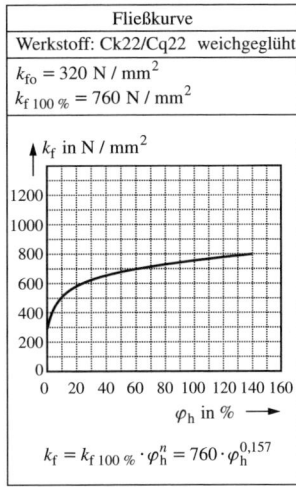

$k_f = k_{f\,100\%} \cdot \varphi_h^n = 760 \cdot \varphi_h^{0,157}$

Fließkurve
Werkstoff: Al99,8   weichgeglüht
$k_{fo} = 60$ N / mm^2
$k_{f\,100\%} = 150$ N / mm^2

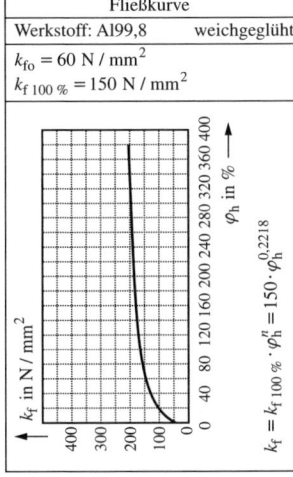

$k_f = k_{f\,100\%} \cdot \varphi_h^n = 150 \cdot \varphi_h^{0,2218}$

Fließkurve
Werkstoff: CuZn10   weichgeglüht
$k_{fo} = 250$ N / mm^2
$k_{f\,100\%} = 600$ N / mm^2

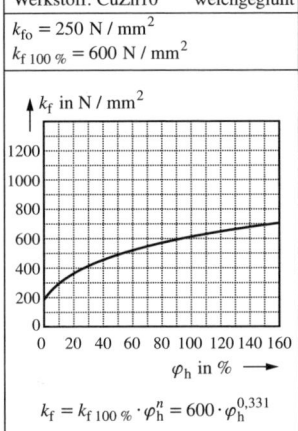

$k_f = k_{f\,100\%} \cdot \varphi_h^n = 600 \cdot \varphi_h^{0,331}$

Fließkurve
Werkstoff: Al99,5   weichgeglüht
$k_{fo} = 60$ N / mm^2
$k_{f\,100\%} = 150$ N / mm^2

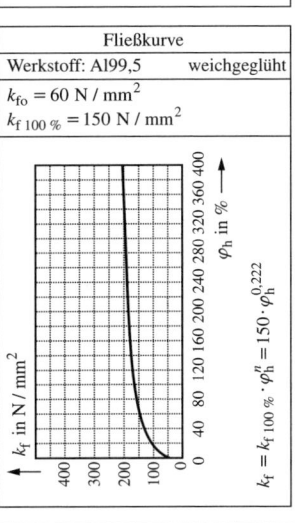

$k_f = k_{f\,100\%} \cdot \varphi_h^n = 150 \cdot \varphi_h^{0,222}$

Fließkurve
Werkstoff: Ck15   weichgeglüht

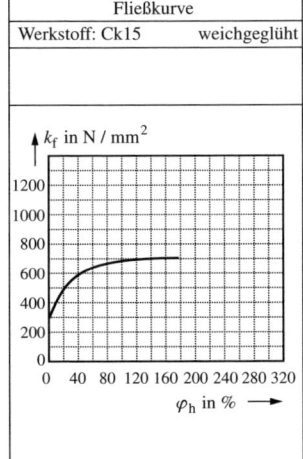

Fließkurve
Werkstoff: CuZn30   weichgeglüht
$k_{fo} = 250$ N / mm^2
$k_{f\,100\%} = 880$ N / mm^2

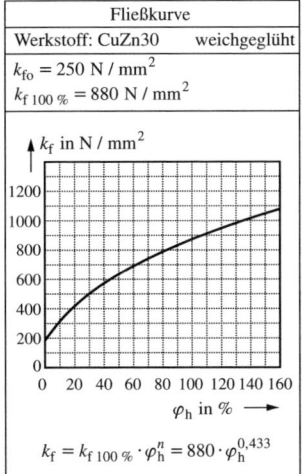

$k_f = k_{f\,100\%} \cdot \varphi_h^n = 880 \cdot \varphi_h^{0,433}$

Fließkurve
Werkstoff: AlMgSi1   weichgeglüht
$k_{fo} = 130$ N / mm^2
$k_{f\,100\%} = 260$ N / mm^2

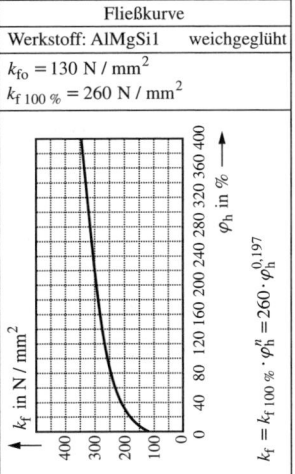

$k_f = k_{f\,100\%} \cdot \varphi_h^n = 260 \cdot \varphi_h^{0,197}$

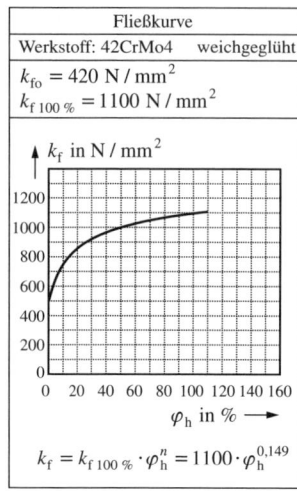

$k_f = k_{f\,100\,\%} \cdot \varphi_h^n = 1100 \cdot \varphi_h^{0,149}$

T 3.1.3 Einflüsse von Umformtemperaturen (Warmumformung), Umformgeschwindigkeiten auf das Verformungsverhalten metallischer Werkstoffe

- Vergleiche zwischen Kalt- und Warmverformung; Wirkungen der Umformtemperatur (Beispiel: C15/1.0401):

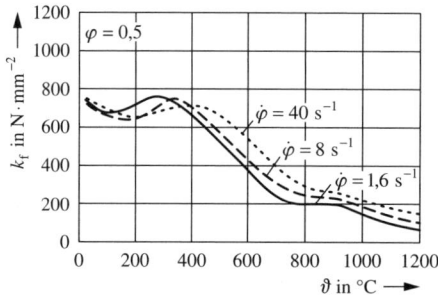

- Fließspannung in Abhängigkeit der Umformgeschwindigkeit (Beispiel: C15/1.0401):

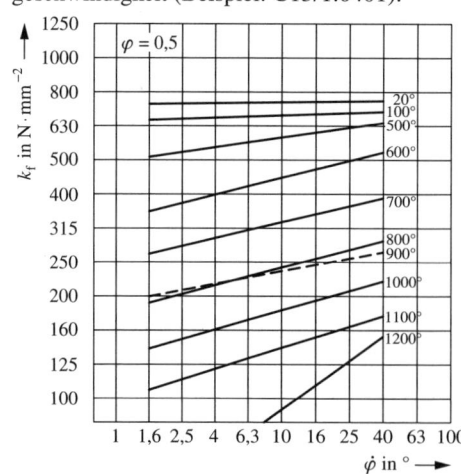

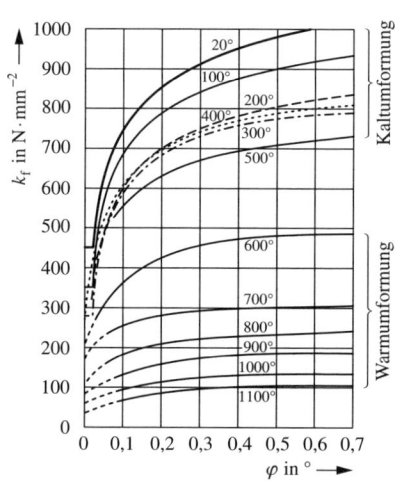

T 3.2 Schmieden/Gesenkschmieden

T 3.2.1 Gestaltungsgrundsätze für Gesenkschmiedeteile [29]

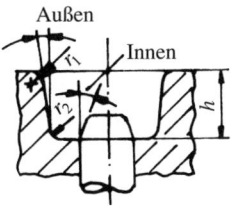 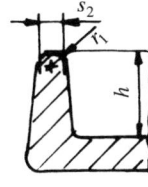 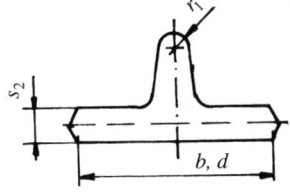

a) Seitenschräge

Schmiedestücke aus Stahl		
	außen	innen
Hammer	1 : 10	1 : 6
Presse	1 : 20	1 : 10
Waagerecht-stauchmaschine	1 : 50	1 : 20

Schmiedestücke aus Al, Al-Leg.	
Auswerfer	Außen- u. Innenschräge
ohne	1 : 20
mit	1 : 60

Schmiedestücke aus Cu, Cu-Leg.	
außen	innen
≈ 1 : 115	≈ 1 : 60

b) Rundungen

Mindestwerte für Schmiedestücke aus Stahl		
h in mm	r_1 in mm	r_2 in mm
< 25	2	4
25 … 40	3	6
40 … 63	4	10
63 … 100	6	16
100 … 160	8	25
160 … 250	10	40
250 … 400	16	63

Mindestwerte für Schmiedestücke aus Leichtmetall		
h in mm	r_1 in mm	r_2 in mm
< 4	1,6	2,5
4 … 10	1,6	4
10 … 35	2,5	6
25 … 40	4	10
40 … 63	6	16
63 … 100	10	20

T 3.2.2 Zulässige Maß- und Oberflächenabweichungen [29]

Schmiedegüte	DIN 7526 F	DIN 7526 E	Sondervereinbarung	Präzisionsschmiedestücke	Turbinenschaufeln	Turbinenschaufeln
Beispiele						
Masse in kg	4,3	3,25	3,5	3,9	4,5	0,015
Stoffschwierigkeit	M 1	M 1	M 1	M 1	M 1	M 2
Feingliedrigkeit	S 3	S 3	S 3	S 3	S 3	S 3
Länge in mm	187	245	250	187 (∅)	Blatt 200	Blatt 28
Längentoleranz in mm	+2,1 / −1,1	+1,3 / −0,7	+0,8 / −0,4	∅ ± 0,5 Zahn 0,03	Fußbr. ±0,1 Form 0,12…0,2	Verwindung ±10' Form 0,04
Dickentoleranz in mm	+1,7 / −0,8	+1,1 / −0,5	+0,7 / −0,3	+0,9 / −0,5	Blattprofile 0,3…0,6	0,04
Oberflächen-Fehlertiefe in μm	∼ 800	∼ 500	∼ 300	—	—	—
Rautiefe R_t in μm	—	—	—	15	8…12	1,5
Schmiedegüte F u E						
Genauschmieden G						
Präzisionsschmieden P						
ISO-Qualität	16 15	14 13 12	11 10	9 8	7	6 5

T 3.3 Richtwerte und Empfehlungen zum Stauchen

T 3.3.1 Nomogramm zur Bestimmung des Kraftbedarfes beim Kaltstauchen unterschiedlicher Werkstücke aus Stahl- und NE-Werkstoffen [9]

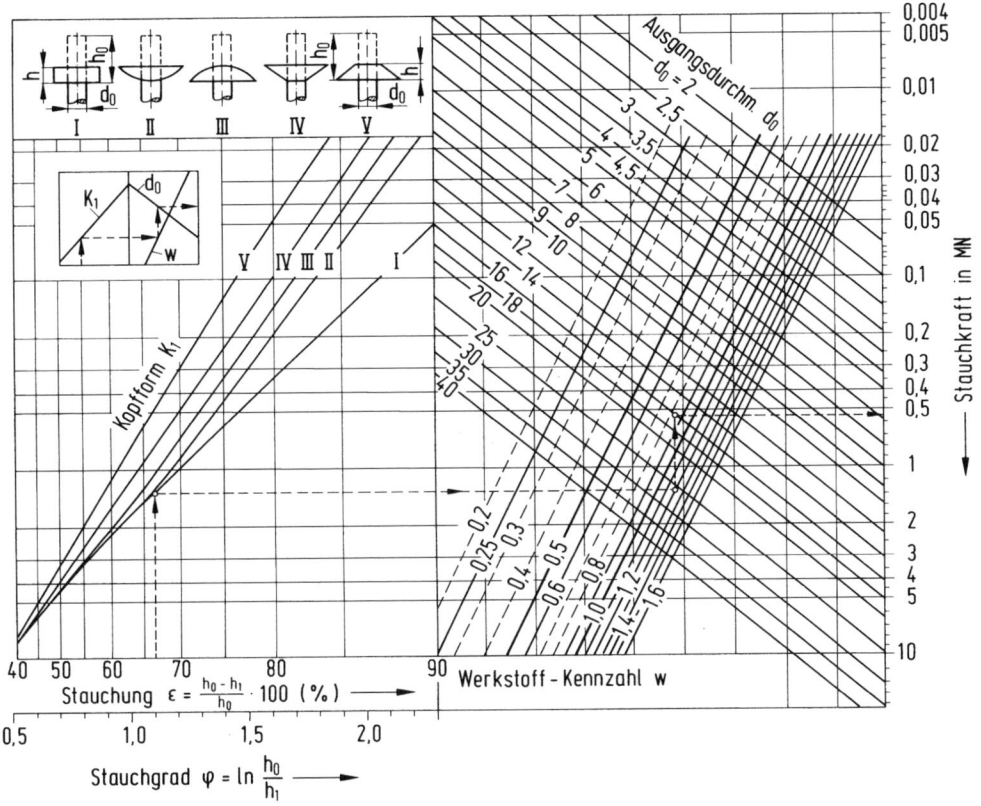

T 3.3.2 Zulässige Formänderungen beim Stauchen (typische Beispiele)

Werkstoffe	Al 99.8	AlMgSi	Ms63; CuZn15	Ck10; St42	St70	16MnCr5	15CrNi6; 42CrMo4
Zulässige Formänderung	2,5	1,5...2,0	1,2...1,4	1,3	1,4	0,8...0,9	0,7...0,8

T 3.3.3 Erreichbare Maßgenauigkeiten beim Kaltstauchen (alle Daten in mm)

Nennmaße	5	10	20	30	40	50	100
Kopfhöhen	0,18	0,22	0,28	0,33	0,38	0,42	0,50
Kopfdurchmesser	0,12	0,15	0,18	0,20	0,22	0,25	0,30

T 3.4 Werte für das Fließpressen

T 3.4.1 Nomogramme zur Ermittlung der Fließpresskraft

Hohl-Rückwärts-Fließpressen [9]

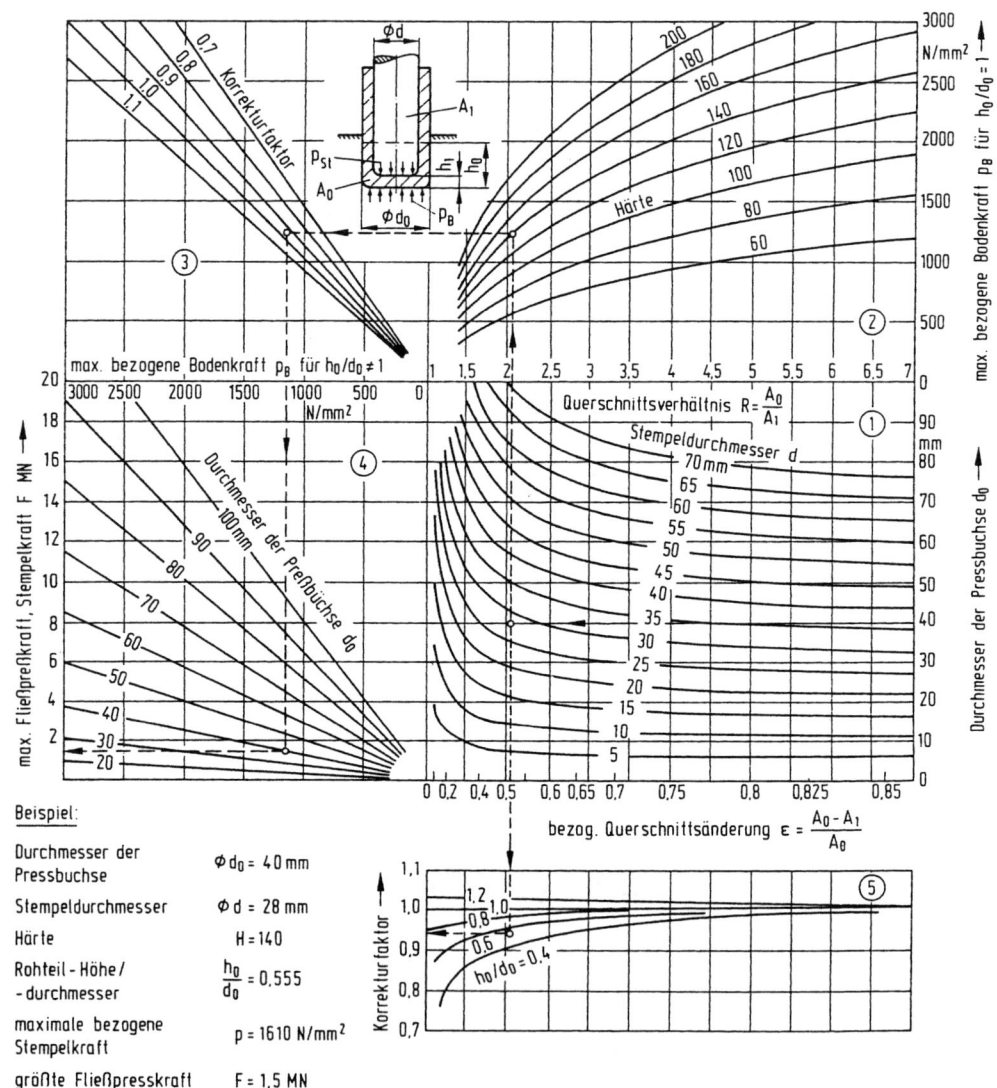

Beispiel:

Durchmesser der Pressbuchse	$\varnothing d_0 = 40$ mm
Stempeldurchmesser	$\varnothing d = 28$ mm
Härte	$H = 140$
Rohteil-Höhe/-durchmesser	$\frac{h_0}{d_0} = 0{,}555$
maximale bezogene Stempelkraft	$p = 1610$ N/mm²
größte Fließpresskraft	$F = 1{,}5$ MN

T 3.4 Werte für das Fließpressen

Voll-Vorwärts-Fließpressen [9]

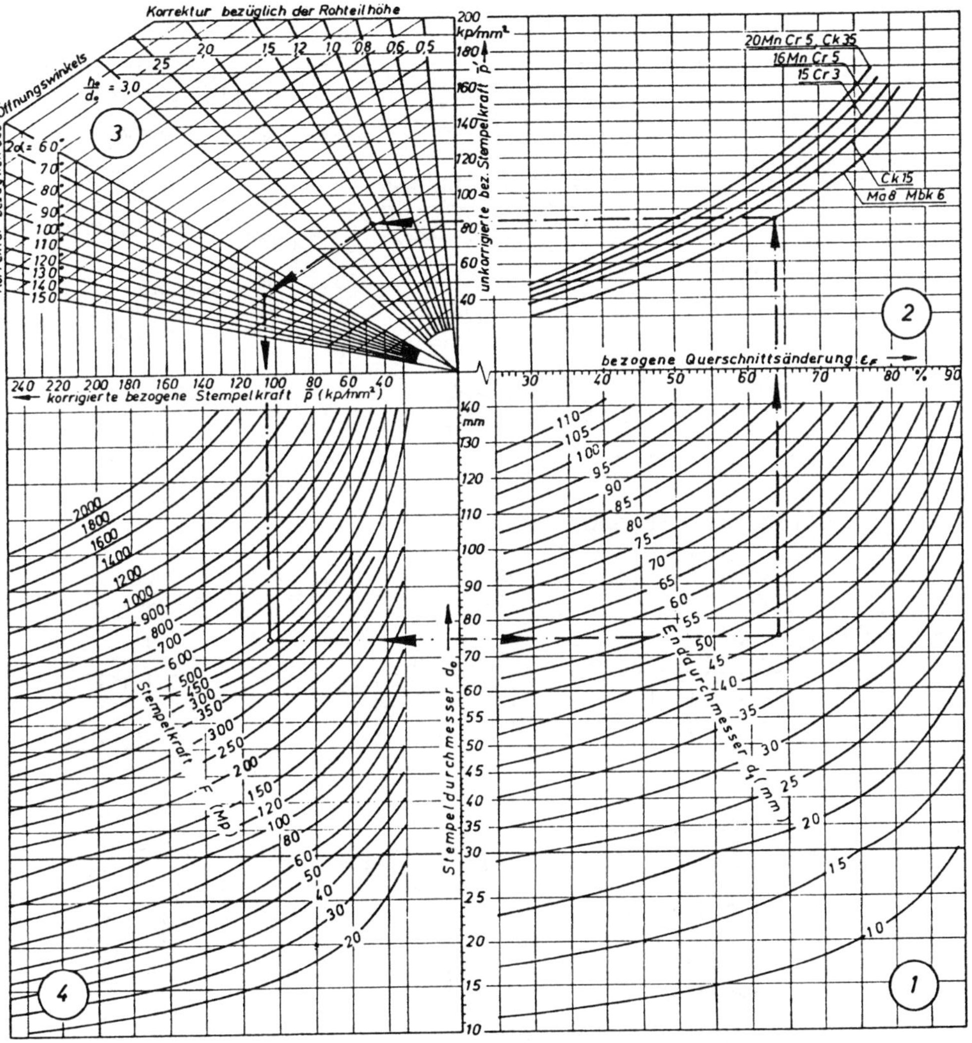

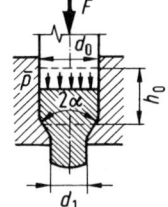

Stempelkraft F
bezogene Stempelkraft $\bar{p}$
Querschnittsänderung ε_F

Beispiel:
bekannte Werte:
$d_0 = 75$ mm
$d_1 = 45$ mm
$h_0 = 110$ mm
$2\alpha = 90°$
Werkstoff Ma 8

errechnete Werte:
$\varepsilon_F = 64\%$
$\left(\dfrac{h_0}{d_0} = \dfrac{110\,\text{mm}}{75\,\text{mm}} = 1{,}5\right)$
$\bar{p} = 105$ kp/mm²
$F = 460$ Mp

T 3.4.2 Empfehlungen zur Teilegestaltung beim Fließpressen

Regel Vermeidung von:	Günstig	Nicht vorteilhaft
Hinterschneidungen		
unsymetrischen Teileformen		
Querschnittsänderungen, Werkstoffanhäufungen		
unkontinuierlichen Bodengestaltungen		

T 3.4.3 Herstellbare Teileabmessungen

	Napf-Rückwärts-Fließpressen			Voll-Vorwärts-Fließpressen			Hohl-Vorwärts-Fließpressen		
Ausgangs- oder Zwischenform	d_0, l_0			d_0, l_0			d_0, s_0, l_0 (auch mit Boden möglich)		
Endform des Fließpressteils	s, d_i, l_i, d_0			d_0, l_K, α, d_1			d_0, l_K, α, s_1, d_i, d_1		
Grenzwerte für	ε_{Amin}	ε_{Amax}	$(h_i/d_i)_{max}$	ε_{Amax}	φ_{max}	$(l_0/d_0)_{max}$	ε_{Amax}	φ_{max}	$(l_0/d_0)_{max}$
NE-Werkstoffe									
Al; Blei; Zink (z. B.: Al99,9)	0,10	0,98	6,0	0,98	4,0	—	0,98	4,0	—
Cu (inkl. E-Cu)	0,12	0,80	4,0	0,85	1,9	—	0,85	1,9	—
Messing (z. B.: CuZn37)	0,15	0,75	3,0	0,75	1,4	—	0,75	1,4	—
Stahlwerkstoffe									
Gut formbar (QSt37; Cq15)	0,15	0,75	3,0	0,75	1,4	10	0,75	1,4	15
Formbar (Cq35; 16MnCr5)	0,25	0,65	2,0	0,67	1,1	6	0,67	1,1	12
Schwer formbar	0,35	0,60	1,5	0,60	0,9	4	0,60	0,9	8

T 3.4.4 Erreichbare Oberflächenabweichungen beim Kaltfließpressen

	Voll-Vorwärts-Fließpressen	Hohl-Vorwärts-Fließpressen	Napf-Rückwärts-Fließpressen
In Fließrichtung	$R_z = 2{,}0 \ldots 10{,}0\,\mu m$ $R_a = 0{,}5 \ldots 3{,}0\,\mu m$	$R_z = 2{,}0 \ldots 10{,}0\,\mu m$ $R_a = 1{,}0 \ldots 3{,}0\,\mu m$	$R_z = 2{,}0 \ldots 20{,}0\,\mu m$ $R_a = 1{,}0 \ldots 4{,}0\,\mu m$
Quer zur Fließrichtung	$R_z = 2{,}0 \ldots 16{,}0\,\mu m$ $R_a = 0{,}6 \ldots 4{,}0\,\mu m$	$R_z = 2{,}0 \ldots 16{,}0\,\mu m$ $R_a = 1{,}0 \ldots 4{,}0\,\mu m$	$R_z = 2{,}0 \ldots 20{,}0\,\mu m$ $R_a = 1{,}0 \ldots 4{,}0\,\mu m$

T 3.5 Gewindefurchen und -formen

Auszüge nach [84], Berechnungen siehe Abschnitt 3.2.5.6

T 3.5.1 Vorbohrdurchmesser für Metrische ISO-Regelgewinde; DIN 13; DIN ISO 965-1

Gewinde-Nenndurchmesser in mm	Steigung in mm	Vorbohrdurchmesser d_{min} in mm	Vorbohrdurchmesser d_{max} in mm
M 1	0,25	0,89	
M 1,2	0,25	1,09	
M 1,4	0,30	1,26	
M 1,6	0,35	1,45	
M 1,8	0,35	1,65	
M 2	0,40	1,83	1,86
M 2,2	0,45	2,00	2,04
M 2,5	0,45	2,30	2,34
M 3	0,5	2,77	2,82
M 3,5	0,6	3,23	3,28
M 4	0,7	3,68	3,73
M 5	0,8	4,63	4,68
M 6	1,0	5,51	5,59
M 7	1,0	6,51	6,59
M 8	1,25	7,39	7,48
M 9	1,25	8,39	8,48
M 10	1,5	9,25	9,35

T 3.5.2 Vorbohrdurchmesser für Whitworth-Gewinde; BS 84

Gewinde-Nenndurchmesser in Zoll	Gg./1″ in Zoll	Vorbohrdurchmesser d_{min} in mm	Vorbohrdurchmesser d_{max} in mm
1/16	60	1,39	1,42
3/32	48	2,12	2,16
1/8	40	2,86	2,91
5/32	32	3,56	3,62
3/16	24	4,20	4,28
7/32	24	5,00	5,08
1/4	20	5,67	5,77
5/16	18	7,18	7,29
3/8	16	8,66	8,79
7/16	14	10,12	10,26
1/2	12	11,54	11,71
9/16	12	13,12	13,29
5/8	11	14,60	14,78
3/4	10	17,64	17,84

T 3.5.3 Vorbohrdurchmesser für US-Amerikanisches Unified-Grobgewinde; UNC-2B; ASME B 1.1; ISO 5864

Gewinde-Nenndurchmesser in Zoll	Gg./1" in Zoll	Vorbohrdurchmesser d_{min} in mm	d_{max} in mm
Nr. 1	64	1,67	
Nr. 2	56	1,96	2,00
Nr. 3	48	2,26	2,30
Nr. 4	40	2,53	2,58
Nr. 5	40	2,86	2,91
Nr. 6	32	3,11	3,17
Nr. 8	32	3,77	3,83
Nr.10	24	4,29	4,37
Nr.12	24	4,94	5,02
1/4	20	5,70	5,80
5/16	18	7,21	7,31
3/8	16	8,71	8,81
7/16	14	10,16	10,30
1/2	13	11,68	11,83

T 3.6 Gleichungen zum Tiefziehen

T 3.6.1 Berechnungen von Flächenelementen beim Tiefziehen

Flächenelement	Fläche A	Durchmesser
(Kreis mit d)	$\frac{\pi}{4} \cdot d^2$	d^2
(Kreisring d_1, d_2)	$\frac{\pi}{4} \cdot (d_1^2 - d_2^2)$	$d_1^2 - d_2^2$
(Zylinder d, h)	$\pi \cdot d \cdot h$	$4d \cdot h$
(Kegelstumpfmantel d_1, d_2, e, h)	$\frac{\pi \cdot e}{2} \cdot (d_1 + d_2) = \frac{\pi \cdot (d_1 + d_2)}{2} \sqrt{h^2 + \frac{(d_1 - d_2)^2}{4}}$	$2e \cdot (d_1 + d_2) = 2(d_1 + d_2)\sqrt{h^2 + \frac{(d_1 - d_2)^2}{4}}$
(Kegelmantel d, e, h)	$\frac{\pi \cdot d \cdot e}{2} = \frac{\pi \cdot d}{2} \sqrt{\frac{d^2}{4} + h^2}$	$2d \cdot e = 2d\sqrt{\frac{d^2}{4} + h^2}$
(Halbkugel d)	$\frac{\pi \cdot d^2}{2}$	$2d^2$

T 3.6 Gleichungen zum Tiefziehen 373

Flächenelement	Fläche A	Durchmesser
	$\pi \cdot d \cdot h$	$4d \cdot h$
	$\pi \cdot d \cdot i = 2R \cdot i \cdot \pi = \dfrac{\pi}{4} \cdot (s^2 + 4i^2)$	$4d \cdot i = 8R \cdot i = s^2 + 4i^2$
	$\pi^2 \cdot r \cdot (d + 0{,}73r) = \pi^2 \cdot r \cdot (D - 1{,}27r)$	$4\pi \cdot r \cdot (d + 0{,}73r) = 4\pi \cdot r \cdot (D - 1{,}27r)$
	$\dfrac{\pi^2 \cdot r}{2} \cdot (d + 1{,}3r) = \dfrac{\pi^2 \cdot r}{2} \cdot (D - 0{,}7r)$	$2\pi \cdot r \cdot (d + 1{,}3r) = 2\pi \cdot r \cdot (D - 0{,}7r)$
	$\dfrac{\pi^2 \cdot r}{2} \cdot (d + 0{,}7r) = \dfrac{\pi^2 \cdot r}{2} \cdot (D - 1{,}3r)$	$2\pi \cdot r \cdot (d + 0{,}7r) = 2\pi \cdot r \cdot (D - 1{,}3r)$
	$\dfrac{\pi^2 \cdot r}{2} \cdot (d + 0{,}4r) = \dfrac{\pi^2 \cdot r}{2} \cdot (D - 0{,}2r)$	$\pi \cdot r \cdot (d + 0{,}4r) = 2\pi \cdot r \cdot (D - 0{,}2r)$
	$\dfrac{\pi^2 \cdot r}{2} \cdot (d + 0{,}74r) = \dfrac{\pi^2 \cdot r}{2} \cdot (D - 0{,}68r)$	$\pi \cdot r \cdot (d + 0{,}74r) = 2\pi \cdot r \cdot (D - 0{,}68r)$
	$\dfrac{\pi^2 \cdot r}{2} \cdot (d + 0{,}2r) = \dfrac{\pi^2 \cdot r}{2} \cdot (D - 0{,}4r)$	$\pi \cdot r \cdot (d + 0{,}2r) = 2\pi \cdot r \cdot (D - 0{,}4r)$
	$\dfrac{\pi^2 \cdot r}{2} \cdot (d + 0{,}68r) = \dfrac{\pi^2 \cdot r}{2} \cdot (D - 0{,}74r)$	$\pi \cdot r \cdot (d + 0{,}68r) = 2\pi \cdot r \cdot (D - 0{,}74r)$
	$\pi^2 \cdot r \cdot d$	$4\pi \cdot r \cdot d$
	$\pi^2 \cdot r \cdot (d + 1{,}27r) = \pi^2 \cdot r \cdot (D - 0{,}73r)$	$4\pi \cdot r \cdot (d + 1{,}27r) = 4\pi \cdot r \cdot (D - 0{,}73r)$

T 3.6.2 Bestimmung von Rondendurchmessern für typische Fertigteilformen

Fertigteilform	Rondendurchmesser
	$\sqrt{d^2 + 4d \cdot h}$
	$\sqrt{d_2^2 + 4d_1 \cdot h}$
	$\sqrt{d_2^2 + 4(d_1 \cdot h_1 + d_2 \cdot h_2)}$
	$\sqrt{d_3^2 + 4(d_1 \cdot h_1 + d_2 \cdot h_2)}$
	$\sqrt{d_1^2 + 4d_1 \cdot h + 2f \cdot (d_1 + d_2)}$
	$\sqrt{d_2^2 + 4(d_1 \cdot h_1 + d_2 \cdot h_2) + 2f \cdot (d_2 + d_3)}$
	$\sqrt{2d^2} = 1{,}414\,d$
	$\sqrt{d_1^2 + d_2^2}$
	$\sqrt{d_1^2 + 6{,}28r \cdot d_1 + 8r^2 + 4d_2 \cdot h + 2f \cdot (d_2 + d_3)}$ oder $\sqrt{d_2^2 + 4d_2 \cdot (0{,}57r + h + f) + 2d_3 \cdot f - 0{,}56r^2}$
	$\sqrt{4d_2 \cdot h + 6{,}28r \cdot d_1 + d_1^2 + 8r^2}$

T 3.6 Gleichungen zum Tiefziehen

Fertigteilform	Rondendurchmesser
	$1{,}414\sqrt{d_1^2 + f \cdot (d_1 + d_2)}$
	$1{,}414\sqrt{d^2 + 2d \cdot h}$
	$\sqrt{d_1^2 + d_2^2 + 4d_1 \cdot h}$
	$1{,}414\sqrt{d_1^2 + 2d_1 \cdot h + f \cdot (d_1 + d_2)}$
	$\sqrt{d^2 + 4h^2}$
	$\sqrt{d_2^2 + 4h^2}$
	$\sqrt{d_2^2 + 4(h_1^2 + d_1 \cdot h_2)}$
	$\sqrt{d^2 + 4(h_1^2 + d \cdot h_2)}$
	$\sqrt{d_1^2 + 4h^2 + 2f \cdot (d_1 + d_2)}$
	$\sqrt{d_1^2 + 4\left[h_1^2 + d_1 \cdot h_2 + \dfrac{1}{2}(d_1 + d_2)\right]}$

Fertigteilform	Rondendurchmesser
(trapezoid with d_2 top, d_1 bottom, s side)	$\sqrt{d_1^2 + 2s \cdot (d_1 + d_2)}$
(trapezoid with d_3, d_2, d_1, s)	$\sqrt{d_1^2 + 2s \cdot (d_1 + d_2) + d_3^2 - d_2^2}$
(trapezoid with d_2, d_1, h, s)	$\sqrt{d_1^2 + 2[s \cdot (d_1 + d_2) + 2d_2 \cdot h]}$
(rounded bottom with d_2, d_1, r)	$\sqrt{d_1^2 + 6{,}28 + d_1 + 8r^2}$ oder $\sqrt{d_2^2 + 2{,}28r \cdot d_2 - 0{,}56r^2}$
(with d_3, d_2, d_1, r)	$\sqrt{d_1^2 + 6{,}28r \cdot d_1 + 8r^2 + d_3^2 - d_2^2}$ oder $\sqrt{d_3^2 + 2{,}28r \cdot d_2 - 0{,}56r^2}$
(with d_3, d_2, d_1, h, r)	$\sqrt{d_1^2 + 6{,}28r \cdot d_1 + 8r^2 + 4d_2 \cdot h + d_3^2 - d_2^2}$ oder $\sqrt{d_3^2 + 4d_2 \cdot (0{,}57r + h) - 0{,}56r^2}$
(with d_3, d_2, d_1, f, r)	$\sqrt{d_1^2 + 6{,}28r \cdot d_1 + 8r^2 + 2f \cdot (d_2 + d_3)}$ oder $\sqrt{d_2^2 + 2{,}28r \cdot d_2 + 2f \cdot (d_2 + d_3) - 0{,}56r^2}$

T 3.7 Zusammenhänge beim Biegen

T 3.7.1 Nomogramm zur Bestimmung von Biegekräften beim Biegen von V-Formen

Matrizenweite w	Seitenlänge b	Matrizenweite w	Seitenlänge b	Matrizenweite w	Seitenlänge b
10	7	40	30	100	70
14	10	50	35	120	85
20	15	60	40	150	110
30	20	80	60	200	140

$w \geq 5s$

Beispiel:

Gegeben:
Materialstärke s = 8mm
Matrizenweite w = 80mm
Materialfestigkeit Rm = 500 N/mm²
Abkantlänge L = 2000mm

Für diese Werte ergibt sich eine Presskraft F = 1130kN

Die Empfindlichkeit der Druckwerkzeuge wurde bei den Leistungsdaten für kurze Abkantlängen außer acht gelassen.

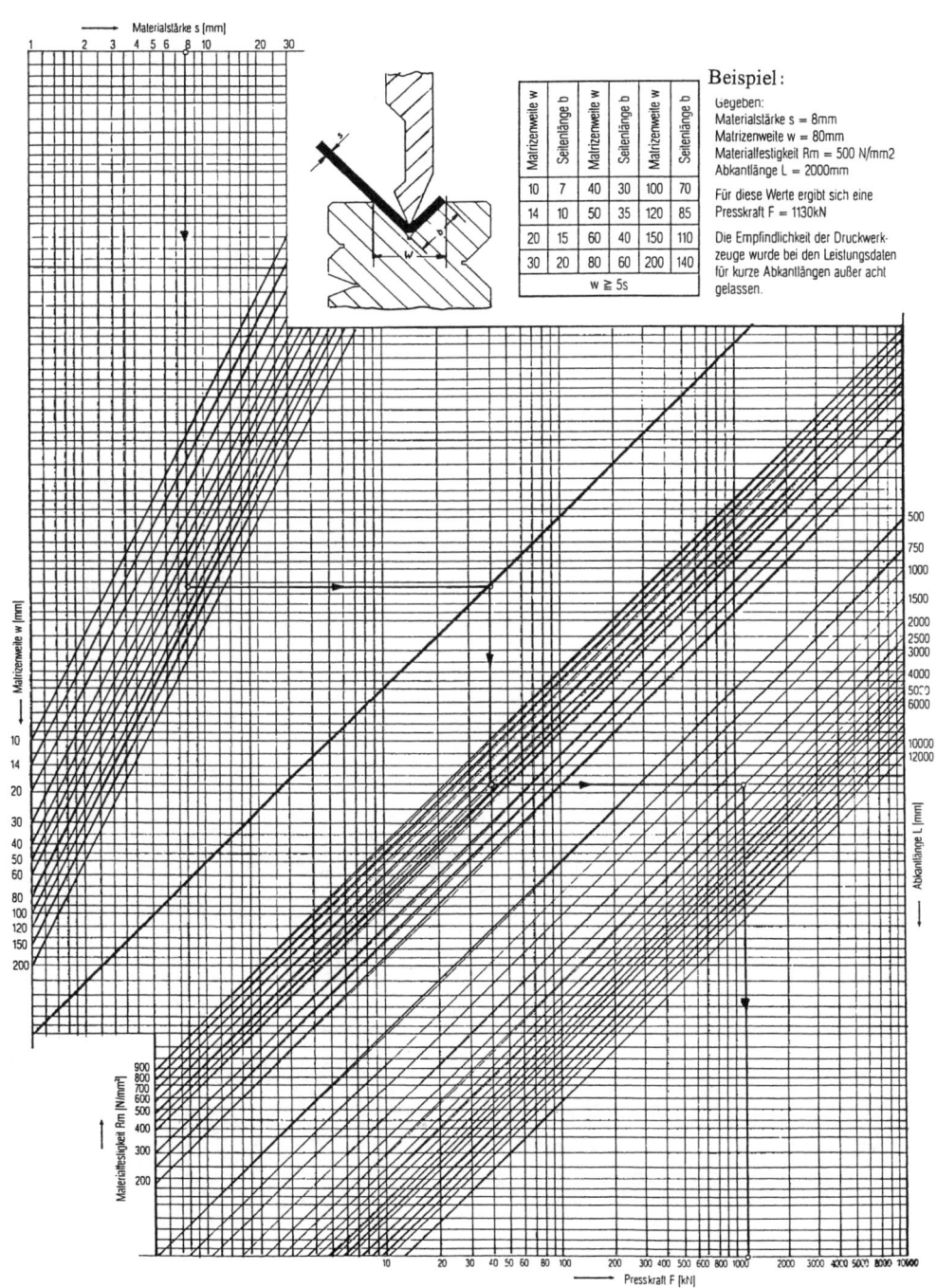

T 3.7.2 Bestimmung der Gesenkweite in Abhängigkeit vom Biegehalbmesser

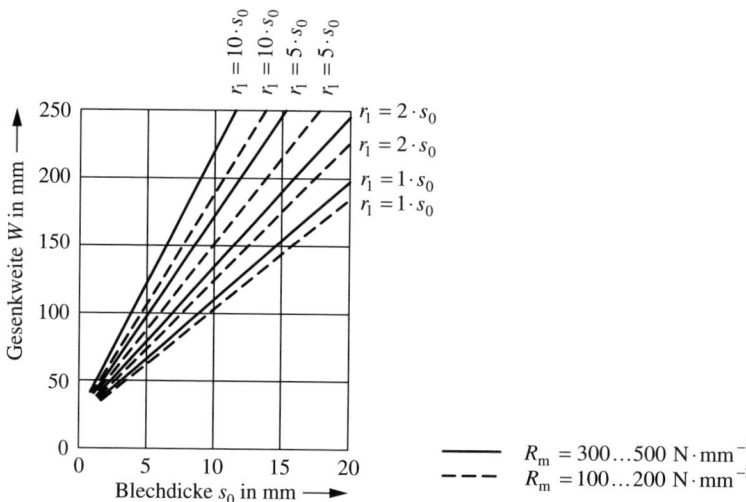

T 4 Spanen (Schneiden/Zerteilen); Abtragen; Generieren

T 4.1 Tabellen und Richtwerte zum Spanen

Anmerkungen zu Tafel T 4.1.1 bis Tafel T 4.1.4:
1. Gültigkeitsbereiche für Tafel T 4.1.3: $v_c = (90 \ldots 125)$ m·min^{-1}; $h = (0,1 \ldots 1,4)$ mm; $\alpha_o = 5°$; $\gamma_o = 6°$ für langspanende Werkstoffe; $\gamma_o = 2°$ bei kurzspanenden Werkstoffen; Schneidstoff Hartmetall, arbeitsscharf
2. Erweiterung der o. g. Gültigkeitsbereiche mittels Korrekturfaktoren nach Tafel T 4.1.2 auf andere Verfahren und die Bereiche $v_c = (20 \ldots 600)$ m·min^{-1}; $h = (0,05 \ldots 2,5)$ mm; $\gamma_o = (-20 \ldots +30)°$; Schneidstoff Schneidkeramik; Schneidenstumpfung
3. Werkzeugwinkel für die Richtwerte in Tafel T 4.1.4:

Werkstoff	α_o in °	γ_o in °	γ_{o1} in °	Nichtunterbrochener Schnitt λ_s in °	Unterbrochener Schnitt λ_s in °
C15, C22, C35, C45, S275JR (St44), E295 (St50-2), E335 (St60-2), 16MnCr5	5	12	3	−4	−5 … −10
C60, E360 (St70), 25CrMo4, 37MnV7, 41Cr4		10	−3		
GS-26-52		6			
GG-20			—		−4
GG-25		2			

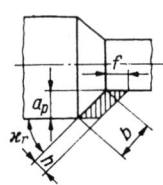
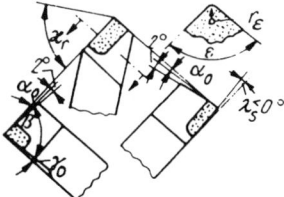

a_p in mm Schnitttiefe, b in mm Spanungsbreite, f in mm/U Vorschub, h in mm Spanungsdicke, $h = f \sin \varkappa_r$, $b = a_p / \sin \varkappa_r$

α_o Werkzeug-Freiwinkel, β_o Werkzeug-Keilwinkel, γ_o Werkzeug-Spanwinkel, ε_r Werkzeug-Eckenwinkel, $\varkappa_r$ Werkzeug-Einstellwinkel, λ_s Werkzeug-Neigungswinkel, r_ε in mm Eckenrundung, $\alpha_o + \beta_o + \gamma_o = 90°$

T 4.1.1 Korrekturfaktoren für Schnittgeschwindigkeit und Spanwinkel

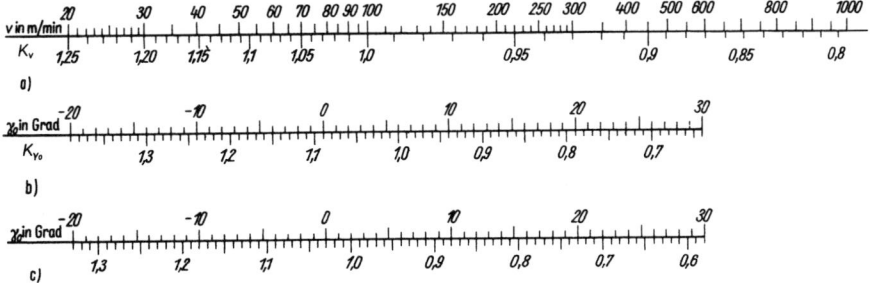

a) K_v Korrekturfaktor für die Schnittgeschwindigkeit, b) $K_{\gamma o}$ Korrekturfaktor für den Spanwinkel (langspanende Werkstoffe), c) $K_{\gamma o}$ Korrekturfaktor für den Spanwinkel (kurzspanende Werkstoffe)

T 4.1.2 Korrekturfaktoren zur Berechnung von Schnittkräften (nach [2])

Verfahren	K_v	$K_{\gamma o}$	K_{ver}	K_{sch}	Verfahrensfaktor	Besondere Hinweise
Drehen	Tafel T 4.1.1a	Tafel T 4.1.1b Tafel T 4.1.1c	1,3...1,5	bei SK 0,9...0,95	entfällt	keine
Hobeln Stoßen	1,18 oder Tafel T 4.1.1a	Tafel T 4.1.1b Tafel T 4.1.1c	1,3...1,5	entfällt	$f_H = 1,18$	keine
Fräsen	Tafel T 4.1.1a	Tafel T 4.1.1b Tafel T 4.1.1c	1,2...1,4	bei SK 0,9...0,95	entfällt	f_z, h_m, z_{iE}
Bohren ins Volle	entfällt	entfällt	1,25...1,4	entfällt	entfällt	f_z
Aufbohren	entfällt	entfällt	1,25...1,4	entfällt	$f_{Ba} = 0,95$	f_z
Senken	entfällt	entfällt	1,3	entfällt	entfällt	f_z
Gewindebohren	entfällt	entfällt	1,5	entfällt	abhängig vom Bohrerdurchmesser	keine
Sägen	entfällt	entfällt	1,3	entfällt	$f_{Sa} = 1,15$	f_z, z_{iE}
Innenräumen	entfällt	Tafel T 4.1.1b	1,3...1,5	entfällt	$f_{Ri} = 1,1$	f_z, z_{iE}
Außenräumen	entfällt bei SS, bei HM Tafel T 4.1.1a	entfällt	1,3...1,5	entfällt	$f_{Ra} = 1,05$	f_z, z_{iE}
Schleifen	entfällt	entfällt		entfällt	abhängig von Schleifkörper und -bedingungen	h_m, z_{iE}

T 4.1.3 Spezifische Schnittkräfte der spanenden Fertigung
[Nationale Werkstoffbezeichnungen in ( ), vgl. [15], [16]]

Werkstoff	m	$k_{c1.1}$ N·mm⁻²	k_c in N·mm⁻² bei h in mm													
			0,05	0,063	0,08	0,1	0,125	0,16	0,2	0,25	0,315	0,4	0,5	0,63	0,8	1,0	1,25	1,6	2,0	2,5

Werkstoff	m	$k_{c1.1}$	0,05	0,063	0,08	0,1	0,125	0,16	0,2	0,25	0,315	0,4	0,5	0,63	0,8	1,0	1,25	1,6	2,0	2,5
S185 (St33), S235JR (St37), S275 (St44)	0,17	1780	2960	2850	2730	2630	2540	2430	2340	2250	2170	2080	2000	1930	1850	1780	1710	1640	1580	1520
S355, E295 (St50)	0,26	1990	4340	4080	3840	3620	3430	3210	3020	2850	2690	2530	2380	2250	2110	1990	1880	1760	1660	1570
E335 (St60)	0,17	2110	3510	3380	3240	3120	3000	2880	2770	2670	2570	2470	2370	2280	2190	2110	2030	1950	1880	1810
E360 (St70)	0,30	2260	5550	5180	4820	4510	4220	3920	3660	3430	3200	2980	2780	2600	2420	2260	2120	1960	1840	1720
C15	0,22	1820	3520	3350	3170	3020	2880	2720	2590	2470	2350	2230	2120	2020	1910	1820	1730	1640	1560	1490
C35	0,20	1860	3390	3230	3080	2950	2820	2680	2570	2450	2340	2230	2140	2040	1950	1860	1780	1690	1620	1550
C45E (Ck45)	0,14	2220	3380	3270	3160	3070	2970	2870	2780	2700	2610	2520	2450	2370	2290	2220	2150	2080	2020	1950
C60E (Ck60)	0,18	2130	3650	3500	3360	3220	3100	2960	2850	2730	2620	2510	2410	2320	2220	2130	2050	1960	1880	1810
15CrMo5	0,17	2290	3810	3660	3520	3390	3260	3130	3010	2900	2790	2680	2580	2480	2380	2290	2210	2110	2040	1960
16MnCr5	0,26	2240	4580	4310	4050	3820	3610	3380	3190	3010	2840	2660	2510	2370	2230	2100	1980	1860	1750	1660
18CrNi6	0,30	2260	5550	5180	4820	4510	4220	3920	3660	3430	3200	2980	2780	2600	2420	2260	2120	1960	1840	1720
20MnCr5	0,25	2140	4530	4270	4020	3810	3600	3380	3200	3030	2860	2690	2550	2400	2260	2140	2020	1900	1800	1700
25CrMo4, 41Cr4	0,25	2070	4380	4130	3890	3680	3480	3270	3100	2930	2760	2600	2460	2320	2190	2070	1960	1840	1740	1650
34CrNiMo8	0,20	2600	4730	4520	4310	4120	3940	3750	3590	3430	3280	3120	2990	2850	2720	2600	2490	2370	2260	2170
34CrMoS4	0,21	2240	4200	4000	3810	3630	3470	3290	3140	3000	2860	2720	2590	2470	2350	2240	2140	2030	1940	1850
37MnV7	0,26	1810	3940	3720	3490	3290	3110	2920	2750	2600	2440	2300	2170	2040	1920	1810	1710	1600	1510	1430
37MnSi5	0,20	2260	4120	3930	3750	3580	3430	3260	3120	2980	2850	2720	2600	2480	2360	2260	2160	2060	1970	1880
42CrMo4	0,26	2500	5450	5130	4820	4550	4290	4030	3800	3580	3380	3170	2990	2820	2650	2500	2360	2210	2090	1970
50CrV4	0,26	2220	4840	4560	4280	4040	3810	3580	3370	3180	3000	2820	2660	2500	2350	2220	2100	1970	1850	1750
55NiCrMoV6N	0,24	1740	3570	3380	3190	3020	2870	2700	2560	2430	2300	2170	2050	1940	1840	1740	1650	1560	1470	1400
55NiCrMoV6 vergütet	0,24	1920	3940	3730	3520	3340	3160	2980	2830	2680	2530	2390	2270	2150	2030	1920	1820	1720	1630	1540
Mn-, CrNi-Stähle	0,21	2350	4410	4200	3990	3810	3640	3450	3300	3140	3000	2850	2720	2590	2460	2350	2240	2130	2030	1940
CrMo- u. a. legierte Stähle	0,19	2600	4590	4400	4200	4030	3860	3680	3530	3380	3240	3090	2970	2840	2710	2600	2490	2380	2280	2180
Nichtrostende Stähle	0,18	2550	4370	4190	4020	3860	3710	3550	3410	3270	3140	3010	2890	2770	2650	2550	2450	2340	2250	2160
Mn-Hartstahl	0,22	3300	6380	6060	5750	5480	5210	4940	4700	4480	4260	4040	3840	3650	3470	3300	3140	2980	2830	2700
NiCr80.20 legiert	0,29	2088	4978	4655	4343	4071	3816	3552	3330	3121	2919	2723	2553	2387	2268	2088	1957	1822	1708	1601
GJL150 (GG-15)	0,21	950	1780	1700	1610	1540	1470	1400	1330	1270	1210	1150	1100	1050	1000	950	910	860	820	780
GJL200 (GG-20)	0,25	1020	2160	2040	1920	1810	1720	1610	1530	1440	1360	1280	1210	1150	1080	1020	960	910	860	810
GJL250 (GG-25)	0,26	1160	2530	2380	2240	2110	1990	1870	1760	1660	1570	1470	1390	1310	1230	1160	1100	1030	970	910
GJS400 (GGG-40)	0,25	1005	2138	2010	1896	1794	1703	1595	1500	1421	1340	1272	1196	1129	1069	1005	948	897	845	798
GJS400-3 (GGG-40.3)	0,23	1080	2151	2040	1931	1834	1742	1646	1564	1486	1409	1333	1267	1201	1137	1080	1026	969	921	875
GJS500 (GGG-50)	0,21	1135	2129	2028	1929	1841	1756	1668	1591	1518	1447	1376	1313	1250	1189	1135	1083	1028	981	936
GJS600 (GGG-60)	0,48	1050	4423	3958	3529	3171	2849	2530	2273	2043	1828	1630	1464	1311	1169	1050	943	838	753	676
GJS700 (GGG-70)	0,5	1008	4508	4016	3564	3187	2851	2525	2254	2016	1796	1594	1425	1270	1127	1008	902	797	713	637
GJS800 (GGG-80)	0,44	1132	4230	3821	3439	3118	2826	2535	2298	2083	1882	1694	1536	1387	1249	1132	1026	920	834	756
GS-23-45	0,17	1600	2660	2560	2460	2370	2280	2190	2104	2030	1950	1870	1800	1730	1660	1600	1540	1480	1420	1370
GS-26-52	0,17	1780	2960	2850	2730	2630	2540	2430	2340	2250	2170	2080	2000	1930	1850	1780	1710	1640	1580	1520
Hartguss	0,19	2060	3640	3480	3330	3190	3060	2920	2800	2680	2570	2450	2350	2250	2150	2060	1970	1880	1810	1730
GT5505	0,24	1180	2420	2290	2160	2050	1940	1830	1740	1650	1560	1470	1390	1320	1250	1180	1120	1050	1000	950
Gussbronze	0,17	1780	2960	2850	2730	2630	2540	2430	2340	2250	2170	2080	2000	1930	1850	1780	1710	1640	1580	1520
Rotguss, Al-Guss	0,25	640	1350	1280	1200	1140	1080	1010	960	910	850	810	760	720	680	640	610	570	540	510
Messing	0,18	780	1340	1280	1230	1180	1130	1090	1040	1000	960	920	880	850	810	780	750	720	690	660
Mg-Legierungen	0,19	280	490	470	450	430	420	400	380	360	350	330	320	310	290	280	270	260	250	240

T 4.1.4 Richtwerte für Schnittgeschwindigkeiten v_c in m·min^{-1}
[Nationale Werkstoffbezeichnungen in ( ), vgl. [15], [16]]

$T = A_3 \cdot v_c^{A_2} \cdot f^{A_4}$ in min oder für $v_c = \sqrt[A_2]{T/(A_3 \cdot f^{A_4})}$ in m·min^{-1}

Werkstoff	Schneidstoff	Vorschub f in mm bei Standzeiten T in min																			Exponenten		
		0,1			0,16			0,25			0,4			0,63			1,0			1,6		A_2	A_3	A_4
		30	60	240	30	60	240	30	60	240	30	60	240	30	60	240	30	60	240	30	60	240			
C15	HSS							55	40	33	45	32	27	37	27	22	35	31	20	30	25	18	−4,0107	2,7969·10^7	−1,2571
	P10, P20	290	255	184	66	48	40	238	200	140	212	180	112	200	165	106							−3,8667	1,572·10^{10}	−0,7954
	P30, P40				270	228	170	200	121	94	118	102	72	104	90	62	98	80	59	86	70	52	−4,0107	3,971·10^9	−0,8847
	P20C	340	270	196	150	142	101	134																	
					302	270	196	288	238	168	250	212	146	240	200	120	156	136	97	140	120	86	−3,7320	1,303·10^{10}	−0,8847
C22	HSS							230	194	138	200	172	123	180	153	108							−4,3314	1,159·10^{11}	−1,0355
S275JR (St44)	P01	350	297	239		48	40	55	40	33	45	32	27	37	27	22	35	31	20	30	25	18	−4,0107	2,885·10^7	−1,2348
	P10, P20	308	252	175	66	260	214	300	240	190	218	180	126	194	160	112	162	133	94	140	119	84	−5,1445	2,201·10^{13}	−1,1302
	P30, P40				340	223	156	245	201	140	133	111	78	117	98	69	103	87	62	91	77	54	−3,8667	8,987·10^9	−1,2130
	P20C$^{1)}$	400	328	228	275	290	203	148	125	88	283	234	164	252	208	146	211	173	122	182	155	109	−4,0107	3,950·10^9	−0,9826
C35	HSS				357	52	37	318	261	182	43	36	25	35	29	21	29	24	17	24	20	14	−3,7320	1,103·10^{10}	−1,2571
E295 (St50)	P01	485	400	260	62	359	235	51	43	31	350	285	188										−3,8667	1,351·10^7	−1,6003
E295 (St50)	P10, P20	217	184	136	440	166	122	392	320	210	160	138	102	145	124	92	140	116	77	127	104	70	−3,2708	3,051·10^9	−0,8097
	P30, P40				195	216	159	180	152	112	120	98	65	107	87	57	96	79	52	87	71	47	−3,4874	4,243·10^8	−1,0176
	P20C$^{1)}$	282	239	177	253	160	106	136	110	73	208	179	133	188	161	120	182	151	100	165	135	91	−3,3759	1,582·10^8	−0,7812
C35	P10, P20	222	182	120	198	208	138	234	198	146	152	124	82	132	109	73	114	94	62	81	66	44	−3,4874	1,532·10^9	−1,0000
	P30, P40				257	43	31	173	141	93	122	99	65	105	87	58	92	76	50	80	66	44	−3,4874	42437·10^8	−1,0723
	P20C$^{1)}$	289	237	156	51	329	217	140	114	76	198	161	107	172	142	95	148	122	81	105	86	57	−3,3759	1,716·10^8	−0,8097
E335 (St60)	HSS				480	160	118	225	183	121	35	30	21	30	25	18	25	21	15	20	17	12	−3,4874	1,136·10^9	−1,0176
C45	P01	450	363	237		154	109	43	36	26	328	266	174										−4,0107	1,238·10^7	−1,5398
E335 (St60)	P10, P20	205	177	131	185	200	142	360	296	193	155	133	97	137	119	88	125	109	81	107		73	−4,7046	2,605·10^9	−0,7399
	P30, P40				182	35	24	168	146	108	116	94	62	105	86	57	96	78	52	71	71	47	−3,3759	2,394·10^{11}	−0,9656
C45	P10, P20	210	177	126	237	270	178	130	107	67	140	118	84	123	103	73	115	99	70	103	87	61	−4,01078	1,881·10^8	−0,5890
	P30, P40				41	117	83	158	134	94	109	94	66	96	81	59	83	71	50	70	60	43	−4,01078	6,905·10^9	−0,7812
	P20C$^{1)}$	273	230	164	232			125	108	76	182	153	109	160	134	95	143	129	91	134	113	79	−4,01078	1,503·10^9	−1,2571
E360 (St70)	HSS					152	108	205	174	122	29	24	17	24	20	14	21	17	12	16	13,5	9,5	−4,01078	1,817·10^{10}	−0,8390
C60	P01	347	281	185	141			34	29	20	305	250	165										−3,86671	4,019·10^6	−1,3763
E360 (St70)	P10, P20	160	133	94	183	183		320	260	172	110	92	65	97	81	58	80	65	43	67	55	37	−3,60588	2,648·10^{10}	−0,1051
	P30, P40							125	104	74	72	59	39	63	52	34	56	46	30	50	41	27	−3,60588	1,069·10^8	−1,6976
	P20C$^{1)}$	208	173	122		152	108	85	69	46													−3,48741	4,358·10^7	−0,9163
								162	135	96	143	120	84	126	105	75	104	84	56	87	71	48	−3,27085	6,863·10^7	−1,5108

T 4.1 Tabellen und Richtwerte zum Spanen

Richtwerte für Schnittgeschwindigkeiten (Fortsetzung)

Werkstoff	Schneidstoff	Vorschub f in mm bei Standzeiten T in min																				Exponenten			
		0,1			0,16			0,25			0,4			0,63			1,0			1,6			A_2	A_3	A_4
		30	60	240	30	60	240	30	60	240	30	60	240	30	60	240	30	60	240	30	60	240			
C60	P10, P20	185	156	110	160	135	95	140	118	83	121	102	73	105	89	63	89	75	53	72	61	44	−4,01078	1,817·10⁹	−1,3763
	P30, P40	240	203	143	208	175	123	182	153	108	157	133	95	136	116	82	116	97	69	94	79	57	−3,86671	2,046·10⁸	−1,1917
	P20C[1]																						−4,01078	4,274·10⁹	−1,5108
16MnCr5	HSS	32	27	19				26	21,5	15	20,6	17	12	16	13,5	9,5	12,8	10,7	7,6	10,2	8,5	6	−3,86671	6,281·10⁵	−1,8807
	P10, P20	195	160	106	175	145	96	160	130	86	141	115	76	128	103	69	115	95	65	95	73	55	−3,60588	1,851·10⁹	−0,2216
	P30, P40							128	112	85	114	101	77	105	91	69	92	81	62	83	73	55	−5,14455	4,008·10¹¹	−1,1917
	P20C[1]	253	208	138	227	188	125	208	169	112	183	149	99	166	134	90	149	140	94	149	123	84	−3,73205	7,681·10⁹	−0,3443
20MnCr5	HSS				32	27	19	26	21,5	15	20,6	17	12	16	13,5	9,5	12,8	10,7	7,6	10,2	8,5	6	−3,86671	6,281·10⁵	−1,8807
	P10, P20	195	158	105	172	141	93	153	126	83	137	112	74	118	99	65	122	101	67	112	93	61	−3,60588	1,376·10⁹	−0,3541
	P30, P40							121	105	78	108	94	69	97	83	62	86	74	55	80	67	50	−4,51070	1,916·10¹⁰	−1,0176
	P20C[1]	253	205	136	224	183	121	199	164	108	178	146	96	126	129	84	159	131	87	146	121	79	−3,4874	1,893·10⁹	−0,3738
25CrMo4	HSS				40	34	25	32	27	19	25	21	15	21	17	12	16,7	14	9,6	12,6	10,7	7,6	−4,33147	9,464·10⁶	−1,6642
	P30, P40							218	180	124	189	157	108	163	137	94	144	120	82	125	103	71	−3,73205	3,726·10⁹	−1,0355
37MnV7	HSS				21,5	18	12,5	16,5	14,2	10	12,9	11	8	10,2	8,7	6,3	8,3	7,1	5,4	6,2	5,3	4	−4,70463	9,222·10⁵	−2,0503
	P10, P20	182	150	99	158	130	86	140	115	76	121	99	66	105	87	58	92	75	49				−3,27085	7,655·10⁷	−1,0537
	P30, P40							125	107	75	107	92	64	94	80	56	82	70	49	70	60	43	−3,73205	4,436·10⁸	−1,1708
	P20C[1]	237	195	129	205	169	112	182	149	99	157	129	86	136	113	75	120	97	64				−3,27085	1,971·10⁸	−0,9826
41Cr4	HSS				21,5	18	12,5	16,5	14,2	10	12,9	11	8	10,2	8,7	6,3	8,3	7,1	5,4	6,2	5,3	4	−4,70463	9,222·10⁵	−2,0503
	P10, P20	144	123	87	125	109	77	114	97	68	100	85	60	89	76	54	66	57	40	57	49	35	−4,01078	4,576·10⁸	−1,8040
	P30, P40							71	60	42	63	54	38	57	48	34	50	42	30	44	37	26	−4,01078	1,934·10⁸	−1,0355
	P20C[1]	187	160	113	162	142	100	148	126	88	130	110	78	116	99	70	86	74	52	74	64	45	−4,01078	1,306·10⁹	−1,8040
GS-23-45	HSS				67	56	40	55	46	33	46	38	27	37	31	22	31	26	18	26	21	15	−3,7320	1,047·10⁷	−1,6003
	P10, P20	160	130	86	140	113	75	120	99	65	105	86	57	92	75	50							−3,4874	4,031·10⁷	−1,8807
	P30, P40				108	90	60	96	79	53	85	70	46	73	60	40	65	53	35	57	47	31	−3,3759	2,930·10⁷	−1,1917
GG-20	HSS				43	37	26	33	28	20	23,5	20	14	19	16	11,5	15	12,4	8,5	11,4	9,5	6,7	−4,3314	6,486·10⁶	−2,0503
	K20	95	81	58	86	73	52	77	66	47	70	59	42	63	53	38	57	48	34	52	44	31	−4,0107	2,417·10⁸	−1,1503
	M20	112	97	70	102	88	62	92	79	56	82	71	50	75	64	46	70	58	41	62	53	37	−4,0107	5,828·10⁸	−1,0355
	K10	120	101	72	109	91	65	98	82	59	87	74	52	80	66	47	71	60	42	65	55	39	−4,3314	3,064·10⁹	−0,9656
	K20C[2]	132	105	75	111	95	68	104	86	61	91	77	55	82	69	49	74	62	44	67	57	40	−3,0776	1,414·10⁷	−0,9656
GG-25	HSS				32	27	19	25	21	15	17,5	15	11	14,2	12	8,3	11,4	9,5	6,8	8,5	7,1	5	−4,7046	2,693·10⁶	−2,6050
	K20	89	75	54	79	67	48	72	60	43	63	53	38	57	48	34	50	42	30	45	38	27	−4,0107	2,130·10⁸	−0,9656
GGG-60	P10, P20 (K20)	170	140	95	150	125	82	142	115	76	112	92	60	92	75	49	70	58	40				−3,4874	2,194·10⁸	−1,0355
Mn Hartstahl	P30, P40	56	50	40	48	43	34	41	37	30	36	32	25	31	27	22							−5,6712	3,463·10⁹	−1,8807

Richtwerte für Schnittgeschwindigkeiten (Fortsetzung)

Werkstoff	Schneidstoff	Vorschub f in mm/U bei Standzeiten T in min																			Exponenten			
		0,1			0,16			0,25			0,4			0,63			1,0			1,6			A_2	A_3	A_4
		30	60	240	30	60	240	30	60	240	30	60	240	30	60	240	30	60	240	30	60	240			
Temper-	HSS	176	150	106	156	132	94	46	38	26	35	29	20	26	22	15,5	20,5	17	12	15,6	13	9,5	–4,0107	$4,208 \cdot 10^6$	–2,4750
guss	K10	35	30	21	32	27	19	28	24	16,5	25	21	15	22,5	19	13	19	16	11	17	14	19	–4,3314	$1,594 \cdot 10^{10}$	–0,9656
Hartguss	K10																						–4,0107	$5,148 \cdot 10^6$	–1,0000
Reinaluminium	HSS	530	400	224	420	320	180	330	250	140	265	200	112	185	140	80	125	95	55	100	75	43	–2,4750	$1,229 \cdot 10^7$	–1,0355
	K20	3150	2360	1320	2750	2100	1200	2500	1900	1080	2280	1700	950	2050	1530	840	1800	1380	760	1620	1250	710	–2,4750	$3,625 \cdot 10^9$	–0,5543
Al-Legierung	HSS	130	100	56	98	76	43	77	59	33	58	44	25	46	35	20							–2,4750	$1,855 \cdot 10^5$	–1,4825
m. hoh. Si-Geh.		730	500	224	650	440	200	590	400	180	530	355	160	475	320	145	430	290	130	395	265	118	–2,1445	$6,264 \cdot 10^6$	–0,9325
Kolbenleg. Al-Si (zäh)	K20	138	100	50	128	93	47	122	86	44	112	80	40	105	74	37	99	70	35	94	67	34	–2,0503	$2,908 \cdot 10^5$	–0,4663
Kolbenleg.	K20	70	50	25	65	47	23	57	41	21	55	39	20	50	37	18	48	34	17	48	34	17	–2,0503	$7,748 \cdot 10^4$	–0,3249
GAl-Si	HSS	179	132	75	133	100	57	100	75	42	73	56	32	55	42	24							–2,4750	$2,854 \cdot 10^5$	–1,6003
	K20	705	530	300	625	470	270	560	420	240	500	375	212	440	335	195	400	300	170	365	280	160	–2,4750	$8,377 \cdot 10^7$	–0,5773
	HSS	165	125	71	123	93	54	92	70	40	70	53	30	53	40	23							–2,41421	$2,305 \cdot 10^5$	–1,1445
	K20	670	500	280	600	450	250	530	400	225	470	355	200	423	320	180	380	290	165	350	265	150	–2,47501	$7,424 \cdot 10^7$	–0,57735
	HSS	158	118	67	115	87	50	90	68	38	67	50	28	50	38	21							–2,35585	$1,679 \cdot 10^5$	–1,445
	K20	630	475	265	570	420	240	505	380	215	440	335	190	410	305	173	370	280	155	330	250	140	–2,1445	$1,071 \cdot 10^7$	–0,4663
Mg-Legierung	HSS	1320	1000	560	1230	930	530	1170	870	500	1050	800	450	1025	780	534	980	740	420	950	710	400	–2,43825	$5,621 \cdot 10^8$	–0,32491
	K20	4200	3150	1800	3700	2800	1480	3300	2500	1400	3000	2240	1250	2600	2000	1120	2350	1750	1000	2100	1600	900	–2,43825	$5,195 \cdot 10^7$	–0,57735
Hartgummi	K20	830	600	300	790	560	290	740	530	270	695	500	250	640	460	230	600	435	215	560	400	200	–2,00568	$1,120 \cdot 10^7$	–0,32106
(Ebonit)	K20	780	560	280	660	470	235	560	400	200	470	335	170	390	280	140	340	240	120	280	200	100	–2,00568	$3,468 \cdot 10^6$	–0,75904
Kupfer	HSS							62	56	48	49	45	38	40	37	31	33	30	25	27,5	25	21	–8,14434	$9,626 \cdot 10^{13}$	–3,37594
	K20	1700	1120	500	1550	1020	460	1400	940	420	1290	850	375	1195	780	350	1100	730	325	1025	670	200	–1,73205	$5,183 \cdot 10^6$	–0,35411
Cu mit	K20	570	425	236	490	370	205	430	320	180	370	280	160	320	240	137							–2,47508	$3,374 \cdot 10^7$	–0,7481
Messing	HSS							128	110	85	99	85	63	73	63	48	56	48	36	42	36	26	–5,39551	$8,266 \cdot 10^{10}$	–3,11463
HB 80 bis 120	K20	1960	1320	600	1770	1200	540	1650	1120	500	1500	1000	450	1400	950	420	1290	870	385	1180	800	355	–1,73205	$7,507 \cdot 10^6$	–0,30573
Rotguss	HSS							91	78	56	77	65	47	60	51	37	49	42	30	40	34	24,5	–4,0712	$2,561 \cdot 10^8$	–1,78198
	K20	840	710	500	760	640	455	700	590	420	640	530	375	600	500	345	550	460	320	520	425	250	–2,1445	$1,953 \cdot 10^7$	–0,71329
Gussbronze	HSS							70	60	45	63	53	40	53	46	34	47	40	30	41	36	27	–4,7046	$2,905 \cdot 10^9$	–1,13029
	K20	850	630	355	740	550	310	660	500	280	570	425	238	525	390	220	470	350	200	420	315	180	–2,35585	$5,855 \cdot 10^7$	–0,6128
Zn-Legierung	HSS	128	90	43	122	86	41	118	84	40	114	80	38	110	78	37	108	76	36,5	106	75	36	–1,88072	$2,054 \cdot 10^5$	–0,14054
ZnAl10Cu2	K20	700	500	250	680	480	240	650	465	235	625	450	224	610	435	218	580	420	220	560	400	200	–2,0503	$1,349 \cdot 10^7$	–0,19438

[1] P20 beschichtet mit TiC bzw. TiC + TiN
[2] K20 beschichtet mit TiC bzw. TiC + TiN

T 4.1.5 Zusammenhänge zwischen Oberflächenrauheiten und Herstellkosten beim Spanen

Allgemein gilt:

$$R_t \approx (5 \ldots 6) R_a \quad \text{mit}$$

$$R_z \approx (9 \ldots 10) R_a \quad \text{beim Drehen}$$

$$R_z \approx 5 R_a \quad \text{beim Schleifen}$$

Vergleiche beim Feindrehen:

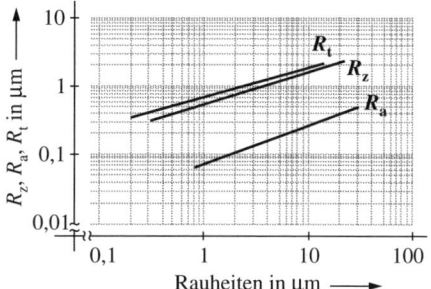

Herstellkosten:

Entwicklung der Fertigungskosten (Verhältniszahlen)

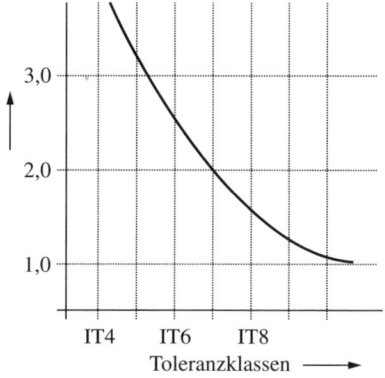

Für $R_t > 3{,}0\,\mu\text{m}$ ist das Spanen mit geometrisch bestimmten Schneiden grundsätzlich kostengünstiger als die Bearbeitung mit geometrisch nicht bestimmten:

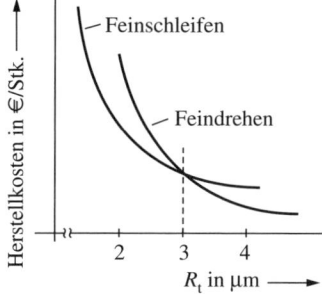

T 4.1.6 Entstehungsbedingungen und Wirkungen von Spanarten

Spanarten		Typische Werkstoffe	Schnittgeschwindigkeiten und Schneidengeometrie	Verhalten von F_C, R_m, R_a
Reißspäne (Bröckelspäne)		Spröde Werkstoffe mit geringem plastischen Verhalten, z. B. • Gusseisen, -bronze • Messing Plastisch verformbare Werkstoffe (z. B. Baustähle bei $v_c \to$ Min und $\gamma_o \to$ Min	Häufig bei • $v_c \approx 5 \ldots 10\,\text{m} \cdot \text{min}^{-1}$ (in Abhängigkeit von γ_o auch darüber hinaus) • $\gamma_o \to$ Klein • $\gamma_o \to$ Negativ	$0 \leq F_C \leq F_{C\max}$ $R_m, R_a \to$ Max
Scherspäne (Lamellenspäne)	Geringe Verformung in der Scherzone Bildung von miteinander verschweißten „Spanlamellen" Aufbauschneidenbildung:	Vorzugsweise bei duktilen Werkstoffen Aufbauschneide bei Werkstoffen mit großer Bruchdehnung	Typisch für $v_c \approx 20 \ldots 80\,\text{m} \cdot \text{min}^{-1}$ Bildung der Aufbauschneide begünstigt bei • $v_c \approx 60 \ldots 70\,\text{m} \cdot \text{min}^{-1}$ • $\vartheta \approx 200 \ldots 250\,°\text{C}$ • Aufbau und Abwanderung mit $f = 50\,\text{Hz}$	$F_{C\min} \leq F_C \leq F_{C\max}$
Fließspäne	Kontinuierliches Fließen des Werkstoffes in der Scherzone Starkes Verschweißen der Spanlamellen; Lamellendicke: ca. $2 \ldots 3\,\mu\text{m}$	Vorzugsweise bei Stahlwerkstoffen	$v_c \approx 80 \ldots 100\,\text{m} \cdot \text{min}^{-1}$ (in Abhängigkeit von steigendem γ_o auch darunter)	$F_C \approx$ const. $R_m, R_a \to$ Min

T 4.1.7 Wirkungen und Nutzungsmöglichkeiten typischer Bestandteile von KSSM (Kühl-, Schmier-, Spülmittel) auf Bearbeitungsvorgang und Arbeitsergebnis (vgl. VSI)

Wirkung/Effekt	Benennung der Bestandteile	Nutzungsmöglichkeiten
1. Rostinhibitoren	Aminophosphate, Fettsäuren, Na-, Ca-Mg-Sulfate, Alkylsuccinsäuren	Schutz eisenhaltiger Metalloberflächen gegen atmosphärische Korrosion
2. Metall-Desaktivatoren	Triarylphosphite, Schwefelverbindungen, Diamine	Verhinderung des katalytischen Einflusses auf Oxidation und Korrosion
3. Verschleißschutz	Zinkdialkyldithiophosphate, Trikresylphosphate, Bleisalze	Verminderung von Verschleiß im Mischreibungsgebiet
4. Presswirkungen („Extreme Pressure"; Aufbauschneide)	Geschwefelte Fette und Olefine, Chlorkohlenwasserstoffe, Organische Säuren, Aminphosphate	Vermeidung von Mikroverschweißungen zwischen Spanunterseite und Spanfläche
5. Verminderung von Reibung in der Wirkzone („Friction Modifier")	Fettsäuren, Gefettete Amine, Festschmierstoffe	Verminderung der (Festkörper-)Reibung zwischen Teilefunktionsfläche, Span und Spanfläche
6. Detergentien	Ca-, Ba-, Mg-Sulfonate, -Phenate und -Phosphate	Verminderung der Entstehung von Ablagerungen (Schlamm) bei hohen Temperaturen
7. Dispersantwirkstoffe	Polymethacrylate, Succimide, Succinatester; hochmolekulare Amine und Amide	Verminderung der Entstehung von Ablagerungen (Schlamm) bei niedrigen Temperaturen
8. „Pourpoint-Reduzierung"	Paraffinalkylierte Naphtalene und Phenole	Verbesserung des Fließverhaltens bei tiefen Temperaturen
9. Viskositätsverbesserung	Polyisobutylene, Polymethacrylate, Polyacrylate, Ethylen-Propylen, Styrol-Maleinsäureester-Copolymere, Hydr. Styrol-Butadien-Copol.	Verminderung des Einflusses der Temperatur auf die Viskosität des KSSM

T 4.1.8 Spezielle verfahrensspezifische Richtwerte

T 4.1.8.1 Drehen (Lang-, Plan-, Fein-, Gewindedrehen)

Richtwerte und Empfehlungen zur Trockenbearbeitung und zum Drehen harter Werkstoffe

T 4.1.8.1.1 Empfehlungen für Werkzeugwinkel beim Drehen mit Hartmetallen

Werkstoff	Festigkeit bzw. HB in N · mm^{-2}	Schruppen HM-Sorte	α_o in °	γ_o in °	λ_s in °	Schlichten HM-Sorte	α_o in °	γ_o in °	λ_s in °
Baustahl	≤ 500	P20, P30	6	10	−5…−6	P01, P10	6	12	−4
Bau- und Vergütungsstahl	500…700	P20, P30	6	8…10	−5…−6	P01, P10	6	10	−4
	700…1 000	P20, P30	6	6…8	−5…−6	P01, P10	6	8	−4
Mn-, Cr-, CrMn- und andere Stähle	700…850	P20, P30	6	6…8	−5…−6	P01, P10	6	8	−4
	850…1 000	P20, P40	6	6	−6…−8	P01, P10	6	6	−4
Legierte Stähle	1 000…1 400	P20, P30	6	0…4	−8	P01, P10	6	4	−4
Nichtrostende Stähle	600…700	P20, P40	6	4	−6	P01, P10	6	6	−4
Werkzeugstahl	1 500…1 800	P20	6	0	−6	P01, P10	6	2	−4
	≤ 500	P20, P40	6	4…6	−6	P01, P10	6	8	−4
Stahlguss	500…700	P20, P40	6	2…4	−6	P01, P10	6	6	−4
	> 700	P20, P30	6	−5…0	−6	P01, P10	6	0…2	−4

Fortsetzung S. 388

Werkstoff	Festigkeit bzw. HB in N·mm^{-2}	Schruppen HM-Sorte	α_o in °	γ_o in °	λ_s in °	Schlichten HM-Sorte	α_o in °	γ_o in °	λ_s in °
Gusseisen	≤ 200 HB	K20	6	0...6	−6	K20	6	6	−4
	> 200 HB	K10	6	0...4	−6	K01, K10	6	4	−4
Gusseisen, legiert	200...250 HB	K10	6	4	−6	K10	6	6	−4
Temperguss	≤ 220 HB	K20	6	2...4	−6	K10, K20	6	4	−4
Hartguss		K10	6	0	−6	K10	6	0	−4
Kupfer, Rotguss		K20	8	10...12	−4	K20	8	15	−4
Zn-Legierung		K20	6	10	−4	K20	6	10	−4
Reinaluminium		K20	8	20	−4	K20	8	25	−4
Kolbenlegierung		K10	8	14	−4	K10	8	14	−4

T 4.1.8.1.2 Werte zur Anpassung spezieller Bearbeitungsbedingungen [3]

- Schmiede-, Walz-, Gusshaut: $K_{Ofl} = (0{,}70 \ldots 0{,}80)$
- Unterbr. Schnitt; Anschnitt: $K_u = (0{,}80 \ldots 0{,}90)$
- Sonstiges: Labiles Werkstück: $(0{,}80 \ldots 0{,}95)$
  Stabiles Teil: $(1{,}05 \ldots 1{,}20)$
  Zustand WZM besonders gut: $(1{,}05 \ldots 1{,}20)$
  Zustand WZM besonders schlecht: $(0{,}80 \ldots 0{,}95)$

T 4.1.8.1.3 Richtwerte für Schnittgeschwindigkeiten und Vorschubwege beim Drehen mit Formwerkzeugen aus Schnellarbeitsstahl

Drehmeißelbreite mm		Werkstückdurchmesser in mm					
		10	15	20	25	30	40...100
8...15	v_c	40...20				25...20	
	f	0,02...0,08				0,04...0,09	
15...25	v_c	50...20				25...20	
	f	0,01...0,075				0,04...0,08	
25...35	v_c			55...25			30...20
	f			0,008...0,05			0,035...0,07
35...50	v_c	—		55...25			30...25
	f	—		0,01...0,045			0,03...0,065
50...75	v_c	—	—	55...30			35...25
	f	—	—	0,01...0,04			0,025...0,05
75...100	v_c	—	—	—			45...25
	f	—	—	—			0,015...0,05

Werkstoff: Stahl mit $R_m = 750$ N·mm^{-2}
Standzeit: ≈ 60 min bei Verwendung von Kühlmittel

T 4.1.8.1.4 Empfehlungen für Schnittgeschwindigkeiten beim Drehen spezieller Gusswerkstoffe mit Si$_3$N$_4$-Schneidkeramik

Werkstoffe	Schnittgeschwindigkeiten v_c (in m·min^{-1}) für $T = 240$ min bei Vorschüben f (in mm):					
	0,1	0,2	0,3	0,4	0,5	0,6
GG 20; GG 25	1 070	950	830	700	600	430
GGG 40; GGG 60	1 240	1 100	960	810	690	500

mit $a_p = 4{,}0 \ldots 6{,}0$ mm, $\varkappa = 75°$, $\gamma = -6°$, $\lambda_S = -4°$

T 4.1 Tabellen und Richtwerte zum Spanen

T 4.1.8.1.5 Empfehlungen für Werkzeugwinkel beim Drehen mit HM-Werkzeugen
[Nationale Werkstoffbenennung in ( )]

Werkstoff	Freiwinkel α_o in °	Spanwinkel γ_o in °
S235JR bis E360 (St37-2 bis St70-2)	8	14
St85	8	10
Legierter Stahl, $R_m = 700 \ldots 850$ N · mm^{-2}	8	14
$R_m = 850 \ldots 1000$ N · mm^{-2}	8	10
$R_m = 1000 \ldots 1800$ N · mm^{-2}	8	6
Werkzeugstahl	8	6
Gusseisen	8	0
Temperguss	8	10
Stahlguss, $R_m < 500$ N · mm^{-2}	2	10
$R_m = 500 \ldots 700$ N · mm^{-2}	8	10
$R_m > 700$ N · mm^{-2}	8	6
Hartguss	8	0
Kupfer	8	18
Messing, Rotguss, Bronze	8	0
Reinaluminium	12	30
Al-Legierung (Guss- und Knetleg.)	12	14
Al-Legierung mit hohem Si-Gehalt	12	18
Zn-Legierung	12	10
Mg-Legierung	8	6
Hartgewebe, Bakelit	12	14
Hartgummi, Hartpapier	12	10

T 4.1.8.1.6 Richtwerte für das Spanungsverhältnis „G", vgl. [4]

Werkstoffgruppen	Schneidstoff		Spanungsverhältnisse G
Stahlwerkstoffe mit			
$R_m < 500$ N · mm^{-2}	Hartmetall	P10	6
		P20	5
		P30	4
	Schnellarbeitsstahl		3
$R_m = 500 \ldots 600$ N · mm^{-2}	Hartmetall	P10	8
		P20	6
		P30	5
	Schnellarbeitsstahl		4
$R_m = 600 \ldots 700$ N · mm^{-2}	Hartmetall	P10	10
		P20	8
		P30	6
	Schnellarbeitsstahl		5
$R_m = 700 \ldots 850$ N · mm^{-2}	Hartmetall	P10	12,5
		P20	10
		P30	8
	Schnellarbeitsstahl		6
$R_m = 850 \ldots 900$ N · mm^{-2}	Hartmetall	P10	15
		P20	12,5
		P30	10
	Schnellarbeitsstahl		8

Fortsetzung S. 390

Werkstoffgruppen	Schneidstoff		Spanungsverhältnisse G
Grauguss			
$HB = 1\,500\ldots2\,000\ \text{N}\cdot\text{mm}^{-2}$	Hartmetall	K20	4
$HB = 2\,000\ldots2\,250\ \text{N}\cdot\text{mm}^{-2}$		K10	7
$HB = 2\,250\ldots2\,500\ \text{N}\cdot\text{mm}^{-2}$		K10	8
Temperguss			
$HB < 2\,000\ \text{N}\cdot\text{mm}^{-2}$	Hartmetall	K10	10
Stahlguss			
GS40	Hartmetall	P10	8
		P20	6
		P30	5
GS50	Hartmetall	P10	12,5
		P20	10
		P30	8
Legierte und Sonderstähle mit			
$R_\text{m} = 600\ldots700\ \text{N}\cdot\text{mm}^{-2}$	Hartmetall	P10	10
		P20	8
		P30	6
$R_\text{m} = 700\ldots850\ \text{N}\cdot\text{mm}^{-2}$	Hartmetall	P10	12,5
		P20	10
		P30	8
$R_\text{m} = 850\ldots1\,000\ \text{N}\cdot\text{mm}^{-2}$	Hartmetall	P10	6
		P20	12,5
		P30	10
$R_\text{m} = 1\,000\ldots1\,400\ \text{N}\cdot\text{mm}^{-2}$	Hartmetall	P20	6
		P30	12,5
$R_\text{m} = 1\,400\ldots2\,000\ \text{N}\cdot\text{mm}^{-2}$	Hartmetall	P10, P20	20
		P30	16

T 4.1.8.1.7 Vorschubwerte f und Eckenrundungen r_E für das Drehen mit HM-Werkzeugen bei geforderten Rauheiten R_m

Rautiefe	Eckenrundung	Vorschub f in mm bei Schnittgeschwindigkeit v_c in m·min^{-1}		
R_m in µm	r_E in mm	80…100	100…130	> 130
20…40	0,5	0,55…0,49	0,55…0,49	0,55…0,49
	1,0	0,65…0,57	0,65…0,57	0,65…0,57
	2,0	0,69…0,67	0,69…0,67	0,69…0,67
10…20	0,5	0,32…0,26	0,38…0,33	0,41…0,37
	1,0	0,45…0,35	0,46…0,40	0,46…0,42
	2,0	0,53…0,46	0,54…0,48	0,54…0,48
6,3…10	0,5	0,16…0,13	0,21…0,17	0,25…0,21
	1,0	0,22…0,17	0,29…0,23	0,34…0,25
	2,0	0,30…0,23	0,37…0,30	0,39…0,35

T 4.1.8.1.8 Spezielle Richtwerte und Empfehlungen zum Gewindedrehen

Kennwerte/Nennmaße typischer Gewindearten (Auszüge)

- Metrische Regelgewinde nach DIN 13-1:

Gewinde-Nenn-$\varnothing$ $d=D$	Steigung P	Flanken $\varnothing$ $d_2=D_2$	Kern-$\varnothing$ Bolzen d_3	Kern-$\varnothing$ Mutter D_1	Gewindetiefe Bolzen h_3	Gewindetiefe Mutter H_1	Rundung R	Kernloch $\varnothing$	Durchgangsloch-$\varnothing$ DIN EN 20273	Spanungsquerschnitt A_s in mm^2
M1	0,25	0,838	0,693	0,729	0,153	0,135	0,036	0,75	1,2	0,019
M1,2	0,25	1,038	0,893	0,929	0,153	0,135	0,036	0,95	1,4	0,019
M1,6	0,35	1,373	1,170	1,221	0,215	0,189	0,051	1,25	1,8	0,038
M2	0,4	1,740	1,509	1,567	0,245	0,217	0,058	1,6	2,4	0,049
M2,5	0,45	2,208	1,948	2,013	0,276	0,244	0,065	2,05	2,9	0,062
M3	0,5	2,675	2,387	2,459	0,307	0,271	0,072	2,5	3,4	0,077
M4	0,7	3,545	3,141	3,242	0,429	0,379	0,101	3,3	4,5	0,155
M5	0,8	4,480	4,019	4,134	0,491	0,433	0,115	4,2	5,5	0,196
M6	1	5,350	4,773	4,917	0,613	0,541	0,144	5	6,6	0,307
M8	1,25	7,188	6,466	6,647	0,767	0,677	0,180	6,8	9	0,479
M10	1,5	9,026	8,160	8,376	0,920	0,812	0,217	8,5	11	0,690
M12	1,75	10,863	9,853	10,106	1,074	0,947	0,253	10,2	13,5	0,940
M16	2	14,701	13,546	13,835	1,227	1,083	0,289	14	17,5	1,227
M20	2,5	18,376	16,933	17,294	1,534	1,353	0,361	17,5	22	1,917
M24	3	22,051	20,319	20,752	1,840	1,624	0,433	21	26	2,700
M30	3,5	27,727	25,706	26,211	2,147	2,894	0,505	26,5	33	3,757
M36	4	33,402	31,093	31,670	2,454	2,165	0,577	32	39	4,908
M42	4,5	39,077	36,479	37,129	2,760	2,436	0,650	37,5	45	6,210
M48	5	44,752	41,866	42,587	3,067	2,706	0,722	43	52	7,668
M56	5,5	52,428	49,252	50,046	3,374	2,977	0,794	50,5	62	3,279
M64	6	60,103	56,639	57,505	3,681	3,248	0,866	58	70	11,043

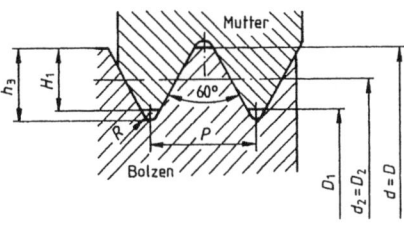

Nenndurchmesser	$d = D$
Steigung	P
Flankenwinkel	$60°$
Flankendurchmesser	$d_2 = D_2 = d - 0{,}6495 \cdot P$
Kerndurchmesser: Bolzen	$d_3 = d - 1{,}2269 \cdot P$
Mutter	$D_1 = d - 1{,}0825 \cdot P$
Gewindetiefe: Bolzen	$h_3 = 0{,}6134 \cdot P$
Mutter	$H_1 = 0{,}5413 \cdot P$
Rundung	$R = 0{,}1443 \cdot P$
Kernlochdurchmesser	$= d - P$

- Metrische Feingewinde nach DIN 13-2 bis DIN 13-10:

Gewinde-bezeichn. $d \times P$	Flan-ken-$\varnothing$ $d_2 = D_2$	Kern-$\varnothing$ Bolzen d_3	Kern-$\varnothing$ Mutter D_1	Gewinde-bezeichn. $d \times P$	Flan-ken-$\varnothing$ $d_2 = D_2$	Kern-$\varnothing$ Bolzen d_3	Kern-$\varnothing$ Mutter D_1	Gewinde-bezeichn. $d \times P$	Flan-ken-$\varnothing$ $d_2 = D_2$	Kern-$\varnothing$ Bolzen d_3	Kern-$\varnothing$ Mutter D_1
M2×0,2	1,870	1,755	1,783	M16×1,5	15,026	14,160	14,376	M56×1,5	55,026	54,160	54,376
M2,5×0,25	2,338	2,193	2,229	M20×1	19,350	18,773	18,917	M56×2	54,701	53,546	53,835
M3×0,35	2,773	2,571	2,621	M20×1,5	19,026	18,160	18,376	M64×2	62,701	61,546	61,835
M4×0,5	3,675	3,387	3,459	M24×1,5	23,026	22,160	22,376	M72×3	70,051	68,319	68,752
M5×0,5	4,675	4,387	4,459	M24×2	22,701	21,546	21,835	M80×3	78,051	76,319	76,752
M6×0,75	5,513	5,080	5,188	M30×1,5	29,026	28,160	28,376	M90×4	87,402	85,093	85,670
M8×0,75	7,513	7,080	7,188	M30×2	28,701	27,546	27,835	M100×4	97,402	95,093	95,670
M8×1	7,350	6,773	6,917	M36×1,5	35,026	34,160	34,376	M125×4	122,402	120,093	120,670
M10×0,75	9,513	9,080	9,188	M36×2	34,701	33,546	33,835	M140×5	136,103	132,639	133,505
M10×1	9,350	8,773	8,917	M42×1,5	41,026	40,160	40,376	M160×6	156,103	152,639	153,505
M12×1	11,350	10,773	10,917	M42×2	40,701	39,546	39,835	M180×6	176,10	172,64	173,51
M12×1,25	11,188	10,466	10,647	M48×1,5	47,026	46,160	46,376	M200×6	196,10	192,64	1.93,51
M16×1	15,350	14,773	14,917	M48×2	46,701	45,546	45,835				

- Whitworth-Rohrgewinde nach DIN ISO 228; DIN 2999:

Bezeichnung DIN ISO 228	Außen-$\varnothing$ $d = D$	Flanken-$\varnothing$ $d_2 = D_2$	Kern-$\varnothing$ $d_1 = D_1$	Steigung P	Gang-zahl/inch Z	Bezeichnung DIN 2999	
G1/8	9,728	9,147	8,566	0,907	28	R1/8	Rp1/8
G1/4	13,157	12,301	11,445	1,337	19	R1/4	Rp1/4
G3/8	16,662	15,806	14,950	1,337	19	R3/8	Rp3/8
G1/2	20,955	19,793	18,631	1,814	14	R1/2	Rp1/2
G3/4	26,441	25,279	24,117	1,814	14	R3/4	Rp3/4
G1	33,249	31,770	30,291	2,309	11	R1	Rp1
G11/4	41,910	40,431	38,952	2,309	11	R11/4	Rp11/4
G11/2	47,803	46,324	44,845	2,309	11	R11/2	Rp11/2
G2	59,614	58,135	56,656	2,309	11	R2	Rp2
G21/2	75,184	73,705	72,226	2,309	11	R21/2	Rp21/2
G3	87,884	86,405	84,926	2,309	11	R3	Rp3
G31/2	100,33	98,851	97,372	2,309	11	R31/2	Rp31/2
G4	113,03	111,55	110,07	2,309	11	R4	Rp4
G5	138,43	136,95	135,47	2,309	11	R5	Rp5
G6	163,83	162,35	160,87	2,309	11	R6	Rp6

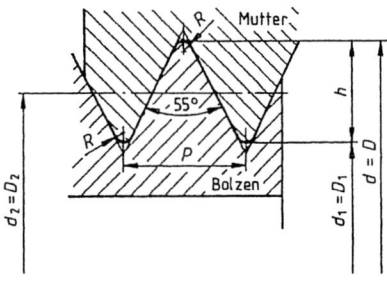

Flankendurchmesser $\quad d_2 = D_2 = d - h$
Flankenwinkel $\quad 55°$
Kerndurchmesser $\quad d_1 = D_1 = d - 2 \cdot h$
Steigung $\quad P = 25{,}4 \text{ mm}/Z$
Gewindetiefe $\quad h = 0{,}640\,33 \cdot P$
Rundung $\quad R = 0{,}137\,33 \cdot P$
Zyl. Innen- u. Außengewinde;
im Gewinde nicht dichtend $\quad G$
Zyl. Innengewinde/dichtend $\quad R_p$
Keg. Außengewinde/dichtend $\quad R$

Übersicht zu Fehlermöglichkeiten beim Gewindedrehen und deren Beseitigung

Schneller Freiflächenverschleiß

Ursache
- Zustellung pro Durchgang zu gering
- zu viele Durchgänge
- Schnittgeschwindigkeit zu hoch
- unzureichende Kühlschmierstoffzufuhr
- falsche Hartmetallsorte

Abhilfe
- Zustellung bei den niedrigsten Werten vergrößern
- Anzahl der Durchgänge verringern
- Schnittgeschwindigkeit verringern
- Kühlschmierstoffzufuhr steigern
- verschleißfestere Sorten wählen

Ungleichmäßiger Freiflächenverschleiß

Ursache
- falsche Zustellungsart
- falscher Neigungswinkel in Steigungsrichtung

Abhilfe
- Mit modifizierter Flankenzustellung arbeiten. Zustellungswinkel je nach Geometrietyp um 5″ verringern.
- Neigungswinkel korrigieren.

Extreme plastische Verformung

Ursache
- zu große Zustellung pro Durchgang
- zu wenig Durchgänge
- unzureichende Kühlschmierstoffzufuhr
- Schnittgeschwindigkeit zu hoch
- falsche Hartmetallsorte
- zu großes Aufmaß

Abhilfe
- Zustellung bei den höchsten Werten reduzieren
- Anzahl der Durchgänge erhöhen
- Kühlschmierstoffzufuhr steigern
- Schnittgeschwindigkeit verringern
- verschleißfestere Sorte wählen
- Aufmaß kontrollieren

Kantenausbröckelung

Ursache
- Instabile Werkstück- und/oder Werkzeugaufspannung

Abhilfe
- Steifigkeit der Aufspannung prüfen
- zähere Sorte wählen

Kammrissbildung

Ursache
- unterbrochene Kühlschmierstoffzufuhr

Abhilfe
- Kühlschmierstoff präziser zuführen und/oder Zufuhr steigern

Plattenbruch

Ursache
- Instabilität
- mangelnde Spankontrolle
- extreme plastische Verformung
- unterbrochene oder unzureichende Kühlschmierstoffzufuhr
- Fehler bei den Vorbereitungsarbeiten

Abhilfe
- Steifigkeit der Aufspannung prüfen
- zähere Sorte wählen
- mit modifizierter Flankenzustellung arbeiten
- für alle Durchgänge die gleiche Zustellung wählen
- Kühlschmierstoff präziser zuführen und/oder Zufuhr steigern
- Maße des Rohteils kontrollieren

Schlechte Oberflächengüte

Ursache
- ungeeignete Art der Zustellung
- Schnittgeschwindigkeit zu niedrig
- falscher axialer Neigungswinkel

Abhilfe
- modifizierte Flankenzustellung oder Radialzustellung wählen
- Schnittgeschwindigkeit erhöhen
- Neigungswinkel gemäß Diagramm korrigieren

Unzureichende Spankontrolle

Ursache
- Falsche Zustellung bei den einzelnen Durchgängen
- falsche Geometrie

Abhilfe
- für alle Durchgänge die gleiche Zustellung wählen
- Anzahl Durchgänge verringern
- Schnittgeschwindigkeit verringern
- C-Geometrie mit modifizierter Flankenzustellung verwenden

Rattern (Vibrationen)

Ursache
- zu viele Durchgänge
- falscher Schnittgeschwindigkeitsbereich

Abhilfe
- Anzahl Durchgänge verringern
- Schnittgeschwindigkeit ändern
- F-Geometrie verwenden

Steigung nicht groß genug oder zu groß (A)

Ursache
- falscher Flankendurchmesser

Abhilfe
- Flankendurchmesser verkleinern, um Fehler auszugleichen

Gewindeprofil außerhalb der Toleranz (B)
- Toleranzfehler können ausgeglichen werden, indem man den Flankendurchmesser verkleinert

Zu flaches Gewindeprofil

Ursache
- falsche Höhe zur Werkstückachse
- Wendeschneidplatte bearbeitet nicht die Gewindespitze
- extremer Plattenverschleiß

Abhilfe
- Schneidkantenhöhe einstellen
- Vordrehdurchmesser kontrollieren
- Wendeschneidplatte früher wechseln

Mangelhaftes Gewindeprofil

Ursache
- falsche Werkzeugeinstellung

Abhilfe
- Werkzeugeinstellung korrigieren

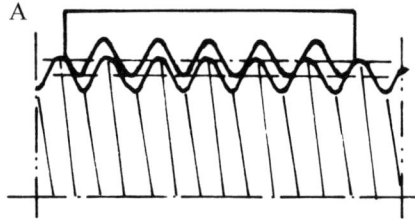
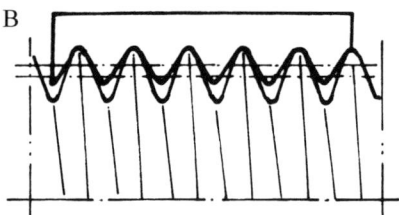

Spezielle Richtwerte für v_c in m · min^{-1} beim Drehen von Gewinden mit HM-, Cermet- (und SK-)Werkzeugen

Werkstoffgruppen	HB	HM (unbeschichtet) P in mm			HM (beschichtet) P in mm			Cermet P in mm		
		0,08...1,25	1,5...3,0	3,5...5,0	0,08...1,25	1,5...3,0	3,5...5,0	0,08...1,25	1,5...3,0	3,5...5,0
Stähle (unlegiert)	125	160	195	300	195	238	325	200	245	340
	190	130	160	210	165	217	270	170	205	285
	250				130	162	217			
	300				76	98	130			
Stähle (niedrig leg.)	180	105	125	175	135	150	190	130	160	220
	275	86	105	150	110	120	150	90	105	150
	350	70	85	120	62	75	92	75	90	125
Stähle (hoch legiert)	200	90	110	155	110	135	175	125	150	210
	325	66	80	110	95	115	150	95	115	162
Stähle (rostfrei)	200...330	123	150	210	80	100	130			
Stahlguss	180	165	200	285	235	290	380	220	270	375
	200	98	120	170	130	160	210	130	158	220
	225	86	105	150	125	155	205	110	135	190

T 4.1 Tabellen und Richtwerte zum Spanen

Spezielle Richtwerte für v_c in m · min^{-1} beim Drehen von Gewinden (Fortsetzung)

Werkstoffgruppen	HB	HM (unbeschichtet) P in mm			HM (beschichtet) P in mm			Cermet P in mm		
		0,08...1,25	1,5...3,0	3,5...5,0	0,08...1,25	1,5...3,0	3,5...5,0	0,08...1,25	1,5...3,0	3,5...5,0
Temperguss	130	107	130	185	160	195	260			
	230	74	90	130	130	150	200			
GG	180...260	115	135	190	155	190	250			
GGG	160...250	100	120	170	105	130	172			
Hartguss	400	35	45	55	50	60	85			
Al; Al-Legierung	60...100	290	350	490	575	700	930			
Cu; Cu-Legierung	90...110	205	250	355	230	280	370			
Warmfeste Legierung	200...280	25	35	45	33	40	57			
Titanlegierungen	400...950	35	45	55	50	60	85			

Anmerkung: Schneidstoffsorten HM: P10; P15; M10; K10
 SK: P01; K10; M05
 Cermet: P15; K15

Richtwerte für das Gewindeschneiden mit Gewindedrehwerkzeugen (nach [2])

Die Richtwerte gelten für Stahl mittlerer Festigkeit.

Anzahl der Schnitte: für Schruppen 3/5 der Gesamtzahl,
 für Schlichten 2/5 der Gesamtzahl

Schnitttiefe: Schruppen $a_p = (0,1...0,2)$ mm für metrisches und Whitworth-Gewinde,
  $a_p = (0,05...0,1)$ mm für Trapezgewinde,
 Schlichten $a_p = 0,05$ mm für metrisches und Whitworth-Gewinde,
  $a_p = (0,03...0,05)$ mm für Trapezgewinde.

Überschläglich kann die Schnitttiefe auch bestimmt werden mit:

$$a_p \approx \frac{\sqrt{d}}{40} \text{ in mm}$$

d in mm Gewindeaußendurchmesser.

Schnittgeschwindigkeiten ($v_{c\,mögl}$ in m · min^{-1}):

 $10 \leqq v_c \leqq 30$ m/min für Schnellstahlgewindedrehmeißel
 $40 \leqq v_c \leqq 90$ m/min für Hartmetallgewindedrehmeißel
 $80 \leqq v_c \leqq 250$ m/min für beschichtete HM und Cermets

Hinweis: Bei Verwendung der Richtwerte für v_c auf S. 382 ff. ist wie folgt zu korrigieren:

 $v_{c\,mögl} \approx 0{,}75 \cdot v_{c\,Tabelle}$

Empfehlungen zum Feindrehen

Schnittgeschwindigkeiten und Vorschübe beim Feindrehen (nach [2])
- mit HM-Werkzeugen:

Werkstoff	HM-Sorte	γ_o in °	v_c in m·min^{-1}	f_c in mm·U^{-1}
$R_m = 600 \ldots 800$ N·mm^{-2}	P01	0...5	200...250	0,05...0,1
$R_m = 850 \ldots 1\,000$ N·mm^{-2}	P01	0	180...220	0,05...0,1
$R_m = 1\,000 \ldots 1\,400$ N·mm^{-2}	P01	0...3	80...180	0,05...0,1
Gusseisen, $HB \leq 200$	K10	0	80...120	0,05...0,1
$HB = 200 \ldots 300$	K10, K20	0	70...100	0,05...0,1
$HB \geq 300$	K10, K20	0	60...80	0,05...0,1
Perlitguss	K10	0	60...90	0,05...0,1
Buntmetall	K10	0	100...200	0,05...0,1
Leichtmetall	K10	5...20	500...2000	0,05...0,07
Kolbenlegierung mit 10...12 % Si	K10	0	110...170	0,05...0,1
mit 20...22 % Si	K20	0	70...80	0,05...0,1

Freiwinkel $\alpha_o = 6°$; Einstellwinkel $\varkappa_r = 60 \ldots 90°$; Schnitttiefe $a_p = 0,05 \ldots 0,3$ mm; Eckenrundung $\leq 2/3 a_p$

- mit Schneiddiamanten:

Werkstoff	Schnittgeschwindigkeit v_c in m·min^{-1}	Vorschub f in mm·U^{-1}	Schnitttiefe a_p in mm
Reinaluminium	250...900	0,03...0,06	0,02...0,1
Al-Legierung	600...900	0,015...0,06	0,02...0,1
Al-Si-Legierung	< 500	0,02...0,04	0,02...0,1
Mg-Legierung	< 900	0,03...0,06	0,02...0,1
Kupfer	200...300	0,07...0,1	0,35...0,5
Messing	100...200	0,07...0,1	0,1...0,2
Gussbronze	150...400	0,02...0,1	0,1...0,15
Phosphorbronze	< 3000	0,02...0,04	0,02...0,5
Weißmetall	200...400	0,02...0,2	0,1...0,5

- mit Schneidkeramik (auch für das Fräsen gültig):

Werkstoff		Baustähle, Einsatz- und Vergütungsstähle		Gusseisen (GG20, 30...)		Hartguss und Hartlegierungen	
Gehärtete und vergütete Stähle							
Schneidkeramiksorte							
(Al_2O_3 + TiC)		(Al_2O_3 + ZrO_2) MC2; ▽▽		(Si_3N_4) AC5; ▽, ▽▽		▽, ▽▽	
HRC	v_c in m·min^{-1}	R_m in MPa	v_c in m·min^{-1}	HB	v_c in m·min^{-1}	HB	v_c in m·min^{-1}
64	40	1300	200	300	280	600	35
60	50	1200	250	275	300	500	50
55	70	1100	300	250	380	440	65
52	100	1000	350	225	450	390	100
48	140	900	400	200	550	340	140
44	190	800	500	175	600	300	170
41	210	700	600	150	750		

T 4.1 Tabellen und Richtwerte zum Spanen

- mit Kubischem Bornitrid (CBN):

Werkstück-Werkstoff	Bearbeitungsart	Schnittwerte v_c in m·min^{-1}	f in mm·U^{-1}	a_p in mm	Mittenrauheit R_a in μm
Stahl HRC55-67	Schlichten	80...160	0,04...0,08	0,2...0,6	1,25...0,63
	Feindrehen	120...180	0,02...0,04	0,05...0,2	0,32...0,16
Stahl HRC40...60	Schlichten	80...120	0,04...0,1	0,5...1	1,25...0,63
	Feindrehen	80...120	0,02...0,06	0,1...0,3	0,32...0,16
Stahl ungehärtet	Schlichten	120...200	0,04...0,1	0,5...2	1,25...0,63
	Feindrehen	200...300	0,02...0,06	0,1...0,5	0,63...0,32
Gusseisen HB ≤ 200	Vorbearbeitung	150...250	0,2...0,6	3...4	10...5,0
	Schlichten	400...500	0,04...0,1	0,2...1,0	2,5...0,63
Gusseisen HB ≤ 600	Vorbearbeitung	100...200	0,2...0,4	3...4	5,0...2,5
	Schlichten	300...500	0,04...0,12	0,1...0,8	1,25...0,32
Keramik	Schlichten	200...300	0,04...0,07	0,03...0,5	1,25...0,4

T 4.1.8.2 Hobeln und Stoßen

Schnittgeschwindigkeiten und Vorschubwerte für das Hobeln und Stoßen mit HM-Werkzeugen (nach [2]):

Werkstoff	Schnittgeschwindigkeit v_{c120} in m·min^{-1} bei Vorschub f in mm·DH^{-1}										Faktor v_{c60}	γ_0 in °
	0,16	0,2	0,25	0,32	0,4	0,5	0,63	0,8	1,0	1,25		
bis S275JR (St44-2)	77	72	68	65	60	57	54	51	48	46	1,12	18
E295 (St50-2)	68	65	60	57	54	51	48	46	43	40	1,12	14
E335 (St60-2)	60	58	55	52	49	47	44	41	39	37	1,18	14
E360 (St70-2)	52	49,5	47	44	41	39	37	34	33	31	1,18	10
St85	44	41	39	37	34	33	31	29	27	26	1,18	10
Unleg. Stähle $R_m = 1\,000\dots1\,400$ N·mm^{-2}	37	34,5	33	31	29	27,5	26	24	23	22	1,18	18
GS-20-38	40	38,4	36	34	32	30,3	28	27	25	24	1,12	14
GS-23-45	33	31	29	27	26	24,5	23	22	21	20	1,18	10
GS-26-52	23	22	21	20	18	17,6	16	15	14	13	1,18	6

Schneidstoff: P30; Freiwinkel $\alpha_o = [(6\dots8)\,14]°$; Neigungswinkel $\lambda_s = -4°$; Einstellwinkel $\varkappa_r = 60°$; Spanwinkel $\gamma = [-5(5\dots10)\,18]°$

Umrechnung auf v_{c30} beim Stoßen und v_{c60} beim Hobeln: v_{c30} = Faktor · v_{c60} beim Stoßen und v_{c60} = Faktor · v_{c120} beim Hobeln.

Weitere Umrechnungsfaktoren:
  Werkstück ohne Walz- oder Schmiedehaut   1,15
  Schnitttiefe $a_p > 12$ mm   0,85
  Hobeln mit mehr als fünf Schnittunterbrechungen je 2 m Schnittweg 0,85

Falls der ermittelte Schnittgeschwindigkeitswert an der Maschine nicht einstellbar ist, muss die nächst kleinere Schnittgeschwindigkeit eingestellt werden.

Anmerkung: Beim Hobeln und Stoßen mit SS-/HSS-Werkzeugen sind die oben genannten Richtwerte ungefähr zu halbieren: $v_{cSS/HSS} \approx 0{,}5 v_{cHM}$.

T 4.1.8.3 Bohren (Bohren ins Volle, Auf-, Tief-, Fein-, Gewindebohren), Senken und Reiben

T 4.1.8.3.1 Richtwerte und Empfehlungen zum Bohren und Senken

Schnittgeschwindigkeiten und Vorschübe zum Bohren ins Volle mit
- Spiralbohrern aus SS (z. B. 100Cr6, 105WCr6, X155CrVMo12-1, ... für $L = 5000$ mm):

Werkstoff	Schnellarbeitsstahl		über bis	1 3	1 3 5	3 5 8	5 8 10	8 10 12	10 12 16	12 16 20	16 20 25	20 25 30	25 30 40	30 40 50
S235JR (St37-2),		v_c		22,4	28				35,5					
S275JR (St44-2), C15, C22,		n		7100	2800	2240	1400	1120	900	710	560	450	355	280	224
9 S 20 K, 10 S 20 K	SS	f		Hand	0,05	0,1	0,2	0,22	0,25	0,28	0,32	0,36	0,4	0,45	0,5
E295 (St50), C35		v_c		18	22,4				28					
		n		5600	2240	1800	1120	900	710	560	450	355	280	224	180
	SS	f		Hand	0,05	0,1	0,2	0,22	0,25	0,28	0,32	0,36	0,4	0,45	0,5
E335 (St60), C45		v_c		14	18				22,4					
16MnCr5,		n		4500	1800	1400	900	710	560	450	355	280	224	180	140
20MnCr5	SS	f		Hand	0,04	0,08	0,18	0,2	0,22	0,25	0,28	0,32	0,36	0,4	0,45
E360 (St70), C60, Mn- und		v_c		11,2	14				18					
Cr-Ni-leg. Stähle		n		3550	1400	1120	710	560	450	355	280	224	180	140	112
$R_m = 700 \ldots 850$ N/mm²	SS	f		Hand	0,032	0,07	0,14	0,16	0,18	0,2	0,22	0,25	0,28	0,32	0,36
Legierte Stähle		v_c		7,1	9				11,2					
$R_m = 850 \ldots 1000$ N/mm²		n		2240	900	710	450	355	280	224	180	140	112	90	71
	HSS	f		Hand	0,032	0,06	0,12	0,14	0,16	0,18	0,2	0,22	0,25	0,28	0,32
Legierte Stähle		v_c		5,6	7,1				9					
$R_m = 1000 \ldots 1100$ N/mm²		n		1800	710	560	355	280	224	180	140	112	90	71	56
	HSS	f		Hand	0,025	0,05	0,1	0,11	0,12	0,14	0,16	0,18	0,2	0,22	0,25
Nichtrostender Stahl,		v_c		5,6	7,1				9					
geschmiedet		n		1800	710	560	355	280	224	180	140	112	90	71	56
$R_m = 600 \ldots 700$ N/mm²	HSS	f		Hand	0,032	0,06	0,12	0,14	0,16	0,18	0,2	0,22	0,25	0,28	0,32
GG15		v_c		14	18				22,4					
GTW, GTS		n		4500	1800	1400	900	710	560	450	355	280	224	180	140
	SS	f		Hand	0,05	0,11	0,25	0,22	0,28	0,32	0,36	0,4	0,45	0,5	0,56
GG20		v_c		11,2	14				18					
GG25		n		3550	1400	1120	710	560	450	355	280	224	180	140	112
	SS	f		Hand	0,04	0,08	0,18	0,2	0,22	0,25	0,28	0,32	0,36	0,4	0,45
Stahlguss		v_c		14	18				22,4					
$R_m < 500$ N/mm²		n		4500	1800	1400	900	710	560	450	355	280	224	180	140
	SS	f		Hand	0,04	0,08	0,18	0,2	0,22	0,25	0,28	0,32	0,36	0,4	0,45
Stahlguss		v_c		11,2	14				18					
$R_m = 500 \ldots 700$ N/mm²		n		3550	1400	1120	710	560	450	355	280	224	180	140	112
	SS	f		Hand	0,04	0,08	0,16	0,18	0,20	0,22	0,25	0,28	0,32	0,36	0,40
Messing		v_c		35,5	45				56					
$HB < 80$		n		11200	4500	3550	2240	1800	1400	1120	900	710	560	450	355
	SS	f		Hand	0,05	0,11	0,22	0,25	0,28	0,32	0,36	0,40	0,45	0,50	0,56
Messing		v_c		28	35,5				45					
$HB \geq 80$		n		9000	3550	2240	1800	1400	1120	900	710	560	450	355	280
	SS	f		Hand	0,04	0,08	0,18	0,2	0,22	0,25	0,28	0,32	0,36	0,4	0,45
Kupfer		v_c		35,5	45				56					
		n		11200	4500	3550	2240	1800	1400	1120	900	710	560	450	355
	SS	f		Hand	0,04	0,08	0,18	0,20	0,22	0,25	0,28	0,32	0,36	0,40	0,45
Rotguss		v_c		18	22,4				28					
Bronze		n		5500	2240	1400	1120	900	710	560	450	355	280	224	180
	SS	f		Hand	0,04	0,08	0,16	0,18	0,20	0,22	0,25	0,28	0,32	0,36	0,40
Al-Legierung,		v_c		45	71				90					
langspanend		n		14000	7100	5600	3550	2800	2240	1800	1400	1120	900	710	560
	SS	f		Hand	0,05	0,10	0,20	0,22	0,25	0,28	0,32	0,36	0,40	0,45	0,50
Al-Legierung		v_c		45	90				112					
kurzspanend		n		14000	9000	7100	5600	3550	2800	2240	1800	1400	1120	900	710
	SS	f		Hand	0,05	0,11	0,22	0,25	0,28	0,32	0,36	0,4	0,5	0,45	0,56
Mg-Legierung		v_c		45	90				140					
		n		14000	9000	7100	5600	4500	3550	2800	2240	1800	1400	1120	900
	SS	f		Hand	0,09	0,18	0,36	0,40	0,45	0,50	0,56	0,63	0,71	0,80	0,86

T 4.1 Tabellen und Richtwerte zum Spanen

- Spiralbohrern aus HSS (z. B. HS 6-5-2-5 oder HS 6-5-3); Werte in Klammern für HSS/E-TiN:

Werkstückstoff	Festigkeit R_m in N·mm^{-2}	v_c in m·min^{-1}	f_z in mm für Bohrerdurchmesser in mm								
			⌀2	⌀5	⌀8	⌀12	⌀16	⌀25	⌀40	⌀63	⌀80
allgemeine Baustähle z. B. St 37-2	< 500	40 (50)	0,025	0,06 (0,065)	0,1 (0,11)	0,125 (0,135)	0,15 (0,16)	0,2 (0,215)	0,2 (0,215)	0,25 (0,27)	0,25 (0,27)
allgemeine Baustähle z. B. St 50-2, St 60-2	500 ... 800	30 (37)	0,025	0,06 (0,065)	0,1 (0,11)	0,125 (0,135)	0,15 (0,16)	0,175 (0,19)	0,2 (0,215)	0,25 (0,27)	0,3 (0,325)
Automatenstähle z. B. 9SMnPb28, 9S20	< 850										
Automatenstähle z. B. 60S20	850 ... 1000	25 (31)									
unlegierte Vergütungsstähle z. B. C22, C35, Ck35	< 700	30 (37)	0,015	0,035 (0,04)	0,05 (0,055)	0,08 (0,085)	0,1 (0,11)	0,125 (0,135)	0,16 (0,175)	0,2 (0,215)	0,25 (0,27)
unlegierte Vergütungsstähle z. B. C45, Ck45	700 ... 850	25 (31)									
unlegierte Vergütungsstähle z. B. 36Mn5, Ck60	850 ... 1000	22 (27)	0,01 (0,015)	0,03	0,045 (0,05)	0,07 (0,075)	0,09 (0,095)	0,11 (0,12)	0,15 (0,16)	0,18 (0,185)	0,22 (0,24)
legierte Vergütungsstähle z. B. 38Cr2, 28Cr4	850 ... 1000	17 (21)	0,01	0,025	0,04 (0,045)	0,06 (0,065)	0,07 (0,075)	0,09 (0,095)	0,115 (0,125)	0,135 (0,145)	0,16 (0,175)
legierte Vergütungsstähle z. B. 25CrMo4, 34CrNiMo6	1000 ... 1200	10 (12)	0,01	0,05	0,04 (0,045)	0,06 (0,065)	0,07 (0,075)	0,09 (0,095)	0,115 (0,125)	0,135 (0,145)	0,16 (0,175)
unlegierte Einsatzstähle z. B. C15, Ck15	< 750	30 (37)	0,015	0,035 (0,04)	0,05 (0,055)	0,08 (0,085)	0,1 (0,11)	0,125 (0,135)	0,16 (0,175)	0,2 (0,215)	0,25 (0,27)
legierte Einsatzstähle z. B. 16MnCr5, 13Cr2	< 1000	18 (22)									
legierte Einsatzstähle z. B. 20MnCr5, 15CrMo5	< 1000	10 (12)	0,01	0,025	0,04 (0,045)	0,06 (0,065)	0,07 (0,075)	0,09 (0,095)	0,115 (0,125)	0,135 (0,145)	0,16 (0,175)
Nitrierstähle z. B. 34CrAl6, 34CrAlMo5	< 1000	13 (16)									
Werkzeugstähle, z. B. X36CrMo17, 34CrAl6, X100CrMoV5-1	850 ... 1100	10 (12)									
Gusseisen z. B. GG25, GG30, GG40	> 180 HB	25 (31)	0,02	0,05 (0,055)	0,08 (0,085)	0,1 (0,11)	0,125 (0,135)	0,16 (0,175)	0,16 (0,175)	0,2 (0,215)	0,25 (0,27)
Gusseisen (GGG,GT) z. B. GGG80, GTS65	> 260 HB	20 (25)									
Gusseisen (GGG,GT) z. B. GGG40, GTW40	> 180 HB	30 (37)	0,025	0,06 (0,065)	0,1 (0,11)	0,125 (0,135)	0,15 (0,16)	0,2 (0,215)	0,2 (0,215)	0,25 (0,27)	0,3 (0,325)
Al-Legierung, kurz spanend z. B. AlCuMg1, AlMgSiO,5		45 (56)						0,2 (0,26)			
Al lang spanend, Al-Knetleg., Mg z. B. AlMg3, MgMn2	bis 350	70 (87)	0,025	0,07 (0,075)	0,09 (0,095)	0,11 (0,12)	0,15 (0,16)		0,225 (0,245)	0,25 (0,27)	0,3 (0,325)
Kupfer, niedrig legiert z. B. SE-Cu, CuSn6	< 400	50 (62)						0,2 (0,215)			
Messing, kurz spanend z. B. CuZn39Pb2	< 600	80 (100)	0,04 (0,045)	0,09 (0,095)	0,125 (0,135)	0,15 (0,16)	0,175 (0,19)	0,2 (0,215)	0,25 (0,27)	0,3 (0,325)	0,35 (0,38)
Messing, lang spanend z. B. CuZn20, CuZn37Pb0,5	< 600	45 (56)	0,025	0,075 (0,08)	0,1 (0,11)	0,125 (0,135)	0,175 (0,19)	0,2 (0,215)	0,25 (0,27)	0,3 (0,325)	0,35 (0,38)
Bronze, kurz spanend z. B. G-CuSn7Zn	bis 850	40 (50)	0,025	0,04 (0,045)	0,07 (0,075)	0,1 (0,11)	0,125 (0,135)	0,15 (0,16)	0,2 (0,215)	0,25 (0,27)	0,3 (0,325)
Bronze, lang spanend z. B. CuAl5, CuAl9Mn2	bis 850	23 (29)									

- Spiralbohrern aus HM/VHM (P10; P20; K10):

Werkstückstoff	Festigkeit R_m in $N \cdot mm^{-2}$	v_c in $m \cdot min^{-1}$	f_z in mm für Bohrerdurchmesser in mm							
			⌀1,0 ...1,9	⌀2,0 ...2,9	⌀3,0 ...5,9	⌀6,0 ...8,9	⌀9,0 ...11,9	⌀12,0 ...15,9	⌀16,0 ...18,9	⌀19,0 ...20
allgemeine Baustähle z. B. St 37-2	< 500	70 (90)	0,02	0,03	0,05	0,07	0,085	0,115	0,125	0,14
allgemeine Baustähle z. B. St 50-2, St 60-2	500...800									
Automatenstähle z. B. 9SMnPb28, 9S20	< 850									
Automatenstähle z. B. 60S20	850...1000	60 (80)								
unlegierte Vergütungsstähle z. B. C22, C35, Ck35	< 700	70 (90)	0,015	0,025	0,05	0,07	0,085	0,115	0,125	0,14
unlegierte Vergütungsstähle z. B. C45, Ck45	700...850		0,02	0,03	0,05	0,07	0,085	0,115	0,125	0,14
unlegierte Vergütungsstähle z. B. 36Mn5, Ck60	850...1000	60 (80)								
legierte Vergütungsstähle z. B. 38 Cr 2, 28 Cr 4	850...1000									
legierte Vergütungsstähle z. B. 25 CrMo 4, 34 CrNiMo 6	1000...1200	55 (70)	0,015	0,025	0,045	0,06	0,075	0,1	0,1	0,12
unlegierte Einsatzstähle z. B. C15, Ck15	< 750	70 (90)								
legierte Einsatzstähle z. B. 16MnCr5, 13Cr2	< 1000	60 (80)								
legierte Einsatzstähle z. B. 20MnCr5, 15CrMo5	> 1000	55 (70)								
Nitrierstähle z. B. 34CrAl6, 34CrAlMo5	< 1000	60 (80)	0,115	0,025	0,04	0,055	0,07	0,9	0,095	0,1
Werkzeugstähle z. B. X36CrMo17, Xl000rMoV5-1	850...1100	55 (70)								
Gusseisen (GG) z. B. GG 25, GG 30, GG 40	> 180 HB	90 (110)	0,115	0,025	0,045	0,065	0,08	0,105	0,12	0,14
Gusseisen (GGG,GT) z. B. GGG 40, GTW 40	> 180 HB	70 (90)	0,115	0,025	0,045	0,06	0,075	0,1	0,105	0,12
Gusseisen (GGG,GT) z. B. GGG 80, GTS 65	> 260 HB									
Titan, Titanlegierung z. B. TiAl5Sn2.5; TiAl6V4	850...1200	20 (25)	0,115	0,025	0,04	0,055	0,07	0,9	—	—
Al lang spanend; Al-Knetleg.; Mg z. B. AlMg 3, MgMn2	bis 350	200 (260)								
Al-Legierung, kurz spanend z. B. AlCuMg 1, AlMgSi 0,5										
Kupfer, niedrig legiert z. B. SE-Cu, CuSn 6	< 400		0,02	0,03	0,05	0,07	0,085	0,115	0,13	0,14
Messing, kurz spanend z. B. CuZn 39 Pb 2	< 600	140 (180)								
Messing, lang spanend z. B. CuZn20, CuZn 37 Pb 0,5	< 600									
Bronze, kurz spanend z. B. G-CuSn 7 Zn	< 850									
Bronze, lang spanend z. B. CuAl 5, CuAl 9 Mn 2	< 850	110 (140)	0,115	0,025	0,045	0,065	0,08	0,105	0,12	0,13

Als Schneidstoff kommen für alle Stähle Hartmetalle der Gruppe P10 und P20 zum Einsatz. Für Gusswerkstoffe und NE-Metalle wird ein Hartmetall K10 verwendet.
Werte ab ⌀16 gelten für HM-bestückte Bohrer (gelötet); alle Werte gelten bei Einsatz wen KSS
Werte in Klammern gelten für TiAlN-/TiN-Beschichtung

T 4.1 Tabellen und Richtwerte zum Spanen

- Bohrwerkzeugen mit HM-WSP (P10 ... P20; K10):

Werkstückstoff	Festigkeit R_m in N·mm^{-2}	v_c in m·min^{-1}	f_z in mm für Bohrerdurchmesser in mm ⌀14...17,5	⌀17,6...27	⌀27,1...33	⌀33,1...44
allgemeine Baustähle z. B. St 37-2	< 500	300	0,05	0,06	0,14	0,16
Automatenstähle z. B. 9SMnPb28, 9S20	< 850	300	0,07	0,09	0,125	0,15
allgemeine Baustähle z. B. St 50-2, St 60-2	500...800	250				
Automatenstähle z. B. 60S20	850...1000	250				
unlegierte Vergütungsstähle z. B. C22, C35, Ck35	< 700	230				
unlegierte Vergütungsstähle z. B. C45, Ck45	700...850	200	0,06	0,08	0,1	0,125
unlegierte Vergütungsstähle z. B. 36Mn5, Ck60	850...1000					
legierte Vergütungsstähle z. B. 38Cr2, 28Cr4						
unlegierte Einsatzstähle z. B. C15, Ck15	< 750	220				
legierte Einsatzstähle z. B. 16MnCr5, 13Cr2	< 1000	200				
Nitrierstähle z. B. 34CrAl6, 34CrAlMo5	< 1000	200				
Werkzeugstähle z. B. X36CrMo17, 34CrAl6, X100CrMoV5-1	850...1100	160	0,05	0,07	0,08	0,09
Al-Legierung, kurz spanend z. B. AlCuMg1, AlMgSiO,5		300				
Gusseisen z. B. GG25, GG30, GG40	> 180 HB	200				
Gusseisen (GGG,GT) z. B. GGG40, GTW40	> 180 HB	160				
Gusseisen (GGG,GT) z. B. GGG80, GTS65	> 260 HB	140				
Kupfer, niedrig legiert z. B. SE-Cu, CuSn6	< 400	280	0,07	0,09	0,11	0,125
Messing, kurz spanend z. B. CuZn39Pb2	< 600					
Bronze, kurz spanend z. B. G-CuSn7Zn	bis 850	400				
Bronze, lang spanend z. B. CuAl5, CuAl9 Mn2	bis 850	350				
Messing, lang spanend z. B. CuZn20, CuZn37Pb0,5	< 600	280	0,06	0,07	0,08	0,1
Al lang spanend, Al-Knetleg., Mg z. B. AlMg3, MgMn2	bis 350	600	0,04	0,05	0,06	0,07

Als Schneidstoff kommen für alle Stähle TiCN/TiN-beschichtete Hartmetalle der Gruppe P10–P30 zum Einsatz. Für Gusswerkstoffe wird ein Al_2O_3-beschichtetes Hartmetall K10 verwendet.

Empfehlungen für die Anwendung von Werkzeugtypen und Spitzenwinkel von Spiralbohrern:

Werkstoff	Festigkeit $N \cdot mm^{-2}$	Werkzeugtyp	Spitzenwinkel σ $\pm 3°$	Art der Kühlung
Stahl und Stahlguss, unlegiert	400...700	N	118	Bohrölemulsion
legiert	700...1 200	N	130	Bohrölemulsion/Bohröl
Nichtrostender Stahl		N	140	Bohrölemulsion/Schneidöl
Austenitischer Stahl		H	140	Bohrölemulsion/Schneidöl
Gusseisen	240 HB	N	118	trocken
	> 240 HB	N(H)	118	trocken
Temperguss		N	118	trocken
Messing bis Ms58		H(N)	118	Schneidöl/Bohrölemulsion
ab Ms60		N	118	Schneidöl/Bohrölemulsion
Neusilber		N	118	Bohrölemulsion
Kupfer $\leq$ 30 mm Bohrer-Durchm.		W(N)	140	Bohrölemulsion
> 30 mm Bohrer-Durchm.		N	140	Bohrölemulsion
Al-Leg., langspanend		W(N)	140	Bohrölemulsion/trocken
kurzspanend		N	140	Bohrölemulsion/trocken
Mg.-Leg.		H(N)	140	trocken/Sonderöle
Nickel		N	118	trocken
Zn-Leg., Weißmetall		W(N)	118	trocken
Duroplast bei $f \leq d$		H	80	trocken
bei $f > d$		W	80	trocken
Schichtpressstoffe		H(N)	80	trocken/Druckluft
Hartgummi		H(N)	80	trocken
Marmor, Schiefer, Kohle		H	80	trocken

Beim Bohren ist allgemein mit Bohrölemulsion – Mischungsverhältnis Öl : Wasser = 1 : 15 – in Sattstrahlkühlung zu arbeiten. Mg-Legierungen sind trocken oder mit 1 %iger Natriumfluoridlösung zu bohren.
Die v_{cL5000}-Werte sind Maximalwerte. Falls die Tabellenwerte an der Maschine nicht einstellbar sind, ist die nächstliegende Drehzahl zu wählen, ohne dass die höchstzulässige Schnittgeschwindigkeit überschritten wird. Wenn das Verhältnis Bohrungslänge zu Bohrerdurchmesser größer als 4 ist, sind die Drehzahlen des nächstgrößeren Bohrerdurchmesserbereichs zu wählen.
Beim Arbeiten mit Mehrfasenstufenbohrern und Zentrierbohrern wird gewählt v_c nach d_{max}, f nach d_{min}. Das Verschleißkriterium wird vielfach auf eine Erhöhung des Drehmoments M_d um 25...30 % bezogen.

Schnittgeschwindigkeiten und Vorschübe pro Zahn beim Senken mit HM-Werkzeugen

Werkstoff	Festigkeit bzw. HB $N \cdot mm^{-2}$	Hartmetallsorte	Schnittgeschwindigkeit $m \cdot min^{-1}$	Zahnvorschub in mm/z bei Werkzeugdurchmessern in mm			
				bis 10	10...25	25...40	über 40
Stahl	$\leq$ 1 000		15...30	0,05...0,08	0,08...0,12	0,10...0,15	0,16...0,20
	> 1 000		10...15	0,05...0,06	0,06...0,08	0,08...0,10	0,10...0,15
Stahlguss	$\leq$ 500	K10,	15...30	0,08...0,10	0,10...0,12	0,12...0,15	0,15...0,25
	500...700	K20	10...25	0,06...0,08	0,08...0,10	0,10...0,12	0,12...0,20
Gusseisen	$\leq$ 200 HB		25...35	0,06...0,10	0,10...0,16	0,16...0,20	0,20...0,25
	> 200 HB		15...30	0,05...0,08	0,08...0,12	0,12...0,15	0,15...0,20

T 4.1 Tabellen und Richtwerte zum Spanen

Schnittgeschwindigkeiten und Vorschübe bei Feinbohren mit Einlippenbohrern (ggf. auch verwendbar für das Tieflochbohren von Stahlwerkstoffen):

Werkstoffbezeichnung	Zugfestigkeit Brinellhärte in $N \cdot mm^{-2}$	Bohrerdurchmesser d in mm	Vorschub f in mm^{-1}	Schnittgeschwindigkeit v_c in $m \cdot min^{-1}$	Empfohlene Hartmetallsorte
Bau-, Einsatz- und Vergütungsstähle	bis 700	5...10	0,01...0,05	70...120	K10
		10...22	0,03...0,1		K20
	700...900	5...10	0,01...0,05	60...100	
		10...22	0,03...0,1		
Vergütungsstähle	900...1 200	5...10	0,01...0,05	50...90	
		10...22	0,03...0,1		
Wz-Stähle	1 100...1 250	5...10	0,01...0,05	40...70	
		10...22	0,02...0,1		
Hochlegierte rostfreie Stähle	bis 900	5...10	0,01...0,05	40...80	
		10...22	0,02...0,1		
Stahlguss	bis 700	5...10	0,01...0,05	50...80	
		10...22	0,03...0,1		
Gusseisen	HB bis 250	5...10	0,02...0,1	60...90	
		10...22	0,05...0,2		
	HB von 250 bis 450	5...10	0,02...0,1	40...70	
		10...22	0,05...0,2		
Kupfer	bis 500	5...10	0,02...0,1	70...100	
		10...22	0,06...0,3		
Messing und Bronze	bis 500	5...10	0,02...0,1	70...150	
		10...22	0,04...0,15		
Leichtmetall	bis 800	5...10	0,02...0,1	150...200	
		10...22	0,04...0,2		

Weitere Richtwerte siehe VDI-Richtlinie 3208

Vorbohrdurchmesser beim Aufbohren (mit Spiralbohrern) und Senken:

Aufbohren mit	Kleinster Vorbohrdurchmesser
Spiralbohrer	$0,3D$
Aufbohrer	$0,7D$
Aufbohrer mit HM-Schneiden	$0,8D$

Vorschübe und Schnittgeschwindigkeiten beim Aufbohren mit HM-Werkzeugen:

Werkstoffgruppen	Bearbeitungsparameter	ISO-Anwendungsgruppen		
		P 10	P 20	P 30
Stahlwerkstoffe	f in mm	0,15...0,60	0,20...0,60	0,25...0,65
	v_c in $m \cdot min^{-1}$	120...400	100...310	95...270
Gusswerkstoffe	f in mm	0,15...0,60	0,20...0,60	0,25...0,65
	v_c in $m \cdot min^{-1}$	125...420	100...310	95...265
Nicht rostende Stähle	f in mm		0,20...0,40	0,25...0,45
	v_c in $m \cdot min^{-1}$		95...195	90...155

T 4.1.8.3.2 Richtwerte für das Reiben

Schnittgeschwindigkeiten und Vorschübe beim Reiben mit HSS-Werkzeugen (KSSM: Schneidöl oder Emulsion):

Werkstoff	Festigkeit in N·mm^{-2} bzw. Härte	v_c in m·min^{-1}	Vorschübe f in mm für Senkerdurchmesser D in mm					
			4	10	16	25	40	63
unlegierter Stahl	bis 700	8…12	0,08…0,16	0,16…0,32	0,25…0,40	0,28…0,50	0,40…0,63	0,50…0,80
	700…900	6…8	0,08…0,16	0,14…0,28	0,20…0,32	0,25…0,45	0,32…0,50	0,50…0,70
legierter Stahl, Stahlguss	bis 900	4…6	0,08…0,14	0,12…0,25	0,18…0,28	0,25…0,40	0,32…0,45	0,50…0,63
	bis 1250	3…4	0,07…0,12	0,10…0,20	0,16…0,25	0,20…0,36	0,25…0,40	0,40…0,56
	bis 1500	6…10	0,07…0,12	0,12…0,16	0,16…0,20	0,20…0,25	0,25…0,32	0,32…0,45
warmfester und nichtrost. Stahl	gut zerspanend	3…5	0,08…0,14	0,12…0,25	0,18…0,28	0,25…0,40	0,32…0,45	0,50…0,63
	schwer zersp.	1…3	0,07…0,12	0,10…0,18	0,16…0,22	0,20…0,32	0,25…0,36	0,40…0,50
Grauguss, Temperguss	bis 200HB	6…10	0,12…0,20	0,22…0,40	0,32…0,56	0,40…0,70	0,50…0,90	0,70…1,20
	bis 240HB	3…6	0,08…0,16	0,16…0,32	0,20…0,40	0,25…0,50	0,32…0,63	0,50…1,00
Kupfer allgemein		12…18	0,10…0,20	0,16…0,32	0,25…0,50	0,32…0,63	0,40…0,70	0,63…0,90
Elekt. Kupfer		8…10	0,10…0,20	0,16…0,32	0,25…0,50	0,32…0,63	0,40…0,70	0,63…0,90
bis Ms58		14…18	0,10…0,20	0,20…0,36	0,32…0,45	0,40…0,56	0,50…0,70	0,70…1,10
ab Ms58		8…12	0,10…0,20	0,20…0,36	0,32…0,45	0,40…0,56	0,50…0,70	0,70…1,10
Bronze		3…8	0,10…0,20	0,16…0,32	0,25…0,50	0,32…0,63	0,40…0,70	0,63…0,90
Neusilber		10…12	0,10…0,20	0,16…0,32	0,25…0,50	0,32…0,63	0,40…0,70	0,63…0,90
Zinklegierung		10…12	0,10…0,20	0,16…0,32	0,25…0,50	0,32…0,63	0,40…0,70	0,63…0,90
Titanlegierung		3…5	0,06…0,12	0,10…0,18	0,16…0,22	0,20…0,32	0,25…0,36	0,40…0,50
Aluminium-legierung	kurz spanend	12…15	0,10…0,20	0,16…0,32	0,25…0,50	0,32…0,63	0,40…0,70	0,70…1,00
	lang spanend	15…20	0,10…0,20	0,16…0,32	0,25…0,50	0,32…0,63	0,40…0,70	0,70…1,00
Silumin		8…12	0,10…0,20	0,16…0,32	0,25…0,50	0,32…0,63	0,40…0,70	0,70…1,00
Mg-Legierung		15…22	0,12…0,32	0,20…0,50	0,32…0,80	0,40…1,00	0,50…1,20	0,80…1,60
Kunststoffe		3…8	0,12…0,20	0,20…0,36	0,32…0,56	0,40…0,63	0,50…0,80	0,63…1,00

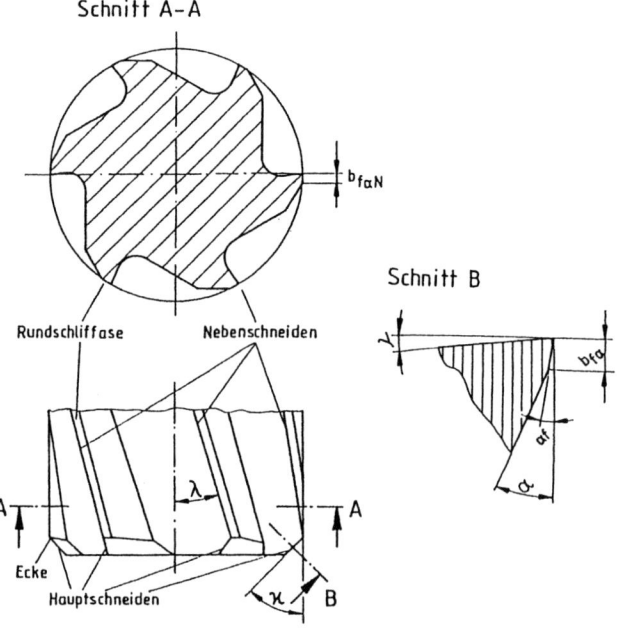

T 4.1 Tabellen und Richtwerte zum Spanen

Schnittgeschwindigkeiten und Vorschübe beim Reiben mit HM-Werkzeugen:

Werkstoff	Schnittgeschwindigkeit v_c in m·min^{-1}	Vorschub f in mm und Schnitttiefe a_p in mm bei Reib-Durchmesser in mm					
		bis 10		10...24		24...40	
		f	a_p	f	a_p	f	a_p
Gusseisen,							
HB $\leq$ 200	8...15	0,2...0,3	0,03...0,06	0,3...0,5	0,06...0,15	0,4...0,7	0,15...0,25
HB > 200	6...12	0,15...0,25	0,03...0,06	0,2...0,4	0,06...0,15	0,3...0,5	0,15...0,25
Stahl,							
$R_m \leq 1000$ N·mm^{-2}	8...12	0,15...0,25	0,02...0,05	0,2...0,4	0,05...0,12	0,3...0,5	0,12...0,20
$R_m > 1000$ N·mm^{-2}	6...10	0,12...0,2	0,02...0,05	0,15...0,3	0,05...0,12	0,2...0,4	0,12...0,20
Stahlguss,							
$R_m = 500$ N·mm^{-2}	8...12	0,15...0,25	0,02...0,05	0,2...0,4	0,05...0,12	0,3...0,5	0,12...0,20
$R_m = 500...700$ N·mm^{-2}	6...10	0,12...0,2	0,02...0,05	0,15...0,3	0,05...0,12	0,2...0,4	0,12...0,20
Reinkupfer, weich	20...40	0,3...0,6	0,04...0,08	0,4...0,8	0,08...0,20	0,5...1,0	0,20...0,30
Cu-Legierungen, spröde	15...30	0,2...0,3	0,03...0,06	0,3...0,5	0,06...0,15	0,4...0,7	0,15...0,25
Reinaluminium, weich	20...40	0,3...0,6	0,04...0,08	0,4...0,8	0,08...0,20	0,5...1,0	0,20...0,30
Al-Legierungen, spröde	15...30	0,2...0,3	0,03...0,06	0,3...0,5	0,06...0,15	0,4...0,7	0,15...0,25
Plaste, hart	15...30	0,3...0,6	0,04...0,08	0,4...0,8	0,08...0,20	0,5...1,0	0,20...0,30

Hartmetallsorte: K10; Spanwinkel $\gamma_0 = 5°$; Anschnittwinkel 15...25°
Weitere Richtwerte und Bearbeitungsempfehlungen siehe VDI-Richtlinie 3329.

Schnittgeschwindigkeiten, Vorschübe und Schnitttiefen für das Hochgeschwindigkeitsreiben nach [43]:

Material (Deutschland/DIN)	Zugfestigkeit N·mm^{-2}	erreichbare Oberflächenrauheit R_z in µm mit Reibwendeschneidplatte		Schnitttiefe a_p in mm, Vorschub f in mm	Auskraglänge in mm	Schnittgeschwindigkeit v_c in m·min^{-1} bei Reibdurchmesser in mm			
		AHS-K	CGKR-W-A			∅19 ...25	∅25 ...48	∅48 ...84	∅84 ...148
Bau-, Automaten- und Einsatzstahl C15, St37, 9SMn28, Gs40, St52-3, 17CrNiMo6	340...500	8		0,05...0,10 0,35...0,60	$\leq$ 210 $\leq$ 245 $\leq$ 285 $\leq$ 320	8...40	8...40 8...30 8...18 8...12	8...60 8...40 8...25 8...15	8...50 8...30 8...20 8...15
	500...800		6,3	0,05...0,10 0,30...0,60	$\leq$ 210 $\leq$ 245 $\leq$ 285 $\leq$ 320	8...60	8...60 8...35 8...25 8...15	8...80 8...45 8...30 8...15	8...60 8...35 8...25 8...15
Nitrier-, Vergütungsstahl C15, C60, 34CrNiMo6, 42CrMo4, 51CrV4	750...1100		4	0,05...0,10 0,25...0,50	$\leq$ 210 $\leq$ 245 $\leq$ 285 $\leq$ 320	8...60	8...60 8...35 8...25 8...15	8...80 8...45 8...30 8...15	8...60 8...35 8...25 8...15
hoch legierter Stahl, X155CrVMo121, G-X10CrNi18-8, G-X5CrNiNb189	900...1300		4	0,05...0,10 0,25...0,50	$\leq$ 210 $\leq$ 245 $\leq$ 285 $\leq$ 320	8...40	8...50 8...30 8...20 8...12	8...65 8...40 8...25 8...15	8...50 8...30 8...20 8...12
Kugelgraphitguss, GGG30 – GGG70	300...800		6,3	0,05...0,10 0,30...0,60	$\leq$ 210 $\leq$ 245 $\leq$ 285 $\leq$ 320	8...60	8...60 8...35 8...25 8...15	8...80 8...45 8...30 8...15	8...60 8...35 8...25 8...15

Fortsetzung S. 406

Material (Deutschland/DIN)	Zugfestigkeit $N \cdot mm^{-2}$	erreichbare Oberflächenrauheit R_z in µm mit Reibwendeschneidplatte		Schnitttiefe a_p in mm, Vorschub f in mm	Auskraglänge in mm	Schnittgeschwindigkeit v_c in m · min^{-1} bei Reibdurchmesser in mm			
		AHS-K	CGKR-W-A			⌀19 ...25	⌀25 ...48	⌀48 ...84	⌀84 ...148
Grauguss, GG15 – GG40	150...500		6,3	0,05...0,10 0,30...0,60	≤ 210 ≤ 245 ≤ 285 ≤ 320	8...40	8...40 8...30 8...18 8...12	8...60 8...40 8...25 8...15	8...50 8...30 8...20 8...15
Aluminiumlegierungen, G-AlZn10Si8Mg, G-AlSi10Mg, AlCuMgPb			2,5	0,05...0,10 0,35...0,60	≤ 210 ≤ 245 ≤ 285 ≤ 320	8...120	8...120 8... 60 8... 25 8... 15	8...160 8... 80 8... 30 8... 15	8...100 8... 40 8... 20 8... 12

Bei idealen Einsatzbedingungen können die Schnittgeschwindigkeiten um bis zu 150 % gesteigert werden.

Fehlermöglichkeiten beim Reiben und deren Beseitigung [43]:

Fehler	Ursache	Beseitigung
Bohrung zu groß	Fluchtfehler zwischen Feinreibhalter und Maschinenspindelachse	Fluchtfehler korrigieren; zulässige Abweichung in der x- und y-Achse etwa 0,05 mm
	Feinreibkassette zu groß eingestellt	Feinreibkassette kleiner einstellen. Die Einstellung richtet sich nach Material und Schnitttiefe. Bei Maßeinstellung untere Toleranzgrenze wählen, evtl. korrigieren.
	Teilfehler der Maschine wird nicht ausgeglichen	Pendelrichtung tangential zum Teilkreis, Pendelweg etwas größer einstellen
	Zu groß vorgebohrt	Vorbohrwerkzeug 0,1...0,3 mm unter Fertigmaß einstellen
	Zu großes Aufmaß	Vorbohrmaß korrigieren, siehe vorherigen Punkt
	Feinreibkassette pendelt sich nicht ein	Bei Werkstoffen mit einer Zugfestigkeit < 200 N · mm^{-2} Bohrungen unbedingt anfasen, Pendelweg so klein wie möglich einstellen
Bohrung zu klein	Feinreibkassette zu klein eingestellt	Feinreibkassette größer einstellen (siehe zweiten Punkt: Bohrung zu groß)
	Schnitttiefe zu klein	Schnitttiefe vergrößern, min. 0,025 mm
	Zu großer Verschleiß	Schneidenwerkstoff der Schnittgeschwindigkeit anpassen
Rattermarken	Werkzeugspannung zu labil	Werkzeugspannung verstärken; möglichst zylindrischen Einspannschaft verwenden
	Kritische Drehzahl der Maschine	Drehzahl reduzieren oder erhöhen
	Schwingungen kommen vom anderen Werkzeug z. B. Form- oder Abstechstahl	Schwingungsverursachendes Werkzeug oder zeitlichen Ablauf der Arbeitsgänge ändern
Zu große Rautiefe	Schnitttiefe zu groß	Schnitttiefe verringern ≤ 0,1 mm
	Vorschub zu groß	Vorschub pro Umdrehung verkleinern
	Aufbauschneide	Schnittgeschwindigkeit erhöhen, „fetteres" Kühlmittel verwenden (Emulsion 1 : 6)

Fehler	Ursache	Beseitigung
Konischer Einlauf	Pendelweg zu groß	Pendelweg verkleinern, max. 0,2 mm
	Feinreibkassette wird vom Kühlmittel seitlich weggedrückt	Pendelweg verkleinern und Kühlstrahlrichtung ändern
	Späne haben die Feinreibkassette seitlich weggedrückt	Kühlmittelzufuhr verstärken, Späneablenkblech an benachbarten Werkzeugen anbringen
Konischer Auslauf	Spänestau	Aufmaß auf 0,05 mm verringern, innere Kühlmittelzufuhr verwenden
	Werkstück ist verspannt	Spanndruck reduzieren; zur Kontrolle Werkstück im eingespannten Zustand messen
	Aufbauschneide	Schnittgeschwindigkeit erhöhen, fetteres Kühlmittel verwenden (Emulsion 1 : 6)
	Bei Schulter- und Grundbohrungen sind noch Späne in der Bohrung	Kühlmittelzufuhr verstärken
Bohrung unrund	Verspanntes Werkstück	Spanndruck reduzieren oder andere Spannart wählen
	Bohrung ist unrund vorbearbeitet	Vorbohrwerkzeug wechseln, am besten ausspindeln
Bohrung bauchig	Verspanntes Werkstück	Spanndruck reduzieren oder andere Spannart wählen

T 4.1.8.3.3 Besonderheiten beim Gewindebohren

Schnittgeschwindigkeiten und KSSM-Einsatz [17]:

Schnittgeschwindigkeiten und Kühl-, Schmier- und Spülmittel beim Gewindebohren

Werkstoff		Schnittgeschwindigkeit in m · min^{-1} bei		Kühl- und Schmiermittel
		Werkzeugstahl	Schnellarbeitsstahl	
Stahl,	$R_m \leq 500$ N · mm^{-2}	8...10	20...25	Rüböl oder Schneidöl
	$R_m = (500...700)$ N · mm^{-2}	4...8	10...15	
	$R_m = (700...900)$ N · mm^{-2}	2...4	6...8	
	$R_m > 900$ N · mm^{-2}	1...2	2...4	
Gusseisen,	$HB \leq 150$	6...10	12...16	trocken, Öl
	$HB > 150$	4...6	8...12	Petroleum
Messing		10...15	25...30	Schneidöl
Bronze		8...12	20...25	Emulsion
Aluminium		bis 30	bis 50	Schneidöl

Weitere Richtwerte siehe VDI-Richtlinie 3334

Vorbohrdurchmesser beim Gewindebohren (DIN EN 20 273):
- Metrische Gewinde nach DIN 13 (Maße in mm):

Gewindenenn-durchmesser	Vorbohr-durchmesser	Gewindenenn-durchmesser	Vorbohr-durchmesser	Gewindenenn-durchmesser	Vorbohr-durchmesser
M 0,3	0,22	M 2,3	1,90	M 16	13,75
M 0,4	0,29	M 2,6	2,10	M 18	15,25
M 0,5	0,36	M 3	2,50	M 20	17,25
M 0,6	0,43	M 3,5	2,90	M 22	19,25
M 0,8	0,58	M 4	3,30	M 24	20,75
M 1	0,75	M 5	4,20	M 27	23,75
M 1,2	0,95	M 6	5,00	M 30	26,25
M 1,4	1,10	M 8	6,70	M 33	29,25
M 1,7	1,30	M 10	8,40	M 36	31,50
M 2	1,60	M 12	10,00	M 39	34,50
		M 14	11,75	M 42	37,00

- Whitworth-Gewinde entsprechend DIN 11 (Maße in mm):

Gewindenenn-durchmesser	Vorbohr-durchmesser	Gewindenenn-durchmesser	Vorbohr-durchmesser	Gewindenenn-durchmesser	Vorbohr-durchmesser
1/4″	5,0	3/4″	16,50″	1 8/8″	30,50
8/16″	6,5	7/8″	19,25″	1 8/8″	35,50
3/8″	7,8	1″	22,00″	1 3/4″	39,00
1/2″	10,5	1 1/8″	24,50″	2″	44,50
5/8″	13,5	1 1/8″	27,50		

Grafische Bestimmung von Drehmomenten beim Gewindebohren:

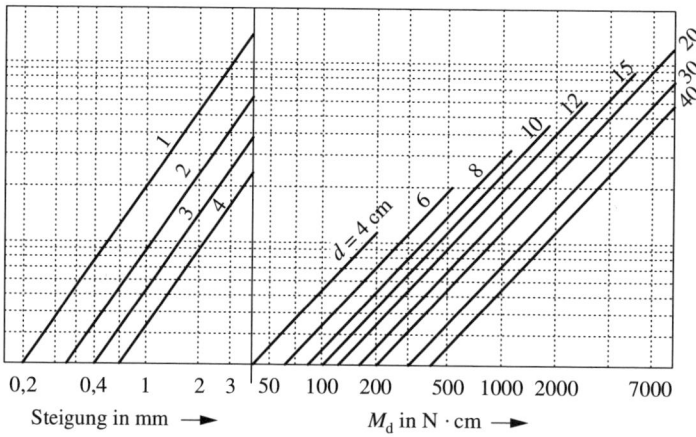

1) Einzelschneider (mit Gesamtschnittkraft), 2) Vorschneider (ca. 50 % Kraftanteil), 3) Mittelschneider (30 % Anteil), 4) Fertigschneider (20 % Kraftanteil)

T 4.1.8.3.4 Gegebenheiten und Bedingungen beim Tieflochbohren

Auswahl geeigneter Werkzeuge (nach [85]):

Werkzeuge	Werkstoffgruppen				
	Stahl unlegiert	Stahl niedrig legiert	Stahl hoch legiert	Gusseisen	Al-Legierungen
Einlippenbohrer VHM $d_{Wz} = 1,5 \ldots 6,0$ mm Bohrtiefe $\leq 40 d_{Wz}$	Ö: optimal E: gut	Ö: gut E: bedingt	Ö: bedingt	Ö: optimal E: gut ÖN: gut	Ö: optimal E: gut
Einlippenbohrer WSP $d_{Wz} = 20 \ldots 40$ mm Bohrtiefe $\leq 35 d_{Wz}$	Ö: optimal E: gut ÖN: bedingt	Ö: optimal E: gut ÖN: bedingt	Ö: optimal E: gut	Ö: optimal E: gut ÖN: gut	Ö: optimal E: gut
Einlippenbohrer VHM-Kopf $d_{Wz} = 2,5 \ldots 25,0$ mm Bohrtiefe $\leq 85 d_{Wz}$	Ö: optimal E: gut ÖN: bedingt	Ö: optimal E: gut ÖN: bedingt	Ö: gut E: bedingt	Ö: optimal E: gut ÖN: gut	Ö: optimal E: gut
Zweilippenbohrer VHM $d_{Wz} = 6 \ldots 25$ mm Bohrtiefe ≤ 250 mm				Ö: optimal E: gut ÖN: gut	Ö: optimal E: gut
Zweilippenbohrer VHM-Kopf $d_{Wz} = 6 \ldots 25$ mm Bohrtiefe $\leq 35 d_{Wz}$				Ö: optimal E: gut ÖN: gut	Ö: optimal E: gut
Ejektor-Vollbohrkopf (gelötet) $d_{Wz} = 18,4 \ldots 45,0$ mm Bohrtiefe $\leq 40 d_{Wz}$	Ö: optimal E: gut	Ö: optimal E: gut	Ö: optimal E: gut	Ö: optimal E: gut	Ö: optimal E: gut
Ejektor-WSP-Bohrkopf $d_{Wz} > 20$ mm Bohrtiefe $\leq 40 d_{Wz}$	Ö: optimal E: gut	Ö: optimal E: gut	Ö: optimal E: gut	Ö: optimal E: gut	Ö: optimal E: gut

Anmerkungen: Ö: Öl; E: Emulsion; ÖN: Ölnebel als KSSM

Bearbeitungsparameter/-bedingungen und erreichbare Arbeitsergebnisse beim Einsatz von ([85]):
- Einlippenbohrer VHM

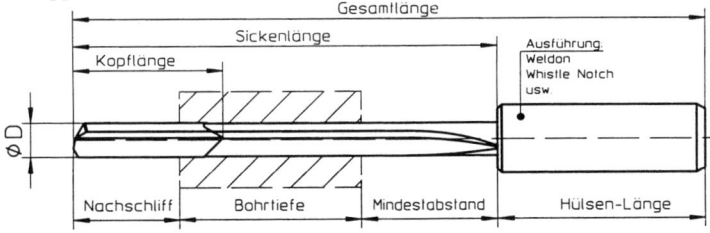

Schnittgeschwindigkeiten:

Werkstoffbezeichnung
- Bau- und Automatenstahl $\delta B < 700$ N·mm^{-2}
- Vergütungsstahl $\delta B < 900$ N·mm^{-2}
- Vergütungsstahl $\delta B < 1100$ N·mm^{-2}
- Einsatzstahl $\delta B < 700$ N·mm^{-2}
- Einsatzstahl $\delta B > 700$ N·mm^{-2}
- Nitrierstahl $\delta B < 900$ N·mm^{-2}
- Ferritische Edelstähle (hitzebeständig)
- Austenitische Edelstähle (nichtrostend)
- Hochtemperatur-Legierung auf Ni-Co-Fe-Basis
- Gusseisen unlegiert und legiert
- GGG, GGL, GTS, GTW (HB < 2400 N·mm^{-2})
- Al-Legierung (je nach Si-Anteil)

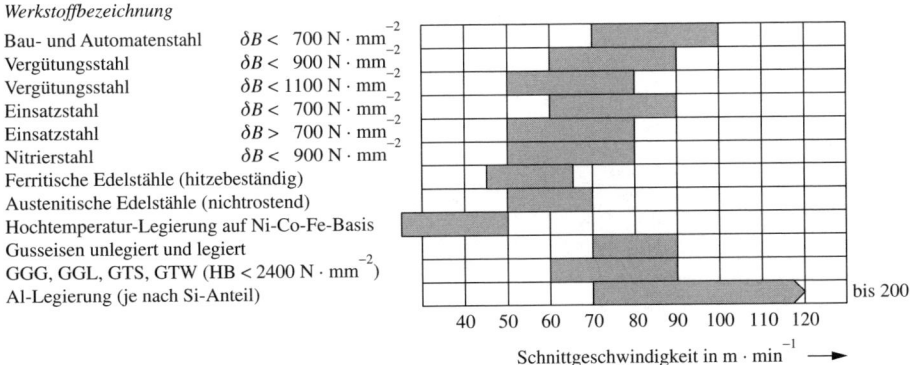

Schnittgeschwindigkeit in m·min^{-1}

Vorschubwege (beim Anbohren, 0,5 der genannten Richtwerte):

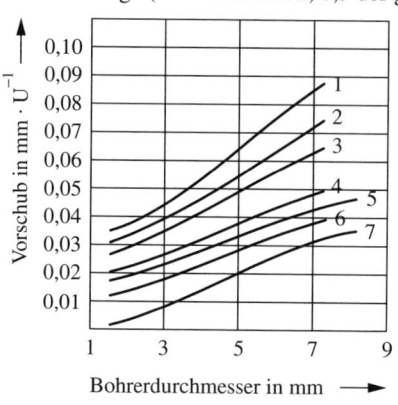

1 GGG, GGL, GTW (HB < 2400 N · mm^{-2})
2 Al-Legierung (GK-AlSi)
3 Gusseisen legiert (z. B. GG25Cr)
4 Bau- und Automatenstahl
5 Vergütungsstahl
6 Einsatzstahl
7 Ferritische und austenitische Edelstähle

KSSM-Einsatz:

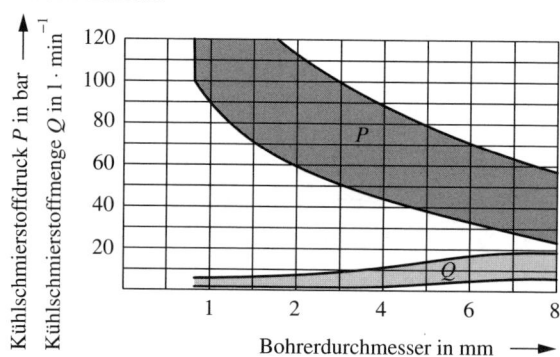

Erreichbare Bohrungsqualitäten:

Buntmetalle
Al-Legierung (je nach Si-Anteil)
Werkzeugstahl
Gusseisen
Vergütungsstahl $\delta B > 800$ N · mm^{-2}
Nitrierstahl
Vergütungsstahl $\delta B < 800$ N · mm^{-2}
Baustahl
Einsatzstahl

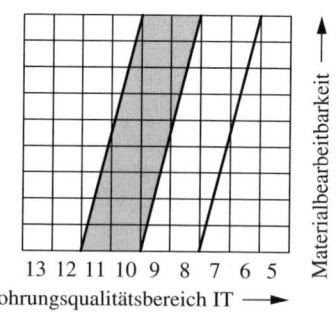

▓ unter normalen Bedingungen
☐ unter günstigen Bedingungen

Bohrungsmittenverläufe:

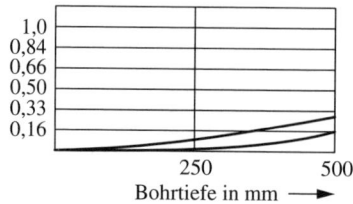

T 4.1 Tabellen und Richtwerte zum Spanen   411

- Einlippenbohrer VHM-Kopf:

  Schnittgeschwindigkeiten:

  Werkstoffbezeichnung

  Bau- und Automatenstahl $\delta B < 700\ \text{N} \cdot \text{mm}^{-2}$
  Vergütungsstahl $\delta B < 900\ \text{N} \cdot \text{mm}^{-2}$
  Vergütungsstahl $\delta B < 1100\ \text{N} \cdot \text{mm}^{-2}$
  Einsatzstahl $\delta B < 700\ \text{N} \cdot \text{mm}^{-2}$
  Einsatzstahl $\delta B > 700\ \text{N} \cdot \text{mm}^{-2}$
  Nitrierstahl $\delta B < 900\ \text{N} \cdot \text{mm}^{-2}$
  Ferritische Edelstähle (hitzebeständig)
  Austenitische Edelstähle (nichtrostend)
  Hochtemperatur-Legierung auf Ni-Co-Fe-Basis
  Gusseisen unlegiert und legiert
  GGG, GGL, GTS, GTW (HB < 2400 N · mm^{-2})
  Al-Legierung (je nach Si-Anteil)

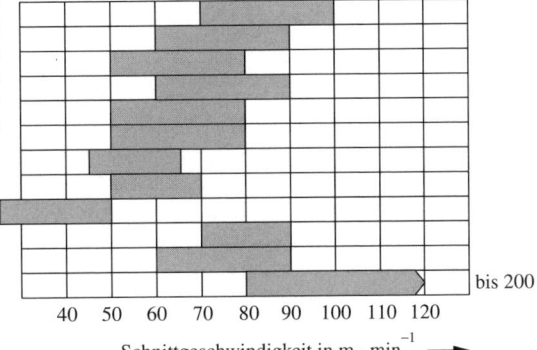

Schnittgeschwindigkeit in m · min^{-1}

Vorschubwege:

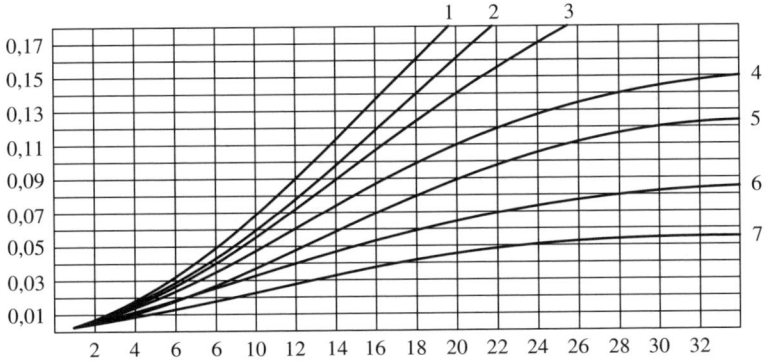

1 Gusseisen (legiert (z. B. GG26Cr)
2 Al-Legierung (GK-AlSi)
3 GGG, GGL, GTW (HB < 2400 N · mm^{-2})
4 Bau- und Automatenstahl
5 Vergütungsstahl
6 Einsatzstahl
7 Ferritische und austenitische Edelstähle

Einsatz von KSSM:

Kühlschmierstoff: Öl bzw. Emulsion
(Fettgehalt der Emulsion min. 10 %)

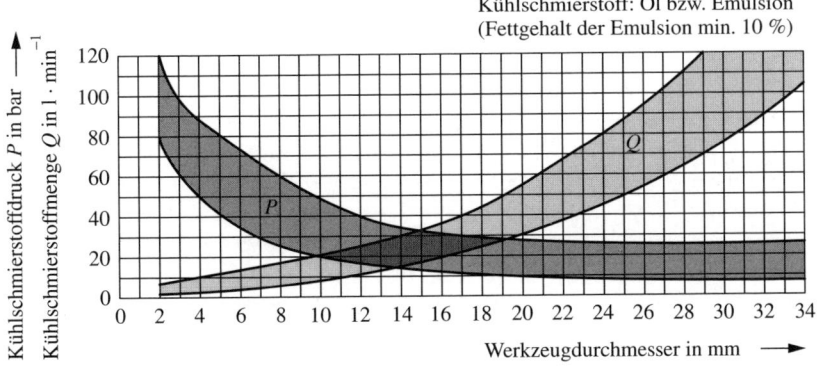

Werkzeugdurchmesser in mm

Bohrungsqualitäten (vgl. VHM-Einlippenbohrer) und Bohrungsmittenverläufe:

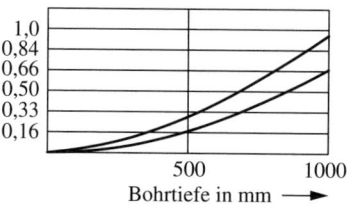

Einen geringeren Bohrungsmittenverlauf erhält man, wenn sich das Werkstück gegenläufig zum Werkzeug dreht.

- Einlippenbohrer WSP:

Richtwerte für Schnittgeschwindigkeiten, Vorschubwerte und Empfehlungen für HM-Sorten zum Bohren ins Volle:

Werkstückstoff/ Festigkeitswerte	v_f in m·min^{-1}	f in mm bei Bohrerdurchmesser in mm			Hartmetallsorten	
		18...25	25...32	32...	Schneid-platte	Führungs-leisten
Baustahl $\leq 700\,N\cdot mm^{-2}$	80...100	0,08...0,11	0,10...0,14	0,13...0,16		
Einsatzstahl $\leq 700\,N\cdot mm^{-2}$						
Einsatzstahl $\leq 1100\,N\cdot mm^{-2}$	70...80	0,08...0,11	0,10...0,13	0,12...0,15	P40/B-1	P20
Vergütungsstahl $\leq 700\,N\cdot mm^{-2}$	70...90	0,08...0,11	0,10...0,14	0,13...0,16		
Vergütungsstahl $\leq 1100\,N\cdot mm^{-2}$	55...75	0,08...0,11	0,10...0,13	0,12...0,15		
Nitrierstahl $\leq 1100\,N\cdot mm^{-2}$	55...75	0,08...0,10	0,09...0,12	0,11...0,14		P20/B
Ferritischer Stahl $\leq 900\,N\cdot mm^{-2}$	60...80	0,08...0,11	0,10...0,14	0,13...0,16		
Austenitischer Stahl	70...90	0,08...0,10	0,10...0,12	0,12...0,14	P25-1	
Hitzebeständiger Stahl, Werkzeugstahl	50...70	0,08...0,10	0,10...0,12	0,12...0,14		
Stahlguss $\leq 700\,N\cdot mm^{-2}$	60...80	0,08...0,11	0,10...0,14	0,13...0,16	P40/B-1	P20
Sphäroguss $\leq 1000\,N\cdot mm^{-2}$	65...80	0,10...0,13	0,12...0,15	0,14...0,18		
Gusseisen unlegiert und legiert	70...100	0,10...0,13	0,12...0,15	0,14...0,18		
Aluminium und Al-Legierungen	100...200	0,09...0,12	0,10...0,14	0,12...0,18	K10-1	
Kupfer Cu-Gehalt < 99%	120...	0,06...0,10	0,08...0,12	0,10...0,14		

T 4.1 Tabellen und Richtwerte zum Spanen

Einsatz von KSSM:

Kühlschmierstoff: Öl bzw. Emulsion
(Fettgehalt der Emulsion min. 10 %)

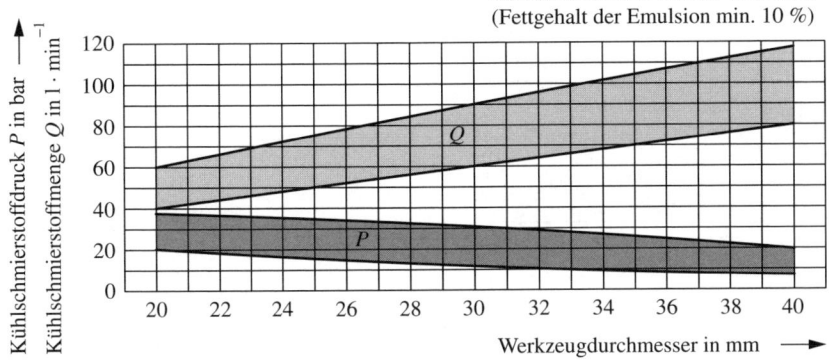

- Zweilippenbohrer VHM:

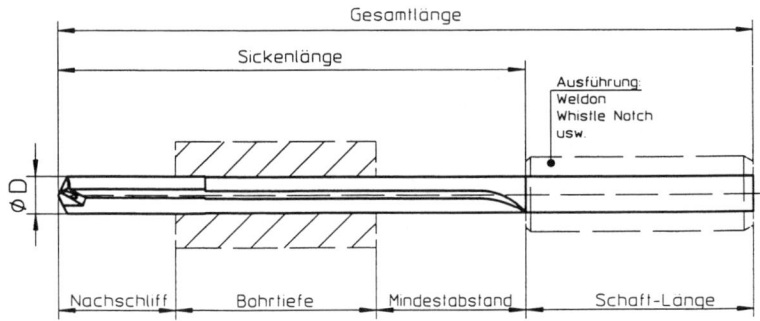

Schnittgeschwindigkeiten:

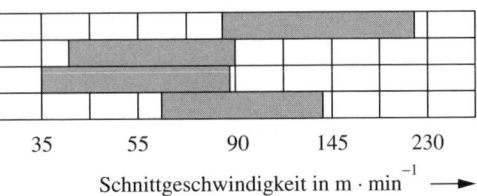

Werkstoffbezeichnung
Al-Si-Legierungen
Grauguss GG
GGG, GTW, GTS
Kurzspanende NE-Metalle

Schnittgeschwindigkeit in m · min^{-1} →

Vorschübe:

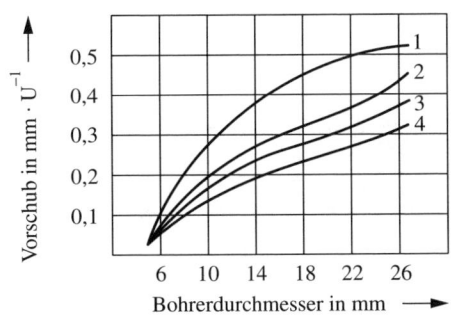

1 Al-Si-Legierungen
2 Grauguss GG
3 GGG, GTW, GTS
4 Kurzspanende NE-Metalle

Einsatz von KSSM:

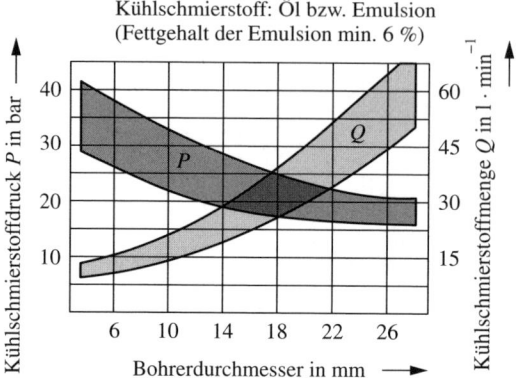

- Zweilippenbohrer VHM-Kopf:

Schnittgeschwindigkeiten:

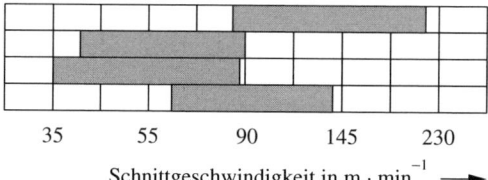

Vorschubwerte:

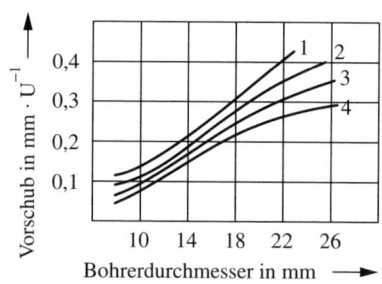

1 Al-Si-Legierungen
2 Grauguss GG
3 GGG, GTW, GTS
4 Kurzspanende NE-Metalle

KSSM-Einsatz siehe Zweilippen-VHM-Bohrer

- Ejektor-Vollbohrkopf:

Schnittgeschwindigkeiten (für P10, P20, K10):

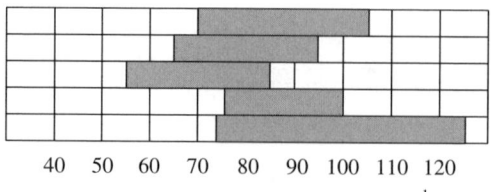

T 4.1 Tabellen und Richtwerte zum Spanen

Vorschubwege (in mm):

Werkstoffbezeichnung	Vorschubweg in mm bei Bohrerdurchmesser in mm			
	⌀18,4…25	⌀26…30	⌀31…35	⌀36…45
Unlegierter Stahl	0,12…0,20	0,14…0,22	0,16…0,24	0,17…0,25
Niedrig legierter Stahl	0,10…0,20	0,12…0,22	0,14…0,24	0,15…0,30
Hoch legierter Stahl	0,10…0,18	0,12…0,20	0,14…0,22	0,15…0,30
Grauguss, Kugelgraphitguss	0,12…0,20	0,14…0,22	0,16…0,24	0,17…0,30
Al-Legierungen	0,08…0,18	0,10…0,20	0,12…0,22	0,15…0,25

Einsatz von KSSM:

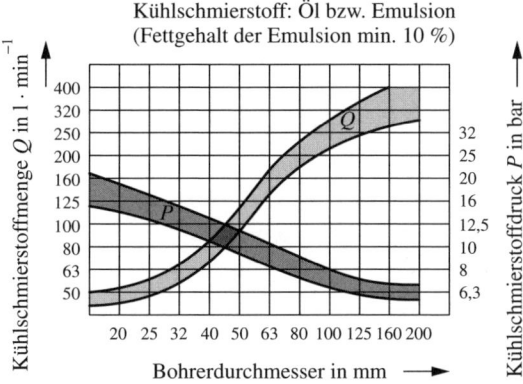

- Ejektor-WSP-Bohrkopf:

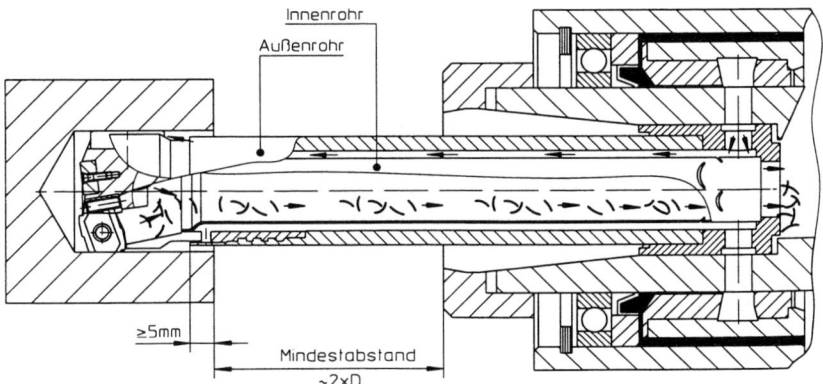

Schnittgeschwindigkeiten (für P10, P20, P25, K10; Führungsleiste P20; K10):

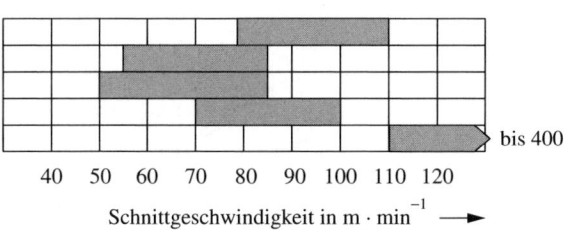

Vorschubwege (in mm):

Werkstoffbezeichnung	Vorschubweg in mm bei Bohrerdurchmesser in mm			
	⌀20...32	⌀32...50	⌀50...80	⌀80...
Unlegierter Stahl	0,10...0,16	0,14...0,20	0,18...0,25	0,22...0,35
Niedrig legierter Stahl	0,10...0,16	0,14...0,20	0,18...0,25	0,22...0,35
Hoch legierter Stahl	0,08...0,14	0,12...0,18	0,16...0,22	0,18...0,30
Grauguss, Kugelgraphitguss	0,10...0,16	0,14...0,20	0,18...0,25	0,22...0,35
Al-Legierungen	0,07...0,12	0,10...0,16	0,14...0,20	0,18...0,30

Einsatz von KSSM:

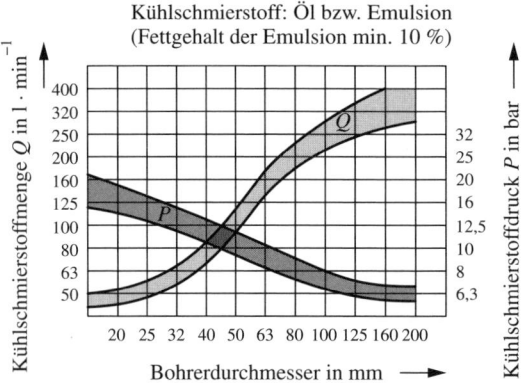

T 4.1.8.4 Fräsen (inkl. Gewindeherstellung, HSC- Fräsen und Bearbeitung harter Werkstoffe)

T 4.1.8.4.1 Ermittlung günstiger Werkzeug-Kennwerte [2]

Anwendungsgebiete für Fräswerkzeugtypen:

Zu bearbeitender Werkstoff		Zugfestigkeit in $N \cdot mm^2$		Werkzeuganwendungsgruppe				
		von	bis	N	H	W	NF NR	HF HR
Automatenstahl		370	600	×		○	×	
		550	1 000	×	○		×	○
Baustahl, allgemein		—	600	×		○	×	
		500	900	×			×	
Einsatzstahl	unlegiert	—	600	×		○	×	
	legiert	500	800	×		×		
Nichtrost. Stahl		450	950	×			×	
Stahlguss		400	1 100	×			×	
	weich	500	750	×			×	
	unlegiert vergütet	700	1 000	×			×	
Vergütungsstahl	legiert	700	1 000	×			×	
	vergütet	900	1 250	×	○		×	×
	legiert vergütet	900	1 250	×	○		×	×
Werkzeugstahl	unlegiert oder legiert weichgeglüht	HB 180	240	×			×	
		HB		N	H	W	NF NR	HF HR

T 4.1 Tabellen und Richtwerte zum Spanen

Zu bearbeitender Werkstoff		Zugfestigkeit in N · mm²		Werkzeuganwendungsgruppe				
		von	bis	N	H	W	NF NR	HF HR
Gusseisen	mit Lamellen-	100	240	×		×	×	
	graphit	230	320	○	×	×	○	×
	mit Kugel-	100	240	×		×	○	○
	graphit	230	320	○	×	×		×
Temperguss		100	270	×		×	○	○
Aluminium-Knet- u. Guss-legierungen (Si bis 10 %)		—	180	○		×		
Aluminium-Gusslegierungen (Si über 10 %)		150	250	×		○	○	
Kupfer		200	400	○		×		
Kupferlegierungen	hoher Cu-Gehalt, geringe Festigkeit	200	550	○		×		
	geringer oder hoher Cu-Gehalt, hohe Festigkeit	250	850	×		○		○
	mit spanbrechenden Zusätzen (Pb, Ph, Te)	250	500	○	×			
Magnesium-Knet- und Gusslegierungen		150	300	×		○		
Titanlegierungen	mittlere Festigkeit	—	700	×		○	×	×
	hohe Festigkeit	600	1 100	○	×		○	

×	Regelanwendungsfall
○	Sonderanwendungsfall
N	Zerspanen von Werkstoffen normaler Festigkeit und Härte
H	Zerspanen von harten, zähharten und/oder kurz spanenden Werkstoffen
W	Zerspanen von weichen, zähen und/oder lang spanenden Werkstoffen
NF,	Form des Spanteilers an der Schneide des Schruppfräsers
HF	mit flachem Profil
NR,	Form des Spanteilers an der Schneide des Schruppfräsers
HR	mit rundem Profil

Werkzeugwinkel an HM-bestückten Fräswerkzeugen:

Werkstoff		Fräsköpfe		Walzenstirnfräser		
		γ_f in °	γ_p in °	a_o in °	γ_o in °	λ_s in °
Stahl,	$R_m \leq 500$ N/mm²	$-3 \ldots -13$	$4 \ldots 7$			
	$R_m \leq 600$ N/mm²	$-9 \ldots -16$	$0 \ldots 5$	6	5	15
	$R_m \leq 850$ N/mm²	$-13 \ldots -22$	$-1 \ldots 1$	6	5	12
	$R_m \leq 1\,000$ N/mm²			5	5	8
	$R_m > 1\,000$ N/mm²			4	5	6
Legierte Stähle		$-11 \ldots -22$	$-1 \ldots 0$			
Gusseisen,	$HB \leq 200$	$0 \ldots 6$	$0 \ldots 10$	6	-5	12
	$HB > 200$	$0 \ldots 6$	$0 \ldots 10$	6	-5	10
Hartguss				4	-5	6
Temperguss				5	5	10
Stahlguss,	$R_m \leq 380$ N/mm²	$-3 \ldots -11$	$4 \ldots 3$			
	$R_m \leq 500$ N/mm²	$-7 \ldots -15$	$2 \ldots 9$	5	5	10
	$R_m \leq 800$ N/mm²	$-11 \ldots -17$	$-1 \ldots -2$			
Messing, Rotguss				6	12	15
Bronze		$0 \ldots 8$	$0 \ldots 11$	6	-5	15
Kupfer, spröde Bronze				6	20	15
Leichtmetalle		$9 \ldots 11$	$5 \ldots 17$	10	20	25
Plaste				8	20	25

Bei Fräsköpfen wird nach DIN 6581 der frühere radiale Spanwinkel als Werkzeugseitenspanwinkel γ_f und der frühere axiale Spanwinkel als Werkzeugrückspanwinkel γ_p bezeichnet. Bei Fräsköpfen beträgt der Einstellwinkel $\varkappa_r = 60°$.

Günstige Schneidenzahlen an HM-Fräsern:

Fräserart	Werkzeug-typ	Fräserdurchmesser in mm														
		12	16	20	32	50	63	80	100	125	160	200	250	315	400	500	630	800
Werkzeuge mit gelöteten HM-Platten:																		
Fräsköpfe	N								4	6	8	10	10	12	16	20	26	32
	H								6	8	10	12	12	18	22	28	36	44
	W								3	4	5	6	6	9	11	14	18	22
Scheibenfräser	N, H							10	10	12								
	W							4	6	6								
Walzenstirnfräser	N, H					6	8	8	10									
	W					3	3	3	3									
Schaftfräser		4	4		6													
Winkelstirnfräser						6	8	8	10	12	14							
HM-Wendeplatten Werkzeuge																		
Vielzahnfräsköpfe									10	12	18	24	32	40	52	64		
Scheibenfräser								10	14	18	20	22	28	34				
Eckfräsköpfe	N								8	10	12							
	H								10	12	16							
Planfräsköpfe	N								4	6	8	10	12	14	16	20		
	H								6	8	10	12	16	18	22	28		
Igel-Schaftfräser							4	5	6									
Schaftfräser			1	2	3	4		5										
Aufsteckfräser								5	6									

T 4.1.8.4.2 Richtwerte für Bearbeitungsparameter [2], [18], [19]

- Empfehlungen für das Fräsen mit HSS-Werkzeugen; nach [86]:

Werkstoffgruppen	Schnittgeschwindigkeiten v_c in m · min^{-1} [1]	Vorschubwerte f_z in mm [3]
Stahlwerkstoffe mit		
$R_m \leq 500\,\text{N} \cdot \text{mm}^{-2}$	40	0,066…0,125
$R_m \leq 700\,\text{N} \cdot \text{mm}^{-2}$	28	0,067…0,128
$R_m \leq 1000\,\text{N} \cdot \text{mm}^{-2}$	18	0,067…0,127
$R_m \leq 1300\,\text{N} \cdot \text{mm}^{-2}$	12	0,067…0,128
Cr-, Ni- Stähle	9	0,066…0,125
Stahlguss	12	0,066…0,129
Temperguss	28	0,067…0,128
Edelstähle	14	0,067…0,128
GG < 180 HB	23	0,066…0,127
GG > 180 HB	18	0,067…0,127
Ms (bis Ms 60)	60	0,067…0,128
Ms (ab Ms 63)	90	0,067…0,125
Kupfer	50	0,067…0,129
Bronze, Rotguss	45	0,066…0,127
Titanlegierungen	9	0,066…0,125

Anmerkungen:

[1] Bei Einsatz beschichteter HSS (z. B. mit TiN) lassen sich die Werte für v_c um ca. 30…50 % steigern

[2] Weitere Richtwerte:
$a_e = 0{,}7 d_{Wz}$;
$a_p = 0{,}2 d_{Wz}$ für Walzenstirnfräser
$a_e = 1{,}0 d_{Wz}$;
$a_p = 0{,}5 d_{Wz}$ für Langlochfräser
$a_e = 0{,}1 d_{Wz}$;
$a_p = 0{,}8 d_{Wz}$ für das Schaftfräsen (Schlichten)
$a_e = 0{,}25…0{,}5\, d_{Wz}$;
$a_p = 1{,}0 d_{Wz}$ für das Schaftfräsen (Schruppen)

[3] Umfangsfräsen

- Richtwerte für das Fräsen mit HM-Werkzeugen:

Werkstoff		Schneid-stoff	Vorschub f_z in mm · z^{-1} 0,04			0,06			0,08			0,1			0,12			0,22			0,25		
			Standzeit T in min 30	60	240	30	60	240	30	60	240	30	60	240	30	60	240	30	60	240	30	60	240
			Schnittgeschwlndlgkelt v_c in m · min^{-1}																				
unleg. Stahl	C15	P20, P30	225	196	140	220	191	137	215	187	134	210	183	130	205	178	127	190	165	118	183	159	114
C < 0,35 %	C20	P20, P30	225	196	140	220	191	137	215	187	134	210	183	130	205	178	127	190	165	118	183	159	114
	E235	P20, P30	225	196	140	220	191	137	215	187	134	210	183	130	205	178	127	190	165	118	183	159	114
	E295	P20, P30	225	196	140	220	191	137	215	187	134	210	183	130	205	178	127	190	165	118	183	159	114
unleg. Stahl	C35	P20, P30	225	196	140	220	191	137	215	187	134	210	183	130	205	178	127	190	165	118	183	159	114
C > 0,35 %	C60	P20, P30	225	196	140	220	191	137	215	187	134	210	183	130	205	178	127	190	165	118	183	159	114
	E335	P20, P30	225	196	140	220	191	137	215	187	134	210	183	130	205	178	127	190	165	118	183	159	114
	E360	P20, P30	225	196	140	220	191	137	215	187	134	210	183	130	205	178	127	190	165	118	183	159	114
niedrig leg.	100Cr6	P20, P30	180	157	112	170	148	106	160	139	99	145	126	90	130	113	81	120	104	75	110	96	68
Stähle	20MnCr5	P20, P30	180	157	112	170	148	106	160	139	99	145	126	90	130	113	81	120	104	75	110	96	68
hoch leg.	X210Cr12	P20, P30	160	139	99	150	130	93	140	122	87	130	113	81	110	96	68	100	87	62	90	78	56
Stähle	X42Cr13	P20, P30	160	139	99	150	130	93	140	122	87	130	113	81	110	96	68	100	87	62	90	78	56
rostfreier	X6CrNiTi18-10	P20, P30	170	148	106	160	139	99	150	130	93	130	113	81	120	104	75	110	96	68	100	87	62
Stahl	X6Cr13	P20, P30	170	148	106	160	139	99	150	130	93	130	113	81	120	104	75	110	96	68	100	87	62
Stahlguss	GS38	K10, K20	180	157	112	170	148	106	160	139	99	140	122	87	120	104	75	100	87	62	90	78	56
	GS52	K10, K20	180	157	112	170	148	106	160	139	99	140	122	87	120	104	75	100	87	62	90	78	56
Temperguss	GTW-40-05	K10, K20	160	139	99	150	130	93	140	122	87	120	104	75	90	78	56	80	70	50	60	52	37
	GTS-45-06	K10, K20	160	139	99	150	130	93	140	122	87	120	104	75	90	78	56	80	70	50	60	52	37
Gusseisen	GG15	K10, K20	180	157	112	170	148	106	160	139	99	140	122	87	120	104	75	100	87	62	90	78	56
	GG35	K10, K20	180	157	112	170	148	106	160	139	99	140	122	87	120	104	75	100	87	62	90	78	56
	GGG 50	K10, K20	160	139	99	150	130	93	140	122	87	120	104	75	105	91	65	90	78	56	80	70	50
	GGG80B	K10, K20	160	139	99	150	130	93	140	122	87	120	104	75	105	91	65	90	78	56	80	70	50
Al,	AlMn1	K10, K20							1000	870	621				720	626	447	600	522	373	500	435	311
Al-Legierung	AlCuMg2	K10, K20							1000	870	621				720	626	447	600	522	373	500	435	311
Messing-,	CuZn40	K10, K20							400	348	248				250	217	155						
Bronzeleg.	CuSn6	K10, K20							400	348	248				250	217	155						

- Spezielle Richtwerte für das Nachformfräsen mit HSS-Werkzeugen:

Werkstoff		Schnittgeschwindigkeit v_c in m·min^{-1}	Zahnvorschub f_z in mm·z^{-1}
Stahl, unlegiert	$R_m \leq 800$ N·mm^{-2}	16...20	0,06
Stahl, legiert	$R_m \leq 800$ N·mm^{-2}	10...16	0,04
	$R_m \leq 1400$ N·mm^{-2}	8...10	0,03
Stahlguss	$R_m \leq 600$ N·mm^{-2}	18...26	0,06
Gusseisen	$HB \leq 220$	16...26	0,07
Gusseisen, legiert	$HB \leq 240$	14...20	0,06

Schneidstoff: HSS; optimale Schnitttiefe $a_p = 5...8$ mm;
zulässige Verschleißmarkenbreite $VB_{zul} = 0,1...0,3$ mm;
Standzeiten bei Gusseisen und Stahl bis 1 000 N·mm^{-2} Festigkeit 240 min,
bei Werkzeugstahl über 1 000 N·mm^{-2} Festigkeit 180 min.
Anzahl der Schneiden beim Schruppen 2...6, beim Schlichten 4...8.

- Spezielle Richtwerte für das Stirnfräsen mit CBN:

Werkstoff	Schneidstoff	Schnittwerte		
		v_c in m·min^{-1}	f_z in mm·z^{-1}	a_p in mm
Stahl, HRC 45...65	BN, hex. [1]	190...240	0,05...0,07	0,02...0,5
Gusseisen, HB = 200	BN, kub. [2]	1 200...200	0,07...0,9	0,02...0,6
Gusseisen, HRC 50	BN, hex. [1]	400...700	0,07...0,9	0,02...0,4

Schneidenzahl $z = 8...12$
Standwege $L \approx 10$ m (Stahl)
$L \approx 100$ m (Gusseisen)
Standwegkriterium $VB_{zul} \approx 0,4$ mm
Arbeitseingriff $a_e = 70...220$ mm
(Für jeweils größeren Arbeitseingriff a_e sind entsprechend niedrigere Schnittwerte zu wählen.)

[1] Bornitrid, hexagonal
[2] Bornitrid, kubisch

- Spezielle laborpraktische Werte für das HSC-Fräsen mit magnetgelagerten Frässpindeln [85]:

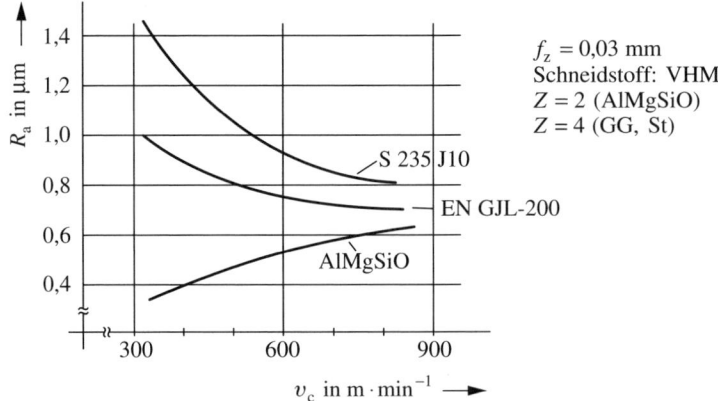

T 4.1 Tabellen und Richtwerte zum Spanen

- Bearbeitungsparameter für das Gewindefräsen:

Schnittgeschwindigkeiten und Zahnvorschübe für das Gewindefräsen mit HM-Werkzeugen auf Bearbeitungszentren, nach [84]:

Werkstoffgruppen	Schnittgeschwindigkeiten v_c in m · min^{-1}		Vorschubwerte f_z in mm	
	HM	HM + TiCN	$d_{Wz} < 8$ mm	$d_{Wz} > 8$ mm
Al-Legierungen	100...250	159...400	0,05...0,08	0,07...0,20
GG-Werkstoffe	80...140	100...200	0,04...0,07	0,05...0,15
GGG-Sphäroguss	60...120	80...200	0,04...0,07	0,05...0,15
Stahlwerkstoffe:				
$R_m < 400$ N · mm^{-2}; un-, niedrig leg.	40...100	80...250	0,04...0,07	0,05...0,15
$R_m < 400...800$ N · mm^{-2};	30...80	60...120	0,04...0,07	0,05...0,15
$R_m > 800$ N · mm^{-2}; hoch leg.	20...60	40...150	0,03...0,05	0,04...0,12
$R_m < 850$ N · mm^{-2}; rostfrei	20...60	40...150	0,03...0,05	0,04...0,12
$R_m > 850$ N · mm^{-2}; Cr-Ni-; Ti-Leg.	15...50	20...80	0,03...0,05	0,04...0,10
Duro-, thermoplastische Kunststoffe	60...150	100...400	0,05...0,10	0,08...0,25

Schnittgeschwindigkeiten und Vorschübe beim Einsatz von HM-Bohr-Gewindefräsern auf Bearbeitungszentren, nach [84]:

Werkstoffgruppen	Schnittgeschwindigkeiten v_c in m · min^{-1}		Vorschubwerte f_z in mm			
			Bohren		Fräsen	
	HM	HM + TiCN	$d_{Wz} < 8$ mm	$d_{Wz} > 8$ mm	$d_{Wz} < 8$ mm	$d_{Wz} > 8$ mm
Al-Gusswerkstoffe	100...250	150...400	0,15...0,3	0,2...0,4	0,05...0,08	0,07...0,15
Grauguss	80...140	100...200	0,10...0,25	0,2...0,4	0,04...0,07	0,05...0,12
Duro-, thermoplastische Kunststoffe	60...150	100...400	0,15...0,30	0,2...0,4	0,05...0,10	0,08...0,20

Spezielle Parameter für das Kurz- und Langgewindefräsen [2]:

Kurzgewindefräsen

Werkstoff	Schnittgeschwindigkeit v_c in m · min^{-1}	Zahnvorschub f_z in mm · z^{-1}
Weicher Stahl	35...50	0,02...0,08
Stahl, $R_m < 850$ N/mm^2	30...100	0,01...0,02
Vergüteter Stahl, $R_m > 1100$ N/mm^2	20...60	0,004...0,01
Gusseisen, $HB < 200$	60...140	0,025...0,1
Bronze und Messing	40...70	0,03...0,12
Kunststoffe	60...200	0,05...0,15
Leichtmetall	140...300	0,03...0,12

Die Werte gelten für hinterdrehte Fräser aus Hochleistungs-Schnellarbeitsstahl bei Steigungen bis 2 mm und Gewindebreiten bis 30 mm. Bei größeren Steigungen und Gewindebreiten ist der Vorschub etwa um 30 % zu senken. Die untere Grenze der Richtwerte gilt für erhöhte Qualität.

Langgewindefräsen

Werkstoff	Arbeitsgang	Umfangsgeschwindigkeit v_f in mm · min^{-1} für Gewindesteigung bzw. Teilung		
		≤ 10 mm	10...20 mm	20...35 mm
Baustahl	Schruppen	40...70	30...40	20...30
	Schlichten	30...45	20...30	15...25
	Fertigfräsen in einem Schnitt	20...30	15...25	10...15
Vergüteter Stahl	Schruppen	14...20	10...15	8...12
	Schlichten	10...14	8...12	5...8
	Fertigfräsen in einem Schnitt	8...12		

Schneidstoff: SS/HSS; Für die Schnittgeschwindigkeiten und Vorschübe pro Zahn gelten die gleichen Werte wie beim Kurzgewindefräsen.

Schnittgeschwindigkeiten und Zahnvorschübe für das Schlagzahnfräsen mit HM-Werkzeugen der Sorte P10 (nach [2]):

Außengewinde

Gewindeabmessung	Werkstoff	v_c in $m \cdot min^{-1}$	f_z in $mm \cdot z^{-1}$
M27 × 3 × 36	St50	88	0,254
Tr16 × 4 × 235	St50	74	0,168
Tr20 × 4 × 240	St60	92	0,210
Tr20 × 4 × 380	St60	92	0,210
Tr26 × 5 × 180	St55	85	0,227
Tr26 × 5 × 250	St60	85	0,204
Tr28 × 5 × 300	St60	91	0,244
Tr32 × 6 × 300	St60	104	0,251
Tr32 × 12 × 550 [1]	St50	104	0,140
Tr40 × 5 × 225	St70	130	0,245
Tr40 × 10 × 625 [1]	St50	130	0,175
Tr40 × 14 × 220 [1]	St60	130	0,105

[1] Zweigängige Gewinde; sie werden in einem Durchgang mit versetzten Meißeln gefräst.

Innengewinde

Gewindesteigung in mm	Festigkeit R_m in $N \cdot mm^{-2}$	Schnittgeschwindigkeit v_c in $m \cdot min^{-1}$ bei einem Umfangs-Zahnvorschub f_z in $mm \cdot z^{-1}$ (Standzeit ≈ 90 min)				
		0,10	0,15	0,20	0,30	0,40
2	550	—	—	—	346	300
	650	—	—	360	293	—
	750	—	356	312	253	—
	850	388	316	—	—	—
3	550	—	—	—	284	244
	650	—	—	294	240	—
	750	—	291	255	207	—
	850	317	258	—	—	—

Die Werte gelten für das Fräsen von metrischem Innengewinde und Trapez-Innengewinden. Beim Schneiden von Gewinden auf Werkstücke aus Gusseisen mit $HB = (170\ldots230)$ sind die Werte von Stahl mit $R_m = 650\ N \cdot mm^{-2}$ anzuwenden.

- Empfehlungen für das Fräsen harter Werkstoffe:

Bearbeitbare Werkstoffe: $HRC \leq 66\ldots68$
Schneidstoffe: VHM (Feinstkorn-HM) der Sorten P10, K10; CBN
$v_c = 100\,(200\ldots250)\,300\ m \cdot min^{-1}$;
$v_c \approx 3\,(90 - HRC_{Wstoff})$ in $m \cdot min^{-1}$
$f; f_z = 0,03\,(0,1\ldots0,3)\ mm$
$a_p = 0,10\,(0,20\ldots1,2)\,2,5\ mm$;
$a_p \approx 2\,d_{Wz}$ in mm
$a_e \approx 0,02\,d_{Wz}$ in mm

T 4.1 Tabellen und Richtwerte zum Spanen

- Schnittgeschwindigkeiten und Vorschübe für Plan- und Eckfräsköpfe mit HM-Wendeschneidplatten:

Werkstoff	R_m in $N \cdot mm^{-2}$	a_p in mm	Schnittgeschwindigkeit v_c in $m \cdot min^{-1}$ bei Vorschub f_z in $mm \cdot z^{-1}$								HM-Sorte
			0,05	0,1	0,2	0,3	0,5	0,8	1,2	1,6	
unlegierte Stähle (C < 0,35 %)	bis 500	bis 3	230	220	190	180	170	—	—	—	P20
		5	220	200	180	170	160	140	130	120	
		10	—	160	150	140	130	115	110	100	
unlegierte Stähle (C > 0,35 %)	bis 900	bis 3	180	170	150	140	135	120	—	—	P20
		5	170	160	135	125	115	110	105	100	
		10	—	130	115	110	105	95	90	80	
legierte Stähle	bis 900	3	135	130	120	115	105	95	—	—	P20
		5	130	120	105	100	90	85	80	—	
		10	—	100	85	80	—	—	—	—	
legierte Stähle	bis 1 400	3	120	115	105	95	85	80	—	—	P20
		5	110	105	95	85	80	70	—	—	
		10	—	85	75	70	—	—	—	—	
rost- und säurebeständige Stähle	600 bis 1 100	1	70	65	55	50	—	—	—	—	P20
		3	60	55	45	45	—	—	—	—	
		5	50	50	40	—	—	—	—	—	
Gusseisen (GG, GGG, GTS)	HB bis 260	3	130	125	115	110	105	—	—	—	K10
		5	125	120	110	105	100	95	90	85	
		10	—	110	100	95	90	85	80	70	
	HB bis 330	3	100	95	85	80	75	—	—	—	K10
		5	95	90	80	75	70	—	—	—	
		10	—	80	70	65	—	—	—	—	
Alu- und Alu-Legierungen	—		$v_c = 300 \ldots 1\,000$ m/min und mehr bei $f_z = 0,05 \ldots 0,3$ $mm \cdot z^{-1}$									K20
	—		$v_c = 1\,000 \ldots 2\,000$ m/min bei $f_z = 0,01 \ldots 0,15$ $mm \cdot z^{-1}$									K10

Bei schlechter Spanbarkeit sind die angegebenen Schnittgeschwindigkeitswerte mit dem Faktor 0,8 zu multiplizieren!

- Zahnvorschübe und Schnittgeschwindigkeiten für das Walzenstirn-, Scheiben-, Langloch- und Schaftfräsen mit HM-Schneiden (Werte für v_c vgl. etwa 90 % der oben genannten Daten für Plan- und Eckfräsköpfe):

Werkstoff	Zahnvorschub f_z in $mm \cdot z^{-1}$			
	Walzenstirnfräser	Scheibenfräser	Langloch- und Schaftfräser	
			⌀ 10…20 mm	⌀ 20…40 mm
Stahl, unlegiert	0,05…0,20	0,03…0,10	0,01…0,06	0,02…0,12
legiert	0,02…0,12	0,02…0,08	0,01…0,03	0,02…0,06
GS, GG, GT, Cu, Ms, Rg, Bz	0,08…0,20	0,05…0,10	0,02…0,06	0,04…0,12
Leichtmetall	0,06…0,15	0,04…0,10	0,01…0,06	0,02…0,12

Schnittgeschwindigkeiten: Stähle unlegiert: $v_c = 110 \ldots 220$ $m \cdot min^{-1}$
Stähle legiert: $v_c = 100 \ldots 200$ $m \cdot min^{-1}$
Gusswerkstoffe: $v_c = 60 \ldots 120$ $m \cdot min^{-1}$
Leichtmetalle: $v_c = 200 \ldots 800$ $m \cdot min^{-1}$

T 4.1.8.5 Sägen (Kreis- und Bandsägen)

- Bearbeitungsparameter für das Sägen mit SS-/HSS-Kreissägeblättern (aus [4]):

Werkstoff	Schnittgeschwindigkeit v_c in m·min^{-1}	Spezifische Schnittfläche in cm^2·s^{-1}	Vorteilhafte Schnittwinkel Spanwinkel	Vorteilhafte Schnittwinkel Freiwinkel
S235 (St37), C10	28	2,5	22°	8°
S275 (St44), C15	26	2,2	20°	7°
E295 (St50), C35	24	2,0	20°	7°
E335 (St60), C45	20	1,7	18°	7°
E360 (St70), C60	16	1,4	17°	6°
20MnCr5	16	0,8	15°	6°
50CrMo4	12	0,8	14°	5°
GG-12; GG-18	18	1,7	15°	6°
GG-22; GG-30	14	1,0	15°	6°
GS-45	14	1,6	15°	6°
GS-60	10	0,7	15°	6°
Al; Mg und Legierungen	400	10	25°	10°
Kupfer; Zink	150	7	20°	10°
Messing	200	10	25°	10°

- Schnittgeschwindigkeiten und spezifische Schnittflächen beim Sägen mit Hochleistungs-Kreissägeblättern [nach [2], nationale Werkstoffbezeichnungen in ( )]:

Werkstoff		Festigkeit R_m N·mm^{-2}	Spezifische Schnittfläche cm^2·min^{-1}	Schnittgeschwindigkeit m·min^{-1} HSS	Schnittgeschwindigkeit m·min^{-1} HM	Sägeblatt Zähne je Segment	Sägeblatt Spanwinkel γ_0 in °
Baustahl	bis S235JR (St37)	340…420	150	26…28	60…80	3…4	22
	S275JR (St44-2), C15	420…500	130	24…26	50…60	3…4	22
	E295 (St50), C35	500…600	120	22…24	45…50	3…4	22
	E335 (St60), C45	600…700	100	18…20		3…4	20
	E360 (St70), C60	700…850	80	14…16		3…4	20
Legierter Stahl, geglüht	15CrMo5, 20CrMo4	750…800	80	12…15		3…4	20
	14NiCr18, 34CrMo4 20CrMo5, 42CrMo4	800…850	60	10…14		3…4	20
	35NiCr18, 50CrMo4	900…950	50	9…12		3…4	18
Legierter Stahl, vergütet	31NiCr14, 34CrMo4	900…1050	40	8…10		3…4	18
	35NiCr18, 42CrMo4	1000…1200	30	18…20	55…65	3…4	14
Stahlguss,	weich	400…500	100	14…16	45…55	3…4	20
	mittel	500…600	80	8…10	35…45	3…4	20
	zähhart	> 600	40	14…18	55…65	3…4	15
Gusseisen,	weich	150…220	100	12…15	35…55	3…4	15
	hart	220…300	60			2…4	15
Neusilber		—	120	30…45		3…4	20
Messing		—	550	150…300	550…650	3…4	22
Bronze (GBz10)		—	300	80…120	200…300	3…4	20
Kupfer, Zink		—	420	100…200	300…400	3	25
Al, Mg und Legierungen		—	500	300…500		3	28
Normalprofile		500…600	100	24…28		4…6	15
Stahlrohre		500…600	60	24…28		6…10	20
Schienen	weich		90	18…20		4…6	20
Schienen	hart		60	14…16		4…6	15

Bei günstigen Schnittbedingungen kann die spezifische Schnittfläche bis zu 50 % erhöht werden.

T 4.1 Tabellen und Richtwerte zum Spanen

- Schnittgeschwindigkeiten bei Einsatz von VHM-Kreissägeblättern, nach [87]:

Werkstoffgruppen	Schnittgeschwindigkeiten v_c in m · min^{-1}
Stahlwerkstoffe	
$R_m \leq 500\,\text{N} \cdot \text{mm}^{-2}$	150 ... 250
$R_m \leq 800\,\text{N} \cdot \text{mm}^{-2}$	100 ... 180
$R_m \leq 1100\,\text{N} \cdot \text{mm}^{-2}$	60 ... 120
$R_m \leq 1400\,\text{N} \cdot \text{mm}^{-2}$	20 ... 60
V2A; V4A	60 ... 160
Bronze, Rotguss	50 ... 250
Kupfer, Messing	150 ... 800
Al, Al-Legierungen	400 ... 2000
Kunststoffe	150 ... 2000
GG; GGG	40 ... 150

Anmerkung: KSSM: Emulsion, bei Al, bei Kunststoffen: Trockenbearbeitung oder Druckluft

- Schnittgeschwindigkeiten beim Bandsägen:

Werkstoffgruppen	Schnittgeschwindigkeiten v_c in m · min^{-1}	
	HSS	HM
Stahlwerkstoffe		
$R_m < 600\,\text{N} \cdot \text{mm}^{-2}$	30 ... 40	80 ... 90
$R_m = 600 \ldots 800\,\text{N} \cdot \text{mm}^{-2}$	20 ... 30	60 ... 80
$R_m = 800 \ldots 1200\,\text{N} \cdot \text{mm}^{-2}$	15 ... 20	50 ... 60
$R_m > 1200\,\text{N} \cdot \text{mm}^{-2}$	10 ... 15	40 ... 50
Kupfer, Messing	100 ... 200	< 300
Leichtmetalle	400 ... 1200	1000 ... 1800
Kunststoffe (duroplastische)	300 ... 900	1000 ... 7000

T 4.1.8.6 Räumen (Außen-, Innen-)

- Schneidengeometrie an SS-/HSS-Räumwerkzeugen [20]:

Werkstoff	Spanwinkel γ_o in °		Freiwinkel α_o in °	
	Schruppen	Schlichten	Schruppen	Schlichten
Hartguss	2 ... 3	3	2 ... 3	1,5 ... 2
Stahl, hart	10 ... 12	15	1,5 ... 3	0,5 ... 1
Stahl, mittel	14 ... 16	18	1,5 ... 3	0,5 ... 1
Gusseisen	4 ... 6	10	1,5 ... 3	0,5 ... 1
Temperguss	7	10	2 ... 4	0,5 ... 1
Stahlguss	10	12	1,5 ... 3	0,5 ... 1
Messing, hart	5	8	1,5 ... 3	0,5 ... 1
Messing, weich	8	10	1,5 ... 3	0,5 ... 1
Gussbronze	8	8	0,5	0 ... 0,5
Bleibronze, Weißmetall	—	2	—	0 ... 0,5
Al-Knetleg. (Cu- u. Mg-legiert)	10 ... 15	12 ... 18	4 ... 7	2 ... 3
Al-Gussleg. (Si-legiert)	18 ... 22	25	4 ... 7	2 ... 4
Mg-Knetleg. (Al- od. Mn-legiert)	10	15	4 ... 7	2 ... 4
Presskunststoff, Vulkanfiber	5 ... 10	15	2	1

- Vorschubwerte pro Zahn [20]:

Werkstoff	Zahnvorschub f_z in mm · z^{-1} bei Tiefenstaffelung		Seitenstaffelung
	Schruppen	Schlichten	nur Schruppen
Stahl, zähhart	0,02...0,05	0,01	0,08...0,15...(0,30)
Stahl, mittel	0,03...0,08	0,01	0,10...0,20...(0,75)
Stahlguss	0,05...0,10	0,01	0,20...0,60...(0,75)
Temperguss	0,05...0,10	0,01...(0,02)	0,25...0,75
Gusseisen	0,10...0,25	(0,01)...0,02	0,25...0,75...(1,00)
Messing	0,10...0,30	(0,01)...0,02	(0,15...0,5)
Gussbronze	0,10...0,60	(0,01)...0,02	(0,30...0,5)
Zn-Spritzguss	0,10...0,25	0,02	(0,15...0,5)
Al-Knetlegierung (Cu-legiert)	0,08...0,20	0,02	selten angewendet
Al-Gusslegierung (Si-legiert)	0,08...0,20	0,02	
Mg-Spritzguss	0,20...0,40	(0,02)...0,04	
Phenol-Formaldehyd-Harz, Vulkanfiber	0,05...0,20	0,02	

Schneidstoff: Schnellarbeitsstahl

- Schnittgeschwindigkeiten beim Räumen mit HSS-Werkzeugen [20]:

Werkstoff	v_c in m · min^{-1} beim	
	Innenräumen	Außenräumen
Hartguss	0,5...1	0,5...1,5
Stahl, sehr hart	1...2	1...2
Stahl, zäh und schmierend	2...4	4...6
Stahl, gut bearbeitbar	4...8	6...10
Gusseisen, gut bearbeitbar	6...8	8...10
Temperguss, gut bearbeitbar	4...8	8...10
Stahlguss, gut bearbeitbar	3...6	6...8
Messing, Bronze, gut bearbeitbar	7,5...10	8...12
Leichtmetall-Legierung	10...14	10...16
Gusseisen mit Hartmetall	—	35...45
Presskunststoff	3...6	—

T 4.1.8.7 Schleifen (Rund-, Flach-, Stech-, Zieh- und Schwingziehschleifen); Läppen und Polieren

- Körnungen, Härte und Schnittgeschwindigkeiten beim Schleifen mit Korund- und SiC-Schleifkörpern:

Schleifen	Stahl, weich Korund				Stahl, hart Korund				Gusseisen Sil.-Karbid				Leichtmetall Sil.-Karbid			
	I	II	III	IV	I	II	III	IV	I	II	III	IV	I	II	III	IV
Körnung [1]	32	50	50	80	32	40	50	80	32	50	50	80	32	40	50	80
Härte	M	L	L	K	K	I	K	I	L	K	L	I	I	H	I	H
v_c	32	25	32	32	32	25	32	32	25	20	25	25	16	12	16	16
$q = \dfrac{60 v_c}{v_w}$ [2]	125	80	80	50	125	80	80	50	100	63	63	4.0	50	32	32	20

[1] Körnung nach DIN 6901: *Körnung-Nr.* 315 bis 200 sehr grob, 160 bis 80 grob, 63 bis 32 mittel, 25 bis 10 fein, 8 bis 5 sehr fein.
[2] $q_{HSC} = 60...90$

Angaben zu Körnung, Härte, Gefüge und Bindung

I	Rundschleifen außen	v_c	Schleifkörpergeschwindigkeit in m · s^{-1}
II	Rundschleifen innen	v_w	Werkstückgeschwindigkeit in m · min^{-1}
III	Flachschleifen mit dem Schleifkörperumfang		
IV	Flachschleifen mit der Schleifkörperstirnfläche		

T 4.1 Tabellen und Richtwerte zum Spanen

Richtwerte für Schnitttiefen und Axial-/Längsvorschübe:

Stahlwerkstoffe: Schruppen: $a_p = 0,03\ldots0,1$ mm; $\quad f_{längs} = (0,66\ldots0,75)\,b_{Wz}$; Flachschleifen
$\qquad\qquad\qquad\qquad\qquad a_p = 0,01\ldots0,04$ mm; $\quad f_{ax} = (0,66\ldots0,75)\,b_{Wz}$; Außen-/Innenrundschleifen
$\qquad\qquad$ Schlichten: $a_p = 0,002\ldots0,01$ mm; $\quad f_{längs} = (0,5\ldots0,66)\,b_{Wz}$; Flachschleifen
$\qquad\qquad\qquad\qquad\qquad a_p = 0,002\ldots0,005$ mm; $\quad f_{ax} = (0,25\ldots0,5)\,b_{Wz}$; Außen-/Innenrundschleifen

GG, GGG: $\quad$ Schruppen: $a_p = (0,06\ldots0,2)\,0,08$ mm; $\quad f_{längs} = (0,66\ldots0,75)\,b_{Wz}$; Flachschleifen
$\qquad\qquad\qquad\qquad\qquad a_p = 0,02\,(0,04\ldots0,08)$ mm; $\quad f_{ax} = (0,66\ldots0,75)\,b_{Wz}$; Außen-/Innenrundschleifen
$\qquad\qquad$ Schlichten: $a_p = 0,004\ldots0,02$ mm; $\quad f_{längs} = (0,5\ldots0,66)\,b_{Wz}$; Flachschleifen
$\qquad\qquad\qquad\qquad\qquad a_p = 0,004\ldots0,02$ mm; $\quad f_{ax} = (0,25\ldots0,5)\,b_{Wz}$; Außen-/Innenrundschleifen

- Korngrößen (allgemein, für Diamant- und CBN-Werkzeuge); Diamant-Konzentrationen

Allgemein geltende Korngrößen (Auszüge):

	FEPA [1] [2]		ANSI	GOST
	FEPA P	Korngrösse in μm		
Makro-Körnungen	P12	1815	12	160
	P16	1324	16	125
	P20	1000	20	100
	P36	538	36	50
	P60	269	60	25
	P80	201	80	16
	P100	162	100	12
	P150	100	150	8
	P220	68	220	5
Mikro-Körnungen	P240	$58,5 \pm 2,0$		M 63
	P360	$40,5 \pm 1,5$	280	
	P600	$25,8 \pm 1,0$	360	M 10
	P1000	$18,3 \pm 1,0$	500	M 5
	P2000	$10,3 \pm 0,8$	1000	
	P2500	$8,4 \pm 0,5$	1200	

[1] Federation of European Producers of Abrasives
[2] Anzahl der TPI (threads per inch – Fäden pro Zoll) des Prüfsiebs

Korngrößen für Diamant- und CBN-Werkzeuge (Auszüge):

	Diamant	CBN	Maschenanzahl US mesh	Nennmaschenweite nach ISO 6106 in μm
Sehr fein	D 46	B 46	325/400	45/38
	D 54	B 54	270/325	53/45
	D 76	B 76	200/300	75/63
	D 107	B 107	140/170	106/90
	D 181	B 181	80/100	180/150
	D 213	B 213	70/80	212/180
	D 301	B 301	50/60	300/250
	D 427	B 427	40/50	355/300
	D 502	B 502	35/45	500/425
	D 851	B 851	20/30	850/710
Sehr grob	D 1181	B 1181		1180/1000

Diamant-Konzentrationen an Schleifkörpern (Kornmenge je Volumeneinheit des Schleifkörperbelags):

Konzentrations-bezeichnung	Masse je Volumeneinheit in ct · cm^{-3}	Kornvolumen des Schleifkörperbelags in %
C 25	1,1	6,00
C 50	2,2	12,50
C 75	3,3	18,75
C 100	4,4	25,00
C 125	5,5	31,25
C 150	6,6	37,50
C 175	7,7	43,75
C 200	8,8	50,00

- Schnittgeschwindigkeiten beim Schleifen mit Schneiddiamanten (SD) und kubischem Bornitrid (CBN), nach [21]:

Trockenschliff		Nassschliff		Bindung
Diamant v_c in m · s^{-1}	Bornitrid v_c in m · s^{-1}	Diamant v_c in m · s^{-1}	Bornitrid v_c in m · s^{-1}	
14...18	15...30	25...40	30...120 [1)]	Kunstharz
—	—	24...28	20...30	Keramik
8...12	10...15	15...30	20...30	Bronze
10[2)]...15	15...20	20...25	20...30	Galvanische Metallbindung

[1)] Sicherheitsvorschriften beachten!
[2)] Bei kleinen Schleifkörpern sollte die empfohlene Schnittgeschwindigkeit von 10 m · s^{-1} gewählt werden (z. B. das Innenschleifen kleiner Bohrungen).
[3)] $f_z \approx 0,2 ... 1,0$, mittlere Korngröße

- Einsatz von KSSM beim Schleifen mit SD und CBN, nach [22]:

Werkstoff	Schleifmittel	Schleifoperation		Kühlschmierstoff-Empfehlung (EP-Zusätze nach Empfehlung des Herstellers)	Wasseranteil %	Bemerkungen
		Pendelschliff	Tiefschliff			
Hartmetall		×		Emulsion	98...95	
Hartmetall + Stahl Keramik Aufspritzlegierungen mit hohem WC-Anteil	Diamant		×	Emulsion vollsynthetische Lösung halbsynthetische Lösung (synthetisch + Öl)	95...90 98...97 98...97	
				Mineralöl, gegebenenfalls mit EP-Zusatz	—	Absaugung notwendig
HSS Chromstahl metallische Aufspritzlegierungen	Bornitrid	×		Emulsion vollsynthetische Lösung halbsynthetische Lösung (synthetisch + Öl)	98...95 97...95 97...96	
			×	vollsynthetische Lösung halbsynthetische Lösung (synthetische + Öl)	97...96 97...96	
				Mineralöl, gegebenenfalls mit EP-Zusatz	—	Absaugung notwendig
Lang spanende Stahlsorten wie 100Cr6, 16MnCr5, Sonderwerkstoffe, z. B. WASPALOY, Inconel, Nimonic u. a.	Bornitrid	×	×	Emulsion	95...80	
				Mineralöl, gegebenenfalls mit EP-Zusatz	—	Absaugung notwendig

T 4.1 Tabellen und Richtwerte zum Spanen

- Schleifmittel (Art, Härte, Körnung) für das Schleifen mit keramisch gebundenen Schleifkörpern [2]:

Werkstoff	Schleif-mittel	Körnung und Härte beim Flachschleifen			Körnung und Härte beim Rundschleifen	
		gerade Schleif-scheibe bei $d_1 \leq 200$ mm	Topfscheibe bei d_1 [1] in mm $< 200 \leq 350$	Schleif-segmente	außen bei d_1 [1] in mm $\leq 350 \ldots \leq 600$	innen bei d_1 [1] in mm $\leq 16 \ldots \leq 125$
Stahl, ungehärtet	A	46 K	46 K ... 36 K	24 K	60 M ... 6 M	80 M ... 46 Jot
Stahl, vergütet	A	46 I	46 I ... 36 I	24 Jot	60 L ... 46 L	80 L ... 46 I
Stahl HRC < 63	A	46 Jot	36 Jot ... 30 Jot	30 Jot	60 L ... 46 L	80 L ... 46 I
gehärtet HRC > 63	A	46 I	36 I ... 30 I	30 I	60 K ... 46 K	80 K ... 46 H
Hartmetall	C	60 G	60 G ... 54 G	54 H	80 H ... 60 H	80 M ... 46 K
Gusseisen	C, A	46 I	46 I ... 36 Jot	30 Jot	60 I ... 46 Jot	80 K [2] ... 36 H [2]

[1] Durchmesser der Schleifscheibe
[2] Nur Schleifmittel C (Siliciumcarbid)

Schleifmittel: A Elektrokorund (Al_2O_3)
C Siliciumcarbid (SiC)

Spezielle Empfehlungen zur Nutzung geeigneter Körnungen in Abhängigkeit zu erreichender Rauheiten:

Vorbearbeitungen: Körnungen 30 ... 40 → R_Z = (3,2 ... 8,0) µm
Fertigbearbeitungen: Körnungen 70 ... 180 → R_Z = (0,9 ... 2,0) µm
Feinbearbeitungen: Körnungen 180 ... 300 → R_Z = (0,5 ... 0,7) µm

- Besonderheiten beim Zieh- und Schwingziehschleifen:

Ziehschleifen: Tangentiale Vorschubgeschwindigkeit: $v_{ft} = 7\,(9 \ldots 12)\,v_{fa}$
Schnittgeschwindigkeit: $v_c \approx 30\,\text{m} \cdot \text{min}^{-1}$
Maschinenhauptzeit: $t_H = (30 \ldots 60)\,\text{s}$
Anpressdruck: $p_n = (20 \ldots 200)\,\text{N} \cdot \text{cm}^{-2}$
Bindung: Keramik mit (50 ... 70) % Porenvolumen
Körnung: Vorbearbeitungen: 32 ... 8
Fertigbearbeitungen: 6 ... F40 oder F28 ... F14

Schwingziehschleifen: Tangentiale Vorschubgeschwindigkeit: $v_{ft} = 6\,(12 \ldots 25)\,60\,\text{m} \cdot \text{min}^{-1}$
Axiale Vorschubgeschwindigkeit: $v_{fa} = (2 \ldots 4)\,\text{mm} \cdot \text{min}^{-1}$
Maschinenhauptzeit: $t_H \approx 0,5\,t_{H\text{Läppen}}$
Anpressdruck: $p_n = (50 \ldots 100)\,\text{N} \cdot \text{cm}^{-2}$
Oszillationsbewegung: $\lambda = (2 \ldots 8)\,\text{mm}$
Schwingfrequenz: $f = (1000 \ldots 3000)\,\text{min}^{-1}$
Anpresskraft: $F = (5 \ldots 600)\,\text{N}$
KSSM: Petroleum mit (10 ... 20) % Mineralöl

- Besonderheiten beim Läppen und Polieren:

Läppen: Körnungen beim Vorläppen: 5 ... 4
                    Feinläppen: F23 ... F17
                    Feinstläppen: F13
                    Feinstläppen von HM: F7 ... F5

Polieren:

Aktive und passive Phasen des Poliervorganges:

Aktive Phasen (Schrittweise Einebnung der Teileoberfläche):

Passive Phase (Eigentliche Glanzbildung ohne weiteres Abarbeiten von Unebenheiten):

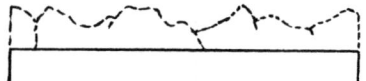

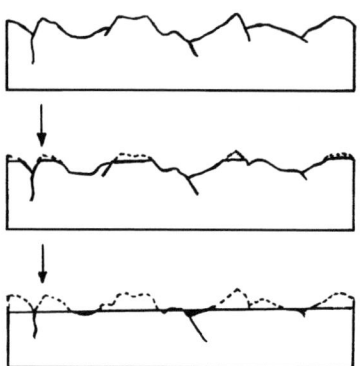

Bearbeitungsempfehlungen:

Schnittgeschwindigkeit: $v_c \approx 0{,}2\,(1{,}0\ldots 2{,}0)\,5{,}0\,\mathrm{m\cdot s^{-1}}$
Anpressdruck: $p_n = 0{,}001\,(0{,}01\ldots 0{,}02)\,0{,}1\,\mathrm{N\cdot mm^{-2}}$
Erreichbare Rauheiten: $R_t \approx 5\ldots 100\,\mathrm{nm}$

Poliermittel (Pasten in Stangenform, Weichpaste, Emulsionen) zum Vor- und Hochglanzpolieren:

Chromoxid (Poliergrün): Eisen und Stahlwerkstoffe, CrNi-Stähle
Eisenoxid (Polierrot): Al, Cu, Ms, u. ä. Werkstoffe, Edelmetalle, Lackierte Holzteile (Polyester- und Kunstharzlacke)
Aluminiumoxid (Polierweiß): alle Metalle und Kunststoffe („Standard paste"), lackierte Holzteile (Lacke s. o.)

T 4.1.8.8 Besonderheiten bei der Herstellung von Zahnrädern (Werte aus [14])

- Einwälzzähnezahlen beim Wälzstoßen von Stirnrädern (System „Maag"):

Zähnezahl z	Einwälzzähnezahl z_1
3… 6	2
7… 11	2,5
12… 18	3
19… 26	3,5
27… 36	4
37… 48	4,5
49… 80	5
81… 120	6
121… 172	7
173… 220	8

T 4.1 Tabellen und Richtwerte zum Spanen 431

- Bearbeitungsparameter beim Schrupp-Wälzfräsen großer Stirnräder mit HM-Wendeschneidplatten

Werkzeug	Modul in mm	Fräsermaße				
		D in mm	B in mm	v_c in $m \cdot min^{-1}$	f_R in $mm \cdot U^{-1}$	v_f in $mm \cdot min^{-1}$
Schnellstahl-Räum-	10	170 × 140		28	8,0	416
Wälzfräser,	16	240 × 224		28	6,0	222
20 Stollen	30	340 × 420		25	4,0	94
Hartmetall-Wende-	10	360		180		700
platten-Zahnform-	16	400		140		555
fräser, 10 Schneiden	30	400		125		500
Hartmetall-Wende-	10	300 × 230		140	6,0	894
platten-Wälzfräser,	16	350 × 201		120	4,0	436
18 Stollen	25	400 × 393		100	4,0	320

- Schnittgeschwindigkeiten und Vorschübe beim Einmeißelwälzhobeln von Kegelrädern (System „Bilgram"):

Kegelradius R in mm	Schnittgeschwindigkeit		Modul m	Vorschub		
	$v_{c\triangledown}$ in $m \cdot min^{-1}$	$v_{c\triangledown\triangledown}$ in $m \cdot min^{-1}$		$f_{r\triangledown}$ in mm/DH	$f_{r\triangledown\triangledown}$ in mm/DH 1. Schnitt	2. Schnitt
60	8,5	9	4	0,02	0,03	0,06
100	7,5	8	6	0,02	0,04	0,065
140	7	7,5	8	0,015	0,05	0,07
180	6,5	7	10	0,013	0,07	0,075
200	6	7	12	0,01	0,08	0,08

- Schnittgeschwindigkeiten und Vorschübe beim Zweimeißelwälzhobeln von Kegelrädern aus dem Vollen (System „Heidenreich und Harbeck"):

Werkstoff	v_c in m/min
Stahl, $R_m = 500 \ldots 600$ N $\cdot$ mm²	13 … 18
$R_m > 600$ N $\cdot$ mm²	9 … 12
$R_m > 700$ N $\cdot$ mm²	7 … 9
Rotguss	18 … 24

Modul m	Schruppvorschub $f_{r\triangledown}$ in mm/DH
bis 4	0,3 … 0,4
bis 6	0,4 … 0,6

Die Werte gelten für Zähnezahlen zwischen 30 und 60 und Teilkegelwinkel von 45°, wobei die niedrigen Richtwerte bei kleinen Zähnezahlen anzuwenden sind.

Modul m	Schlichtvorschub $f_{r\triangledown\triangledown}$ in mm/DH
bis 6	0,21 … 0,25
bis 10	0,23 … 0,29
bis 14	0,27 … 0,34
bis 18	0,32 … 0,38

Die Werte gelten für Zähnezahlen zwischen 20 und 100, wobei die niedrigen Richtwerte bis kleinen Zähnezahlen anzuwenden sind.

Die Richtwerte für Schrupp- und Schlichtvorschub gelten für Stahl mit $R_m = 500 \ldots 600$ N $\cdot$ mm² Festigkeit.

T 4 Spanen (Schneiden/Zerteilen); Abtragen; Generieren

- Hauptzeit je Werkstückzahn in Sekunden (Die genannten Maschinenzeiten werden durch die Werkzeugstandzeit bestimmt, die Maschinenleistung liegt bis zu 100 % höher):

Werkstück Modul m_s	Geradverzahnung		Kurvex		Kurvenverzahnung						Bemerkungen		
	ZFTK 250×5	ZFTK 500×10	ZFTKK 250×5	ZFTKK 500×5	ZFTKK 250×5	ZFTKK 500×10	ZFTKKR 250×5	ZFTKKR 500×10	ZFKK 250×5	ZFKK 500×10	ZRKK 250×5	ZFK 250×5	
2	11	—	24	—	12 / 16	—	17	—	5	—	2	6	Fertigfräsen in einem Schnitt aus dem vollen Werkstoff
3	14	20	28	34	14 / 18	19 / 23	20	—	7	11	2	8	
4	17	22	34	38	16 / 20	20 / 24	23	26	10	14	2	10	
5	20	26	38	42	18 / 22	21 / 25	26	28	14	17	3	12	
6	24	30	42	46	20 / 24	22 / 26	29	30	18	20	4	15	
8	32	36	50	52	25 / 30	24 / 28	36	35	25	24	5	19	
10	42	42	—	58	—	28 / 32	—	40	—	28	—	24	
13	—	—	—	76	—	34 / 38	—	48	—	35	—	—	
Bemerkungen	Fertigfräsen in einem Schnitt aus dem vollen Werkstoff		Kurvex zugrunde gelegt Übers. bis 2		Schlichten einer Ritzelflanke Schlichten eines Radzahns (Spreizmesser)		Schruppen eines Ritzelzahns in einem Schnitt aus dem vollen Werkstoff		Schruppen eines Tellerradzahns in einem Schnitt aus dem vollen Werkstoff		Schlichträumen eines Tellerradzahns	Fertigfräsen in einem Schnitt aus dem vollen Werkstoff	
Schnittgeschwindigkeit in m·min^{-1}	$m_s < 6 = 63$ m·min^{-1} $m_s > 6 = 50$ m·min^{-1}				63 m·min^{-1}				$m_s < 6 = 63$ m·min^{-1} $m_s > 6 = 50$ m·min^{-1}			63	
Masch.-Einstellzeit mit Räderwechsel in min	45		45		45		36		25		—	40	
Werkzeugwechsel in min	50		28		14		14		14		14	50	
Werkstückwechsel	64		20		30		20		20		30	20	
Werkzeugstandzeit	2 Schichten		1 Schicht		1 Schicht		1 Schicht		1 Schicht		2 Schichten		

Zugrunde gelegt: versierter Bedienungsmann, Werkstück: Einsatzstahl 16MnCr5 mit einer Zugfestigkeit von 680 N·mm^{-2}, auf beste Spanbarkeit geglüht, Zahnbreite rd. 5-mal Stirnmodul, Spiralwinkel bei Kurvenverzahnung rd. 35°

ZFTK   Zahnrad-Wälzfräsmaschine für geradverzahnte Kegelräder (Konvoid-Verfahren)
ZFTKK   Zahnrad-Wälzfräsmaschine für kurvenverzahnte Kegelräder (Kurvex-Verfahren)
ZFTKKR Zahnrad-Wälzfräsmaschine für kurvenverzahnte Kegelritzel (Vorfräsmaschine)
ZFKK   Zahnrad-Fräsmaschine für kurvenverzahnte Kegelräder (Radeinstechmaschine)
ZRKK   Zahnrad-Räummaschine für kurvenverzahnte Kegelräder
ZFK   Zahnrad-Formfräsmaschine für geradverzahnte Kegelräder

T 4.1 Tabellen und Richtwerte zum Spanen

- Anzahl erforderlicher Schnitte und Axialvorschübe beim Wälzfräsen von Stirnrädern:

Fräsart	Modul m_n mm	Schnittzahl	Axialvorschub in mm/Werkstückumdrehung	
			1. Schnitt	2. Schnitt
Fertigfräsen	0...2	1(2)	≤ 3	≤ 1
	2...4	1(2)	$\leq 2{,}5$	≤ 1
	4...6	2	≤ 2	≤ 1
Fräsen zum Schaben	0...2	1	$\leq 1{,}6$	—
	2...4	1(2)	$\leq 2{,}5$	$\leq 1{,}25$
	4...6	2	≤ 2	≤ 1
Fräsen zum Schleifen	0...2	1	≤ 2	—
	2...4	1	$\leq 1{,}6$	—
	4...6	1(2)	≤ 2	$\leq 1{,}25$

Die Werte in Klammern sind bei geforderter hoher Oberflächengüte oder bei unzureichender Starrheit und zu geringer Maschinenleistung anzuwenden.

- Fräserdurchmesser d_{Wz} und Anlaufwege l_a beim Wälzfräsen von Stirnrädern:

Modul m_n in mm	Fräser-Dmr. in mm	Anlaufweg in mm	Modul m_n in mm	Fräser-Dmr. in mm	Anlaufweg in mm
1,0	50	10,5	3,25	80	24
1,25	50	11,5	3,5	90	25,5
1,5	56	13,5	3,75	90	26,5
1,75	63	14,5	4,0	90	27,5
2,0	70	17,0	4,5	90	28,5
2,25	70	18,5	5,0	100	32
2,5	70	19,5	5,5	100	33
2,75	80	20,0	6,0	110	36
3,0	80	22,5			

Die Werte für l_a gelten beim Fräsen von Geradstirnrädern mit $i = 1$. Für $i > 1$ siehe Abschnitt 4.2.1.12 sinngemäß.

- Schnittgeschwindigkeiten und Axialvorschübe beim Wälzfräsen von Stirnrädern mit HSS-Werkzeugen:

Werkstoff	Modul m_n in mm	Schnittgeschwindigkeit v_{480} in m·min^{-1} bei Axialvorschub f in mm/Werkstückumdrehung					
		0,8	1,0	1,25	1,6	2	3
$R_m = (800...1100)$ N·mm^{-2} (z. B. 15MnCr5, normalisiert)	1...1,75	36	33	29	27	23	19
	2...3	31	28	25	22	19	16
	3,25...4	29	25	23	20	18	14
	4,5...6	25	22	20	17	15	13
$R_m = (600...720)$ N·mm^{-2} (z. B. C45 normalgeglüht)	1...1,75	45	40	37	32	28	23
	2...3	39	35	31	27	24	19
	3,25...4	35	32	28	25	22	18
	4,5...6	30	27	23	21	18	16
$R_m = (850...900)$ N·mm^{-2} (z. B. C45 vergütet)	1...1,75	28	26	24	22	19	—
	2...3	25	23	21	19	17	—
	3,25...4	22	21	19	17	15	—
	4,5...6	20	18	16	—	—	—
$HB = 200$ N·mm^{-2} (z. B. GG-20)	1...1,75	28	26	25	23	21	19
	2...3	25	24	22	21	19	17
	3,25...4	23	22	21	20	18	16
	4,5...6	22	21	20	18	17	15

Schneidstoff: S12-1-4, S12-1-4-5, S18-1-2-5

- Anzahl erforderlicher Schnitte beim Wälzstoßen schräg verzahnter Stirnräder:

Modul m	β in °	Anzahl der Schnitte bei Zähnezahl des Zahnrades		
		bis 20 Vorschruppen/ Schruppen/ Schlichten	bis 150 Vorschruppen/ Schruppen/ Schlichten	über 150 Vorschruppen/ Schruppen/ Schlichten
5	10	2/1/1	1/1/1	
3,5...4	20...30			1/1/1
7	20	1/1/1	1/1/1	
2,5	30			1/2/3
6	30		2/3/2	2/2/3
11	30		3/2/3	
14	30		5/2/4	

- Vorschübe und Anzahl erforderlicher Schnitte beim Zahnflankenschleifen:

System Niles

Modul m	Vorschub in mm/DH		Anzahl der Schnitte	
	$f_\triangledown$	$f_{\triangledown\triangledown}$	$i_\triangledown$	$i_{\triangledown\triangledown}$
2	2,5	1,2	2	1
4	2,8	1,4	3	1
6	2,8	1,4	4	2
8	3,7	1,8	5	2
10	3,9	2,0	6	2

Die Werte gelten für einen Teilkreis-Durchmesser von 200...400 mm. Sie können bei kleinerem Durchmesser bis 50 % verringert bzw. bei größerem Durchmesser bis 50 % erhöht werden.

System Maag

Modul m	Vorschub in mm/DH		Anzahl der Schnitte	
	$f_\triangledown$	$f_{\triangledown\triangledown}$	$i_\triangledown$	$i_{\triangledown\triangledown}$
< 3	2,3...3,0	1,1	4	2
> 3	3,7...4,7	1,4	6	2

Die Anzahl der Schnitte ist abhängig von der Schleifzugabe je Zahnflanke und vom Härteverzug.

- Bearbeitungszugaben für das Zahnflankenschleifen [2]:

Teilkreis-durchmesser d_0		Bearbeitungszugabe Z bei Modul m				Zulässige Abweichung ≈ Qualität 9		Richtwert für die Rautiefe R_m in µm	
über	bis	über bis1,6	1,6 4	4 10	10 16	$m \leq 4$	$m > 4$	$m \leq 4$	$m > 4$
—	100	+0,20	+0,20	+0,25	—	−0,04	−0,06	25	40
100	200	+0,20	+0,25	+0,25	+0,30	−0,05	−0,07		
200	400	+0,25	+0,25	+0,30	+0,35	−0,06	−0,08		
400	800	—	+0,30	+0,35	+0,40	−0,07	−0,09		
800	1600	—	+0,35	+0,40	+0,45	−0,08	−0,10		

Die Bearbeitungszugaben können erhöht werden

bis zu 25 % a) bei Einzelfertigung,
          b) für Räder, die infolge ihrer Form, ihres Werkstoffs oder ihrer Wärmebehandlung verzugsempfindlich sind,
          c) wenn beim Schleifen der Zahnflanken Mehrstückspannung angewendet wird,
          d) wenn die Räder in getrennten Arbeitsgängen vor- und fertiggeschliffen werden;
bis zu 50 % e) bei im Einsatz gehärteten Rädern über 200 mm Teilkreisdurchmesser.

T 4.1 Tabellen und Richtwerte zum Spanen

- Schnittgeschwindigkeiten und Vorschübe beim Zahnradschaben:

Werkstoff	v_c in m·min^{-1}	f_h in mm·U^{-1}	f_v in mm·H^{-1}
40 Cr 4, 42 CrMo 4	130	0,15	0,02
C 45, Ck 45	145	0,25	0,05
Gusseisen	145	0,40	0,08

Künstner gibt für normale Werkstoffe mit etwa 700 N·mm^{-2} Festigkeit Schnittgeschwindigkeiten von 60 bis 80 m·min^{-1} an, wodurch höhere Werkzeugstandzeiten erzielt werden.

T 4.1.8.9 Spanen spezieller Werkstoffe

T 4.1.8.9.1 Drehen, Bohren, Fräsen und Schleifen typischer Kunststoffe

- Schneidstoffe, Schneidengeometrie, Schnittgeschwindigkeiten, Vorschübe und Schnitttiefen für das Drehen, Bohren und Fräsen:

Schneidstoffe		Schneidengeometrie (Werte in Grad)			Bearbeitungsparameter			Bemerkungen
		α	γ	$\varkappa$	v_c in m·min^{-1}	f in mm	a_p in mm	
Duroplastische Kunststoffe:								
Press- und Schichtstoffe mit								
organischen Füllstoffen	K10	7	12	45...60	80...400	$\leq 0,5$	$\leq 10,0$	
(z. B.: PF, UF, Hp, Hgw,...)	PKD				≤ 1500			
anorganischen Füllstoffen	K10	6	0...12	45...60	(30...80) 200	0,1...0,6	$\leq 5,0$	
(wie PF, EP, Hp, Hgw,...)	PKD				≤ 1500			
Pheno- und Aminoplaste	K10	12	14	45...60	100...150	0,1...0,5	$\leq 5,0$	
Thermoplastische Kunststoffe:								
Polyamid, PA	K10	7	0...5	45...60	(200...500) 1000	$\leq 0,5$	$\leq 6,0$	$r_E \approx 0,5$ mm
Polycarbonat, PC	K10	7	3	45...60	(200...300) 1000	$\leq 0,5$	$\leq 5,0$	$r_E \approx 0,5$ mm Luftkühlung
Polymethylmethacrylat, PMMA (inkl. AMMA)	K10	7	0...5	15	200...300	$\leq 0,3$	$\leq 6,0$	$r_E \approx 0,5$ mm Luftkühlung
	PKD	7	0...5	80	(600...800) 1000	$\leq 0,2$	$\leq 1,0$	$VB_{zul} = 0,3$ mm Luftkühlung
Polystyrol, PS	K10	7	0...2	15	60...130	0,1...0,2	$\leq 5,0$	Luftkühlung
Styrolpolymere, ABS (inkl. Copolymere)	K10	7	0...1	15	60...130	$\leq 0,2$	$\leq 1,0$	$r_E \approx 0,5$ mm
Polyvinylchlorid, PVC	K10	10	20		600	$\leq 0,5$	$\leq 5,0$	$r_E \approx 0,5$ mm
Polytetrafluoretylen, PTFE	K10	12	18	9...11	100...300	$\leq 0,3$	$\leq 6,0$	$r_E \approx 0,5$ mm
Polyolefine, PE, PP	K10	7	0...10	45...60	(200...300) 800	0,1...0,5	$\leq 6,0$	$r_E \approx 0,5$ mm
Celluloseazetate, CA, CAB	K10	5...7	0...10	45...60	(200...500) 1000	0,1...0,5	$\leq 6,0$	$r_E \approx 0,5$ mm
Polyetheretherketon, PEEK	K10	7	0	80	900...1600	$\leq 0,5$	$\leq 2,0$	Bröckel- und Fließspäne

Schnittgeschwindigkeiten beim Bohren: $v_{cBohr} \approx 0,2...0,6 v_{cDrehen}$ in m·min^{-1}

Schnittgeschwindigkeiten für das Fräsen: $v_{cfräs} \approx 0,7 v_{cDrehen}$ in m·min^{-1}

- Hauptwerte spezifischer Schnittkräfte und erreichbare Rauheiten beim Drehen typischer Thermoplaste [88]:

  PMMA: $k_{c1.1} = 104,0$ N·mm^{-2}, $m = 0,46$; $R_a \geq 0,03$ μm
  PVC: $k_{c1.1} = 153,5$ N·mm^{-2}, $m = 0,10$; $R_a \geq 0,05$ μm
  PP: $k_{c1.1} = 98,0$ N·mm^{-2}, $m = 0,22$; $R_a \geq 1,00$ μm
  PE-HD: $k_{c1.1} = 50,5$ N·mm^{-2}, $m = 0,23$; $R_a \geq 1,00$ μm

- Spezielle Richtwerte für das Senken und Reiben [2]:

Werkzeug	Schnittgeschwindigkeit v_c in m/min	Vorschub f in mm/Zahn	Spanabnahme im Durchmesser in mm
Spiralsenker	70...80	0,15...0,20	—
Zapfensenker	60...80	0,15...0,25	—
Aufbohrer	70...80	0,20...0,25	—
Aufreiber	25...30	0,40...0,90	0,1...1,2

- Empfehlungen zum Schleifen von Kunststoffen [2], [90]:

Werkstoff	Bearbeitungsmaschinen	Kühlung	Schleifmittel Körnung	Schleifgeschwindigkeit in $m \cdot s^{-1}$
PE, PP	Bandschleifmaschinen	Luft	Schmirgelleinen Sandpapier	10...15
PVC h	Bandschleifmaschinen	Luft	Schmirgelleinen Sandpapier	10...15
GFK	Band- und Scheibenschleifmaschinen und -geräte, Vibrationsschleifgeräte	Luft Wasser	Korund	15...20
PF-, MF- und UF-Harz		Luft Wasser	Schmirgelleinen Sandpapier	15...20

	Gehärtete Pressstoffe und Duroplaste	Polyamide und andere harte Thermoplaste
Körnung	40...32	≈ 32
Härte	L...M	G...Jot
Kühlung	Wasser	Wasser, Emulsion
Schleifmittel	SiC	Edelkorund
Gefüge	offen	offen, porös
Schnittgeschwindigkeit v_c	$30 \text{ m} \cdot \text{s}^{-1}$	$20...40 \text{ m} \cdot \text{s}^{-1}$
Schleifen mit Glaspapier		$v_c = 10 \text{ m} \cdot \text{s}^{-1}$

T 4.1.8.9.2 Schnittgeschwindigkeiten in $m \cdot min^{-1}$ beim Drehen und Fräsen von Graphit EK 85 (vorrangig für Werkzeug- und Formenbau), Werte teilweise nach [89]

Schneidstoffe	$T = 30$ min $f; f_z$ in mm:			$T = 60$ min $f; f_z$ in mm:			$T = 120$ min $f; f_z$ in mm:			$T = 240$ min $f; f_z$ in mm:		
	0,05	0,1	0,2	0,05	0,1	0,2	0,05	0,1	0,2	0,05	0,1	0,2
K10	18	55	95	5	10	18						
K10 + SD	2800	3450	3530	2630	3150	3300	1350	2250	2330			
K10 + Ti	40	225	255		45	195			40			
P25	255	300	315	240	255	270	135	185	205	75	120	240
PKD	225	250	255	230	250	255	205	215	220	180	205	220

Anmerkungen:

Schneidstoff: HM; bei Einsatz von HSS ca. 20...30 % der o. g. Werte
$Z_{Fräs} = 2$; $a_p = 3{,}0$ mm; $a_e = 12{,}0$ mm

Schnittgeschwindigkeiten beim Fräsen: $v_{cFräs} \approx 0{,}6...0{,}7\, v_{cDrehen}$

T 4.1.8.9.3 Drehen, Bohren und Fräsen von Titanlegierungen

Werkstoff	Schneidengeometrie					Schnittgeschwindigkeiten	Vorschubwerte
	α in °	γ in °	λ in °	$\varkappa$ in °	r_E in mm	$v_{cDrehen}$ in m·min^{-1}	f in mm
Reintitan (techn. rein)	6...10	−5...8	−6...0	75...85	0,5...1,0	50...100	0,2...0,4
Titanlegierungen							
Geglüht	6...10	−5...8	−6...0	75...85	0,8...1,5	30...50	0,2...0,3
Gehärtet	6...10	−5...8	−6...0	75...85	0,8...1,5	20...40	0,2...0,3

Schnittgeschwindigkeiten beim Bohren: $v_{cBohr} \approx 0{,}20...0{,}30\, v_{cDrehen}$; $f_{zBohr} \approx 0{,}5\, f_{Drehen}$
Schnittgeschwindigkeiten für das Fräsen: $v_{cFräs} \approx 0{,}70...0{,}90\, v_{cDrehen}$; $f_{zBohr} \approx 1{,}0\, f_{Drehen}$

T 4.2 Tabellen und Richtwerte zum Abtragen und Generieren

T 4.2.1 Ultraschallbearbeitung (USM); Berechnungen an Sonotroden [60], [61]

Form	Querschnitts-abnahme $A(x)$	Transformationsverhältnis	Resonanzlänge	c'/c	Beispiel: Stahl $D_1/D_2 = 5{,}2$
Kegel-stumpf	$A_1(1 - ax)^2$	$\dfrac{D_2}{D_1}\cos\dfrac{\omega l}{c} + \dfrac{c}{\omega l}\left(1 - \dfrac{D_1}{D_2}\right)\sin\dfrac{\omega l}{c}$; $\left(<\dfrac{D_1}{D_2}\right)$	$\tan\dfrac{\omega l}{c} = \dfrac{\dfrac{\omega l}{c}}{1 + \left(\dfrac{\omega l}{c}\right)^2 \dfrac{D_1/D_2}{(1 - D_1/D_2)^2}}$		$l = 155,\ \beta = 3{,}4$
Parabel	$A_1 e^{-2hx}$	$\dfrac{D_1}{D_2}$	$l = \dfrac{c}{\omega}\sqrt{\left(\ln\dfrac{D_1}{D_2}\right)^2 + \pi^2}$	$\dfrac{1}{\sqrt{1 - \left(\dfrac{hc}{\omega}\right)^2}}$	$l = 145,\ \beta = 5{,}0$
Hyperbel	$A_2 \cosh^2[\gamma(l - x)]$	$\approx \dfrac{D_1}{D_2}\dfrac{1}{\cos\dfrac{\omega l}{c'}}$; $\left(>\dfrac{D_1}{D_2}\right)$	$\dfrac{\omega l}{c} = \sqrt{\left(\dfrac{\omega l}{c'}\right)^2 + \left(\operatorname{arccosh}\dfrac{D_1}{D_2}\right)^2}$	$\dfrac{1}{\sqrt{1 - \left(\dfrac{\gamma c}{\omega}\right)^2}}$	$l = 135,\ \beta = 7{,}0$
Abgesetzter Zylinder	konstant	$\left(\dfrac{D_1}{D_2}\right)^2$ für $l_1 = l_2 = \dfrac{\lambda}{4}$; $\left(\gg \dfrac{D_1}{D_2}\right)$	$l = l_1 + l_2;\ l_2 = f\left(l_1, \dfrac{D_1}{D_2}\right)$		$l = 130,\ \beta = 25{,}0$

A_1 Große Querschnittsfläche
A_2 Kleine Querschnittsfläche
D_1 Großer Durchmesser
D_2 Kleiner Durchmesser
α Kegelwinkel
ω Schallweg
c Schallgeschwindigkeit (in Stahl: $c \approx 5 \cdot 10^3$ m·s^{-1})
c' Formabhängige Schallgeschwindigkeit [61]
$h;\gamma$ Anstiegswerte
β Transformationsverhältnis
l Länge des Transformators

T 4.2 Tabellen und Richtwerte zum Abtragen und Generieren

T 4.2.2 Elektrochemisches Abtragen (ECM); Abtragverhalten typischer Werkstoffgruppen bei Bearbeitung mit NaCl- und NaNO$_3$-Elektrolytlösungen [4]

Elektrolyte	Werkstoffgruppen	Beispiele	Abtragkennlinien (teilweise nach [11])
NaCl-Lösungen	Homogene oder mehrphasige Stahlwerkstoffe mit < 12 % Cr, 2,5 % Ni, 2,0 % Mo Schlecht lösbare Phasen sind so verteilt, dass sie aus dem Grundwerkstoff heraus gewaschen werden können	C 110 X33CrMoV33 X12CrNiMo122 X22CrMoV12 56NiCrMoV7 54NiCrMoV6	Typ 1: V_A vs J, $\frac{\Delta V_A}{\Delta J} = \text{const.}$
	Austenitische Stahlwerkstoffe und Nickellegierungen, ggf. mit Korngrenzenkarbiden	X10CrNiTi18.9 X10CrNiMoTi18.10 NiCr20TiAl NiCr20Co18Ti NiCr20Co14MoToAl NiCr20Co20MoTiAl	Typ 2: $\frac{\Delta V_{A1}}{\Delta J_1} < \frac{\Delta V_{A2}}{\Delta J_2}$
	Stahlwerkstoffe mit lamellarer Zementitausbildung (Be- oder Verhinderung des Auswaschens schlecht lösbarer Phasen)	C15 Ck35 bis Ck60	Typ 3: $\frac{\Delta V_{A1}}{\Delta J_1} > \frac{\Delta V_{A2}}{\Delta J_2}$
NaNO$_3$-Lösungen	Ferritische, perlitische, martensitische Stahlwerkstoffe mit < 2,5 % Ni, 2,0 % Mo und 12,0 % Cr	C15 Ck35 bis Ck60 C110 56NiCrMoV7 56NiCrMoV6 X33CrMoV33 X20Cr13 X40Cr13	Typ 4: $\frac{\Delta V_A}{\Delta J} = \text{const.}$
	Stahlwerkstoffe mit lamellarer Zementitausbildung	X12CrNiMo12.2 X22CrMoV12	
	Austenitische Stähle	X10CrNiTi18.9 X10CrNiMoTi18.10	Typen 1 bis 4
	Nickellegierungen, ggf. mit Korngrenzenkarbiden	NiCr20TiAl NiCr20Co18Ti NiCr20Co14MoTiAl NiCr20Co20MoTiAl	Typ 1

T 4.2.3 Senk- und Drahterodieren (EDM)

- Zusammenhänge zwischen Abtragraten V_W, relativer Verschleißrate ϑ und Spülmenge Q_S beim Senkerodieren:

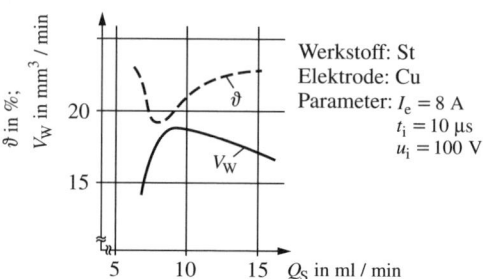

Werkstoff: St
Elektrode: Cu
Parameter: $I_e = 8$ A
$t_i = 10$ μs
$u_i = 100$ V

- Spülungsarten und dabei entstehende Fehler beim Senkerodieren:

Arten von Spülungen im Wirkspalt:

Offene Spülung:

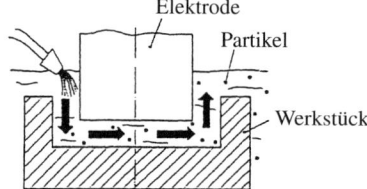

Drucksülung:

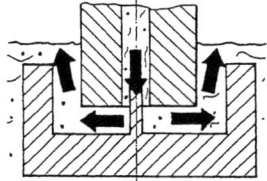

Saugspülung:

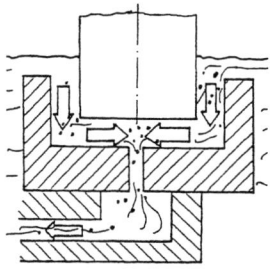

Bewegungsspülung:

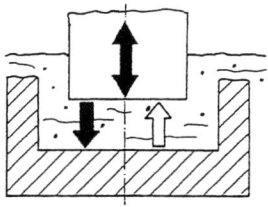

Intervall-Bewegungsspülung:

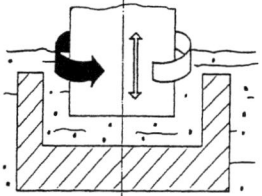

Kombinierte Spülung:

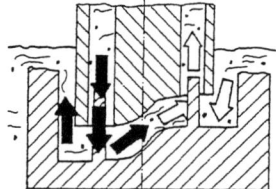

Fehlermöglichkeiten beim Spülen:
- zu hoher oder zu niedriger Zuführdruck
- fehlerhafte Oszillation

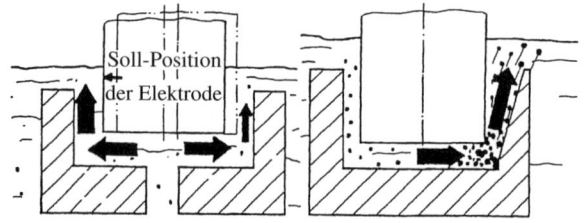

T 4.2 Tabellen und Richtwerte zum Abtragen und Generieren

Typische Beispiele für Formfehler an Elektroden durch Strömungswirkungen von KSSM (nach Schiebock):

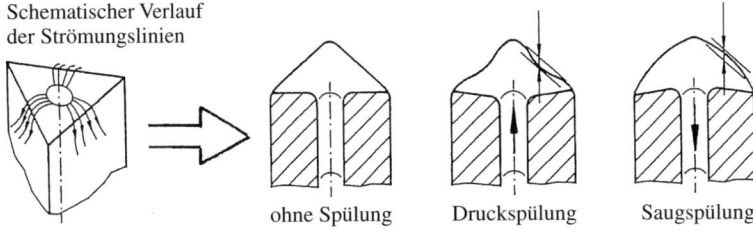

Schematischer Verlauf der Strömungslinien → ohne Spülung — Druckspülung — Saugspülung

- Orientierungen für Impulskennwerte beim Senkerodieren:

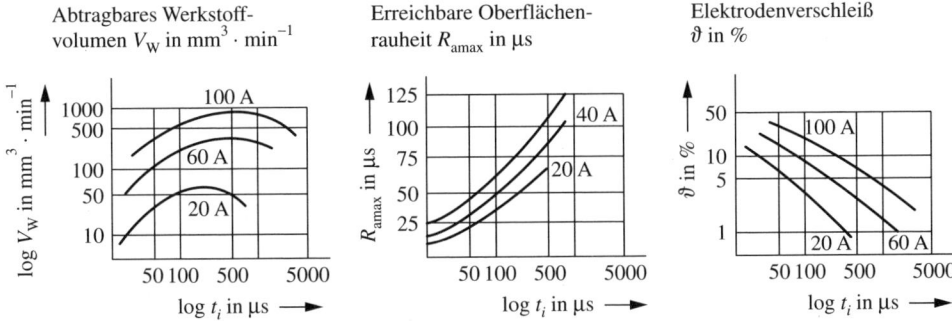

Abtragbares Werkstoffvolumen V_W in mm³·min⁻¹ — Erreichbare Oberflächenrauheit R_{amax} in µs — Elektrodenverschleiß ϑ in %

- Empfehlungen für den Einsatz von Elektrodenwerkstoffen (Senkerodieren):

Elektrodenwerkstoffe	Zu bearbeitende Werkstoffe
Elektrolytkupfer	Stahlwerkstoffe, Hartmetalle
Graphit	Stahlwerkstoffe (bei $V_W \to$ Max) Titan (Schruppbearbeitungen) Buntmetalle (Schlichten bis $R_a = 1,5\,\mu m$)
Wolfram/Kupfer	Stahlwerkstoffe Hartmetalle
Wolfram	Stahlwerkstoffe Sinterwerkstoffe (Hartmetalle; $R_a \to$ Min)
Messing	Titan Stahlwerkstoffe Hartmetalle
Stahl	Stahlwerkstoffe (Werkzeuge, Lehren, ...)

- Spezifische Schneidflächen A_{spez} in Abhängigkeit von Drahtdurchmesser d_D und Werkstoffart beim Erodierschneiden (Drahterodieren):

Werkstoffgruppen	Drahtdurchmesser d_D in mm			
	0,05	0,1	0,15	0,2
	Schneidbreite s in mm			
	0,08	0,14	0,25	0,3
	A_{spez} im mm²·min⁻¹			
Stahlwerkstoffe	0,05...0,5	2,0... 5,0	3,0...11,0	4,0...12,9
Hartmetalle	0,03...0,5	1,5... 4,5	3,0... 8,0	4,0...10,0
Aluminium	0,10...1,0	2,0...11,0	4,0...18,0	6,0...22,0
Kupfer	0,02...0,2	1,0... 4,0	3,0... 8,0	4,0... 5,0
Messing	0,10...1,0	1,5... 8,0	4,0...15,0	5,0...22,0

T 4.2.4 Laserschweißen und -schneiden (LBM)

- Schneidgeschwindigkeiten und Blechdicken beim Schneiden mittels Laserstrahlen [23]:

Werkstoff: PMMA („Plexiglas")
$P = 500$ W

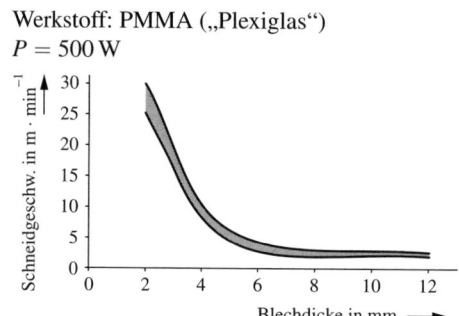

Werkstoff: Polyethylen (PE), Polypropylen (PP)
$P = 500$ W

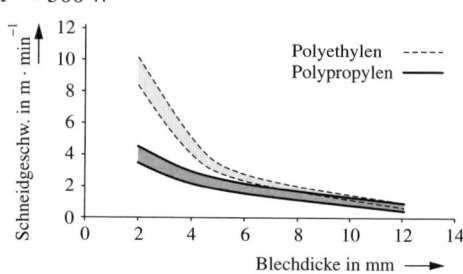

Werkstoff: Polystyrol (PS), PVC
$P = 500$ W

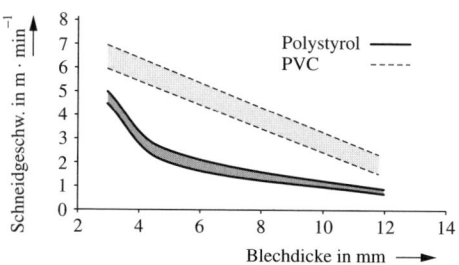

Werkstoff: Unlegierte Baustähle
$P = 500$ W; 1000 W (CO_2-Laser):

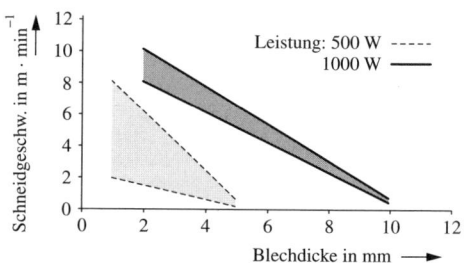

Werkstoff: Hoch legierte Baustähle; Ti und Ti-Legierungen $P = 1000$ W (CO_2-Laser):

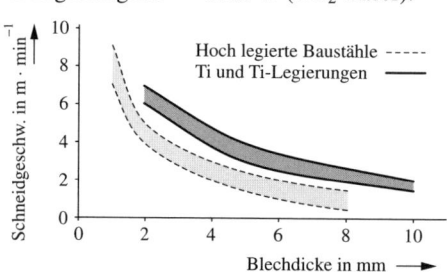

Werkstoff: Cu und Cu-Legierungen
$P = 2000$ W (CO_2-Laser):

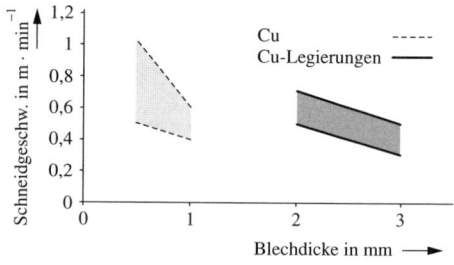

Werkstoff: Al und Al-Legierungen
$P = 1000$ W (CO_2-Laser):

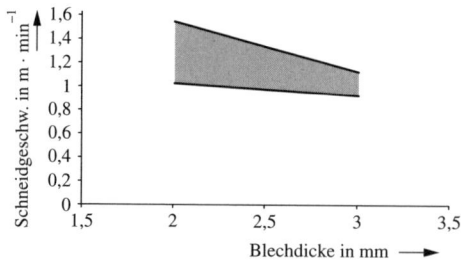

Einfluss der Laserleistung ($P_1 = 1500$ W; $P_2 = 2000$ W; $P_3 = 6000$ W):

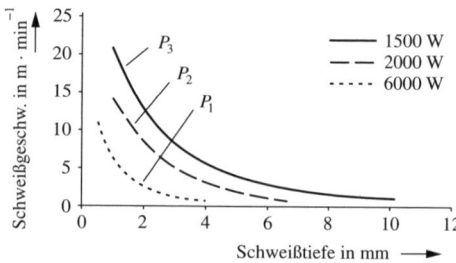

T 4.2 Tabellen und Richtwerte zum Abtragen und Generieren

- Bearbeitungsparameter für das Laserstrahl-Schweißen [23]:

Werkstück 1 Material	s mm	Werkstück 2 Material	s mm	Leistung KW	Tast KHz	Schweiß-geschwind. m·min⁻¹	Schweiß-tiefe mm	Fokus mm	f mm	Schutz-gas	Gas-verbrauch l·min⁻¹
\multicolumn{12}{l}{Werkstoffgruppe: Aluminium ⇒ Nahtart: Blindnaht / Weld Runs}
Al 99,5	0,50	Al 99,5	0,50	5,0	Tast	21,00	0,45	0,0	100,0	He	8
\multicolumn{12}{l}{Werkstoffgruppe: Aluminium ⇒ Nahtart: Stumpfstoß / Butt Joint}
Al 99,5	1,50	Al 99,5	1,50	5,0	cw	10,00	1,50	0,0	150,0	He	36
Al 99,5	1,50	Al 99,5	1,50	5,4	cw	8,50	1,50	0,0	150,0	He	36
Al 99,5	2,00	Al 99,5	2,00	5,0	cw	8,00	2,00	0,0	150,0	He	15
AlMg 3	1,00	AlMg 3	1,00	2,5	90	2,20	1,00	0,0	300,0	He	15
AlMg 3	2,00	AlMg 3	2,00	5,0	cw	6,00	2,00	0,0	150,0	He	36
\multicolumn{12}{l}{Werkstoffgruppe: Baustahl}
S 235 (St 37)	2,00	S 235 (St 37)	2,00	4,0	cw	10,00	2,00	0,0	127,0	He	20
S 235 (St 37)	2,00	S 235 (St 37)	2,00	5,0	cw	10,00	2,00	−2,0	127,0	He	20
S 235 (St 37)	2,00	S 235 (St 37)	2,00	5,0	cw	5,00	2,00	2,0	127,0	He	20
S 235 (St 37)	2,00	S 235 (St 37)	2,00	5,0	cw	13,50	2,00	0,0	127,0	He	20
S 235 (St 37)	2,00	S 235 (St 37)	2,00	5,3	cw	6,00	2,00	0,0	300,0	He	20
S 235 (St 37)	3,00	S 235 (St 37)	3,00	2,5	cw	2,75	3,00	0,0	127,0	He	40
\multicolumn{12}{l}{Werkstoffgruppe: Baustahl ⇒ Nahtart: Bördelnaht / Edge Joint}
St 1403	0,80	St 1403	0,80	1,0	cw	6,00	0,80	0,0	127,0	Ar	10
St 1403	0,80	St 1403	0,80	1,0	cw	4,50	0,80	0,0	127,0	Ar	10
S 235 (St 37) verzinkt	0,60	S 235 (St 37) verzinkt	0,60	5,0	cw	20,00	2,00	0,0	150,0	He	10
S 235 (St 37)	2,50	S 235 (St 37)	2,50	5,0	Tast	1,50	4,00	0,0	150,0	He	10
S 235 (St 37J)	5,00	S 235 (St 37)	5,00	5,8	Tast	3,00	3,70	0,0	300,0	Ar	15
S 235 JR (St 37-2)	2,00	S 235 JR (St 37-2)	3,00	4,9	cw	3,00	5,00	0,0	150,0	He	10
S 235 JR (St 37-2)	2,00	S 235 JR (St 37-2)	2,00	4,9	cw	3,00	4,80	0,0	150,0	He	20
S 235 JR (St 37-2)	2,00	S 235 JR (St 37-2)	2,00	4,9	cw	3,00	4,25	−1,5	150,0	He	20
S 235 JR (St 37-2)	2,00	S 235 JR (St 37-2)	3,00	4,9	cw	3,00	4,20	1,5	150,0	He	20

Fortsetzung S. 444

Werkstück 1 Material	s mm	Werkstück 2 Material	s mm	Leistung KW	Tast KHz	Schweiß-geschwind. m·min⁻¹	Schweiß-tiefe mm	Fokus mm	f mm	Schutz-gas	Gas-verbrauch l·min⁻¹
Werkstoffgruppe: Baustahl ⇒ Nahtart: Stumpfstoß / Butt Joint											
St 03 verzinkt	0,70	St 05 verzinkt	0,70	2,5	cw	15,00	0,70	0,0	150,0	Ne/Ar	10/14
St 03 verzinkt	0,70	St 05 verzinkt	0,70	5,0	cw	15,00	0,70	0,0	150,0	Ne/Ar	10/14
St 1203 verzinkt	0,70	St 1203 verzinkt	0,70	2,5	90	7,00	0,70	0,0	300,0	He	15
St 1203 verzinkt	0,75	St 1203 verzinkt	0,75	2,5	90	6,50	0,75	0,0	300,0	He	15
St 1203 verzinkt	1,00	St 1203 verzinkt	1,00	2,5	90	5,00	1,00	0,0	300,0	He	15
St 1403	0,50	St 1403	0,50	1,0	cw	7,00	0,80	0,0	127,0	Ar	10
St 1403	1,00	St 1403	1,00	5,0	cw	8,00	1,00	0,0	150,0	H₂	15
St 1303 verzinkt	1,00	St 1303 verzinkt	1,00	5,6	cw	6,00	1,00	−0,1	150,0	He	10
St 1303 verzinkt	1,00	St 1303 verzinkt	1,00	5,6	cw	5,40	1,00	−0,3	150,0	He	10
St 1303 verzinkt	1,00	St 1303 verzinkt	1,00	5,6	cw	6,60	1,00	−0,3	150,0	He	10
St 35	2,00	Diamsinter	3,50	2,5	cw	1,50	3,50	0,0	150,0	He	10
S 235 (St 37) verzinkt	1,00	S 235 (St 37)	1,00	3,6	Tast	3,00	1,00	0,0	150,0	He	10
S 235 (St 37) verzinkt	1,00	S 235 (St 37)	1,00	5,9	cw	7,00	1,00	0,0	150,0	He	10

T 4.2.5 Generieren von Bauteilen (Rapid Product Development – RPD; Rapid Prototyping – RP)

- Möglichkeiten und erreichbare Effekte beim „Simultanous Engineering":

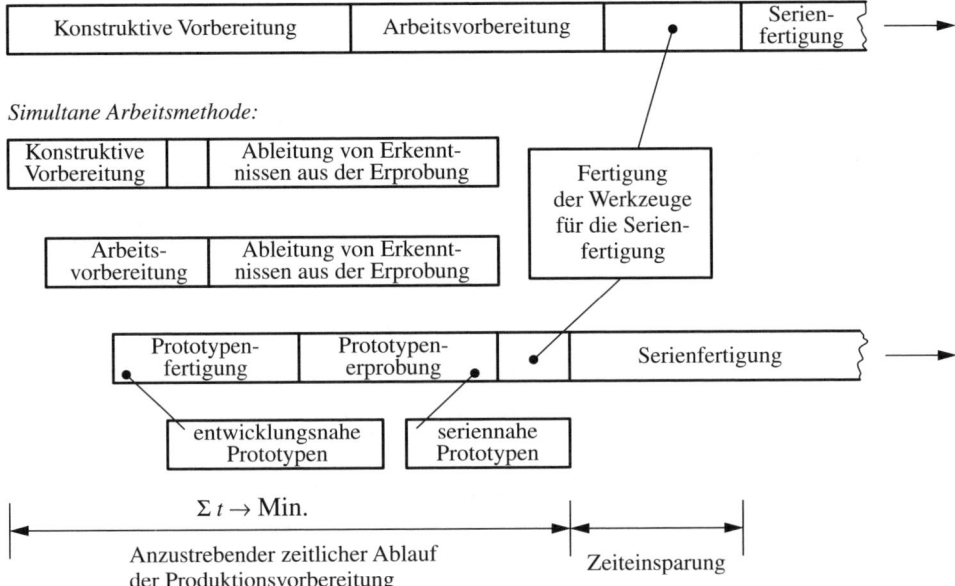

- Risiken und Kostenentwicklung bei der Einführung neuartiger Erzeugnisse in die Fertigung:

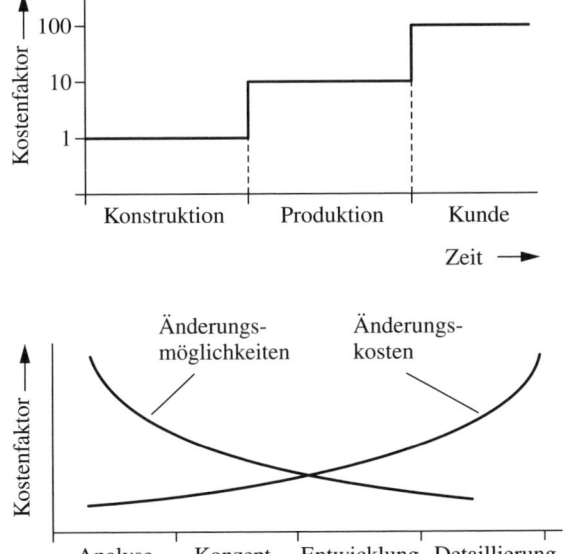

- Empfehlungen für die Kopplung von Verfahren des Rapid Prototyping mit Folgeprozessen [8]:

Verfahren	typische Ausgangsmodelle	Material für Formen/Modelle	Werkstoff der Fertigteile	Stückzahlbereiche	Bemerkungen
Sandguss	LOM	holzähnlich	Aluminium, Stahl	1...100	bisherige Anwendungen
		Epoxid-Harz	Aluminium, Stahl	100...1 000	nur aus USA bekannt
(Sand casting)	STL	Sand-Kunststoff-Gemisch (Croninger-Verfahren)	Aluminium, Stahl	1...20	neu entwickelt
Direktes Feingießen (direct investment casting)	STL, SGC, SLS, FDM, LOM	Kunststoff, Wachs, holzähnlich	Aluminium, Stahl, Messing u. a. Legierungen	1	z. Zt. am häufigsten genutzt – Quick-Cast (3-D-System) – Hülle-Kern
Indirektes Feingießen (Wachsausschmelzverfahren, indirect investment casting)	STL, SGC, SLS → LOM →	Silicon-Kautschuk Wachs	Aluminium, Stahl, Messing u. a. Legierungen	bis 100 bis 1 000	
Gießen in Gipsformen Plaster Casting	LOM	Gips	Aluminium, Bronze u. a. Legierungen	1	
Druckguss Kokillenguss	3-D-CAD-Modell	Aluminium	Aluminium	2 000...5 000	
		Grauguss, Stahl	Grauguss, Stahl		

T 5 Tabellen, Richtwerte und Empfehlungen zum Fügen von Bauteilen, Beschichten und Ändern von Stoffeigenschaften

T 5.1 Übersichten zur Fügetechnik

- Vergleich der Leistungsfähigkeit und Kennzeichnung von Einsatzbereichen typischer Schweißverfahren:

Verfahren	Abschmelzleistung	Leistungsdichte	Schweißgeschwindigkeit	Blechdickenbereich	Aufmischungsgrad mit dem Grundwerkstoff	Erforderliche Handfertigkeit	Automatisierbarkeit	Thermischer Wirkungsgrad	Baustellentauglichkeit	Bemerkungen
	kg·h^{-1}	W·cm^{-1}	m·min^{-1}	mm	%			%		
Schmelzschweißverfahren										
Gasschmelzschweißen [G]	0,1…1,0	10^3	0,03…0,15	0,5…8,0	5…30	xxx	—	40…50	++	
Lichtbogenhandschweißen [E]	02…4,0	10^4	0,15…0,3	1…100	20…40	xx	—	50…60	++	
Unter-Pulver-Schweißen [UP] Eindraht	4…16	10^6	0,3…1,0	3…100	40…60	—	xx	85…95	+	
Unter-Pulver-Band-Schweißen [UP]	2…4	10^3	0,2…0,4	10…100	5…8	—	xx	90	(+)	
Metall-Schutzgas-Schweißen [MIG/MAG]	1…8	10^5	0,2…1,8	0,6…100	25…35	x	xx	70	—	Beim Schweißen ohne Schutzgas ist eine vollkommene Baustelleneignung gegeben
Metall-Schutzgas-Schweißen Fülldraht	3…15	10^5	0,2…1,5	0,6…100	15…30	x	x	60	+	
Wolfram-Inertgas-Schweißen (WIG)	0…0,6	10^4	0,1…0,3	0,2…7	0…20	xxx	x	60	—	
Mikro-WIG-Schweißen	0…0,1	10^4	0,05…0,1	0,02…0,8	0…20	xxxx	(x)	60	—	
WIG-Schweißen mit Kaltdrahtzusatz	0,8…1,5	10^4	0,1…0,4	1…6	15…25	—	x	50	—	
Wolfram-Plasma-Schweißen (WP) manuell	0…0,8	10^6	0,2…0,8	0,2…15	0…25	xxx	—	65	—	
WP-Schweißen mechanisiert (Stichloch)	0	10^6	0,2…0,6	1,0…15	0	—	x	65…70	—	
WP-Schweißen mit Kaltdrahtzufuhr	0,8…2	10^6	0,1…0,5	2…20	15…25	—	x	50	—	
Elektronenstrahlschweißen (EB)	0	10^8	0,2…5	0,01…250	0	—	xx	80	—	
Laserstrahlschweißen	0…0,3	10^9	0,2…2,0	0,01…20	0…15	—	xx	80	—	
Elektro-Schlacke-Schweißen (RES)	10…12	10^4	0,03…0,1	10…150	5…20	—	xx	90	+	

Verfahren	Ab-schmelz-leistung kg·h⁻¹	Leis-tungs-dichte W·cm⁻¹	Schweiß-geschwin-digkeit m·min⁻¹	Blech-dicken-bereich mm	Aufmi-schungsgrad mit dem Grundwerkstoff %	Erforder-liche Hand-fertigkeit	Auto-matisier-barkeit	Thermi-scher Wir-kungs-grad %	Bau-stellen-tauglich-keit	Bemerkungen
Schmelzschweißverfahren										
RES-Band-Auftrags-schweißen	2…4	10³	0,05…0,1	15…100	3…5	–	xx	90	+	
Elektrogas-schweißen	5…10	10⁴	0,02…0,2	10…100	5…20	–	xx	80	+	
Pressschweißverfahren										
Widerstandspunkt-schweißen (RP)	–	10⁵	–	0,2…8 (20)	0	x	xxx	75	–	
Widerstandsbuckel-schweißen (RB)	–	10⁴	–	0,5…10	0	–	xxx	70	–	
Widerstands-Rollennaht-schweißen (RR)	–	10⁴	0,4…6	0,3…3,0	0	–	x	65	–	
Widerstands-Pressstumpf-schweißen (RPS)	–	10⁴	–	Querschnitt 200 mm²	0	–	x	65	–	
Abbrennstumpf-schweißen (RA)	–	10⁵	–	Querschnitt 30 000 mm²	0	–	x	60	–	
Widerstandsbolzen-schweißen (RBo) ⌀ ≦ 10 mm	–	10⁴	–	0,5…20	0	x	x	80	++	Verfahren mit Spitzenzündung
Widerstandsbolzen-schweißen (RBo) ⌀ ≦ 24 mm	–	10⁴	–	3…30	0	x	–	85	++	Verfahren mit Hubzündung

T 5.1 Übersichten zur Fügetechnik

- Gestaltung von Fugenformen für das Lichtbogenhandschweißen:

Lfd. Nr.	Werkstück-dicke s in mm	Ausführ-ungsart	Benennung	Sinnbild	Fugenform	Maße				Bemerkungen
						α, β in °[1]	Stegab-stand b [2] in mm	Steghöhe c in mm	Flanken-höhe h in mm	
1.	bis 2	einseitig	Bördelnaht	⊥		—	—	—	—	ohne Zusatzwerkstoff
2.	bis 3 / bis 5	einseitig / beidseitig	I-Naht	=		— / —	≈ s / ≈ $s/2$	— / —	— / —	Unterlage zweckmäßig
3.	3...20 / 5...20	einseitig / beidseitig	V-Naht	V		≈ 60	≈ 2	—	—	Unterlage zweckmäßig, Steg-längskante kann auch gebro-chen sein / Wurzel ausarbeiten, Kappla-ge schweißen, Steglängskante kann auch gebrochen sein
4.	über 10	einseitig	Steilflanken-naht	⊻		≈ 10	6...10	—	—	Unterlage notwendig
5.	16...40	beidseitig	X-Naht 2/3 X-Naht	X		≈ 60	≈ 2	—	$s/2$ ≈ $s/3$	Steglängskante kann auch ge-brochen sein
6.	8...20	beidseitig	Y-Naht	Y		≈ 60	0...2	2...4	—	Wurzel ausarbeiten, Kapplage schweißen

Lfd. Nr.	Werkstück-dicke s in mm	Ausfüh-rungsart	Benennung	Sinnbild	Fugenform	Maße α, β in °[1]	Maße Stegab-stand b[2] in mm	Maße Steghöhe c in mm	Maße Flanken-höhe h in mm	Bemerkungen
7.	über 16	einseitig	U-Naht	)		≈ 10	≈ 2	≈ 2	—	in Sonderfällen auch für kleine Werkstoffdicken
		beidseitig					0...2	≈ 3	—	Wurzel ausarbeiten, Kapplage schweißen
8.	über 30	beidseitig	Doppel-U-Naht	)(		≈ 10	0...3	≈ 3	$\approx s/2$	diese Fugenform kann auch mit unterschiedlichen Flankenhöhen analog der 2/3 X-Naht ausgeführt werden
9.	3...16 6...16	einseitig beidseitig	HV-Naht	⩔		45...60	0...3	—	—	Steglängskante kann auch gebrochen sein; meist in Verbindung mit Kehlnähten
10.	über 16	einseitig	Halbsteil-flankennaht			15...30	6...10	—	—	Unterlage notwendig; meist in Verbindung mit Kehlnähten
11.	10...45	beidseitig	K-Naht	K		45...60	0...2	—	—	diese Fugenform kann auch mit unterschiedlichen Flankenhöhen analog der 2/3 X-Naht ausgeführt werden; Steglängskante kann auch gebrochen sein, meist in Verbindung mit Kehlnähten

T 5.1 Übersichten zur Fügetechnik

Lfd. Nr.	Werkstück-dicke s in mm	Ausführungsart	Benennung	Sinnbild	Fugenform	Maße α, β in °[1]	Maße Stegabstand b[2] in mm	Maße Steghöhe c in mm	Maße Flankenhöhe h in mm	Bemerkungen
12.	über 16	einseitig beidseitig	J-Naht (Jot-Naht)	⊮		≈ 20	≈ 2	≈ 2	—	meist in Verbindung mit Kehlnähten
13.	über 30	beidseitig	Doppel-J-Naht	⊯		≈ 20	≈ 2	≈ 2	—	diese Fugenform kann auch mit unterschiedlichen Flankenhöhen analog der 2/3 X-Naht ausgeführt werden; meist in Verbindung mit Kehlnähten
14.	über 3	einseitig	Stirn-Flachnaht	≡		—	—	—	—	
15.	über 4	einseitig	Stirn-Fugennaht	≡		≈ 60	—	—	—	$a = 5$ bis $1{,}2 \cdot s$

[1]) Für das Schweißen in Schweißposition q (waagerecht an senkrechter Wand) auch größer und/oder unsymmetrisch
[2]) Die angegebenen Maße gelten für den gehefteten Zustand.

Gasschmelzschweißen:

Lfd. Nr.	Werkstückdicke s in mm	Ausführungsart	Benennung	Sinnbild	Fugenform	Maße				Bemerkungen
						α, β in °	Stegabstand b in mm	Steghöhe c in mm	Flankenhöhe h in mm	
1.	bis 1	einseitig	I-Naht	$=$		—	0	—	—	
2.	1...2 3...8 5...10	einseitig beidseitig				— — —	1...2 2...3 ≈ 4	— — —	— — —	Unterlage zweckmäßig gleichzeitig beiderseitig schweißen
3.	bis 1,5	einseitig	Bördelnaht	$\perp$		—	—	—	—	ohne Zusatzwerkstoff
4.	3...12	einseitig	V-Naht	$>$		≈ 60	2...4	0...2 zul.	—	Steglängskante kann auch gebrochen sein
5.	über 12	beidseitig	X-Naht	$\times$		≈ 50	4	—	$s/2$	Nachrechtsschweißen für Sonderfälle
6.	bis 5	einseitig	Stirn-Flachnaht	$\equiv$		—	—	—	—	
7.	über 3	einseitig	Stirn-Fugennaht	$\equiv$		≈ 60	—	—	—	$a \approx s$

T 5.1 Übersichten zur Fügetechnik

Unterpulverschweißen

Lfd. Nr.	Werkstück-dicke s in mm	Ausführ-ungsart	Benennung	Sinnbild	Fugenform	Maße α, β in °	Stegab-stand $b^{1)}$ in mm	Steghöhe c in mm	Flanken-höhe h in mm	Bemerkungen
1.	1,5…8 3…20 4…15 12…40	einseitig$^{2)}$ beidseitig$^{3)}$ einseitig beidseitig	I-Naht	=		— — — —	< 1,5 2…4 4…8	— — — —	— — — —	mit Pulverrückhaltevorrich-tung auf Unterlage schweißen
2.	4…20	einseitig	V-Naht	>		bis 22,5	bis 5	—	—	
3.	über 20	einseitig	Steilflan-kennaht	⊥		3…10	10…30$^{4)}$	—	—	auf Unterlage und in mehre-ren Lagen schweißen
4.	10…50	beidseitig$^{5)}$	X-Naht	X		$\alpha_1 = 60…90$ $\alpha_2 = 50…90$	1,5…3	—	4…15	
5.	15…30	beidseitig	Y-Naht	Y		40…90	< 1,5$^{6)}$	3…12	—	Gegenschweißen von Hand oder automatisch
6.	über 15	beidseitig	Doppel-Y-Naht	※		40…90	< 1,5	5…9	sym-metrisch	Naht kann auch unsymme-trisch ausgeführt werden

Lfd. Nr.	Werkstück-dicke s in mm	Ausführungsart	Benennung	Sinnbild	Fugenform	Maße α, β in °	Maße Stegabstand $b^{1)}$ in mm	Maße Steghöhe c in mm	Maße Flankenhöhe h in mm	Bemerkungen
7.	über 30	beidseitig	U-Naht	⋃		5…10	< 1,7	5…10	$r \approx 6$	in mehreren Lagen schweißen, Gegenschweißen von Hand oder automatisch
8.	über 50	beidseitig in mehreren Lagen	Doppel-U-Naht	⋊⋉		5…10	< 1,7	6	$r > 6$	
9.	über 15	beidseitig je eine Lage	K-Stegnaht	K		45…60	< 1,5	5…10	—	Nahtform auch für schwere Kehlnähte geeignet
10.	über 30	einseitig in mehreren Lagen	J-Naht	⊩		5…10	< 1,5	5…10	$r \approx 12$	Gegenschweißen von Hand oder automatisch
11.	über 50	beidseitig in mehreren Lagen	Doppel-J-Naht	⋉		5…10	< 1,5	6	$r \approx 12$	

[1] Die angegebenen Maße gelten für den gehefteten Zustand.
[2] Ein vollständiges Durchschweißen mit Kupferunterlage kann nur bis zu 4 mm Werkstoffdicke erfolgen, darüber hinaus sind Sondermaßnahmen erforderlich.
[3] Für hochbeanspruchte röntgensichere Nähte üblich.
[4] $b > 16$ mm wird nur angewendet, wenn die Schrumpfung der Formung dient, z. B. bei Kessellängsnähten.
[5] Unterseite (α_2) von Hand schweißen.
[6] Ist $b > 1,5$, so müssen Maßnahmen ergriffen werden, um das Durchfallen des Pulvers zu vermeiden.

T 5.1 Übersichten zur Fügetechnik　　　　　　　　　　　　　　　　　　　　　　　　　455

- Bestimmung der Bedarfe an Zusatzwerkstoffen, Elektroden, Schweißdraht und Schweißpulver:

  Bedarf an Zusatzwerkstoffen bei:
  - Lichtbogen-Handschweißung: $m_Z \approx 1{,}6 m_{Sg}$ in kg
  - Gasschmelzschweißen: $m_Z \approx 1{,}0 m_{Sg}$ in kg
  - UP-Schweißen manuell: $m_Z \approx 1{,}0 m_{Sg}$ in kg
    UP-Schweißen maschinell: $m_Z \approx 1{,}1 m_{Sg}$ in kg

  $$m_{Sg} = \frac{\delta \cdot m_K}{100} \quad \text{in kg}$$

  δ Kennzahl für m_{Sg}/m_K in % (Erfahrungswert)
  m_K Konstruktionsmasse der Schweißnaht in kg
  m_{Sg} Abgeschmolzene Schweißgutmasse in kg
  m_Z Masse des Zusatzwerkstoffes in kg

  Bedarf an Elektroden beim LBH-Schweißen:

  $$n_E = \frac{V_{Sg}}{V_{El}} \quad \text{in Stk.}$$

  n_E Anzahl der Elektroden in Stk.
  V_{Sg} Volumen des Schweißgutes (inkl. Nahtüberhöhungen) in cm³
  V_{El} Schmelzbares Schweißgutvolumen je Elektrode in cm³

  Draht- und Pulverbedarf für das UP-Schweißen:

  $$m_{Dr} = K \cdot m_A \quad \text{in kg/h}$$

  K Leistungsfaktor des Schweißgerätes
  m_A Abschmelzmenge in kg/h
  m_{Dr} Stündlicher Drahtverbrauch in kg/h

  $$m_P = E \cdot m_{DrA} \quad \text{in kg}$$

  E Faktor; Richtwert: $E \approx 1{,}0 \ldots 1{,}5$
  m_{DrA} Drahtverbrauch je Naht in kg
  m_P Pulverbedarf in kg

  Draht- und Gasverbrauch beim Schutzgasschweißen:

  $$m_{DrA} = V_G = 1{,}1 m_{Sg} \quad \text{in kg}$$

  V_G Gasverbrauch in m³
  m_{Sg} Abgeschmolzene Schweißgutmasse in kg

- Beurteilung der Oberflächenqualitäten beim Schneiden (Beispiel: Laserstrahl-):

  Gratbildungen durch Schlackenbärte und -krusten:

  Schnittflächenrauheiten (Welligkeiten, Rillentiefen, ...):

  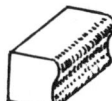 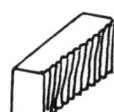 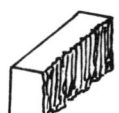 

Abweichungen bei Winkligkeiten der Schnittflächen:

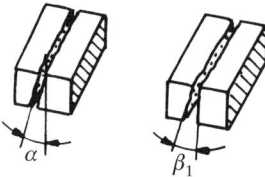

Größe der Schneidspalte:

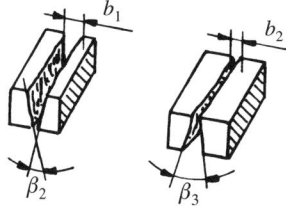

Richtwerte für Qualitäten beim Brennschneiden [73]:

Rillennachlauf $\quad n = (0{,}3 \ldots 25{,}0)$ mm
Unebenheiten $\quad u = (0{,}1 \ldots 3{,}0)$ mm
Rillentiefe $\quad h = (0{,}1 \ldots 2{,}0)$ mm
Anschmelzradius $\quad r = (0{,}2 \ldots 4{,}0)$ mm

- Übersicht zu sonstigen Fügeverfahren (teilweise [74], [76]):

Hauptgruppe Fügen				
Gruppe	Untergruppe	Verfahren	Beschreibung	Beispiele
1 Zusammensetzen	1.1 Auflegen, Aufsetzen, Schichten		Zusammensetzen durch Über- oder Aufeinanderlegen	Dichtung
	1.2 Einlegen, Einsetzen		Zusammensetzen, indem ein kleineres Werkstück in ein größeres gelegt wird	
	1.3 Ineinanderschieben		Zusammensetzen, indem Werkstücke ineinander oder Formelemente eines Werkstücks in entsprechende Gegenformelemente anderer Werkstücke geschoben werden	
	1.4 Einhängen		Zusammensetzen, indem Werkstücke oder Werkstück und Verbindungselement mit oder ohne elastische Verformung durch Zusammenhängen verbunden werden	Zugfeder
	1.5 Einrenken		Zusammensetzen durch axiales Ineinanderschieben zweier Werkstücke mit anschließendem Sichern gegen ungewolltes Lösen derart, dass die Lagebestimmung allein durch entsprechende Formelemente an den Werkstücken möglich wird	Bewegungsrichtung, Glühbirne mit Swanfassung
	1.6 Federnd spreizen		Zusammensetzen durch vorheriges elastisches Verformen, wodurch das Fügeteil nach dem Einlegen und Rückfedern durch Formschluss gehalten wird	Federring, Werkstück

T 5.1 Übersichten zur Fügetechnik

Hauptgruppe Fügen				
Gruppe	Untergruppe	Verfahren	Beschreibung	Beispiele
2 Füllen	2.1 Einfüllen		Füllen durch Einbringen von gasförmigem, flüssigem oder festem Stoff in hohle Körper	Neongas in Leuchtstoffröhre
	2.2 Tränken, Imprägnieren		Tränken ist Füllen durch Einbringen von flüssigen oder breiigen Stoffen in poröse Körper oder faserige Stoffe. Imprägnieren ist Tränken eines Gewebes mit einem flüssigen Stoff zur Erzeugung einer Wasser abstoßenden Oberfläche.	Werkstück (Sintermetall), Öl
3 An- und Einpressen	3.1 Schrauben		Anpressen mittels selbsthemmender Gewinde an Werkstücken und/oder Verbindungselementen (Schrauben, Muttern)	
	3.2 Klemmen		Anpressen durch Aneinanderdrücken von Werkstücken mittels Verbindungselementen	Stutzen, Schlauch
	3.3 Klammern		Anpressen durch Aneinanderdrücken von Werkstücken mit einer federnden Klammer (z. B. Schraub- oder Bauklammer)	
	3.4 Fügen durch Pressverbindung		An- und Einpressen eines Innenwerkstückes in ein Außenwerkstück, wobei vor dem Fügen zwischen beiden ein Übermaß besteht	
		3.4.1 Fügen durch Einpressen, Verstiften	axiales Fügen durch Presspassung, indem ein Innenwerkstück oder Verbindungselement (Stift) in ein Außenwerkstück gedrückt wird	
		3.4.2 Fügen durch Schrumpfen	Fügen durch Presspassung, wobei ein Innen- und Außenwerkstück lose zusammengesteckt und nachfolgend radial angenähert werden, z. B. durch Schrumpfen nach Erwärmen (Querpresspassung)	Außenteil, vor dem Fügen erwärmt
		3.4.3 Fügen durch Dehnen	Fügen durch Presspassung, wobei ein Innen- und Außenwerkstück lose zusammengesteckt und nachfolgend radial angenähert werden. z. B. durch Dehnen nach Unterkühlen (Querpresspassung)	Innenteil, vor dem Fügen unterkühlt
	3.5 Nageln, Einschlagen		Fügen durch Einpressen von Verbindungselementen in Werksrücke durch mechanische Energie, wobei mehrere Werkstücke durch Aneinanderpressen miteinander verbunden werden	Nagel

Hauptgruppe Fügen				
Gruppe	Untergruppe	Verfahren	Beschreibung	Beispiele
	3.6 Verkeilen		Fügen, indem ein keilförmiges Verbindungselement in einen Spalt, meist in Form einer Nut, eingepresst oder eingeschlagen wird	Keil
	3.7 Verspannen		Fügen, indem die Werkstücke mit einem Konus oder Spannelementen verpresst werden, wobei die erforderliche Axialkraft über ein Gewinde aufgebracht werden kann	
	3.8 Fügen durch magnetische Feldkraft		Vorübergehendes Anpressen von Werkstücken durch magnetische Felder	Werkstück / Wicklungen
4 Fügen durch Urformen	4.1 Ausgießen		Fügen durch Urformen, indem flüssiger, breiiger oder pastenförmiger Stoff auf eine oder mehrere Flächen eines Werkstücks zum Bilden eines Ergänzungsstücks gegossen wird	Ausgießen einer Lagerschale
	4.2 Einbetten		Fügen durch Urformen, wobei mittels formlosen Stoffs ein Ergänzungsstück in ein Bauteil eingebunden wird.	
		4.2.1 Umspritzen	Fügen durch Einbetten, wobei ein festes Innenteil mit einem Außenteil aus Kunststoff durch Spritzgießen verbunden wird	Zahnrad durch Spritzgießen gefertigt / Lagerbuchse
		4.2.2 Eingießen, Umgießen, Einschmelzen	Fügen durch Einbetten, indem feste Werkstücke eingegossen, umgossen oder eingeschmolzen werden.	Glaskolben / Metallstifte für elektrischen Anschluss
		4.2.3 Einvulkanisieren	Fügen durch Einbetten, wobei ein gummiartiger formloser Stoff durch Vernetzen (vulkanisieren) verfestigt wird	Drahtlitze / Gummiband
	4.3 Vergießen		Fügen durch Urformen, indem Werkstücke mit einem flüssigen und später fest werdenden Stoff verbunden werden	
	4.4 Eingalvanisieren		Fügen durch Urformen, indem die Werkstücke durch galvanisches Abscheiden verbunden werden	galvanisch erzeugt
	4.5 Ummanteln		Fügen durch Urformen, indem ein Werkstück mit gleichem oder andersartigem Stoff umhüllt wird	Stabelektrode für E-Handschweißen / Umhüllung
	4.6 Kitten		Fügen durch Urformen, indem die Fugen zwischen Werkstücken aus meist verschiedenartigen Werkstoffen verkittet werden, z. B. um zu Dichten	Glasscheibe / Kitt / Holzrahmen

T 5.1 Übersichten zur Fügetechnik

Hauptgruppe Fügen				
Gruppe	Untergruppe	Verfahren	Beschreibung	Beispiele
5 Fügen durch Umformen	5.1 Fügen durch Umformen drahtförmiger Körper	5.1.1 Drahtflechten	Fügen von Drähten durch gegenseitiges Umschlingen oder Drillen zu flächenhaften oder räumlichen Drahtgeflechten	
		5.1.2 Verdrehen	Fügen durch schraubenförmiges Umeinanderbiegen von drahtförmigen Werkstücken	
		5.1.3 Verseilen	Fügen durch Umformen, indem Drähte, Litzen und Seile schraubenförmig umeinander gelegt werden	
		5.1.4 Spleißen	Fügen durch Umformen von Seilenden miteinander oder eines Seilendes mit demselben Seil zu einer Schlaufe, indem die Litzen kraft- und formschlüssig über- und untereinander angeordnet werden	
		5.1.5 Knoten	Fügen durch Umeinanderbiegen von Drähten zu einem Knoten	
		5.1.6 Wickeln	Fügen durch Umformen, indem Drähte durch fortlaufendes Biegen um ein Innenteil gelegt werden	
		5.1.7 Weben	Fügen von Drähten durch Umformen, indem nach einer bestimmten Ordnung ein Drahtgewebe entsteht	
		5.1.8 Heften	Fügen von Werkstücken durch Umbiegen eines drahtförmigen Verbindungselementes	
	5.2 Fügen durch Umformen von Blechen, Rohren und Profilen	5.2.1 Körnen, Kerben	Fügen durch Umformen, indem das freie Ende eines durch ein Werkstück gesteckten Teiles oder ineinander gesteckte Werkstücke punkt- oder linienförmig umgeformt werden	Körnen Kerben
		5.2.2 Gemeinsames Fließpressen	Fügen durch Umformen, indem an- oder ineinander gelegte Werkstücke durch gemeinsames Fließpressen verbunden werden	
		5.2.3 Gemeinsames Ziehen	Fügen von zwei ineinander geschobenen rohrförmigen Werkstücken, indem eine kraftschlüssige Verbindung durch gemeinsames Ziehen durch einen Ziehring erzeugt wird	
		5.2.4 Weiten	Fügen durch Umformen, indem ein hohles Innenwerkstück so aufgeweitet oder aufgebaucht wird, dass mit einem Außenwerkstück eine form- oder kraftschlüssige Verbindung entsteht	Rohreinwalzen Aufweiten Knickbauchen

Hauptgruppe Fügen

Gruppe	Untergruppe	Verfahren	Beschreibung	Beispiele
		5.2.5 Engen	Fügen durch Umformen, indem ein hohles Außenwerkstück derart verengt, eingehalst oder eingesickt wird, dass mit einem Innenwerkstück eine form- oder kraftschlüssige Verbindung entsteht	Fügen durch Rundkneten, Fügen durch Einhalsen, Fügen durch Sicken
		5.2.6 Bördeln	Fügen durch Umformen, indem ein Werkstück durch das Ausformen eines Bordes formschlüssig mit einem anderen Werkstück verbunden wird	
		5.2.7 Falzen	Fügen durch Umformen, indem gemeinsam die Ränder von Werkstücken so umgebogen werden, dass ein Formschluss entsteht	
		5.2.8 Wickeln, Um- und Bewickeln	Fügen durch Umformen, indem Bänder durch fortlaufendes Biegen um ein Innenteil gefügt werden	
		5.2.9 Verlappen	Fügen durch Umformen, indem das freie Ende eines durch ein Werkstück gesteckten flachen Formelementes (Lappen) gebogen oder verdreht wird	Biegeverlappen, Drehverlappen
		5.2.10 Umformendes Einspreizen	Fügen durch Umformen, indem durch Einpressen oder Einwalzen ein Werkstück in den Hohlraum (Nut) eines anderen Werkstückes eingeformt wird	Einsetzen, Einspreizen
		5.2.11 Clinchen	Fügen durch Umformen, indem durch ein gemeinsames partielles Durchsetzen der Werkstücke und einem nachfolgenden Stauchen, verbunden mit einem Breiten und/oder Fließpressen, eine form- und kraftschlüssige Verbindung entsteht	runde Clinchverbindung, eckige Clinchverbindung
		5.2.12 Verpressen	Fügen zweier Seilenden oder einer Seilschlaufe mit einer Presshülse, die beide Stränge umschließt und nach deren Verformung eine form- und kraftschlüssige Verbindung entsteht	Presshülse, 1 vor und 2 nach dem Verpressen
		5.2.13 Quetschen	Fügen eines Seiles oder einer Litze mit einem Endstück (z. B. Seil- oder Kabelschuh, Crimphülse), indem das umschließende Endstück so verformt wird, dass eine form- und kraftschlüssige Verbindung entsteht	
		5.2.14 Linienförmiges Fügen	Fügen zweier ineinander gesteckter Werkstücke, indem durch linienförmige Umformung eines Werkstückes der Werkstoff so in eine Profilierung eines anderen Werkstückes (z. B. Steg) geformt wird, dass ein Formschluss entsteht	

T 5.1 Übersichten zur Fügetechnik

Hauptgruppe Fügen				
Gruppe	Untergruppe	Verfahren	Beschreibung	Beispiele
		5.2.15 Fließlochformendes Schrauben	Fügen zweier übereinander liegender Werkstücke durch umformendes Verschrauben, indem ein um die eigene Achse rotierendes Verbindungselement (Schraube) in beide Werkstücke eindringt, einen Durchzug ausformt und in diesem Durchzug ein für das Verschrauben notwendiges Gewinde einformt	
	5.3 Fügen durch Nietverfahren	5.3.1 Nieten	Fügen durch Stauchen eines bolzenförmigen Verbindungselements (Niet) zum Verbinden aufeinander liegender Werkstücke	
		5.3.2 Hohlnieten	Fügen durch Umformen, indem die überstehenden Teile eines Hohlnietes umgelegt werden und so aufeinander liegende Werkstücke verbunden werden	
		5.3.3 Zapfennieten	Fügen durcn Umformen, indem das überstehende Teil eines durch ein Werkstück gesteckten Zapfens gestaucht wird	
		5.3.4 Hohlzapfennieten	Fügen durch Umformen, indem die überstehenden Teile eines durch ein Werkstück gesteckten Hohlzapfens umgelegt werden	
		5.3.5 Zwischenzapfennieten	Fügen durch Stauchen eines Zwischenzapfens eines der zu fügenden Werkstücke	Zwischenzapfen
		5.3.6 Stanznieten	Fügen durch Umformen, indem aufeinander liegende Werkstücke durch Einpressen eines Verbindungselementes (Niet) und gemeinsames Ausformen (Stanznieten mit Halbhohlniet) oder durch Stanzen der Werkstücke und nachfolgendem Einformen des Werkstoffes eines Werkstückes in den Niet	Stanznieten mit Halbhohlniet mit Vollniet
		5.3.7 Blindnieten	Fügen durch Umformen, indem in die Bohrung übereinander liegender Werkstücke ein Verbindungselement (Blindniet) eingesteckt und durch Zurückziehen eines inneren Nietdorns das eingesteckte Ende des Nietes so umgeformt wird, dass eine Verbindung entsteht	verbleibender Nietdorn, an der Sollbruchstelle gerissen
		5.3.8 Schließringnieten	Fügen durch Umformen, indem in die Bohrung übereinander liegender Werkstücke ein Verbindungselement (Schließringniet) eingesteckt und ein Schließring in die Ausformungen des Nietes eingeformt wird und somit eine Verbindung entsteht	Schließring

T 5.2 Berechnungen und Empfehlungen für das Beschichten

- Bestimmung von Schichtdicken und Expositionszeiten beim galvanischen Abscheiden:

$$s_{Sch} = \frac{100 \cdot A_e \cdot I \cdot t \cdot \eta}{\varrho \cdot A} = \frac{100 \cdot A_e \cdot i \cdot t \cdot \eta}{\varrho} \quad \text{in cm}$$

$$t = \frac{s_{Sch} \cdot \varrho \cdot A}{100 \cdot A_e \cdot I \cdot \eta} = \frac{m}{A_e \cdot A \cdot i \cdot \eta}$$

- A Tatsächlich zu beschichtende Werkstückoberfläche; $A = (1{,}4 \ldots 3{,}0) \cdot A_{geom}$
- A_e Theoretisches Abscheideäquivalent in g · (A · h)$^{-1}$; A_e = Atomgewicht/26,8 Wertigkeit
- I Stromstärke in A
- i Stromdichte in A · dm^{-2}
- t Expositionszeit in h
- s_{Sch} Schichtdicke in cm
- η Kathodischer Wirkungsgrad
- ϱ Dichte des abzuscheidenden Metalls in g · cm^{-3}
- m Masse des abgeschiedenen Beschichtungswerkstoffes in g

- Erreichbare Härtewerte typischer Beschichtungsstoffe [80]:

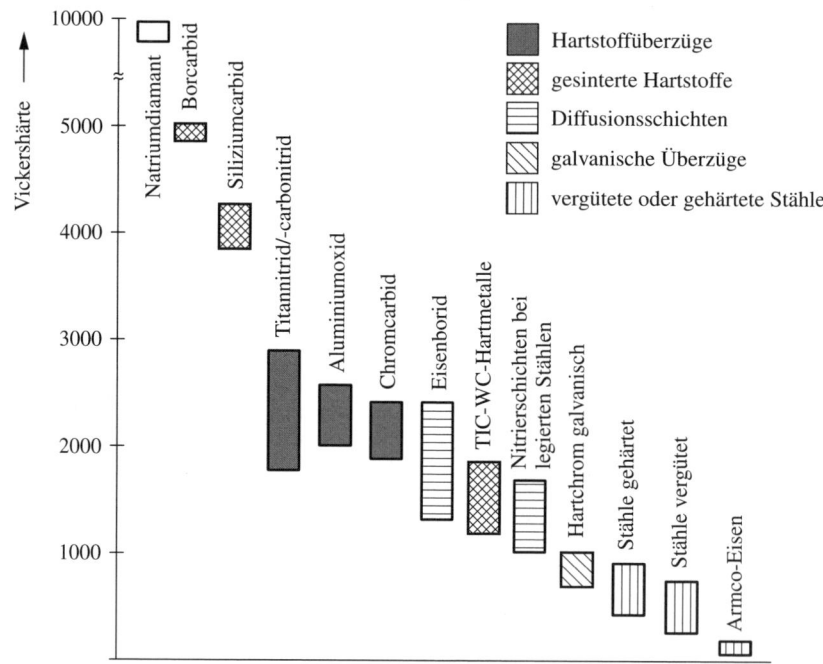

- Vorarbeiten für die Oberflächenbehandlung (Vorbereitungsgrade) [80]:

Vorberei-tungsgrad	Verfahren für die Oberflächen-vorbereitung	Wesentliche Merkmale der vorbereiteten Oberflächen Weitere Einzelheiten, einschließlich Vorreinigen und Nachreinigen nach der Oberflächenvorbereitung siehe ISO 8501-1	Anwendungsbereich
Sa 1	Strahlen	Lose(r) Walzhaut/Zunder, loser Rost, lose Beschichtungen und lose artfremde Verunreinigungen sind entfernt	Oberflächenvorbereitung von a) unbeschichteten Stahloberflächen, b) beschichteten Stahloberflächen, wenn die Beschichtungen bis zum festgelegten Vorbereitungsgrad entfernt werden.
Sa 2½		Walzhaut/Zunder, Rost, Beschichtungen und artfremde Verunreinigungen sind entfernt. Verbleibende Spuren sind allenfalls noch als leichte, fleckige oder streifige Schattierungen zu erkennen.	
St 2	Oberflächen-vorbereitung: von Hand und maschinell	Lose(r) Walzhaut/Zunder, loser Rost, lose Beschichtungen und lose artfremde Verunreinigungen sind entfernt	
St 3		Lose(r) Walzhaut/Zunder, loser Rost, lose Beschichtungen und lose artfremde Verunreinigungen sind entfernt. Die Oberfläche muss jedoch viel gründlicher bearbeitet sein als für St 2, sodass sie einen vom Metall herrührenden Glanz aufweist.	
Be	Beizen mit Säure	Walzhaut/Zunder, Rost und Rückstände von Beschichtungen sind vollständig entfernt. Beschichtungen müssen vor dem Beizen mit Säure mit geeigneten Mitteln entfernt werden.	z. B. vor dem Feuerverzinken

T 5.3 Übersichten zur Stoffeigenschaftsänderung

- Einsatzmöglichkeiten typischer Abkühl-/Abschreckstoffe:

Abkühl-/Abschreckstoffe	Erreichbare Effekte; Anwendungsbereiche
Gasförmige Stoffe: Luft, diverse (Schutz-)Gase	Nur nach Glühvorgängen
Flüssigkeiten:	
Öle	Häufig genutzt, Badtemperaturen $T = (40\dots 80)\,°C$
Mineralöle + Zusatzstoffe	Längere Dampfhaut- und kürzere Kochphase
Wasser + Salze (NaCl, $CaCl_2$, ...)	Preiswert; Korrosionsbildung; Stabile, ungleichmäßige Dampfschicht, die bei niedrigen Temperaturen aufgelöst wird; Unterschiedliche Oberflächenhärtung und Spannungsverteilung, Verzug- und Rissbildungen
Wässrige Lösungen organischer Stoffe (z. B. Polyvinylalkohol)	Kühlwirkung zwischen Öl und Wasser; Gleichmäßige Abkühlgeschwindigkeit; Preiswert; Günstiger Arbeitsschutz; Bei $T > 74\,°C$ Bildung von Polymerschichten auf den Teileoberflächen möglich
Salz-Metallschmelzen	Keine Dampfschichtbildung (Kochphase), Konvektion; Geeignet beim Warmbadhärten

- Richtwerte für die Wärmebehandlung (und erreichbare Oberflächenhärte) für typische Unlegierte Werkzeugstähle und legierte Kaltarbeitsstähle:

Stahlmarke	Weichglühen Temp. in °C	Härten Temp. in °C	Härte- mittel	Oberflächenhärte (HRC)				Anwendungs- beispiele
				nach Här- ten	nach Anlassen bei °C			
					100	200	300	
C105W1	710...740	770...800	Wasser	65	65	62	56	Schnitte, Stanzen, Messer, Drück- werkzeuge
C70W2	680...710	780...810	Wasser	63	63	58	53	Hämmer, Äxte, Zangen, Spaten
90MnCrV8	720...750	790...820	Öl	63	63	60	56	Schnitte, Stempel, Messwerkzeuge
100Cr6	760...790	820...850	Öl	64	64	61	57	Wälzlager, Dorne, Endmaße
115CrV3	760...790	760...810	Wasser	66	66	63	58	Fräser, Boh- rer, Ziehdorne, Stemmeisen
X210CrW12	810...840	950...980	Öl, Gase	64	64	62	58	Schnitte, Stempel, Stanzen, Tiefzieh- werkzeuge
X36CrMo17	810...840	1000...1040	Öl	49	49	47	45	rostbeständige Schneid- und Press- werkzeuge

Vergütungsstähle:

Stahlmarke	Weichglühen Temp. in °C	Normalglühen Temp. in °C	Vergüten, Härten Temp. in °C	Abkühlmittel	Anlassen Temp. in °C
C35 [1]	650...700	860...900	840...880	Wasser oder Öl	550...660
C45 [1]	650...700	840...880	820...860	Wasser oder Öl	550...660
34Cr4 [1]	680...720	840...880	830...870	Wasser oder Öl	540...680
34CrMo4 [1]	680...720	850...890	830...870	Öl oder Wasser	540...680
34CrNiMo6	650...700	—	830...860	Öl	540...660
50CrMo4	680...720	—	820...860	Öl	540...680

[1] Diese Stähle sind für das Randschichthärten geeignet.

- Berechnung zu Normalpotenzialen (zur Bewertung der Korrosionsneigung; Zielstellung: $U \rightarrow$ Min):

$$U = E_1 - (E_2) \quad \text{in V}$$

E_1 Normalpotenzial für Werkstoff 1 in V
E_2 Normalpotenzial für Werkstoff 2 in V

Richtwerte [1]: Al $-1{,}67$ V   Cu $+0{,}34$ V
                 Ti $-1{,}75$ V   Ag $+0{,}80$ V
                 Mg $-2{,}34$ V   Au $+1{,}42$ V
                 H ± 0 V

Literaturverzeichnis

[1] *Ambos, E.*: Urformtechnik metallischer Werkstoffe. – Leipzig: Deutscher Verlag für Grundstoffindustrie, 1990
[2] *Degner, W.; Lutze, H.; Smejkal, E.*: Spanende Formung. – München: Carl Hanser Verlag, 2009
[3] *o. V.*: WIDIA-Valenite. Werkunterlagen von WIDIA. – Essen: 1999
[4] *Lochmann, K.*: Vorlesungsunterlagen „Fertigungstechnik" an der FH Jena. – Jena: 2000
[5] *Köhler, H.*: Vorlesungsmanuskripte „Spanende Fertigung" an der Ing.-Hochschule Zwickau. – Zwickau: 1984
[6] *o. V.*: Handbuch der Zerspanung. – Sandviken: AB Sandvik Coromant, Schweden, 1995
[7] *Degner, W.; Böttger, H.-Chr.* (Hrsg): Handbuch Feinbearbeitung. – Berlin: Verlag Technik, 1979 und München: Carl Hanser Verlag, 1979
[8] *König, W.; Klocke, F.*: Fertigungsverfahren – Abtragen und Generieren. – Berlin; Heidelberg; New York: Springer Verlag, 1997
[9] *Flimm, J.*: Spanlose Formung. – München: Carl Hanser Verlag, 1996
[10] *Eyerer, P. u. a.*: Rapid Prototyping. Kunststoffe 82 (1993) 12, S. 949–955, Carl Hanser Verlag, 1993
[11] *Lindenlauf, P.*: Werkstoff und elektrolytspezifische Einflüsse auf die elektrochemische Senkbarkeit ausgewählter Stähle und Nickellegierungen. Diss., TH Aachen, 1977
[12] *o. V.*: Werksunterlagen. Fa. Reishauer; Automatische Zahnradschleifmaschinen, 1978
[13] *o. V.*: Werksunterlagen. Fa. Zahnschneidemaschinenfabrik MODUL-Verzahntechnik, Chemnitz, 1963
[14] *Charchut, W.*: Wälzfräsen. – München: Carl Hanser Verlag, 1960
[15] *Kienzle, O.; Victor, H.*: Spezifische Schnittkräfte bei der Metallbearbeitung. Werkstattstechnik und Maschinenbau 47 (1957) 5, S. 224 ff.
[16] VDI-Richtlinie 3205: Richtwerte für das Stirnfräsen von Stahl mit HM-Werkzeugen
[17] *Pätz, F.*: Werkzeug-Handbuch über Schneidwerkzeuge für die Metallearbeitung. – München: Carl Hanser Verlag, 1950
[18] *o. V.*: Werksunterlagen – Bohren, Senken, Fräsen; Fa. Hertel, Bayreuth/Fürth, o. J.
[19] DIN 1836: Werkzeugtypen-Anwendungsrichtlinie, 1984
[20] *Richter, A.*: Spanende Formung, Lehrbr. 12 „Räumen", Lehrbr. f. d. Hochschul-Fernstudium, TH Dresden, Verlag Technik, 1960
[21] VDI-Richtlinie 3394: Aufbau und Anwendung von Schleifkörpern mit Diamant und CBN für die Metallbearbeitung, 1980
[22] *o. V.*: Werksinformation Fa. Walter u. Sohn GmbH u. Co, Hamburg, 1988
[23] *o. V.*: Werksinformation/Datensammlung Fa. Trumpf, 1992
[24] *o. V.*: Werksinformation Fa. Hommelwerke GmbH (Jenoptik-Gruppe). – VS-Schwenningen, 2003
[25] *o. V.*: Technisches Taschenbuch. INA-Schaeffler KG. – Herzogenaurach, 2002
[26] *Drehsen, H.*: Werkstoffschlüssel in der Schweißtechnik: Stahlnormung DIN-DIN EN. – Düsseldorf: VDS-Verlag, 1995 (Fachbuchreihe Schweißtechnik, Bd. 126)
[27] *Saechtling, H.*: Kunststoff-Taschenbuch. – München: Carl Hanser Verlag, 2007
[28] *Kraft, K.*: Urformen. – Berlin: Verlag Technik, 1979
[29] *Thoms, V.*: Vorlesung Fertigungstechnik (Ur- und Umformtechnik). – TU Dresden, 2004
[30] *Günther, G.; Lothmann, G.*: Ur- und Umformwerkzeuge. – Berlin: Verlag Technik, 1974
[31] *Jorden, W.*: Form- und Lagetoleranzen. – München: Carl Hanser Verlag, 2009
[32] *o. V.*: Werksinformation Fa. ECOROLL AG. – Celle, o. J.

[33] *o. V.*: Werksinformation Fa. Kempf GmbH. – Reichenbach, o. J.
[34] *o. V.*: Werksinformation Fh IWU. – Chemnitz, 2005
[35] *Winkler, R.*: Hochgeschwindigkeitsbearbeitung. – Berlin: Verlag Technik, 1973
[36] *o. V.*: Werksinformation Fa. Forschungszentrum für Umformverfahren. – Zwickau, 1976
[37] *Steber, M.*: Vorlesung Fertigungstechnik. FH Coburg, 2001
[38] *Künanz, K.*: Vorlesung Fertigungstechnik. TU Dresden, 2002
[39] *Andrae, P.*: Hochleistungsspanung von Al-Werkstoffen. Diss. A, Univ. Hannover, 2002
[40] *Lochmann, K.*: Zusammenfassende Betrachtungen zur Intensivierung des Spanens mit geometrisch bestimmten Schneiden durch ständig ansteigende Schnittgeschwindigkeiten. Habilitationsschrift. – Jena: Friedrich-Schiller-Univ., 1988
[41] *o. V.*: Werksinformation Fa. Botek-Präzisionsbohrtechnik GmbH. – Riederich 1999; 2001
[42] *o. V.*: Werksinformation Fa. TBT-Tiefbohrtechnik GmbH. – Dettingen, 2001
[43] *o. V.*: Werksinformation Fa. MAPAL-Präzisionswerkzeuge Dr. Kress KG (Fa. Koyemann). – Erkrath, 2006
[44] *o. V.*: Werksinformation Fa. DFG/VSI (Liste von KSSM-Komponenten/Stoffgemischen). – Bonn, o. J.
[45] *o. V.*: Werksinformation Fa. Fette GmbH Präzisionswerkzeuge (LMT-Group). – Schwarzenbek, 2006
[46] *o. V.*: Werksinformation Fa. Sandvik-Coromant. – S-81181 Sandviken, 2005
[47] *o. V.*: Werksinformation Fa. EAAT-Chemnitz. – Chemnitz, 2001
[48] *Koether, R.; Rau, W.*: Fertigungstechnik für Wirtschaftsingenieure. – München: Carl Hanser Verlag, 2008
[49] *Düniß, W. u. a.*: Trennen – Spanen und Abtragen. – Berlin: Verlag Technik, 1968
[50] *König. W., Berktold, A.*: Drehräumen – Ein Verfahren zur Hartbearbeitung. VDI-Z. (1991) Nr. 2, S. 63–67
[51] *Montag, G.; Thyssen, W.*: Spanenden Formung – Schleifen. – TU Magdeburg, 1970
[52] *König, W.*: Fertigungsverfahren, Bd. 1: Drehen, Fräsen, Bohren. – Berlin: Springer-Verlag, 2002
[53] *Lochmann, K.*: Auswirkungen der Steigerung des bezogenen Spanungsvolumens infolge erhöhter Schleifkörperumfangsgeschwindigkeiten beim Außenrundschleifen. Fert.-Technik und Betrieb 26 (1976) H.11, S. 656–658
[54] *Böttger, Chr. u. a.*: Feinfräsen mit Schneidkeramik. Wiss. Z. d. IH Zwickau, 11(1985) H.2, S. 50–54
[55] *Brück, R. u. a.*: Angewandte Mikrotechnik. – München; Wien: Carl Hanser Verlag, 2001
[56] *o. V.*: Werksinformation IMM Mainz, 2002
[57] *o. V.*: Werksinformation Fa. Proton Mikrotechnik GmbH. – Bremen, 2002
[58] *o. V.*: Werksinformation Fa. Rösler Oberflächentechnik. – Untermerzbach, 2000
[59] *Spur, G.*: Handbuch der Fertigungstechnik, Bd. 3.2. Spanen. – München; Wien: Carl Hanser Verlag, 1979
[60] *Wodara, J.*: Ultraschallfugen und –trennen. Bd. 1. – Düsseldorf: DVS-Verlag, 2004
[61] *Millner, R.*: Ultraschalltechnik – Grundlagen und Anwendungen. – Weinheim: Physik-Verlag, 1987
[62] *Dilthey, U.*: Laserstrahlschweißen. – Düsseldorf: VDS-Verlag, 2000
[63] *Erhardt, G.*: Laser in der Materialbearbeitung. – Würzburg: Dr.-Vogel-Buchverlag, 2000
[64] *o. V.*: Werksinformation Fa. Trumpf GmbH + Co. KG. – Ditzingen, 2001
[65] *Förster, D.; Müller, W.*: Laser in der Metallbearbeitung. – Leipzig: Fachbuchverlag, 2001
[66] *Ehrfeld, W.*: Handbuch Mikrotechnik. – München; Wien: Carl Hanser Verlag, 2002
[67] *Oltmann, R. u. a.*: Kleinstrukturen und winzige Späne. F&M 107 – München; Wien: Carl Hanser Verlag, 1999

[68] *Brinkmeier, E. u. a.*: Mikrozerspanung duktiler und spröder Werkstoffe in optischer Qualität. VDI-Bericht Nr. 1272. – Düsseldorf: VDI-Verlag, 1996
[69] *o. V.*: Werksinformation Fa. Thyssen – Fügetechnik. – Essen, 2005
[70] *o. V.*: Nasses Werkzeug trennt auch Metalle. m+w Nr. 16/1991, FT 6, S. 78–91
[71] *Jacobs, H.- J.*: Mathematische Basismodelle für die technologische Optimierung spanender Fertigungsprozesse. – TU Dresden, 2006
[72] *Jacobs, H.- J.*: Mathematische Basismodelle der Zerspantechnik. – TU Dresden, 2004
[73] *o. V.*: Studienmaterial des VDS. – Düsseldorf: DVS-Verlag, (jew. akt. Ausgabe)
[74] *Matthes, K.- J.; Richter, E.*: Schweißtechnik. – Leipzig: Fachbuchverlag, 2009
[75] *Lindner, P.*: Werksinformation IfW Jena GmbH. – Jena, 2004
[76] *Matthes, K.-J.; Riedel, F.*: Fügetechnik. – Leipzig: Fachbuchverlag, 2003
[77] *o. V.*: Werksinformation Fa. Arthur Klink GmbH. – Pforzheim (Niefern-Öschelbronn), o. J.
[78] *o. V.*: Werksinformation Fa. LLR- Longlife Räumtechnik GmbH. – Balve, o. J.
[79] *o. V.*: Werksinformation Fa. Messer – Räumwerkzeuge GmbH. – Neulingen, o. J.
[80] *Prietzel, K.-O.*: Beschichtungstechnik. Vorlesung TU Magdeburg IWW, 2001
[81] *o. V.*: Werksinformation Fa. Linde AG. – Höllriegelskreuth, 2002
[82] *Warnke, H.-J.; Westkämper, E.*: Einführung in die Fertigungstechnik. – Stuttgart: Verlag B. G. Teubner, 1998
[83] *König, W.*: Fertigungsverfahren. – Berlin: Springer-Verlag, 2002
[84] *o. V.*: Werksinformation Fa. Emuge Franken GmbH. – Lauf an der Pegnitz, 2007
[85] *o. V.*: Werksinformation Fa. Gühring-Division Werkzeuge. – Albstadt, 2005
[86] *o. V.*: Werksinformation Fa. Hahn & Kolb GmbH. – Stuttgart, o. J.
[87] *o. V.*: Werksinformation Fa. Hoffmann Nürnberg GmbH – Qualitätswerkzeuge. – Nürnberg, 2007
[88] *Günther, M.*: Spanende Bearbeitung von Kunststoffen mit einschneidigen Werkzeugen mit geometrisch bestimmten Schneiden. Diplomarbeit. – FH Jena, 2007
[89] *o. V.*: Werksinformation Fa. SGL Carbon AG. – Wiesbaden, 2004
[90] *Weske, A.*: Erste Ermittlungen und Untersuchungen zur Bestimmung von Bearbeitungsbedingungen und -parametern beim Umfangsschleifen von PMMA. Diplomarbeit, – FH Jena, 2005
[91] *o. V.*: Werksinformation Fa. SSAB Oxelösund AB. – SE-61380 Oxelösund, 2007
[92] *Seidel, W.*: Werkstofftechnik. – München: Carl Hanser Verlag, 2008
[93] *Merkel, M.; Thomas, K.-H.*: Taschenbuch der Werkstoffe. – Leipzig: Fachbuchverlag, 2008
[94] *Bergmann, W.*: Werkstofftechnik 1. – München: Carl Hanser Verlag, 2008

Nicht gesondert gekennzeichnete Darstellungen sind den Vorlesungen „Fertigungstechnik" des Verfassers an der Fachhochschule Jena mit weiteren Quellenhinweisen entnommen.

Sachwortverzeichnis

A

Abbrennstumpfschweißen 275, 448
abgespantes Werkstoffvolumen 204
abgetragenes Werkstoffvolumen 229
Abkühlen 335
– an Luft 336
– in Härteöl 335
– in Wasser 335
Abkühlgeschwindigkeit, kritische 336
Abkühlstoff 463
Abmessungen an Gussteilen 39
Abmessungsänderung, bezogene 64
Abrichten 178
Abrichtvorgang 178
Abrichtwerkzeug 178
Abscheiden 462
Abschrecken 335
Abschreckstoff 463
Abstreckkraft 100
Abstreckziehen 100
Abtragen 229, 438
–, chemisches 234
–, elektrochemisches 235
–, funkenerosives 229
– mit energiereicher Strahlung 238
Abtragrate 232, 440
Abtragtechnik 229
Abtragverhalten typischer Werkstoffgruppen 439
Abtragvolumen 231
Abwälzfräsen, Eingriffsverhältnisse 221
– geradverzahnter und bogenverzahnter Kegelräder 221
Abweichungen 183
abzuscheidende Masse 319
Alitieren 320
An- und Überlaufwege 211
Anfangsverluste 116
Anfangszugaben 115 f.
Anhaftungen 49
Anlassfarben 29
Anlasszeit 333
Anodenhaut 237
anodisches Beschichten 320
Anpressdruck 57, 69, 196
Anschläge 118
Anschnittsfläche 54
Ansenken 156
Anstellbewegung 124 f.

Antriebsleistung 130, 165 f., 173 f., 180, 205, 208, 212
Arbeitsbereitstellung 339
Arbeitsergebnis 186, 193, 195
Arbeitspunkte 262
Arbeitsspalt 236
Arbeitsspule 108
Arbeitsstudien 337, 341
Arbeitsvorschub 236
Ätzen 203, 234
Außenverzahnung 217
Aufbauschneidenbildung 132
Aufbohren 157, 403
–, Eingriffsverhältnisse 156, 159
Aufdampfen 322
Aufheizungen 184
Aufkohlungsgeschwindigkeit 333
–, Gas 334
–, Pulver 333
–, Salzbad 333
Auflegen 456
Aufnahmefähigkeit des Spanraumes 227
Aufsenken 156
Aufsetzen 456
Auftragsschweißen 317
Auftragszeit 338
Auftriebkraft 50
– am Kern 50
– Gesamt- 50
– tatsächliche 50
Ausbauchen 110
Außenmaße an Gussteilen 39 f.
Außenräumen 173, 425
Außenrundschleifen 184
–, spitzenloses 181
Außenschleifen 176
außermittiges Stirnfräsen 167
Ausführungszeit 338
Ausfunkzeit 194
Ausgangsrauheit 194
Ausgießen 458
Ausgleichsprinzip 90
Aushärten 324
–, kaltes 328
–, warmes 328
Aushebeschrägen 41
Aus-, Ein-, Zuläufe 43
Auswerferkraft 94
Auswüchse 49
Automatenstahl 354
Automatisierungsgrad 342
Axialgeschwindigkeit 195

B

Badnitrieren 331
Bandsägen 172, 424 f.

Baustahl, unlegierter 348
Bearbeitbarkeit 139
Bearbeitungsaufmaße 197
Bearbeitungsbedingungen 204
–, Anpassung 388
Bearbeitungskennwerte 204, 262
Bearbeitungsparameter 186, 192 ff., 196, 231, 233, 245, 247, 255
Bearbeitungszeit 35, 194, 210 f.
Bearbeitungszugaben 41
Begrenzungen 118
Begriffsbestimmungen 36
Behandlung, thermo-mechanische 324
Belegungszeit 339
Beschichten 36, 245, 315, 447, 462
–, anodisches 320
– aus dem gas- oder dampfförmigen Zustand 322
– aus dem ionisierten Zustand 319
–, Bearbeitungsparameter 322
– mit metallischen Überzügen 316
– mit nichtmetallischen Überzügen 321
–, Vorbehandlung 315
beschichtungsgerechte Konstruktion 316
Beschichtungsstoff 462
Beschichtungsverfahren, Leistungsfähigkeit 315
Beschneidezugaben 92
Beschriften und Markieren 246
Betriebsmittel-Ausführungszeit 339
Betriebsmittel-Grundzeit 339
Betriebsmittel-Rüstzeit 339
Betriebsmittelzeit je Einheit 339
Bewegungsgrößen 125
Bewegungsspülung 440
Bewegungsverhältnis 197
Bewickeln 460
Biegearbeit 106
Biegeformen 100
Biegehalbmesser 378
Biegekraft 104, 377
Biegekreuz 90
Biegen 100
–, formschlüssiges 104
–, Kraft- und Arbeitsbedarf 104
–, nicht formschlüssiges 104
–, Zuschnitte 100
Biegeradius 102
Bindungsart 176, 178
Blasen 49

Blechdicke, beim Laserschneiden 442
Blechteile, funktionsangepasste 243
Blindnieten 461
Blocklöten 304
Boden-Reißkraft 94
Bohren 156 f., 244, 437
–, Arbeitsergebnisse 163
–, Eingriffsverhältnisse 159
– ins Volle, Eingriffsverhältnisse 156
–, Maschinenhauptzeit 159
– typischer Kunststoffe 435
Bohreranzahl 160 f.
Bohrkopf-Querschnitt 162
Bohrungsbearbeitung 163
Bohrungslänge 160
Bohrwerkzeuge 401
– mit HM-WSP 401
Bördeln 460
Borieren 320
Break-Even-Analyse 342
Breitenstauchung 126
Breitschlichtdrehen 186
Breitschlichtfräsen 189, 191
Bremswulst 95
Brennfleckdurchmesser 239
Brennfugen 278 f.
Brenngas 261
Brennpunktlage 244
– auf der Teileoberfläche 244
– im Teileinneren 244
– vor der Teileoberfläche 244
Brennschneiden 242, 278, 280
Bröckelspan 386
Brünieren 320
Buckelschweißen 273
Bügelsägen 172

C

Carbonitrieren 330
CBN-Konzentration 178
Cermet-Werkzeuge 394
chemisches Abtragen 234
chemisch-thermische Wärmebehandlung 324
chemisch-thermisches Entgraten 234
Chromatieren 320
Clinchen 460

D

Dauerformen, aus Keramik 51
– aus Stahl 51
Development 199
Diamantkonzentration 199
– an Schleifkörpern 428
Dickenstauchung 126
Diffusions- und Grobkornglühen 327
Diffusionsbeschichten 317

Diffusionsglühen 324
Diffusionsschweißen 275
DIN EN-Norm 30
DIN-Anwendungsgruppen 142
DIN-Norm 30
Dispergieren 245
Divergenzwinkel 239
DLZ 338
Drahtbedarf 455
Drahterodieren 440 f.
Drahtflechten 459
Drahtziehen 99
drallgenutete Fräser 227
Drehen 136, 149, 387 ff., 394, 437
– mit konstanter Drehzahl 151
– mit konstanter Schnittgeschwindigkeit 151
– typischer Kunststoffe 435
Drehfräsen 169
Drehmeißel, Durchbiegung 222 f.
Drehräumen 173
Drehwerkzeuge, Auslegung 222
Drehzahlverstellung, stufenlose 150
Druckbehälter 292
Drücken 97
Druckgießen 53
–, Berechnungen 53
Druckgusswerkzeuge 55
Druckkraft 228
Druckminderventil 261
Druckspülung 440
Druckumformen 67
Drückverhältnis 97
Durchgangsbohrung 244
Durchlaufzeit 338
–, Bestandteile 338
Durchsatzmenge 62
Durchschmiedegrad 71
Durchwärmzeit 331 f.
Durchziehbedingung 67
Durchziehen 99
Duroplaste 358
duroplastische Kunststoffe 360

E

EBM – Electron-Beam Machining 247
EBM-Anlage 247
Eckenrundung 390
Eckenverschleiß 132
Eckfräskopf 423
Eckübergänge 93
ECM – Electro-Chemical Machining 235
EDM – Electro Discharge Machining 229
Effekte 247
Einbetten 458
Einfallstellen 49
–, Gussteile 49

Einfließwulst 95
Einfüllen 457
Eingalvanisieren 458
Eingießen 458
Eingriffswinkel 179
Eingussformen 43
Eingusssysteme 43
Einhängen 456
Einheit, nichtdezimale 12
Einkopplung 240
Ein-, Zu-, Ausläufe 43
Einlegen 456
Einlippenbohrer 161, 403
–, Arbeitsergebnisse 409
–, Bearbeitungsparameter 409
–, VHM 409
–, VHM-Kopf 411
–, WSP 412
Einmeißel-Wälzhobeln 431
–, System Bilgram 219
Einprofil-Längsschleifen 182
Einrenken 456
Einsatzhärten 328 f.
Einsatzstahl 352
Einschlagen 457
Einschlüsse 49
Einschmelzen 458
Einsenken 83, 156
Einsenkkraft 83
Einsetzen 456
Einspreizen, umformendes 460
Einstechen 221
Einstechschleifen 181
Einstellwinkel, Korrekturen 134
Einvulkanisieren 458
Einzahnfräsen 170
Einzelimpulsverfahren 244
Einzelteilverfahren 210
Eisenwerkstoffe 327
Ejektor-Vollbohrkopf 414
Ejektor-WSP-Bohrkopf 415
elastische Verformung 183
Electroforming 199
elektrochemisches Abtragen 235
Elektrode 264, 441, 455
–, Anzahl erforderlicher 231
–, Formfehler 441
Elektrodenbezeichnung 263
Elektrodenumhüllung 262
Elektrogasschweißen 448
Elektronenstrahlen 247
–, Bearbeitungskennwerte 247
–, Einsatzbereiche 247 f.
Elektronenstrahllöten 305
Elektronenstrahlschweißen 269, 293, 447
Elektroschlackeschweißen 268, 447
Elysieren 235, 237
Emaillieren 321
Endpreis 337

Energie 297
Energieaufwand je Masseeinheit 256
Energieträger 299
Energieverwendung 36
Engen 460
Entgraten 249
Entladungsenergie 229
Entrosten von Bauteilen 315
Erholungszeit 339
Erodierschneiden 232
Erodier-Senken 230
Ersatznapf 90
Erstarrungsmodul 48
Erstarrungszeit 52
Expansionsspule 108
Explosivladung 110
Explosivplattieren 277
Explosivschweißen 277
Explosivumformung 110
Expositionszeit 462
externe Optimierung 256

F
Facettenschneide 185
Falzen 460
federnd spreizen 456
Feinbearbeitung 184
–, bearbeitete Werkstoffe 185
–, Bearbeitungsparameter 186
Feindrehen 184, 385, 387, 396
–, Schneidstoffe 186
–, Zusammenhänge 187
Feinfräsen 189
–, Verfahrensvarianten 189
–, Zusammenhänge 190
Feingewinde, metrisches 392
Fein-/Präzisionsbohren 156
Feinschleifen 193
Feinschneiden 121
–, Arbeitsbedarf 121
–, Kraftbedarf 121
–, Schneidkantenrundung 122
–, Schneidspalt 122
–, Werkstückqualität 122
Feinwalzen 68
Fertigung 298
– mittels Elektronenstrahlen 247
–, „Teufelskreis" 340
Fertigungskosten 256 f., 337, 385
Fertigungsverfahren, Definitionen 36
Festigkeits- und Härtewerte 31
–, Richtwerte 31
–, Umrechnungen 31
Flächenänderung, bezogene 64
Flächenelement 372 f.
Flachschleifen 176, 183, 426
– im Stirnschliff 183
Flammlöten 304

Fließdrücken 97
–, Verfahrensabläufe 98
Fließkurve 65, 362
Fließmöglichkeiten, günstige 306
Fließpressen 79, 370
–, Arbeitsbedarf 82
–, gemeinsames 459
–, kombiniertes 80
–, Kraft- und Arbeitsbedarf 82
–, Teilegestaltung 370
–, Verfahren und Werkzeuge 79
–, Verfahrensvarianten 79
–, Werkstückqualität 81
Fließspan 137, 386
Fließspannung 65, 364
Fließverhalten 72
Flüssigkeit 463
Flüssigkeitshöhe 110
Flüssigkeitsstrahl 250
Flussmittel 302
Fokusdurchmesser 239
Fokussierfähigkeit 239
Fokussierzahl 270
Folgeschnitte 113
Form- und Gießverfahren 38
Form- und Lagetoleranzen 18
Form-/Nachformdrehen 149
Formabweichung 49, 192
– 1. Ordnung 183
– 2. Ordnung 184
– 3. Ordnung 184
–, zulässige 18
Formänderung 367
–, beim Stauchen 367
–, bleibende 63
Formänderungsfestigkeit 362
Formänderungszustände, zwei- und dreiachsige 64
Formbarkeit 239
Formfaktor 231
Formfräsen 170, 218
– mit Schaftfräser 211
– mittels Scheibenfräser 210
Formfüllzeit 52
Formhobeln 219
Formmeißel, Freiwinkel 223
–, Profilkorrektur 224
Formpressen 60
Formschleifen 176
Formschließkraft 55
formschlüssiges Biegen 104
Formwerkzeug 223, 388
Fräsen 163, 396, 416, 418 f., 437
– harter Werkstoffe 171, 422
– typischer Kunststoffe 435
Fräser, drallgenutete 227
–, gerade genutete 226
– mit eingesetzten Schneiden 227
Fräswerkzeug, Anwendungsgebiete 416
–, Gestaltung 226

–, hinterdrehtes 227
–, Werkzeugwinkel an HM-bestückten 417
Freiflächenverschleiß 131 f.
Freiformen 71
Freigabe von Fertigungsaufträgen 340
Freischnittwerkzeug 119
Fügen 36, 447
– durch Dehnen 457
– durch Einpressen 457
– durch magnetische Feldkraft 458
– durch Nietverfahren 461
– durch Pressverbindung 457
– durch Schrumpfen 457
– durch Umformen drahtförmiger Körper 459
– durch Umformen von Blechen, Rohren und Profilen 459
– durch Verstiften 457
–, linienförmiges 460
Fugenform 449
Fugenlöten 300
Fügestelle 289
Fügetechnik 258
Fügeverfahren, sonstige 456
Füllfaktor 59
Füllraum, zusätzlicher 60
Füllzeit 201
Funkenerodieren, Kenngrößen 229
funkenerosives Abtragen 229
funktionsangepasste Blechteile 243
Fused Deposition Modeling 253

G
Galvanoformung 200
–, abgestufte Strukturen 200
–, bewegliche Strukturen 200
–, selbsttragende Mikrostrukturen 200
–, überwachsende Mikrostrukturen 200
Gasaufkohlungsverfahren 329
gasförmiger Stoff 463
Gasofenlöten 304
Gasschmelzschweißen 260, 447
Gasschweißen 282
Gasverbrauch 261, 266, 455
gedruckte Schaltungen 234
Gefüge 176
Gefügeausbildung 37
Gegenlauffräsen 163
Genauigkeit 348
Generieren 229, 438
–, Funktionsprinzipien 252
–, Grundprozess 251
– von Bauteilen 445
Generierverfahren 251
gerade genutete Fräser 226
geradliniges Rollen 105

Geradverzahnung 211
Gesamtfehler 231
Gesamtschneidkraft 121
Gesamtschnittkraft 165, 172 f.
Gesamtspanungsleistung 130
Gesamt-Tiefziehkraft 94
Geschwindigkeitsverhältnis 179
Geschwindigkeitsverlauf 250
Gesenkformen 72
Gesenkschmieden 72
Gesenkschmiedeteil 365
Gesenkweite 378
Gestaltung von Gussteilen 44–48
Gestaltung von Modellen 41
Gestaltung von Werkstücken 106
Gestaltungsgrundsätze 365
gestreckte Länge 100
Gewinde, metrisches 408
Gewindearten 391
Gewindebohren 156, 158, 407 f.
–, grafische Bestimmung von Drehmomenten 408
–, Kräfte und Leistungen 159
Gewindedrehen 149, 152, 387, 394
–, Fehlermöglichkeiten 393
Gewindefräsen 163, 168, 421
Gewindefurchen 84
–, Maschinenhauptzeit 84
Gewindeprofil 152
Gewindeschlagfräsen 170
Gewindeschleifen 182
Gewindeschneiden, Richtwerte 395
Gewindetiefen 84
Gewindewalzen 84
–, Werkzeuggestaltung 85
–, Ausgangsdurchmesser 84
–, Umformgeschwindigkeit 85
–, Walzgeschwindigkeit 85
–, Walzkraft 87
Gewinnverlauf 337
Gieß- und Formverfahren 38
Gießdruck 50, 54
Gießen, in verlorene Formen 49
Gießereimodell 361
–, zulässige Maßabweichungen 361
Gießereisand 49
Gießfehler 49
Gießschmelzschweißen 268
Gießsystem 42, 51
Gießwerkstoffe 37
Gießzeit 54
Glänzen 234
Glasätzen 234
Glattwalzen 68
–, Verfahren und Werkzeuge 68
Gleichdick 184
Gleichlauffräsen 164

Gleitschleifen 203
–, Verfahrensvarianten 203
Gleitschleifkörper 204
–, Abriebskennwerte 204
–, Arten und Formen 203
–, Verschleiß 203
Glühen 324
– mit Öl- und Luftabkühlung 327
Glühfarben 29
Gravieren 246
Greifbedingung 67
Grenzabmaß 18
Grenzstückzahl 52, 342
Grobkornglühen 324
Grundbohrung 244
Grundformelemente 292
Grundzeit 338
Grünkorn 194
günstige Standzeit 257
Gussallgemeintoleranzen 41
Gusseisen, mit Kugelgraphit 356
– mit Lamellengraphit 355
Gussfehler 49
Guss-Rohteil 39
Gussteil, Gestaltung 361
Gusswerkstoff 388

H

Härten 245
Haltekraft 308
Haltezeit 332
Handformel 262
HARMST-Technologie 199
Härte- und Festigkeitswerte 31
–, Richtwerte 31
–, Umrechnungen 31
Härtegrad 176
Härten 324, 330
Härteverlauf 246
Härtewert 462
Hartlöten 300
Hartmetall 142, 146, 387
–, gesinterte 144
Hauptzeit 149, 296
– je Werkstückzahn 432
Heften 459
Heißprägen 201
Herstellkosten 35, 337, 385
Heuvers-Faktor 48
Hilfsstoff 297
hinterdrehte Fräswerkzeuge 227
HM-Bohr-Gewindefräser 421
HM-Fräser 418
–, Schneidenzahlen 418
HM-Schneide 423
HM-Wendeschneidplatte 423
HM-Werkzeuge 389 f., 394, 396 f., 402 f., 405, 421
Hobeln 154, 397
Hochdruck-Flüssigkeitsstrahlbearbeitung 249

Hochenergieumformung 108
Hochgeschwindigkeitsspanen 148
Hochgeschwindigkeitsumformung 108
Hochleistungsspanen 148
Hohlnieten 461
Hohlzapfennieten 461
Homogenisieren 328
Honen 194
Hon-Segmente, Anzahl 194
Honstein 196
HPC-Bearbeitung 148
HSC-Bearbeitung 148
HSC-Fräsen 171, 420
HSS-Werkzeuge 404, 418 ff., 426
Hublage 194
Hublänge 194
Hüllschnitt 207

I

Imprägnieren 457
Inchromieren 320
Induktionslöten 304
Induktionsschweißen 274
Ineinanderschieben 456
Innenbearbeitung 135
Innenkonturen an Gussteilen (Abweichungen) 41
Innenräumen 173, 425
Innenräumwerkzeug 173
Innenrundschleifen 184
Innenschleifen 176
Innenverzahnung 217
Internationales Einheitensystem 11
interne Optimierung 257
Intervall-Bewegungsspülung 440
Investitionsrechnung 337, 341
–, dynamisches Verfahren 341
–, statisches Verfahren 341
Ionenplattieren 322 f.
Ionenstrahlbearbeitung 248
Irradiation 199
ISO-Grundtoleranz 21
ISO-Passung 19
ISO-Regelgewinde 371
ISO-Toleranz 19
–, Bohrungen 343
–, Wellen 343

K

Kühlmittel 145
Kalkulation 337
Kalkulationsrechnung 337
kalkulierter Preis 337
Kaltarbeitsstahl, legierter 464
Kalthärten 324
Kaltpressschweißen 276, 291
Kaltstauchen 75, 77, 367
–, Kraftbedarf 367
Kaltverformung 364
Kammrisse 133

Kanban 340
Kantenausbrüche 132
Katodenzerstäuben 322
Kegeldrehen 151
Kegelrad 219, 431
Kehlnaht 284
Kennwerte an Oberflächen 15
keramische Werkstoffe 34
Kerben 459
Kerbverschleiß 132
Kitten 458
Klammern 457
Kleben 308
–, einheitlicher Grundprozess 309
–, Gefährdungen 314
–, Schutzmaßnahmen 314
–, Vorteile und Anwendungsgrenzen 308
Klebeverbindung 308
–, Aufbau 308
–, Festigkeitsprüfung 312
–, Gestaltung 310
–, Grundbeanspruchungen 310
–, Lösen 310
Klebstoff, Eignung 309
–, Einteilung 309
Klemmen 457
Knoten 459
Kohärenz 239
Kohlenstoffäquivalent 260
Kokillengießen 51
–, Abkühlungsverhalten 51
–, Berechnungen 51
Kokillenmasse 52
Kokillenwandstärke 52
Kolbenlöten 304
Kolkbreite 132
Kolklippenbreite 132
Kombination von Laserstrahl- und WIG-Schweißen 271
kombinierte Spülung 440
Kompressionsspule 108
Konstantspannungs-Kennlinie 262
Konstantstrom-Kennlinie 262
Konstruktion, beschichtungsgerechte 316
–, lötgerechte 305 f.
–, schweißgerechte 289
Konvoid- und Kurvex-Verzahnung 221
Konvoid-Verzahnung, Hauptzeit 221
Kornabstand 180
Körnen 459
Korngrößen, allgemein geltende 427
– für Diamant- und CBN-Werkzeuge 427
Körnung 176
Korrekturfaktor 127, 240
Korund-Schleifkörper 426

Kosteneinsparung 296
Kostenentwicklung 445
kostengünstige Schnittgeschwindigkeit 257
kostengünstige Standzeit 257
Krafteinleitung, vorteilhafte 307
Kraftverlauf 250
Kreisringfläche 151
Kreissägen 172, 424
Kreuzschliffwinkel 195
kritische Abkühlgeschwindigkeit 336
KSSM, Zuführdrücke und Mengen 163
kubisches Bornitrid (CBN) 397
Kühlmittel 194, 387, 407
Kühlzeit 201
Kunststoff 436
–, Kennwerte 32
–, Verarbeitungs- und Verwendungsmöglichkeiten 33
Kupplung 261
Kurvex-Verzahnung, Eingriffsverhältnisse 221
–, Hauptzeitbestimmung 221
Kurzgewindefräsen 168, 421
–, Parameter 421

L
Lackieren 321
Lageabweichungen, zulässige 18
LAM – Laser-Assisted Machining 247
Lamellenspan 386
Laminated Object Manufacturing 252
Langdrehen 149, 387
Längen- und Winkelmaß 18
Längenstauchung 126
Langgewindefräsen 168, 421
–, Parameter 421
Langlochfräsen 423
Lang-Nachformdrehen, bei konstanten Drehzahlen 153
– mit konstanter Schnittgeschwindigkeit und konstantem Vorschub 153
Lang-Nachformen 153
Längsschleifen 180
Längswalzen 67
Läpp- und Poliermittel 146
Läppdauer 199
Läppdruck 199
Läppen 193, 198, 426, 429
–, Abtraggeschwindigkeit 198
–, Bearbeitungsempfehlungen 430
–, Bearbeitungsparameter 199
–, Schwingungsamplitude 198
–, Vorschubkraft 198
–, Zustelltiefe 198
Läppmittel 198

Laschenanschluss 286
Laserbearbeitung, Anwendungsgebiete 241
Lasercaving 246
Laserhärten 245
Laserschneiden 280, 442
Laserschweißen 293, 442
Laserstrahllöten 305
Laserstrahl-Oberflächenbehandlung 245
Laserstrahlschneiden 242, 279
–, Schneidgeschwindigkeiten 280
Laserstrahlschweißen 242, 269, 443 f., 447
–, Bearbeitungsparameter 443 f.
–, Fokuslagen 243
laserunterstütztes Spanen 247
Lastdrehzahl 13
LBH-Schweißen 261, 455
LBM 442
LBM – Laser Beam Machining 238
Lebensdauer eines Erzeugnisses 337
Legieren 245
legierter Kaltarbeitsstahl 464
Legierungsbestandteile 325
Leichtmetalle 328
Leistung, Berechnung 155, 157, 164, 179
Leistungsdichte 239
Lichtbogenarten, beim MSG-Schweißen 265
Lichtbogen-Bolzenschweißen 274
Lichtbogen-Handschweißen 261, 447, 449
–, Funktionsprinzip 261
Lichtbogenlöten 304
Lichtbogen-Schmelzschweißen 261
Lichtbogenschweißen 282
Lichtstrahllöten 304
LIGA-Verfahren 199
–, Grundprozesse 199
Lineardrehräumen 175
Lochrandabstand 101
Lotbadlöten 304
Lötbarkeit 297, 299
Lote 301
–, Einsatz 302
–, Werkstoffe 301
Löteignung 297, 299
lötgerechte Konstruktion 305 f.
Lötmöglichkeit 299
Lötsicherheit 299
Lötspaltverhalten 306
Lötstelle 298
Lötverbindung 300
–, Stoßarten 305
–, zeichnerische Darstellung 305, 307

Lötverfahren 297, 300, 302, 304
Lotzuführung 298
Lunker 49

M

magnetgelagerte Frässpindel 420
Magnetumformung 108
Martensitaushärtung 325
Maßabweichung, zulässige 361, 366
Maschinenauslastung 254
Maschinenauslastungsdiagramm 254
Maschinengerade 254
Maschinenhauptzeit 68, 70, 75, 78, 84, 112, 130 f., 150 f., 154 f., 159, 162, 166, 173 f., 180, 205, 208 f., 214, 216 f., 219 f., 222, 230, 232, 320
– beim Schleifen nach System „Maag" 213
–, System „Niles" 212
Maschinenkraft 228
Maschinennebenzeit 174
Maßgenauigkeit 367
– beim Kaltstauchen 367
–, erreichbare 367
Maskenverfahren 246
Masseverminderungen 234
Mehrspindelbohren 160
Metallabscheidung, elektrolytische/galvanische 319
Metallätzen 234
Metall-Schutzgasschweißen (MSG) 264 f., 447
–, Bearbeitungswerte 265
metrisches Feingewinde 392
metrisches Gewinde 408
metrisches Regelgewinde 391
Mikroabformung 201
Mikro-EDM-Verfahren 202
Mikroformen 203
Mikroformung 246
Mikro-Pulver-Spritzgießen 201
Mikrospritzgießen 201
Mikrostrukturieren und -abtragen mittels Photonenstrahlen 202
Mikrourformen 201
Mindestbiegeradius 104
Mittenabstände 40
–, Gussteile 39
mittiges Stirnfräsen 167
mittlere Fließspannung 66
mittlere Schnittkraft 166, 205, 208
mittlere Spanungsdicke 164 f., 179
Monochromasie 239

N

Nachbehandlungen 204
Nachdrückzeit 201

Nachformdrehen 153
–, fallendes 153
–, steigendes 153
Nachformfräsen 420
Nachstellbewegung 125
Nageln 457
Nahtanhäufung 293
Nahtart 281 f.
Nahtformkoeffizient 286
–, äußerer 286
–, innerer 286
Nahtquerschnitt 269
Nahtwertigkeit 286
Nebenzeit 296
Nicht formschlüssiges Biegen 104
Nichtdezimale Einheit 12
Niederhaltearbeit 94
Niederhaltekraft 94
Niederhalter 95
Nieten 461
Nitriergeschwindigkeit 334
–, Gas 334
–, Salzbad 334
Nitrierhärten 324
Normal- und Weichglühen 327
Normalglühen 324, 327
Normalisieren 324
Normalschneide 185
Normalspannungen 63
Nutenschrittfräsen 168
Nutentauchfräsen 168

O

Oberflächen, fehlerhafte, Gussteile 49
–, oxidierte 49
Oberflächenabweichung 371
–, zulässige 366
Oberflächenbehandlung 463
–, Vorarbeiten 463
Oberflächenbeschaffenheit 14
Oberflächenbeschreibung 14
Oberflächenqualität 136, 455
Oberflächenrauheit 15, 385
Oberflächenzustand 135
Ofenliegezeit 325
Ofenlöten 304
Offene Spülung 440
Optimierung 254
–, externe 256
– in energetischer Hinsicht 256
–, interne 257
– von Fertigungskosten 256
–, Zielstellungen/Aspekte 256

P

Passivieren 320
Passivkraft 129
Passungssystem „Einheitsbohrung" 20
Passungssystem „Einheitswelle" 20

Patentierdurchmesser 99
Perforieren 244
Perkussionsbohren 244
Perlitisierungszeit 331, 333
Pfeilverzahnung 211
Phospatieren 320
Physikalisch-technische Größen 11
Plandrehen 135, 149, 151, 387
Planfräsen 163
Planfräskopf 423
Plan-Nachformdrehen 154
– mit konstanter Schnittgeschwindigkeit und konstantem Vorschub 153
Planradhalbmesser 222
Planringdrehen 150
Plasmabearbeitung 248
Plasmapolymerisation 322 f.
Plasmaschneiden 279 f.
Plasmaschweißen 267
–, Richtwerte 267
Plasmastrahlung 248
Platinen 89, 92
–, Außenkonturen 90
–, Gesamtabmessungen 89
Polarisationsschweißen 271
Polieren 193, 198, 426, 429
–, Bearbeitungsempfehlungen 430
Poliermittel 198
Polygonkantenbildung 207
Poren 49
Porositäten (Gussteile) 49
Prägearbeit 75
Prägekraft 75
Prägen 72, 75
–, Maschinenhauptzeit 75
Prägepolieren 68
Präzision 348
Präzisionsbohren 162
Preis, kalkulierter 337
Pressarbeit 51, 79
Pressbarkeit 59
Pressdruck 79
Presskraft 79
Presspassung 21
Pressstumpfschweißen 273
Pressteile (Gestaltung) 61
Pressteilvolumen 60
Pressungsverhältnis 79
Probestück, angegossenes 356
Produktivität 35
pulsfähig 239
Pulverbedarf 455
Pulverbeschichten 321
–, elektrostatisches 321
Punktschweißen 294

Q

Qualitätskontrolle 297
Querschnitte, fehlerhafte, Gussteile 49
Querschnittsformen 62
Querschnittsreduzierung 99
Querschnittsstauchung 126
Querschrumpfungen an Stumpfnähten 287
Querwalzen 71
Quetschen 460

R

Rückholkraft 120
radiale Schnitttiefe 171
Rapid Product Development 445
–, Kennwerte 253
Rapid Prototyping 445
–, Folgeprozesse 446
Rauheiten 136, 184, 186, 196, 234, 347
Räumen 173, 425
Räumwerkzeug 173, 227, 425
–, Anzahl erforderlicher Zähne 228
–, Festigkeit 228
–, Länge 228
–, Schneidengeometrie 229
–, Teilung 227
Rayleigh-Länge 239
Reckverhältnis 71
Reckwalzen 67
Redox-Vorgang 268
Regelgewinde, metrisches 391
Reiben 156, 158, 160, 436
–, Fehlermöglichkeiten 406
–, Maschinenhauptzeit 159
Reibschweißen 275, 290
Reiß- oder Bröckelspan 137
Reißspan 386
Rekristallisationsglühen 324
relative Verschleißrate 440
Rentabilität 35
RES-Band-Auftragsschweißen 448
Resist stripping 199
Restriktionsgrenzen 256
Risiko bei der Einführung neuartiger Erzeugnisse 445
Rohrziehen 99
Rollbiegen 101, 105
Rollen 105
– von Napf-(Topf-)Rändern 106
Rollenlöten 304
Rollennahtschweißen 273, 294
Ronden 88, 92
–, kreisförmige Zuschnitte 92
Rondendurchmesser 97, 374 ff.
Röntgentiefenlithographie 200
Rostgrade 315
Rotationsdrehräumen 175

RP 445
RPD 445
Rückfederung 102, 104
Rückfederungswinkel 103
Rückstellbewegung 125
Rückwärts-Fließpressen 83
– von Hohlkörpern 80
Rundfräsen 163
Rundmeißel, Winkel- und Profilkorrekturen 223
Rundschleifen 176, 180, 426
–, im Futter 180
–, zwischen Spitzen 180
Rundschneide 185
Rundwalzen 70
Rüstzeit 338 f.
Rüttelarbeit 51

S

Säbeligkeit 113
Sägen 172, 424
– mit Hochleistungs-Kreissägeblättern 424
– mit SS-/HSS-Kreissägeblättern 424
Salzbadlöten 304
Sandformgießen, Abkühlungsverhalten 49
Sandformguss 49
Satzfräsen 170
Saugspülung 440
Schaben, Eingriffsverhältnisse 215
– von Zahnrädern 215
Schablonen-Formhobeln 219
Schaftfräsen 423
Schaft-Querschnitt 162
Schälen 170
– gehärteter Zahnflanken 216
Schaumstellen 49
Scheibenfräsen 423
Scherspan 137, 386
Schichtdicke 319, 462
Schichten 456
Schiebeprinzip 339
Schlackenbart 455
Schlackenkruste 455
Schlagzahnfräsen 170, 422
Schleifen 176, 426, 436
–, Eingriffsverhältnisse 176
–, Fehler 183
–, Körnungen, Härte 426
–, KSSM 428
–, Maß-, Form-, Lage- und Oberflächenabweichungen 183
– mit keramisch gebundenen Schleifkörpern 429
– typischer Kunststoffe 435
–, Verfahren und Werkzeuge 176
– von Kunststoffen 436

Schleifkörper, Abrichten und Wuchten 178
–, Bezeichnungen 177
–, Zusätzliche Kennzeichnungen 177
Schleifkörperumfangsgeschwindigkeit 177
Schleifkörperverschleiß 196
Schleifmittel 146, 176, 429
–, Art, Härte, Körnung 429
Schleifverhältnis 180
Schlepplöten 304
Schleuderdrehzahl 57
Schleudergießen 56
–, Berechnungen 57
Schlichten 208 f., 231
Schlichtfräsen 189
– mit Schlicht- und Breitschlichtschneiden 189
Schließringnieten 461
Schließ-/Zuhaltekraft 61
Schluch 261
Schmelzschneiden 242
Schmelztemperatur 66
Schmelzverfahren 316
Schmiedekraft, Diagramm 73
Schmieden 71
Schmiermittel 145, 194, 387, 407
Schmierstoffe 88
Schneckenschleifen 182
Schneckentrieb 217
Schneidarbeit 120 f.
Schneiddiamanten 396
Schneiden 112, 249, 258, 455
–, Toleranzen 116
–, Anfangszugaben 116
–, Anfangszugaben 115 f.
–, Feinschneiden 121
–, Kraft- und Arbeitsbedarf 120
–, Maschinenhauptzeit 112
– mit Gummikissen 123
–, Stegbreiten 115
Schneidengeometrie 138, 184 ff., 191, 229, 425, 435
Schneidenstumpfung, Korrektur 128
Schneidfläche, spezifische 441
Schneidgeschwindigkeit, beim Laserschneiden 442
Schneidkantenrundung 122
Schneidkantenversatz 132
Schneidkeramik 146, 396
–, Si_3N_4- 388
Schneidkraft 120
Schneidplatte 118
Schneidrate 233
Schneidspalt 116, 122, 456
Schneidstempel 116

Sachwortverzeichnis

Schneidstoff 142, 145, 176, 194, 435
–, Einfluss 129
–, superharter 146
Schneidstoffarten 145 f., 193
Schneidstoffauswahl 142 ff.
Schneidverfahren, Leistungsfähigkeit 280
Schneidvorgang 250
Schnellarbeitsstahl 146, 388
Schnitt, unterbrochener 135
Schnittaufteilung 161
Schnittbewegung 124
Schnittbogenwinkel 164
Schnittbreite 124, 232
Schnittfläche 456
Schnittflächenrauheit 455
Schnittgeschwindigkeit 125, 131, 133, 136, 138, 257, 382
– bei HM-Bohr-Gewindefräsern 421
– bei VHM-Kreissägeblättern 425
– beim Aufbohren 403
– beim Bandsägen 425
– beim Bohren 435
– beim Bohren ins Volle 398
– beim Drehen 388, 435 f.
– beim Einmeißelwälzhobeln 431
– beim Feinbohren 403
– beim Feindrehen 396
– beim Fräsen 435 f.
– beim Gewindebohren 407
– beim Gewindefräsen 421
– beim Hobeln und Stoßen 397
– beim Hochgeschwindigkeitsreiben 405
– beim Räumen 426
– beim Reiben 404 f.
– beim Schleifen 426
– beim Schleifen mit Schneiddiamanten und kubischem Bornitrid 428
– beim Senken 402
– beim Walzenstirn-, Scheiben-, Langloch- und Schaftfräsen 423
– beim Wälzfräsen 433
– beim Zahnradschaben 435
– beim Zweimeißelwälzhobeln 431
–, Exponent 132
–, konstante 151
–, Korrektur 128, 161
–, Korrekturen 134
–, Korrekturfaktoren 379
–, zeitoptimierte 257
Schnittgrößen 124
Schnittkonizität 232

Schnittkraft 127, 158, 179, 196, 205, 208, 212
–, Berechnung 149, 155, 157, 164, 179
– je Schneide 165
–, Korrektur 128
–, Korrekturfaktoren 380
–, mittlere 205, 208
–, mittlere, je Schneide 166
– pro Zahn 172
–, spezifische 127, 179, 381, 435
–, spezifische, Hauptwert 127
Schnittleistung 130, 165 f., 173 f., 180, 205, 208, 212
–, Berechnung 149
Schnitttiefe 124, 152
–, Korrekturen 134
–, radiale 171
Schnittvorschub 165
Schnittwerkzeuge, Berechnungen 116
Schrägeinstechschleifen 181
Schrauben 457
–, fließlochformendes 461
Schraub-Wälzfräsen, Bearbeitungsparameter 222
– von Palloid-Spiralkegelrädern 222
Schraub-Wälzschleifen 214
Schrift-(Vector-, Scan-)Verfahren 246
Schruppen 209, 231
–, gerad- und schrägverzahnter Räder 208
Schrupp-Wälzfräsen 431
–, Bearbeitungsparameter 431
Schubspannungen 63
Schutzgas 265
–, Bezeichnungssystematik 265
Schutzgasschweißen 264, 455
Schwarzkorn 194
Schweißverfahren 447
–, Einsatzbereiche 447
Schweißbarkeit 258
Schweißbrenner 261
Schweißdraht 455
Schweißeignung 258, 260
Schweißen 258
Schweißfolgeplan 258
Schweißfuge 281 f.
schweißgerechte Konstruktion 289
Schweißgut 296
Schweißkonstruktion 291
Schweißmöglichkeit 258
Schweißnaht, Abmessungen 284
–, gleichschenklige Naht 284
– Kehlnaht 284
–, Kraftverlauf 291
–, sonstige Naht 285
–, Stäbe und Laschen 285

–, Stumpfstoß 284
–, ungleichschenklige Naht 284
Schweißnahtlänge 286
Schweißplan 258
Schweißpositionen 296
Schweißpulver 264, 455
Schweißsicherheit 258
Schweißverbindung, Berechnungen 285
Schweißverbindungen, Gestaltung 242
–, zeichnerische Darstellung 284
Schweißverfahren, Kennzahlen 284
Schweißzusatz 261
Schwindmaße 41
Schwingziehschleifen 196, 426, 429
–, Bearbeitungsparameter 196
–, Maß-, Form-, Lage- und Oberflächenabweichungen 197
SD-Konzentration 178
Selbstkosten 337
Selective Laser Sintering 252
Senken 156, 158, 160, 403, 436
–, Eingriffsverhältnisse 156
–, Maschinenhauptzeit 159
Senkerodieren 440
–, Elektrodenwerkstoffe 441
–, Fehler 440
–, Impulskennwerte 441
–, Spülungsarten 440
Sherardisieren 320
SiC-Schleifkörper 426
Simultanous Engineering 445
Sinterformteile (Gestaltung) 58
SK-Werkzeuge 394
Solid Ground Curing 253
Sonderanschliffe 156
Sonderformen und Anschliffe 156
Sonotrode 438
–, Berechnungen 438
Spanarten 137, 386
Spanen 435
– harter Werkstoffe 148
– spezieller Werkstoffe 435
–, Verfahrensbesonderheiten 149
Spanen und Abtragen 123
spanende Fertigung, kleinster Strukturen 202
spanende Verfahren 123
Spanentstehung 176
Spanformdiagramm 139
Spanformen 137 f.
Spangrößen 126
Spannung, im Futter 181
–, zwischen Spitzen 181
Spannungsarmglühen 324, 327
Spanraum, Aufnahmefähigkeit 227
Spanungsbreite 125, 164, 166

Spanungsdicke 125, 164, 186
–, mittlere 164f., 179
Spanungsgrößen 125 f.
Spanungskraft, Komponenten 126
Spanungsquerschnitt 125, 165, 176, 184
–, Berechnung 189
Spanungsverhältnis 125, 254, 389 f.
Spanungsvolumen 196
Spanungsvorgänge 254
Spanungswerkzeuge, Auslegung 222
Spanwinkel, Korrekturfaktoren 379
Speicherenergie 108
spezifische Schneidfläche 441
spezifische Schnittfläche 424
spezifische Schnittkraft 127, 381, 435
–, Hauptwert 127
Spielpassung 21
Spindelsturz 192
Spiralbohrer 398
– HM/VHM 400
– aus HSS 399
– aus SS 398
–, Festigkeiten 226
–, Spitzenwinkel 402
–, Werkzeugtypen 402
Spitzen-(und Drall-)Winkel 156
Spitzenformen 156
Spleißen 459
Spritzgießen 62
Spritzpressen 61 f.
Spritzpresskraft 61
Sprühätzen 234
Spülmenge 440
Spülmittel 145, 194, 387, 407
Spülung, Fehlermöglichkeiten 440
–, kombinierte 440
–, offene 440
Stabanschluss 286
Stahlguss 356
–, warmfester 357
Stahllegierung 146
Stahlwerkstoffe, Wärmebehandlung 331
Standgrößen 135
Standkriterien 135
Standzeit, günstige 257
–, kostengünstige 257
Standzeitgleichung 133
Standzeit-Schnittgeschwindigkeiten 254
Stanznieten 461
Staucharbeit 77
Stauchen 367
Stauchgrad 76
Stauchkraft 77

Stauchverhältnis 71, 75
Stauchvolumen 76
Stechschleifen 181, 426
–, spitzenloses 182
Stegbreiten 115
Steiger 43
Stellite 146
Stempelausführungen 80
Stempelfläche 83
Stereolithografie 252
Stichlochtechnik 267
Stirnfräsen 137, 164, 167, 189
–, außermittiges 167
– mit CBN 420
–, mittiges 167
Stirnfräskopf 227
Stirnrad 431, 434
Stoffeigenschaften 324, 447
Stoffeigenschaftsänderung 36, 463
Stoßart 281
Stoßen 154, 397
Strahlläppen 238
–, Bearbeitungsparameter 238
Strahlparameterprodukt 240
Strahlqualitätszahl 240
Strangpressen 78
–, Extrudieren 62
Streifenbild 113
Stromdichte 319
Strömungsgeschwindigkeit 53
Strukturieren 246
Stumpfstoß 284
Stütze 293
Sublimierschneiden 242
Sulfonitrieren 331
superharte Schneidstoffe 146

T

Tailored Blanks 243
Tangentialgeschwindigkeit 195
Tauchätzen 234
Tauchverfahren 316
Teileabmessungen 370
Teilebearbeitung mit Laserstrahlen 238
Teileformen 197
Teilegestaltung 370
Teilequalität 85
Teilung von Gesenken und Schmiedeteilen 74
TEM – Thermische Entgrate-Methode 234
Temperaturbelastung 133
Temperguss 357
Tendenzbild 139
thermo-mechanische Behandlung 324
Thermoplaste 358, 435
–, nicht verstärkte 358
–, verstärkte 359

Three-Dimensional Printing 253
Tieflochbohren 156, 160 ff., 409
–, Maschinenhauptzeit 162
–, Werkzeuge 409
Tiefschweißen 242, 270
Tiefzieharbeit 94
Tiefziehen 88, 372 f.
–, Fehler 95
–, Kräfte 94
–, Platinen 89
–, Ronden 88
–, Werkzeuge und Verfahren 87
–, Zugaben 92
–, Zugabstufungen, Ziehverhältnisse 92
Tiefziehleistung 94
Tiefziehwerkzeuge, Mängel 96
Titanlegierung 437
Toleranzangaben an Werkstücken 14
Toleranzen, zulässige 116
Toleranzklasse 22
Träger 293
Tränken 457
Trennen 36, 112
–, Schneiden, Zerteilen 112
–, Spanen und Abtragen 123
Trepanierbohren 244
Trockenbearbeitung 148

U

Übergangspassung 21
Übergangsrundungen 91
Übermaßpassung 21
Überschliffe, Anzahl 181, 183
Überwalzungen 70
Überwalzzahl 70
Ultraschalllöten 304
Ultraschallschweißen 278
Ultraschall-Schwingläppen 237
–, Bearbeitungsparameter 237
–, Werkzeuggestaltung 237
Umfangsflachschleifen 183 f.
Umfangsfräsen 165
Umfangs-(Walz-)Fräsen 166
Umformarbeit 66, 99
Umformdruck 108
Umformen 36
–, elektrohydraulisches 109
–, geometrische und kinematische Zusammenhänge 63
Umformgeschwindigkeit 64, 85, 364
Umformgrad 63
Umformkraft 65 f.
Umformleistung 65
Umformtechnik 63
Umformtemperatur 66, 364
Umformwiderstand 66
Umgießen 458
Ummanteln 458

Sachwortverzeichnis

Umsatzverlauf 337
Umschmelzen 245
Umspritzen 458
Umwandlungshärten 324
Umwickeln 460
Unified-Grobgewinde 372
Universal-Lochschnittwerkzeug 119
Universalwerkzeug 80
unlegierter Baustahl 348
Unterbrechungen 49
unterbrochener Schnitt 135
Unterpulverschweißen 263
Unwucht 178
UP-Schweißen 455
Urformen 36
– aus dem festen (körnigen) Zustand (Sintern) 57
– aus dem ionisierten Zustand (Galvanoformung) 60
– duro- und thermoplastischer Kunststoffe 60
Urformtechnik 37
–, Gussteilgestaltung 45–48
USM – Ultrasonic Machining 237 f.

V

Verbinder 261
Verbundwerkstoffe 34
Verdrehen 459
Verfahren, spanende 123
Verfahrensabläufe 98
Verfahrensfaktor 129
Verformung, elastische 183
Verformungsverhalten 364
Vergießen 458
Vergüten 324, 330
Vergütungsstahl 349 ff., 464
Verkeilen 458
Verlappen 460
Verpressen 460
Versatz, Verstampfungen 49
Verschleiß, am Schneidkeil 131
Verschleißarten 132
Verschleißformen 238
Verschleißgrad 180
Verschleißgrößen 131
Verschleißkerbe 132
Verschleißmarkenbreite 131, 192
Verschleißverhalten 131
Verseilen 459
Verspannen 458
Verteilzeit 339
VHM-Kreissägeblätter 425
Vorbohrdurchmesser 84, 371 f., 403
– beim Gewindebohren 408
vorgebohrte Bohrung 160

Vorschub 13, 124, 136, 138
– bei HM-Bohr-Gewindefräsern 421
– beim Aufbohren 403
– beim Bohren ins Volle 398
– beim Drehen 388
– beim Einmeißelwälzhobeln 431
– beim Feinbohren 403
– beim Feindrehen 396
– beim Gewindefräsen 421
– beim Hobeln und Stoßen 397
– beim Hochgeschwindigkeitsreiben 405
– beim Räumen 426
– beim Reiben 404 f.
– beim Senken 402
– beim Wälzfräsen 433
– beim Zahnflankenschleifen 434
– beim Zahnradschaben 435
– beim Zweimeißelwälzhobeln 431
–, Exponent 132
–, Korrektur 160
– pro Wendeschneidplatte 170 f.
– pro Zahn 166
–, Richtwerte 209
Vorschubbewegung 124
Vorschubgeschwindigkeit 125, 232
–, Richtwerte 250
Vorschubkraft 129
–, Berechnung 157
Vorschubleistung 130
Vorschubweg 132, 149 f., 186
Vorschubweglänge 149 f.
Vorschubwerte 390
Vorwärts-Fließpressen, von Hohlteilen 79, 82
– von Vollkörpern 79, 82

W

Walzarbeit 67
Walz-Drehmoment 67
Walzen, mit Kugeln 70
– mit Rollen 70
Wälzen 221
Walzenstirnfräsen 423
Wälzfräsen 206, 219, 433
–, Anlaufweg 433
–, Axialvorschub 433
–, erforderliche Schnitte 433
–, Fräserdurchmesser 433
–, gerad- und schrägverzahnter Stirnräder 204
–, Varianten 207
– von Schneckentrieben 217
–, Vorschubweg 204
Walzgeschwindigkeit 85
Walz-Hauptzeit 68
Wälzhobeln 219
Walzkraft 67, 70, 87

Wälzlagerstahl 353
Walzschälen 218
Wälzstoßen 430, 434
–, Eingriffsverhältnisse 207
–, Einwälzzähnezahlen 430
–, erforderliche Schnitte 434
– geradverzahnter Stirnräder 207
– mit Kammmeißel 209
– schrägverzahnter Stirnräder 207
Wälz-Ziehschleifen, von Zahnrädern 217
Wanddicken 41
Wärmebehandlung 331, 464
–, Anlasszeit 333
–, chemisch-thermische 324
–, Durchwärmzeit 331 f.
–, Haltezeit 332
–, Perlitisierungszeit 331, 333
Wärmeleitungsschweißen 242, 270
Wärmemenge 133
warmfester Stahlguss 357
Warmgaslöten 304
Warmstauchen 75, 78
Warmverformung 364
Wassersack 178
Weben 459
Weichglühen 324, 327 f.
Weichlöten 300
Weiten 459
Wellenlöten 304
Welligkeiten 184
Wendeschneidplatte 147, 170 f.
Werkstoffabtrag 235
Werkstoffabweichungen 49
Werkstoffauswahl 37
Werkstoffbedarfsfaktor 72
Werkstoff-Fehler 49
Werkstoffvergleichstabellen, für kurz spanende Werkstoffe 28
– für langspanende Werkstoffe 25
– für warmfeste und rostfreie Werkstoffe 26
Werkstoffvolumen 238
–, abgetragenes 229
Werkstückabmessungen 197
Werkstücklänge, bearbeitbare 174
Werkstückqualität 122
Werkstückqualitäte 35
Werkzeug-Bezugssystem 123
Werkzeugform 176
Werkzeuggerade 254
Werkzeuggestaltung 85
Werkzeugschäfte, Abmessungen 222
Werkzeugstahl 146, 464
Werkzeugwinkel 387, 389
Werkzeugzentrumsvorschub 170 f.
Whitworth-Gewinde 371, 408
Whitworth-Rohrgewinde 392

Wickeln 459 f.
Widerstandsbolzenschweißen 448
Widerstandsbuckelschweißen 448
Widerstandslöten 304
Widerstandspressschweißen 271
Widerstands-
  Pressstumpfschweißen 448
Widerstandspunktschweißen 448
Widerstands-Rollennahtschweißen 448
Widerstandsschweißen 290
Wiederaufschmelzlöten 304
WIG-Schutzgasschweißen 266
WIG-Schweißen 283
Winkelbiegen 101
Wirbeln 170
Wirk-Bezugssystem 123
Wirkmedien 142, 145
Wirtschaftlichkeit 35
Wolfram-Inertgas-Schweißen 447
Wolfram-Plasma-Schweißen 447
Wolfram-Schutzgasschweißen (WSG) 264
Wuchten 178

Z

Zahnflankenschleifen 434
–, Bearbeitungszugaben 434
–, erforderliche Schnitte 434
– geradverzahnter Stirnräder 212
–, Systeme „Niles" und „Maag" 212
Zahnform 207
Zahngeometrie 229
Zahnrad 430
–, Herstellung 210, 430
Zahnradschaben 435
Zapfennieten 461
zeitoptimierte Schnittgeschwindigkeit 257
Zentrifugalkraft 57
Zieharbeit 99
Ziehen, gemeinsames 459
Ziehgeschwindigkeit 99
Ziehkraft 94, 99
Ziehprinzip 340
Ziehring 87 f.
Ziehschleifen 193 f., 426, 429
Ziehspalt 88

Ziehverhältnis 92 f.
Zirkularfräsen 170
Z-T-U-Schaubild 326
Zugabstufung 92
Zugfestigkeit 65
Zugkraft 228
Zugumformung 99
Zuhaltekraft 55
zulässige Maßabweichung 361, 366
zulässige Oberflächenabweichung 366
zulässige Toleranzen 116
Zuläufe (Ein-, Aus-) 43
Zusatzwerkstoff 455
Zuschnitte 100
Zustandsschaubild 326
Zustellbewegung 124 f.
Zweilippenbohrer, VHM-Kopf 414
Zweimeißel-Wälzhobeln, System Heidenreich und Harbeck 220
Zweimeißelwälzhobeln 431
Zwischenzapfenniete 461
Zwischenzeit 339